中文版
CorelDRAW
图形设计经典实录228例

卓 文 编著

北京日报出版社

图书在版编目（CIP）数据

中文版CorelDRAM图形设计经典实录228例 / 卓文编著. -- 北京 : 北京日报出版社, 2016.6
ISBN 978-7-5477-1801-8

Ⅰ. ①中… Ⅱ. ①卓… Ⅲ. ①平面设计－图象处理软件 Ⅳ. ①TP391.41

中国版本图书馆CIP数据核字(2015)第215003号

中文版CorelDRAM图形设计经典实录228例

出版发行：北京日报出版社
地　　址：北京市东城区东单三条8-16号 东方广场东配楼四层
邮　　编：100005
电　　话：发行部：（010）65255876
　　　　　总编室：（010）65252135
印　　刷：北京凯达印务有限公司
经　　销：各地新华书店
版　　次：2016年6月第1版
　　　　　2016年6月第1次印刷
开　　本：787毫米×1092毫米　1/16
印　　张：29.75
字　　数：714千字
定　　价：95.00 元（随书赠送光盘一张）

前 言

内容导读

CorelDRAW 是 Corel 公司出品的一款优秀的矢量绘图软件，它提供了一整套的图形精确定位和变形控制方案，以其便捷、高效的绘图功能备受用户的青睐。CorelDRAW 现在被广泛应用于平面设计、广告设计、服装设计、排版设计、装潢设计、包装设计、插画设计、分色输出，以及网页图形设计等诸多领域。

为了帮助读者有针对性地学习 CorelDRAW 图形设计，快速提高实际操作能力，本书以 CorelDRAW X7 为操作平台，精心挑选了 228 个极具实用价值的经典实例，全面展示了 CorelDRAW 图形绘制与创意设计的方法和技巧。本书所有实例的操作步骤详细，设计效果精美，并且囊括 CorelDRAW 软件功能的方方面面，能够帮助读者快速掌握 CorelDRAW X7 的使用方法与操作技巧。

本书由多位资深设计师根据自己的教学与实践经验精心策划编写而成，是广大初学者或缺少实战经验与技巧的读者的经典实例教程。全书共分为 16 章，主要内容包括：

- CorelDRAW 快速入门
- 按钮与文字设计
- 卡片设计
- 动漫形象设计
- 插画设计
- POP 设计
- DM 与折页设计
- 平面广告设计
- 户外广告与招贴设计
- 网络广告设计
- 工业设计
- 包装设计
- 服装设计
- 户型图与展台设计
- 儿童与婚纱数码设计
- 企业 VI 设计

主要特色

本书主要具有以下特色：

1. 从零起步，讲解细致

本书按照由易到难的顺序来安排内容，方便读者学习。同时，对每个实例的操作步骤都进行了详细介绍，读者只要按照步骤操作即可轻松掌握所学内容。

2. 实例丰富，涵盖面广

本书通过 16 个大类 228 个典型实例，全面介绍了 CorelDRAW 在平面与广告设计领域的具体应用，涵盖了十几个方向的设计作品，极为丰富。

3. 案例实用，专业展现

为了让读者更好地了解行业动态和发展趋势，书中的实例都是尽量挑选当前最流行和最具代表性的设计作品，让读者掌握最新的设计思想和技术。

4．视频教学，学习高效

本书附赠的 DVD 光盘中提供的视频教学不仅能帮助读者快速掌握实例设计的方法，还可以帮助读者解决学习中遇到的问题并进行技术拓展。

光盘说明

本书随书赠送一张超长播放的多媒体 DVD 视听教学光盘，由专业人员精心录制了本书所有实例的操作演示视频，并提供了书中所有实例的原始素材文件，读者可以边学边练，即学即会，达到举一反三的学习效果。

适用读者

本书不仅适合 CorelDRAW 图形设计初学者，还适合专业设计从业人员、广大平面设计爱好者学习阅读，也可作为大中院校和培训机构平面设计、广告设计及其相关专业的实例教材。

售后服务

如果读者在使用本书的过程中遇到问题或者有好的意见或建议，可以通过发送电子邮件（E-mail：zhuoyue@china-ebooks.com）联系我们，我们将及时予以回复，并尽最大努力提供学习上的指导与帮助。

希望本书能对广大读者朋友提高学习和工作效率有所帮助，由于编者水平有限，书中可能存在不足之处，欢迎读者朋友提出宝贵意见，在此深表谢意！

编者

目 录

第1章 CorelDRAW快速入门

第2章 按钮与文字设计

第3章 卡片设计

第4章 动漫形象设计

第5章 插画设计

第6章 POP设计

第7章 DM与折页设计

第8章 平面广告设计

第9章 户外广告与招贴设计

第10章 网络广告设计

第11章 工业设计

第12章 包装设计

第13章 服装设计

第14章 户型图与展台设计

第15章 儿童与婚纱数码设计

第16章 企业VI设计

part 1

第1章 CorelDRAW快速入门

本章精心挑选了42个实例，读者只需上机完成这42个例子，便可掌握CorelDRAW的操作要点与技巧。熟练掌握CorelDRAW的使用方法，才能在实际应用过程中熟能生巧、举一反三地制作出具有创意的图形效果。

实例1 软盘

本实例将制作软盘效果，如图 1-1 所示。

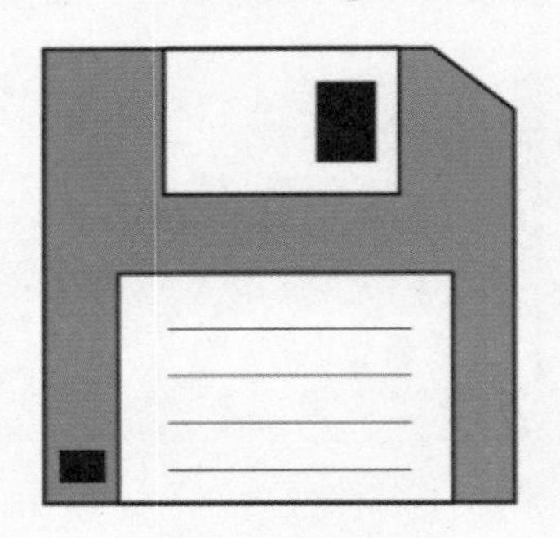

图1-1 软盘

操作步骤

01 单击“文件”|“新建”命令，新建一个空白页面。

02 在工具箱中选取矩形工具，在页面中拖动鼠标绘制矩形。在调色板中单击蓝色色块，将图形填充为蓝色，如图 1-2 所示。

图1-2 绘制并填充图形

03 按【F12】键，在弹出的“轮廓笔”对话框中设置轮廓的“宽度”为 1.5mm，单击“确定”按钮，改变图形的轮廓，效果如图 1-3 所示。

04 单击“对象”|“转换为曲线”命令，将图形转换为曲线。在工具箱中选取形状工具，在图形右上角的两条边上分别双击鼠标左键，添加 2 个节点，如图 1-4 所示。

图1-3 设置轮廓　　图1-4 添加节点

05 双击右上角的节点，即可将其删除，如图 1-5 所示。

06 在工具箱中选取矩形工具，在页面中绘制矩形，填充为白色，并设置轮廓宽度为 1.5mm，如图 1-6 所示。

图1-5 删除节点　　图1-6 绘制矩形并设置轮廓

07 继续利用矩形工具在页面中绘制矩形，并填充为黑色，如图 1-7 所示。

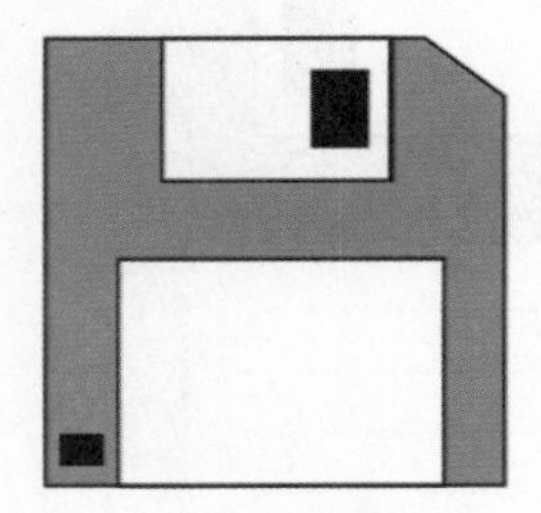

图1-7 绘制并填充矩形

08 在工具箱中选取折线工具，在页面中绘制几条直线段，得到的最终效果参见图 1-1。至此，本实例制作完毕。

实例2 警告牌

本实例将制作警告牌效果，如图 2-1 所示。

图2-1 警告牌

操作步骤

01 单击“文件”|“新建”命令，新建一个空白页面。

02 在工具箱中选取矩形工具，在属性栏中将转角半径均设置为20，如图2-2所示。在页面中拖动鼠标绘制矩形，如图2-3所示。

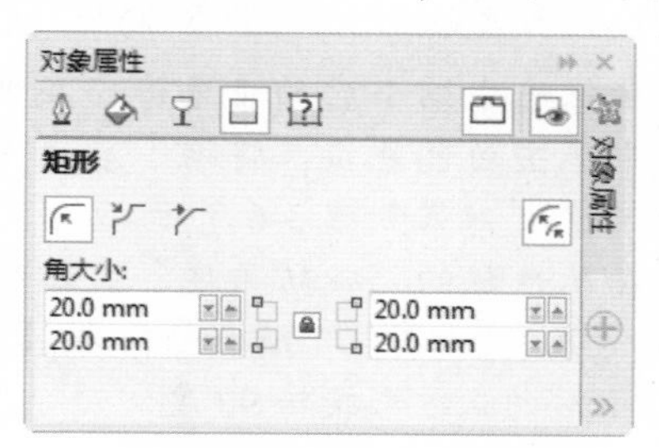

图2-2 设置转角半径

03 单击“编辑”|“复制”命令，复制矩形。再单击“编辑”|“粘贴”命令，粘贴图形，然后在按住【Shift+Alt】组合键的同时用鼠标拖动矩形周围的控制点，将图形进行等比例缩小，如图2-4所示。

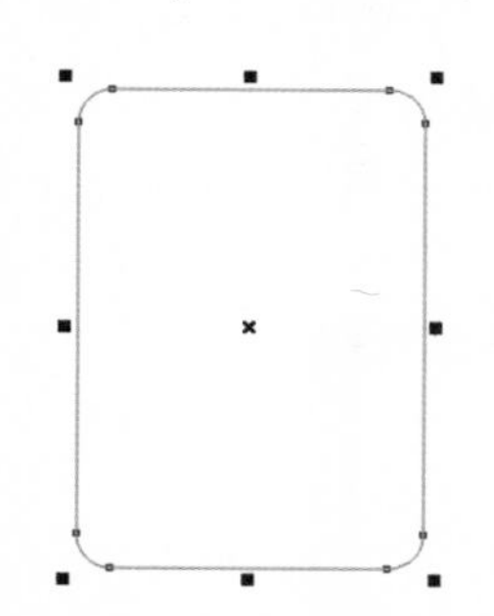

图2-3 绘制矩形

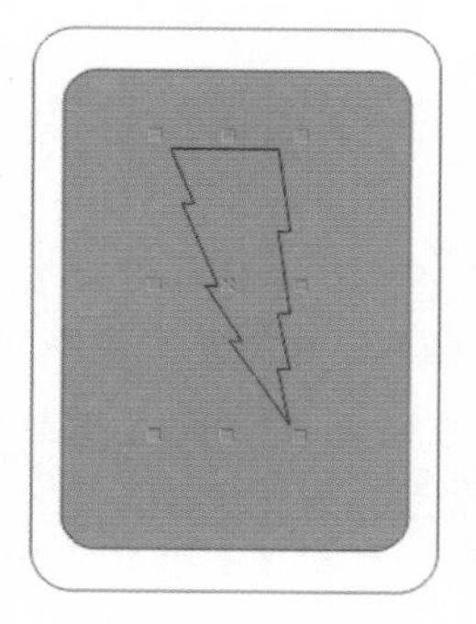

图2-4 缩小矩形

04 在调色板中单击绿松石色块，设置矩形的填充颜色为绿色，如图2-5所示。

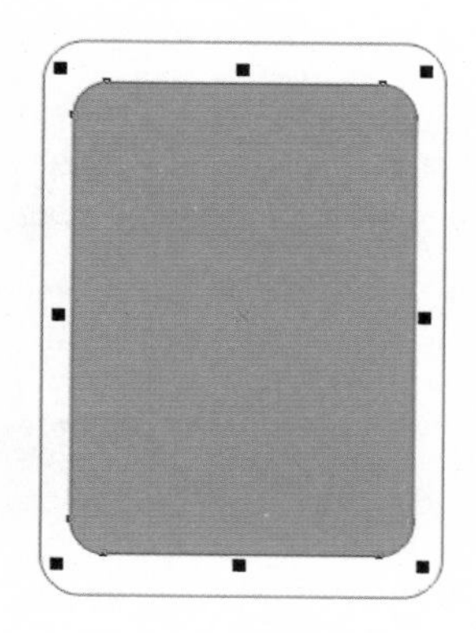

图2-5 填充矩形

05 选取工具箱中的基本形状工具，在其属性栏中单击“完美形状”按钮，在弹出的下拉面板中选择闪电样式，如图2-6所示。

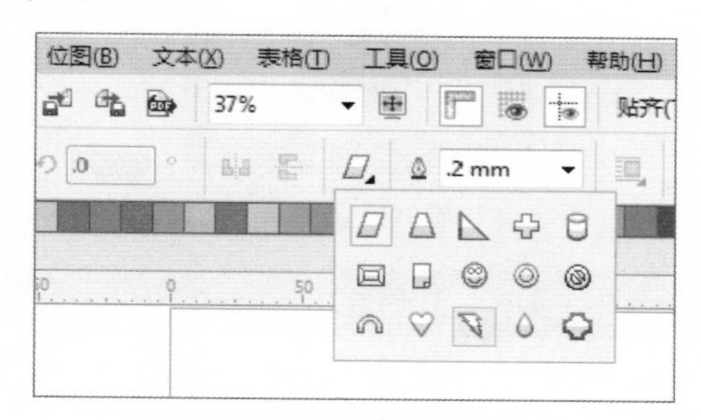

图2-6 选择闪电样式

06 在页面中单击并拖动鼠标进行图形绘制，如图2-7所示。

07 在调色板中单击红色色块，设置图形的填充颜色为红色，右击调色板中的“无”按钮，删除图形的轮廓，效果如图2-8所示。

图2-7 绘制图形　　图2-8 填充图形

08 选取工具箱中的文本工具，在属性栏中设置合适的字体和字号，如图2-9所示。

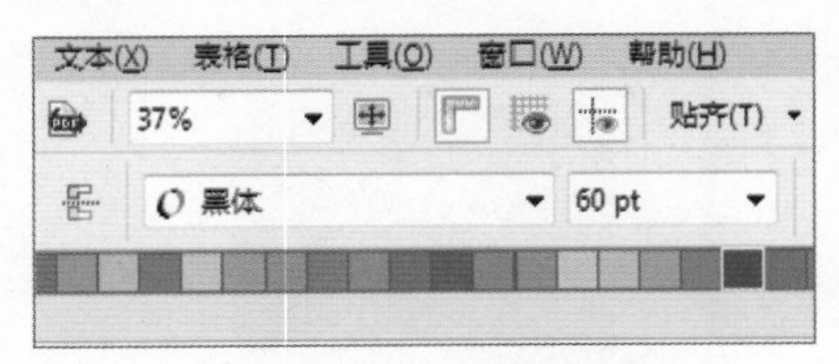

图2-9 设置字体和字号

09 在页面中输入文字，并设置文字颜色，得到的最终效果参见图 2-1。至此，本实例制作完毕。

实例3 风俗画

本实例将制作风俗画效果，如图 3-1 所示。

图3-1 风俗画

操作步骤

01 单击“文件”|“新建”命令，新建一个空白页面。

02 选取工具箱中的矩形工具，按住【Ctrl】键的同时在页面中拖动鼠标绘制一个正方形，如图 3-2 所示。

03 在调色板中右击黄色色块，设置正方形的轮廓颜色为黄色，如图 3-3 所示。

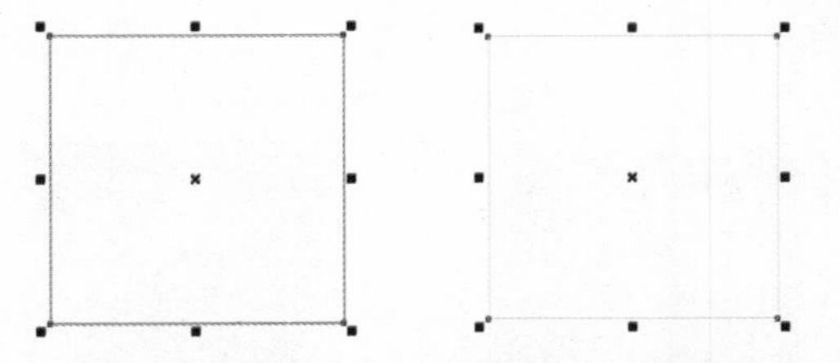

图3-2 绘制正方形　　图3-3 设置轮廓颜色

04 在调色板中单击绿色色块，设置正方形的填充颜色为绿色，如图 3-4 所示。

05 按【Ctrl+C】组合键，复制正方形到剪贴板中；按【Ctrl+V】组合键，粘贴正方形。

06 在工具箱中选取手绘选择工具，在按住【Shift】键的同时调整正方形四角的控制框，对复制出的正方形进行缩小操作，如图 3-5 所示。

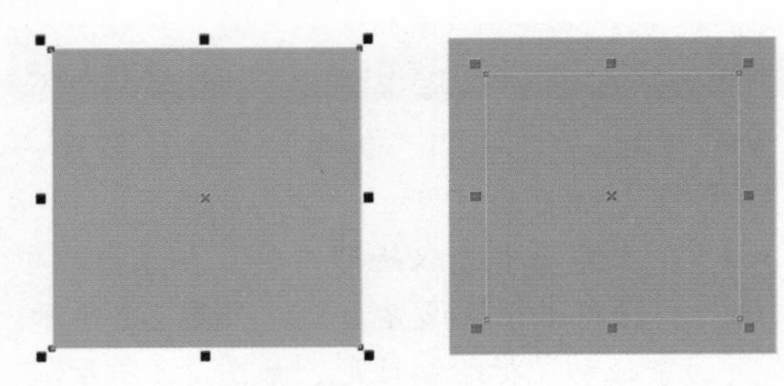

图3-4 设置填充颜色　　图3-5 将正方形缩小

07 确保选中缩小后的正方形，在调色板中单击白色色块，将缩小后的正方形填充为白色，效果如图 3-6 所示。

08 在属性栏的“旋转角度”文本框中输入 90（如图 3-7 所示），按【Enter】键将缩小后的正方形旋转 90 度。

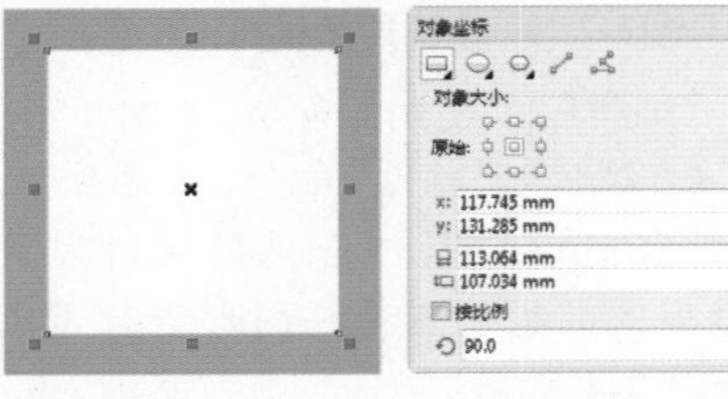

图3-6 填充正方形　　图3-7 矩形工具属性栏

09 在工具箱中选取调和工具，然后在正方形上单击并拖动鼠标，创建调和效果，如图 3-8 所示。

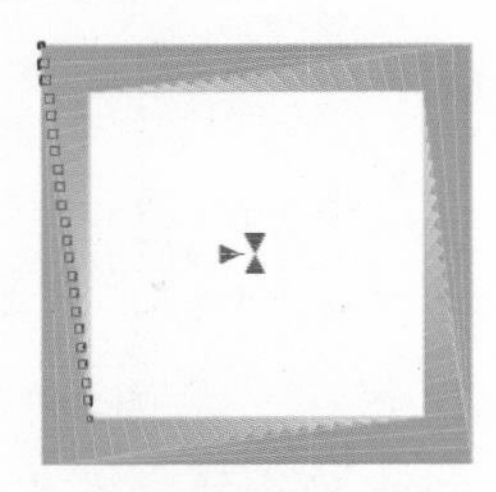

图3-8 创建调和效果

10 在属性栏的“调和对象”数值框中输入 60，如图 3-9 所示。此时的图形效果如图 3-10 所示。

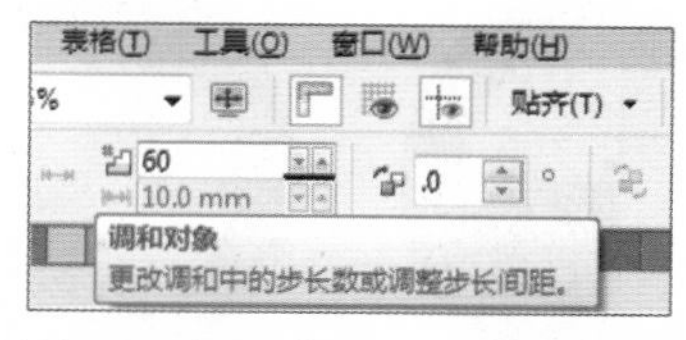

图3-9 交互式调和工具属性栏

图3-10 调整后的图形效果

11 单击“文件”|“导入”命令,弹出“导入”对话框，从中选择一幅矢量图形，单击“导入”按钮，如图 3-11 所示。

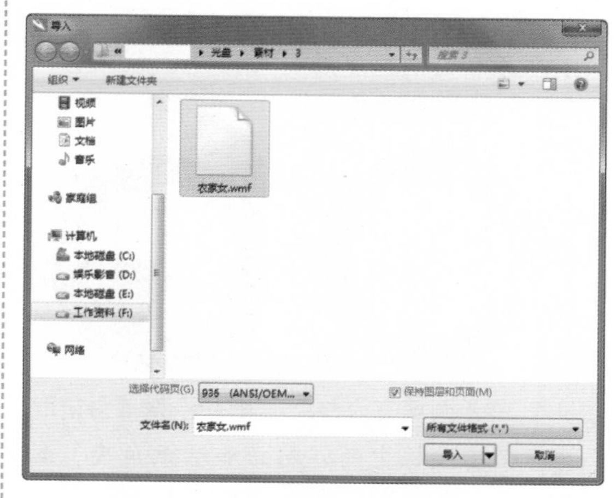

图3-11 “导入”对话框

12 在绘图页面中单击鼠标左键以导入图片，并调整图片的位置，最终效果参见图 3-1。至此，本实例制作完毕。

实例4 汽车标志

本实例将制作宝马汽车标志效果，如图 4-1 所示。

图4-1 汽车标志

操作步骤

01 单击“文件”|“新建”命令，新建一个空白页面。

02 在工具箱中选取椭圆形工具，按住【Ctrl】键的同时在页面中拖动鼠标，绘制一个正圆形，如图 4-2 所示。

03 在调色板中单击蓝色色块，设置矩形的填充颜色为蓝色，如图 4-3 所示。

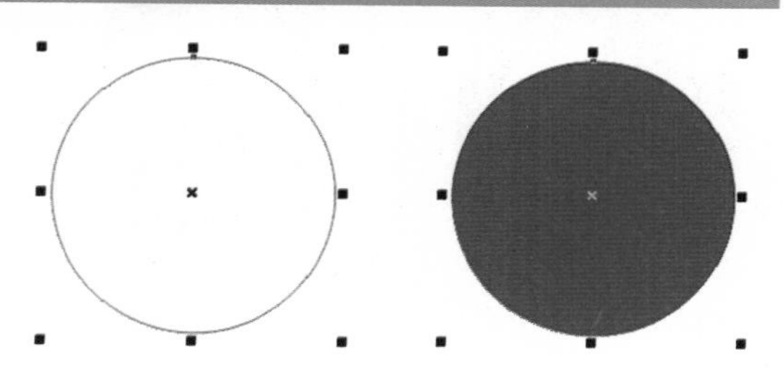

图4-2 绘制正圆　　图4-3 填充正圆

04 确认选中正圆，单击“编辑”|“复制”命令，再单击“编辑”|“粘贴”命令，按住【Shift】键的同时调整圆形四周的控制点，将复制得到的图形等比例缩小，如图 4-4 所示。

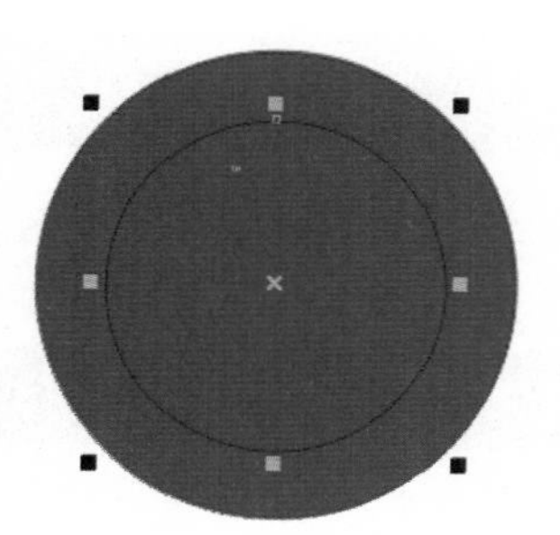

图4-4 复制并缩小正圆

05 在调色板中单击白色色块，设置填充颜色为白色，如图 4-5 所示。

06 单击属性栏中的“饼图”按钮，将圆形设置为饼形，如图 4-6 所示。

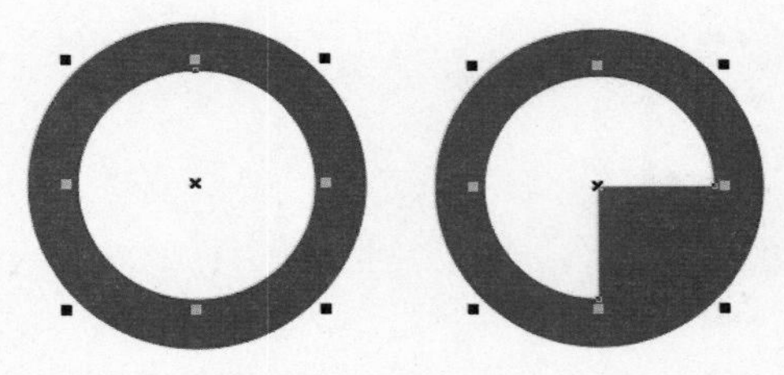

图4-5 将正圆填充为白色　图4-6 设置为饼形

07 在属性栏中的“起始和结束角度”数值框中分别输入 0 和 90，得到的效果如图 4-7 所示。

08 单击“编辑”|“复制”命令，再单击“编辑”|“粘贴”命令，粘贴复制的图形。在属性栏中的“起始和结束角度”数值框中分别输入 90 和 180，设置填充颜色为天蓝色，效果如图 4-8 所示。

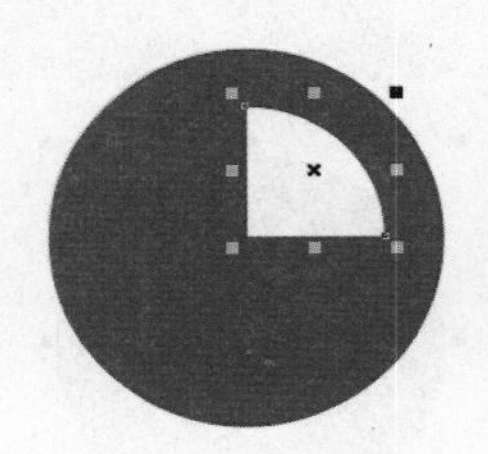

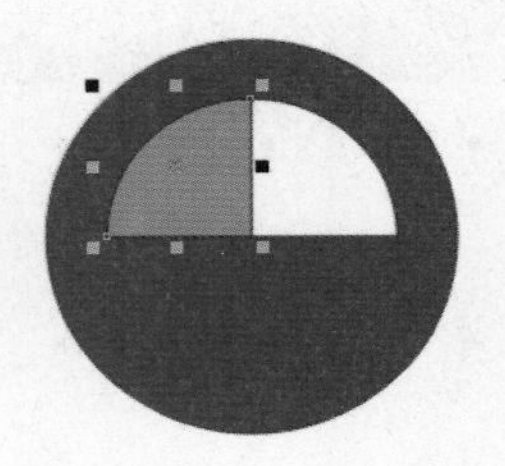

图4-7 调整图形　图4-8 复制并调整图形

09 单击“编辑”|“粘贴”命令粘贴图形，在属性栏中的“起始和结束角度”数值框中分别输入 180 和 270，设置填充颜色为白色，效果如图 4-9 所示。

10 单击“编辑”|“粘贴”命令，在属性栏中的“起始和结束角度”数值框中分别输入 270 和 0，设置填充颜色为天蓝色，效果如图 4-10 所示。

图4-9 复制并调整图形　图4-10 复制并填充图形

11 选择页面中左上角的四分之一图形复制并粘贴，单击属性栏中的“弧”按钮，在“起始和结束角度”数值框中分别输入 30 和 150，创建弧形路径。

12 选取工具箱中的文本工具，在属性栏中设置适当的字体和字号（如图 4-11 所示），然后在页面中单击并输入文字，如图 4-12 所示。

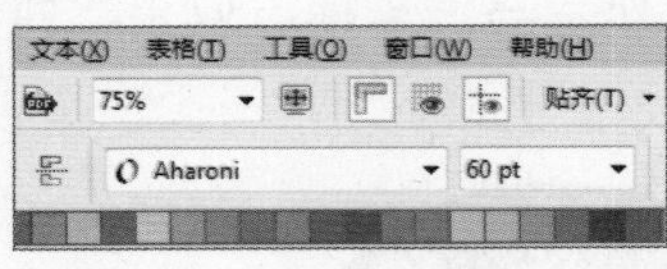

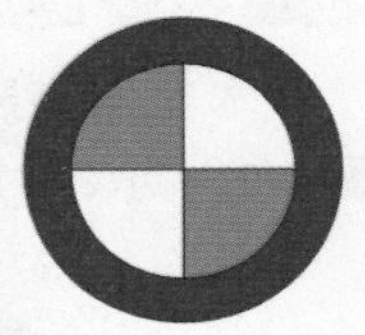

图4-11 设置字体和字号　图4-12 输入文字

13 确认选中文字，单击“文本”|“使文本适合路径”命令，此时鼠标指针变为黑色箭头形状，在弧形路径上单击鼠标左键，使文本沿路径排列，然后设置文本颜色为白色，得到的最终效果参见图 4-1。至此，本实例制作完毕。

实例5 标靶

本实例将制作标靶效果，如图 5-1 所示。

操作步骤

01 单击“文件”|“新建”命令，新建一个空白页面。

02 在工具箱中选取椭圆形工具，按住【Ctrl】键的同时在页面中拖动鼠标绘制一个正圆，如图 5-2 所示。

图5-1 标靶

03 在调色板中单击靛蓝色色块，对圆形进行填充。右击调色板中的“无”按钮，删除图形的轮廓，效果如图5-3所示。

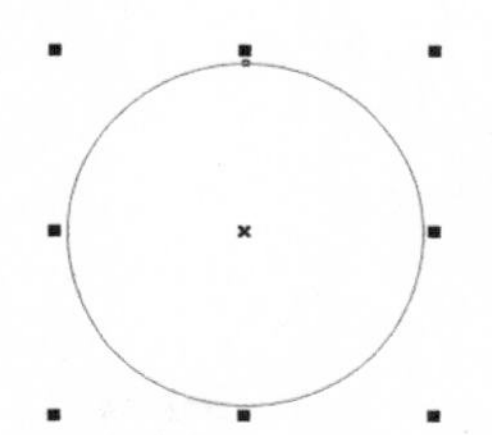

图5-2 绘制正圆形

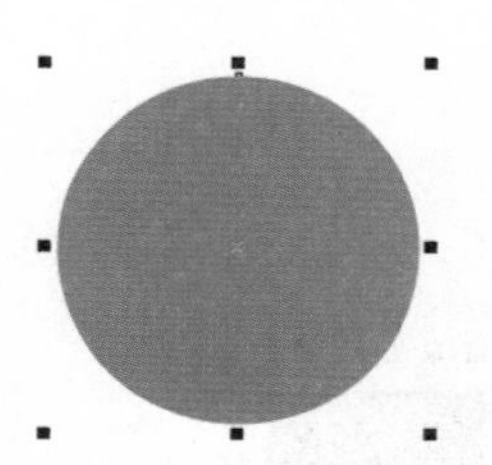

图5-3 填充图形

04 单击“编辑”|“复制”命令，再单击“编辑”|“粘贴”命令，粘贴复制的图形。在按住【Shift】键的同时调整圆形四角的控制点，将图形等比例缩小，如图5-4所示。

05 在调色板中单击幼蓝色色块，为圆形填充颜色，如图5-5所示。

图5-4 复制并调整图形

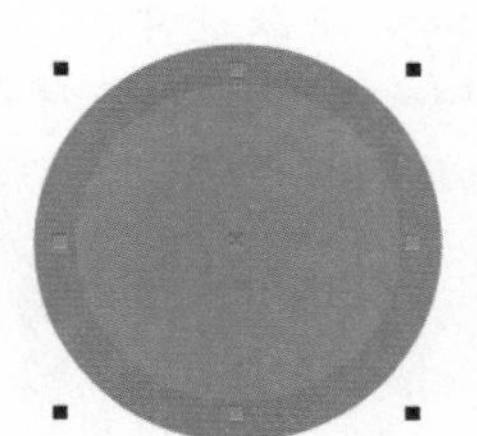

图5-5 填充图形

06 重复步骤4~5的操作，得到的效果如图5-6所示。

07 选取工具箱中的折线工具，在其属性栏中单击“起始箭头”下拉按钮，如图5-7所示。

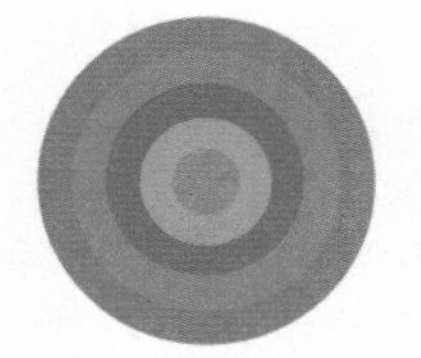

图5-6 复制并调整图形

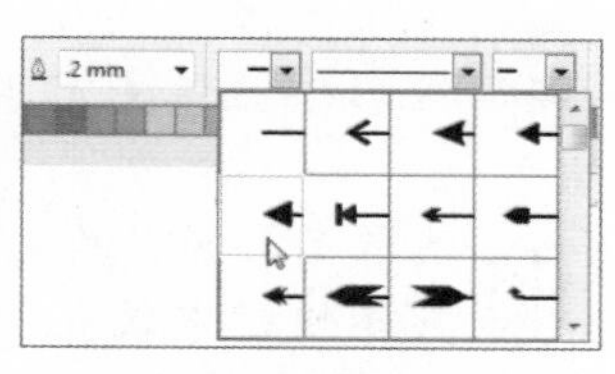

图5-7 单击“起始箭头”下拉按钮

08 在折线工具属性栏中单击“终止箭头”下拉按钮，在弹出的下拉面板中选择一种样式，如图5-8所示。

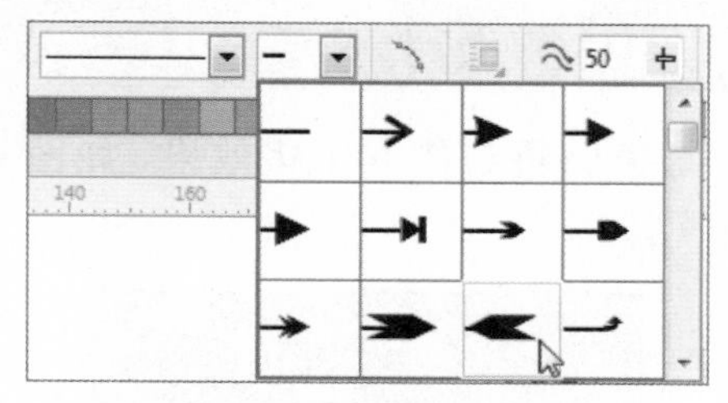

图5-8 选择箭头样式

09 在页面中拖动鼠标绘制箭头图形，在“对象属性”泊坞窗中设置“轮廓宽度”为2.5mm，“轮廓颜色”为粉色，为图形填充颜色，如图5-9所示。

10 选中页面中的箭头图形，单击“编辑”|“复制”命令，再单击“编辑”|“粘贴”命令，重复粘贴多个箭头图形，调整它们的大小、位置及颜色，并设置旋转效果，如图5-10所示。

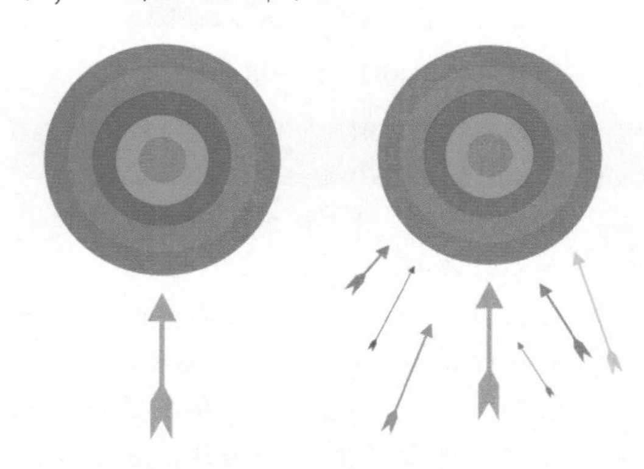

图5-9 绘制图形　图5-10 复制并旋转箭头

11 在页面中绘制一个矩形，单击“对象”|“顺序”|“到页面后面”命令，在调色板中单击黄色色块，为图形填充颜色。右击调色板中的“无”按钮，设置图形为无轮廓，效果如图5-11所示。

12 按照步骤11中的方法在页面中绘制矩形，并填充颜色，效果如图5-12所示。

13 选取工具箱中的文本工具，在文本工具属性栏中设置合适的字体与字号，在页面中单击并输入文字，得到的最终效果参见图5-1。至此，本实例制作完毕。

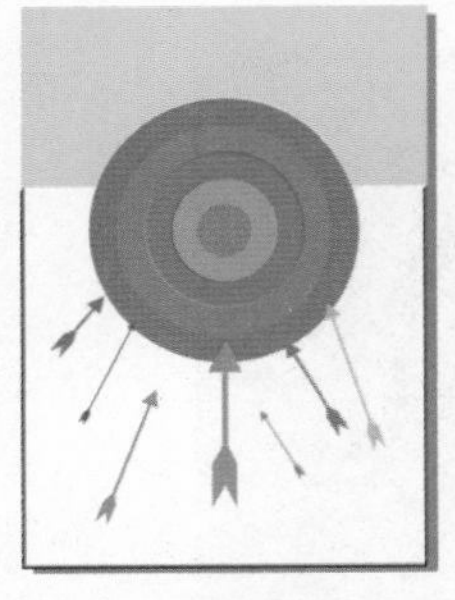

图5-11 绘制矩形并填充颜色

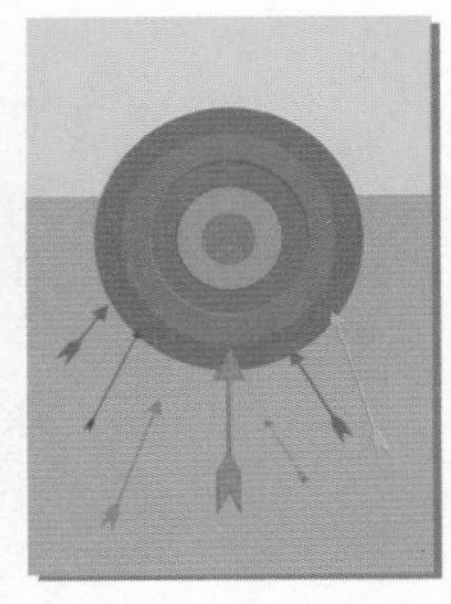

图5-12 制作背景

实例6 五子棋

本实例将制作五子棋效果，如图6-1所示。

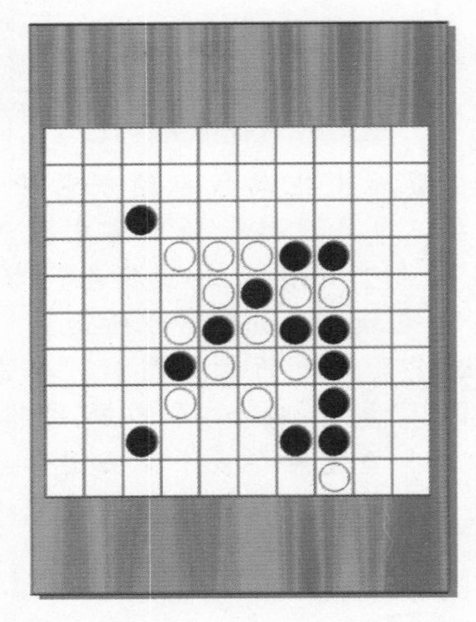

图6-1 五子棋

操作步骤

01 单击“文件”|“新建”命令，新建一个空白页面。

02 在工具箱中双击矩形工具，绘制与页面一样大小的矩形，如图6-2所示。

03 选取交互式填充工具，在属性栏中单击“双色图样填充”按钮，在下拉列表中选择“底纹填充”选项，在“底纹库”下拉列表框中选择“样本9”选项，在“底纹”列表框中选择“红木”选项，单击“编辑填充”按钮，弹出“编辑填充”对话框，在“亮度”数值框中输入40，如图6-3所示。

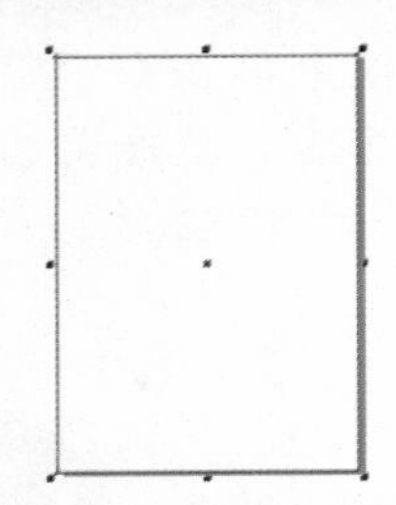

图6-2 绘制矩形

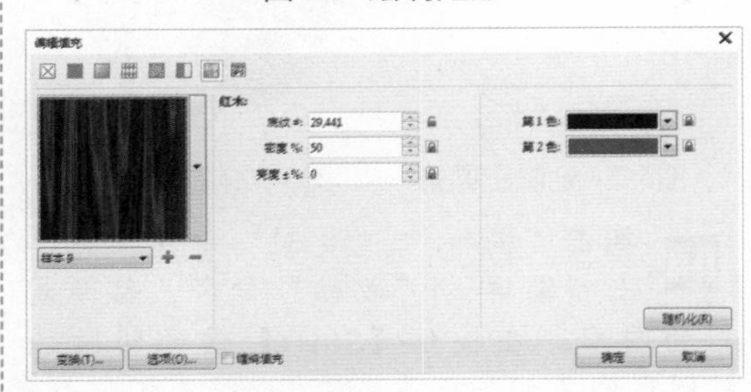

图6-3 “底纹填充”对话框

04 单击“确定”按钮，填充后的效果如图6-4所示。

05 确保选中矩形，单击“对象”|“锁定”|“锁定对象”命令锁定矩形对象，如图6-5所示。

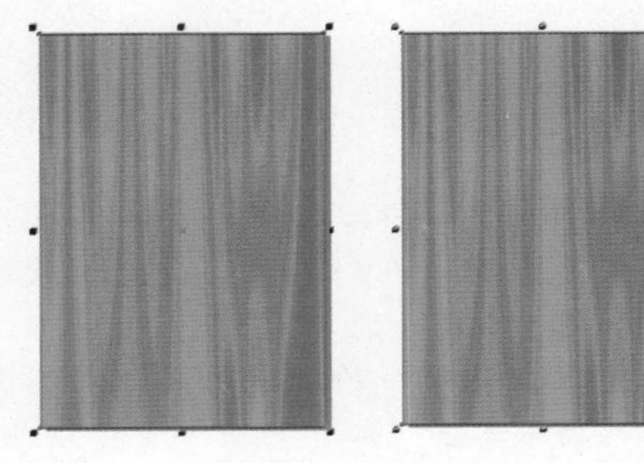

图6-4 填充图形　图6-5 锁定矩形对象

06 在工具箱中选取图纸工具，在属性栏的“列数和行数”数值框中均输入10，如图6-6所示。按住【Ctrl】键的同时拖动鼠标，在页面中绘制图纸，如图6-7所示。

图6-6 属性栏

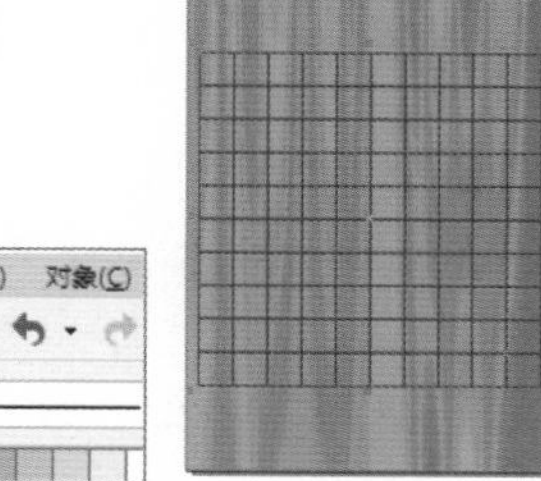

图6-7 绘制图纸

07 确保选中图纸对象，单击调色板中的白色色块，对图纸进行填充，效果如图6-8所示。

08 在工具箱中选取椭圆形工具，按住【Ctrl】键的同时拖动鼠标，在页面中绘制正圆，并调整正圆的大小与位置，如图6-9所示。

09 单击“编辑”|“复制”命令复制正圆，单击“编辑”|“粘贴”命令粘贴正圆，并调整正圆的位置，如图6-10所示。

10 单击调色板中的黑色色块，将复制得到的正圆填充为黑色，如图6-11所示。

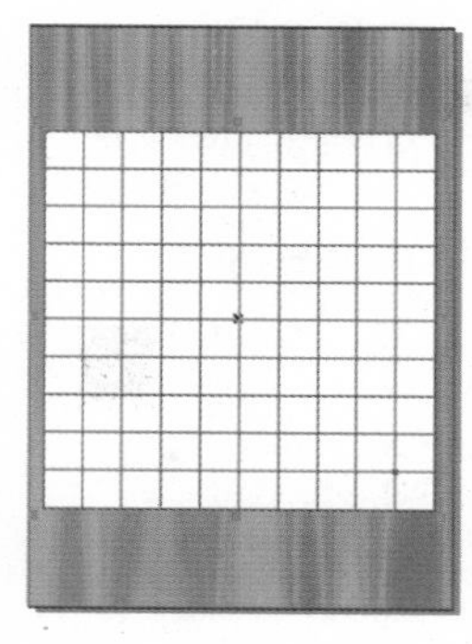

图6-8 对图纸进行填充

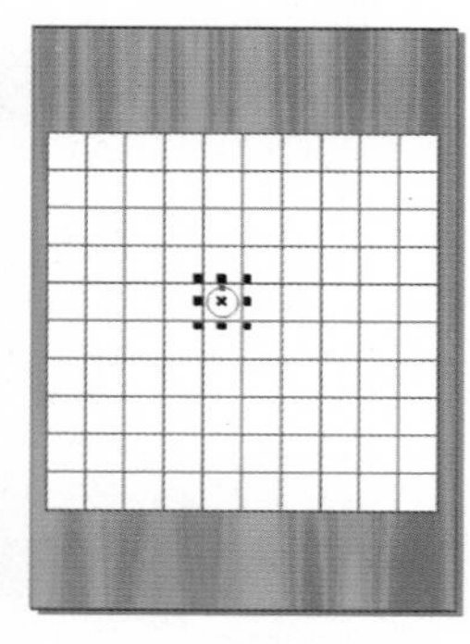

图6-9 绘制并调整正圆

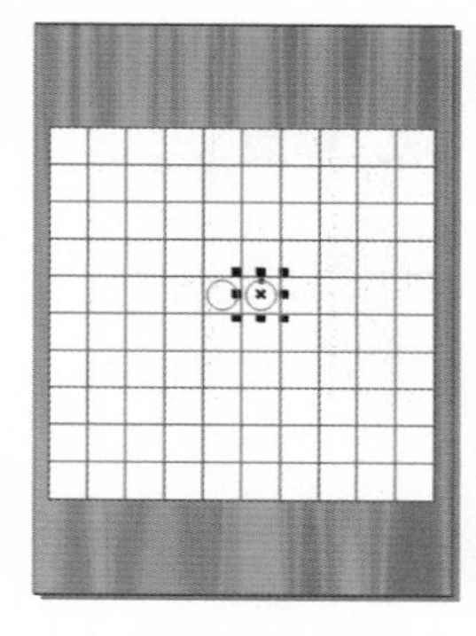

图6-10 复制正圆并调整位置

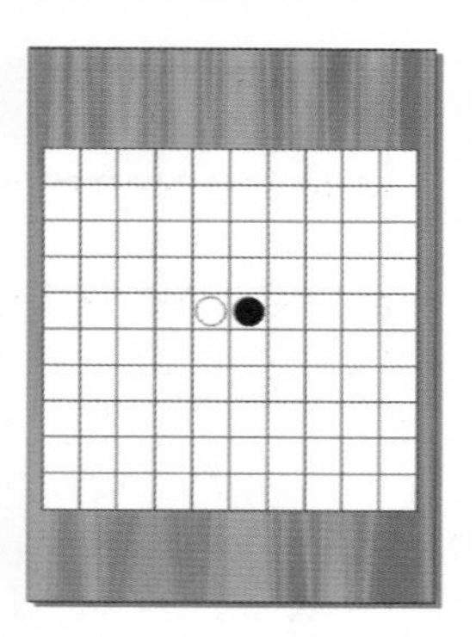

图6-11 填充正圆

11 按照上述操作方法，完成其他五子棋的制作，最终效果参见图6-1。至此，本实例制作完毕。

实例7 魔方

本实例将制作魔方效果，如图7-1所示。

图7-1 魔方

操作步骤

01 单击“文件”|“新建”命令，新建一个空白页面。

02 在工具箱中选取图纸工具，在属性栏的“列数和行数”数值框中均输入3，然后在页面中进行图形绘制，如图7-2所示。

03 按【F12】键，弹出“轮廓笔”对话框。在“宽度”下拉列表框中选择1.5mm选项（如图7-3所示），单击“确定”按钮，效果如图7-4所示。

04 选中页面中的图形，单击“对象”|“组合”|“取消组合对象”命令，然后单击其中的方块，逐个填充颜色，如图7-5所示。

05 选中页面中全部的图形，单击“对象”|“组合”|“组合对象”命令，组合图形。

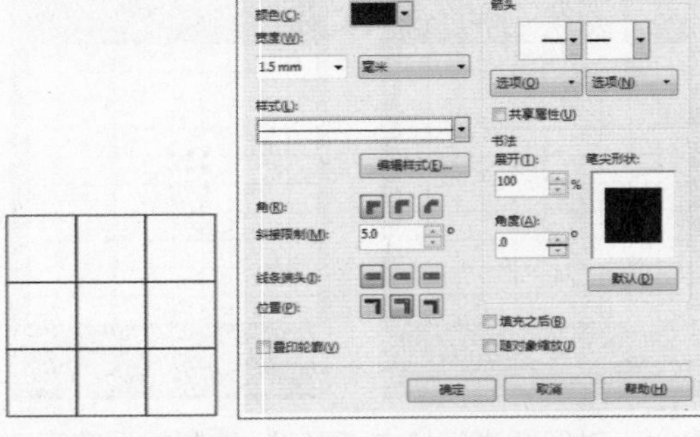

图7-2 绘制图形　　图7-3 “轮廓笔”对话框

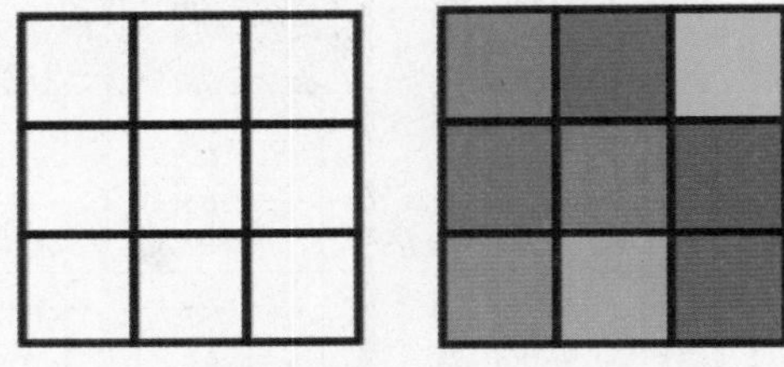

图7-4 设置轮廓宽度　　图7-5 填充图形

06 确保选中图形，单击“窗口”|“泊坞窗”|“变换”|“缩放和镜像”命令，在弹出的“变换”泊坞窗中进行设置，如图 7-6 所示。单击“应用”按钮复制图形，得到的效果如图 7-7 所示。

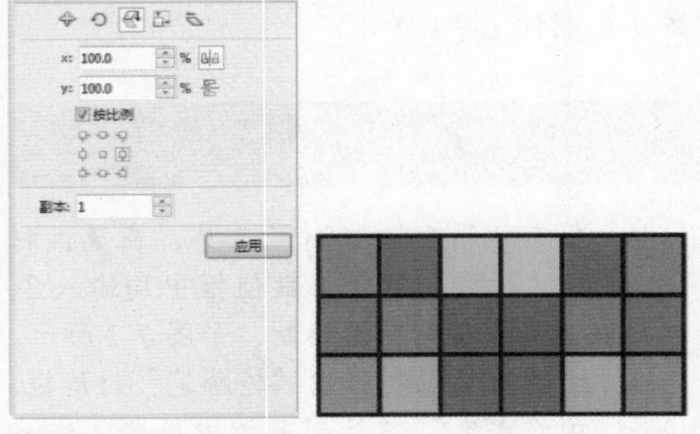

图7-6 “变换”泊坞窗　　图7-7 复制图形

07 利用选择工具双击复制后的图形，将鼠标指针移至图形右边缘的控制点上，单击并向上拖动鼠标，如图 7-8 所示。

08 单击鼠标左键退出旋转状态，将鼠标指针移至图形右边缘的控制点上，单击并向左拖动鼠标以缩小图形，如图 7-9 所示。

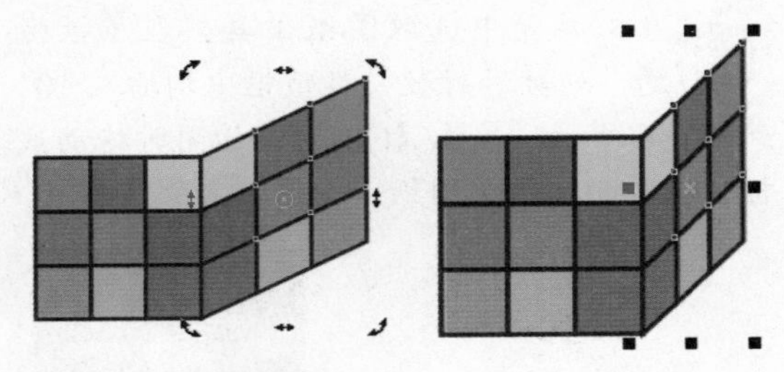

图7-8 调整图形　　图7-9 缩小图形

09 选中步骤 5 中生成的图形，在“变换”泊坞窗中进行如图 7-10 所示的设置，单击“应用”按钮，效果如图 7-11 所示。

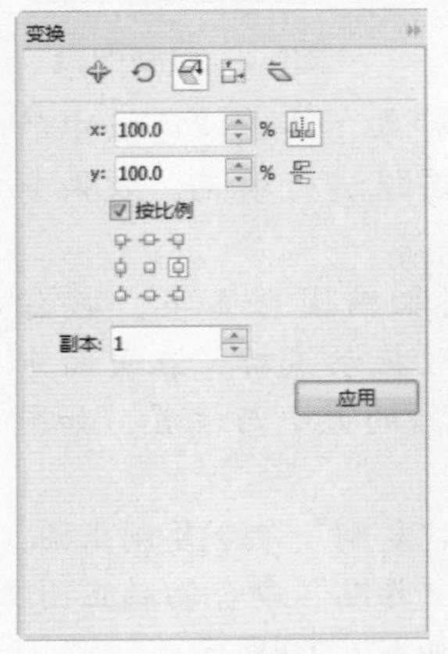

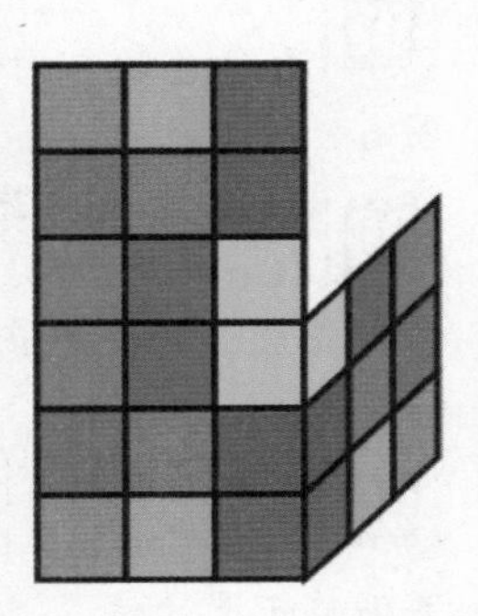

图7-10 “变换”泊坞窗　　图7-11 复制图形

10 利用选择工具对复制后的图形进行调整，如图 7-12 所示。

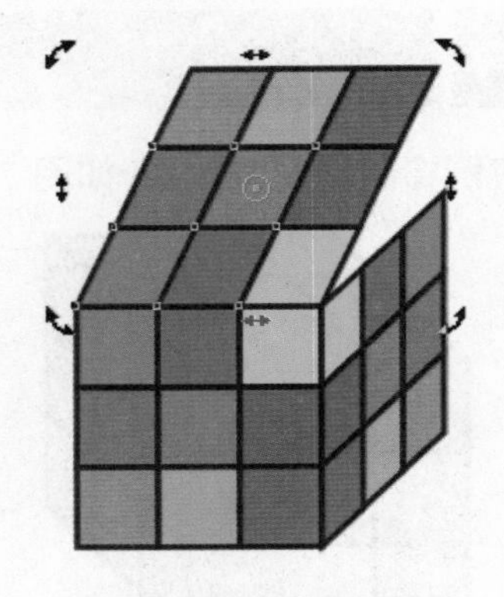

图7-12 调整图形

11 继续利用选择工具对图形进行调整，得到的最终效果参见图 7-1。至此，本实例制作完毕。

实例8 足球

本实例将制作足球效果，如图 8-1 所示。

图8-1 足球

操作步骤

01 单击“文件”|“新建”命令，新建一个空白页面。

02 在工具箱中选取多边形工具，在属性栏的“点数和变数”数值框中输入 6，如图 8-2 所示。按住【Ctrl】键的同时拖动鼠标，在页面中绘制六边形，如图 8-3 所示。

图8-2 多边形工具属性栏

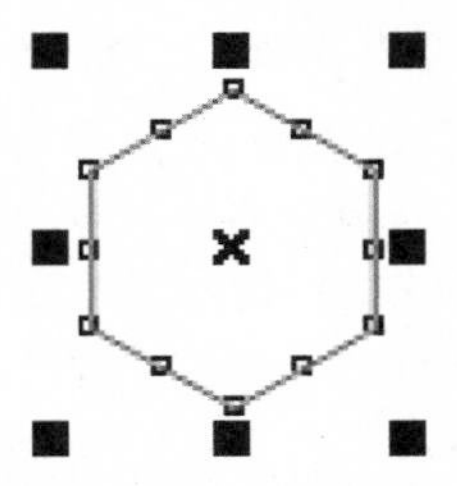

图8-3 绘制六边形

03 确保选中六边形，单击“编辑”|“再制”命令，复制六边形，然后利用选择工具调整六边形的位置，如图 8-4 所示。

04 重复步骤 3 中的操作方法，将复制得到的六边形按照一定的顺序排列在一起，如图 8-5 所示。

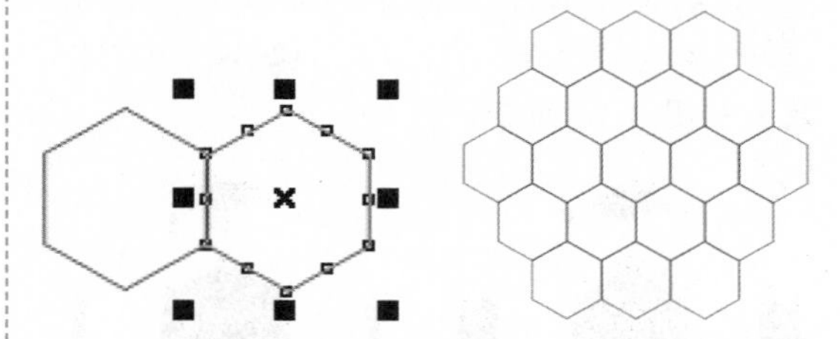

图8-4 复制多边形对象 图8-5 复制并调整图形

05 在工具箱中选取选择工具，在调色板中单击黑色色块，将 5 个六边形填充为黑色，如图 8-6 所示。

06 利用选择工具，选择所有图形，单击“对象”|“组合”|“组合对象”命令，将图形组合在一起，如图 8-7 所示。

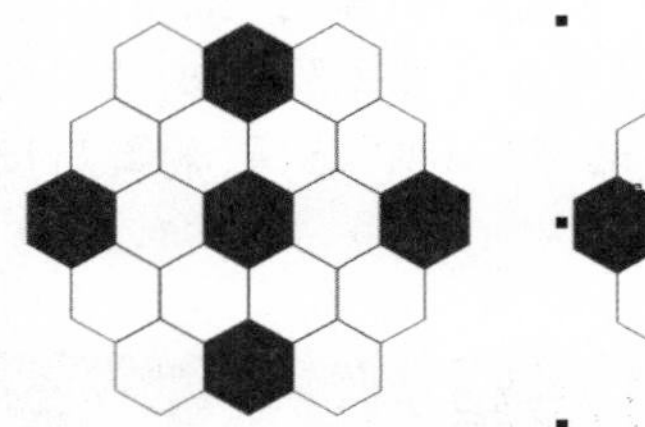

图8-6 填充图形 图8-7 组合图形

07 在工具箱中选取椭圆形工具，在群组后的图形上绘制正圆，并调整正圆的大小与位置，如图 8-8 所示。

08 单击“效果”|“透镜”命令，弹出“透镜”泊坞窗。在“无透镜效果”下拉列表框中选择“鱼眼”选项，设置“比率”为 120%，选中“冻结”复选框，如图 8-9 所示。

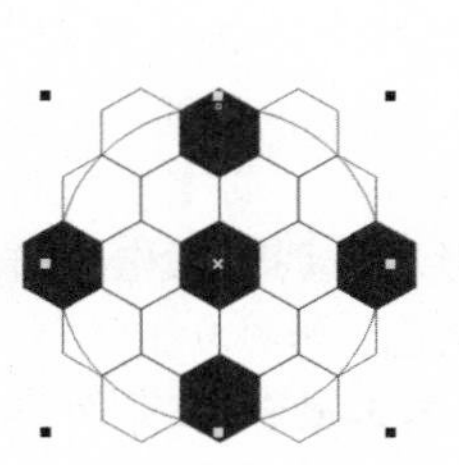

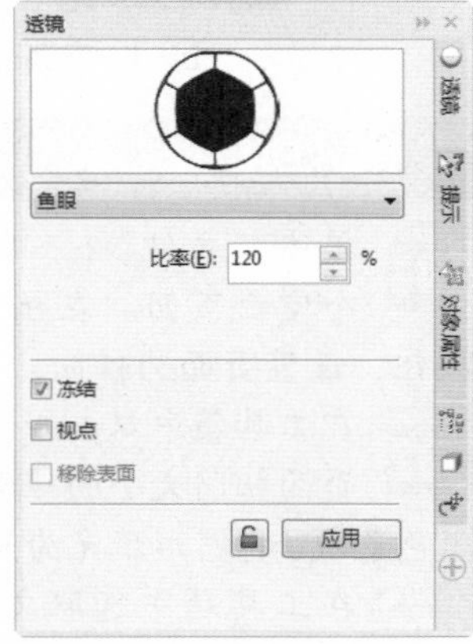

图8-8 绘制正圆 图8-9 “透镜”泊坞窗

09 单击“应用”按钮，此时的图形效果如图 8-10 所示。

10 利用选择工具选中位于底层的图形，单击“编辑”|“删除”命令将其删除，效果如图 8-11 所示。

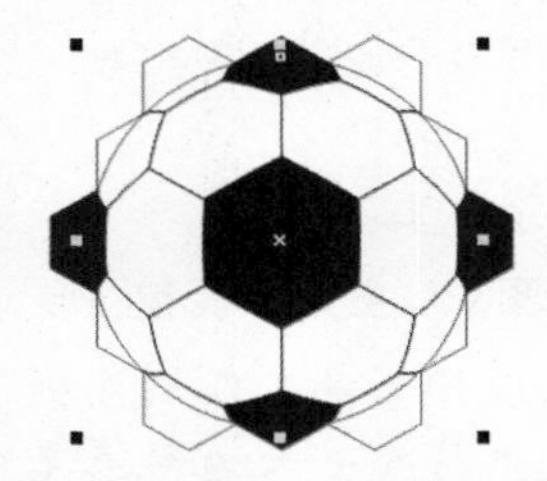

图8-10 应用透镜后的效果

图8-11 删除多余的图形

11 在工具箱中双击矩形工具，绘制一个与页面相同大小的矩形，如图 8-12 所示。

12 选取交互式填充工具，弹出“编辑填充”对话框，单击“底纹填充”按钮，在“底纹列表”列表框中选择“植被”选项，如图 8-13 所示。

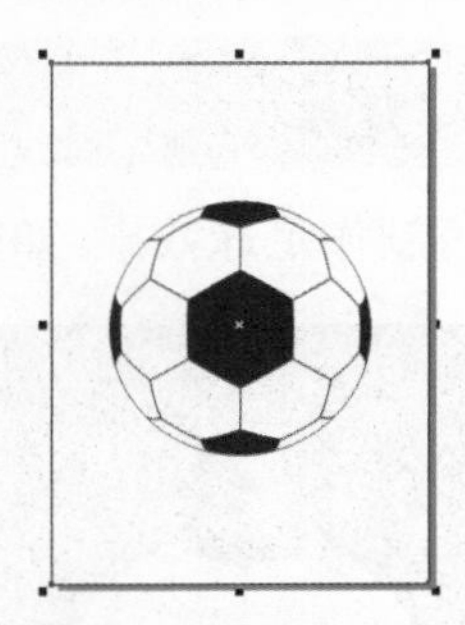

图8-12 绘制矩形

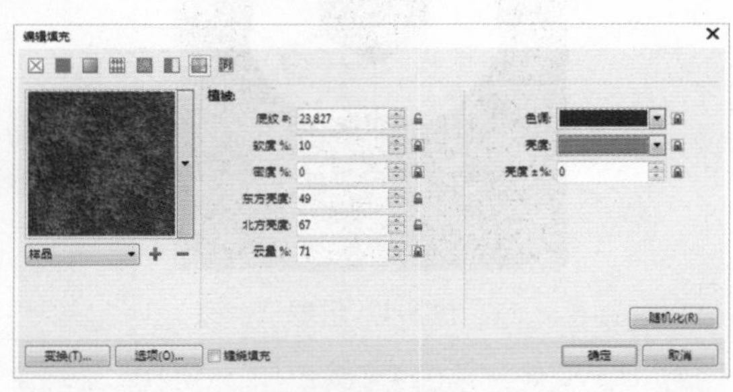

图8-13 “编辑填充”对话框

13 单击“确定”按钮，填充底纹后的效果参见图 8-1。至此，本实例制作完毕。

实例9 白加黑

本实例将制作白加黑效果，如图 9-1 所示。

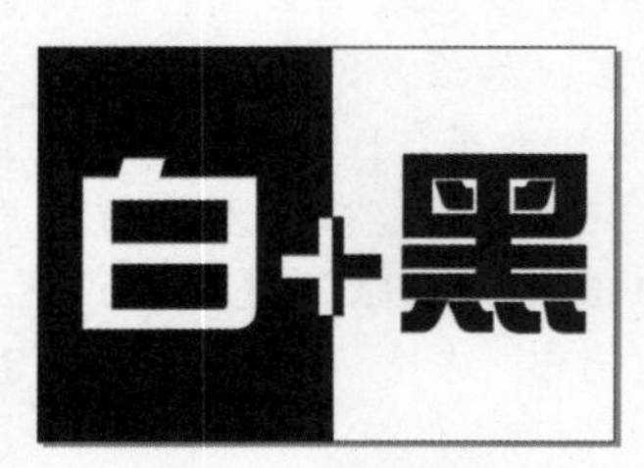

图9-1 白加黑效果

操作步骤

01 单击“文件”|“新建”命令，新建一个空白页面。在属性栏中单击“横向”按钮，设置页面为横向。

02 在工具箱中双击矩形工具，创建一个与页面相同大小的矩形。在调色板中单击黑色色块，将图形填充为黑色，如图 9-2 所示。

03 在工具箱中选取文本工具，在页面中单击并输入文字，然后设置合适的字体与字号，如图 9-3 所示。

图9-2 创建并填充矩形　　图9-3 输入文字

04 选中页面中的全部图形，单击“对象”|“转换为曲线”命令。

05 按住【Shift】键的同时选择黑色背景，单击属性栏中的“修剪”按钮，效果如图 9-4 所示。

06 在工具箱中选取刻刀工具，在页面的上端单击鼠标左键，然后在页面的下端单击鼠标左键分割图形。

07 利用选择工具选中文字，单击“编辑”|“删除”命令删除文字，如图 9-5 所示。

图9-4 对图形进行修剪 图9-5 删除选中的文字

08 再次利用选择工具选中图形的右半部分，如图 9-6 所示。

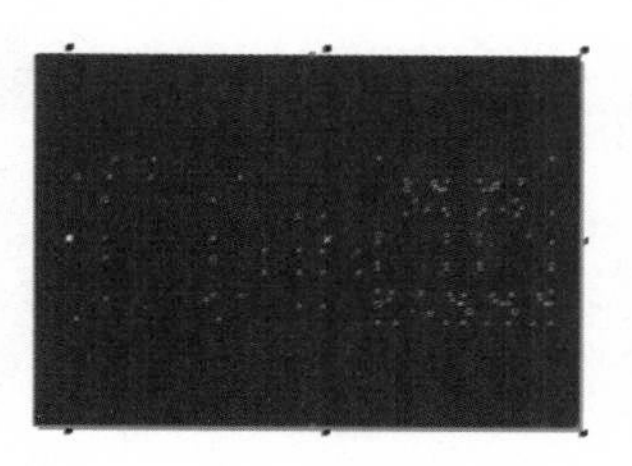

图9-6 选中图形的右半部分

09 单击“编辑”|“删除”命令，删除右半部分的图形，得到的最终效果参见图 9-1。至此，本实例制作完毕。

实例10 欢乐的草原

本实例将制作欢乐的草原效果，如图 10-1 所示。

图10-1 欢乐的草原

操作步骤

01 单击“文件”|“新建”命令，新建一个空白页面。在属性栏中单击“横向”按钮，设置页面为横向。

02 在工具箱中双击矩形工具，绘制一个和页面相同大小的矩形。在调色板中单击蓝色色块，将矩形填充为蓝色。

03 单击“对象”|“锁定”|“锁定对象”命令，将矩形锁定，如图 10-2 所示。

图10-2 创建并填充矩形

04 选取工具箱中的手绘工具，在页面中绘制图形，如图 10-3 所示。将图形填充为白色，并设置为无轮廓，效果如图 10-4 所示。

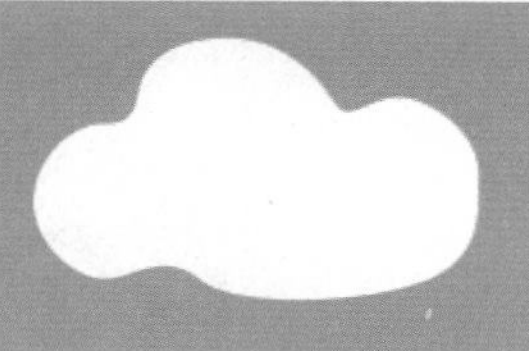

图10-3 绘制图形 图10-4 填充图形

05 选取工具箱中的选择工具，选择页面中白色的图形，单击“编辑”|“复制”命令，再单击“编辑”|“粘贴”命令两次，然后对复制得到的图形进行位置及大小的调整，如图 10-5 所示。

06 选取工具箱中的椭圆形工具，在页面中绘制一个椭圆，将椭圆的填充颜色设置为绿色，并设置为无轮廓，如图 10-6 所示。

图10-5 复制并调整图形 图10-6 绘制并填充椭圆

07 单击“文件”|“导入”命令，在弹出的“导入”对话框中选择一个图形文件，单击“导入”按钮，如图 10-7 所示。

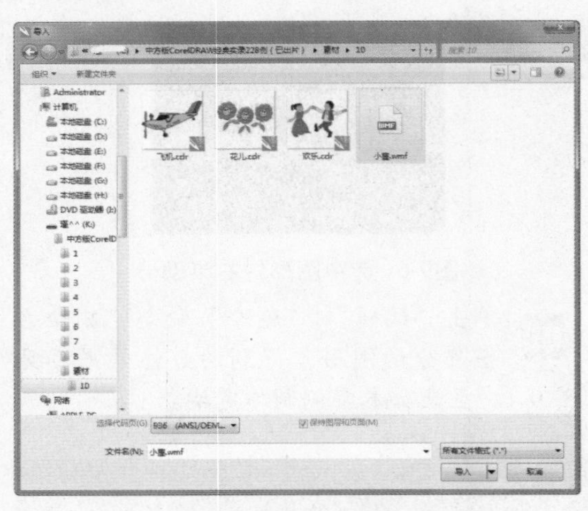

图10-7 “导入”对话框

08 此时即可将图形文件导入到绘图页面中，并调整图形的位置，如图 10-8 所示。

图10-8 导入图形并调整位置

09 选取工具箱中的选择工具，选择除了蓝天之外的全部图形。单击“对象”|“组合”|“组合对象”命令，将其组合在一起。

10 在蓝天图形上右击，在弹出的快捷菜单中选择“解锁对象”命令，解除对图形的锁定。

11 选中小屋白云草原图形，单击“对象”|“图框精确裁剪”|“置于图文框内部”命令，此时鼠标指针变为箭头形状，然后单击蓝天图形，得到的效果如图 10-9 所示。

12 选中页面中的图形，单击“对象”|“图框精确裁剪”|“编辑 PowerClip”命令，效果如图 10-10 所示。

图10-9 图框精确剪裁

图10-10 编辑内容

13 利用选择工具调整小屋、白云、草原图形的位置，如图 10-11 所示。

14 单击“对象”|“图框精确裁剪”|“结束编辑”命令，得到的效果如图 10-12 所示。

图10-11 调整图形的位置

图10-12 编辑后的图形效果

15 单击“文件”|“导入”命令，在弹出的“导入”对话框中选择一个图形文件，单击“导入”按钮，如图 10-13 所示。

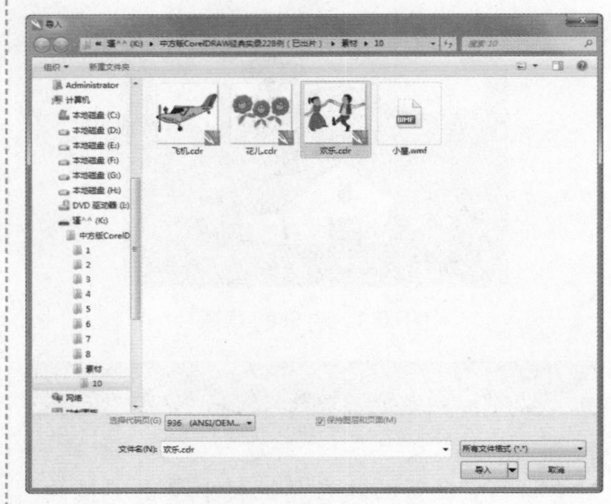

图10-13 “导入”对话框

16 此时即可将图形文件导入到绘图页面中，并调整图形的位置，如图 10-14 所示。

图10-14 导入图形并调整位置

17 继续导入其他图形，得到的最终效果参见图 10-1。至此，本实例制作完毕。

实例11 光盘

本实例将制作光盘效果，如图 11-1 所示。

图11-1 光盘

操作步骤

01 单击“文件”|“新建”命令，新建一个空白页面。

02 在工具箱中选取折线工具，在页面中绘制线段，如图 11-2 所示。

03 确认选中线段，在线段上单击鼠标左键进入旋转状态，然后将旋转中心点移至线段的左端，如图 11-3 所示。

图11-2 绘制线段　图11-3 移动中心点

04 单击“窗口”|“泊坞窗”|“变换”|“旋转”命令，弹出“变换”泊坞窗，在“角度”数值框中输入 30，在“副本”数值框中输入 1，如图 11-4 所示。

05 连续单击“应用”按钮 11 次，复制线段，效果如图 11-5 所示。

06 利用选择工具选中其中的一条线段，如图 11-6 所示。

07 按【F12】键，弹出“轮廓笔”对话框，在“颜色”下拉列表框中选择红色，如图 11-7 所示。

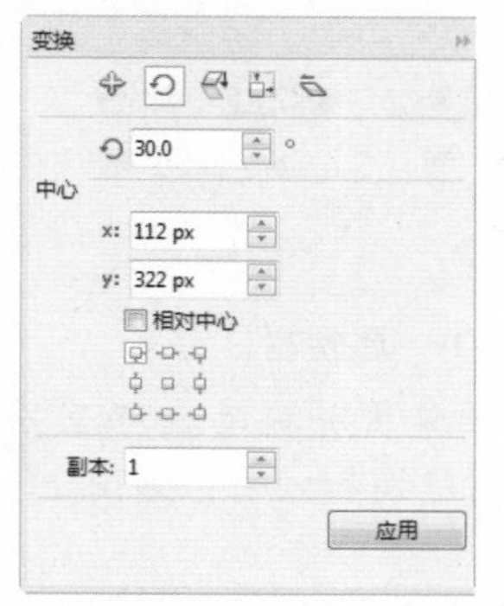

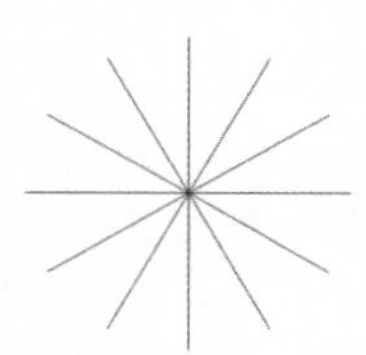

图11-4 “变换”泊坞窗　图11-5 复制线段

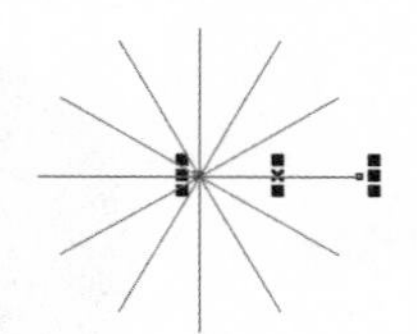

图11-6 选择线段

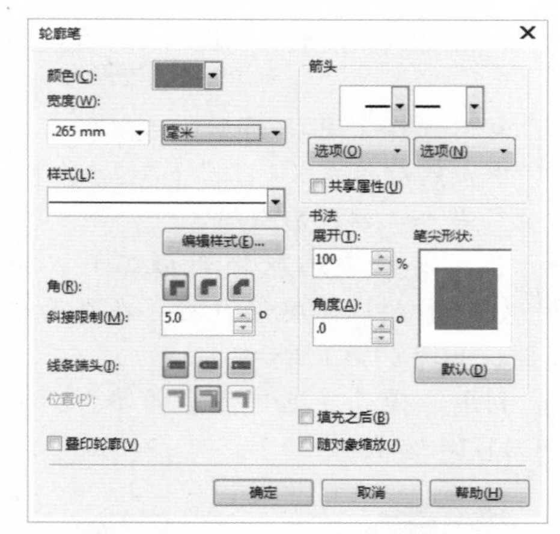

图11-7 “轮廓笔”对话框

08 单击“确定”按钮，效果如图 11-8 所示。

09 重复步骤 6~8 的操作，为其余的线条设置颜色，效果如图 11-9 所示。

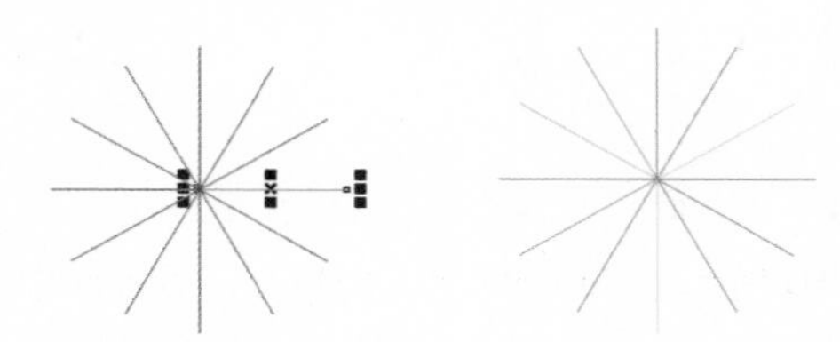

图11-8 设置线条颜色　图11-9 设置其余线条的颜色

10 在工具箱中选取调和工具，在属性栏的“调和对象”数值框中输入200，如图11-10所示。

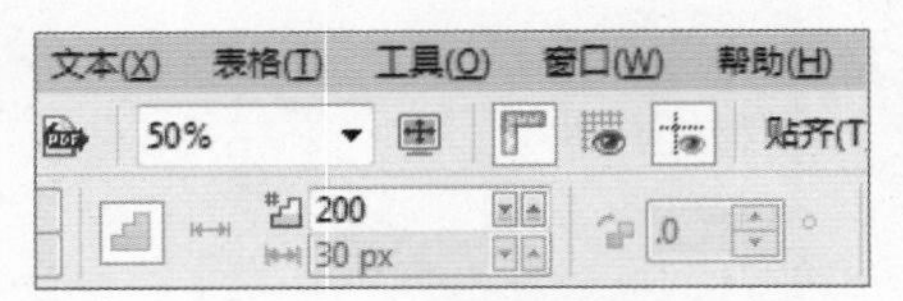

图11-10 属性栏

11 在一条线段上单击并拖动鼠标至另一条线段上，创建调和效果，如图11-11所示。

12 重复步骤11中的操作，即可得到光盘的雏形，效果如图11-12所示。

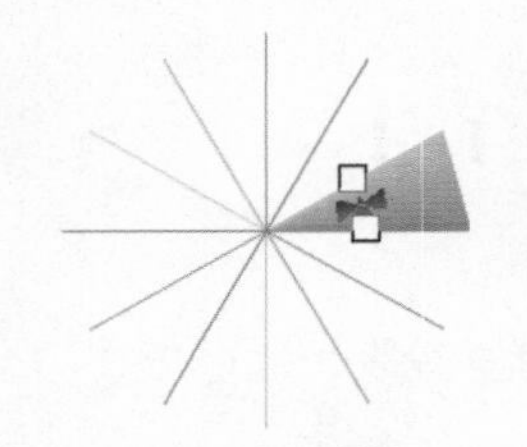

图11-11 创建调和效果

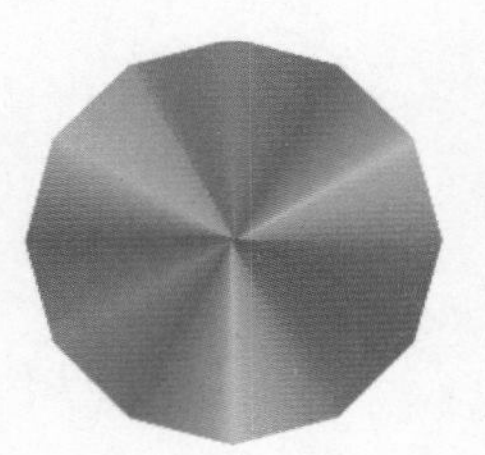

图11-12 光盘的雏形

13 利用选择工具将页面中的图形全部选中，然后单击“对象”|“组合”|“组合对象”命令，将图形群组。

14 在工具箱中选取椭圆形工具，按住【Ctrl】的同时拖动鼠标，在页面中绘制正圆，如图11-13所示。

15 利用选择工具选中光盘的雏形，如图11-14所示。

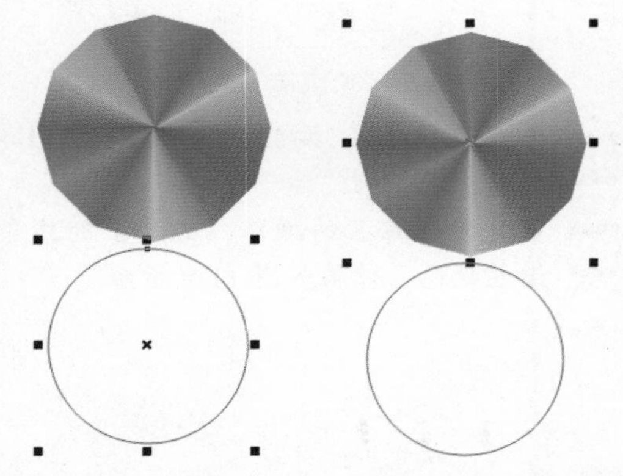

图11-13 绘制正圆　图11-14 选择图形

16 单击“对象”|“图框精确裁剪”|“置于图文框内部”命令，然后单击页面中的正圆，如图11-15所示，得到的光盘效果如图11-16所示。

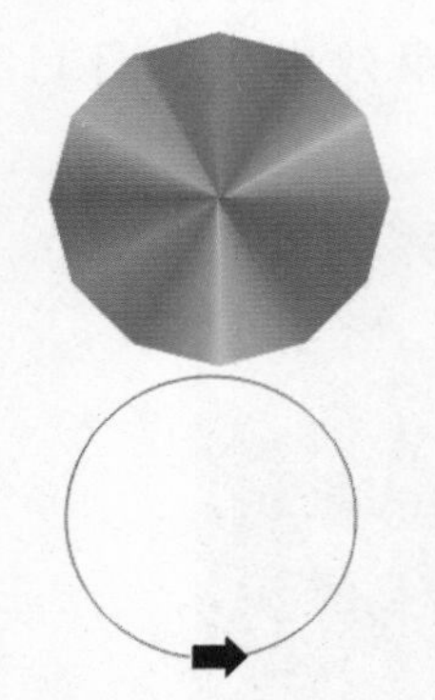

图11-15 单击正圆

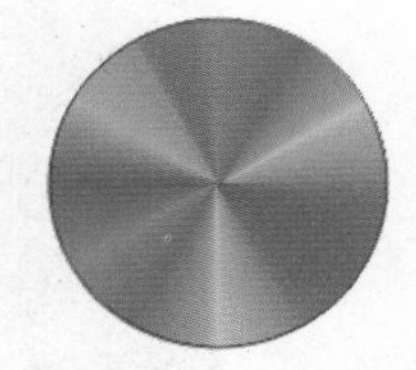

图11-16 光盘效果

17 利用选择工具选中页面中的光盘，在调色板上用鼠标右键单击“无”按钮，删除图形轮廓，效果如图11-17所示。

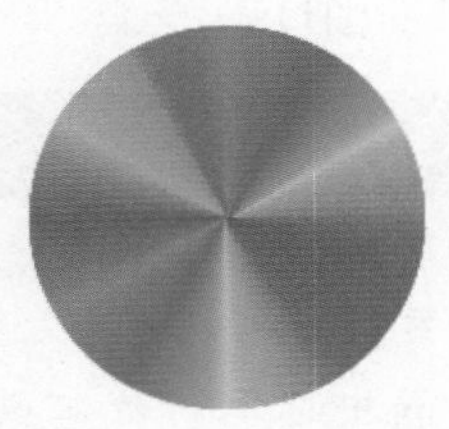

图11-17 无轮廓效果

18 在步骤14中如果绘制其他图形，比如五角星、多角星（如图11-18所示），则可以得到如图11-19所示的效果。

图11-18 绘制图形

图11-19 图形效果

19 利用选择工具在页面中调整图形的位置，如图11-20所示。

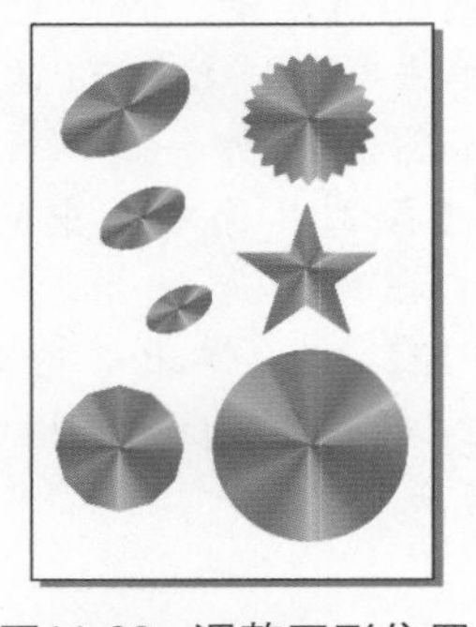

图11-20 调整图形位置

20 双击工具箱中的矩形工具，创建一个和页面相同大小的矩形。

21 选取交互式填充工具，在属性栏中单击“双色图样填充”按钮，在下拉列表中选择“底纹填充”选项，弹出“编辑填充”对话框。在“底纹库”下拉列表框中选择“样式”选项，在“底纹列表”列表框中选择“软2色圆斑”选项，如图11-21所示。单击“确定”按钮，为矩形进行填充，效果如图11-22所示。

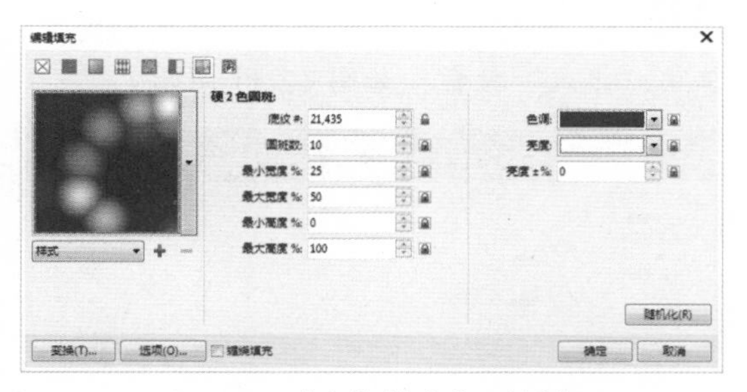

图11-21 “底纹填充”对话框

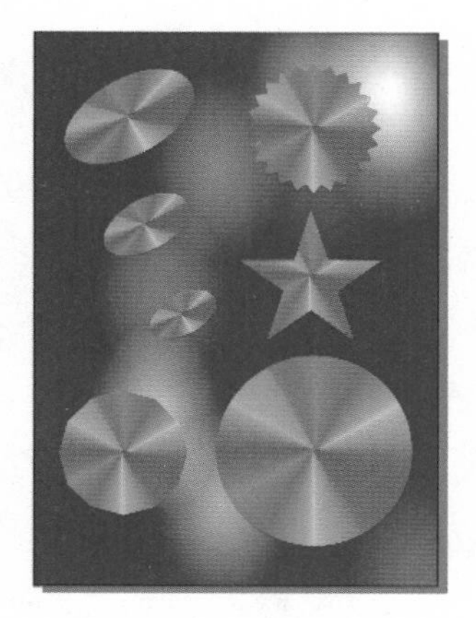

图11-22 填充后的效果

22 选取工具箱中的文本工具，在属性栏中设置合适的字体和字号，在页面中输入文字，并设置文字的颜色，得到的最终效果参见图11-1。至此，本实例制作完毕。

实例12 海豚图

本实例将制作海豚图效果，如图12-1所示。

图12-1 海豚图

操作步骤

01 单击“文件”|“新建”命令，新建一个空白页面。在属性栏中单击“横向”按钮，设置页面为横向。

02 在工具箱中选取钢笔工具，然后在页面中绘制曲线，如图12-2所示。

图12-2 绘制曲线

03 选取工具箱中的选择工具，选中页面中的曲线，单击“编辑”|“再制”命令复制曲线，如图12-3所示。

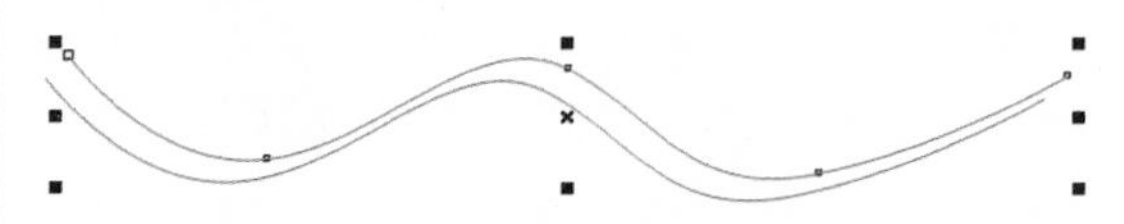

图12-3 复制曲线

04 利用选择工具调整复制得到的曲线的位置，如图12-4所示。

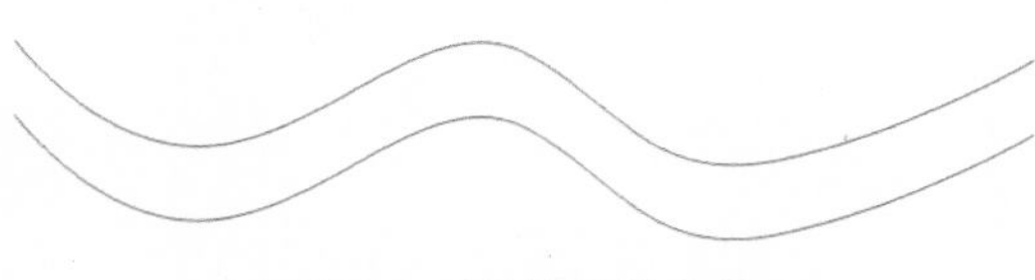

图12-4 调整曲线位置

05 利用选择工具选中位于下面的一条曲线，按【F12】键，弹出“轮廓笔”对话框，如图12-5所示。

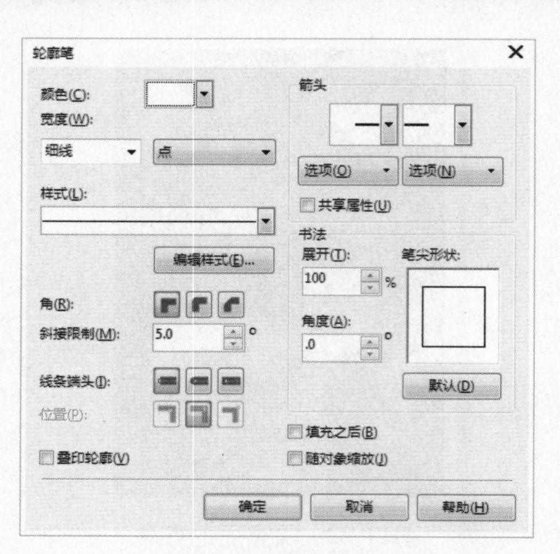

图12-5 “轮廓笔”对话框

06 在“轮廓笔”对话框中的“颜色”下拉列表框中选择冰蓝色，然后单击“确定”按钮，效果如图 12-6 所示。

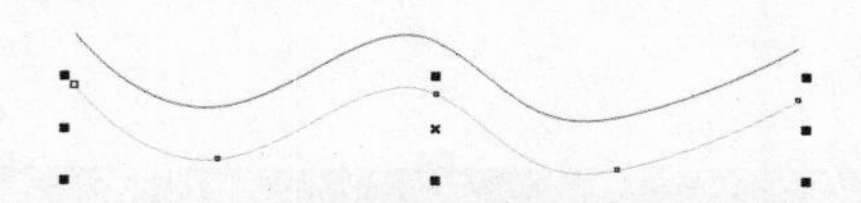

图12-6 改变线条颜色

07 按照步骤 5~6 的方法，将位于上面的曲线的颜色设置为白色。

08 利用选择工具选中所有线条，选择调和工具，在属性栏的“调和对象”数值框中输入 50，如图 12-7 所示。在页面中将蓝色的曲线拖动到白色的曲线上，效果如图 12-8 所示。

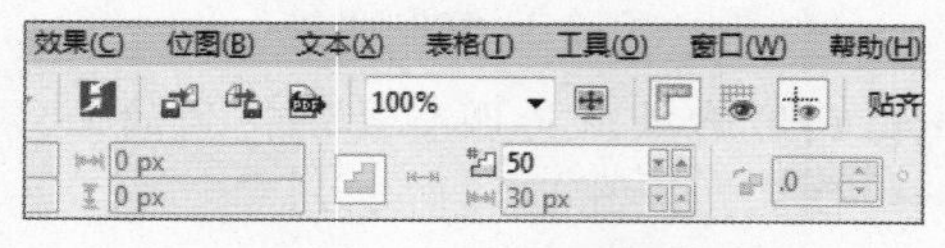

图12-7 设置调和参数

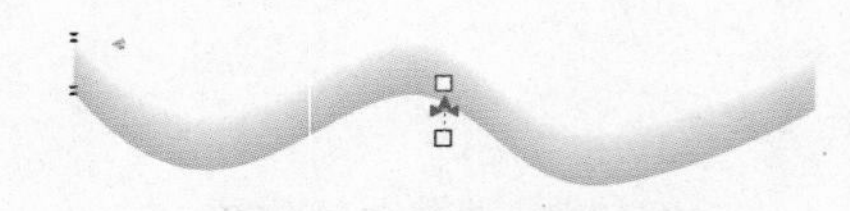

图12-8 创建调和效果

09 利用选择工具选中页面中的调和图形，单击“编辑”|“再制”命令复制图形，如图 12-9 所示。

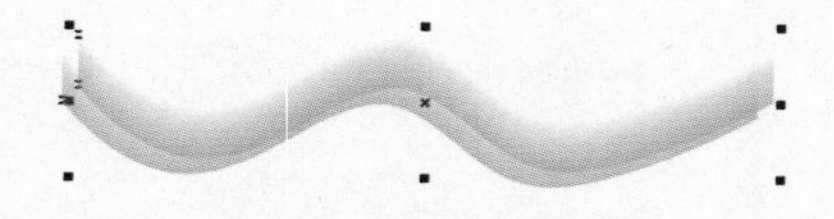

图12-9 复制图形

10 继续复制调和图形，并调整其位置，如图 12-10 所示。

图12-10 复制图形并调整位置

11 单击“文件”|“导入”命令，弹出“导入”对话框，在其中选择一个图形文件，单击“导入”按钮，如图 12-11 所示。

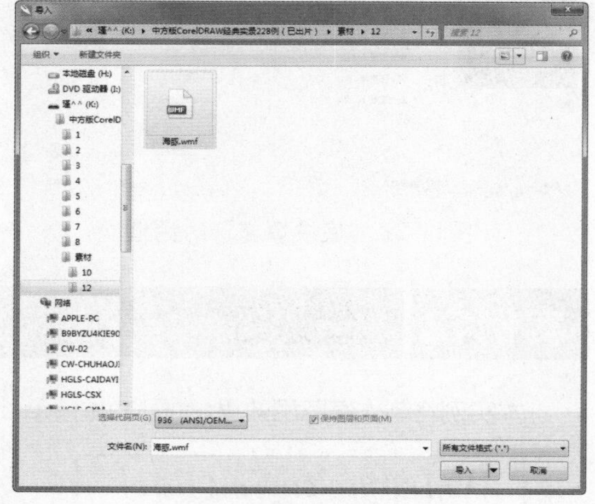

图12-11 “导入”对话框

12 在页面中单击并拖动鼠标导入图形，如图 12-12 所示。

图12-12 导入图形

13 选取工具箱中的文本工具，在属性栏中设置合适的字体和字号，在页面中输入文字，得到的最终效果参见图 12-1。至此，本实例制作完毕。

实例13 P4标志

本实例将制作P4标志效果，如图13-1所示。

图13-1 P4标志

操作步骤

01 单击“文件”|“新建”命令，新建一个空白页面。

02 在工具箱中选取手绘工具，在页面中拖动鼠标绘制曲线，如图13-2所示。

03 在工具箱中选取形状工具，单击曲线上的节点，在节点上出现两个控制柄，调整控制柄，从而调整曲线，如图13-3所示。

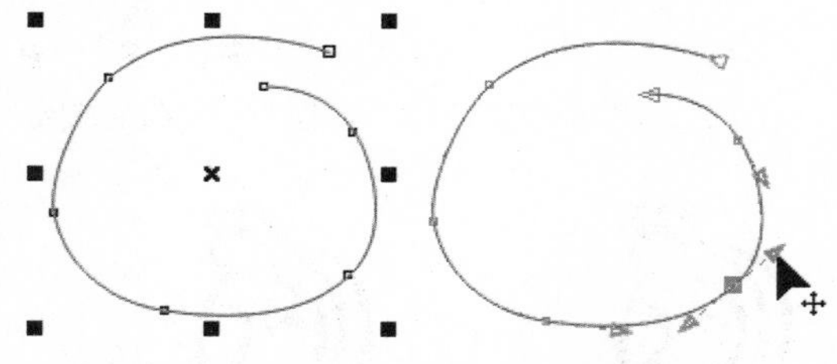

图13-2 绘制曲线　　图13-3 调整曲线

04 按照上一步的操作方法调整各个节点，得到的效果如图13-4所示。

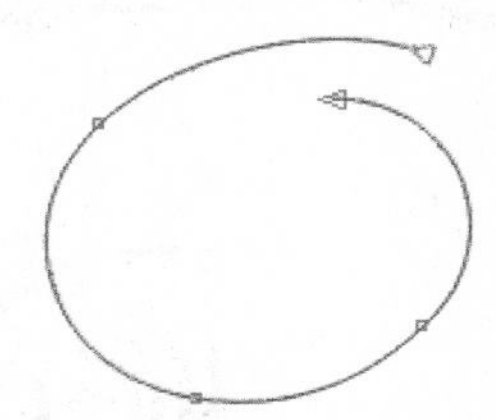

图13-4 调整后的效果

05 确保选中曲线，按【F12】键，弹出“轮廓笔”对话框。在“颜色”下拉列表框中选择蓝色，在“宽度”下拉列表框中选择5mm选项，如图13-5所示。

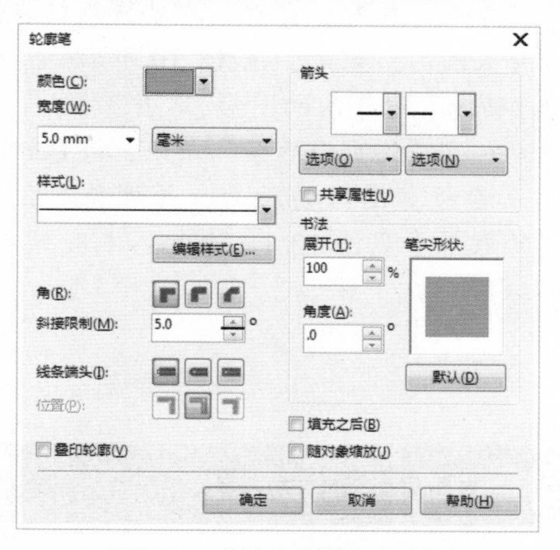

图13-5 “轮廓笔”对话框

06 单击“确定”按钮，图形效果如图13-6所示。

07 为了操作方便，利用缩放工具将图形放大，利用椭圆形工具在曲线上绘制一个较小的正圆，并设置其轮廓与填充颜色均为白色，如图13-7所示。

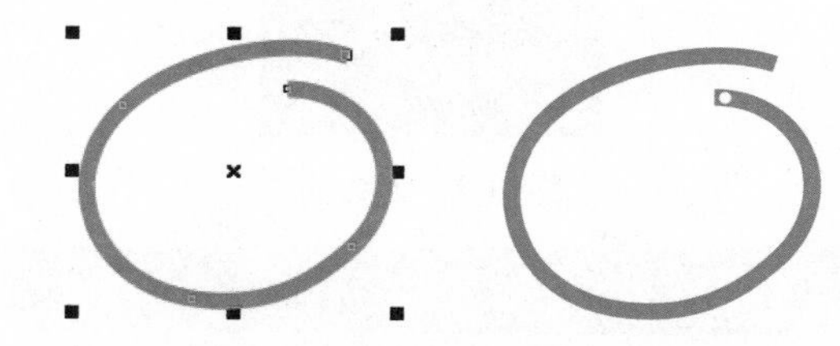

图13-6 设置轮廓颜色和宽度 图13-7 绘制正圆

08 在工具箱中选取文本工具，然后在正圆上单击鼠标左键，输入大写字母R，并设置文本的颜色为蓝色，如图13-8所示。

09 单击“文件”|“导入”命令，弹出“导入”对话框，从中选择一个矢量图形文件，单击“导入”按钮，在页面中单击并拖动导入的图形至合适位置，效果如图13-9所示。

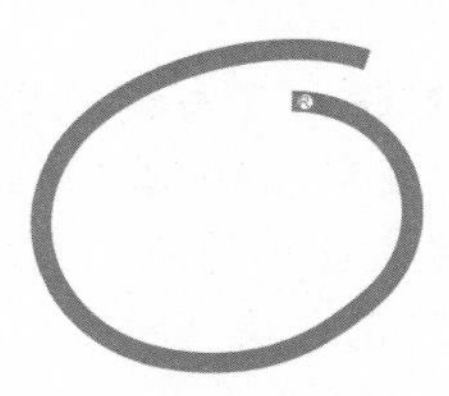

图13-8 输入文字　　图13-9 导入图形

10 单击“文件”|“导入”命令，弹出“导入”对话框，从中选择一个矢量图形文件，单击“导入”按钮，在页面中单击鼠标左键，即可导入图形，效果如图13-10所示。

11 确保选中导入的图形，单击“对象”|“顺序”|“到页面后面”命令，将Pentium图形置于所有图形的后面，并调整其位置，得到的效果参见图13-1。至此，本实例制作完毕。

图13-10 导入图形

实例14 仕女图

本实例将制作仕女图效果，如图14-1所示。

图14-1 仕女图

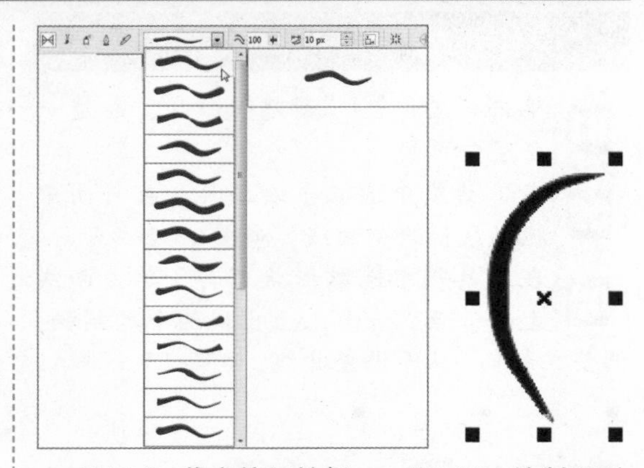
图14-2 艺术笔属性栏　　图14-3 绘制图形

操作步骤

01 单击“文件”|“新建”命令，新建一个空白页面。

02 选取工具箱中的艺术笔工具，在属性栏的“预设笔触列表”下拉列表框中选择合适的笔触样式，如图14-2所示。

03 在页面中单击并拖动鼠标，进行绘画，如图14-3所示。

04 继续绘画，得到的图形效果如图14-4所示。

05 利用工具箱中的形状工具与钢笔工具对图形进行微调，效果如图14-5所示。

06 利用选择工具选中页面中的所有图形，在调色板中单击黑色色块，对图形进行填充，如图14-6所示。

07 继续使用艺术笔工具进行绘制，完善图形，效果如图14-7所示。

图14-4 绘制的图形

图14-5 调整图形

图14-6 填充图形

图14-7 完善图形

08 在工具箱中双击矩形工具，创建一个和页面相同大小的矩形。

09 按【F11】键，弹出“编辑填充”对话框，单击“底纹填充”按钮，然后选择一种底纹效果，如图14-8所示。

10 单击“确定”按钮，填充矩形，得到的最终效果参见图14-1。至此，本实例制作完毕。

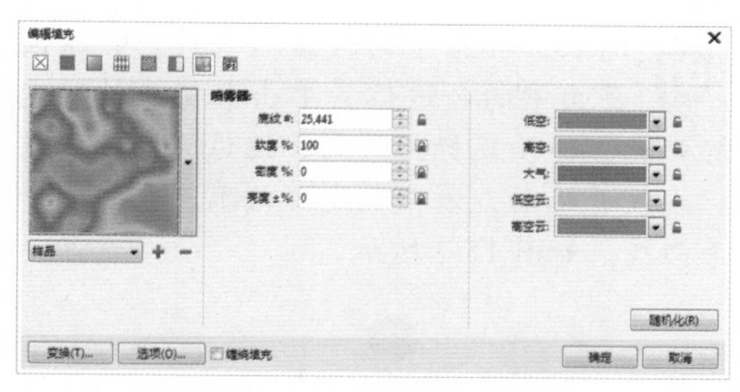

图14-8 “编辑填充”对话框

实例15 彩球

本实例将制作彩球，效果如图15-1所示。

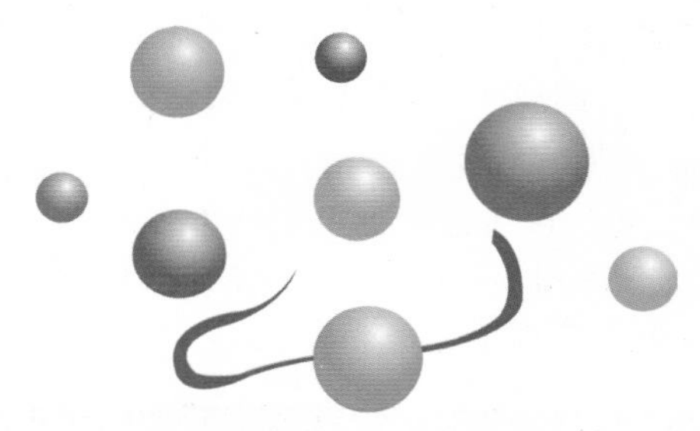

图15-1 彩球

操作步骤

01 单击“文件”|“新建”命令，新建一个空白页面。

02 选取工具箱中的椭圆形工具，在绘图页面的合适位置，在按住【Ctrl】键的同时单击并拖动鼠标，绘制一个正圆，如图15-2所示。

图15-2 绘制正圆

03 按【F11】键，弹出“编辑填充”对话框，单击“渐变填充”按钮，单击“椭圆形渐变填充”按钮，如图15-3所示。设置0%位置颜色的CMYK值为9、85、100、0，100%位置的颜色为白色（CMYK值均为0）。

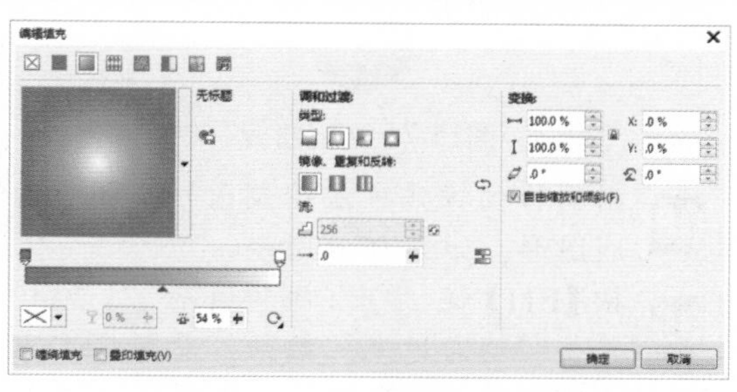

图15-3 “编辑填充”对话框

04 单击“确定”按钮，对正圆进行渐变填充，效果如图15-4所示。

05 按【F12】键，弹出“轮廓笔”对话框，在“宽度”下拉列表框中选择“无”选项，删除正圆的轮廓，效果如图15-5所示。

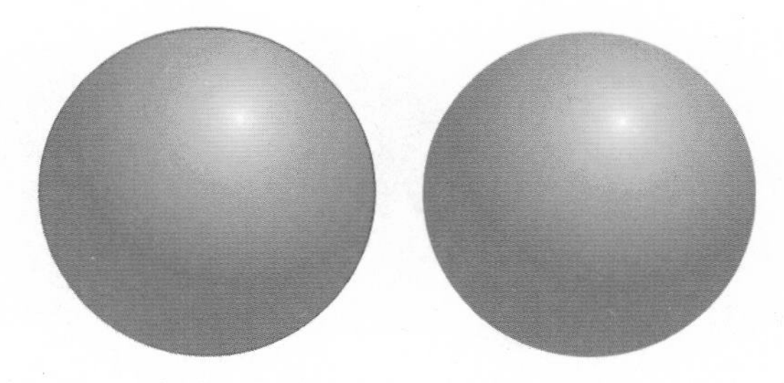

图15-4 渐变填充正圆　　图15-5 删除轮廓

06 参照步骤2~5的操作方法绘制其他正圆，并填充相应的渐变色，效果如图15-6所示。

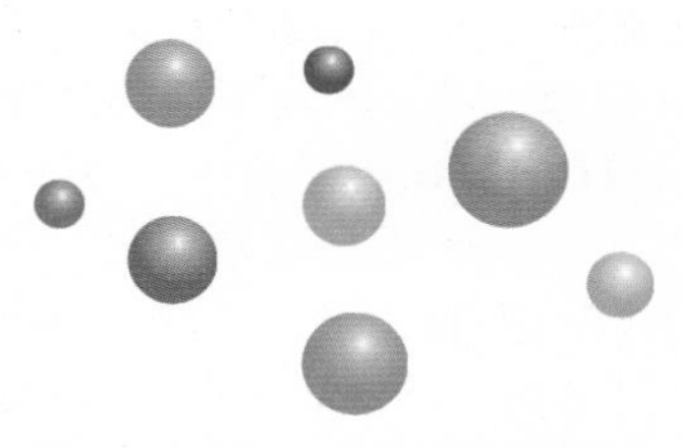

图15-6 绘制并填充其他正圆

07 选取工具箱中的贝塞尔工具，在绘图页面中的合适位置单击鼠标左键确定起始点，移动鼠标指针到合适位置，按住鼠标左键并拖动，依次确定其他节点，绘制一条曲线，如图 15-7 所示。

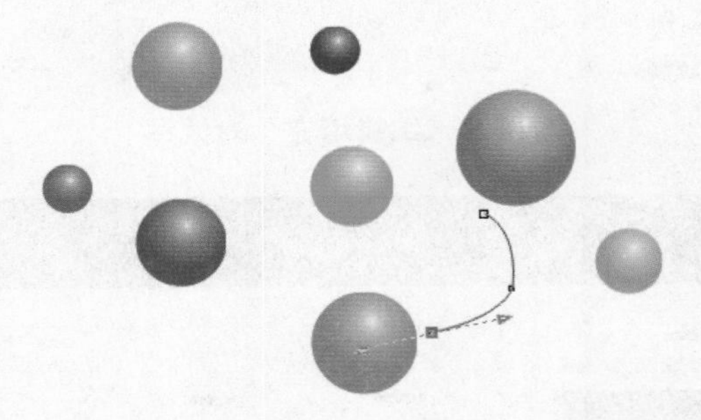

图15-7 绘制曲线

08 用同样的操作方法绘制出一个闭合曲线图形，如图 15-8 所示。

09 按【F11】键，弹出“编辑填充”对话框，单击“均匀填充”按钮，设置 CMYK 值分别为 38、96、18、5，如图 15-9 所示。

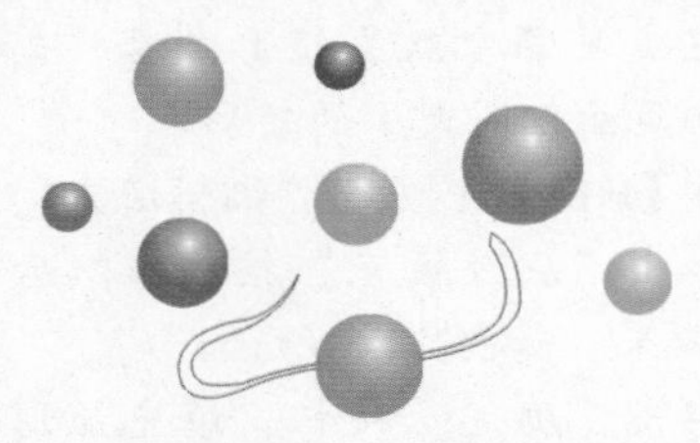

图15-8 绘制一个闭合图形

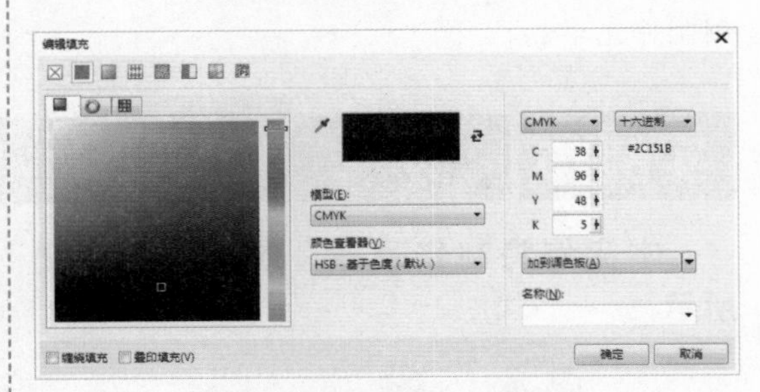

图15-9 “编辑填充”对话框

10 单击“确定”按钮，为闭合图形填充颜色。在调色板上用鼠标右键单击“无”按钮，删除图形轮廓。至此，本实例制作完毕，效果参见图 15-1。

实例16 放大镜

本实例将制作放大镜，效果如图 16-1 所示。

图16-1 放大镜

操作步骤

01 单击“文件”|“新建”命令，新建一个空白页面。按【F7】键，选取工具箱中的椭圆形工具，在绘图页面中的合适位置，按住【Ctrl】键的同时单击并拖动鼠标，绘制一个正圆，如图 16-2 所示。

02 按【F11】键，弹出“编辑填充”对话框，单击“渐变填充”按钮，设置 0% 位置的颜色为灰色（CMYK 值分别为 0、0、0、25）、100% 位置的颜色为浅灰色（CMYK 值分别为 0、0、0、6），单击“确定”按钮，为正圆填充渐变颜色；然后删除其轮廓，效果如图 16-3 所示。

图16-2 绘制正圆

图16-3 渐变填充图形并删除轮廓

03 参照步骤 1~2 的操作方法绘制其他正圆，填充相应的渐变色并删除其轮廓，效果如图 16-4 所示。

图16-4 绘制渐变并填充其他正圆

04 选取工具箱中的3点矩形工具，在绘图页面中的合适位置单击并拖动鼠标，以确定矩形的一条边，然后移动鼠标指针至合适位置后单击鼠标左键，绘制一个矩形。单击“对象”|“顺序”|“到图层后面”命令，调整图形至图层的最后面，效果如图16-5所示。

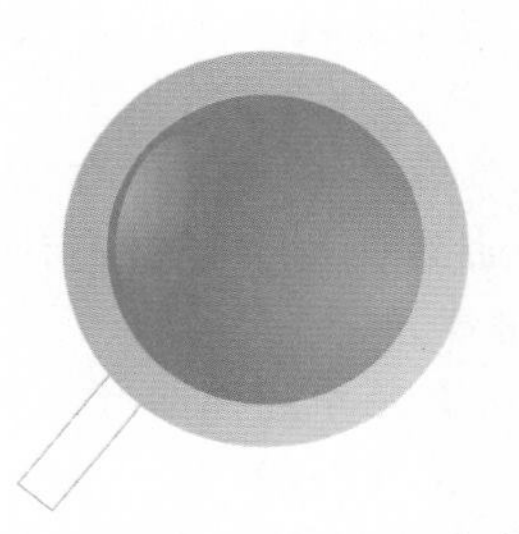

图16-5 绘制矩形并调整图层顺序

05 按【F11】键，弹出“编辑填充”对话框，单击“渐变填充”按钮，设置0%位置的颜色为白色，100%位置的颜色为黑色（CMYK值分别为0、0、0、100），“旋转”为270，单击“确定”按钮，渐变填充矩形，并删除其轮廓，效果如图16-6所示。

图16-6 渐变填充图形并删除轮廓

06 选取工具箱中的钢笔工具，在绘图页面中的合适位置绘制一个闭合手柄图形，如图16-7所示。

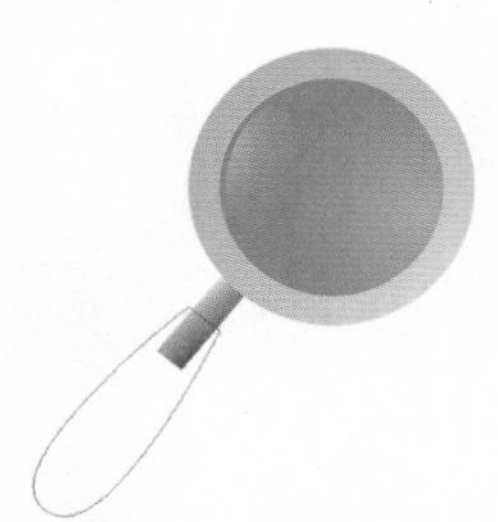

图16-7 绘制闭合图形

07 参照步骤5的操作方法为闭合手柄图形填充相应的渐变色，并删除其轮廓。至此，本实例制作完毕，效果参见图16-1。

实例17 圣诞帽

本实例将制作圣诞帽，效果如图17-1所示。

图17-1 圣诞帽

操作步骤

01 单击“文件”|“新建”命令，新建一个空白页面。选取工具箱中的多边形工具，在其属性栏中设置“点数和边数”为3，在绘图页面中的合适位置绘制一个三角形，效果如图17-2所示。

02 按【F7】键，选取工具箱中的椭圆形工具，在绘图页面中的合适位置绘制一个椭圆，如图17-3所示。

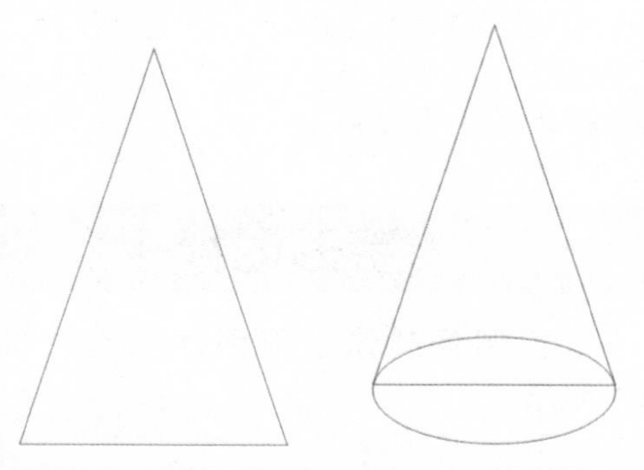

图17-2 绘制三角形　　图17-3 绘制椭圆

03 选取工具箱中的选择工具，按住【Shift】键的同时在相应的图形上单击鼠标左键，选取三角形和椭圆，然后单击其属性栏中的“合并”按钮合并图形，效果如图 17-4 所示。

04 按【F11】键，弹出“编辑填充”对话框，单击“渐变填充”按钮，设置 0% 位置的颜色为橙色(CMYK 值分别为 3、24、96、0)，65% 位置的颜色为淡黄色（CMYK 值分别为 5、1、13、0)，100% 位置的颜色为中黄色 (CMYK 值分别为 2、16、93、0)，“旋转”为 270，单击“确定”按钮，为合并的图形填充渐变颜色。右击调色板中的“无”按钮，删除该图形的轮廓，效果如图 17-5 所示。

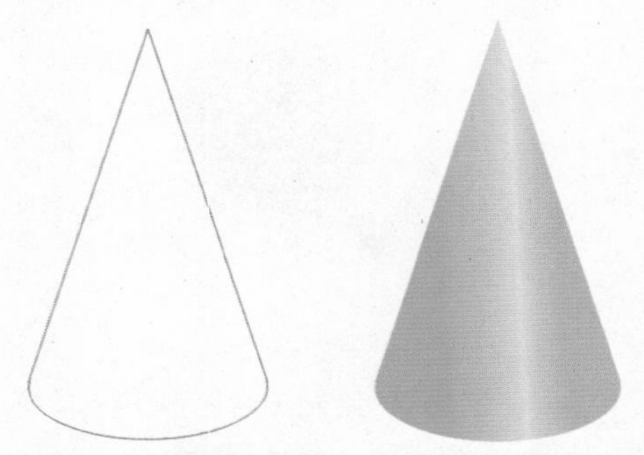

图17-4 焊接图形　图17-5 渐变填充图形并删除轮廓

05 选取工具箱中的钢笔工具，在绘图页面中绘制一个闭合曲线图形，效果如图 17-6 所示。

06 按【F11】键，弹出“编辑填充”对话框，单击“渐变填充”按钮，设置 0% 和 100% 位置的颜色均为红色（CMYK 值分别为 1、96、91、0)，33% 和 87% 位置的颜色均为淡红色（CMYK 值分别为 2、54、46、0)，65% 位置的颜色为浅粉色（CMYK 值分别为 4、12、2、0)，单击“确定”按钮，为闭合图形填充渐变颜色。删除闭合图形的轮廓，效果如图 17-7 所示。

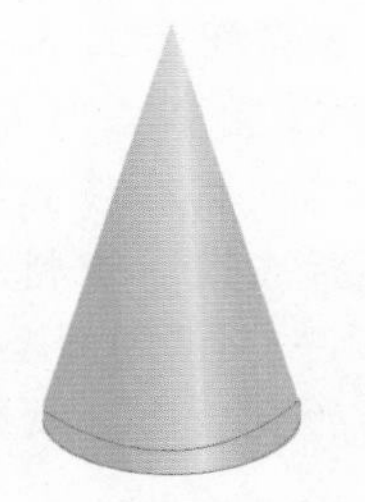

图17-6 绘制曲线图形　图17-7 渐变填充图形并删除轮廓

07 参照步骤 5~6 的操作方法绘制其他的闭合曲线图形，并进行渐变填充，效果如图 17-8 所示。

08 选取工具箱中的椭圆形工具，绘制一个正圆。按【F11】键，弹出“编辑填充”对话框，单击“渐变填充”按钮，单击“椭圆形渐变填充”按钮，设置渐变颜色为橙色 (CMYK 值分别为 0、10、15、0) 到白色 (CMYK 值均为 0)，单击“确定”按钮，为正圆填充渐变颜色，效果如图 17-9 所示。

图17-8 绘制并渐变填充其他图形

图17-9 绘制并渐变填充正圆

09 还可以用同样的操作方法制作其他颜色的图形。至此，本实例制作完毕，最终效果参见图 17-1。

实例18 手形图标

本实例将制作手形图标，效果如图 18-1 所示。

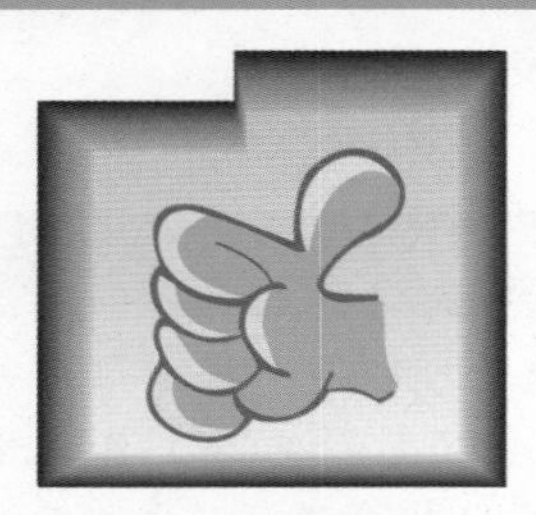

图18-1 手形图标

操作步骤

01 单击“文件”|“新建”命令，新建一个空白页面。选取工具箱中的矩形工具，在绘图页面中的合适位置绘制两个大小不同的矩形，效果如图 18-2 所示。

02 双击选择工具，选择绘图页面中的两个矩形，单击其属性栏中的“合并”按钮合并图形，效果如图 18-3 所示。

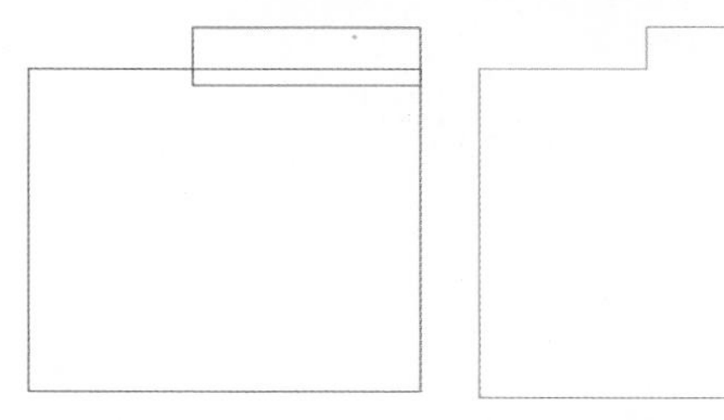

图18-2 绘制矩形 图18-3 合并图形

03 按【F11】键，弹出“编辑填充”对话框，单击“渐变填充”按钮，设置 0% 位置的颜色 为浅灰色（CMYK 值分别为 0、0、0、20），100% 位置的颜色为白色（CMYK 值均为 0），单击“确定”按钮，为合并图形填充渐变色。删除其轮廓，效果如图 18-4 所示。

图18-4 渐变填充图形并删除轮廓

04 按小键盘上的【+】键复制图形，单击“对象”|“顺序”|“向后一层”命令，将复制的图形向后移一层。单击调色板中的黑色色块，填充其颜色为黑色，并缩放至合适的大小，效果如图 18-5 所示。

05 选取工具箱中的调和工具，用鼠标拖动相应的图形，在两个图形之间进行直线调和，在其属性栏中设置“调和对象”为 15，效果如图 18-6 所示。

图18-5 复制图形 图18-6 直线调和效果

06 选取工具箱中的钢笔工具，在绘图页面的合适位置绘制曲线图形，如图 18-7 所示。

07 按【F11】键，弹出“编辑填充”对话框，单击“均匀填充”按钮，设置颜色为褐色（CMYK 值分别为 36、88、93、2），单击“确定”按钮，为曲线图形填充颜色。删除其轮廓，效果如图 18-8 所示。

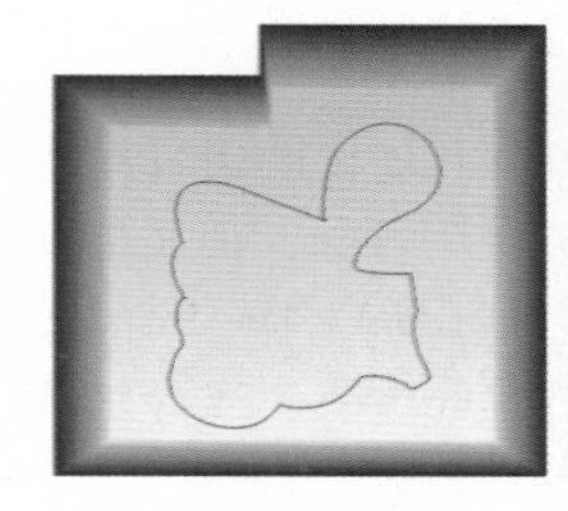

图18-7 绘制曲线图形 图18-8 填充颜色并删除轮廓

08 参照步骤 6~7 的操作方法绘制其他曲线图形，并设置其颜色为中黄色（CMYK 值分别为 1、32、89、0），效果如图 18-9 所示。

图18-9 绘制其他曲线图形并填充颜色

09 用同样的操作方法绘制高光部分的曲线图形，并设置其颜色为淡黄色（CMYK 值分别为 0、5、21、0）。至此，本实例制作完毕，效果参见图 18-1。

实例19 时尚发夹

本实例将制作时尚发夹，效果如图19-1所示。

图19-1 时尚发夹

操作步骤

01 按【Ctrl+N】组合键，新建一个空白页面。选取工具箱中的贝塞尔工具，在绘图页面中绘制一个闭合曲线图形，效果如图19-2所示。

02 按【F11】键，弹出“编辑填充”对话框，单击“均匀填充”按钮，设置其颜色为粉红色（CMYK值分别为1、45、35、0），填充曲线图形，然后删除其轮廓，效果如图19-3所示。

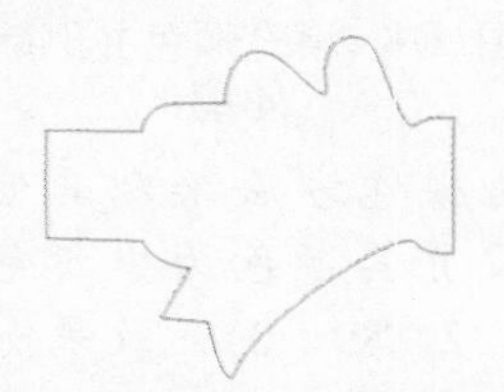

图19-2 绘制曲线图形

图19-3 均匀填充图形并删除轮廓

03 选取工具箱中的钢笔工具，绘制发夹上的花瓣图形，如图19-4所示。

04 参照步骤2的操作方法填充图形并删除其轮廓，填充颜色为红色（CMYK值分别为2、100、88、0），效果如图19-5所示。

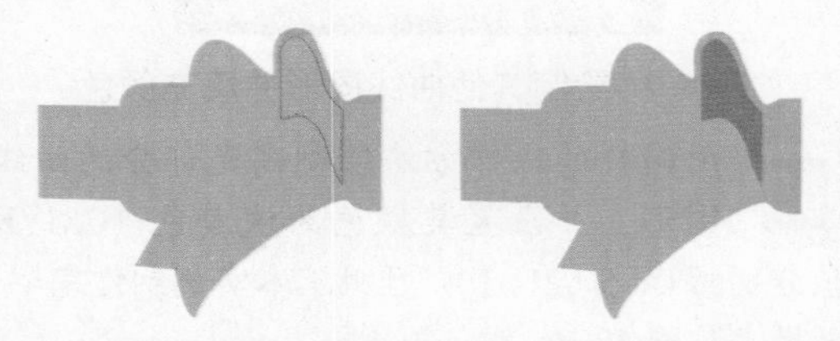

图19-4 绘制花瓣图形 图19-5 填充图形并删除轮廓

05 参照步骤1~4的操作方法绘制其他花瓣图形，并填充相应的颜色，效果如图19-6所示。

图19-6 绘制其他花瓣并填充颜色

06 双击选择工具，选择绘制的全部图形，并按【Ctrl+G】组合键组合图形。单击“对象”|“排列”|“缩放和镜像”命令，在弹出的“变换”泊坞窗中单击“水平镜像”按钮，选中“按比例”下方右侧中间的复选框，在“副本”数值框中输入1，单击“应用”按钮，水平镜像并复制图形，效果如图19-7所示。

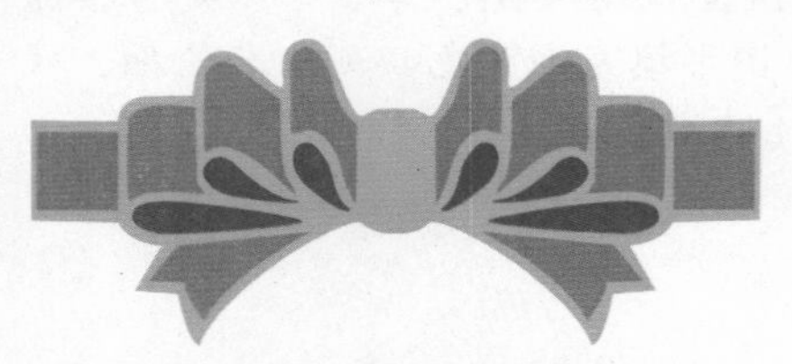

图19-7 水平镜像并复制图形

07 按【F6】键，选取工具箱中的矩形工具，在绘图页面中的合适位置绘制矩形；在其属性栏中设置矩形4个角的转角半径均为48，效果如图19-8所示。

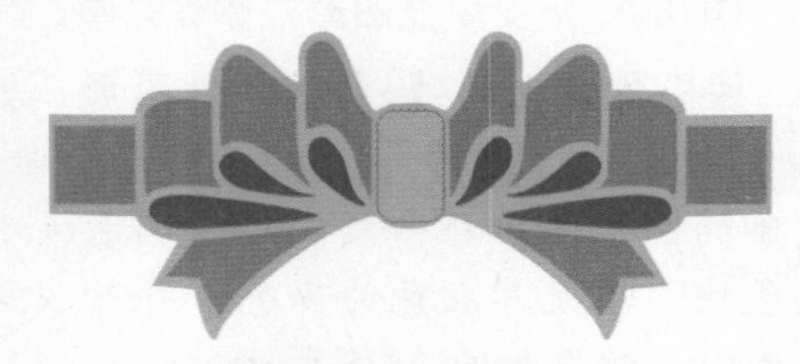

图19-8 绘制圆角矩形

08 参照步骤2的操作方法填充圆角矩形的颜色为红色（CMYK值分别为2、100、88、0），并删除其轮廓，效果如图19-9所示。

图19-9 填充颜色并删除轮廓

09 选取工具箱中的椭圆形工具，在按住【Ctrl】键的同时单击并拖动鼠标，绘制一个正圆。参照步骤 2 的操作方法填充其颜色为淡红色(CMYK 值分别为 0、40、15、0)，并删除其轮廓，效果如图 19-10 所示。

图19-10 绘制正圆图形

10 选择正圆，在按住【Ctrl】键的同时拖动鼠标至合适位置，松开鼠标的同时右击，复制正圆图形，然后调整复制正圆的位置及大小。用同样的方法复制多个正圆，效果如图 19-11 所示。

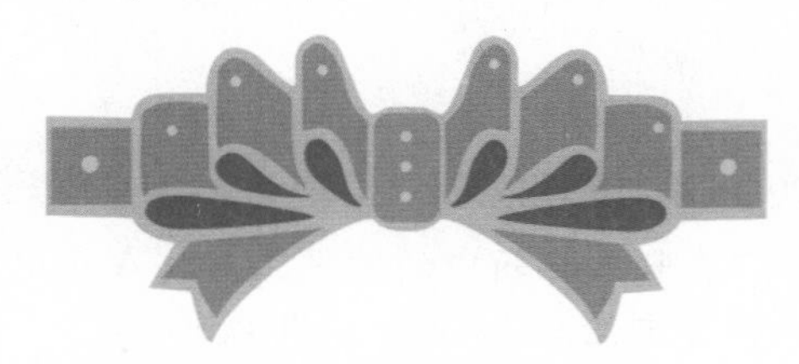

图19-11 复制正圆并调整其位置及大小

11 还可以根据设计需要改变相应的颜色，制作其他色调的图形。至此，本实例制作完毕，最终效果如图 19-12 所示。

图19-12 最终效果

实例20 水晶蚂蚁

本实例将制作水晶蚂蚁，效果如图 20-1 所示。

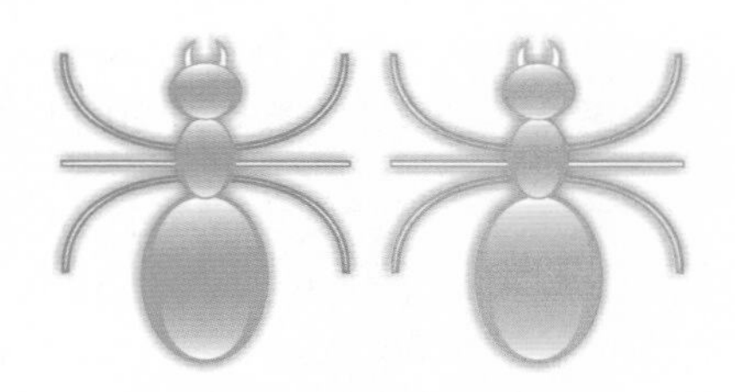

图20-1 水晶蚂蚁

操作步骤

01 按【Ctrl+N】组合键，新建一个空白页面。选取工具箱中的椭圆形工具，在绘图页面中的合适位置绘制一个椭圆，效果如图 20-2 所示。

02 按【F11】键，弹出“编辑填充”对话框，单击“均匀填充”按钮，设置颜色为红色（CMYK 值分别为 1、53、32、0），单击“确定”按钮，为椭圆填充颜色。在调色板上用鼠标右键单击“无”按钮，删除其轮廓，效果如图 20-3 所示。

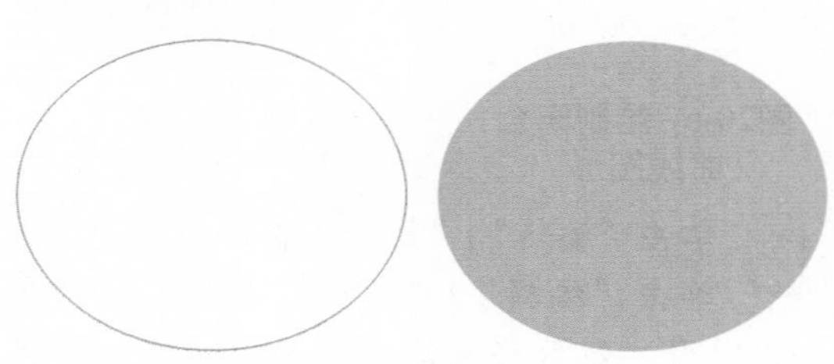

图20-2 绘制椭圆　图20-3 填充颜色并删除轮廓

03 参照步骤 1~2 的操作方法绘制一个椭圆，并填充其颜色为白色。选取工具箱中的透明度工具，在其属性栏中单击“渐变透明度”按钮，为椭圆添加透明效果，并删除图形轮廓，如图 20-4 所示。

04 参照步骤 1~3 的操作方法绘制水晶蚂蚁身体的其他部分，进行渐变填充并删除其轮廓，效果如图 20-5 所示。

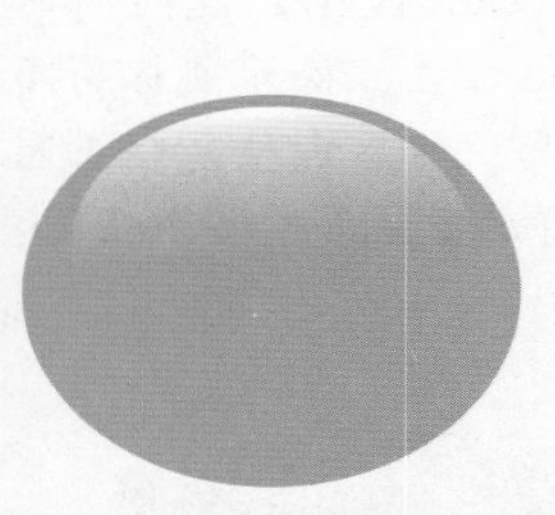

图20-4 添加透明效果

图20-5 绘制其他图形

05 选取工具箱中的钢笔工具，在绘图页面中绘制一个闭合曲线图形，如图20-6所示。

06 按【F11】键，在弹出的“编辑填充”对话框中单击“均匀填充”按钮，设置颜色为粉红色（CMYK值分别为1、38、21、0），单击“确定”按钮，为闭合图形填充颜色，并删除其轮廓。单击“对象”|“顺序”|“到图层后面”命令，将其置于图层最后面，效果如图20-7所示。

图20-6 绘制闭合曲线图形

图20-7 填充颜色并置于图层后面

07 单击“编辑”|“复制”命令，复制图形。单击“编辑”|“粘贴”命令，粘贴复制的图形，然后将鼠标指针置于图形四周任意控制柄上，在按住【Shift】键的同时拖动鼠标，等比例向中心缩放图形。单击调色板中的白色色块，填充其颜色为白色，效果如图20-8所示。

08 选取工具箱中的选择工具，在绘图页面中拖动鼠标框选曲线图形，并按【Ctrl+G】组合键组合图形。按小键盘上的【+】键复制图形，单击其属性栏中的“水平镜像”按钮水平镜像图形，单击“对象”|“顺序”|“到图层后面”命令，并将镜像的图形移至页面的合适位置，效果如图20-9所示。

图20-8 复制并填充图形 图20-9 复制并镜像图形

09 参照步骤5~6的操作方法绘制其他曲线图形，然后进行渐变填充并删除其轮廓，效果如图20-10所示。

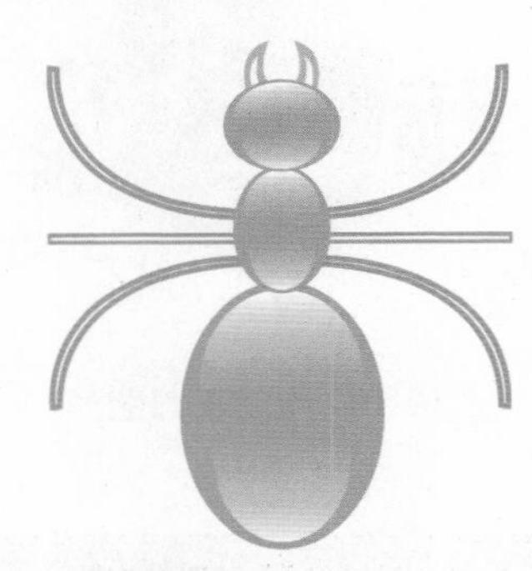

图20-10 绘制其他曲线图形

10 双击选择工具，选择所有图形，按【Ctrl+G】组合键组合图形。选取工具箱中的阴影工具，在其属性栏中设置“预设列表”为“小型辉光”、“阴影的不透明”为38、“阴影羽化”为7，效果如图20-11所示。

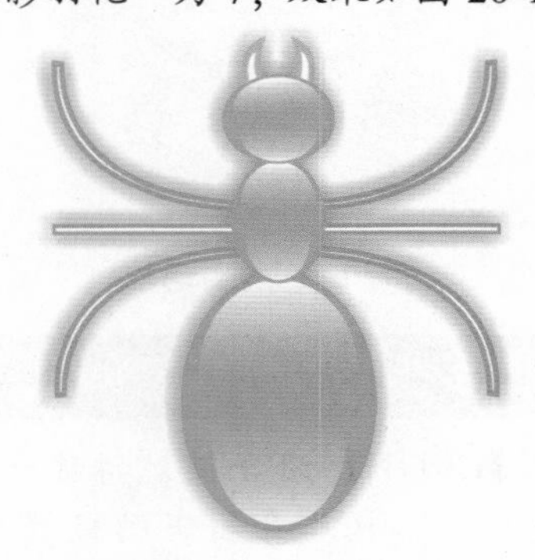

图20-11 添加阴影效果

11 还可以根据设计需要改变相应的颜色，制作其他色调的图形。至此，本实例制作完毕，效果参见图20-1。

实例21 太空图

本实例将制作太空图效果，如图 21-1 所示。

操作步骤

01 单击“文件”|“新建”命令，新建一个空白页面。

02 选取工具箱中的椭圆形工具，按住【Ctrl】键的同时在页面中绘制正圆，如图 21-2 所示。

图21-1 太空图

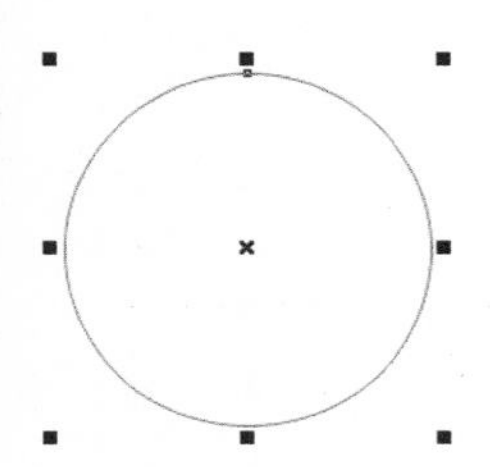

图21-2 绘制正圆

03 按【F11】键，弹出“编辑填充”对话框，单击“渐变填充”按钮，设置渐颜色为红色到黄色，在“节点位置”文本框中输入 68，如图 21-3 所示。

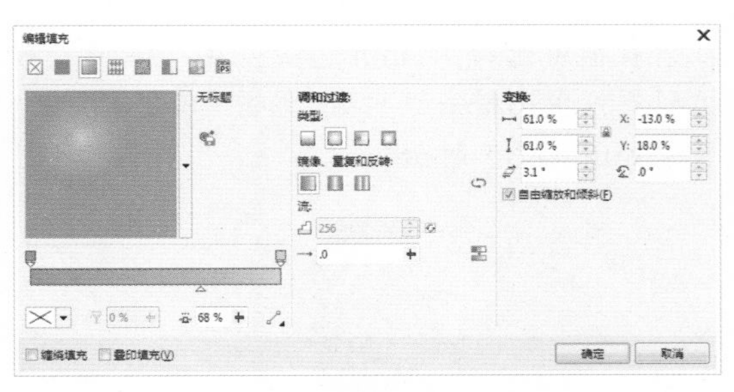

图21-3 “编辑填充”对话框

04 单击“确定”按钮，渐变填充后的效果如图 21-4 所示。

05 右击调色板中的“无”按钮，删除图形轮廓，生成的太阳效果如图 21-5 所示。

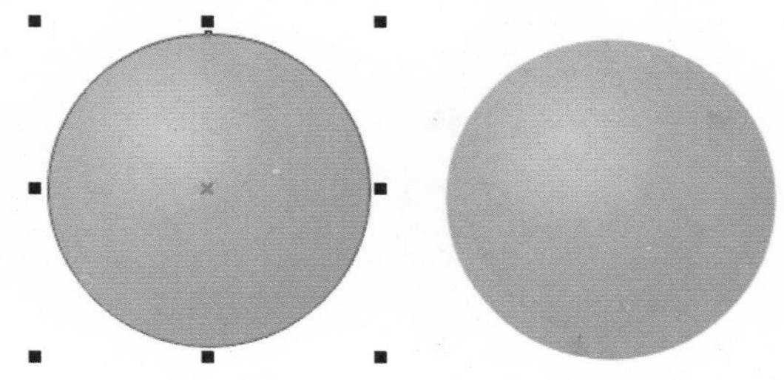

图21-4 填充图形　　图21-5 太阳效果

06 在工具箱中选取钢笔工具，在页面中绘制图形作为太阳的火焰，如图 21-6 所示。

图21-6 绘制图形

07 确保选中绘制的火焰图形，按【F11】键，弹出“编辑填充”对话框，单击“渐变填充”按钮，如图 21-7 所示。

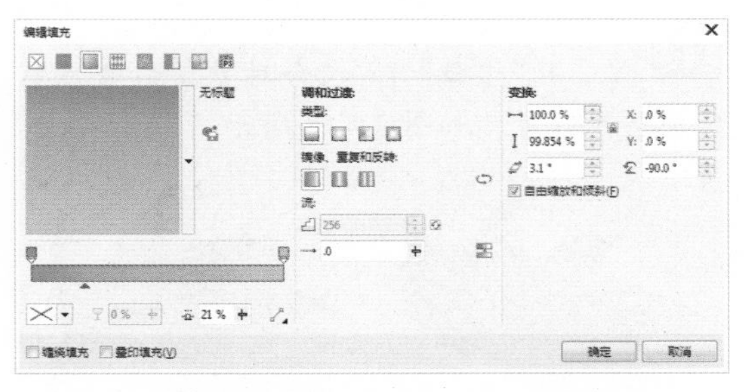

图21-7 “编辑填充”对话框

08 在“编辑填充”对话框中设置 0% 位置的颜色为红色，100% 位置的颜色为黄色，在“节点位置”文本框中输入 21，单击“确定”按钮，效果如图 21-8 所示。

09 在调色板上用鼠标右键单击“无”按钮，删除图形轮廓，效果如图 21-9 所示。

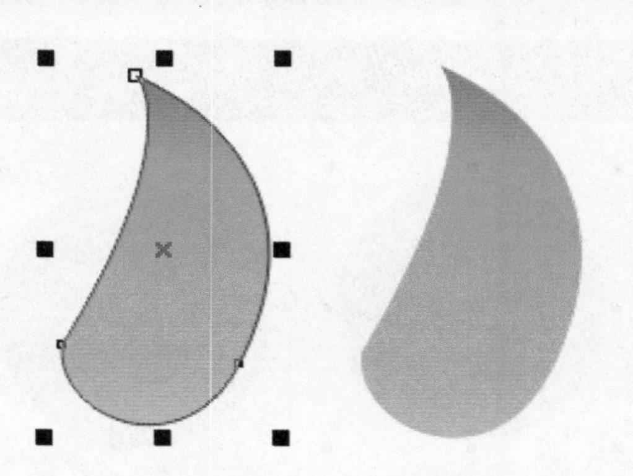

图21-8 填充图形　　图21-9 火焰效果

10 选中页面中的火焰，单击“编辑”|“再制”命令，复制火焰图形，效果如图21-10所示。

11 单击复制得到的火焰，然后对火焰进行旋转，并调整其位置，如图21-11所示。

图21-10 复制火焰　图21-11 调整图形位置

12 按照步骤10~11的操作方法制作太阳火焰，效果如图21-12所示。

13 选中页面中全部的火焰，单击“对象”|“组合”|“组合对象”命令，然后调整其位置，如图21-13所示。

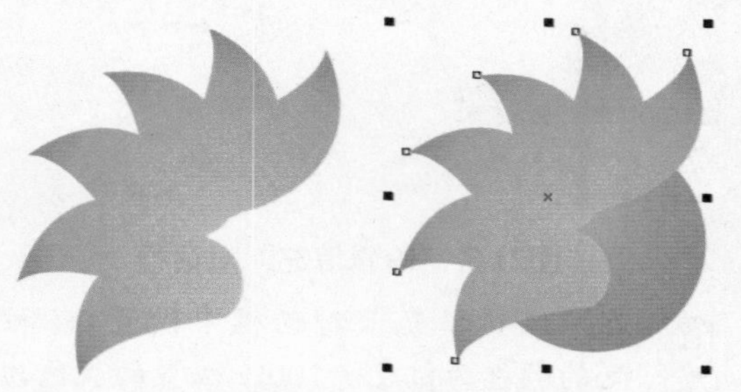

图21-12 太阳火焰效果　图21-13 组合图形并调整位置

14 右击火焰，在弹出的快捷菜单中选择“顺序”|“到页面后面”选项，效果如图21-14所示。

15 选取工具箱中的椭圆形工具，在页面中绘制正圆，如图21-15所示。

图21-14 调整图形顺序　图21-15 绘制正圆

16 确保选中正圆，按【F12】键，弹出“轮廓笔”对话框，如图21-16所示。

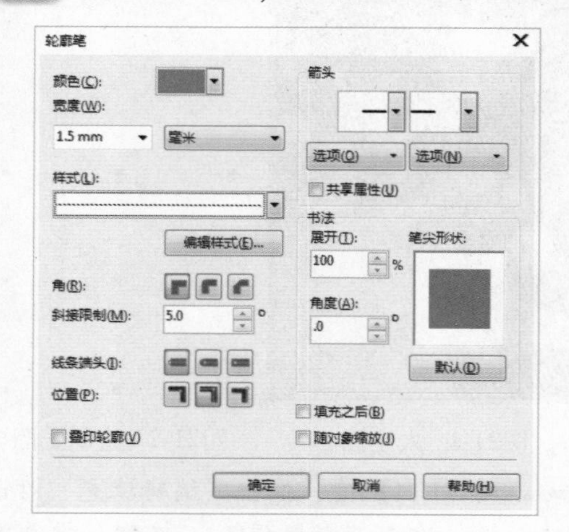

图21-16 “轮廓笔”对话框

17 在“轮廓笔”对话框中的“颜色”下拉列表框中选择红色，在“宽度”下拉列表框中选择1.5mm选项，在“样式”下拉列表框中选择一种样式，单击“确定”按钮，效果如图21-17所示。

图21-17 轮廓效果

18 利用选择工具选择页面中的太阳，单击“编辑”|“再制”命令，将太阳复制多个，并调整其大小和位置，如图21-18所示。

19 按照如图21-19所示的图形，继续对图形进行完善。

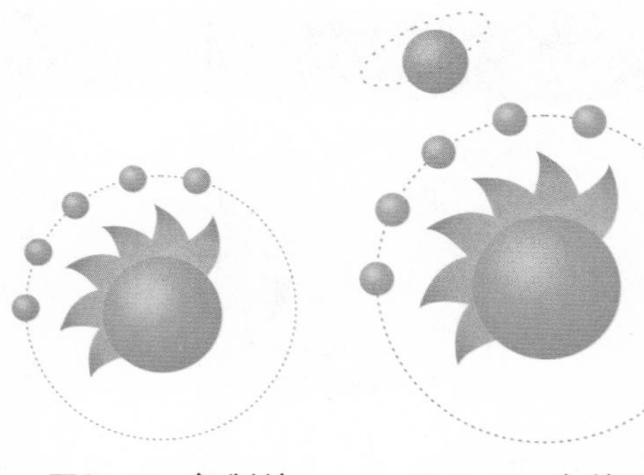

图21-18 复制并调整图形　　图21-19 完善图形

20 单击“编辑”|“全选”|“对象”命令，选择页面中全部的图形。单击“对象”|“组合”|“组合对象”命令，将图形组合在一起，然后调整图形在页面中的位置，如图 21-20 所示。

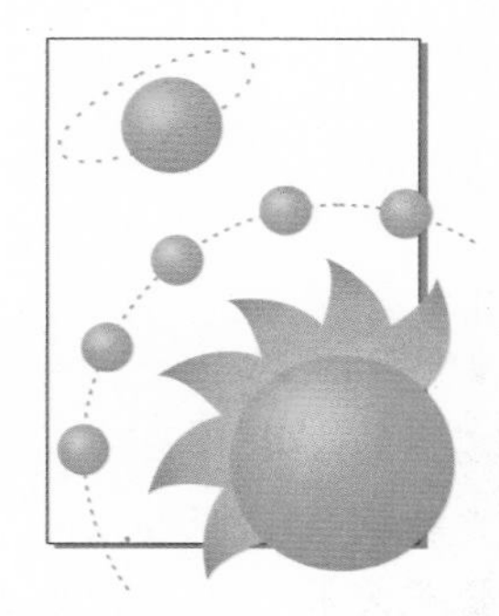

图21-20 组合图形并调整位置

21 在工具箱中双击矩形工具，绘制一个与页面相同大小的矩形。

22 按【F11】键，弹出“编辑填充”对话框。单击“底纹填充”按钮，在弹出的“底纹填充”对话框中的“底纹库”下拉列表框中选择“样本 5”选项，在“底纹列表”列表框中选择“行星”选项，如图 21-21 所示。

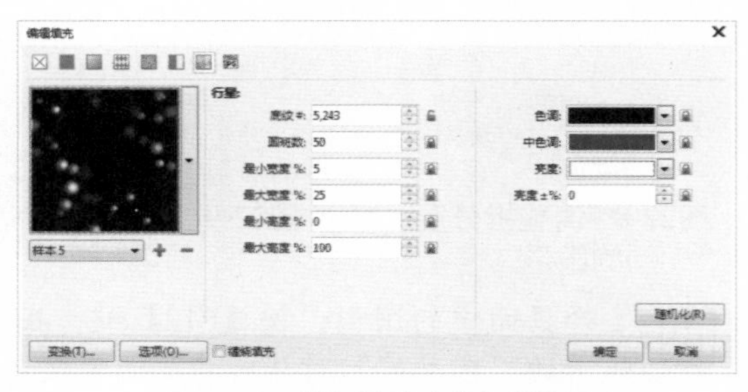

图21-21 “编辑填充”对话框

23 单击“确定”按钮，填充后的效果如图 21-22 所示。

24 选中页面中的太阳图形，单击“对象”|“图框精确裁剪”|“置于图文框内部”命令，然后单击页面中的矩形，效果如图 21-23 所示。

图21-22 填充矩形　　图21-23 置于图文框内部

25 右击页面中的图形，在弹出的快捷菜单中选择“编辑 PowerClip”选项，此时的图形页面如图 21-24 所示。

26 利用选择工具调整图形在页面中的位置，如图 21-25 所示。

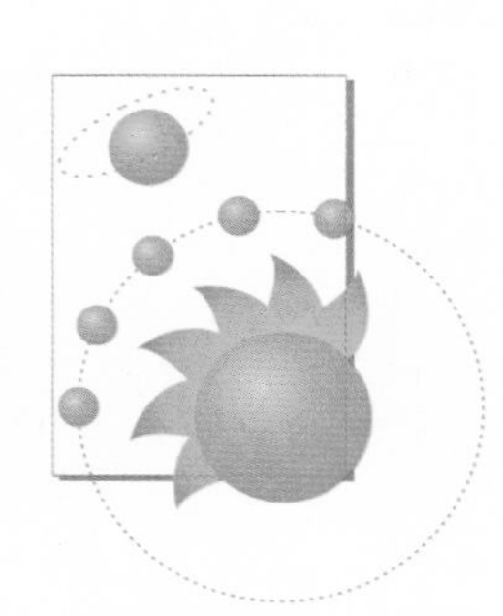

图21-24 编辑内容　　图21-25 调整图形位置

27 右击页面中的图形，在弹出的快捷菜单中选择“结束编辑”选项，最终效果参见图 21-1。

实例22 四通标志

本实例将制作四通标志效果，如图22-1所示。

图22-1 四通标志

操作步骤

01 单击“文件”|“新建”命令，新建一个空白页面。

02 在工具箱中选取椭圆形工具，按住【Ctrl】键的同时在页面中绘制正圆，如图22-2所示。

03 在工具箱中选取折线工具，在页面中绘制一条直线，如图22-3所示。

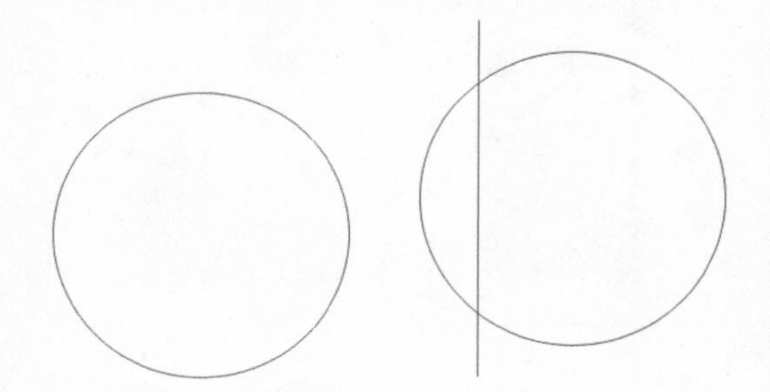

图22-2 绘制正圆　　图22-3 绘制直线

04 选中页面中的全部图形，单击“对象”|“对齐和分布”|“垂直居中对齐”命令，效果如图22-4所示。

05 选中页面中的直线，单击“窗口”|“泊坞窗”|“造型”命令，在弹出的“造型”泊坞窗的下拉列表框中选择“修剪”选项（如图22-5所示），单击“修剪”按钮，在页面中单击圆形，得到的效果如图22-6所示。

06 在工具箱中选取选择工具，在页面中的图形上双击鼠标左键，将图形进行旋转，效果如图22-7所示。

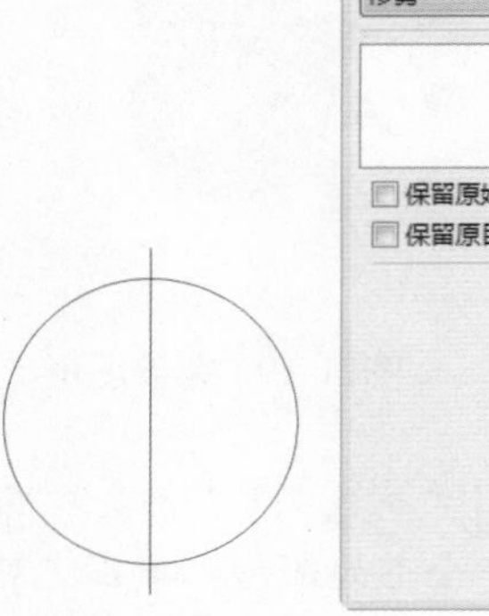

图22-4 将直线居中对齐　　图22-5 “造型”泊坞窗

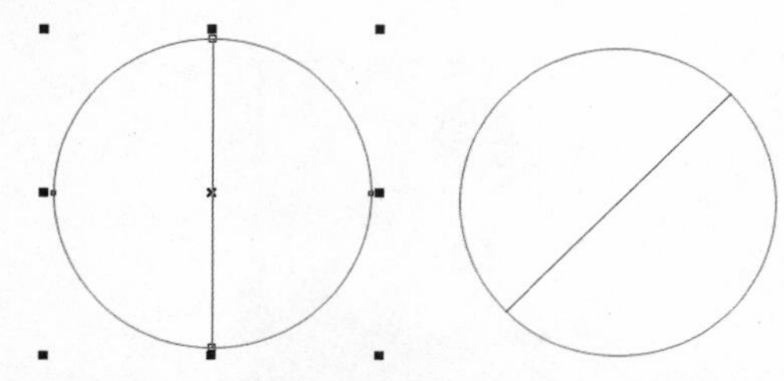

图22-6 修剪后的效果　　图22-7 旋转图形

07 单击“对象”|“拆分曲线”命令，然后调整拆分后的图形的位置，效果如图22-8所示。

08 选中页面中全部的图形，在“造型”泊坞窗的下拉列表中选择“焊接”选项，单击“焊接到”按钮，在页面中单击重叠部分，得到的效果如图22-9所示。

图22-8 调整拆分后的图形

图22-9 合并效果

09 选择页面中的图形，按【F12】键，在弹出的“轮廓笔”对话框中的“宽度”下拉列表框中选择10mm选项（如图22-10所示），单击“确定”按钮，效果如图22-11所示。

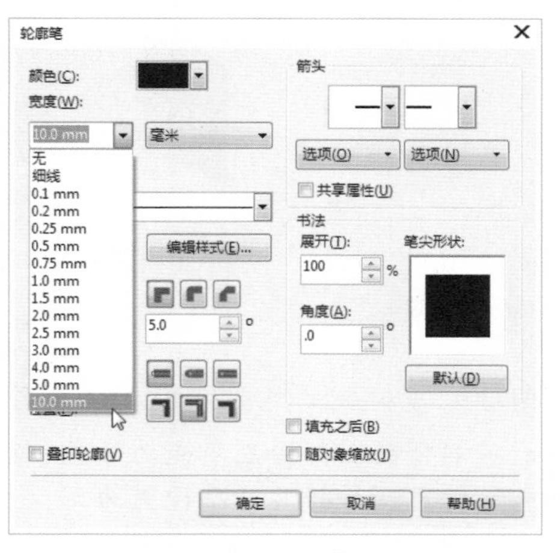

图22-10 “轮廓笔”对话框

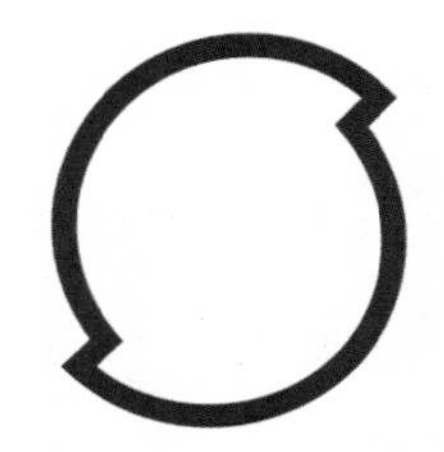

图22-11 设置图形轮廓效果

10 在调色板中右击白色色块，将图形轮廓设置为白色。利用矩形工具在页面中绘制矩形，设置“转角半径”均为30，并将矩形移至白色图形的后面，效果如图22-12所示。

图22-12 绘制矩形并调整位置

11 在工具箱中选取星形工具，在页面中绘制星形，在调色板中单击白色色块，将星形填充为白色，最终效果参见图22-1。至此，本实例制作完毕。

实例23 视窗标志

本实例将制作视窗标志，效果如图23-1所示。

图23-1 视窗标志

操作步骤

01 单击“文件”|“新建”命令，新建一个空白页面。

02 选取工具箱中的椭圆形工具，在属性栏中单击“弧”按钮，在“起始和结束角度”数值框中分别输入30和150，然后在页面中绘制弧形，效果如图23-2所示。

图23-2 绘制弧形

03 将弧形复制多份，以供备用。

04 调整其中的两条弧形的位置，如图23-3所示。

05 利用选择工具选中调整位置后的两条弧形，然后单击“对象”|“转换为曲线”命令。

06 单击属性栏中的“合并”按钮，选择形状工具，选择两条弧形左侧的节点，单击属性栏中的“延长曲线使之闭合”按钮，效果如图23-4所示。

图23-3 调整弧形位置　　图23-4 闭合路径

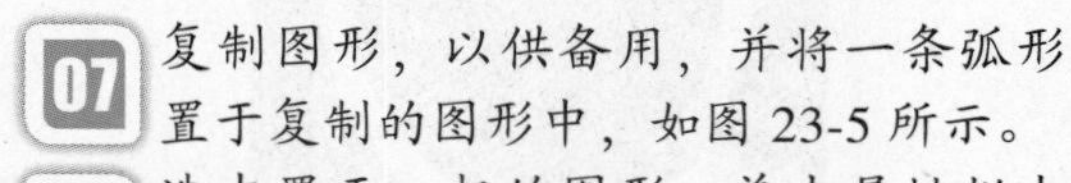

07 复制图形，以供备用，并将一条弧形置于复制的图形中，如图 23-5 所示。

08 选中置于一起的图形，单击属性栏中的“修剪”按钮,然后单击“对象”|“拆分曲线”命令，并将多余的图形删除，如图 23-6 所示。

图23-5 调整图形位置　　图23-6 修剪图形

09 利用工具箱中的折线工具在页面中绘制直线，并调整其位置，如图 23-7 所示。

10 选中图形，单击属性栏中的“修剪”按钮,单击“对象”|“拆分曲线”命令，并将多余的图形删除，如图 23-8 所示。

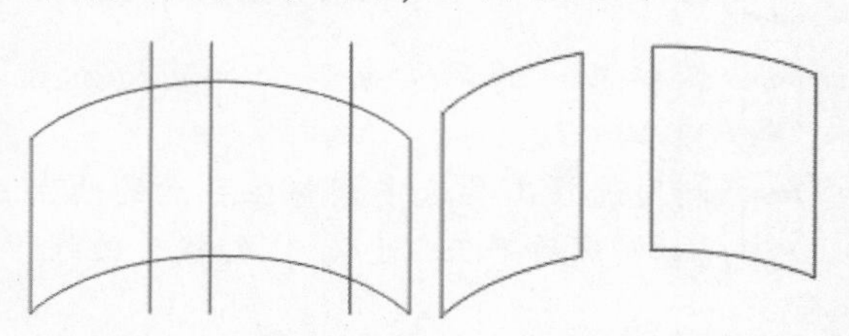

图23-7 绘制直线　　图23-8 修剪图形

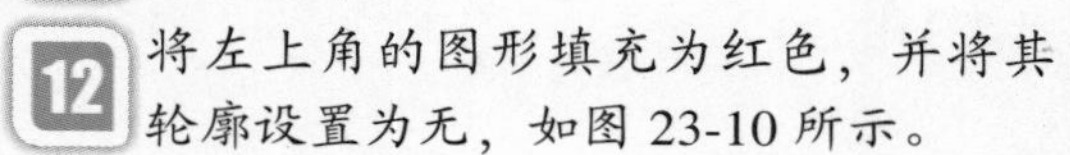

11 复制图形，并调整图形的位置，如图 23-9 所示。

12 将左上角的图形填充为红色，并将其轮廓设置为无，如图 23-10 所示。

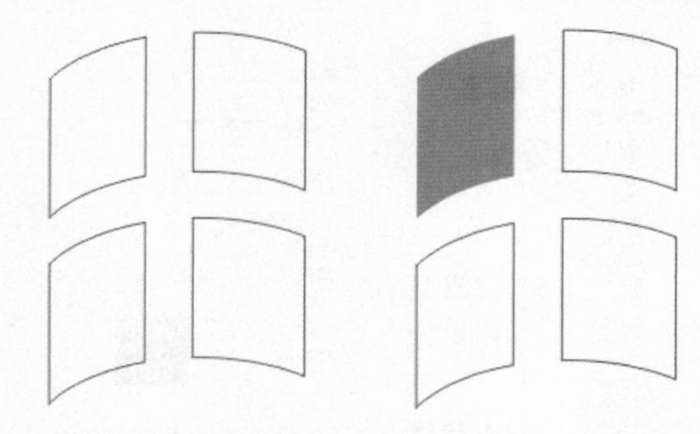

图23-9 复制图形　　图23-10 填充图形

13 将其余的图形分别填充为绿色、蓝色和黄色，并将其轮廓设置为无，如图 23-11 所示。

14 调整页面中图形的位置，如图 23-12 所示。

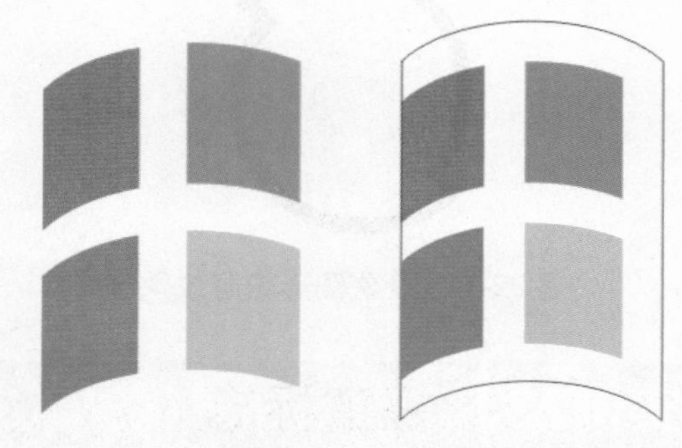

图23-11 填充图形　　图23-12 调整图形位置

15 将位于下层的图形填充为黑色，效果如图 23-13 所示。

16 利用工具箱中的矩形工具在页面中绘制矩形，并将其填充为黑色，如图 23-14 所示。

图23-13 填充图形　图23-14 绘制并填充矩形

17 利用选择工具对矩形进行倾斜操作，即可得到菱形效果，如图 23-15 所示。

图23-15 倾斜图形

18 复制菱形，并调整复制得到图形的位置和大小，如图 23-16 所示。

图23-16 复制并缩小图形

19 利用工具箱中的调和工具在两个菱形之间创建调和效果，在属性栏的“调和对象”数值框中输入 4，效果如图 23-17 所示。

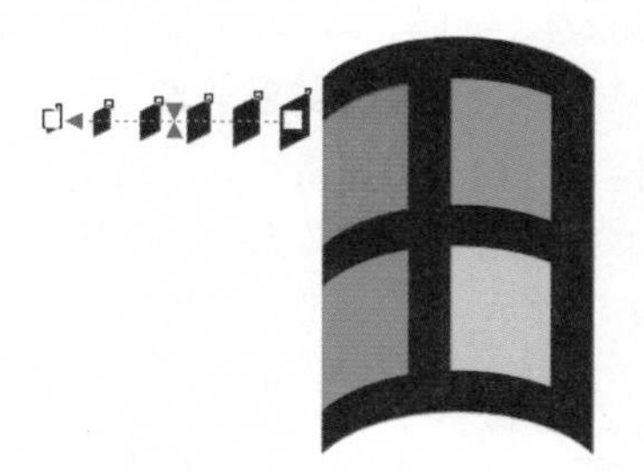

图23-17 创建调和效果

20 利用工具箱中的椭圆形工具在页面中绘制弧形，如图 23-18 所示。

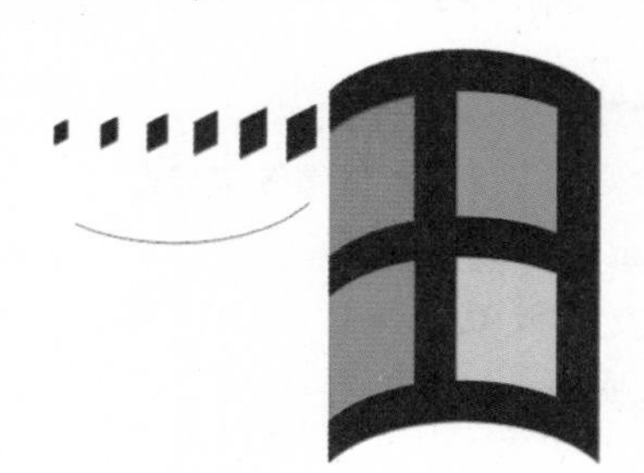

图23-18 绘制弧形

21 确保选中调和后的图形，单击“效果”|“调和”命令，弹出“调和”泊坞窗，如图 23-19 所示。

22 单击“调和”泊坞窗中的“路径属性”按钮，在弹出的快捷菜单中选择“新路径”选项，然后在页面中单击弧形，效果如图 23-20 所示。

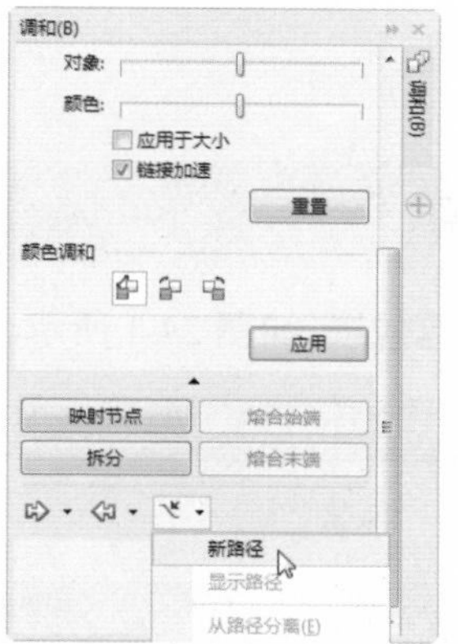

图23-19 “调和”泊坞窗 图23-20 沿路径调和

23 选中调和后的图形，单击“对象”|“拆分路径群组上的混和”命令，利用选择工具选中弧形并将其删除，如图 23-21 所示。

图23-21 删除弧形

24 将调和效果复制多份，并调整它们的位置，如图 23-22 所示。

图23-22 复制并调整图形

25 将调和图形取消群组后，改变其中某些菱形的填充颜色，如图 23-23 所示。

26 利用工具箱中的椭圆形工具绘制正圆，再利用文本工具在正圆中输入字母 R，然后调整它们的位置，得到的最终效果参见图 23-1。至此，本实例制作完毕。

图23-23 更改填充颜色

实例24 钢笔

本实例将制作钢笔效果，如图 24-1 所示。

图24-1 钢笔

操作步骤

01 单击“文件”|“新建”命令，新建一个空白页面。选取工具箱中的矩形工具，在页面中绘制矩形，如图 24-2 所示。

图24-2 绘制矩形

02 选取工具箱中的选择工具，按【F11】键，弹出“编辑填充”对话框，单击“渐变填充”按钮，设置渐变参数，如图 24-3 所示。

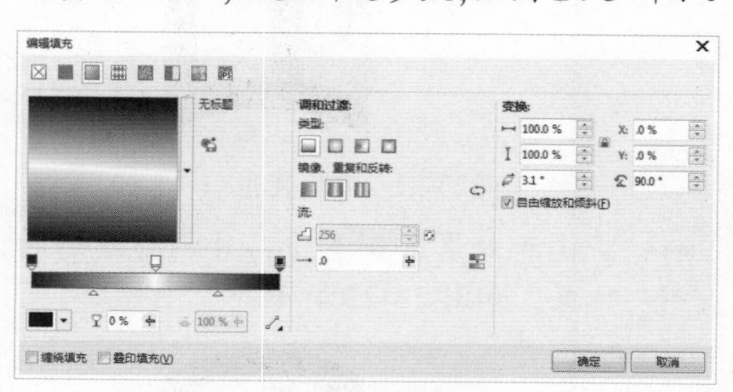

图24-3 “编辑填充”对话框

03 单击“确定”按钮填充矩形，效果如图 24-4 所示。

图24-4 填充图形

04 继续利用矩形工具在页面中绘制矩形，并填充渐变色，如图 24-5 所示。

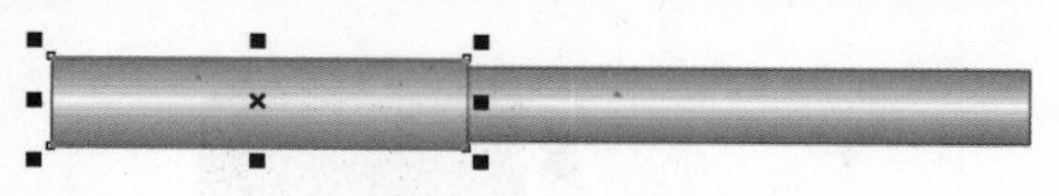

图24-5 绘制并填充矩形

05 选取工具箱中的折线工具，在页面中绘制两条直线，如图 24-6 所示。

图24-6 绘制直线

06 选取工具箱中的矩形工具，在页面中绘制矩形，如图 24-7 所示。

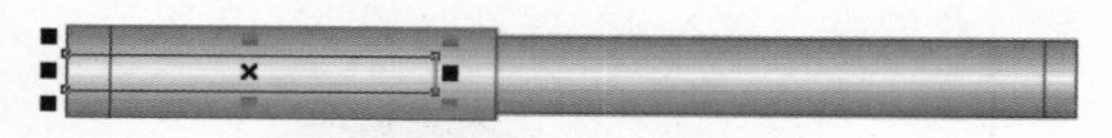

图24-7 绘制矩形

07 按【F11】键，弹出“编辑填充”对话框，单击“渐变填充”按钮，设置渐变参数，如图 24-8 所示。

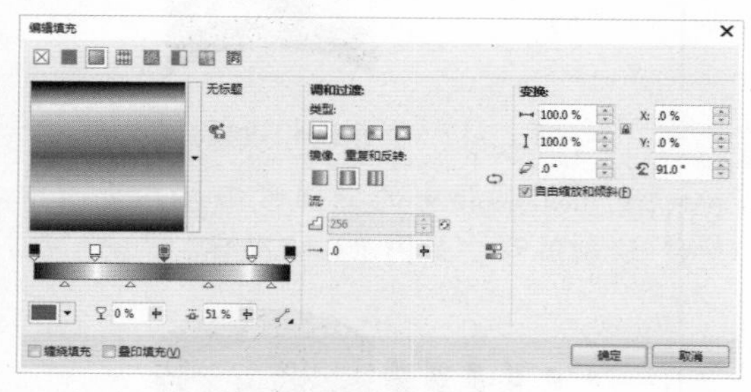

图24-8 设置渐变参数

08 单击“确定”按钮，为矩形填充渐变色，最终效果参见图 24-1。至此，本实例制作完毕。

实例25 纹理效果

本实例将制作纹理效果，如图 25-1 所示。

图25-1 纹理效果

操作步骤

01 单击“文件”|“新建”命令，新建一个空白页面。在属性栏中单击“横向”按钮，设置页面为横向。

02 选取工具箱中的矩形工具，在页面中绘制正方形，如图 25-2 所示。

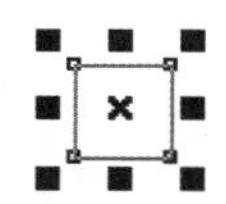

图25-2 绘制正方形

03 按【F11】键，弹出“编辑填充”对话框，单击“渐变填充”按钮，在“旋转”数值框中输入 45，如图 25-3 所示。

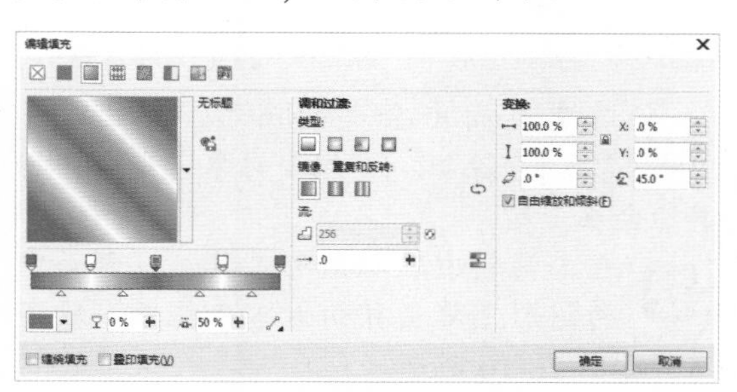

图25-3 “编辑填充”对话框

04 单击“确定”按钮，填充后的效果如图 25-4 所示。

05 在工具箱中选取无轮廓工具，将矩形的轮廓删除，如图 25-5 所示。

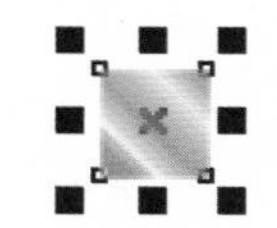

图25-4 填充后的效果 图25-5 删除轮廓

06 单击“窗口”|“泊坞窗”|“变换”|“缩放和镜像”命令，弹出“变换”泊坞窗，在其中单击“水平镜像”按钮，其他设置如图 25-6 所示。单击“应用”按钮，图形效果如图 25-7 所示。

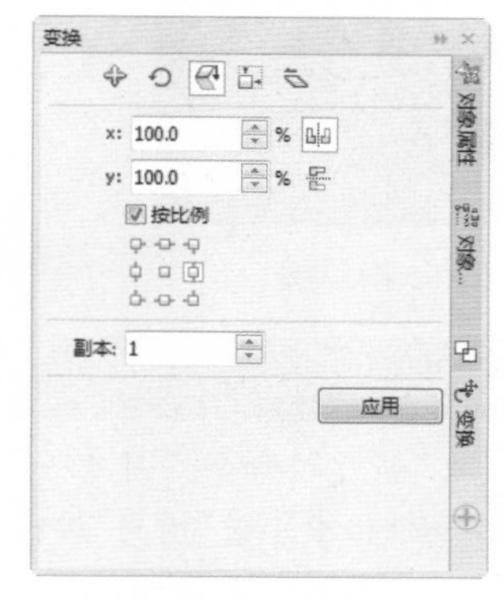

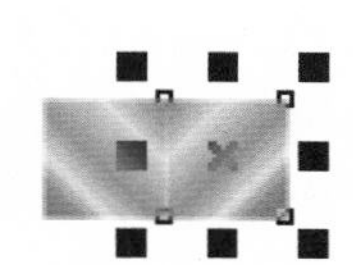

图25-6 “变换”泊坞窗 图25-7 复制矩形

07 连续单击“应用”按钮多次，得到的效果如图 25-8 所示。

图25-8 复制矩形后的效果

08 利用选择工具选择页面中的全部图形，如图 25-9 所示。

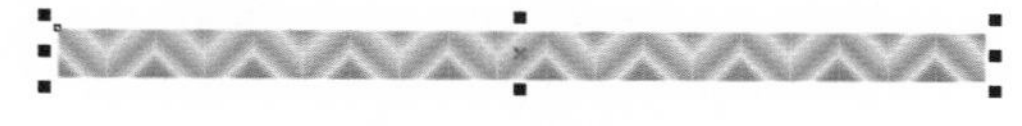

图25-9 选择图形

09 在“变换”泊坞窗中单击“垂直镜像”按钮，其他设置如图 25-10 所示。

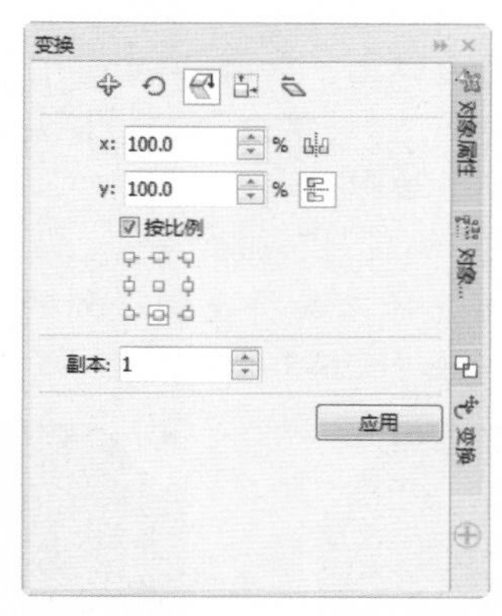

图25-10 “变换”泊坞窗

10 单击“应用”按钮多次，生成的最终效果参见图 25-1。至此，本实例制作完毕。

实例26 指示牌

本实例将制作指示牌效果，如图 26-1 所示。

图26-1 指示牌

操作步骤

01 单击“文件”|“新建”命令，新建一个空白页面。在属性栏中单击“横向”按钮，设置页面为横向。

02 在工具箱中选取多边形工具，在属性栏中的“点数和边数”数值框中输入 8，在页面中绘制多边形，如图 26-2 所示。

03 利用选择工具对多边形进行旋转操作，如图 26-3 所示。

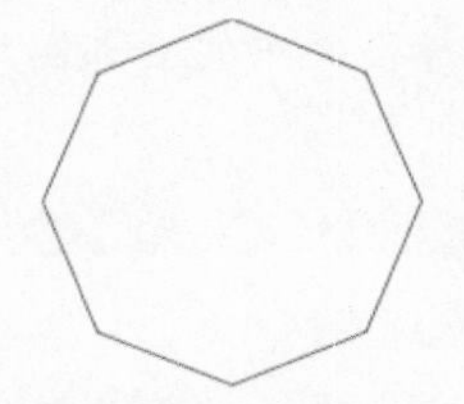
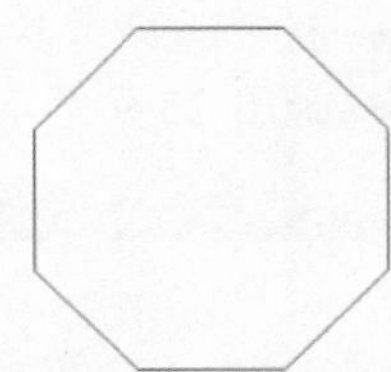

图26-2 绘制多边形　图26-3 旋转图形

04 在调色板中单击红色色块，将多边形填充为红色，如图 26-4 所示。

05 选中多边形，单击“编辑”|“复制”命令，复制多边形。

06 单击“编辑”|“粘贴”命令，粘贴多边形。利用选择工具将复制得到的多边形等比例缩小，如图 26-5 所示。

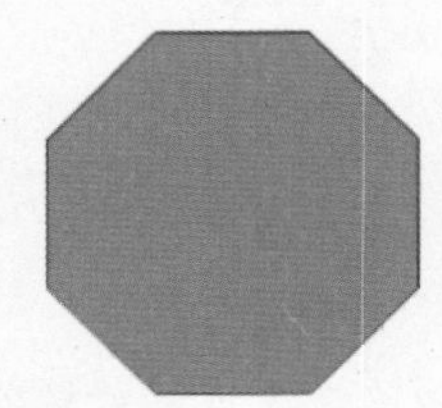
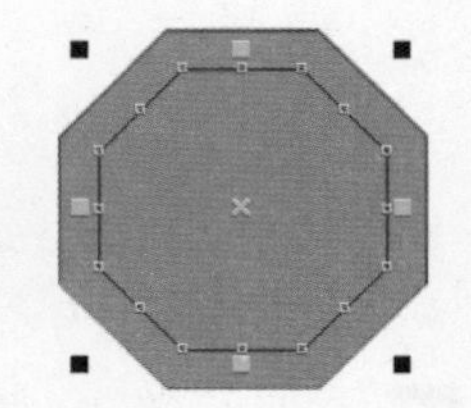

图26-4 填充图形　图26-5 复制并调整图形

07 在属性栏中设置图形的轮廓宽度为 3.0mm，如图 26-6 所示。

08 在工具箱中选取文本工具，在属性栏中设置合适的字体和字号，在页面中单击并输入文字，如图 26-7 所示。

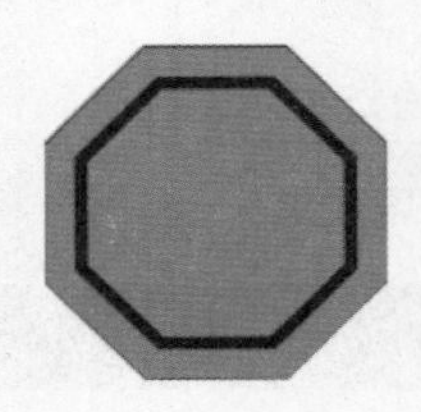

图26-6 设置轮廓宽度　图26-7 输入文字

09 在工具箱中选取矩形工具，在页面中绘制矩形，并设置填充色和轮廓色，效果如图 26-8 所示。

10 将绘制的矩形移至多边形图形的下方，如图 26-9 所示。

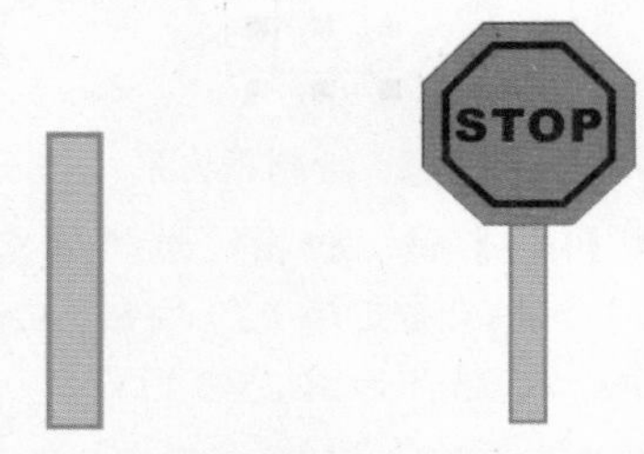

图26-8 绘制矩形　图26-9 调整图形位置

11 选中页面中全部的图形，单击“对象”|“组合”|“组合对象”命令，将其组合在一起。

12 在工具箱中选取阴影工具，在页面中的图形上单击并向右下角拖动一段距离，如图 26-10 所示。

图26-10 创建阴影效果

13 单击“对象”|“拆分阴影群组”命令。

14 对打散后的图形利用选择工具进行倾斜操作，如图 26-11 所示。

图26-11 倾斜图形

15 利用选择工具对图形进行倾斜缩小操作，并调整其位置，如图 26-12 所示。

图26-12 缩小图形并调整位置

16 在工具箱中双击矩形工具，创建一个和页面相同大小的矩形。

17 按【F11】键，在弹出的“编辑填充”对话框中单击“底纹填充”按钮，选择要填充的底纹样式，单击“确定”按钮，生成的最终效果参见图 26-1。至此，本实例制作完毕。

实例27 太极图

本实例将制作太极图效果，如图 27-1 所示。

图27-1 太极图

操作步骤

01 单击“文件”|“新建”命令，新建一个空白页面。

02 选取工具箱中的椭圆形工具，在页面中绘制正圆，在属性栏中设置“对象大小”均为 120，如图 27-2 所示。

03 选择图形，单击“编辑”|“复制”命令，再单击“编辑”|“粘贴”命令，粘贴复制的图形，调整图形在页面中的位置，并在属性栏中设置“对象大小”均为 60，如图 27-3 所示。

图27-2 绘制正圆　　图27-3 复制图形并调整位置与大小

04 单击“窗口”|“泊坞窗”|“变换”|“缩放和镜像”命令，弹出“变换”泊坞窗，在其中进行参数设置，如图 27-4 所示。

05 单击“应用”按钮，得到的效果如图 27-5 所示。

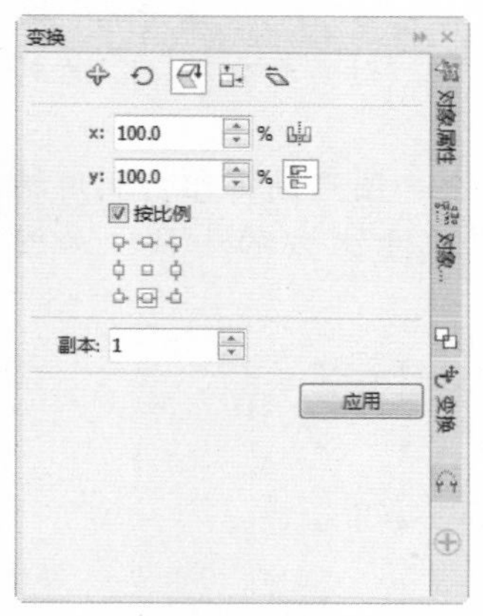

图27-4 “变换”泊坞窗

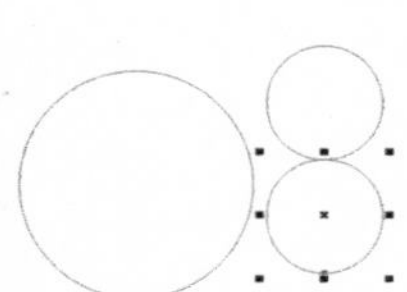

图27-5 复制图形

06 选中页面中的两个小圆，单击“对象”|“组合”|“组合对象”命令，将其组合在一起。

07 选中页面中的全部图形，单击“对象”|“对齐和分布”|“底端对齐”命令，效果如图 27-6 所示。

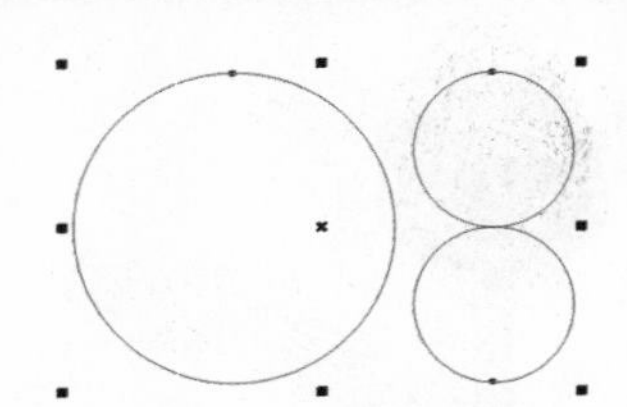

图27-6　将图形底端对齐

08 单击“对象”|“对齐和分布”|“垂直居中对齐”命令，效果如图27-7所示。

09 选择页面中的所有图形，单击“对象”|“组合”|“组合对象”命令组合图形。

10 选取工具箱中的矩形工具，在页面中绘制矩形，并在属性栏中设置“对象大小”分别为60、120，如图27-8所示。

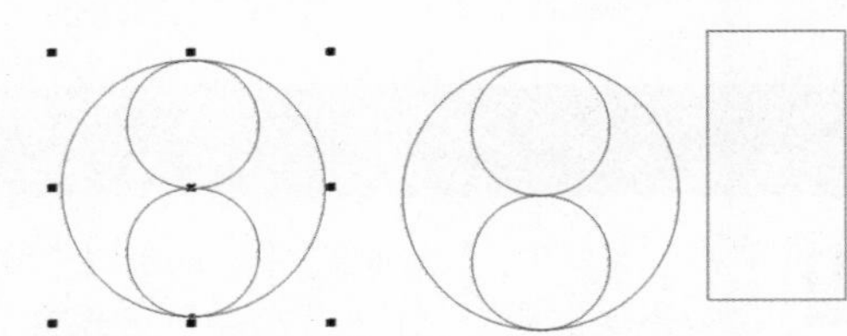

图27-7　将图形垂直居中对齐　　图27-8　绘制矩形

11 选中页面中的全部图形，单击“对象”|“对齐和分布”|“底端对齐”命令，再单击“对象”|“对齐和分布”|“右对齐”命令。

12 取消页面中全部图形的群组，利用挑选工具选中位于上方的小圆，如图27-9所示。

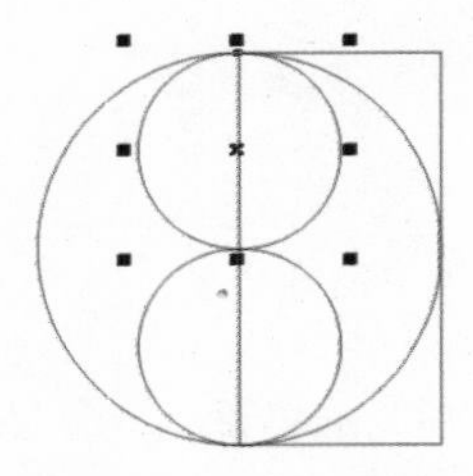

图27-9　选中小圆

13 单击“窗口”|“泊坞窗”|“造型”命令，在弹出的“造型”泊坞窗中选择“修剪”选项（如图27-10所示），单击“修剪”按钮，然后在页面中单击矩形，效果如图27-11所示。

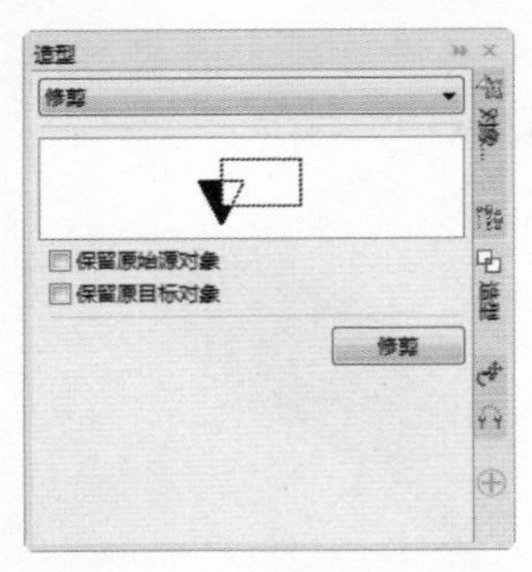

图27-10　选择“修剪”选项

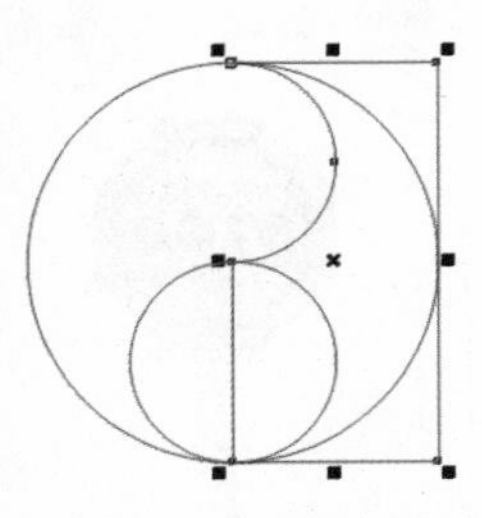

图27-11　修剪图形

14 在“造型”泊坞窗中单击其右侧的下拉按钮，在弹出的下拉列表中选择“焊接”选项（如图27-12所示），单击“焊接到”按钮，然后在页面中单击位于下方的小圆，效果如图27-13所示。

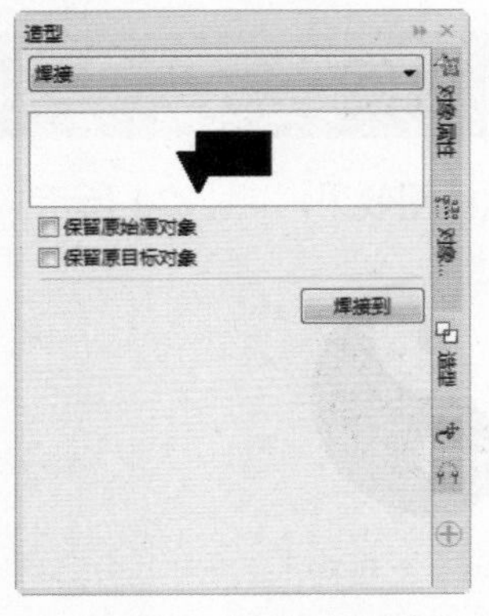

图27-12　选择“焊接”选项

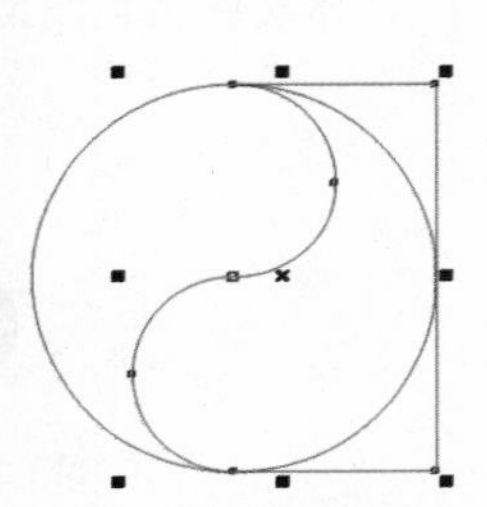

图27-13　焊接图形

15 在“造型”泊坞窗中单击其右侧的下拉按钮，在弹出的下拉列表中选择“相交”选项（如图27-14所示），然后单击页面中的大圆，效果如图27-15所示。

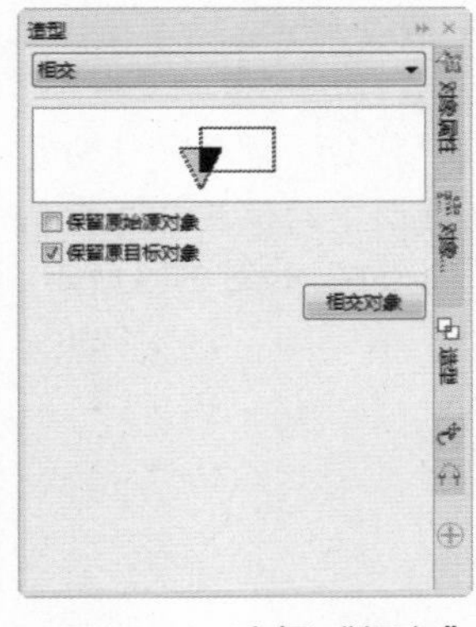

图27-14　选择“相交”选项

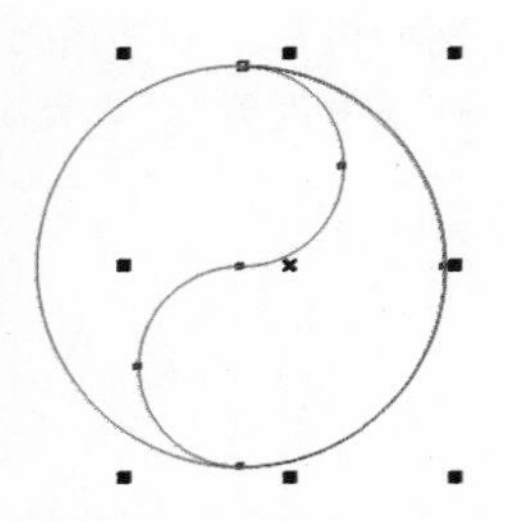

图27-15　相交图形

16 将图形的右半部分填充为黑色，如图27-16所示。

17 选中页面中的全部图形，单击“对象”|“组合”|“组合对象”命令，将其组合在一起。

18 利用椭圆形工具在页面中绘制正圆，在属性栏中设置“对象大小”均为20，并填充为黑色，如图27-17所示。

图27-16 填充图形　图27-17 绘制并填充正圆

19 选择黑色的正圆复制并粘贴，然后将复制得到的正圆填充为白色，如图27-18所示。

图27-18 复制并填充图形

20 选择页面中的大圆和黑色的小圆，单击“对象”|“对齐和分布”|“顶端对齐”命令，效果如图27-19所示。

图27-19 顶端对齐图形

21 单击“对象”|“对齐和分布”|“垂直居中对齐”命令，如图27-20所示。

图27-20 垂直居中对齐图形

22 选中黑色的小圆，在“变换”泊坞窗中进行参数设置（如图27-21所示），单击“应用”按钮，效果如图27-22所示。

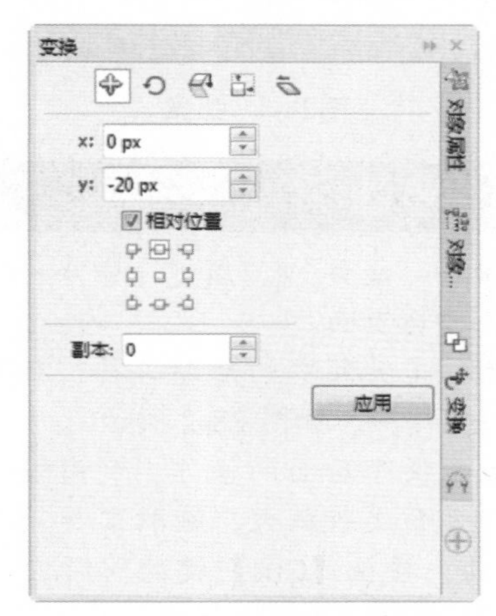

图27-21 “变换”泊坞窗

图27-22 变换效果

23 选中大圆和黑色的小圆，将其组合在一起。

24 参照步骤20~22的操作方法对白色的小圆进行类似的处理，最终效果参见图27-1。至此，本实例制作完毕。

实例28 邮票

本实例将制作邮票效果，如图 28-1 所示。

图28-1 邮票

操作步骤

01 单击“文件”|“新建”命令，新建一个空白页面。

02 选取工具箱中的矩形工具，在页面中绘制矩形，如图 28-2 所示。

03 为了便于后面的操作，利用缩放工具将页面进行放大。选取工具箱中的椭圆形工具，按住【Ctrl】键的同时在页面中绘制正圆，如图 28-3 所示。

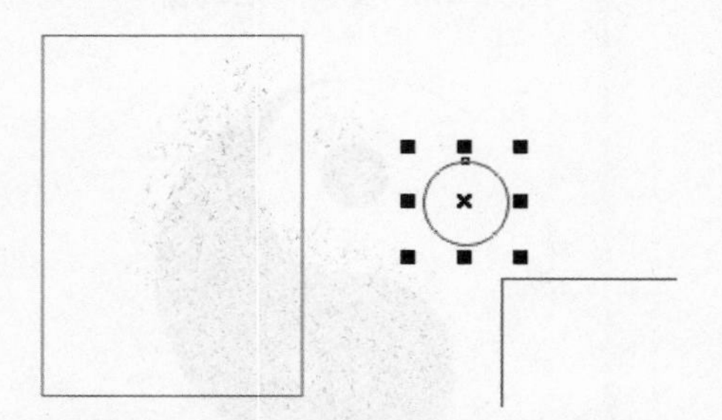

图28-2 绘制矩形　　图28-3 绘制正圆

04 利用选择工具将正圆移到合适的位置，如图 28-4 所示。

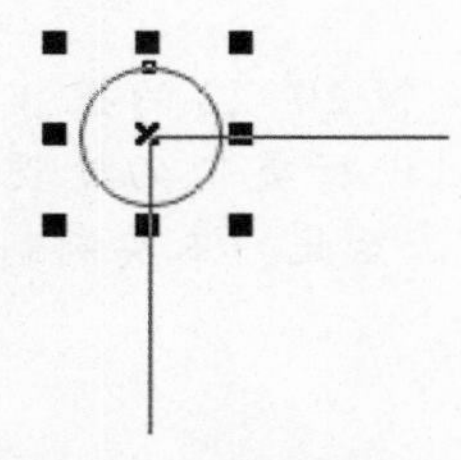

图28- 4 移动正圆

05 在页面中单击正圆并拖动鼠标至合适位置，然后右击复制正圆，如图 28-5 所示。

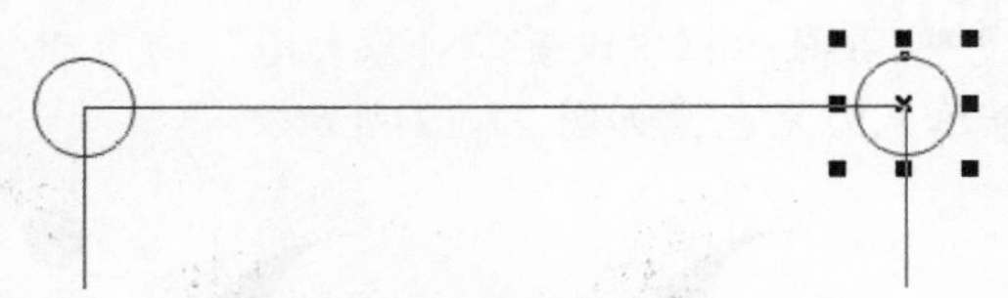

图28-5 复制正圆

06 按照步骤 5 中的操作方法将正圆复制多个，如图 28-6 所示。

07 选取工具箱中的调和工具，在属性栏中的“调和对象”数值框中输入 5，在页面中单击第一个圆形，拖动鼠标到第二个圆形，创建调和效果，如图 28-7 所示。

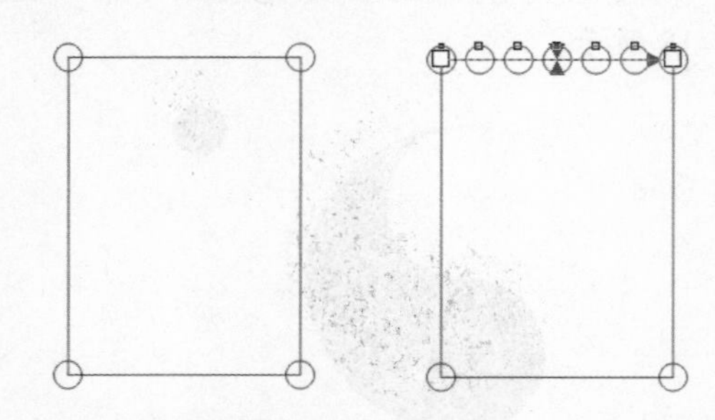

图28-6 复制多个正圆　　图28-7 创建调和效果

08 在属性栏中的“调和对象”数值框中输入 7，对左侧的圆形创建调和效果，如图 28-8 所示。

09 按照步骤 7~8 的操作方法对其余的圆形创建调和效果，如图 28-9 所示。

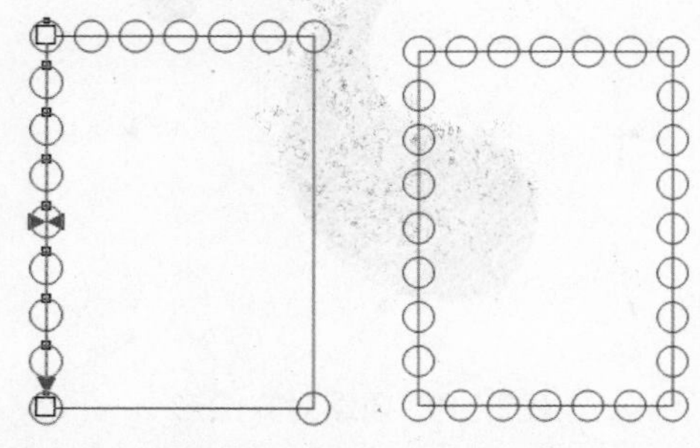

图28-8 创建调和效果　　图28-9 创建调和效果

10 利用选择工具选中调和后的图形，单击“对象”|“拆分选定9对象”命令，再单击“对象”|“组合”|“取消组合对象”命令。

11 利用选择工具选择全部的圆，如图28-10所示。

12 单击“窗口”|“泊坞窗”|“造型”命令，弹出“造型”泊坞窗，在其中设置各参数，如图28-11所示。

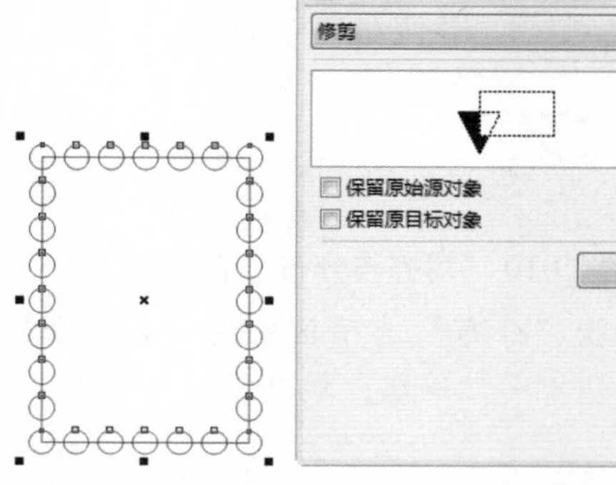

图28-10 选择全部圆　　图28-11 “造型”泊坞窗

13 单击“修剪”按钮，效果如图28-12所示。

14 选取工具箱中的矩形工具，在页面中绘制矩形，如图28-13所示。

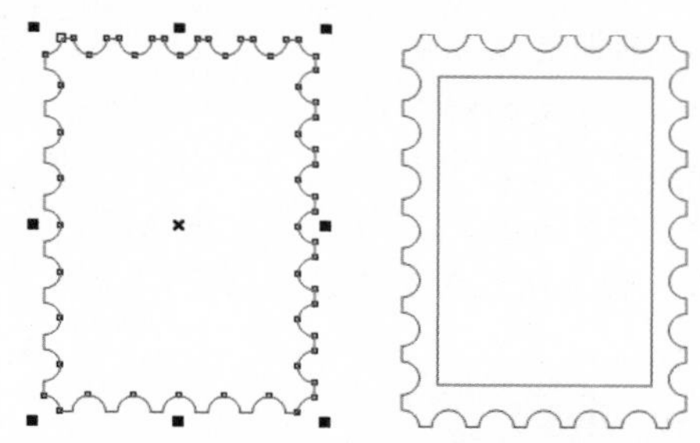

图28-12 修剪效果　　图28-13 绘制矩形

15 单击“文件”|“导入”命令，弹出“导入”对话框，选择一个图形文件，单击“导入”按钮。在页面中单击鼠标左键，即可导入图形，效果如图28-14所示。

图28-14 导入图形

16 选取工具箱中的文本工具，在属性栏中设置合适的字体、字号，在页面中输入文字，并调整其位置，效果参见图28-1。至此，本实例制作完毕。

实例29 记事本

本实例将制作记事本效果，如图29-1所示。

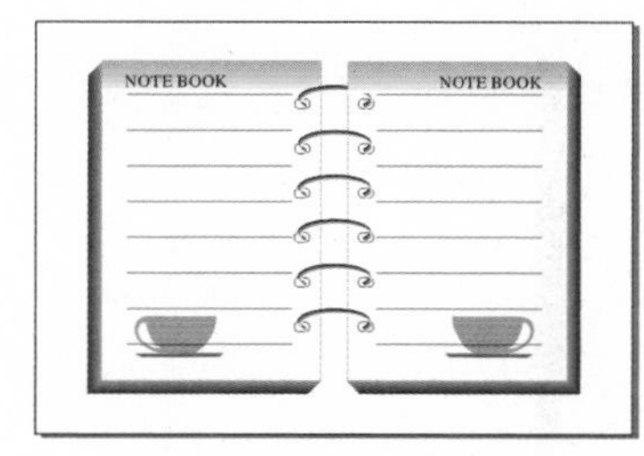

图29-1 记事本

操作步骤

01 单击“文件”|“新建”命令，新建一个空白页面，并将页面设置为横向。

02 选取工具箱中的矩形工具，在页面中绘制矩形，如图29-2所示。

03 确保选中矩形，在调色板中单击灰色色块，将图形填充为灰色，如图29-3所示。

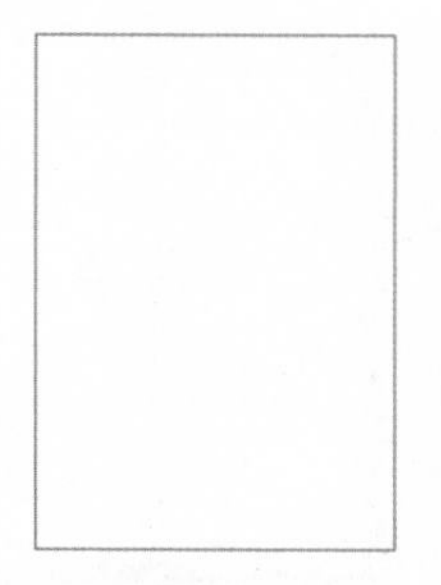

图29-2 绘制矩形　　图29-3 填充图形

04 确保选中矩形，单击“编辑”|“再制”命令复制图形，如图 29-4 所示。

05 在调色板中单击白色色块，将图形填充为白色，在调色板中右击灰色色块，将图形轮廓设置为灰色，如图 29-5 所示。

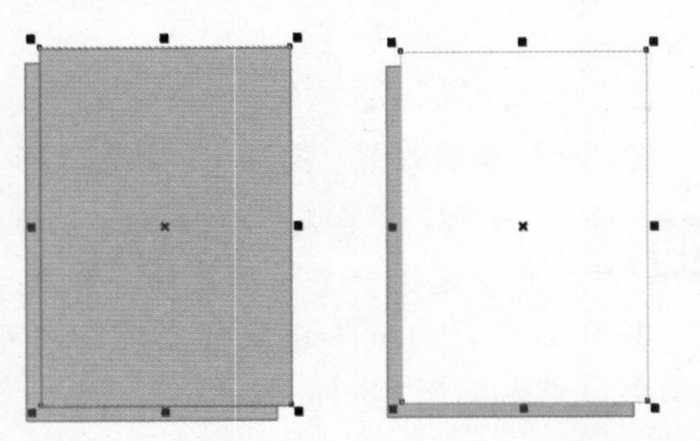

图29-4 复制图形　　图29-5 填充图形

06 在工具箱中选取调和工具，然后在页面中将位于上方的矩形拖动到位于下方的矩形，如图 29-6 所示。

07 在工具箱中选取折线工具，在页面中绘制线条，如图 29-7 所示。

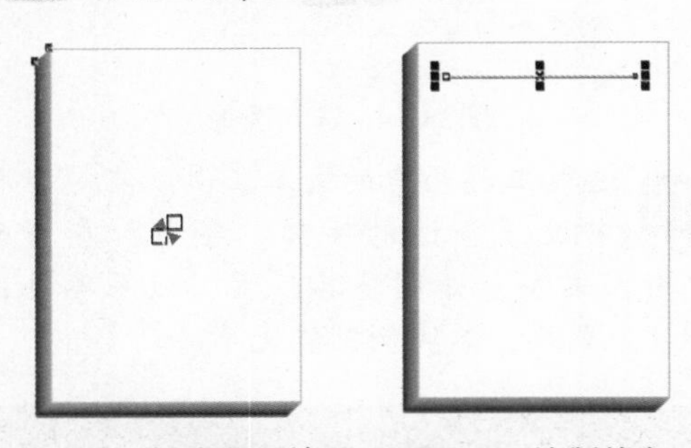

图29-6 创建调和效果　　图29-7 绘制线条

08 在页面中单击线条并拖动鼠标，然后右击复制线条，如图 29-8 所示。

09 重复步骤 8 中的操作复制多根线条，利用选择工具选中页面中的所有线条，如图 29-9 所示。

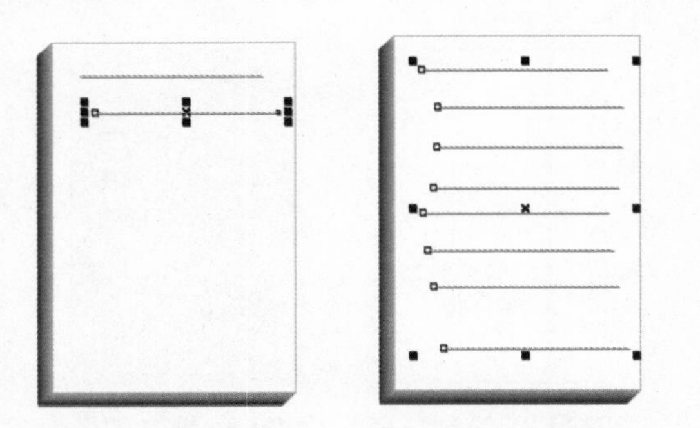

图29-8 复制线条　　图29-9 选中所有线条

10 单击“窗口”|“泊坞窗”|“对齐与分布”命令，弹出“对齐与分布”泊坞窗，单击“对齐”选项区中的“水平居中对齐”按钮，如图 29-10 所示。

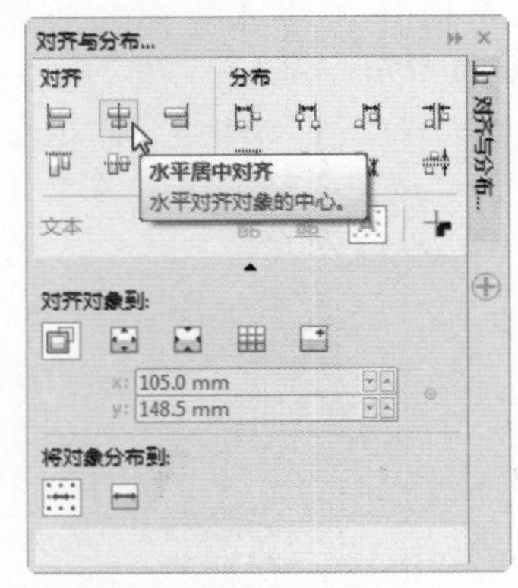

图29-10 “对齐与分布”泊坞窗

11 单击“分布”选项区中的“垂直分散排列中心”按钮，如图 29-11 所示。

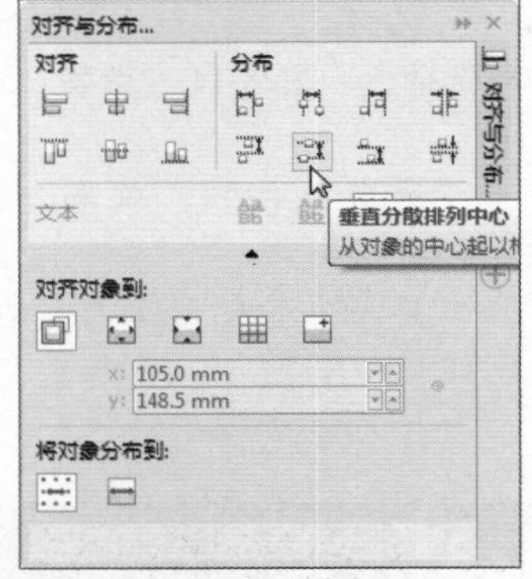

图29-11 单击“垂直分散排列中心”按钮

12 此时即可将所有的线条对齐，效果如图 29-12 所示。

图29-12 对齐线条效果

13 单击“文件”|“导入”命令，在弹出的“导入”对话框中选择一个图形文件，单击“导入”按钮。在文档中单击鼠标左键即可导入图形，效果如图 29-13 所示。

14 单击“对象”|“顺序”|“向后一层”命令，将导入的图形移至线条的后面，如图 29-14 所示。

图29-13 导入图形　图29-14 将图形移至线条后面

15 单击“编辑”|“全选”|“对象”命令，选中页面中所有的图形。

16 单击“对象”|“组合”|“组合对象”命令，将图形组合在一起。

17 单击页面中的图形并拖动，然后右击复制图形，如图 29-15 所示。

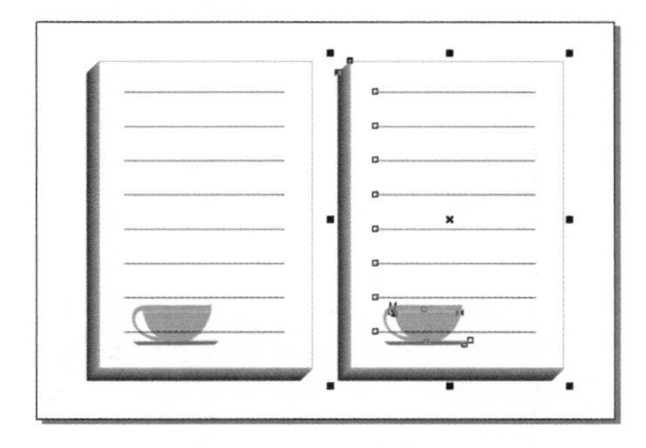

图29-15 复制图形

18 单击“窗口”|“泊坞窗”|“变换”|“缩放和镜像”命令，弹出“变换”泊坞窗，在其中单击“水平镜像”按钮，在“副本”数值框中输入 1，单击“应用”按钮（如图 29-16 所示），图形效果如图 29-17 所示。

19 为了便于后面的操作，利用缩放工具将页面进行放大。选取工具箱中的矩形工具，在属性栏中的转角半径数值框中输入 80，在页面中绘制圆角矩形。在调色板中单击白色色块，对图形进行填充，如图 29-18 所示。

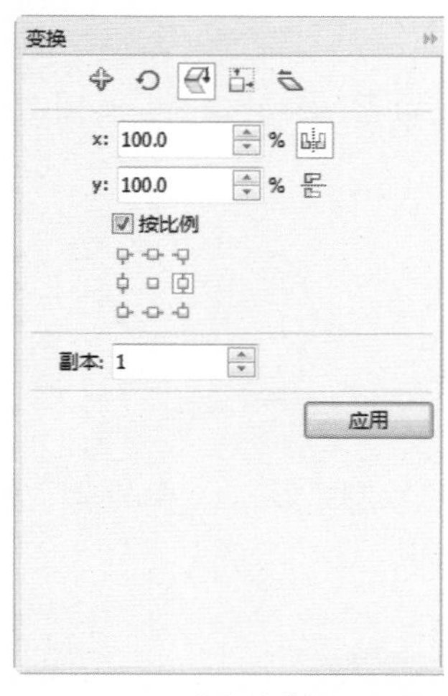

图29-16 “变换”泊坞窗

图29-17 水平镜像效果

20 单击页面中的图形并拖动，然后右击复制图形，如图 29-19 所示。

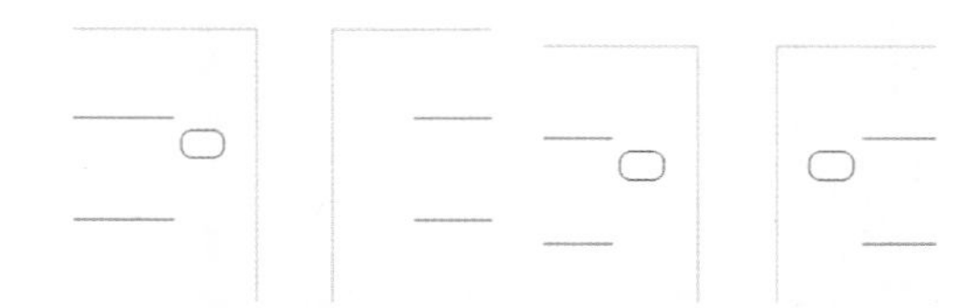

图29-18 绘制并填充图形　图29-19 复制图形

21 选取工具箱中的椭圆形工具，在属性栏中单击“弧”按钮，在“起始和结束角度”数值框中分别输入 325 和 215，在页面中绘制弧形，如图 29-20 所示。

22 单击页面中的弧形并拖动鼠标，然后右击复制弧形，如图 29-21 所示。

23 在调色板中右击白色色块，将复制的弧形设置为白色。选取工具箱中的调和工具，在页面中将黑色的弧形拖动到白色的弧形上，创建调和效果，如图 29-22 所示。

24 调整白色弧形的位置，如图 29-23 所示。

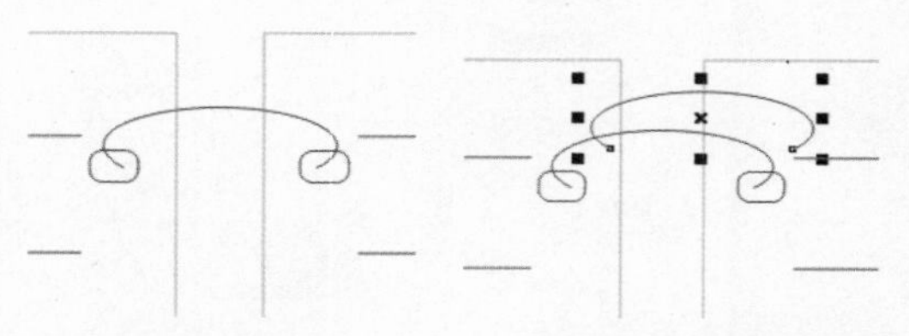

图29-20 绘制弧形　　图29-21 复制弧形

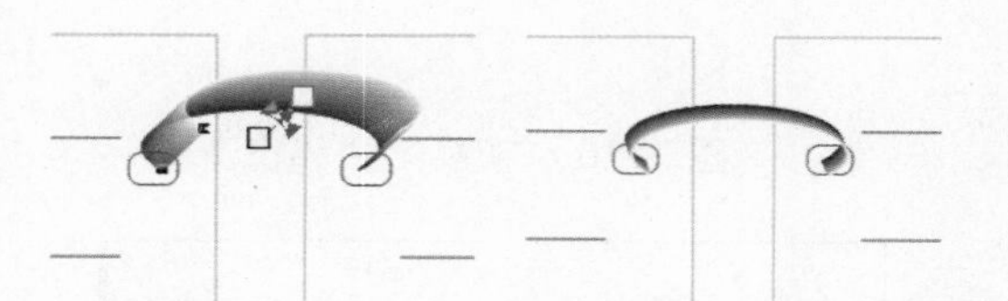

图29-22 创建调和效果　　图29-23 调整白色弧形位置

25 利用选择工具选中页面中的圆角矩形及弧形，单击“对象”|“组合”|“组合对象”命令，将图形组合在一起。

26 单击组合后的弧形并拖动鼠标，然后右击复制弧形。

27 重复步骤 26 的操作，将组合后的弧形复制多份，如图 29-24 所示。

图29-24 将弧形复制多份

28 利用选择工具选中页面中的所有弧形，单击“对象”|“对齐和分布”|“对齐和分布”命令，弹出“对齐与分布”泊坞窗，如图 29-25 所示。

29 单击“对齐”选项区中的“水平居中对齐”按钮，然后单击“分布”选项区中的“垂直分散排列中心”按钮，如图 29-26 所示。

30 此时，将所有的弧形对齐，效果如图 29-27 所示。

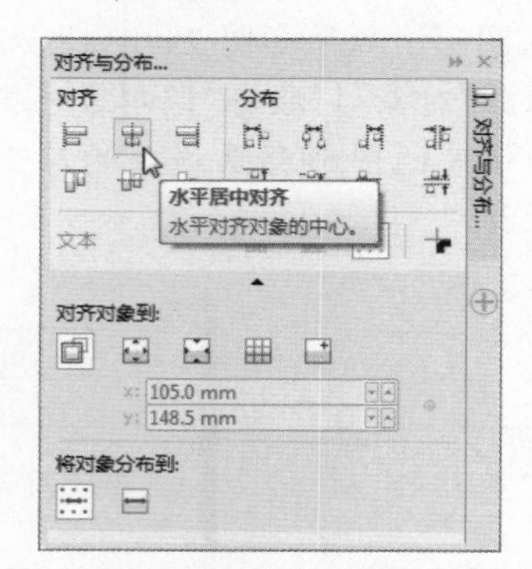

图29-25 “对齐与分布”泊坞窗

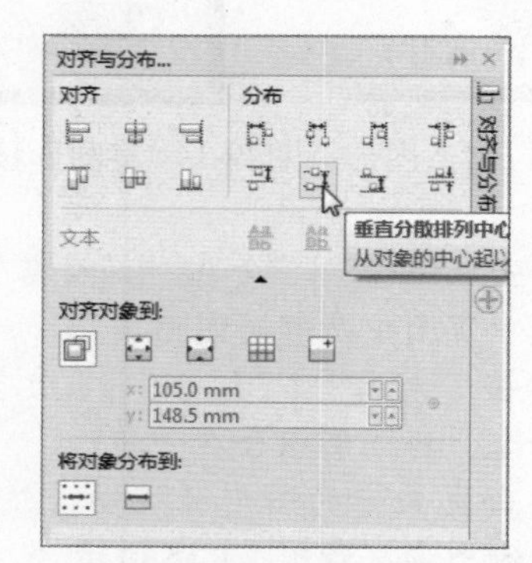

图29-26 单击“垂直分散排列中心”按钮

图29-27 对齐弧形

31 选取工具箱中的矩形工具，在页面中绘制矩形，如图 29-28 所示。

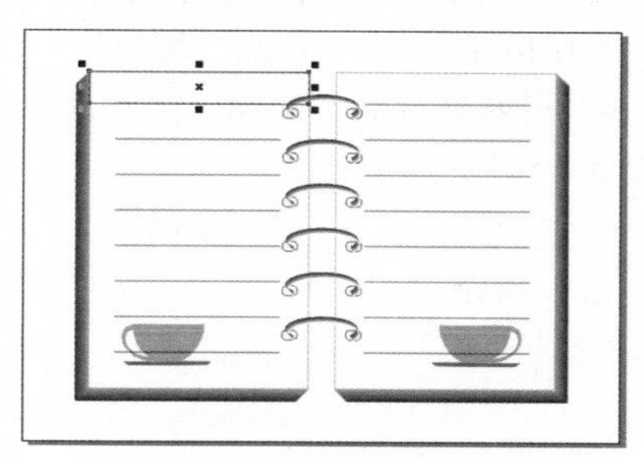

图29-28 绘制矩形

32 按【F11】键，在弹出的“编辑填充”对话框中单击“渐变填充”按钮，设置0%位置的颜色为白色，100%位置的颜色为桃黄色，“旋转”为90°，如图29-29所示。

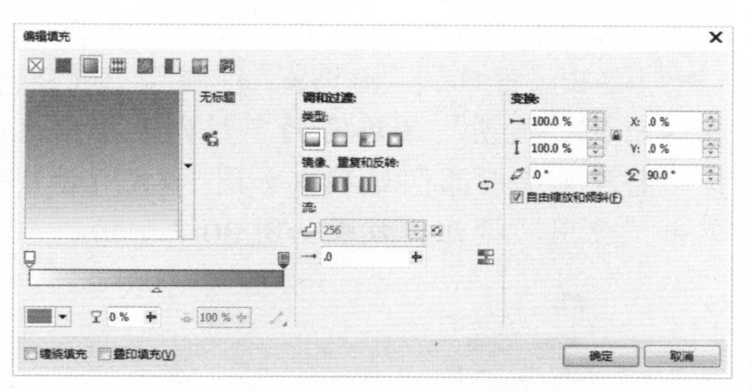

图29-29 “编辑填充”对话框

33 单击“确定”按钮，填充后的效果如图29-30所示。

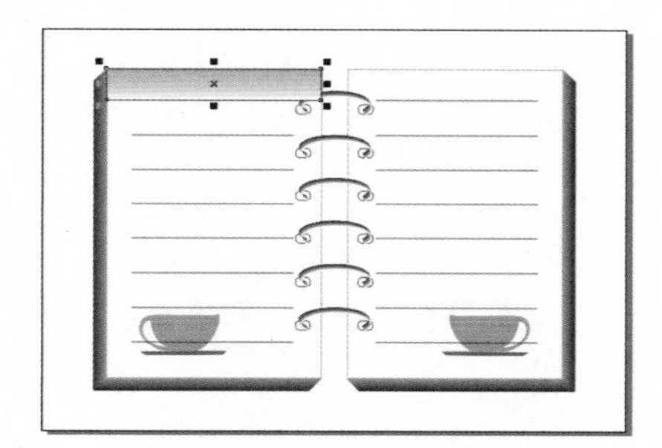

图29-30 填充效果

34 选取工具箱中的无轮廓工具，设置图形无轮廓，效果如图29-31所示。

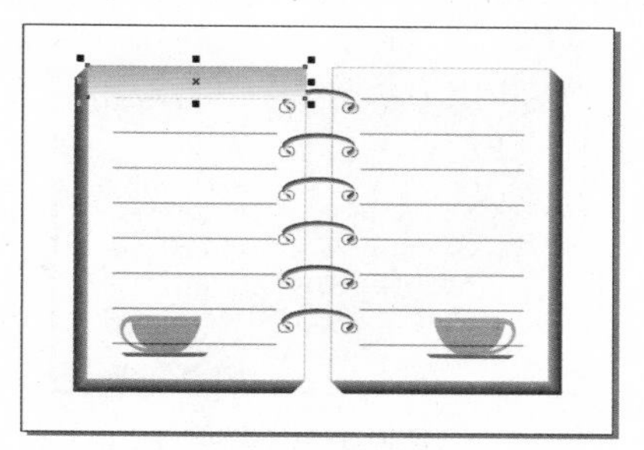

图29-31 设置图形无轮廓

35 单击“对象”|“顺序”|“向后一层”命令，将其移至弧形的后面，效果如图29-32所示。

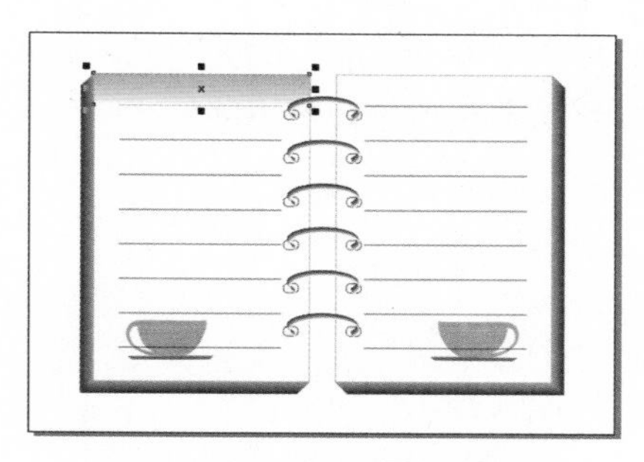

图29-32 调整图形顺序

36 单击“编辑”|“复制”命令复制图形，再单击“编辑”|“粘贴”命令粘贴图形，并调整其位置。单击“对象”|“顺序”|“向后一层”命令，将其移至弧形的后面，效果如图29-33所示。

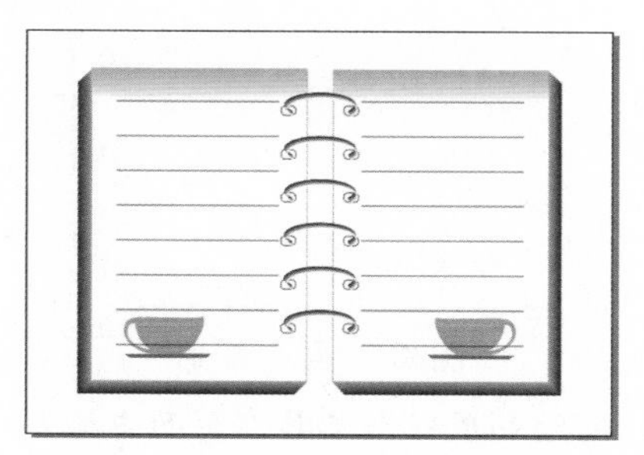

图29-33 复制并调整图形

37 选取工具箱中的文本工具，在属性栏中设置字体和字号，在页面中输入文字，最终效果参见图29-1。至此，本实例制作完毕。

实例30 广告衫

本实例将制作广告衫效果，如图30-1所示。

图30-1 广告衫

操作步骤

01 单击“文件”|“新建”命令，新建一个空白页面，在属性栏中设置页面为横向。

02 单击“视图”|“网格”|“文档网格”命令显示网格，如图30-2所示。

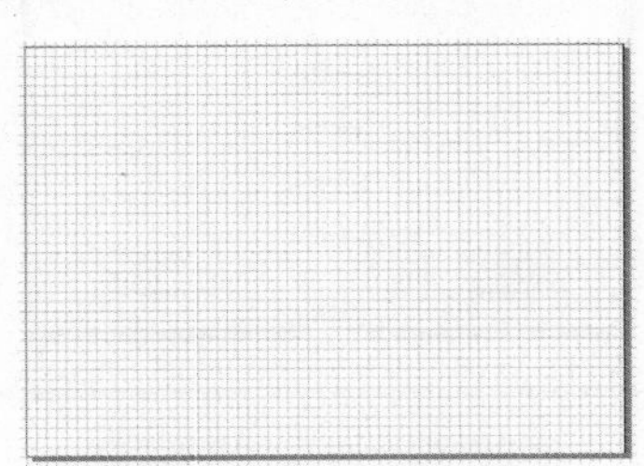
图30-2 显示网格

03 单击“贴齐”|“文档网格”命令。在工具箱中选取矩形工具，在页面中绘制矩形，如图30-3所示。

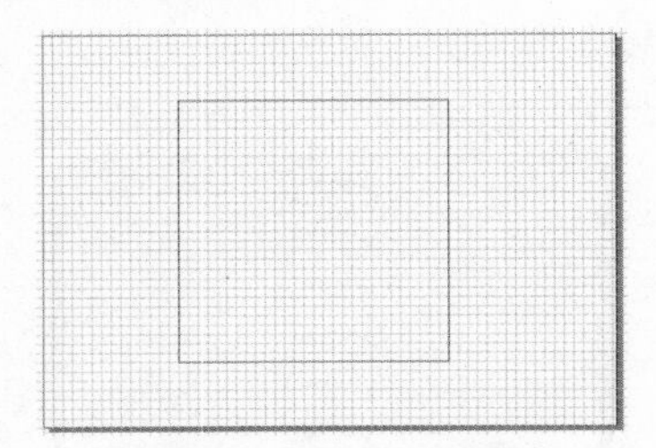
图30-3 绘制矩形

04 继续利用矩形工具在页面中绘制矩形，并设置转角半径为60，如图30-4所示。

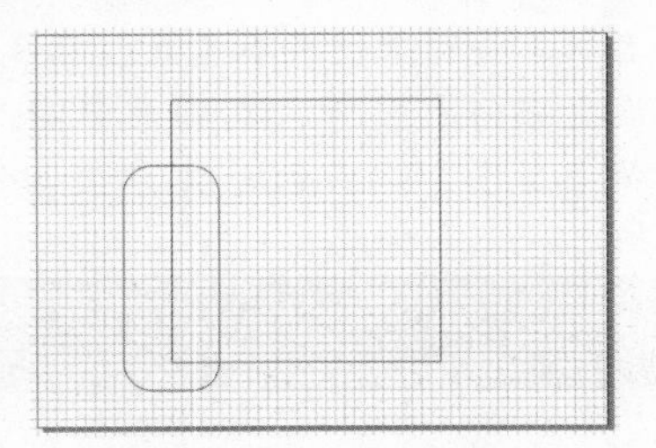
图30-4 绘制圆角矩形

05 选择圆角矩形，单击“编辑”|“复制”命令，然后单击“编辑”|“粘贴”命令，粘贴复制的圆角矩形。

06 调整复制的圆角矩形的位置，如图30-5所示。

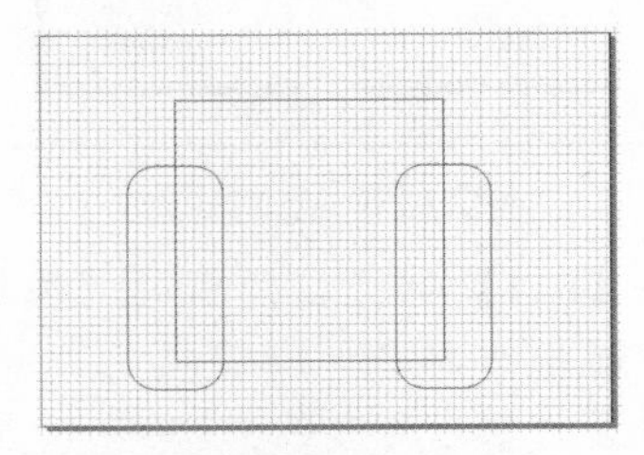
图30-5 复制矩形并调整位置

07 选中大的矩形和位于左侧的圆角矩形，单击“窗口”|“泊坞窗”|“造型”命令，在弹出的“造型”泊坞窗的下拉列表框中选择“移除前面对象”选项（如图30-6所示），单击“应用”按钮，效果如图30-7所示。

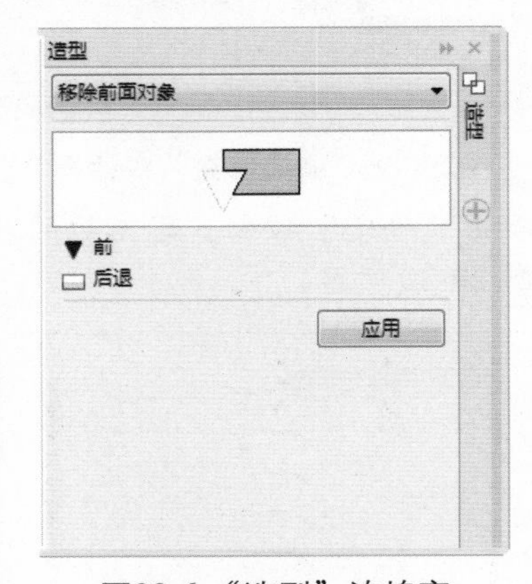

图30-6 “造型”泊坞窗

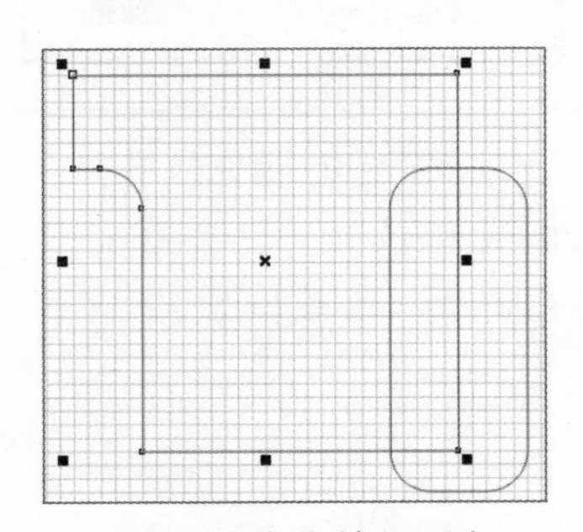
图30-7 移除前面对象

08 选中页面中的全部图形，在“造型”泊坞窗的下拉列表框中选择“移除前面对象”选项，单击“应用”按钮，效果如图30-8所示。

09 在工具箱中选取椭圆形工具，在页面中绘制椭圆，如图 30-9 所示。

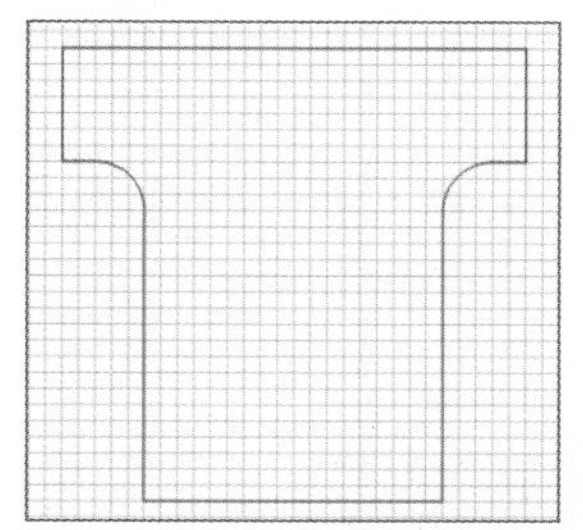

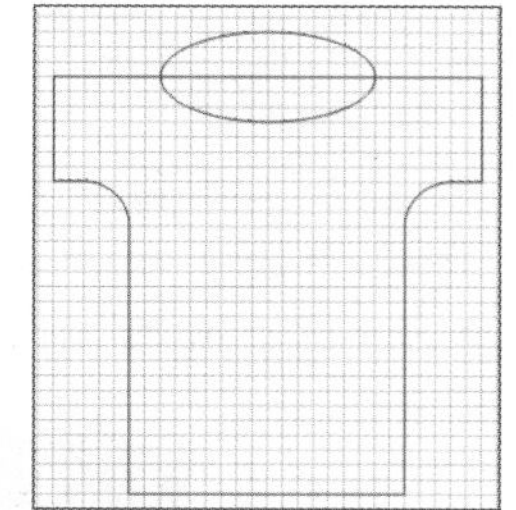

图30-8 移除前面对象　　图30-9 绘制椭圆

10 选中页面中的全部图形，在“造型”泊坞窗的下拉列表框中选择“移除前面对象”选项，单击“应用”按钮，效果如图 30-10 所示。

11 将得到的图形填充为红色，并设置其轮廓为无，如图 30-11 所示。

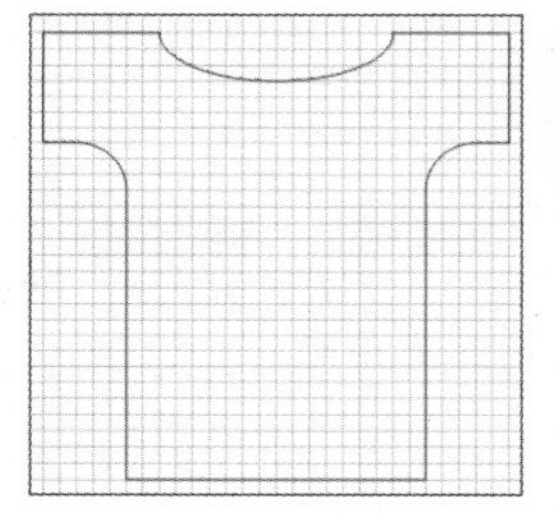

图30-10 移除前面对象　　图30-11 填充图形

12 单击“文件”|“导入”命令，弹出“导入”对话框，选择一个图形文件，单击“导入”按钮，将图形导入到页面中并调整其位置，效果如图 30-12 所示。

图30-12 导入图形并调整位置

13 选中页面中的全部图形，单击“对象”|“组合”|“组合对象”命令组合图形。

14 将制作好的广告衫复制多份，并调整它们的颜色及位置，如图 30-13 所示。

图30-13 广告衫效果

15 利用星形工具在页面中绘制图形；利用渐变填充工具对图形进行填充；利用文本工具输入文字，最终效果参见图 30-1。至此，本实例制作完毕。

实例31 导航栏

本实例将制作导航栏效果，如图 31-1 所示。

回到首页　产品介绍　服务项目　联系我们

图31-1 导航栏

操作步骤

01 单击“文件”|“新建”命令，新建一个空白页面，并在属性栏中设置页面为横向。

02 在工具箱中选取矩形工具，在属性栏中设置边角圆滑度转角半径，在页面中绘制圆角矩形，如图 31-2 所示。

03 在调色板中单击绿色色块，对图形进行填充，如图 31-3 所示。

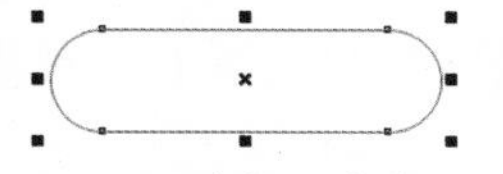

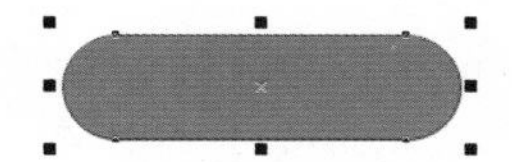

图31-2 绘制圆角矩形　　图31-3 填充图形

04 单击“编辑”|“复制”命令复制矩形，单击“编辑”|“粘贴”命令粘贴矩形，

然后利用选择工具调整复制的矩形的大小及位置，如图 31-4 所示。

05 在调色板中单击淡绿色色块，对图形进行填充；在工具箱中选取无轮廓工具，设置图形为无轮廓，效果如图 31-5 所示。

图31-4 复制并调整矩形　　图31-5 填充图形

06 在工具箱中选取调和工具，对两个图形进行调和，设置“调和对象”为 20，效果如图 31-6 所示。

07 利用选择工具将页面中的图形全部选中，然后单击“对象”|“组合”|“组合对象”命令，将图形组合在一起。

08 在工具箱中选取矩形工具，在页面中绘制圆角矩形，如图 31-7 所示。

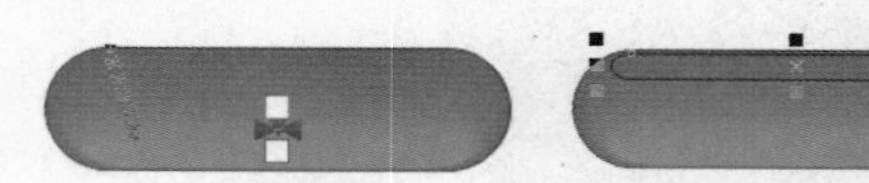

图31-6 调和效果　　图31-7 绘制圆角矩形

09 在调色板中单击白色色块，对矩形进行填充；在调色板上右击“无”按钮，删除图形轮廓，效果如图 31-8 所示。

10 单击“效果”|“添加透视”命令，此时的图形效果如图 31-9 所示。

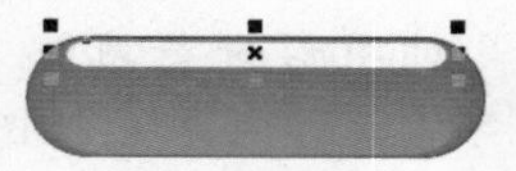

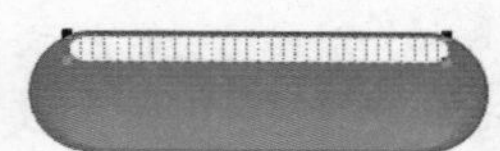

图31-8 填充矩形　　图31-9 添加透视

11 利用鼠标调整控制点，对矩形进行变换操作，如图 31-10 所示。

12 利用选择工具选中白色的图形，如图 31-11 所示。

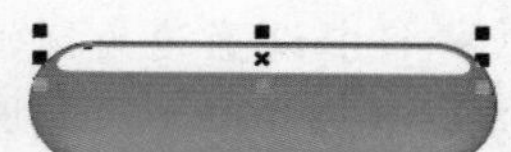

图31-10 变换图形　　图31-11 选择图形

13 在工具箱中选取透明度工具，在属性栏中单击“渐变透明度”按钮，对图形应用渐变透明效果，如图 31-12 所示。

14 利用鼠标对渐变透明效果进行调整，如图 31-13 所示。

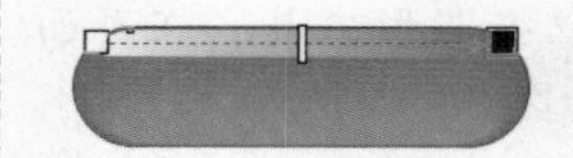

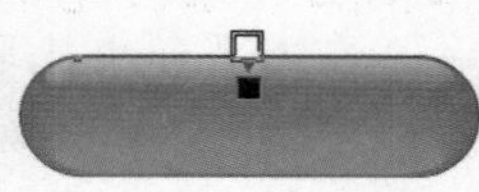

图31-12 应用渐变透明效果　　图31-13 调整透明效果

15 在工具箱中选取文本工具，在属性栏中设置字体和字号，在页面中单击并输入文字，如图 31-14 所示。

图31-14 输入文字

16 将页面中的按钮复制多份，并改变它们的位置及文字，效果如图 31-15 所示。

图31-15 复制按钮

17 在工具箱中选取矩形工具，在属性栏中设置转角半径为 30，然后在页面上绘制圆角矩形，如图 31-16 所示。

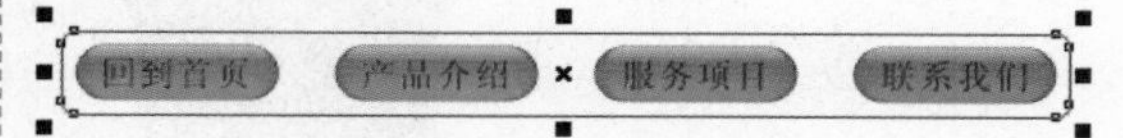

图31-16 绘制圆角矩形

18 确保选中圆角矩形，单击“对象”|“顺序”|“到页面背面”命令。

19 在调色板上右击“无”按钮，删除图形轮廓。

20 按【F11】键，在弹出的“编辑填充”对话框中单击“渐变填充”按钮，设置相应的参数，如图 31-17 所示。

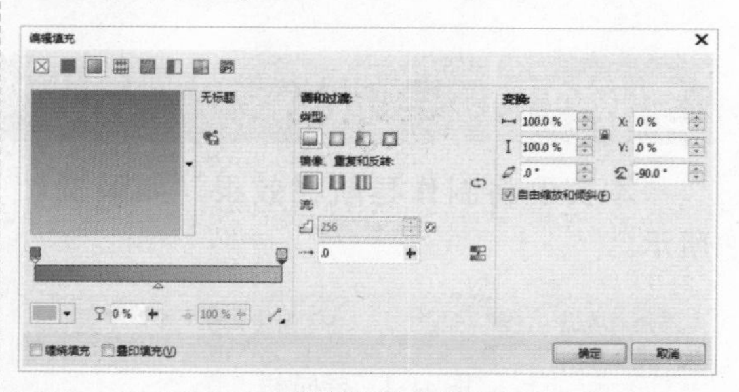

图31-17 “编辑填充”对话框

21 单击“确定”按钮，为矩形填充渐变色，得到的最终效果参见图 31-1。至此，本实例制作完毕。

实例32 音乐会海报

本实例将制作音乐会海报，如图 32-1 所示。

图32-1 音乐会海报

操作步骤

01 单击“文件”|“新建”命令，新建一个空白页面。

02 利用工具箱中的手绘工具在页面中绘制音符图形，并填充为暗红色，然后将其轮廓设置为 1mm，如图 32-2 所示。

03 单击图形并拖动鼠标，拖至合适位置后右击，复制音符图形，如图 32-3 所示。

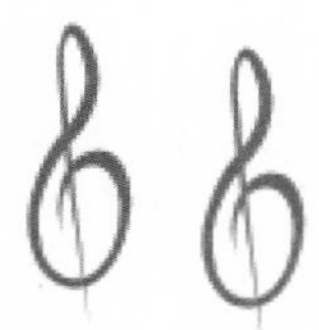

图32-2 绘制音符　　图32-3 复制音符

04 将其中的一个音符图形缩小，并填充为白色。

05 选取工具箱中的调和工具，在两个音符图形之间创建调和效果，并在属性栏中的“调和对象”数值框中输入 20，如图 32-4 所示。

06 选取工具箱中的椭圆形工具，在属性栏中单击“弧”按钮，在“起始和结束角度”数值框中分别输入 60 和 180，然后在页面中绘制弧形，如图 32-5 所示。

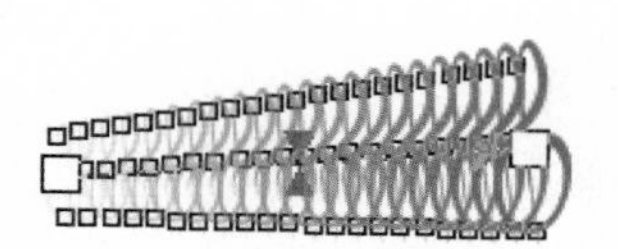

图32-4 创建调和效果　　图32-5 绘制弧形

07 确保调和后的图形处于选中状态，单击“效果”|“调和”命令，弹出“调和”泊坞窗，如图 32-6 所示。

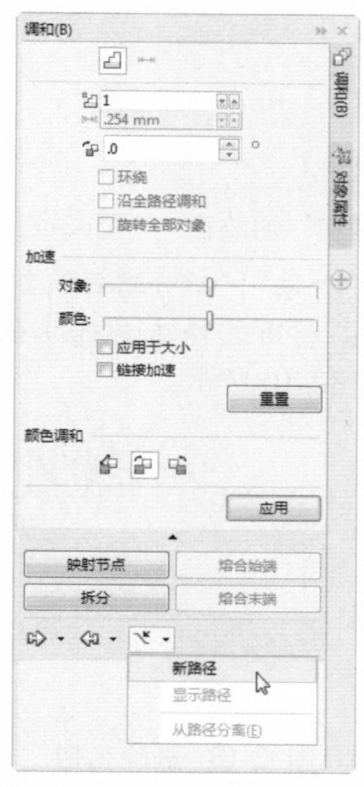

图32-6 “调和”泊坞窗

08 在“调和”泊坞窗中单击“路径属性”按钮，在弹出的快捷菜单中选择“新路径”选项，然后在页面中单击弧形，效果如图 32-7 所示。

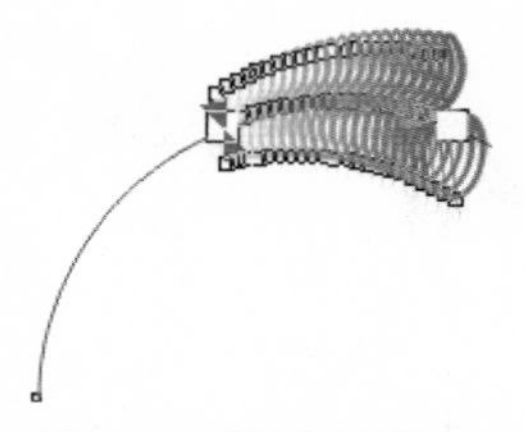

图32-7 沿路径调和

09 在“调和”泊坞窗中分别选中“沿全路径调和”与“旋转全部对象”复选框，如图 32-8 所示。单击“应用”按钮，效果如图 32-9 所示。

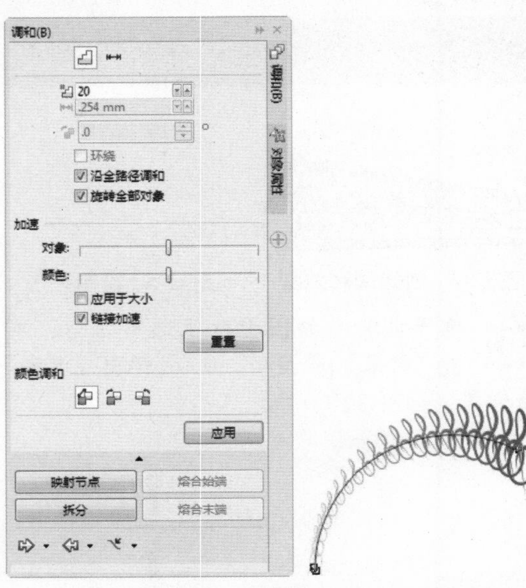

图32-8 “调和”泊坞窗　　图32-9 调和效果

10 单击“对象”|“拆分路径群组上的混和”命令，利用选择工具选中弧形后将其删除，如图 32-10 所示。

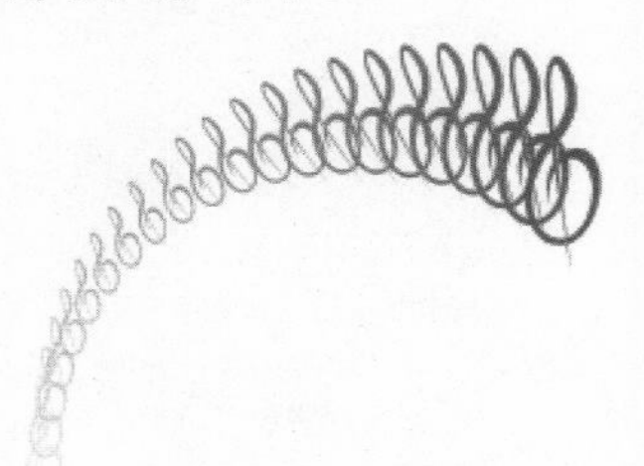

图32-10 删除弧形

11 利用工具箱中的形状工具在页面中绘制音符图形，并填充为绿色，将其轮廓设置为无，如图 32-11 所示。

12 按照步骤 3~10 的方法对绿色音符进行处理，得到的效果如图 32-12 所示。

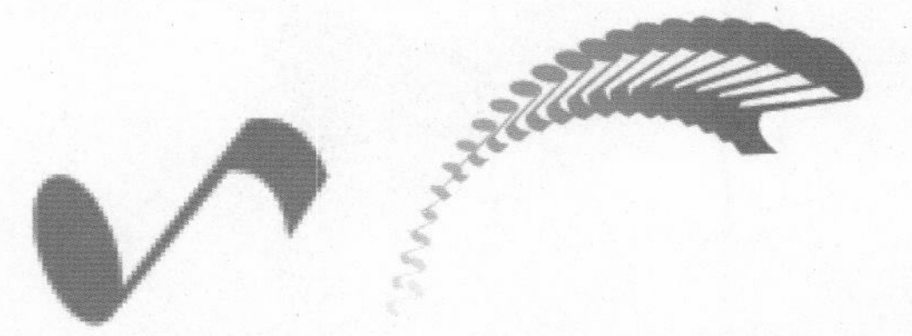

图32-11 绘制音符　　图32-12 创建调和效果

13 利用工具箱中的星形工具在页面中绘制星形，并填充为红色，将其轮廓设置为无，如图 32-13 所示。

14 按照步骤 3~10 的操作方法对星形进行处理，得到的效果如图 32-14 所示。

图32-13 绘制星形　　图32-14 创建调和效果

15 利用工具箱中的选择工具对各个图形进行旋转，并调整其位置，如图 32-15 所示。

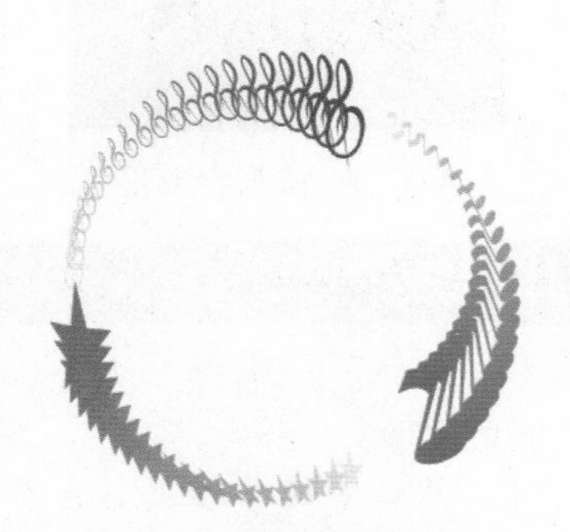

图32-15 旋转并调整图形

16 单击“文件”|“导入”命令，弹出“导入”对话框，选择一幅素材图形，单击“导入”按钮，将其导入到页面中，并调整其大小和位置，如图 32-16 所示。

图32-16 导入图形

17 双击工具箱中的矩形工具，绘制一个与页面相同大小的矩形，并将其填充为深蓝色，如图 32-17 所示。

18 利用工具箱中的文本工具在页面中输入文字，并设置字体与字号，如图 32-18 所示。

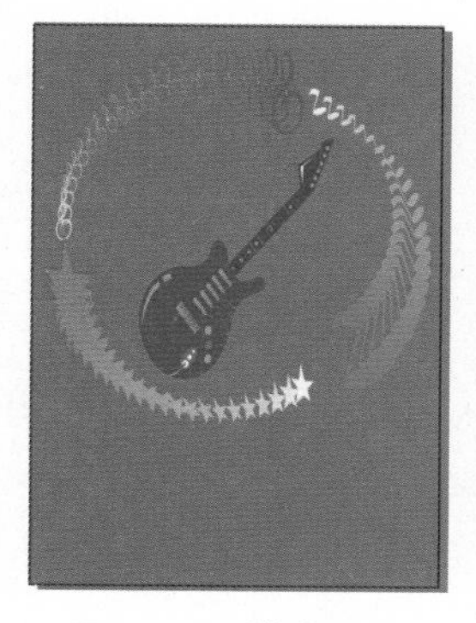

图32-17 填充图形

图32-18 输入文字

图32-19 调整文字

19 利用选择工具选中文字，单击“对象”|“拆分美术字”命令，然后调整字母G与R的大小，如图32-19所示。

20 继续利用文本工具输入文字，并设置合适的字体与字号，最终效果参见图32-1。至此，本实例制作完毕。

实例33 剧院入场券

本实例将制作剧院入场券，效果如图33-1所示。

图33-1 剧院入场券

操作步骤

01 单击“文件”|“新建”命令，新建一个空白页面。

02 利用工具箱中的矩形工具在页面中绘制正方形，如图33-2所示。

03 利用工具箱中的椭圆形工具在页面中绘制正圆，如图33-3所示。

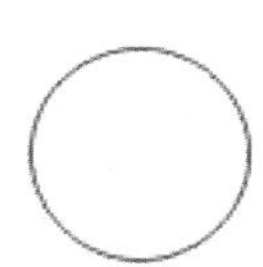

图33-2 绘制正方形　　图33-3 绘制正圆

04 利用挑选工具选中正方形和圆形，单击“对象”|“对齐和分布”|“对齐和分布”命令，弹出“对齐与分布”泊坞窗，如图33-4所示。

05 在“对齐与分布”泊坞窗中分别单击“水平居中对齐”和“垂直居中对齐”按钮，效果如图33-5所示。

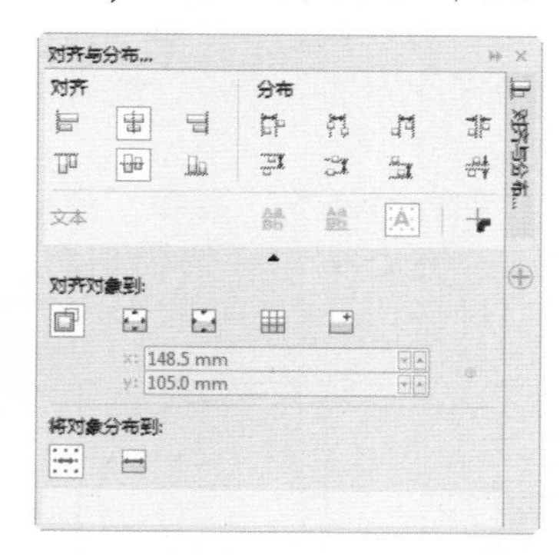

图33-4 “对齐与分布”泊坞窗

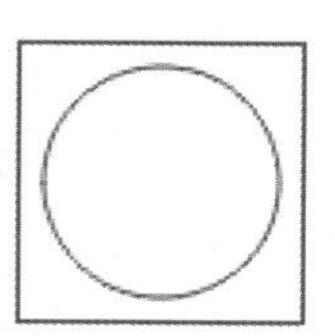

图33-5 对齐图形

06 确保选中正方形和圆形，单击属性栏中的“移除前面对象”按钮，对图形进行造型，如图33-6所示。

07 利用工具箱中的折线工具在页面中绘制线段，如图33-7所示。

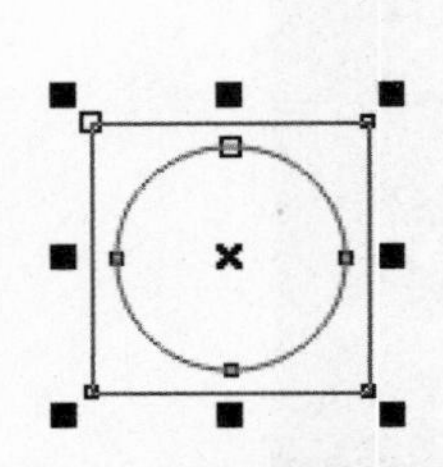
图33-6 移除前面对象

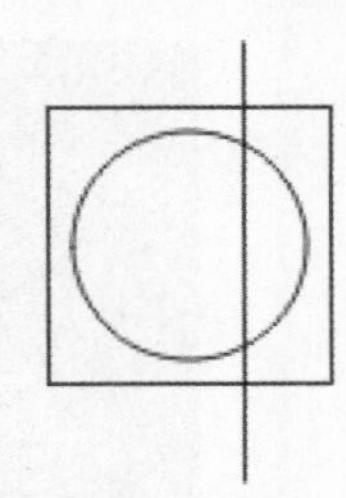
图33-7 绘制线段

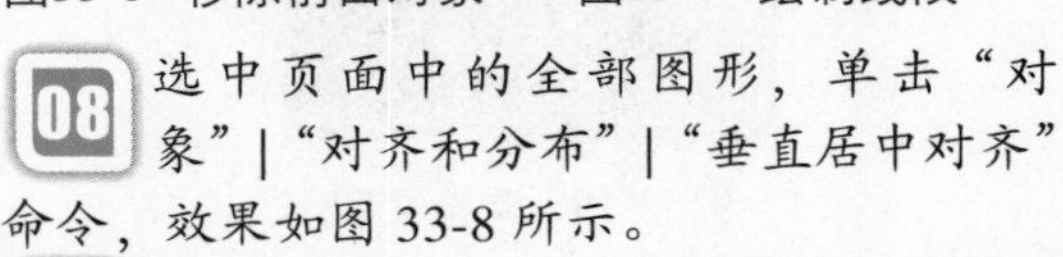

08 选中页面中的全部图形，单击“对象”|“对齐和分布”|“垂直居中对齐”命令，效果如图 33-8 所示。

09 单击属性栏中的“修剪”按钮，对图形进行造型，然后删除多余的图形，如图 33-9 所示。

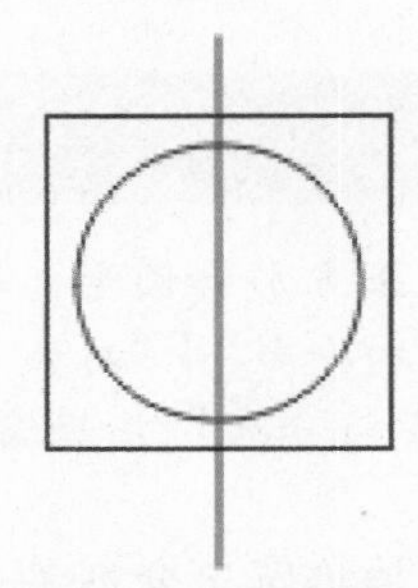
图33-8 对齐图形

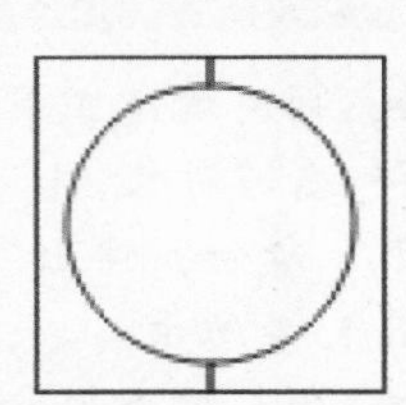
图33-9 修剪图形

10 利用工具箱中的折线工具在页面中绘制直线，全选图形后单击“对象”|“对齐和分布”|“水平居中对齐”命令，效果如图 33-10 所示。

11 单击属性栏中的“修剪”按钮，对图形进行造型，然后删除多余的图形，如图 33-11 所示。

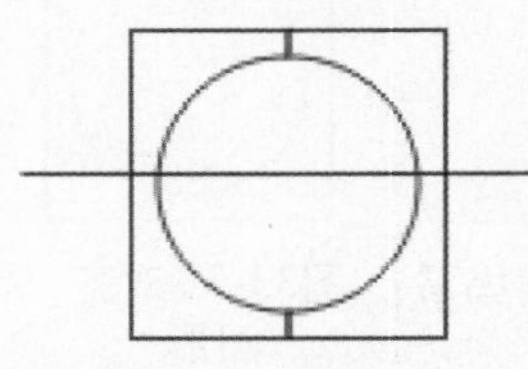
图33-10 对齐图形

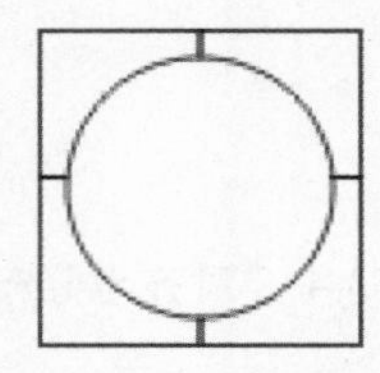
图33-11 修剪图形

12 利用挑选工具选择页面中的图形，单击“对象”|“拆分曲线”命令。

13 利用工具箱中的矩形工具在页面中绘制矩形，如图 33-12 所示。

14 将拆分后的图形（共 4 个）分别放置到矩形的四个角上，如图 33-13 所示。

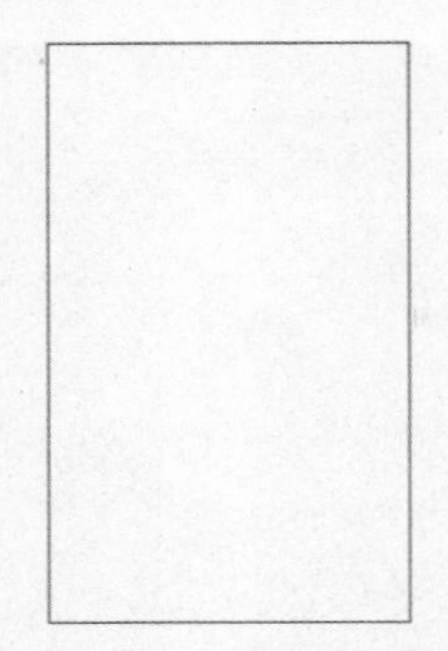
图33-12 绘制矩形

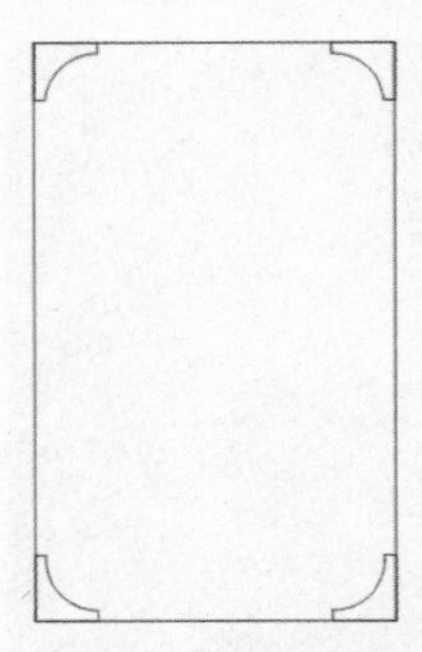
图33-13 调整图形位置

15 选择页面中的全部图形，单击属性栏中的“移除后面对象”按钮，然后删除多余的图形，如图 33-14 所示。

16 选择页面中的图形，单击“对象”|“变换”|“大小”命令，弹出“变换”泊坞窗，如图 33-15 所示。

图33-14 修剪图形

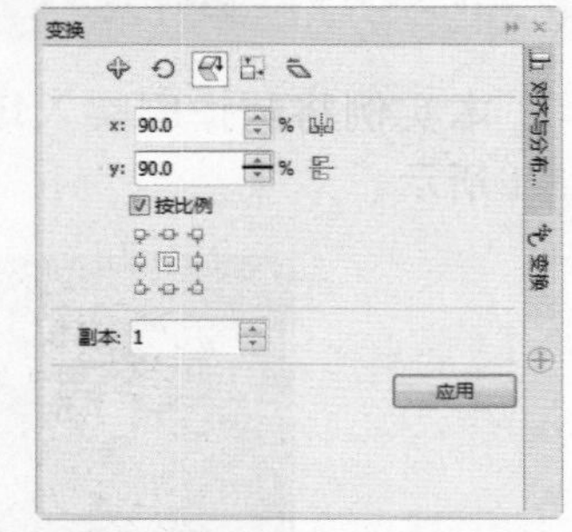

图33-15 “变换”泊坞窗

17 在“变换”泊坞窗的“水平”和“垂直”数值框中更改数值（比原来的数值稍小些），在“副本”数值框中输入 1，单击“应用”按钮复制图形，如图 33-16 所示。

18 将图形填充为绿色，效果如图 33-17 所示。

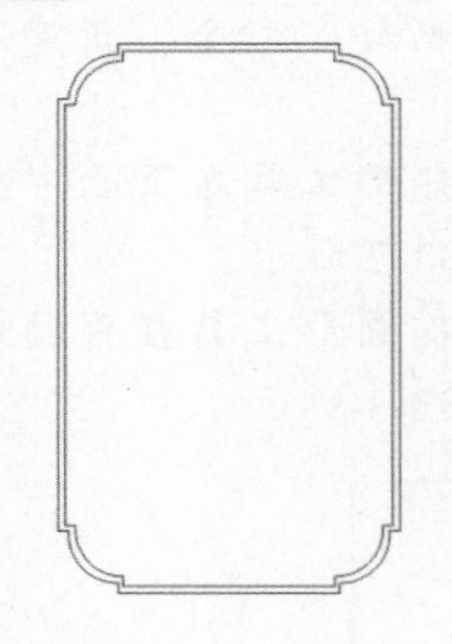
图33-16 复制图形

图33-17 填充图形

19 单击“文件”|“导入”命令，弹出“导入”对话框，选择一幅素材图形，单击“导

入”按钮，在页面中导入舞鞋图形，并调整其位置，如图 33-18 所示。

20 单击“文件”|“导入”命令，弹出“导入”对话框，选择一幅素材图形，单击“导入”按钮，在页面中导入钢琴图形，并调整其位置，如图 33-19 所示。

21 利用工具箱中的文本工具在页面中输入文字，并设置合适的字体与字号，如图 33-20 所示。

图33-18　导入图形

图33-19　导入图形

图33-20　输入文字

22 单击“文件”|“导入”命令，弹出“导入”对话框，在“导入”对话框中选择一幅素材图形，单击“导入”按钮，在页面中导入图形，并调整其位置，如图 33-19 所示。

23 利用工具箱中的文本工具在页面中输入文字，并设置适当的字体与字号，如图 33-20 所示。利用工具箱中的折线工具在页面中绘制直线，并设置合适的粗细，如图 33-21 所示。

24 利用工具箱中的文本工具在页面中输入文字，并设置合适的字体与字号，效果如图 33-22 所示。

图33-21　绘制直线

图33-22　输入文字

25 利用工具箱中的矩形工具在页面中绘制矩形，将其填充为绿色，并置于页面中的全部图形之后，最终效果参见图 33-1。至此，本实例制作完毕。

实例34　小屋

本实例将制作小屋效果，如图 34-1 所示。

图34-1　小屋

操作步骤

01 单击“文件”|“新建”命令，新建一个空白页面，并设置页面为横向。

02 选取工具箱中的基本形状工具，在属性栏中单击“完美形状”按钮，在弹出的下拉面板中选择梯形样式，如图 34-2 所示。

03 在属性栏中的“轮廓宽度”下拉列表框中选择 1.5mm 选项，然后在页面中拖动鼠标绘制图形，如图 34-3 所示。

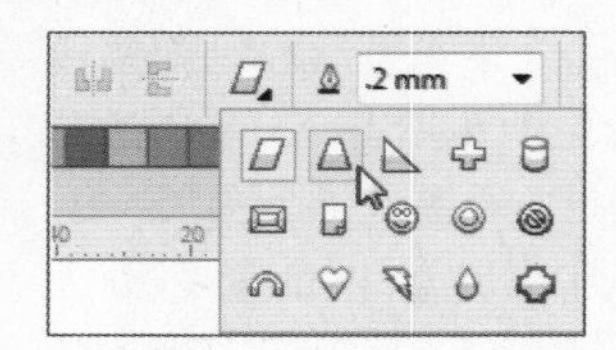
图34-2 选择梯形样式

图34-3 绘制图形

04 按【F11】键，弹出“编辑填充”对话框，单击“PostScript 填充”按钮，如图 34-4 所示。

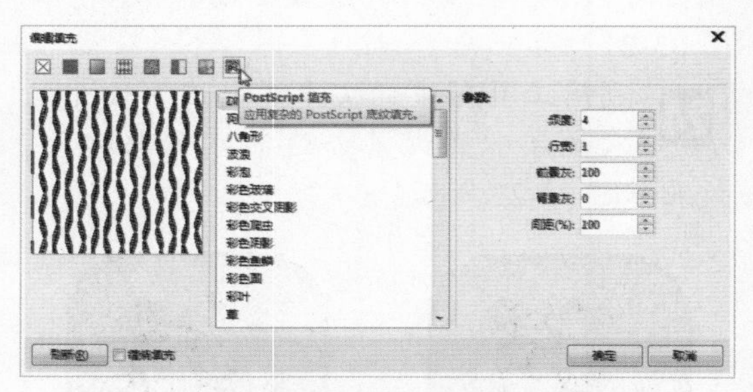
图34-4 “编辑填充”对话框

05 在“编辑填充”对话框中选择“鱼鳞”选项，单击“确定”按钮，填充后的图形效果如图 34-5 所示。

图34-5 填充图形

06 在工具箱中选取矩形工具，在属性栏中的“轮廓宽度”下拉列表框中选择 1.5mm 选项。

07 在页面中拖动鼠标绘制矩形，如图 34-6 所示。

08 单击“编辑”|“全选”|“对象”命令，选中页面中的所有图形。单击“对象”|“组合”|“组合对象”命令，将图形组合在一起。

09 选取工具箱中的矩形工具，在属性栏中的“轮廓宽度”下拉列表框中选择 1.5mm 选项，在页面中绘制矩形，如图 34-7 所示。

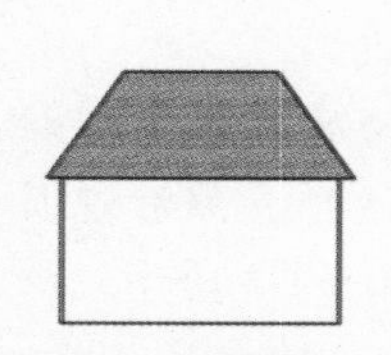
图34-6 绘制矩形

图34-7 绘制矩形

10 按【F11】键，弹出“编辑填充”对话框，单击“双色图样填充”按钮，单击图案样式下拉按钮，在弹出的下拉列表中选择一种合适的样式，如图 34-8 所示。

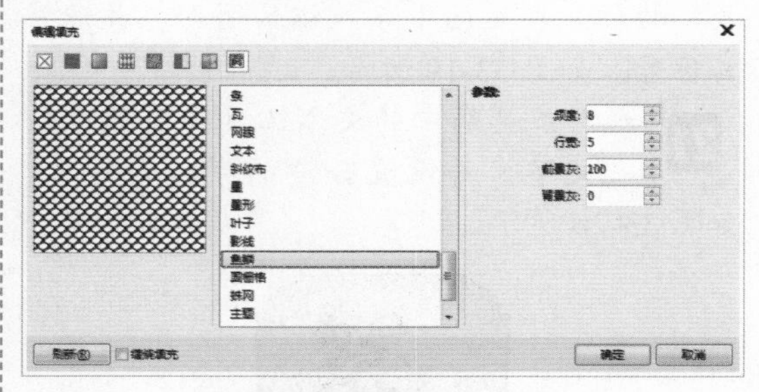
图34-8 “编辑填充”对话框

11 单击“确定”按钮，效果如图 34-9 所示。

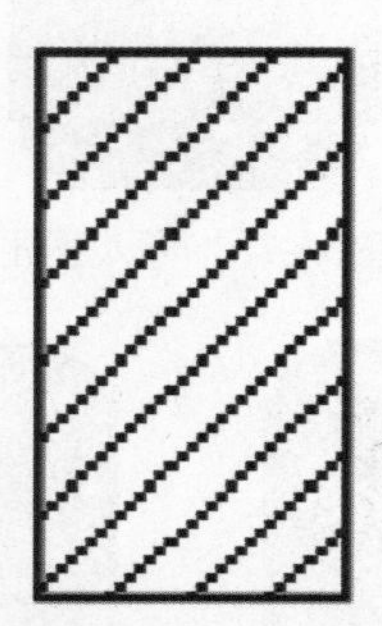
图34-9 图样填充效果

12 确保选中矩形，单击“编辑”|“再制”命令复制图形，如图 34-10 所示。

13 选中复制的图形，在调色板中单击白色色块，对图形进行填充，如图 34-11 所示。

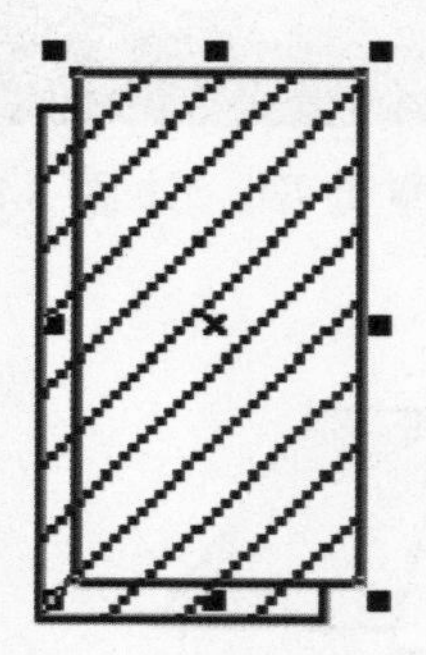
图34-10 复制图形

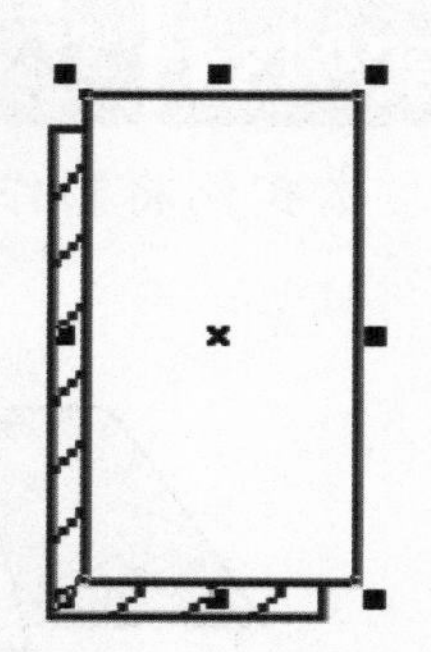
图34-11 填充图形

14 利用选择工具对矩形进行调整，并移到合适的位置，效果如图 34-12 所示。

15 选择调整后的矩形，单击“编辑”|“再制”命令复制图形，如图 34-13 所示。

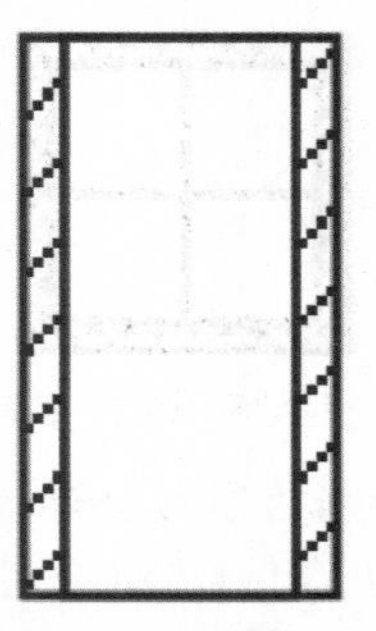

图34-12 调整图形

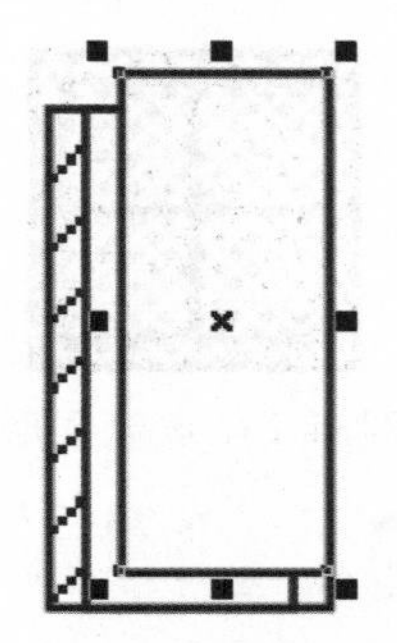

图34-13 复制图形

16 利用选择工具对复制的图形进行等比例缩小，并移到合适的位置，效果如图 34-14 所示。

17 选取工具箱中的椭圆形工具，在属性栏中的“轮廓宽度”下拉列表框中选择 1.5mm 选项，在页面中绘制椭圆，如图 34-15 所示。

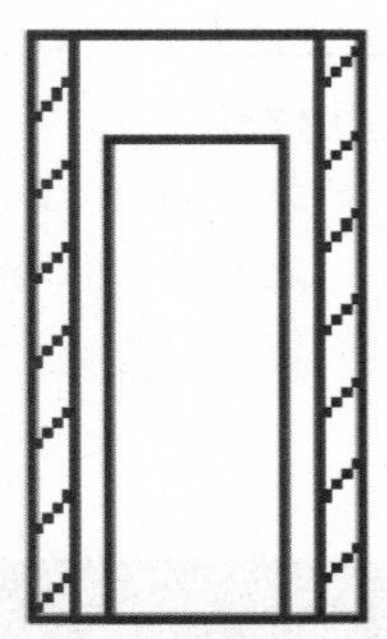

图34-14 复制并缩小图形

图34-15 绘制椭圆

18 按【F11】键，弹出“编辑填充”对话框，单击“双色图样填充”按钮，如图 34-16 所示。

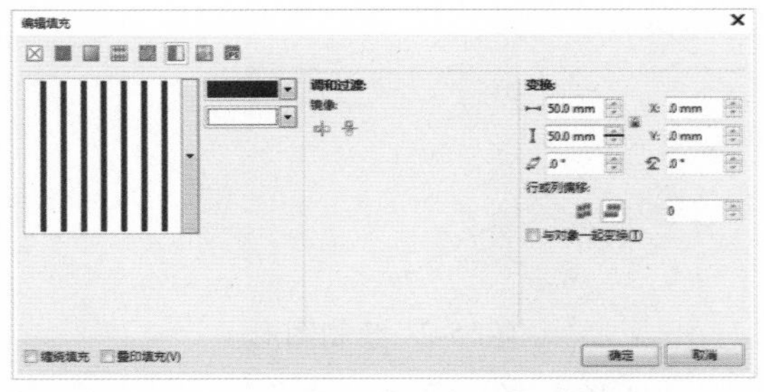

图34-16 “编辑填充”对话框

19 在“编辑填充”对话框中单击图案样式下拉按钮，在弹出的下拉列表中选择一种合适的样式，单击“确定”按钮，效果如图 34-17 所示。

图34-17 填充后的效果

20 将步骤 9~19 中绘制的图形全部选中，单击“对象”|“组合”|“组合对象”命令，将图形组合在一起，然后调整到合适的位置，如图 34-18 所示。

21 选取工具箱中的流程图形状工具，在属性栏中单击“完美形状”按钮，在弹出的下拉面板中选择三角形样式（如图 34-19 所示），在“轮廓宽度”下拉列表框中选择 1.5mm 选项。

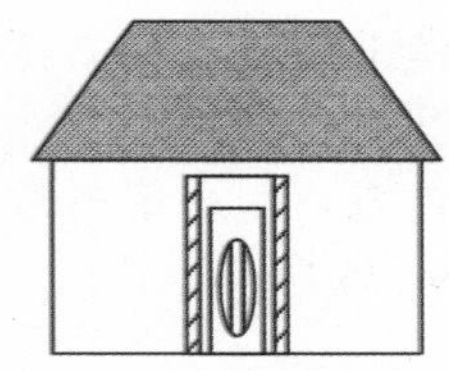

图34-18 调整图形的位置

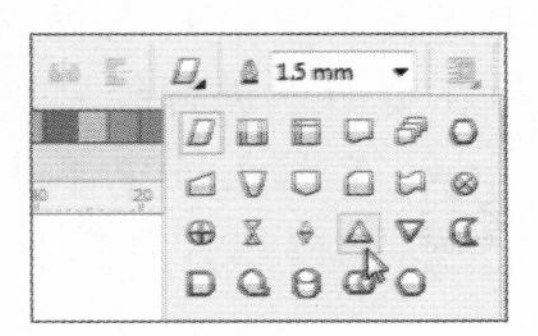

图34-19 选择样式

22 在页面中拖动鼠标绘制三角形，并填充为白色，如图 34-20 所示。

23 选取工具箱中的矩形工具，在属性栏中的“轮廓宽度”下拉列表框中选择 1.5mm 选择，在页面中绘制矩形，如图 34-21 所示。

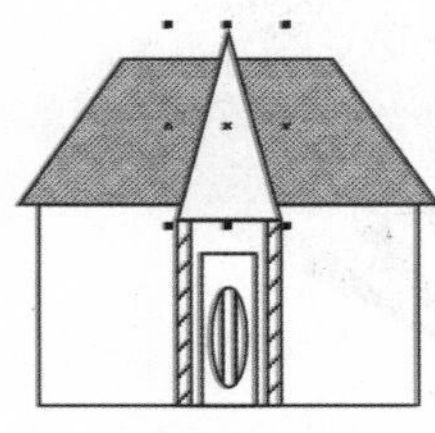

图34-20 绘制三角形

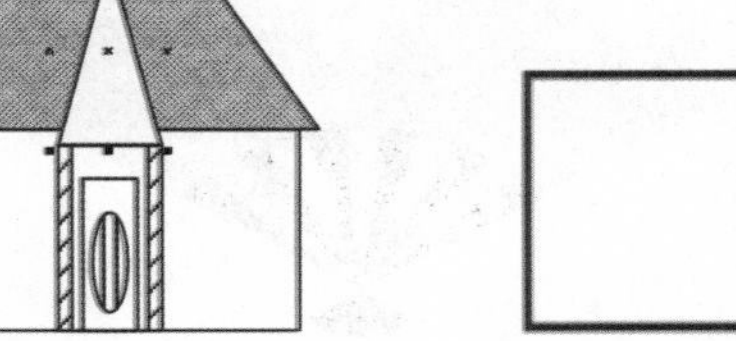

图34-21 绘制矩形

24 按【F11】键，弹出“编辑填充”对话框，单击“PostScript 填充”按钮，选择“篮编织”选项，如图 34-22 所示。

25 单击“确定”按钮，填充后的图形效果如图 34-23 所示。

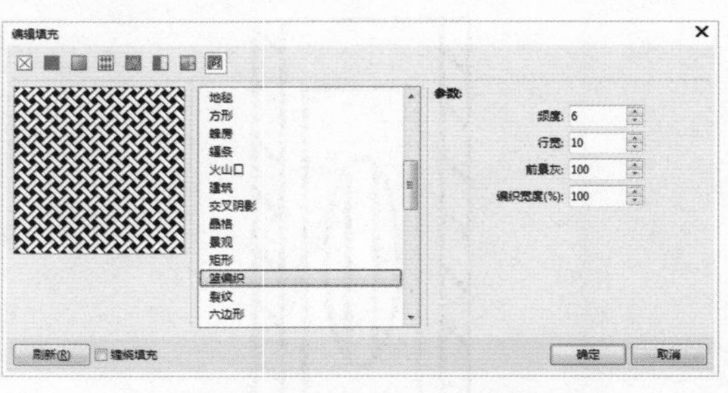

图34-22 “编辑填充”对话框

图34-23 填充图形

26 选取工具箱中的图纸工具，在属性栏的“列数和行数”数值框中分别输入2。弹出“轮廓笔”对话框，在属性栏中的“轮廓宽度”下拉列表框中选择1.5mm选项，然后在页面中进行绘制，如图34-24所示。

27 在调色板中单击白色色块，对图形填充白色，效果如图34-25所示。

图34-24 绘制图形

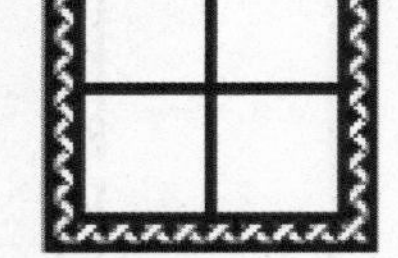

图34-25 填充图形

28 将步骤23~27中绘制的图形全部选中，单击“对象”|“组合”|“组合对象”命令，将图形组合在一起，然后调整到合适的位置作为窗户，如图34-26所示。

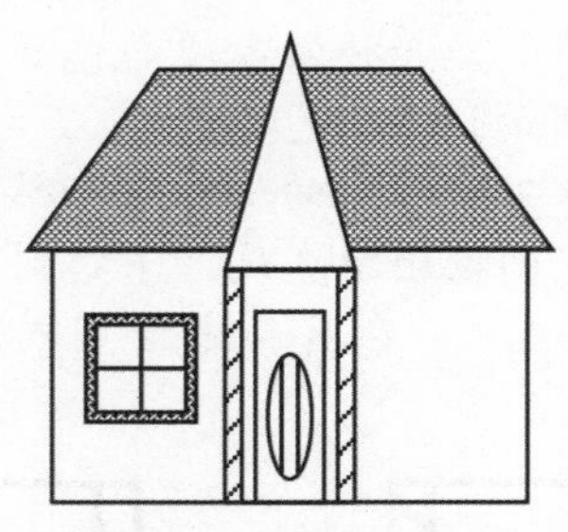

图34-26 调整图形位置

29 在窗户图形上按住鼠标左键并拖动，然后右击复制窗户，并将其调整到合适的位置，最终效果参见图34-1。至此，本实例制作完毕。

实例35 折扇

本实例将制作折扇效果，如图35-1所示。

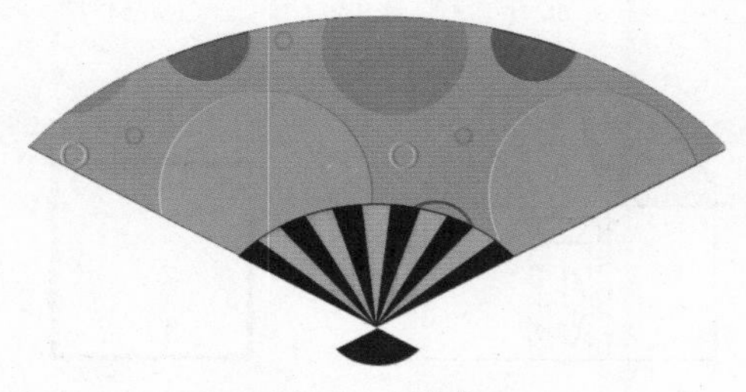

图35-1 折扇

操作步骤

01 单击“文件”|“新建”命令，新建一个空白页面。

02 在工具箱中选取椭圆形工具，在页面中绘制椭圆。单击属性栏中的“饼形”按钮，在“起始和结束角度”数值框中分别输入35和145，效果如图35-2所示。

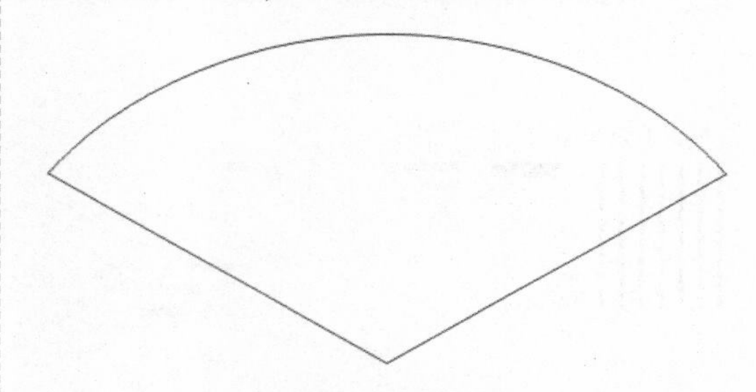

图35-2 绘制图形

03 选择图形，单击“编辑”|“复制”命令复制图形。再单击“编辑”|“粘贴”命令粘贴图形。在按住【Shift】键的同时拖动控制点，将复制得到的图形等比例缩小，如图35-3所示。

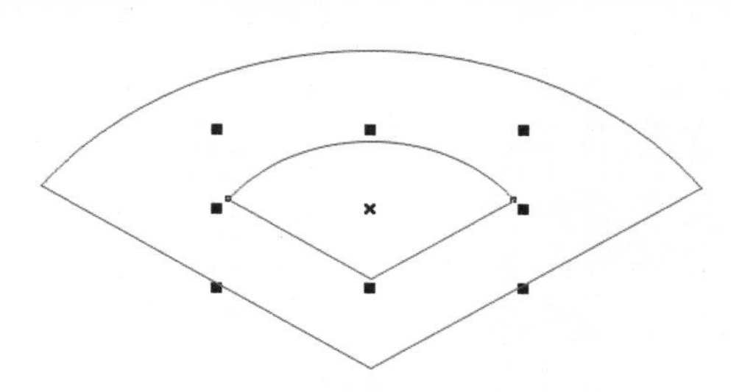

图35-3 复制并缩小图形

04 调整图形到合适的位置，效果如图35-4所示。

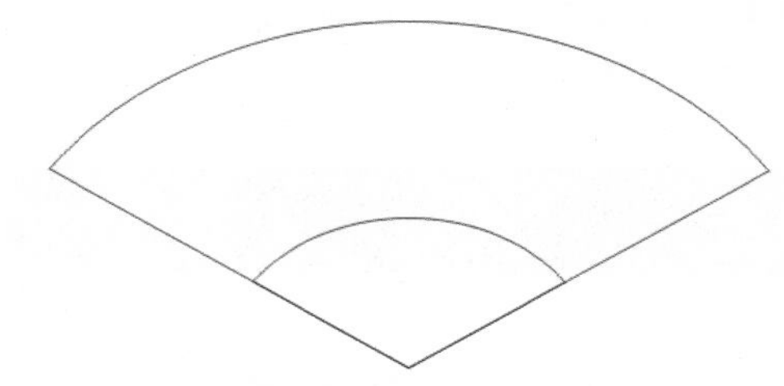

图35-4 调整图形的位置

05 选择调整好的图形，单击“编辑”|“复制”命令复制图形，再单击“编辑”|“粘贴”命令粘贴图形，将图形等比例缩小并调整其位置，如图35-5所示。

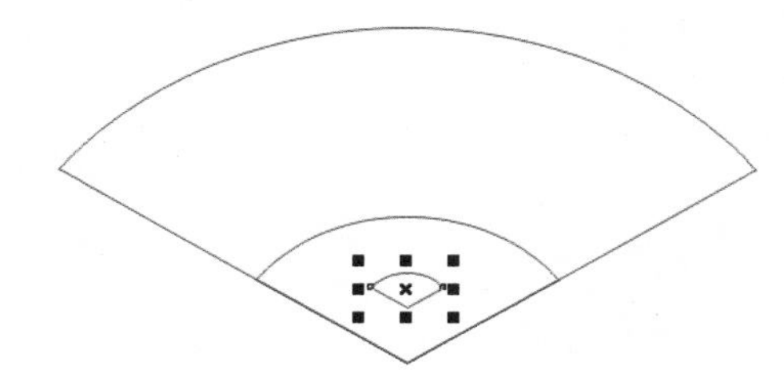

图35-5 复制并缩小图形

06 在属性栏中单击“垂直镜像”按钮，将图形翻转并调整到合适的位置，如图35-6所示。

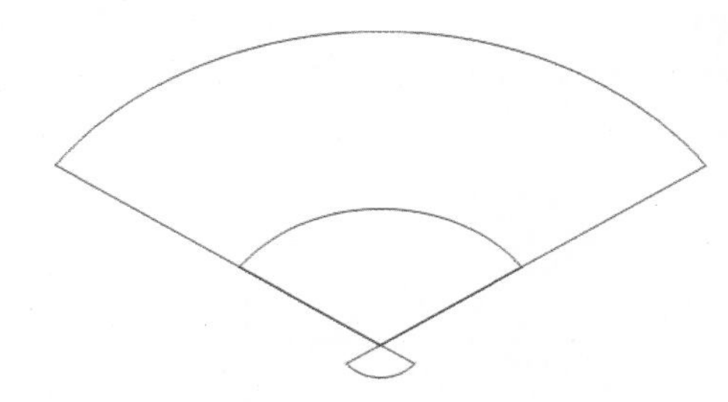

图35-6 调整图形位置

07 再次粘贴复制的图形，在“起始和结束角度”数值框中分别输入45和135，得到的效果如图35-7所示。

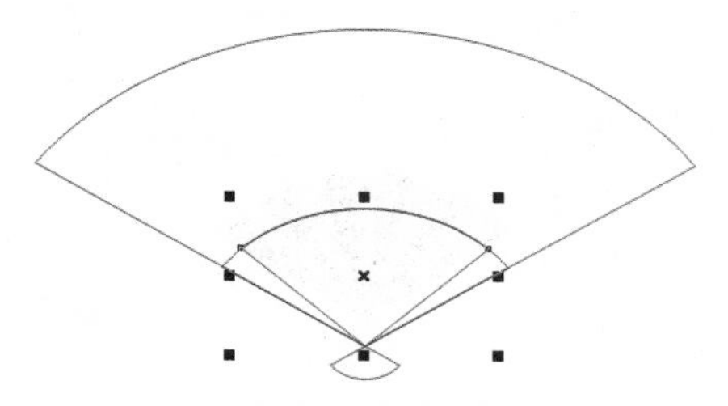

图35-7 调整图形

08 参照步骤7的操作方法，在“起始和结束角度”数值框中输入不同的数值，得到的效果如图35-8所示。

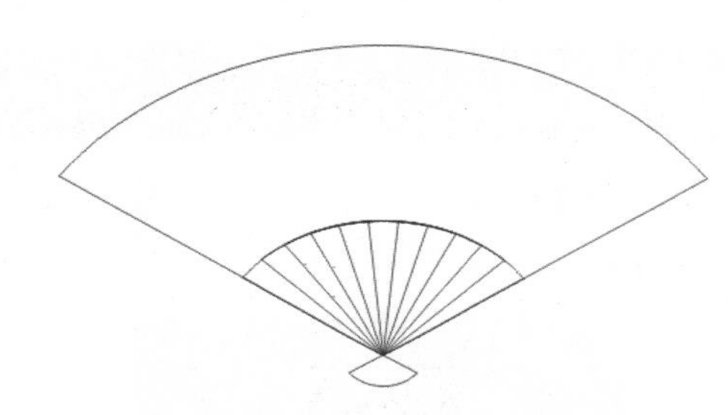

图35-8 调整图形

09 选择图形中的一部分，在调色板中单击褐色色块进行填充，如图35-9所示。

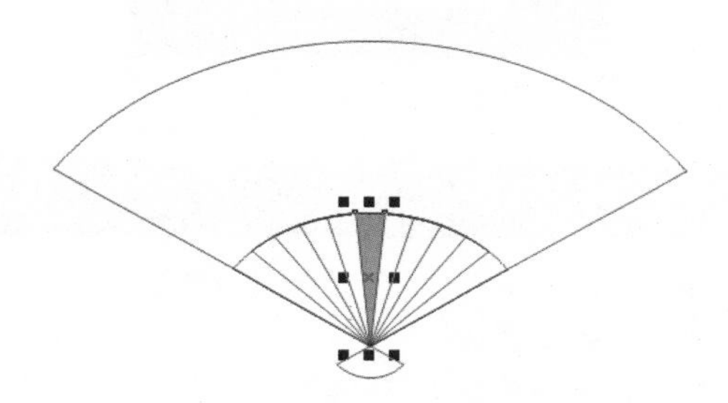

图35-9 填充图形

10 重复步骤9的操作，对其余图形进行填充，如图35-10所示。

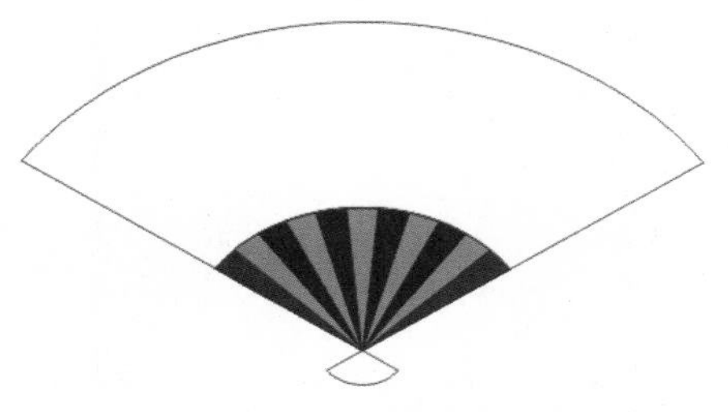

图35-10 填充图形

11 对位于最下面的扇形填充颜色，如图35-11所示。

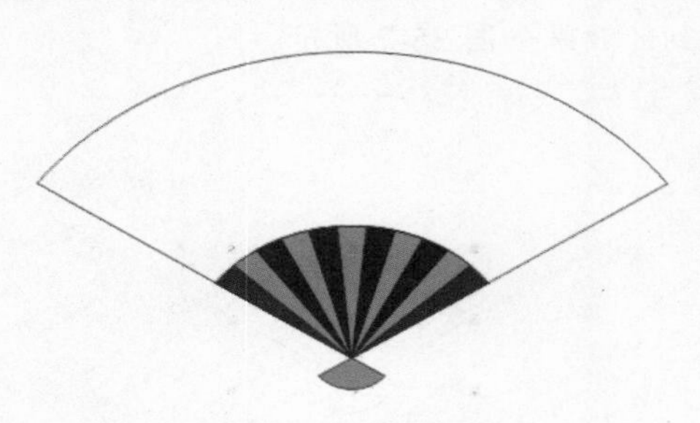

图35-11 填充扇形

12 按【F11】键，弹出“编辑填充”对话框，单击“向量图样填充”按钮，从中选择一种填充样式，如图 35-12 所示。

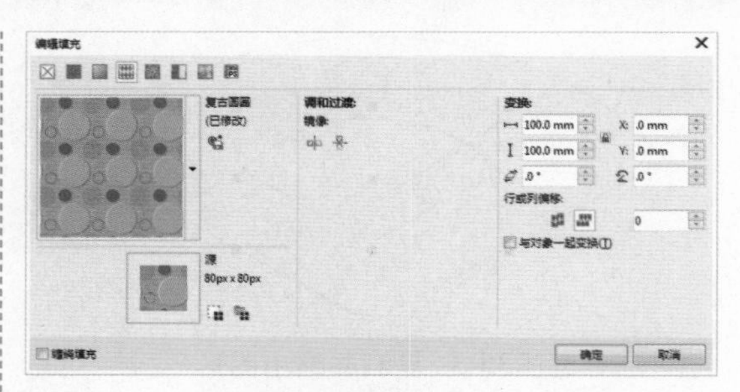

图35-12 “编辑填充”对话框

13 单击“确定”按钮，最终效果参见图 35-1。至此，本实例制作完毕。

实例36 立体标志

本实例将制作立体标志，效果如图 36-1 所示。

图36-1 立体标志

操作步骤

01 单击“文件”|“新建”命令，新建一个空白页面。

02 单击“视图”|“网格”|“文档网格”命令。单击“视图”|“贴齐”|“文档网格”命令，然后在页面中创建两条交叉的辅助线，如图 36-2 所示。

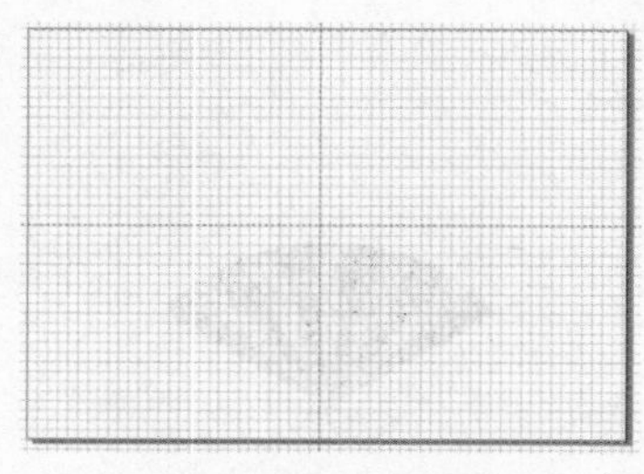

图36-2 创建辅助线

03 选取工具箱中的椭圆形工具，以辅助线的交叉点为圆心绘制正圆，如图 36-3 所示。

04 选取工具箱中的选择工具，选中正圆，按【Ctrl+C】组合键复制图形，按【Ctrl+V】组合键粘贴图形。

05 继续利用选择工具将复制得到的正圆等比例放大，如图 36-4 所示。

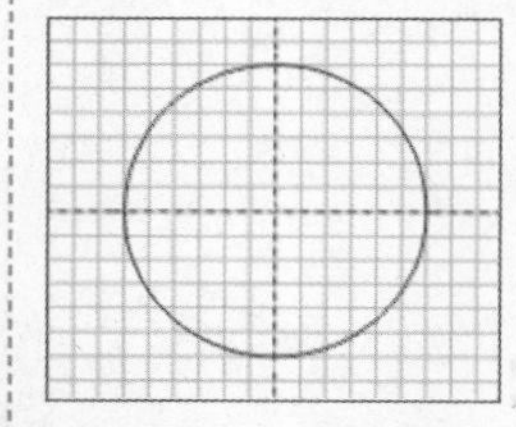

图36-3 绘制正圆

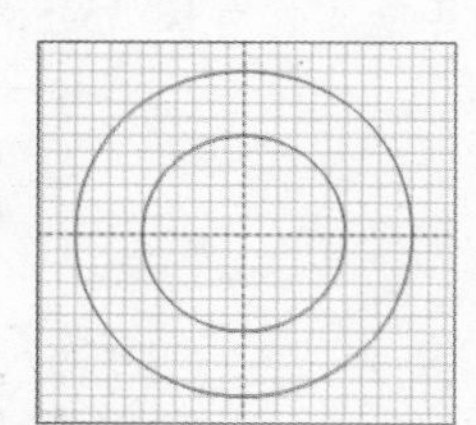

图36-4 复制并放大正圆

06 利用选择工具选中页面中的全部图形，然后单击属性栏中的“移除后面对象”按钮。

07 选取工具箱中的矩形工具，在页面中绘制矩形，如图 36-5 所示。

08 选取工具箱中的选择工具，选中页面中的全部图形，然后单击属性栏中的“合并”按钮，效果如图 36-6 所示。

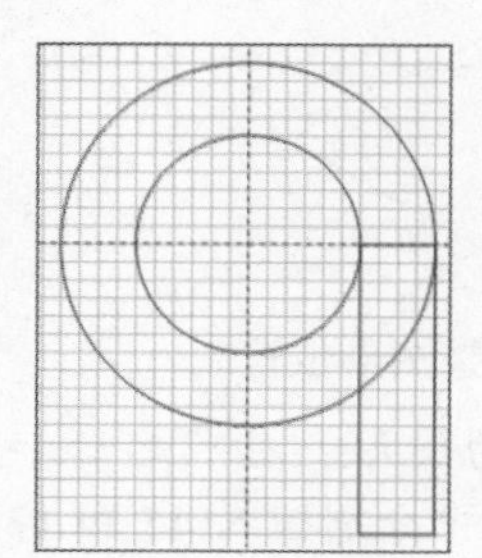

图36-5 绘制矩形

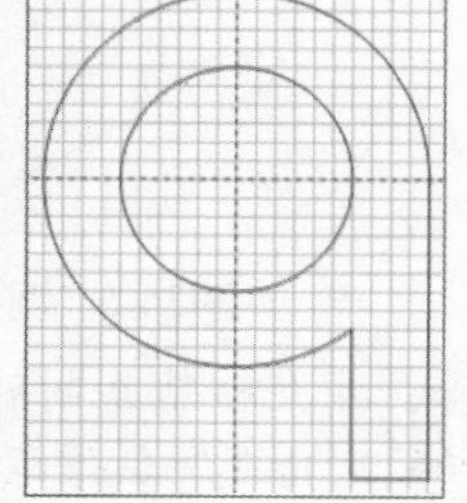

图36-6 合并图形

09 利用选择工具选中页面中的图形，按【Ctrl+C】组合键复制图形，按【Ctrl+V】组合键粘贴图形。

10 利用选择工具单击复制生成的图形，然后移动旋转中心，如图 36-7 所示。

11 利用挑选工具将图形旋转 180 度，如图 36-8 所示。

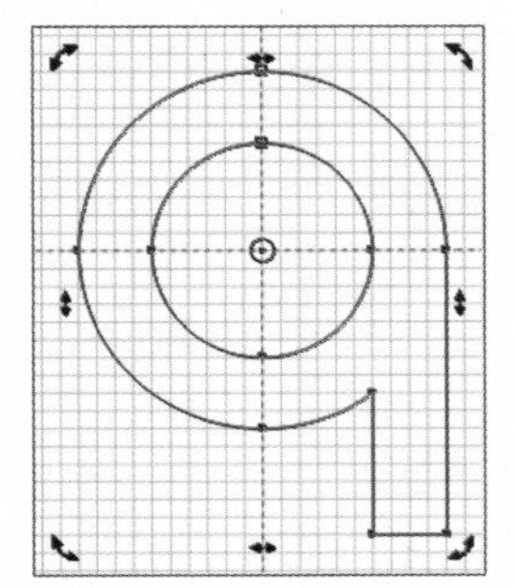

图36-7 移动旋转中心

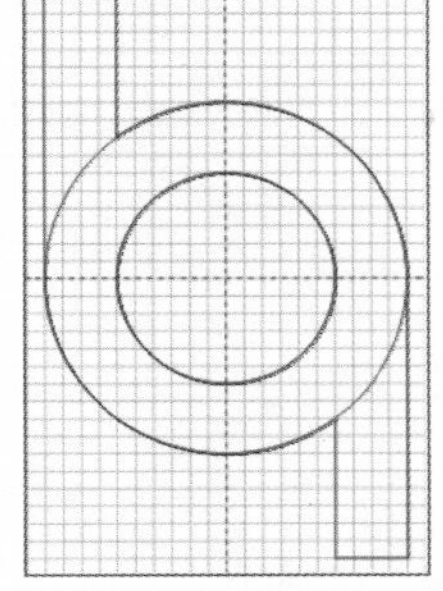

图36-8 旋转图形

12 利用选择工具选中页面中的全部图形，然后单击属性栏中的“合并”按钮，效果如图 36-9 所示。

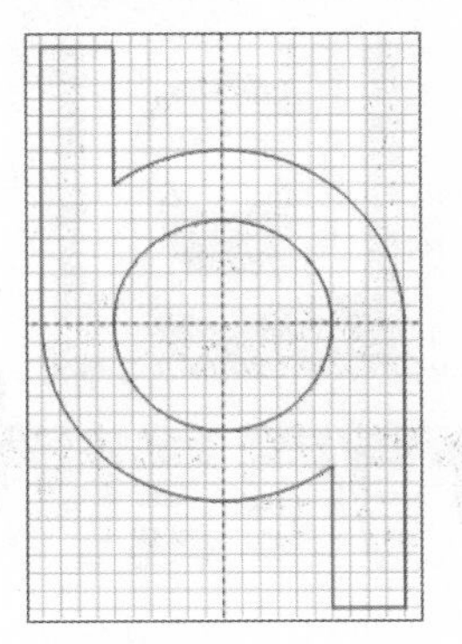

图36-9 合并图形

13 选取工具箱中的矩形工具，以辅助线的交叉点为中心绘制正方形，如图 36-10 所示。

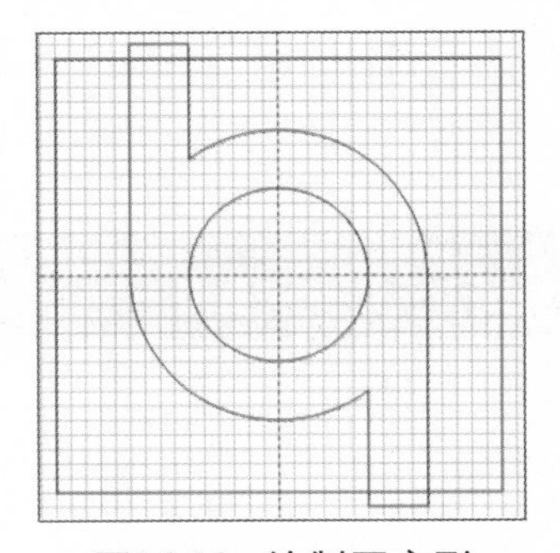

图36-10 绘制正方形

14 利用选择工具选中页面中的正方形，按【Ctrl+C】组合键复制图形，按【Ctrl+V】组合键粘贴图形，然后放大正方形，如图 36-11 所示。

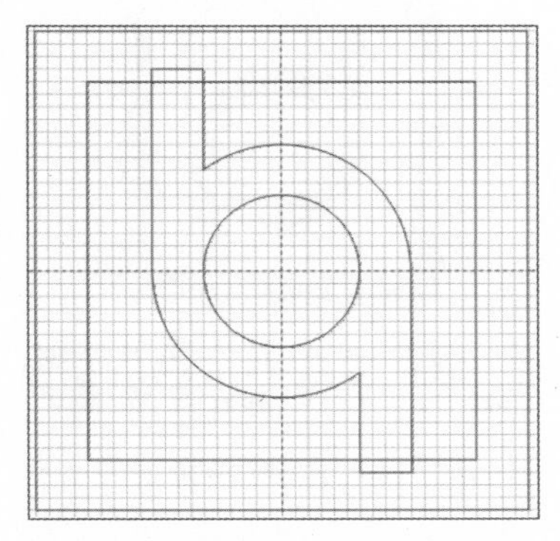

图36-11 复制并放大正方形

15 利用选择工具选中两个矩形，然后单击属性栏中的“移除后面对象”按钮。

16 利用选择工具选中页面中的全部图形，然后单击属性栏中的“合并”按钮，效果如图 36-12 所示。

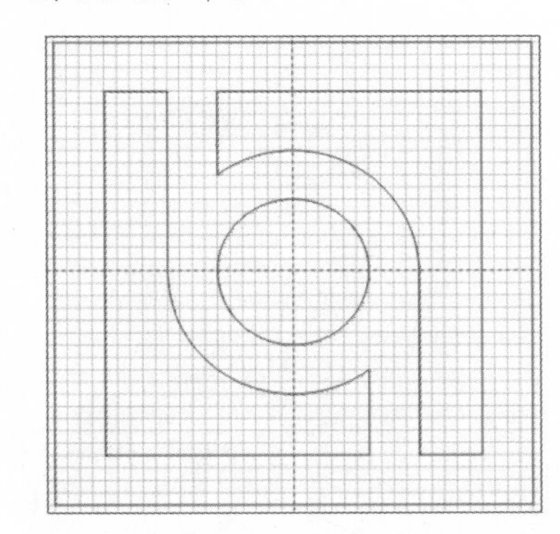

图36-12 合并图形

17 单击调色板中的蓝色色块，将页面中的图形填充为蓝色，并设置为无轮廓。

18 单击“视图”|“网格”命令隐藏网格，并删除辅助线，如图 36-13 所示。

图36-13 隐藏网格

19 选取工具箱中的文本工具，在页面中输入文字，并设置文字的颜色、字体和字号，如图 36-14 所示。

图36-14 输入文字

20 选取工具箱中的选择工具，选中页面中的全部图形，单击“对象”|“组合”|“组合对象”命令组合图形。

21 确保选中图形，选取工具箱中的交互式立体化工具，在页面中单击图形并拖动鼠标，创建立体化效果，如图 36-15 所示。

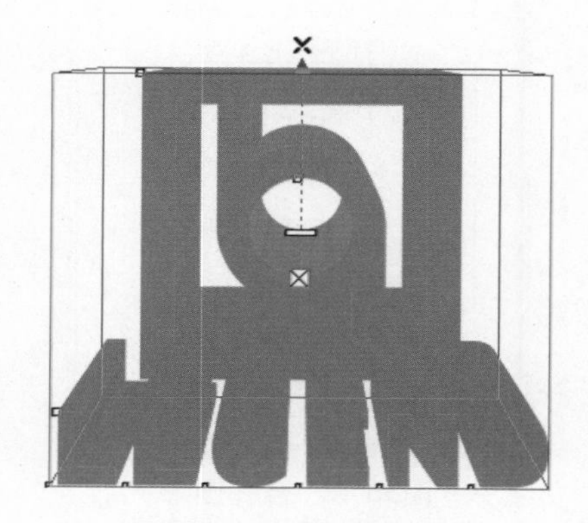

图36-15 创建立体化效果

22 单击“效果”|“立体化”命令，弹出“立体化”泊坞窗，从中单击“立体化颜色”按钮，选中“纯色填充”单选按钮，在“使用”下拉列表框中选择黑色，如图 36-16 所示。

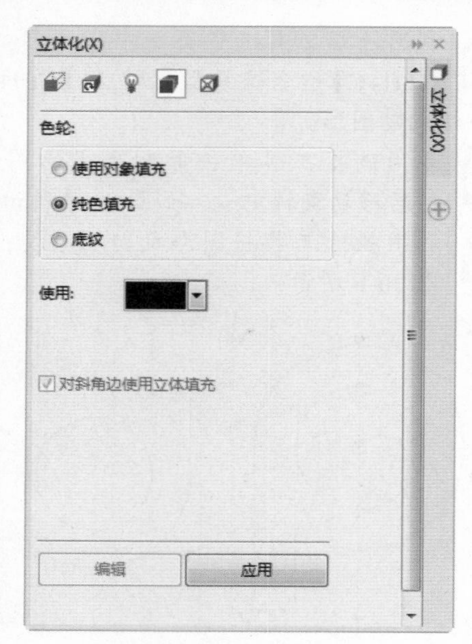

图36-16 “立体化”泊坞窗

23 单击“应用”按钮，此时的图形效果如图 36-17 所示。

图36-17 调整立体化效果

24 双击工具箱中的矩形工具，绘制一个与页面相同大小的矩形。按【F11】键，弹出“编辑填充”对话框，单击“渐变填充”按钮，设置一个渐变色，单击“确定”按钮，最终效果参见图 36-1。至此，本实例制作完毕。

实例37 手机

本实例将制作旧式的手机效果，如图 37-1 所示。

图37-1 手机

操作步骤

01 单击“文件”|“新建”命令，新建一个空白页面。

02 利用工具箱中的矩形工具在页面中绘制矩形，如图 37-2 所示。

图37-2 绘制矩形

03 选中矩形，按【F11】键，弹出“编辑填充”对话框，单击“渐变填充”按钮，从中自定义渐变样式，如图 37-3 所示。

04 单击“确定”按钮，填充效果如图 37-4 所示。

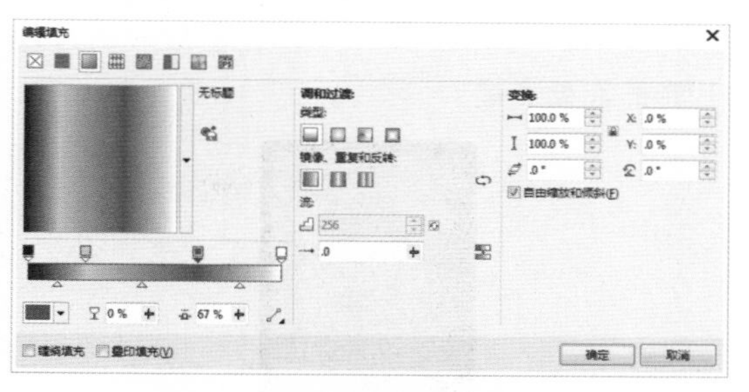

图37-3 “编辑填充”对话框

图37-4 填充图形

05 按【F12】键，弹出“轮廓笔”对话框，在“宽度”下拉列表框中选择 5mm 选项，其他参数设置如图 37-5 所示。

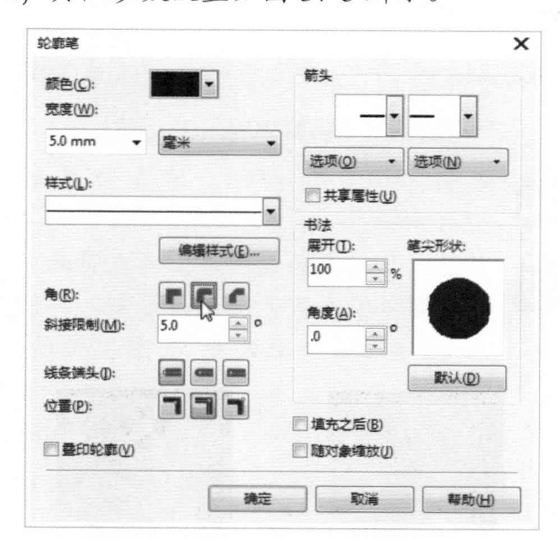

图37-5 “轮廓笔”对话框

06 单击“确定”按钮，效果如图 37-6 所示。

07 选中图形，单击“对象”|“将轮廓转换为对象”命令。

08 选取工具箱中的颜色滴管工具，在矩形的填充区域中单击鼠标左键。选取工具箱中的颜料桶工具，然后在矩形的边框上单击鼠标左键。

图37-6 轮廓效果

09 选中矩形的边框，按【F11】键，弹出“编辑填充”对话框。单击“渐变填充”按钮，设置渐变色，在“旋转”数值框中输入 -90，如图 37-7 所示。

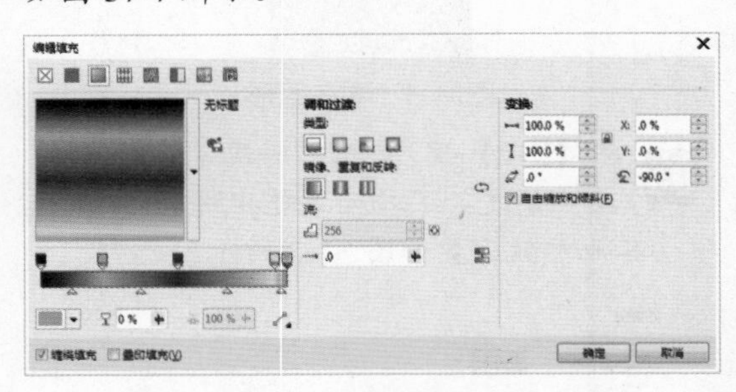

图37-7 “编辑填充”对话框

10 单击“确定”按钮，填充效果如图 37-8 所示。

11 利用工具箱中的椭圆形工具在页面中绘制正圆，填充黑色后进行复制，并调整圆形的位置，生成收听器效果，如图 37-9 所示。

图37-8 填充图形　图37-9 绘制收听器

12 选取工具箱中的矩形工具，在属性栏的“转角半径”数值框中输入 10，然后在页面中绘制圆角正方形，如图 37-10 所示。

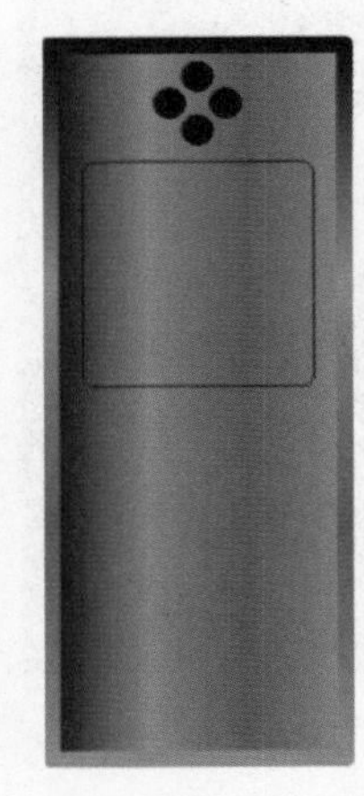

图37-10 绘制圆角正方形

13 选中圆角正方形，按【F11】键，弹出“编辑填充”对话框，单击“渐变填充”按钮，单击“类型”选项区中的“矩形渐变填充”按钮，设置相应的渐变样式，如图 37-11 所示。

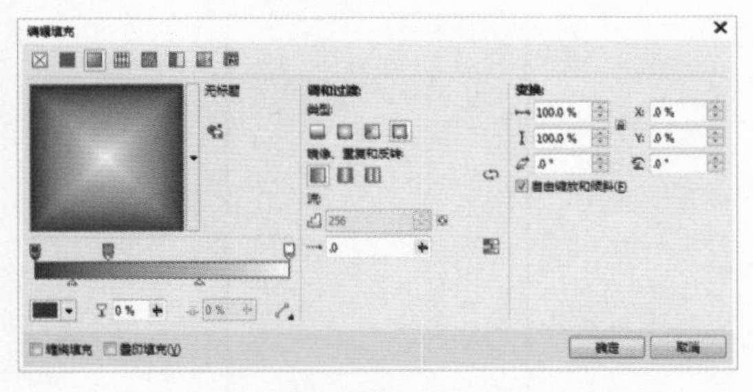

图37-11 “编辑填充”对话框

14 单击“确定”按钮，填充效果如图 37-12 所示。

15 选中圆角正方形，按【Ctrl+C】组合键复制图形，按【Ctrl+V】组合键粘贴图形。

16 将复制得到的图形缩小，并将其填充为绿色，将其轮廓设置为无，即可得到屏幕效果，如图 37-13 所示。

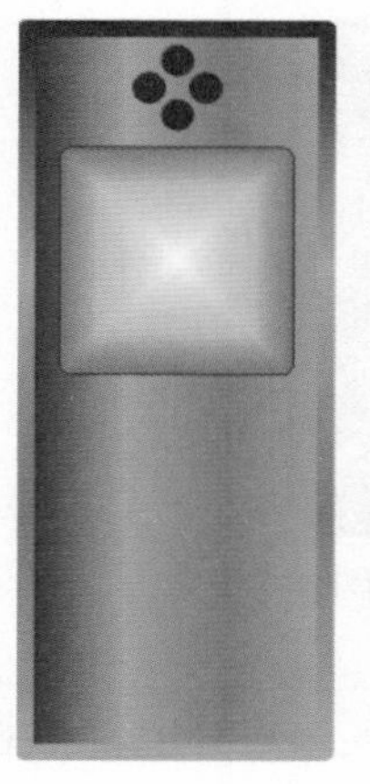

图37-12 填充图形　　图37-13 绘制屏幕

17 选取工具箱中的矩形工具，在属性栏的“转角半径”数值框中输入100，然后在页面中绘制圆角矩形，并将其填充为深灰色，如图37-14所示。

18 继续利用矩形工具绘制圆角矩形，并将其填充为浅灰色，即可得到按键效果，如图37-15所示。

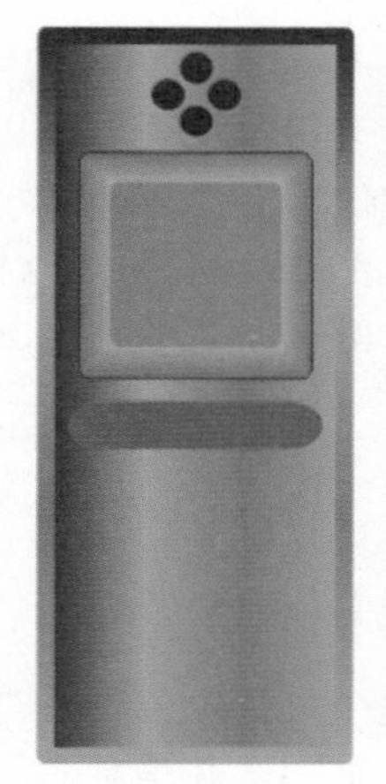

图37-14 绘制并填充圆角矩形　　图37-15 绘制按键

19 复制浅灰色的圆角矩形，并调整图形的位置，如图37-16所示。

20 继续复制浅灰色的圆角矩形，并调整图形的位置，如图37-17所示。

21 利用工具箱中的文本工具在页面中输入数字1，如图37-18所示。

22 继续利用文本工具在页面中输入其他数字，如图37-19所示。

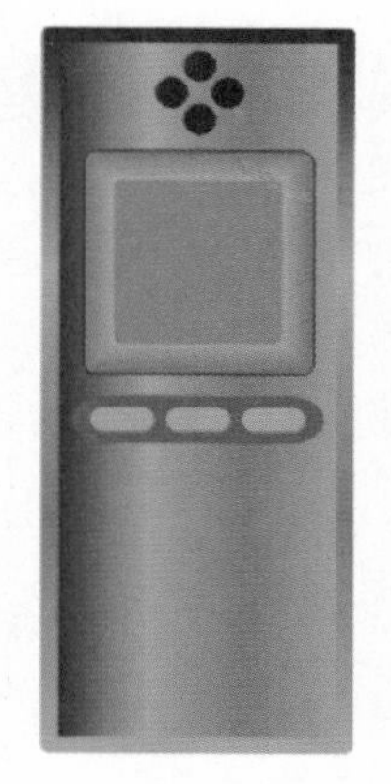

图37-16 复制图形　　图37-17 复制图形并调整位置

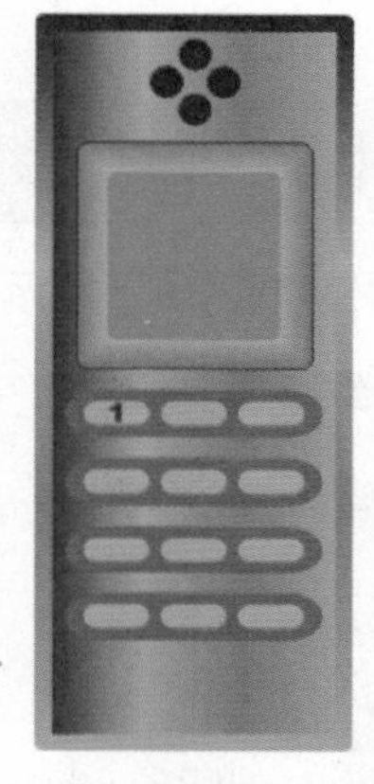

图37-18 输入数字　　图37-19 继续输入数字

23 选取工具箱中的矩形工具，在属性栏的“转角半径”数值框中输入50，然后在页面中绘制圆角矩形，并将其填充为黑色，生成受话器效果，如图37-20所示。

24 继续利用矩形工具在页面中绘制圆角矩形，如图37-21所示。

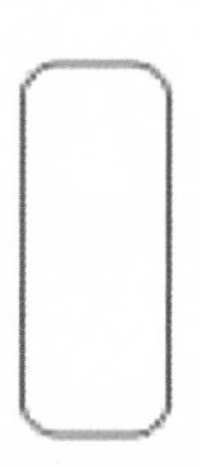

图37-20 绘制受话器　　图37-21 绘制圆角矩形

25 选中圆角矩形，按【F11】键，弹出“编辑填充”对话框，单击“渐变填充”按钮，从中设置渐变样式，如图 37-22 所示。

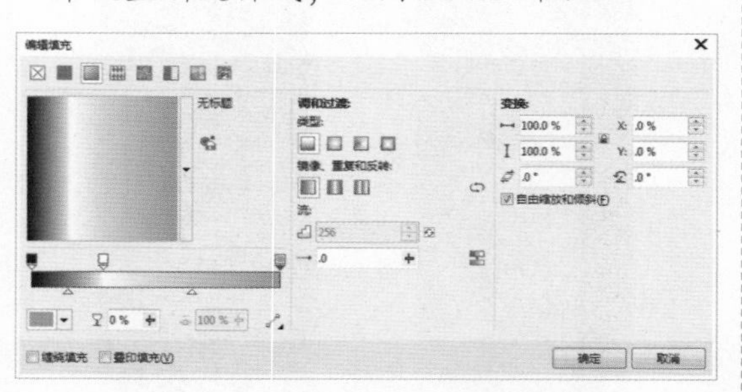

图37-22 “编辑填充”对话框

26 单击“确定”按钮，得到天线效果，如图 37-23 所示。

图37-23 填充图形效果

27 将天线移至手机的右上方，并将其置于后面，最终效果参见图 37-1。至此，本实例制作完毕。

实例38 底片效果

本实例将制作底片效果，如图 38-1 所示。

图38-1 底片效果

操作步骤

01 单击“文件”|“新建”命令，新建一个空白页面，并在属性栏中设置页面为横向。

02 在工具箱中选取矩形工具，并在属性栏中设置转角半径为 40，如图 38-2 所示。

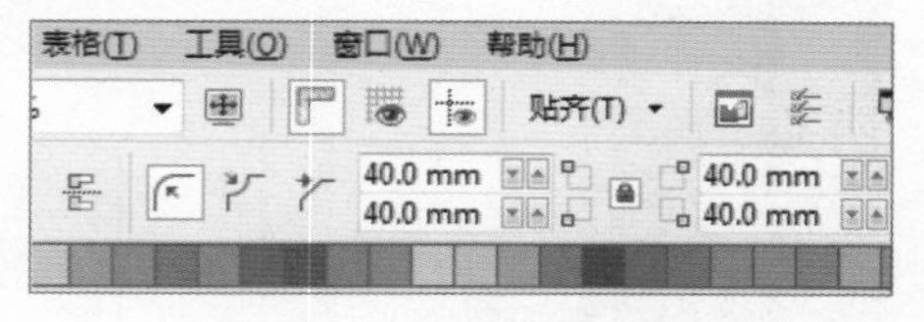

图38-2 设置转角半径

03 在页面中拖动鼠标绘制矩形，在调色板中单击白色色块，将矩形填充为白色，如图 38-3 所示。

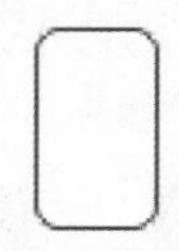

图38-3 绘制矩形并填充为白色

04 选择页面中的图形，单击“编辑”|“复制”命令，再单击“编辑”|“粘贴”命令多次，将页面中的图形复制多个，如图 38-4 所示。

图38-4 复制图形

05 选中页面中的全部图形，单击“对象”|“对齐和分布”|“底端对齐”命令对齐图形，如图 38-5 所示。

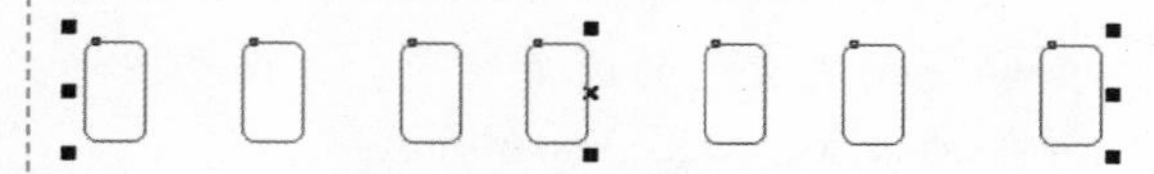

图38-5 底端对齐图形

06 单击“对象”|“对齐和分布”|“对齐和分布”命令，弹出“对齐和分布”泊坞窗，单击“水平分散排列中心”按钮，如图 38-6 所示。

07 查看此时的图形效果，如图 38-7 所示。

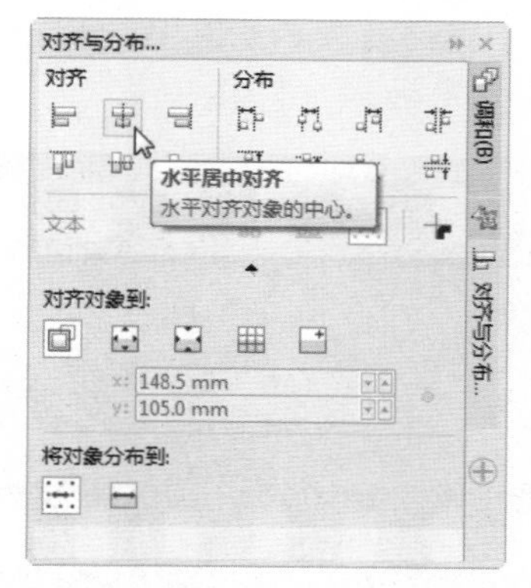

图38-6 “对齐与分布”泊坞窗

图38-7 对齐图形

08 选中页面中的全部图形，单击“对象”|“组合”|“组合对象”命令，将其组合在一起。

09 单击“编辑”|“复制”命令，再单击“编辑”|“粘贴”命令粘贴图形，并调整图形的位置，如图38-8所示。

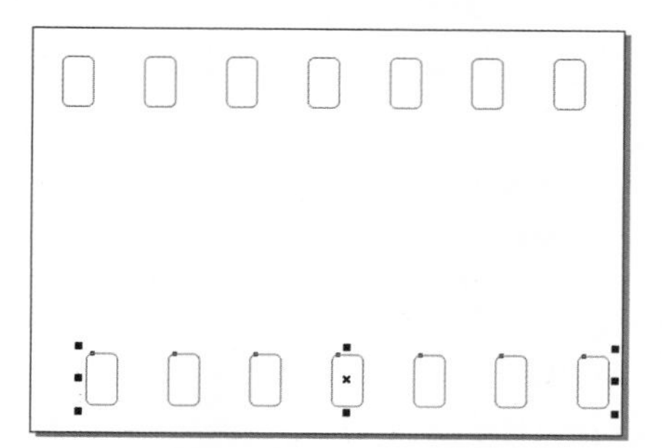
图38-8 复制图形并调整位置

10 选中页面中的全部图形，单击“对象”|“对齐和分布”|“左对齐”命令，效果如图38-9所示。

图38-9 对齐图形

11 双击工具箱中的矩形工具，创建一个和页面一样大小的矩形，并将其填充为黑色，如图38-10所示。

图38-10 创建并填充矩形

12 单击“文件”|“导入”命令，在弹出的“导入”对话框中选择一个图像文件，单击“导入”按钮，将图像导入到页面中，并调整其位置，如图38-11所示。

图38-11 导入素材图形

13 单击“位图”|“颜色转换”|“曝光”命令，在弹出的“曝光”对话框中设置“层次”为175（如图38-12所示），单击“确定”按钮，效果如图38-13所示。

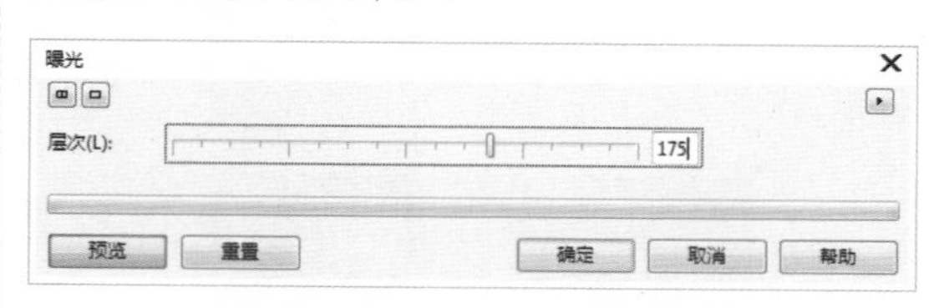

图38-12 “曝光”对话框

14 单击“文件”|“导入”命令，在弹出的“导入”对话框中选择一个图像文件，单击“导入”按钮，将图像导入到页面中，并调整其位置，如图38-14所示。

图38-13 曝光效果

15 单击“位图”|“颜色转换”|“曝光”命令，在弹出的“曝光”对话框中设置“层次”为175，最终效果参见图38-1所示。至此，本实例制作完毕。

图38-14 导入素材图形

实例39 卷页效果

本实例将制作卷页效果，如图39-1所示。

图39-1 卷页效果

操作步骤

01 单击“文件”|“新建”命令，新建一个空白页面，在属性栏中设置页面为横向。

02 单击“文件”|“导入”命令，在弹出的“导入”对话框中选择一个图像文件，单击“导入”按钮，导入图像到页面中，如图39-2所示。

图39-2 导入图形

03 单击“位图”|“转换为位图”命令，在弹出的“转换为位图”对话框中选中“透明背景”复选框，其他设置如图39-3所示，单击“确定”按钮。

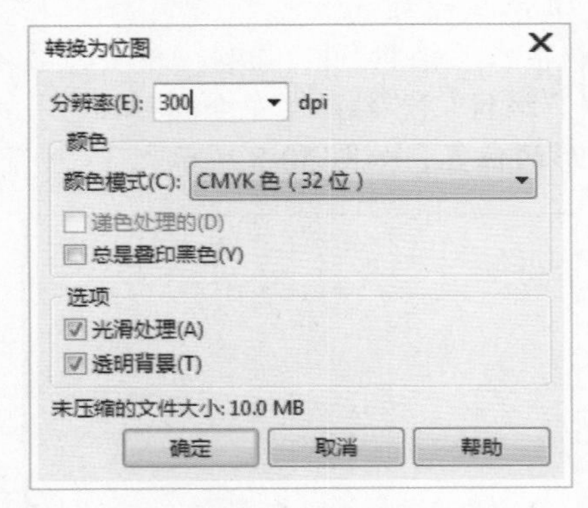

图39-3 “转换为位图”对话框

04 单击“位图”|“三维效果”|“卷页”命令，在弹出的“卷页”对话框中设置相应的参数，如图39-4所示。

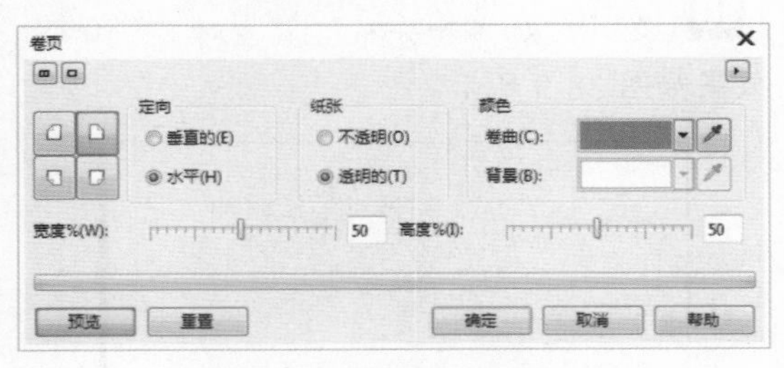

图39-4 “卷页”对话框

05 单击“确定”按钮，创建卷页效果，如图39-5所示。

图39-5 卷页效果

06 在工具箱中双击矩形工具，创建一个与页面相同大小的矩形。

07 按【F11】键，弹出“编辑填充”对话框。单击“渐变填充”按钮，然后单击“类型”选项区中的“椭圆形渐变填充”按钮，设置渐变颜色，如图39-6所示。

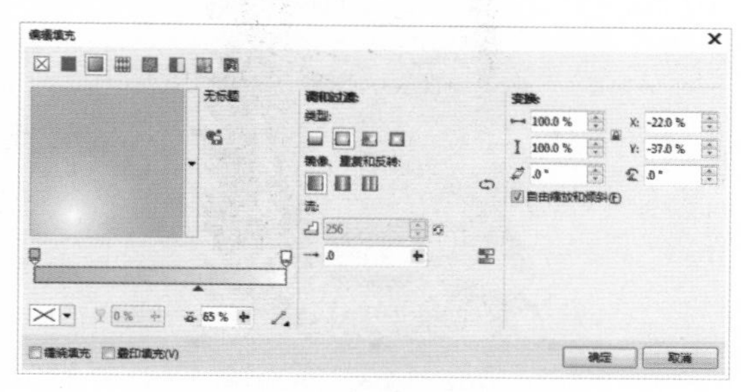

图39-6 “编辑填充”对话框

08 单击“确定”按钮，最终效果参见图39-1。至此，本实例制作完毕。

实例40 边框效果

本实例将制作边框效果，如图40-1所示。

图40-1 边框效果

操作步骤

01 单击“文件”|“新建”命令，新建一个空白页面。

02 单击“文件”|“导入”命令，在弹出的“导入”对话框中选择一个图像文件，单击“导入”按钮，将图像导入到页面中，如图40-2所示。

图40-2 导入图像

03 确认选中页面中的图像，单击“位图”|“创造性”|“框架”命令，弹出“框架”对话框，如图40-3所示。

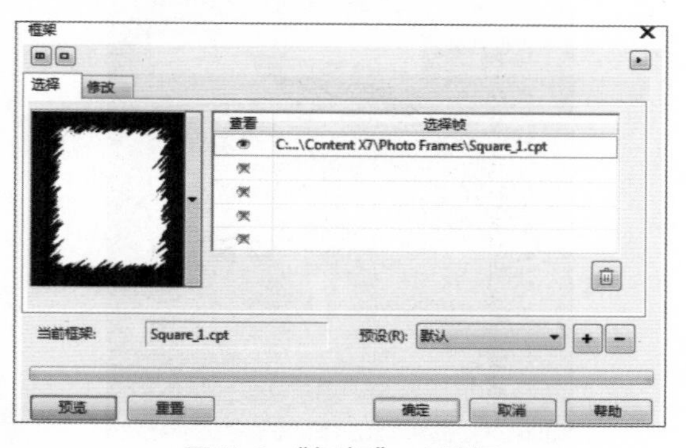

图40-3 “框架”对话框

04 在“框架”对话框中单击“修改”选项卡，在“缩放”选项区中设置“水平”和“垂直”均为130（如图40-4所示），单击“确定”按钮，效果如图40-5所示。

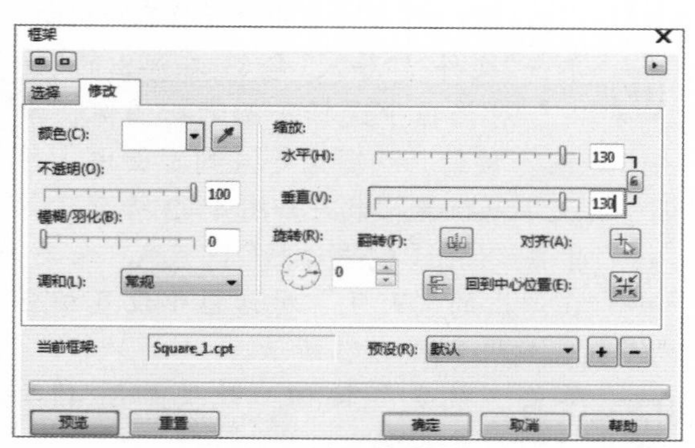

图40-4 设置缩放参数

图40-5 应用框架效果

05 单击“文件”|“导入”命令，在弹出的“导入”对话框中选择一个图像文件，单击“导入”按钮，将图像导入到页面中，如图 40-6 所示。

图40-6 导入图像

06 单击“对象”|“顺序”|“到页面背面”命令，然后对页面中图像的大小及位置进行调整，最终效果参见图 40-1。至此，本实例制作完毕。

实例41 下雨效果

本实例将制作下雨效果，如图 41-1 所示。

图41-1 下雨效果

操作步骤

01 单击“文件”|“新建”命令，新建一个空白页面，在属性栏中设置页面为横向。

02 单击“文件”|“导入”命令，在弹出的“导入”对话框中选择一幅素材图像，单击“导入”按钮，将图像导入到页面中，并调整其大小与位置，效果如图 41-2 所示。

03 单击“位图”|“创造性”|“天气”命令，在弹出的“天气”对话框中设置相应的参数，效果如图 41-3 所示。

04 单击“确定”按钮，效果如图 41-4 所示。

图41-2 导入图片

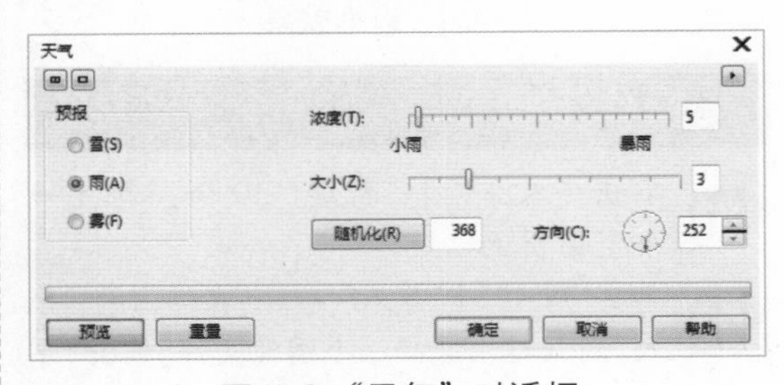

图41-3 “天气”对话框

图41-4 应用天气效果

05 选取工具箱中的矩形工具，在页面中绘制一个正方形，如图 41-5 所示。

图41-5 绘制正方形

06 确保选中正方形，单击“对象”|“顺序”|“到页面背面”命令。

07 按【F11】键，弹出“编辑填充”对话框，单击“渐变填充”按钮，单击“类型”选项区中的“矩形渐变填充”按钮，设置渐变色，如图 41-6 所示。

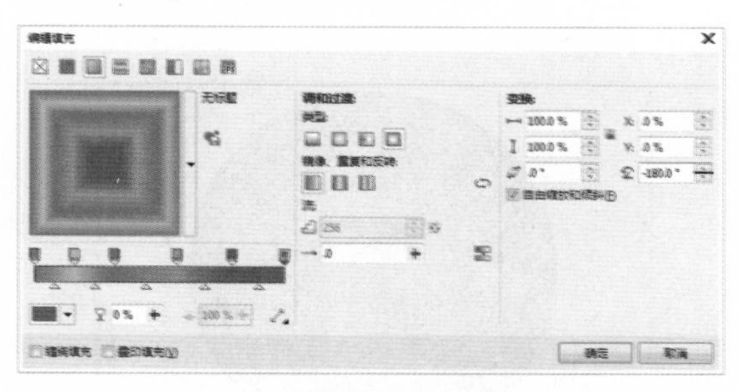

图41-6 “编辑填充”对话框

08 单击“确定”按钮，最终效果参见图 41-1。至此，本实例制作完毕。

实例42 日式插画

本实例将制作日式插画效果，如图 42-1 所示。

图42-1 日式插画

操作步骤

01 单击“文件”|“新建”命令，新建一个空白页面，并设置页面为横向。

02 使用鼠标指针对准标尺，按住鼠标左键并向需要设置辅助线的位置拖动，在页面中创建两条辅助线，如图 42-2 所示。

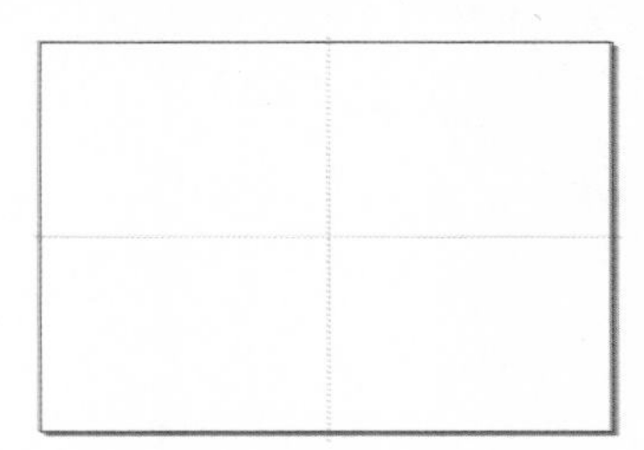

图42-2 创建辅助线

03 在工具箱中选取椭圆形工具，按住【Ctrl】键的同时在页面中拖动鼠标，绘制一个正圆形，如图 42-3 所示。

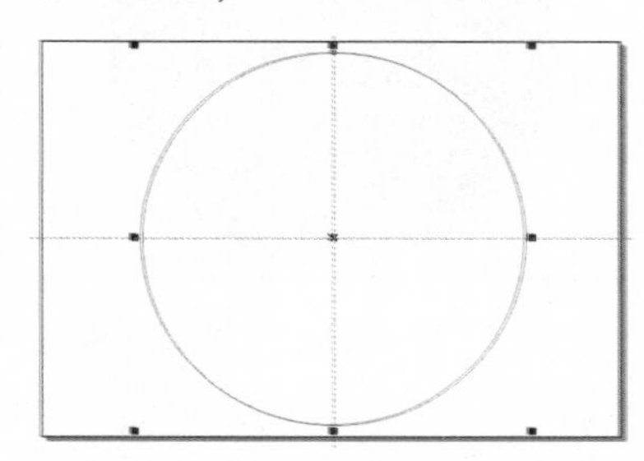

图42-3 绘制正圆形

04 在调色板中单击红色色块，将正圆形填充为红色。

05 按【F12】键，弹出“轮廓笔”对话框，设置轮廓的“宽度”为 1.5mm，单击“确定”按钮，效果如图 42-4 所示。

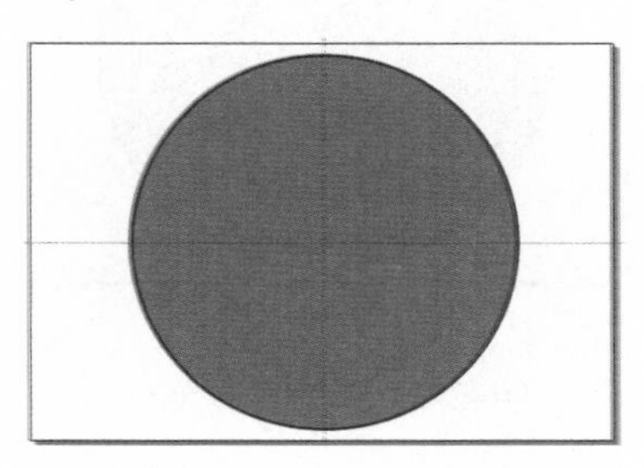

图42-4 设置轮廓宽度效果

06 利用挑选工具选择正圆形，单击“编辑”|“复制”命令，再单击“编辑”|“粘贴”命令按住【Shift】键的同时拖动鼠标，对复制得到的图形进行等比例缩小，如图42-5所示。

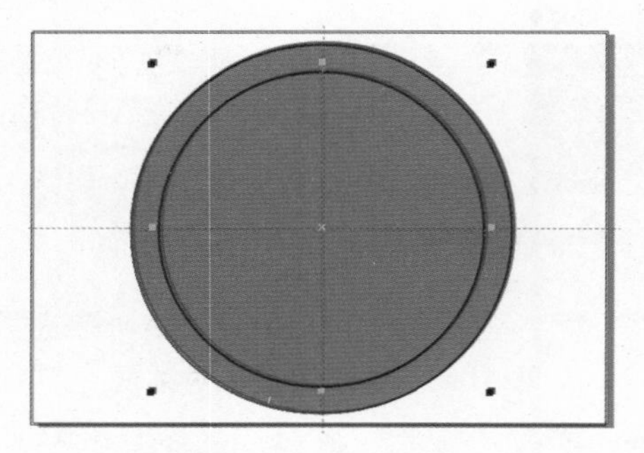

图42-5 调整图形大小

07 按【F12】键，弹出“轮廓笔”对话框，设置轮廓的“宽度”为0.706mm，效果如图42-6所示。

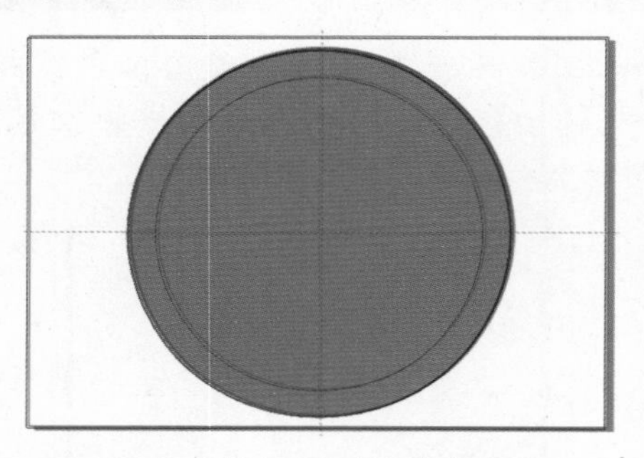

图42-6 设置图形的轮廓宽度

08 单击“编辑”|“复制”命令复制图形，再单击“编辑”|“粘贴”命令粘贴图形。按住【Shift】键的同时拖动鼠标，调整图形的大小，如图42-7所示。

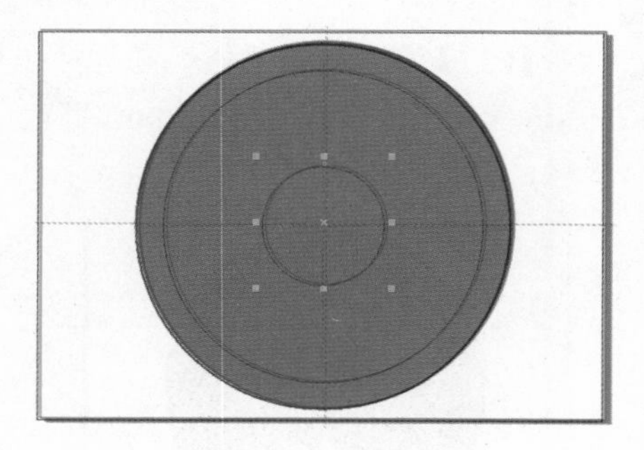

图42-7 调整图形大小

09 在“轮廓笔”对话框中设置轮廓的“宽度”为1.5mm，效果如图42-8所示。

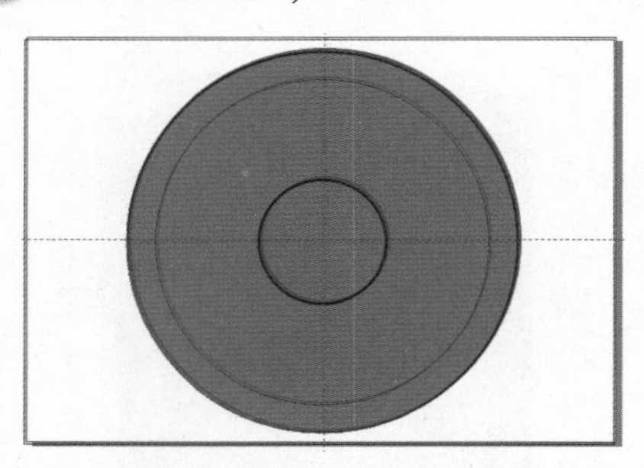

图42-8 设置图形的轮廓宽度

10 在工具箱中选取折线工具，在页面中拖动鼠标绘制直线，如图42-9所示。

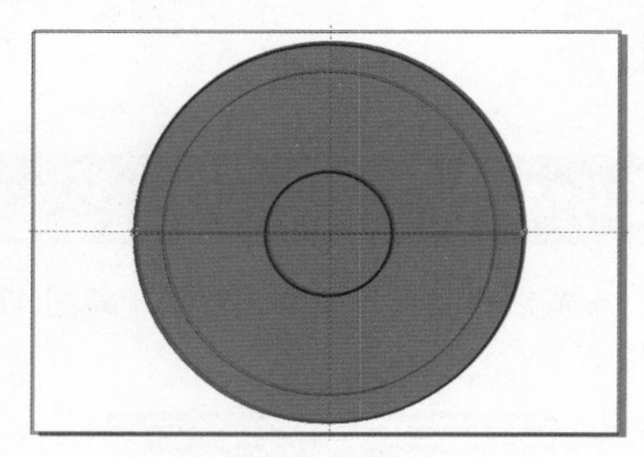

图42-9 绘制直线

11 单击“窗口”|“泊坞窗”|“变换”|“缩放和镜像”命令，在弹出的“变换”泊坞窗中进行设置（如图42-10所示），在“副本”文本框中输入17，单击“应用”按钮，得到的效果如图42-11所示。

12 利用选择工具单击辅助线，然后按【Delete】键将辅助线删除。

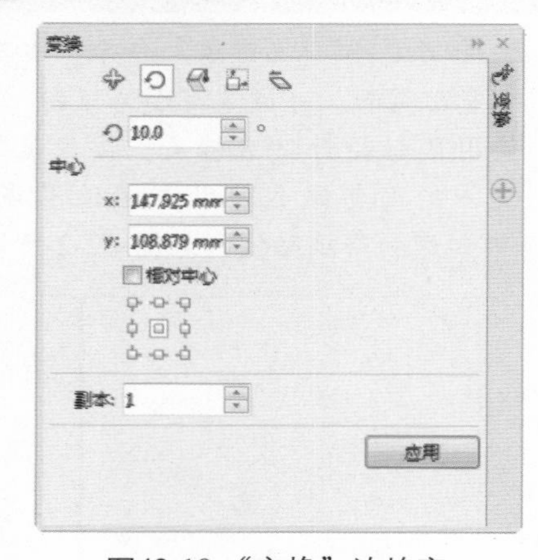

图42-10 “变换”泊坞窗

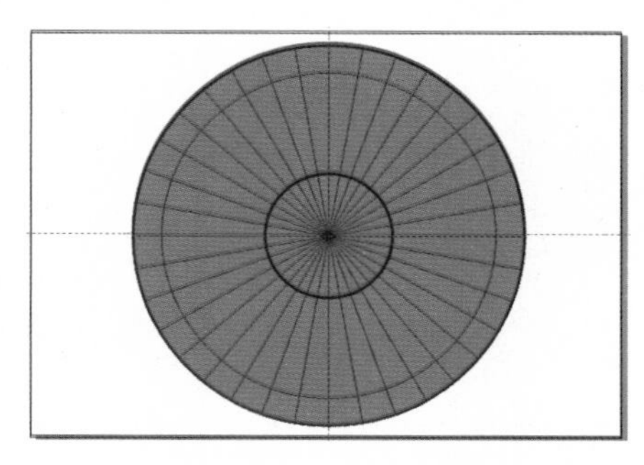

图42-11 变换效果

13 单击“文件”|“导入”命令，**弹出“导入”对话框**，在其中选择一个**图像文件**，单击“导入”按钮，在页面中单击**鼠标左键**，即可导入图形，效果如图 42-12 所示。

图42-12 导入图像

14 在工具箱中双击矩形工具，创建一个与页面相同大小的矩形。

15 按【F11】键，弹出“编辑填充”对话框，单击“双色图样填充”按钮，并分别设置前景颜色和背景颜色，如图 42-13 所示。

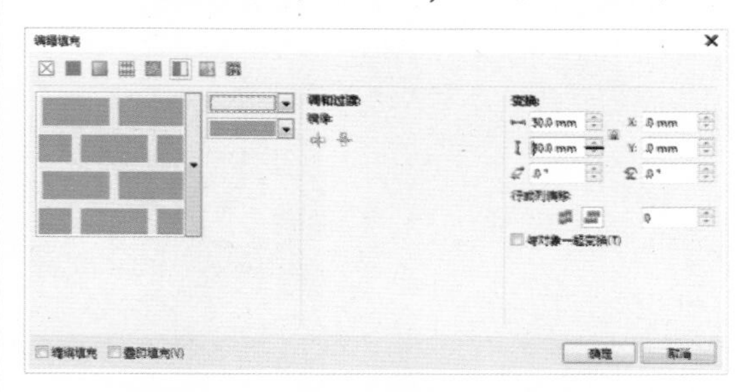

图42-13 “编辑填充”对话框

16 单击“确定”按钮填充矩形，最终效果参见图 42-1。至此，本实例制作完毕。

● 读书笔记

第2章　按钮与文字设计

part 2

按钮与文字是平面设计作品中不可缺少的元素。本章将通过12个实例详细介绍不同形式的按钮和丰富多彩的特效文字的制作方法及设计技巧。

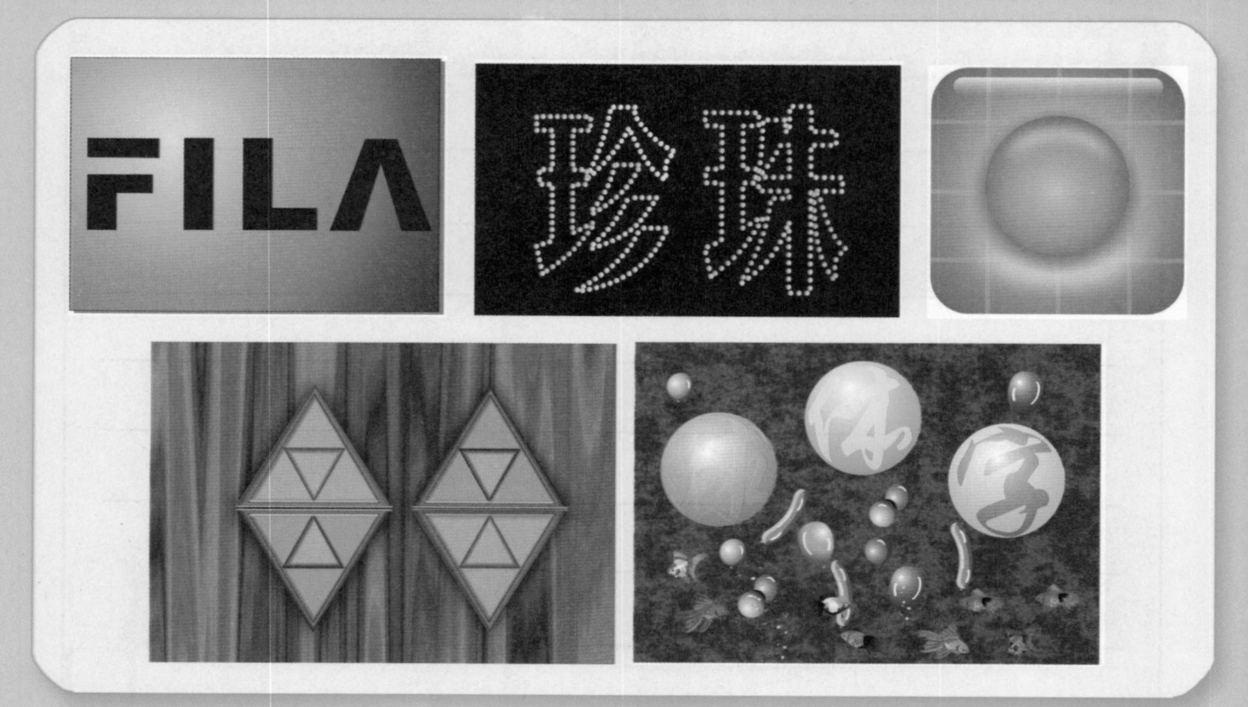

实例43 电话按钮

本实例将制作一个多边形电话按钮，效果如图43-1所示。

图43-1 多边形电话按钮

操作步骤

1. 绘制多边形按钮的背景

01 单击“文件”|“新建”命令，新建一个空白文档。选取矩形工具，在绘图页面中绘制两个矩形，如图43-2所示。

图43-2 绘制矩形

02 按住【Shift】键的同时单击鼠标左键，选择绘制的两个矩形。单击“对象”|“造型”|“合并”命令焊接图形，效果如图43-3所示。

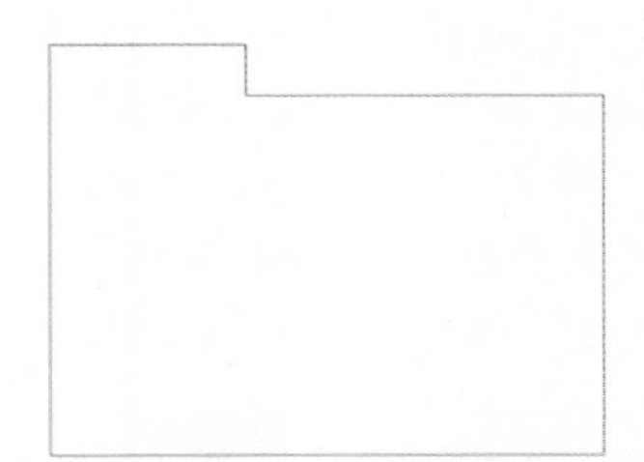

图43-3 焊接图形

03 按【F11】键，弹出“编辑填充”对话框。单击“渐变填充”按钮，设置0%位置的颜色为深蓝色（CMYK值分别为98、96、45、17）、100%位置的颜色为灰白色（CMYK值分别为2、1、1、0），单击“确定”按钮填充图形。删除其轮廓，效果如图43-4所示。

图43-4 渐变填充图形并删除轮廓

04 选取阴影工具，在属性栏中设置“预设列表”为“小型辉光”、“阴影的不透明”为79、“阴影羽化”为3，为图形添加阴影效果，如图43-5所示。

图43-5 添加阴影效果

05 单击“对象”|“拆分阴影群组”命令，拆分阴影。

06 选中多边形图形，单击“编辑”|“复制”命令复制图形，单击“编辑”|“粘贴”命令粘贴图形。将鼠标指针置于图形四个角的任意控制柄上，按住【Shift】键的同时拖动鼠标，向中心等比例缩小图形，并进行渐变填充，效果如图43-6所示。

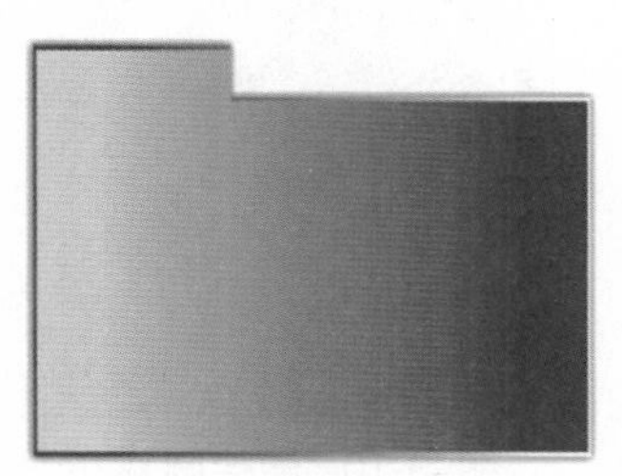

图43-6 复制并渐变填充图形

07 用同样的方法复制图形，并进行渐变填充，此时的图形效果如图43-7所示。

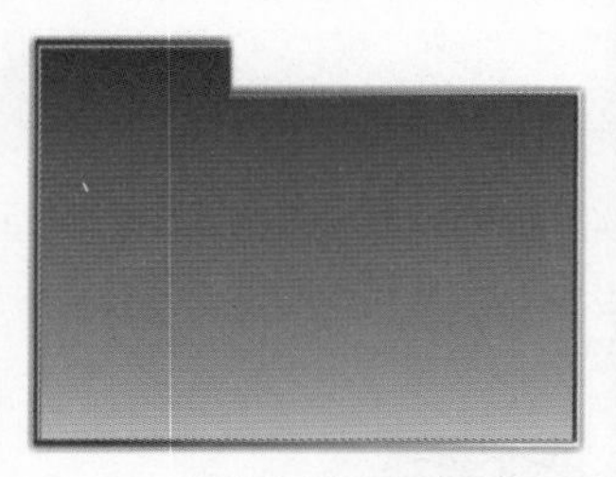

图43-7 复制并渐变填充图形

2．绘制多边形按钮的光环效果

01 选取椭圆形工具，在按住【Ctrl】键的同时拖动鼠标，绘制两个正圆。在按住【Shift】键的同时单击鼠标左键，选择两个正圆，单击“对象”|“合并”命令合并图形，得到圆环效果，如图43-8所示。

02 单击调色板中的白色色块，填充圆环颜色为白色。选取阴影工具，在属性栏中设置“预设列表”为“小型辉光”、“阴影的不透明”为92、“阴影羽化”为3、“阴影颜色”为白色（CMYK值均为0），为圆环添加阴影效果，如图43-9所示。

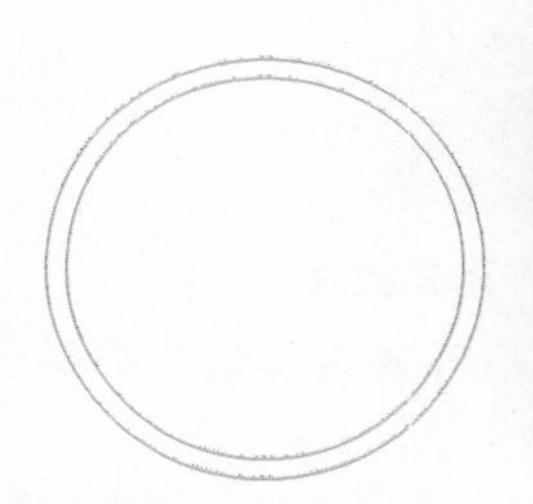

图43-8 绘制圆环

图43-9 添加阴影效果

03 单击“对象”|“打散阴影群组”命令打散阴影。选择圆环图形，按【Delete】键将其删除，效果如图43-10所示。

图43-10 删除圆环

04 选择阴影图形，按小键盘上的【+】键复制图形。将鼠标指针置于复制图形四个角的任意控制柄上，在按住【Shift】键的同时拖动鼠标，等比例缩小图形，效果如图43-11所示。

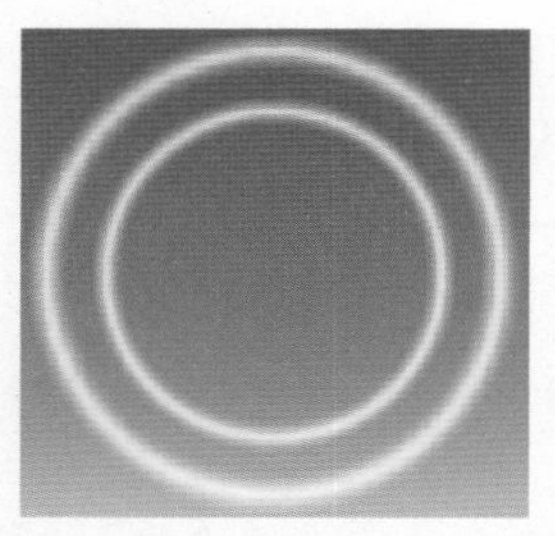

图43-11 复制并缩小阴影图形

05 参照上一步的操作方法复制多个圆环阴影图形，并对其进行缩放。在按住【Shift】键的同时单击鼠标左键，选择所有的阴影图形，单击“对象”|“组合”|“组合对象”命令组合图形，并调整其位置及大小，效果如图43-12所示。

06 单击“效果”|“图框精确剪裁”|“置于图文框内部”命令，将群组的圆环阴影图形精确剪裁至多边形内，效果如图43-13所示。

图43-12 圆环阴影图形效果

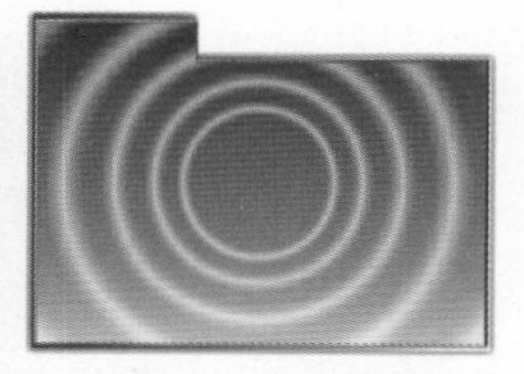

图43-13 精确剪裁

07 单击“对象”|“图框精确裁剪”|“编辑PowerClip”命令，调整图形位置。单击“对象”|“图框精确裁剪”|“结束编辑”命令完成图形编辑，效果如图43-14所示。

08 选取背景图形，按小键盘上的【+】键复制图形，填充白色。选取透明度工具，在属性栏中单击“渐变透明度”按钮，为复制的背景图形添加透明效果，如图43-15所示。

图43-14 完成编辑后的图形效果

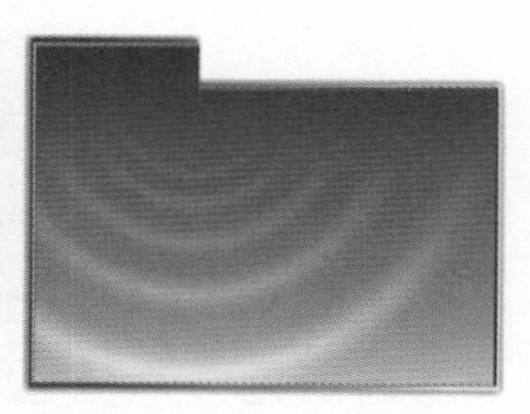

图43-15 复制图形并添加透明效果

09 参照上一步的操作方法复制多边形并填充相应的颜色，然后调整其位置及大小，效果如图 43-16 所示。

10 单击“文本”|“插入字符”命令，在弹出的“插入字符”泊坞窗中设置相应的参数，如图 43-17 所示。

11 选择需要插入的字符，将其拖拽到图形上，调整其大小及位置，并填充颜色为白色。删除图形轮廓，最终效果参见图 43-1。至此，本实例制作完毕。

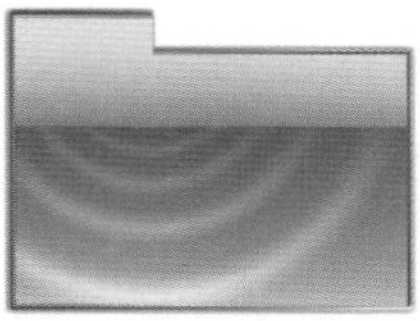

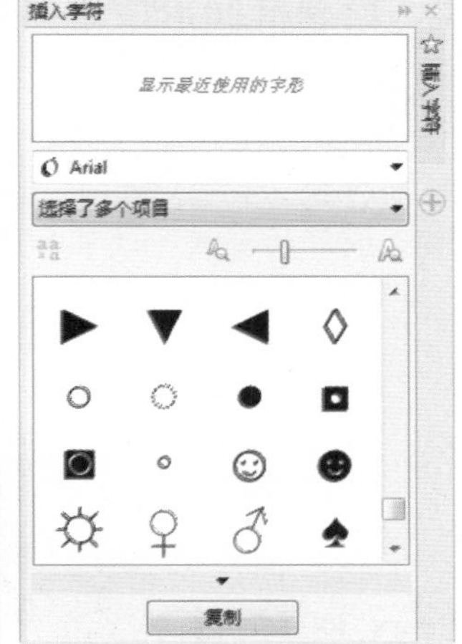

图43-16 复制并渐变填充多边形

图43-17 “插入字符”泊坞窗

实例44 多功能按钮

本实例将制作一个椭圆形多功能按钮，效果如图 44-1 所示。

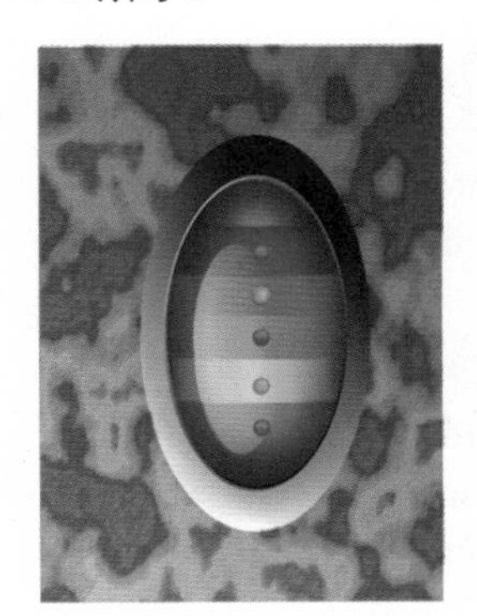

图44-1 椭圆形多功能按钮

操作步骤

1. 绘制椭圆形按钮的外框

01 单击“标准”工具栏中的“新建”按钮，新建一个空白页面。选取椭圆形工具，绘制一个椭圆，如图 44-2 所示。

02 按小键盘上的【+】键复制椭圆，在按住【Shift】键的同时将鼠标指针置于复制椭圆 4 个角的任意控制柄上并拖动鼠标，向中心等比例缩小椭圆。选择两个椭圆，单击其属性栏中的“修剪”按钮合并图形，效果如图 44-3 所示。

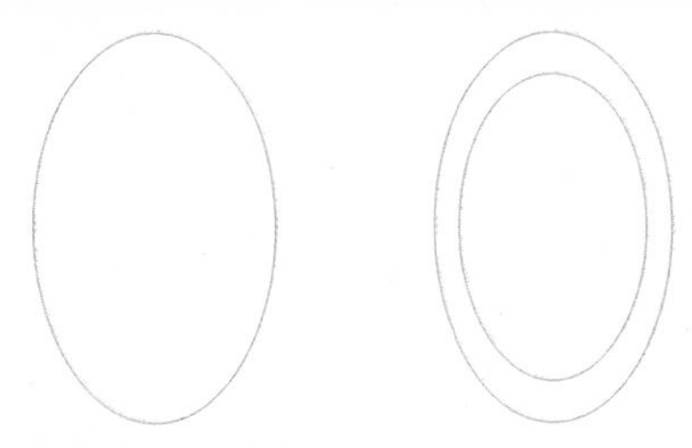

图44-2 绘制椭圆　图44-3 合并图形

03 按【F11】键，在弹出的“渐变填充”对话框中单击“渐变填充”按钮，设置“旋转”为 130.9、设置 0% 位置的颜色为黑色(CMYK 值分别为 0、0、0、100)、100% 位置的颜色为白色 (CMYK 值均为 0)，单击“确定”按钮，渐变填充图形，效果如图 44-4 所示。

04 复制渐变图形，单击其属性栏中的“垂直镜像”按钮垂直镜像图形，并等比例缩放图形，效果如图 44-5 所示。

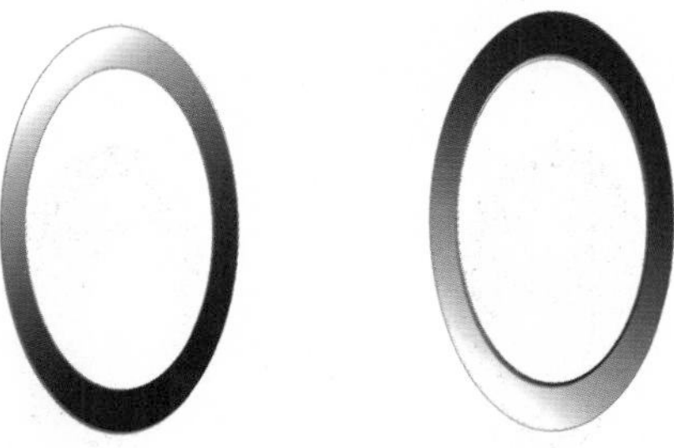

图44-4 渐变填充图形　图44-5 垂直镜像并调整图形

2. 绘制椭圆形按钮图形

01 选取椭圆形工具，绘制一个椭圆。单击“对象”|“转换为曲线”命令，将椭圆转换为曲线图形。选取形状工具，调整曲线图形的形状，效果如图44-6所示。

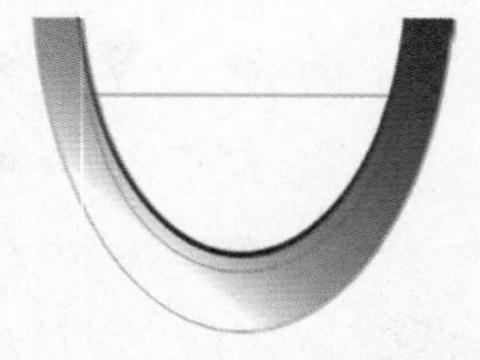

图44-6 调整曲线图形形状

02 按【F11】键，在弹出的“渐变填充”对话框中单击“渐变填充”按钮，设置0%位置的颜色为黑色(CMYK值分别为0、0、0、100)、55%位置的颜色为墨绿色（CMYK值分别为88、36、96、5）、71%位置的颜色为深绿色（CMYK值分别为83、23、96、3）、100%位置的颜色为绿色（CMYK值分别为72、0、96、0），“旋转”为90，单击“确定”按钮，渐变填充图形，效果如图44-7所示。

03 选取无轮廓工具，删除图形轮廓。按两次【Ctrl+PageDown】组合键，调整至椭圆环后面，效果如图44-8所示。

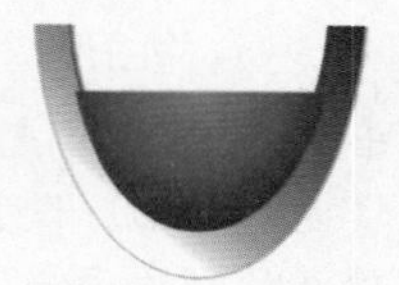

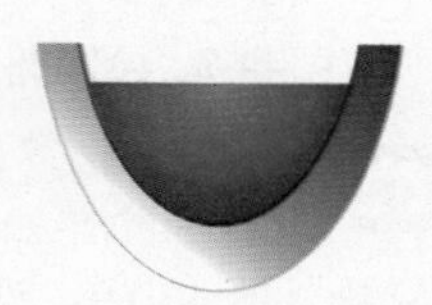

图44-7 渐变填充图形　图44-8 调整图层顺序

04 用同样的方法绘制椭圆按钮其他部分的图形，并分别渐变填充相应的颜色，然后调整其图层顺序、位置和大小，效果如图44-9所示。

05 选取椭圆形工具，绘制一个椭圆。单击调色板中的白色色块，填充其颜色为白色，删除图形轮廓，效果如图44-10所示。

图44-9 绘制其他图形　图44-10 绘制并填充椭圆

06 选取透明度工具，在属性栏中单击“渐变透明度”按钮，从椭圆左下角向右上角拖动鼠标，为其添加透明效果。在调色板中的白色色块上单击并拖动鼠标至透明滑块上，设置图形的透明效果，并删除其轮廓，如图44-11所示。

07 选取椭圆形工具，在按住【Ctrl】键的同时拖动鼠标，绘制一个正圆。选取网状填充工具，选择网状节点，填充相应的颜色，并删除其轮廓，效果如图44-12所示。

图44-11 添加透明效果　图44-12 绘制正圆

08 在按住【Ctrl】键的同时单击并拖动鼠标至合适位置，在松开鼠标的同时右击，复制网状填充图形。用同样的方法复制其他图形，并填充相应的颜色，效果如图44-13所示。

09 选择按钮外框图形，按小键盘上的【+】键复制图形，并将复制的图形移至页面的空白位置。选择阴影工具，在其属性栏中设置“预设列表”为“中等辉光”、“阴影的不透明”为91、“阴影羽化”为34，为图形添加阴影，效果如图44-14所示。

图44-13 复制网状填充图形　图44-14 添加阴影效果

10 单击“对象”|“拆分阴影群组”命令，拆分阴影。选择椭圆环图形，按【Delete】键将其删除，并调整阴影图形的位置及大小，效果如图44-15所示。

11 双击矩形工具，绘制一个与页面同样大小的矩形。按【F11】键，弹出“编辑填充”对话框，单击“底纹填充”按钮，设置“底纹库”为“样式”、“底纹列表”为“2色岩石云纹侵蚀”，单击“确定”按钮，对矩形进行底纹填充并将其置于最底层。选择椭圆形按钮的边框图形，选取无轮廓工具，删除其轮廓，效果如图44-16所示。

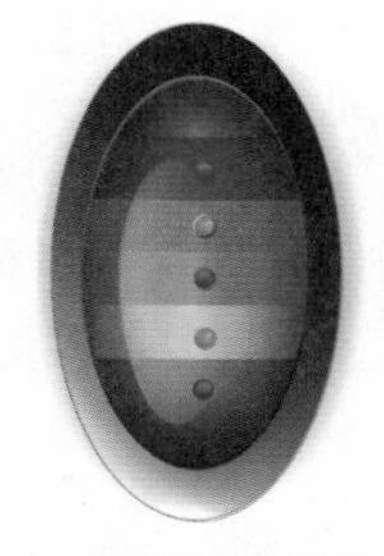

图44-15 调整阴影效果

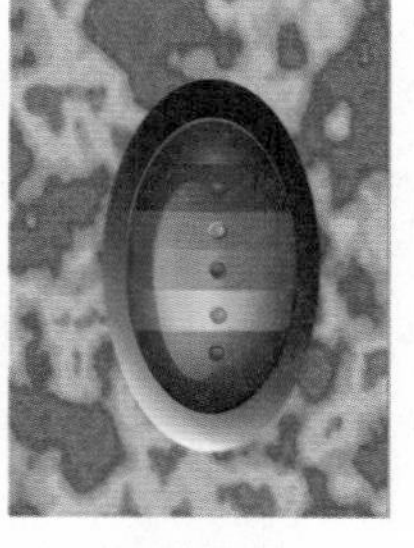

图44-16 绘制矩形

12 按小键盘上的【+】键复制矩形，单击调色板中的黑色色块，填充其颜色为黑色。选取透明度工具，在其属性栏中单击“渐变透明度”按钮，为其添加透明效果，并删除矩形轮廓，最终效果参见图44-1。至此，本实例制作完毕。

实例45 墙体按钮

本实例将制作一个三角形墙体按钮，效果如图45-1所示。

图45-1 三角形墙体按钮

操作步骤

1. 绘制三角形按钮的外框

01 按【Ctrl+N】组合键，新建一个空白页面。选取多边形工具，在属性栏中设置“点数或边数”为3，在绘图页面中绘制一个三角形。按【F11】键，弹出“编辑填充”对话框，单击“均匀填充”按钮，设置颜色为蓝色（CMYK值分别为100、100、0、0），单击“确定”按钮，为三角形填充颜色，并删除其轮廓，效果如图45-2所示。

02 依次单击“标准”工具栏中的“复制”和“粘贴”按钮，复制一个三角形。按住【Shift】键的同时拖动鼠标，等比例缩小图形，并填充其颜色为淡蓝色（CMYK值分别为29、16、2、0），效果如图45-3所示。

图45-2 绘制三角形

图45-3 复制并缩小图形

03 选取调和工具，在三角形上拖动鼠标进行直线调和，效果如图45-4所示。

04 参照步骤1~3的操作方法绘制其他三角形，填充相应的颜色并进行直线调和，效果如图45-5所示。

图45-4 直线调和效果

图45-5 绘制其他三角形并进行直线调和

05 选取矩形工具，在绘图页面中的合适位置绘制一个矩形，在其属性栏中设置矩形4个角的转角半径均为100。单击调色板中的白色色块，填充其颜色为白色，并删除其轮廓，效果如图 45-6 所示。

06 选取透明度工具，在其属性栏中单击"渐变透明度"按钮，为圆角矩形添加透明效果，如图 45-7 所示。

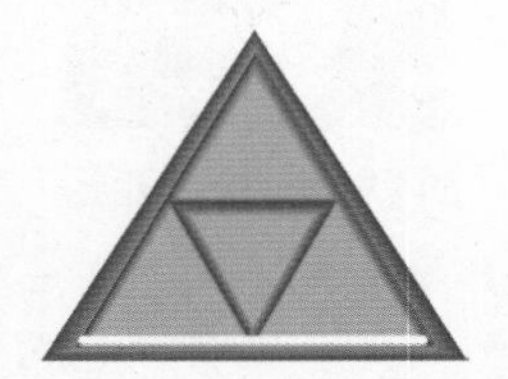

图45-6 绘制圆角矩形

图45-7 添加透明效果

07 参照步骤 5~6 的操作方法绘制其他圆角矩形并添加透明效果，如图 45-8 所示。

08 双击选择工具，全选绘图页面中的图形，单击"对象"|"组合"|"组合对象"命令群组图形。按小键盘上的【+】键复制图形，单击其属性栏中的"垂直镜像"按钮垂直镜像图形，为其填充相应的颜色，并调整至合适位置，效果如图 45-9 所示。

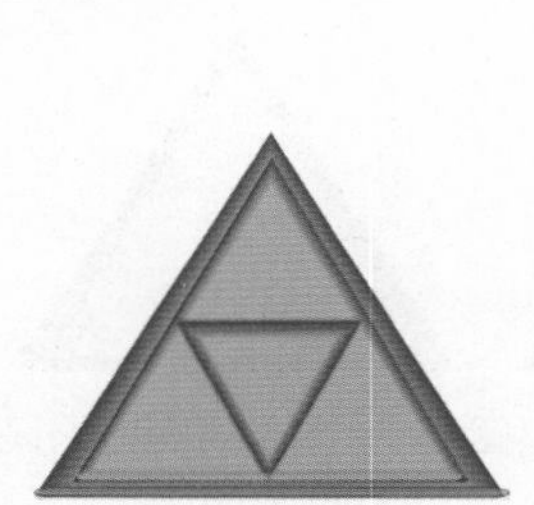

图45-8 绘制其他矩形并添加透明效果

图45-9 复制图形并进行垂直镜像

2. 绘制三角形按钮的阴影及背景

01 双击选择工具，全选绘图页面中的图形，单击"对象"|"组合"|"组合对象"命令群组图形。选取阴影工具，在其属性栏中设置"预设列表"为"中等辉光"、"阴影的不透明"为 100、"阴影羽化"为 20，为图形添加阴影效果，如图 45-10 所示。

图45-10 添加阴影效果

02 参照上一节中步骤 8 中的操作方法复制图形，制作按钮组合效果，如图 45-11 所示。

图45-11 图形组合效果

03 选取矩形工具，绘制一个矩形。按【Ctrl+End】组合键，调整矩形至最底层。按【F11】键,弹出"编辑填充"对话框。单击"底纹填充"按钮，设置"底纹库"为"样本 9"、"底纹列表"为"红木"、"第 1 色"为褐色（RGB 值分别为 71、51、0）和"第 2 色"为橘红色（RGB 值分别为 240、153、71），单击"确定"按钮，为矩形填充底纹，效果参见图 45-1。至此，本实例制作完毕。

实例46 电器按钮

本实例将制作一个方形电器按钮，效果如图 46-1 所示。

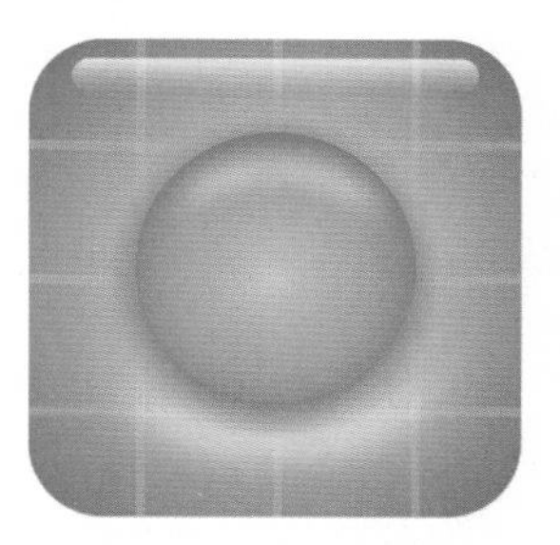

图46-1 方形电器按钮

操作步骤

1. 绘制方形按钮的外框

01 单击“文件”|“新建”命令，新建一个空白页面。按【F6】键，选取矩形工具，绘制一个矩形，在其属性栏中设置矩形4个角的转角半径均为30。按【F11】键，弹出“编辑填充”对话框，单击“渐变填充”按钮，设置0%位置的颜色为青色（CMYK值分别为96、49、0、0），100%位置的颜色为白色（CMYK值均为0），单击“确定”按钮填充矩形，并删除其轮廓，效果如图46-2所示。

02 分别单击“标准”工具栏中的“复制”和“粘贴”按钮，复制一个圆角矩形。按住【Shift】键的同时，将鼠标指针置于复制矩形四个角的任意控制柄上并拖动鼠标，等比例缩小圆角矩形，并参照步骤1中的操作方法渐变填充矩形，效果如图46-3所示。

图46-2 绘制并渐变填充圆角矩形

图46-3 复制图形并进行渐变填充

03 选取调和工具，对两个圆角矩形进行直线调和，效果如图46-4所示。

04 选取矩形工具，绘制一个长条矩形，填充其颜色为20%黑，并删除其轮廓。选取透明度工具，在其属性栏中单击“均匀透明度”按钮，设置“透明度”为50，为矩形添加透明效果，如图46-5所示。

图46-4 直线调和效果

图46-5 绘制矩形并添加透明效果

05 在按住【Ctrl】键的同时单击并拖动鼠标至合适位置，在松开鼠标的同时右击，移动并复制两个图形，效果如图46-6所示。

06 按住【Shift】键的同时单击鼠标左键，选中步骤4~5中所绘制和复制的矩形，按【Ctrl+G】组合键组合图形。依次单击“标准”工具栏中的“复制”和“粘贴”按钮，复制组合的图形，并在其属性栏中设置“旋转角度”为90，旋转图形，效果如图46-7所示。

图46-6 复制图形

图46-7 复制并旋转图形

2. 制作其他效果

01 选取椭圆形工具，在按住【Ctrl】键的同时拖动鼠标，绘制一个正圆。按【F11】键，弹出“编辑填充”对话框。单击“渐变填充”按钮，设置0%位置颜色的CMYK值分别为95、69、16、0，52%位置颜色的CMYK值分别为71、1、1、0，100%位置颜色的CMYK值分别为19、4、7、0，单击“确定”按钮填充正圆，并删除其轮廓，效果如图46-8所示。

02 选取阴影工具，在其属性栏中设置“预设列表”为“小型辉光”、“阴影偏移”分别为-0.033mm和-0.823mm、“阴影的不透明”为57、“阴影羽化”为19，为圆形添加阴影效果。选取贝塞尔工具，绘制一个闭合的曲线图形。单击调色板中的白色色块，填充其颜色为白色，并删除其轮廓，效果如图46-9所示。

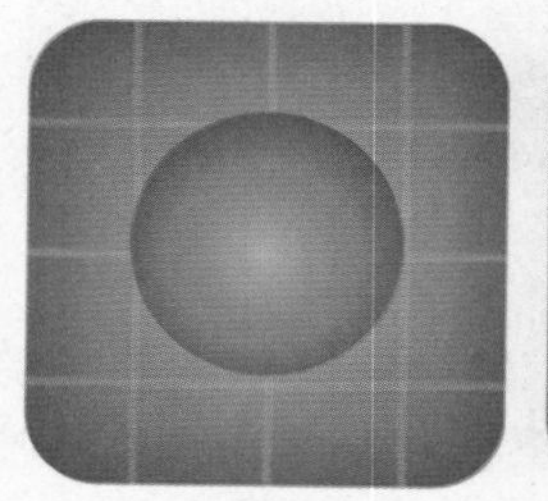

图46-8 绘制正圆并进行渐变填充

图46-9 绘制闭合曲线图形

03 单击“位图”|“转换为位图”命令，在弹出的“转换为位图”对话框中设置“分辨率”为300，并选中“透明背景”复选框，单击“确定”按钮，将曲线图形转换为位图。单击“位图”|“模糊”|“高斯式模糊”命令，在弹出的“高斯式模糊”对话框中设置“半径”为13，单击“确定”按钮，高斯模糊图形，效果如图46-10所示。

04 用同样的操作方法，绘制其他的高光图形，并进行高斯模糊，效果如图46-11所示。

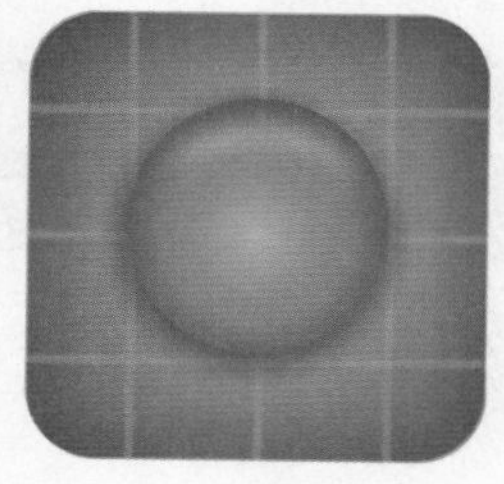

图46-10 高斯模糊图形

图46-11 其他高光图形效果

实例47 网页按钮

本实例将制作一组正圆形网页按钮，效果如图47-1所示。

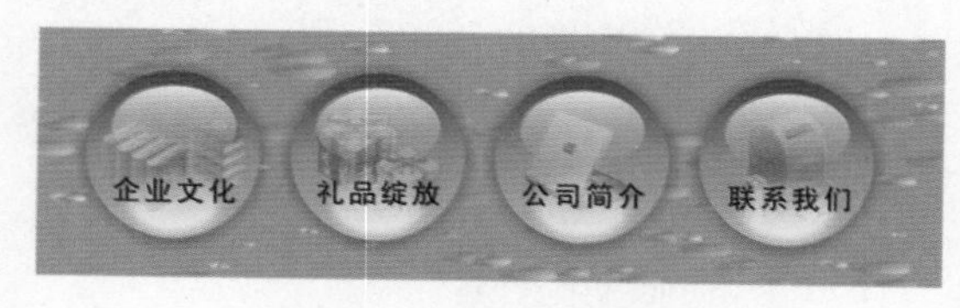

图47-1 正圆形网页按钮

操作步骤

1. 绘制正圆形按钮的主体效果

01 单击“标准”工具栏中的“新建”按钮，新建一个空白页面。按【F7】键，选取椭圆形工具，在按住【Ctrl】键的同时拖动鼠标，绘制一个正圆，如图47-2所示。

02 按【F11】键，弹出“编辑填充”对话框。单击“渐变填充”按钮，设置0%位置的颜色为深蓝色（CMYK值分别为95、69、16、0）、43%位置的颜色为蓝色（CMYK值分别为71、1、1、0）、100%位置的颜色为淡蓝色（CMYK值分别为19、4、7、0），单击“确定”按钮，用渐变填充正圆，并删除其轮廓，效果如图47-3所示。

图47-2 绘制正圆

图47-3 渐变填充正圆并删除轮廓

03 选取椭圆形工具，绘制一个椭圆，填充其颜色为白色，并删除其轮廓，效果如图47-4所示。

04 选取透明度工具，在其属性栏中单击“均匀透明度”按钮，为椭圆添加透明效果，如图47-5所示。

图47-4 绘制椭圆

图47-5 添加透明效果

05 参照步骤3~4的操作方法继续绘制椭圆，并填充颜色，删除其轮廓。选取阴影工具，在其属性栏中设置“预设列表”为“中等辉光”、“阴影的不透明”为99、“阴影羽化”为40、“阴影颜色”为白色（CMYK值均为0），为椭圆添加阴影，效果如图47-6所示。

06 按【Ctrl+K】组合键拆分阴影。选择椭圆图形，按【Delete】键删除椭圆图形，并为其添加透明效果，如图47-7所示。

图47-6 绘制椭圆并添加阴影效果

图47-7 删除椭圆图形并添加透明效果

2. 制作其他效果

01 单击“文件”|“导入”命令，导入一幅书籍图像，并调整其位置及大小，效果如图47-8所示。

02 选取透明度工具，在其属性栏中单击“均匀透明度”按钮，设置“透明度”为50，为图像添加透明效果。按【Ctrl+PageDown】组合键，调整图层顺序，效果如图47-9所示。

图47-8 导入图像

图47-9 添加透明效果

03 选取文本工具，在其属性栏中设置字体为“黑体”、字号为20，输入文字“企业文化”，如图47-10所示。

04 选取选择工具，框选所有图形，按【Ctrl+G】组合键组合图形。选取阴影工具，在其属性栏中设置“预设列表”为“中等辉光”、“阴影的不透明”为50、“阴影羽化”为15，为图形添加阴影效果，如图47-11所示。

图47-10 输入文字

图47-11 添加阴影效果

05 用同样的操作方法绘制其他按钮，导入相应的图像，并输入文字，效果如图47-12所示。

图47-12 绘制其他按钮

06 选取矩形工具，绘制一个矩形。按【Ctrl+End】组合键，调整图形至最底层。按【F11】键，弹出“编辑填充”对话框。单击“底纹填充”按钮，设置“底纹库”为“样本9”、“底纹列表”为“气泡”、“中色调”为蓝色（RGB值分别为0、148、222）、“亮度”颜色为白色（RGB值均为255），单击“确定”按钮，为矩形填充底纹，并删除其轮廓，最终效果参见图47-1。至此，本实例制作完毕。

实例48 DVD按钮

本实例将制作一个调节型DVD按钮，效果如图48-1所示。

图48-1　调节型DVD按钮

操作步骤

1. 绘制调节型按钮的主体效果

01 按【Ctrl+N】组合键，新建一个空白页面。参照上一个实例的操作方法绘制调节型按钮的主体效果，并为其填充相应的颜色，效果如图 48-2 所示。

02 选取椭圆形工具，按住【Ctrl】键的同时拖动鼠标，在绘图页面中绘制一个正圆。按【F11】键，弹出“编辑填充”对话框。单击“渐变填充”按钮，设置 0% 位置颜色的 CMYK 值分别为 0、0、0、80，100% 位置颜色的 CMYK 值分别为 0、0、0、10，按【Enter】键渐变填充图形，并删除其轮廓，效果如图 48-3 所示。

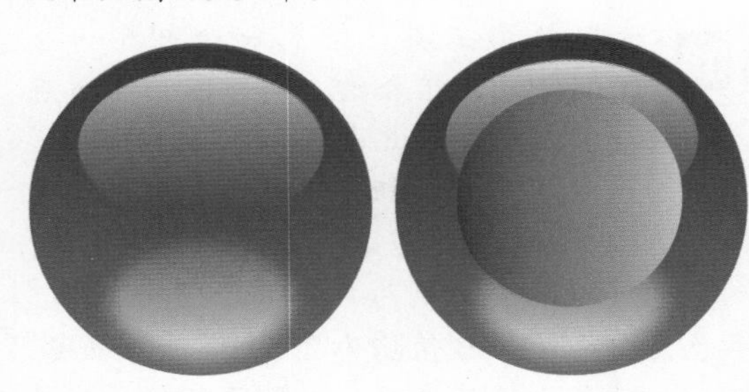

图48-2　绘制并填充图形　　图48-3　绘制并渐变填充

03 按小键盘上的【+】键复制一个正圆，按住【Shift】键的同时将鼠标指针置于复制圆四个角的任意控制柄上并拖动鼠标，等比例缩小椭圆。单击其属性栏中的“水平镜像”按钮水平镜像图形，效果如图 48-4 所示。

04 选择两个正圆图形，参照步骤 3 中的操作方法复制并缩小图形，效果如图 48-5 所示。

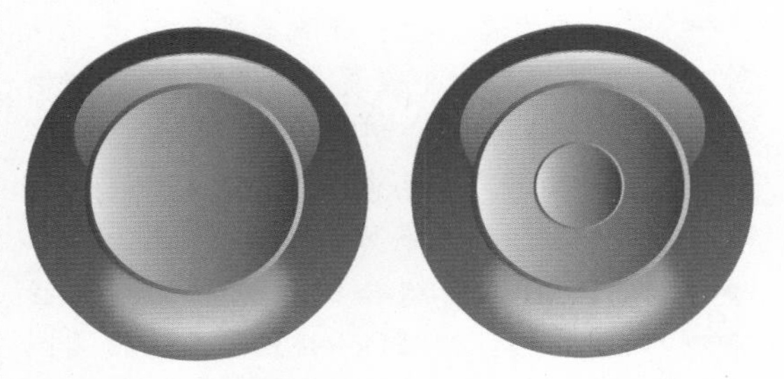

图48-4　复制并缩小正圆　图48-5　复制并缩小图形

05 选取椭圆形工具，绘制两个正圆，分别填充颜色为 30% 黑和 10% 黑，并删除其轮廓，效果如图 48-6 所示。

06 选取调和工具，在颜色为 10% 黑的正圆上单击并拖动鼠标至颜色为 30% 黑的正圆上，创建直线调和效果，如图 48-7 所示。

图48-6　绘制正圆　图48-7　直线调和效果

07 选取阴影工具，在其属性栏中设置“预设列表”为“小型辉光”，并为其添加阴影效果，如图 48-8 所示。

08 利用椭圆形工具绘制一个正圆，单击其属性栏中的“饼形”按钮，设置“起始和结束角度”分别为 0 和 90、“旋转角度”为 135，将正圆转换为 90 度的饼形，并进行渐变填充。按 3 次【Ctrl+PageDown】组合键，调整图形的图层顺序，效果如图 48-9 所示。

图48-8　添加阴影

图48-9　绘制并渐变填充饼形

09 按小键盘上的【+】键复制饼形，按住【Ctrl】键的同时将鼠标指针置于图形左侧中间的控制柄上，单击并向右拖动鼠标至右侧控制柄上，水平镜像图形，效果如图48-10所示。

10 用同样的操作方法复制饼形，并在其属性栏中设置“旋转角度”为45，旋转图形。按小键盘上的【+】键复制旋转的图形，并垂直镜像图形，效果如图48-11所示。

图48-10 复制并水平镜像图形

图48-11 复制并垂直镜像图形

2. 绘制调节型按钮的符号和阴影

01 选取折线工具，绘制一个三角形，并填充其颜色为黑色。按小键盘上的【+】键复制三角形，按住【Ctrl】键的同时将鼠标指针置于图形左侧中间的控制柄上，单击并向右侧拖动鼠标，水平镜像图形，然后将其调整至合适位置。复制其他三角形并进行旋转，效果如图48-12所示。

02 选择填充红色渐变的正圆，选取阴影工具，从正圆左侧向右拖动鼠标，在其属性栏中设置“阴影角度”为-3、“阴影的不透明”为37、“阴影羽化”为10、“淡出”为0、“阴影延展”为50，为其添加阴影效果，如图48-13所示。

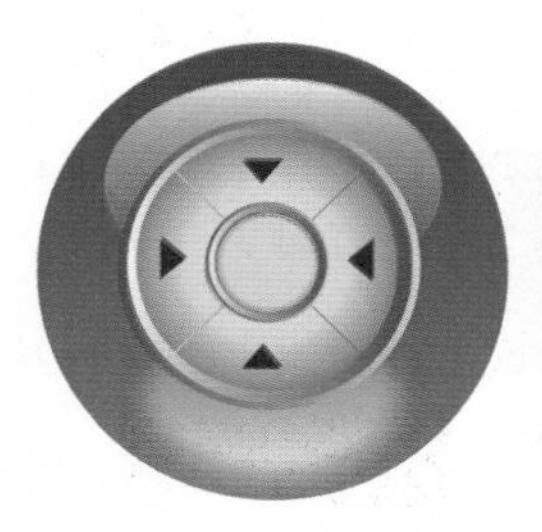

图48-12 镜像与旋转图形效果

图48-13 添加阴影效果

03 还可根据需要通过设置相应的颜色制作不同效果的按钮，如图48-14所示。至此，本实例制作完毕。

图48-14 按钮效果

实例49 变体文字

本实例将制作变体文字效果，如图49-1所示。

图49-1 变体文字

操作步骤

1. 绘制变体文字

01 单击“文件”|“新建”命令，新建一个空白页面。选取工具箱中的文本工具，在页面中输入文字，如图49-2所示。

FILA

图49-2 输入文字

02 单击“对象”|“拆分美术字”命令，将文字拆分。

03 选取工具箱中的选择工具，选中字母F,单击“对象”|“转换为曲线”命令，将其转化为曲线。

04 确保选中字母F，选取工具箱中的橡皮擦工具，在字母F上进行擦除操作，如图49-3所示。

05 选取工具箱中的形状工具，选中字母F上多余的节点,按【Delete】键删除节点，如图49-4所示。

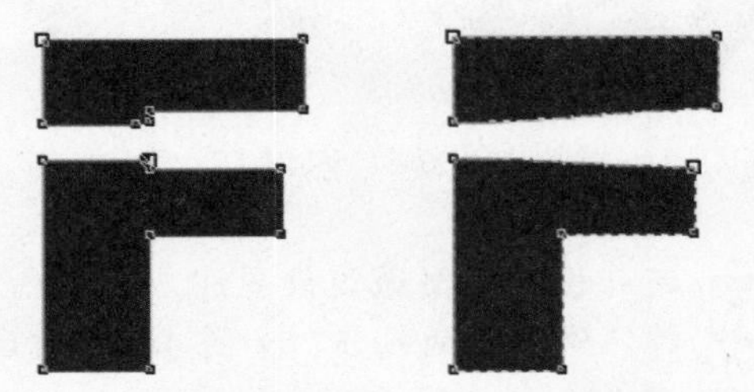

图49-3 对字母进行擦除　图49-4 删除多余的节点

06 再次使用形状工具并借助辅助线调整字母F上节点的位置，如图49-5所示。

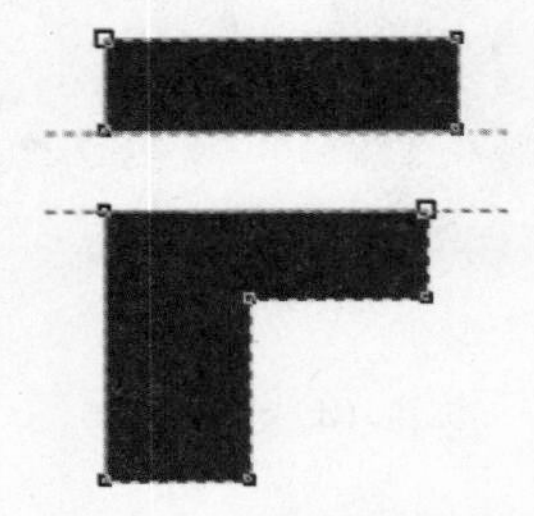

图49-5 调整节点位置

07 选中字母A,单击“对象”|“转换为曲线”命令，将其转化为曲线。

08 选取工具箱中的橡皮擦工具，在字母A上进行擦除操作，如图49-6所示。

09 选取工具箱中的形状工具，选中字母A上多余的节点，按【Delete】键删除节点，如图49-7所示。

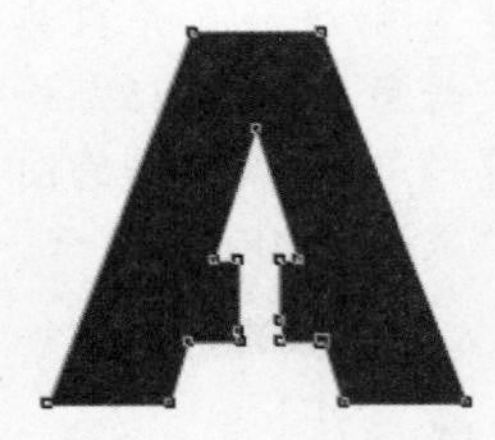

图49-6 对字母进行擦除　图49-7 删除节点

2. 绘制背景效果

01 双击工具箱中的矩形工具，创建一个和页面同等大小的矩形。

02 按【F11】键,弹出“编辑填充”对话框，单击“渐变填充”按钮，设置相应的参数，为矩形填充渐变，如图49-8所示。

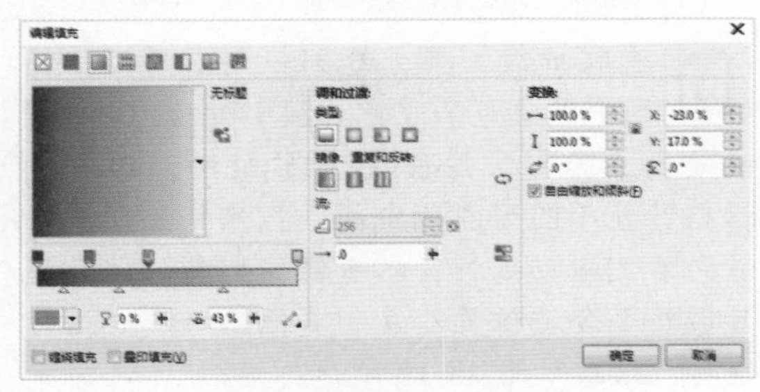

图49-8 “编辑填充”对话框

03 单击“确定”按钮，最终效果参见图49-1。至此，本实例制作完毕。

实例50 珍珠文字

本实例将制作珍珠文字效果，如图50-1所示。

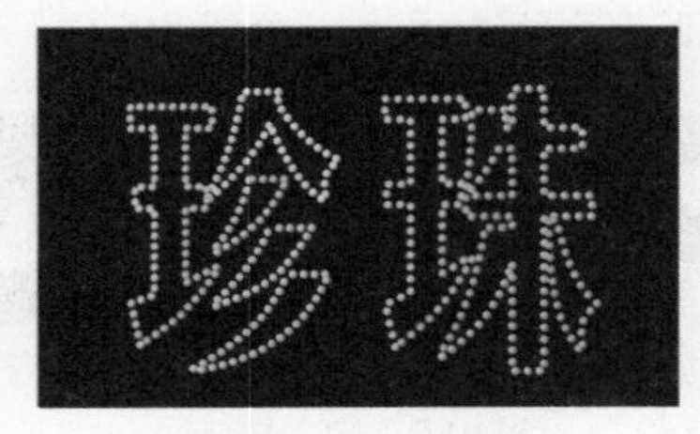

图50-1 珍珠文字

操作步骤

1. 绘制珍珠文字效果

01 单击“文件”|“新建”命令，新建一个空白文档。选取文本工具，在属性栏中设置字体为“文鼎CS长美黑”、字号为250pt，输入文字“珍珠”，如图50-2所示。

02 单击“对象”|“拆分美术字：文鼎CS长美黑（正常）(CHC)”命令，拆分

美术字，并调整美术字间距。单击“对象”|“转换为曲线”命令，将文字转换为曲线图形，效果如图 50-3 所示。

图50-2 输入文字

图50-3 打散文字并转换为曲线图形

2．绘制珍珠效果

01 按【F7】键，选取椭圆形工具，在按住【Ctrl】键的同时拖动鼠标，绘制一个正圆，效果如图 50-4 所示。

02 按【F11】键，弹出“编辑填充”对话框。单击“渐变填充”按钮，单击“椭圆形渐变填充”按钮，设置 0% 位置颜色的 CMYK 值分别为 2、22、39、0，54% 位置颜色的 CMYK 值分别为 1、11、20、0，75% 位置颜色的 CMYK 值分别为 1、6、11、0，100% 位置的颜色为白色（CMYK 值分别为 0），单击“确定”按钮填充正圆，并删除其轮廓，效果如图 50-5 所示。

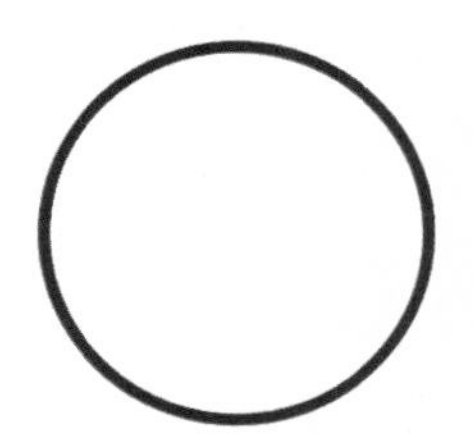

图50-4 绘制正圆

图50-5 渐变填充正圆并删除轮廓

03 选取选择工具，在按住【Ctrl】键的同时单击并拖动鼠标至合适位置，松开鼠标的同时右击复制正圆，并渐变填充相应的颜色，效果如图 50-6 所示。

图50-6 复制并渐变填充图形

04 选取调和工具，在左侧正圆图形上单击并拖动鼠标至右侧正圆图形上，创建直线调和效果，如图 50-7 所示。

图50-7 直线调和效果

05 在调和的图形上按住鼠标右键并拖动至文字“珍”上，当鼠标指针呈形状时松开鼠标，在弹出的快捷菜单中选择“使调和适合路径”选项，将图形沿文字调和，效果如图 50-8 所示。

06 单击“效果”|“调和”命令，弹出“调和”泊坞窗，如图 50-9 所示。

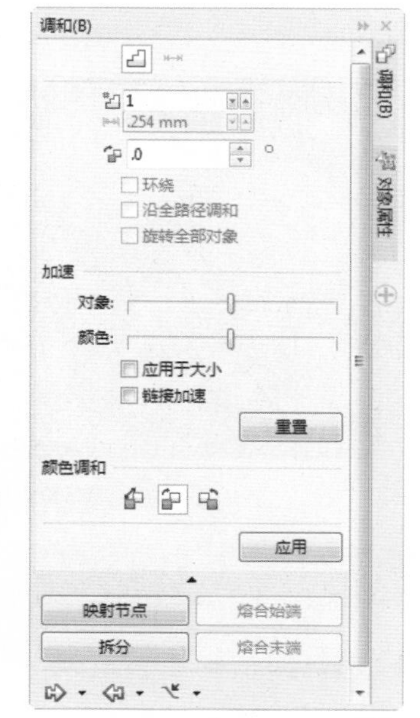

图50-8 沿路径调和图形　　图50-9 “调和”泊坞窗

07 单击“调和步长”按钮，设置“步长”为 200，选中“沿全路径调和”复选框，单击“应用”按钮调和图形，效果如图 50-10 所示。

08 在“颜色调和”选项区中单击“逆时针路径”按钮，然后单击“应用”按钮，设置调和颜色，效果如图 50-11 所示。

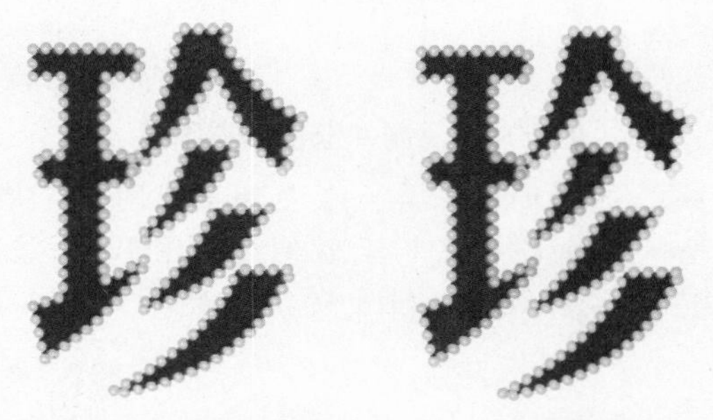

图50-10 调和图形效果 图50-11 设置调和颜色

09 用同样的操作方法对文字“珠”制作相同的效果，如图 50-12 所示。

图50-12 制作文字“珠”

10 选取矩形工具，绘制一个矩形，并填充其颜色为黑色。按【Ctrl+End】组合键，调整矩形至最底层，最终效果参见图 50-1。至此，本实例制作完毕。

实例51 球体文字

本实例将制作球体文字效果，如图 51-1 所示。

图51-1 球体文字

操作步骤

1. 制作球体文字效果

01 单击“标准”工具栏中的“新建”按钮，新建一个空白页面。选取文本工具，在属性栏中设置字体为“文鼎 CS 行楷”、字号为 250pt，输入并选中文字“球”，单击调色板中的橘红色色块，为其填充橘红色，效果如图 51-2 所示。

02 按【F7】键，选取椭圆形工具，按住【Ctrl】键的同时拖动鼠标，在绘图页面中的合适位置绘制一个正圆，效果如图 51-3 所示。

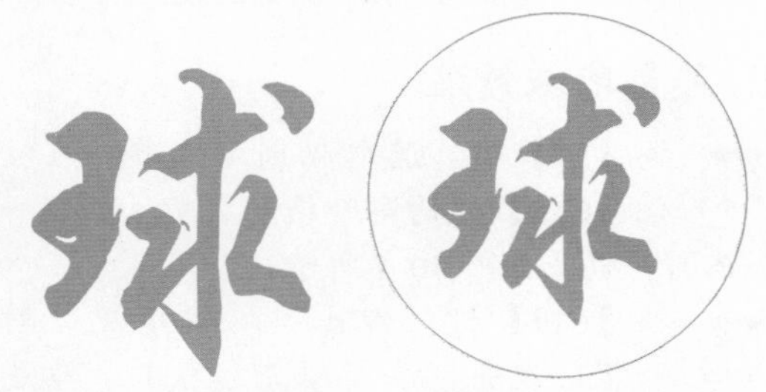

图51-2 输入文字 图51-3 绘制正圆

03 单击“效果”|“透镜”命令，在弹出的“透镜”泊坞窗中设置透镜类型为“鱼眼”、“比率”为 160，选中“冻结”复选框，并单击“应用”按钮，添加“鱼眼”透镜效果，如图 51-4 所示。

图51-4 添加“鱼眼”透镜效果

04 单击属性栏中的“取消群组对象”按钮，取消群组，移除文字“球”。选择正圆图形，按【F11】键，弹出“编辑填充”对话框，单击“渐变填充”按钮，单击“椭圆形渐变填充”按钮，设置 0% 位置的颜色为靛蓝色

(CMYK 值分别为 60、60、0、0)、100% 位置的颜色为白色,单击“确定”按钮填充图形,并调整图层顺序,效果如图 51-5 所示。

05 参照上一步的操作方法渐变填充文字,效果如图 51-6 所示。

图51-5 调整图层顺序后的文字效果

图51-6 渐变填充效果

06 参照步骤 1~5 的操作方法制作其他的球体字,并为其填充相应的颜色,效果如图 51-7 所示。

图51-7 制作其他球体字

2. 制作球体文字的背景

01 双击矩形工具,绘制一个与页面同等大小的矩形。按【F11】键,弹出“编辑填充”对话框,单击“底纹填充”按钮,设置“底纹库”为“样本 8”、“底纹列表”为“苔藓”,单击“确定”按钮,为矩形填充底纹,并删除其轮廓,然后调整图层顺序,效果如图 51-8 所示。

图51-8 绘制矩形并进行底纹填充

02 选取艺术笔工具,在属性栏中单击“喷涂”按钮,在“喷射图样”下拉列表框中选择 选项。在绘图页面中的合适位置按住鼠标左键并拖动,绘制图形,效果如图 51-9 所示。

图51-9 绘制艺术图形

03 用同样的操作方法绘制其他艺术图形,最终效果参见图 51-1。至此,本实例制作完毕。

实例52 透视文字

本实例将制作透视文字效果,如图 52-1 所示。

图52-1 透视文字

操作步骤

1. 绘制透视文字

01 单击“文件”|“新建”命令,新建一个空白页面,并在属性栏中设置页面为横向。

02 在工具箱中选取文本工具,在属性栏中设置字体和字号,在页面中单击并输入文字,如图 52-2 所示。

03 在调色板中单击黄色色块,设置文字的颜色为黄色;在调色板中右击红色色块，设置文字轮廓颜色为红色，如图 52-3 所示。

图52-2 输入文字

图52-3 设置填充色及轮廓颜色

04 选中文字，单击“编辑”|“复制”命令复制文字。再单击“编辑”|“粘贴”命令粘贴文字。按住【Ctrl】键的同时用鼠标向下拖动文字，调整文字的位置，如图 52-4 所示。

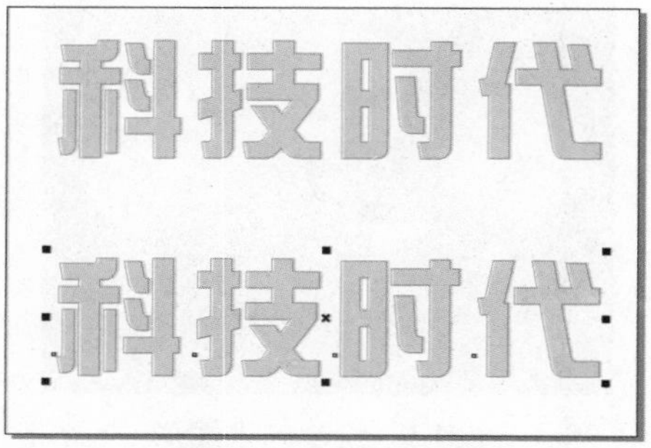

图52-4 调整文字位置

05 选择位于上面的文字，在调色板中右击黄色色块，设置文字轮廓颜色为黄色，如图 52-5 所示。

图52-5 设置文字轮廓颜色

06 选取工具箱中的选择工具，在按住【Shift】键的同时拖动文字右上角的控制柄，将文字等比例缩小，如图 52-6 所示。

图52-6 缩小文字

07 选取工具箱中的调和工具，在属性栏中设置“调和对象”为 300，在两行文字之间进行拖动，如图 52-7 所示。

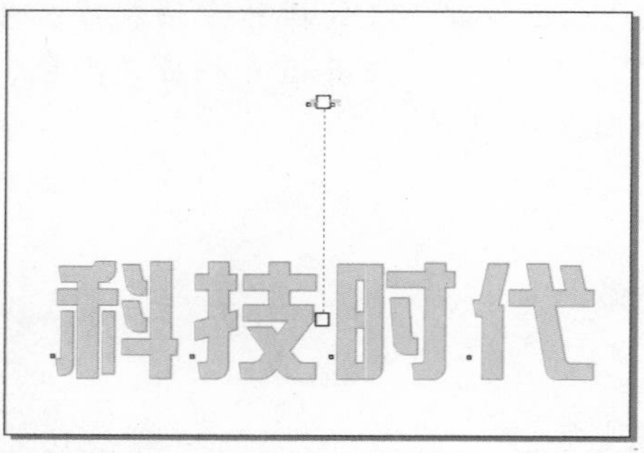

图52-7 在两行文字之间拖动

08 松开鼠标后得到调和效果，如图 52-8 所示。

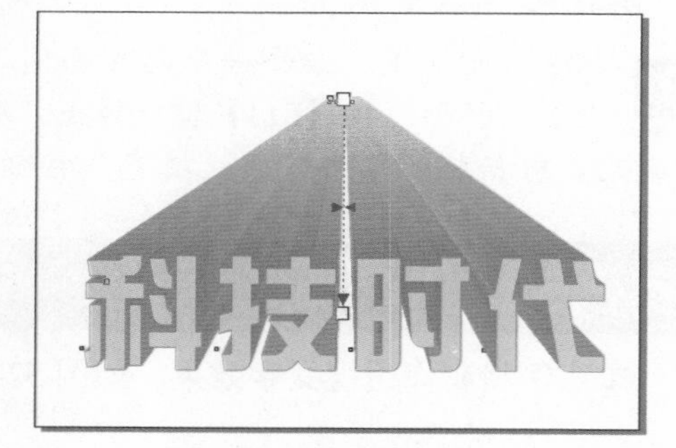

图52-8 调和效果

2. 绘制背景效果

01 在工具箱中双击矩形工具，创建一个与页面同等大小的矩形。

02 单击调色板中的蓝色色块，将矩形填充为蓝色，最终效果参见图 52-1。至此，本实例制作完毕。

实例53 裂纹文字

本实例将制作裂纹文字效果，如图 53-1 所示。

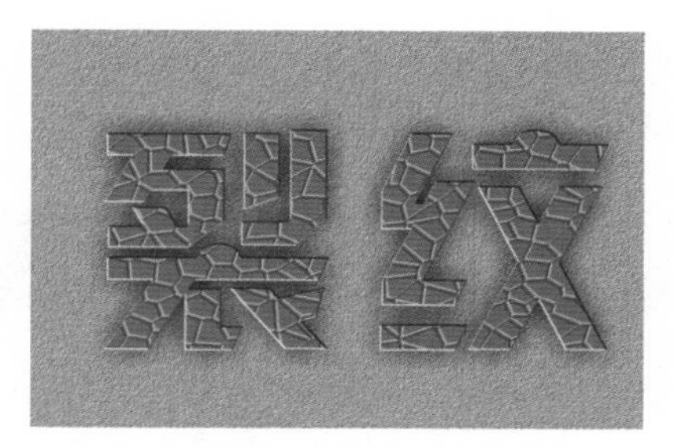

图53-1 裂纹文字

操作步骤

1. 制作裂纹字的纹理效果

01 单击“标准”工具栏中的“新建”按钮,新建一个空白页面。选取矩形工具，绘制一个矩形，填充其颜色为黄色（CMYK 值分别为 0、20、98、0）。选取无轮廓工具，删除矩形轮廓，效果如图 53-2 所示。

02 单击“位图”|“转换为位图”命令，在弹出的“转换为位图”对话框中设置“分辨率”为 300，并选中“透明背景”复选框，单击“确定”按钮，将矩形转换为位图。单击“位图”|“创造性”|“彩色玻璃”命令，在弹出的“彩色玻璃”对话框中设置“大小”为 26、“光源强度”为 2、“焊接宽度”为 10、“焊接颜色”为淡蓝色（CMYK 值分别为 100、80、0、0），单击“确定”按钮，为矩形添加彩色玻璃效果，如图 53-3 所示。

图53-2 绘制矩形

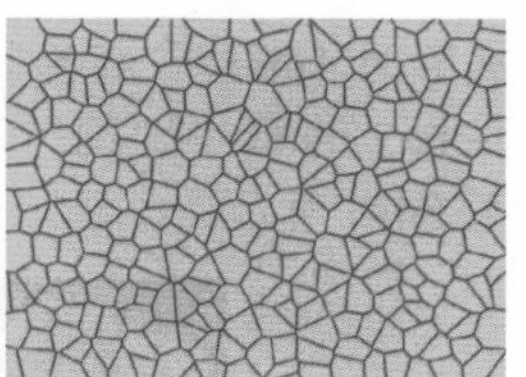

图53-3 添加彩色玻璃效果

2. 制作裂纹字的文字效果

01 按【F8】键，选取文本工具，在属性栏中设置字体为“汉仪菱心简体”、字号为 208pt,输入文字“裂纹”,如图 53-4 所示。

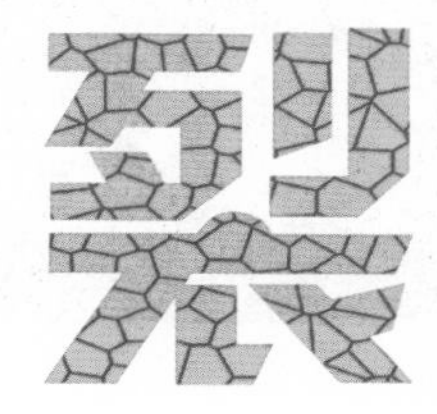

图53-4 输入文字

02 选择底纹图形，按住鼠标右键并拖动至文字上后松开鼠标，在弹出的快捷菜单中选择“PowerClip 内部”选项，将底纹精确剪裁至文字内，效果如图 53-5 所示。

图53-5 精确剪裁

03 单击“位图”|“转换为位图”命令，在弹出的“转换为位图”对话框中设置“分辨率”为 300，并选中“透明背景”复选框，单击“确定”按钮，将图形转换为位图。单击“位图”|“三维效果”|“浮雕”命令,在弹出的“浮雕”对话框中设置“深度”为 14、“层次”为 86、“方向”为 45、“浮雕色”为褐色（CMYK 值分别为 34、67、98、1),单击“确定”按钮,为位图添加浮雕效果，如图 53-6 所示。

图53-6 添加浮雕效果

04 选取阴影工具，在属性栏中设置“预设列表”为“中等辉光”、“阴影的不透明”为 83、“阴影羽化”为 18，为位图添加阴影效果，如图 53-7 所示。

图53-7 添加阴影效果

05 选取矩形工具，绘制一个矩形。按【Ctrl+End】组合键，调整矩形至图层最底层。按【F11】键，弹出“编辑填充”对话框，单击“底纹填充”按钮，设置“底纹库”为“样本8”、“底纹列表”为“水泥”，单击“确定”按钮，对矩形进行底纹填充，最终效果参见图53-1。至此，本实例制作完毕。

实例54 图案文字

本实例将制作图案文字效果，如图54-1所示。

图54-1 图案文字

操作步骤

1. 制作图案文字的纹理效果

01 按【Ctrl+N】组合键，新建一个空白页面。选取矩形工具，绘制一个矩形，填充其颜色为黑色，效果如图54-2所示。

图54-2 绘制矩形并填充颜色

02 选取文本工具，在属性栏中设置字体为“华文琥珀”、字号为138pt，输入文字“花”，填充其颜色为白色，效果如图54-3所示。

03 单击“文件”|“导入”命令，导入一幅花图像，如图54-4所示。

图54-3 输入文字　　图54-4 导入图像

04 单击“对象”|“图框精确裁剪”|“置于图文框内部”命令，将花图像精确剪裁至文字容器中，效果如图54-5所示。

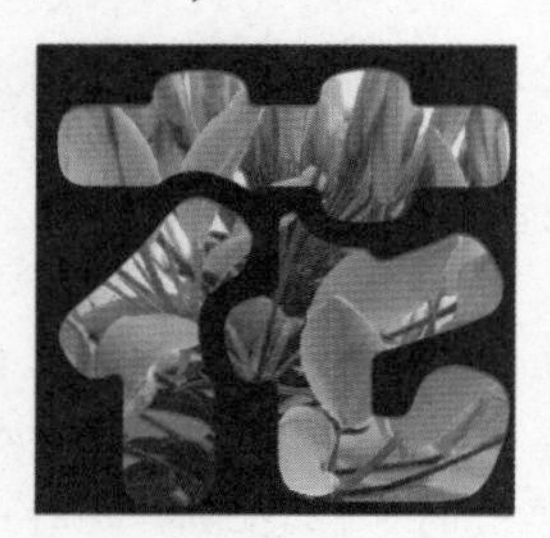

图54-5 精确剪裁

2. 制作图案文字的修饰效果

01 选择文字“花”，选取“轮廓笔”工具，在弹出的“轮廓笔”对话框中设置“宽度”为1mm、“颜色”为白色，单击“确定”按钮，为文字“花”设置轮廓属性，效果如图54-6所示。

图54-6 设置轮廓属性效果

02 单击“对象”|“将轮廓转换为对象”命令，将轮廓转换为对象。选取挑选工具，选择轮廓图形，在按住【Shift】键的同时拖动鼠标，等比例缩放轮廓图形。按【Ctrl+PageDown】组合键，调整图层顺序，效果如图 54-7 所示。

图54-7 将轮廓转换为对象并缩放图形

03 选取阴影工具，在属性栏中设置“预设列表”为“小型辉光”、“阴影的不透明”为 98、“阴影羽化”为 2、“阴影颜色”为白色，为其添加阴影效果，如图 54-8 所示。

图54-8 添加阴影效果

04 按【Ctrl+K】组合键拆分阴影，选择轮廓图形，按【Delete】键删除轮廓图形，效果如图 54-9 所示。

图54-9 拆分阴影并删除轮廓图形

05 选择文字“花”，参照步骤 1 中的方法添加文字轮廓，效果如图 54-10 所示。

图54-10 添加轮廓

06 参照文字“花”的制作方法制作其他文字，最终效果参见图 54-1。至此，本实例制作完毕。

● 读书笔记

第3章 卡片设计

在商业活动中，卡片可起到展示、宣传产品的作用。本章将通过14个经典实例，详细介绍各类卡片的组成要素、构图思路、版式布局以及制作方法等。

实例55 会员卡

本实例将制作水玲珑精品会员卡，效果如图 55-1 所示。

图55-1 水玲珑精品会员卡

操作步骤

1. 制作会员卡的背景效果

01 按【Ctrl+N】组合键,新建一个空白页面。选取矩形工具，绘制一个 90mm×55mm 的矩形，并在其属性栏中设置矩形 4 个角的转角半径均为 12。按【F11】键，在弹出的“编辑填充”对话框中单击“均匀填充”按钮，设置颜色为洋红色 (CMYK 值分别为 0、91、0、0)，单击“确定”按钮，为矩形填充颜色。右击调色板中的“无”按钮，并删除其轮廓，效果如图 55-2 所示。

图55-2 绘制圆角矩形

02 单击“文件”|“导入”命令，导入一幅图像，效果如图 55-3 所示。

03 单击“对象”|“图框精确裁剪”|“置于图文框内部”命令，当鼠标指针呈形状时单击矩形，将图形置于矩形容器中，效果如图 55-4 所示。

图55-3 导入图像

图55-4 图框精确剪裁

04 单击“编辑”|“图框精确剪裁”|“编辑 PowerClip”命令，调整图像的位置，如图 55-5 所示。

图55-5 调整图像位置

05 单击“效果”|“图框精确剪裁”|“结束编辑”命令结束编辑，效果如图 55-6 所示。

图55-6 编辑后的效果

2. 制作会员卡的文字效果

01 单击"文件"|"导入"命令，导入一幅标志图形，并调整其位置及大小，填充其颜色为白色，效果如图 55-7 所示。

图55-7 导入标志图形

02 选取文本工具，在其属性栏上设置字体为"方正小标宋繁体"、字号为 34pt，输入文字"会员卡"。选取选择工具，选中输入的文字，单击调色板中的黄色色块，填充颜色为黄色，效果如图 55-8 所示。

图55-8 输入文字

03 用同样的操作方法输入字母及数字，设置字体、字号及颜色，并将其调整至合适的位置，效果如图 55-9 所示。

04 选择圆角矩形，选取阴影工具，在其属性栏中设置"预设列表"为"小型辉光"、"阴影偏移"的 X 和 Y 值分别为 0.55mm 和 -0.55mm、"阴影的不透明"为 70、"阴影羽化"为 3、为其添加阴影效果，如图 55-10 所示。

图55-9 输入字母及数字

图55-10 添加阴影效果

05 在该实例的基础上，通过复制、更改颜色等可以制作出会员卡的综合效果，如图 55-11 所示。至此，本实例制作完毕。

图55-11 综合效果

实例56 贵宾卡1

本实例将制作女子俱乐部贵宾卡，效果如图 56-1 所示。

操作步骤

1. 制作贵宾卡的背景效果

01 单击"文件"|"新建"命令，新建一个空白页面。

图56-1 女子俱乐部贵宾卡

02 选取工具箱中的矩形工具，在属性栏的转角半径数值框中输入10，然后在页面中绘制圆角矩形，如图56-2所示。

图56-2 绘制圆角矩形

03 利用选择工具选中圆角矩形，按【F11】键，在弹出的“编辑填充”对话框中单击“渐变填充”按钮，设置渐变样式，如图56-3所示。

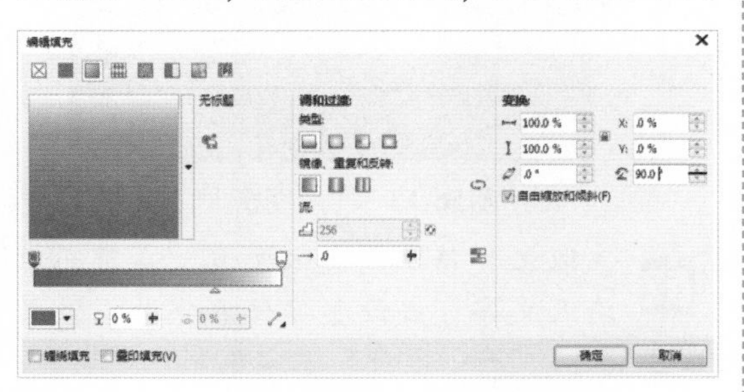

图56-3 “编辑填充”对话框

04 单击“确定”按钮，渐变填充圆角矩形，效果如图56-4所示。

图56-4 渐变填充圆角矩形

05 选取矩形工具，在页面中绘制一个矩形，如图56-5所示。

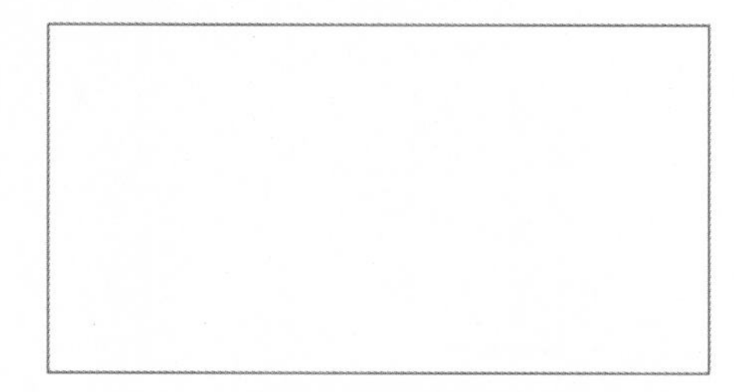

图56-5 绘制矩形

06 选中绘制的矩形，按【F11】键，弹出的“编辑填充”对话框中单击“渐变填充”按钮，设置渐变颜色，如图56-6所示。

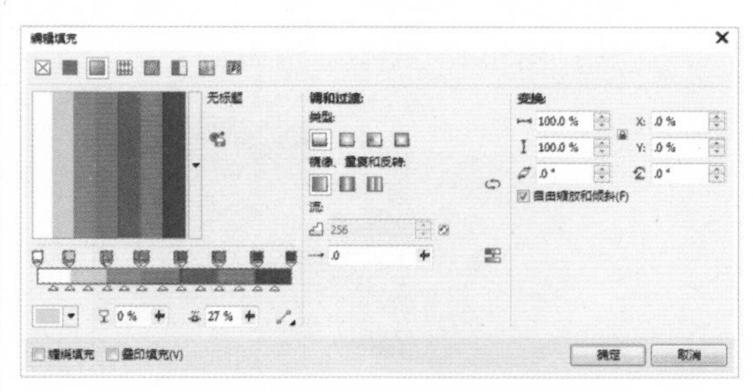

图56-6 “编辑填充”对话框

07 单击“确定”按钮，渐变填充矩形，效果如图56-7所示。

图56-7 渐变填充矩形

08 选中矩形，单击“效果”|“封套”命令，在弹出的“封套”泊坞窗中单击“添加预设”按钮，并选择封套样式，如图56-8所示。

09 单击“应用”按钮，为其添加封套效果，如图56-9所示。

10 选中封套处理后的图形，单击“对象”|“图框精确裁剪”|“置于图文框内部”命令，将图形精确剪裁至矩形容器中，然后单击页面中的圆角矩形，如图56-10所示。

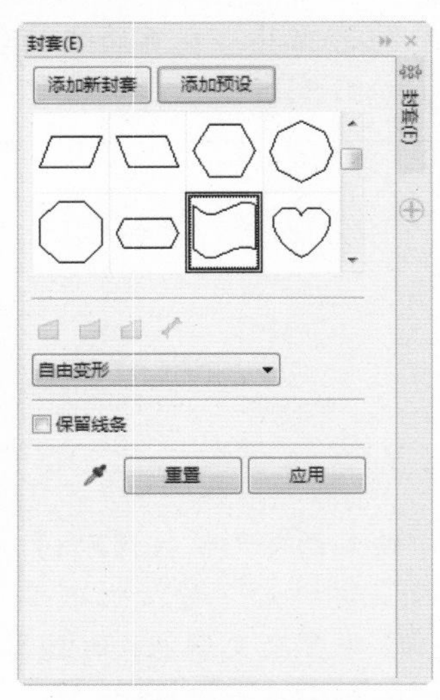

图56-8 “封套”泊坞窗

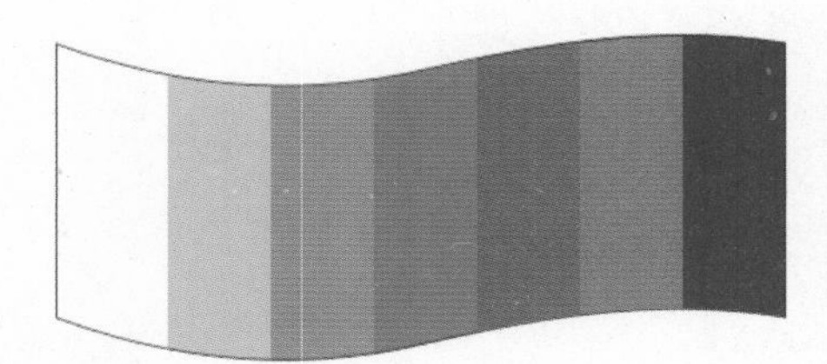

图56-9 封套效果

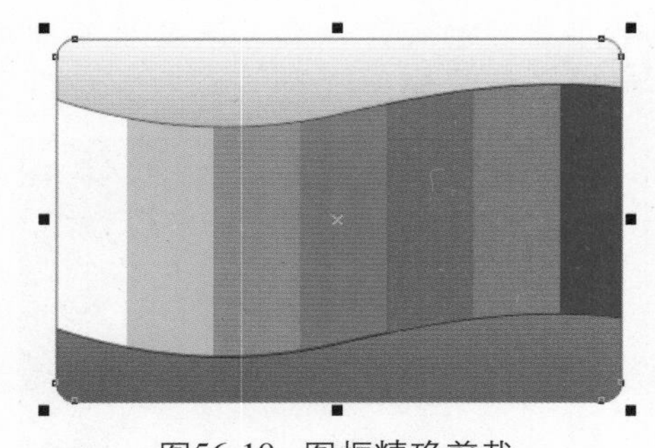

图56-10 图框精确剪裁

11 右击页面中的图形，在弹出的快捷菜单中选择“编辑 PowerClip”选项，调整图形的位置，如图 56-11 所示。

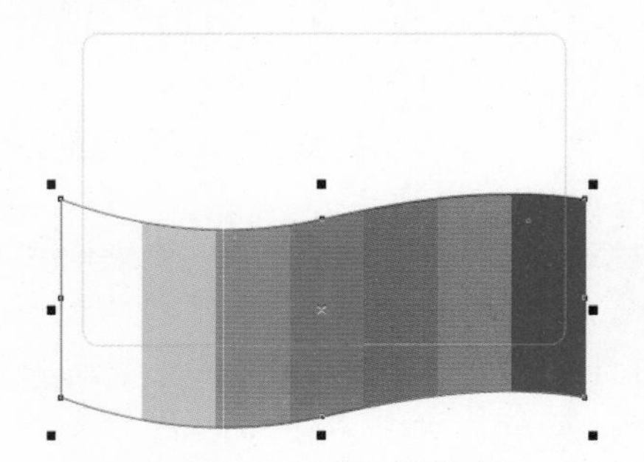

图56-11 调整图形位置

12 右击页面中的图形，在弹出的快捷菜单中选择“结束编辑”选项，效果如图 56-12 所示。

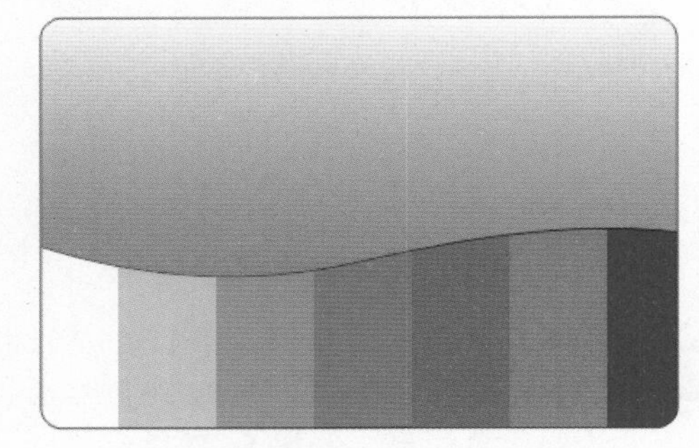

图56-12 编辑内容后的图像效果

2. 制作贵宾卡的文字效果

01 单击“文件”|“导入”命令，弹出“导入”对话框，从中选择一幅素材图形，单击“导入”按钮导入图形，如图 56-13 所示。

图56-13 导入图形

02 选取工具箱中的文本工具，在页面中输入文字，并设置字体和字号，效果如图 56-14 所示。至此，本实例制作完毕。

图56-14 贵宾卡

实例57 贵宾卡2

本实例将制作IQ电影城贵宾卡，效果如图57-1所示。

图57-1 IQ电影城贵宾卡

操作步骤

1. 制作贵宾卡的背景效果

01 按【Ctrl+N】组合键，新建一个空白页面。选取矩形工具，在绘图页面中绘制一个85mm×54mm的矩形，在其属性栏中设置矩形4个角的转角半径均为12，单击调色板中的黑色色块，填充其颜色为黑色，如图57-2所示。

图57-2 绘制圆角矩形并填充颜色

02 选取矩形工具，在绘图页面中绘制一个85mm×129mm的矩形。按【F11】键，在弹出的"编辑填充"对话框中单击"均匀填充"按钮，设置颜色为蓝色（CMYK值分别为100、50、0、0），单击"确定"按钮填充颜色。按3次小键盘上的【+】键复制3个矩形，并分别调整其位置，填充颜色分别为绿色（CMYK值分别为100、0、100、0）、红色（CMYK值分别为0、100、100、0）、深黄色（CMYK值分别为0、20、100、0）。选取选择工具，在按住【Shift】键的同时选择绘制和复制的4个矩形，按【Ctrl+G】组合键组合矩形，如图57-3所示。

图57-3 组合矩形

03 按4次小键盘上的【+】键，复制群组的矩形，分别将其调整至合适的位置，并群组所有的小矩形，效果如图57-4所示。

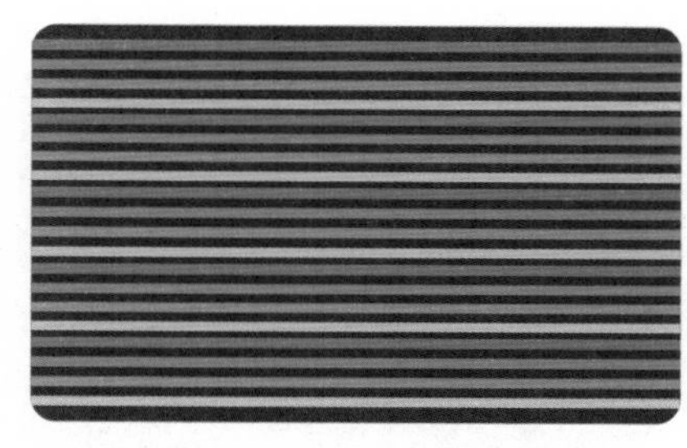

图57-4 复制并群组矩形

04 选取透明度工具，在其属性栏中单击"渐变透明度"按钮，为图形添加透明效果，如图57-5所示。

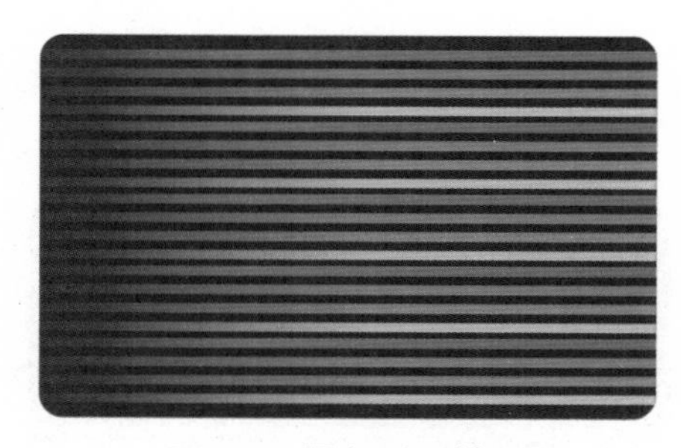

图57-5 添加透明效果

2. 制作贵宾卡的文字效果

01 选取文本工具，在绘图页面中输入并选中文字"IQ电影城"，在其属性栏中设置字体为Imprint MT shadow、字号为29pt，并单击调色板中的柠檬黄色色块，填充其颜色为柠檬黄。选中文字“电影城”，设置字体为“方正综艺简体”、字号为24pt，效果如图57-6所示。

图57-6 输入文字并设置文字属性

02 选中文字IQ，单击“对象”|“拆分美术字：Imprint MT shadow（正常）(ENU)”命令拆分文字。利用该方法拆分其他文字，并调整文字的位置，如图57-7所示。

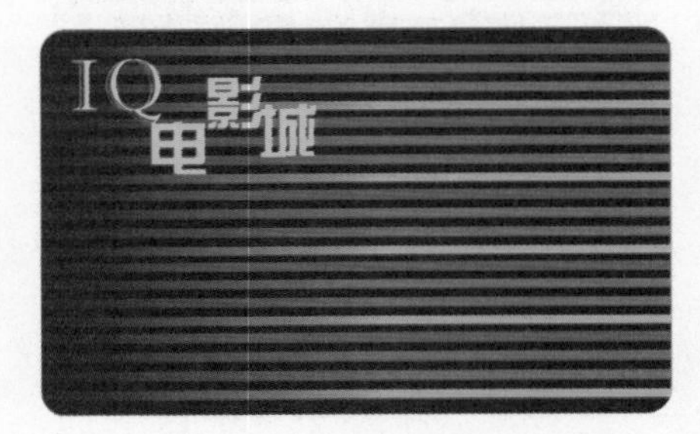

图57-7 拆分文字并调整文字位置

03 选取文本工具，输入文字“贵宾卡”，并设置文字的属性，然后复制文字并填充为黑色。单击“对象”|“顺序”|“向后一层”命令，将复制的文字向后移一层，作为文字的阴影，效果如图57-8所示。

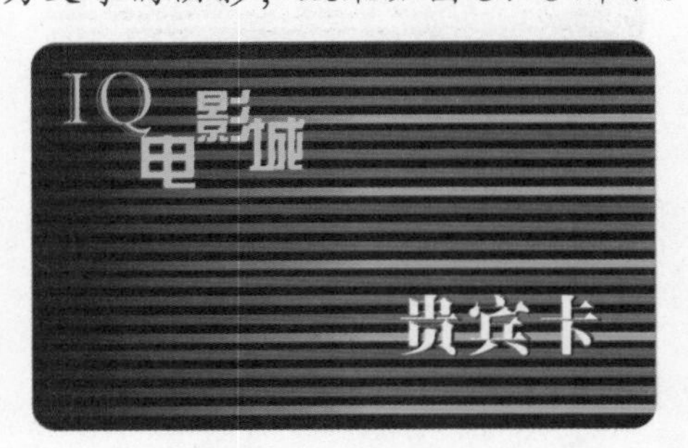

图57-8 文字效果

04 输入其他文字，设置其字体、字号和颜色，并将其调整至合适的位置，效果如图57-9所示。

图57-9 输入并调整其他文字

3. 制作贵宾卡的立体效果

01 双击选择工具，全选图形，按【Ctrl+G】组合键组合图形。选取矩形工具，在绘图页面中的合适位置绘制一个矩形。选取渐变填充工具，弹出“编辑填充”对话框，单击“渐变填充”按钮，设置0%位置的颜色为黑色（CMYK值分别为0、0、0、100）、100%位置的颜色为白色（CMYK值均为0），单击“确定”按钮填充颜色。按【Ctrl+End】组合键，将其调整至页面的最后面，效果如图57-10所示。

图57-10 绘制并填充矩形

02 选取选择工具，双击贵宾卡图形，使其进入旋转状态。将鼠标指针置于图形四周的任意控制柄上，旋转图形，效果如图57-11所示。

图57-11 旋转图形

03 选取折线工具，绘制一个多边形，并填充其颜色为黑色。选取透明度工具，在其属性栏中单击“渐变透明度”按钮，为其添加透明效果，如图 57-12 所示。

图57-12 添加透明效果

04 选取贵宾卡图形，按小键盘上的【+】键复制图形，并调整其大小及位置，最终效果如图 57-13 所示。至此，本实例制作完毕。

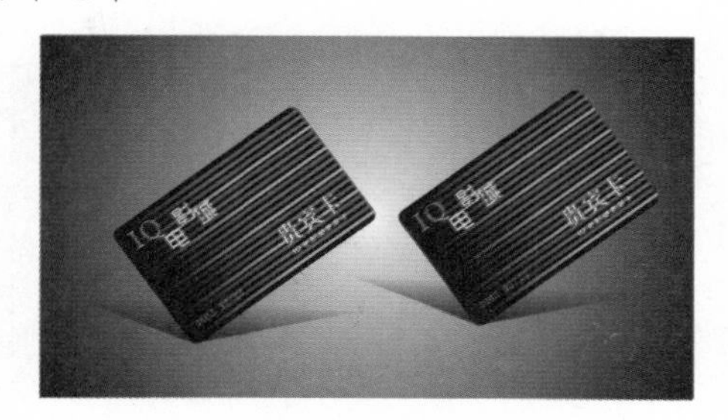

图57-13 综合效果

实例58 银行卡1

本实例将制作中国银行的电子借记卡，效果如图 58-1 所示。

图58-1 中国银行电子借记卡

操作步骤

1．制作银行卡的标志

01 单击“文件”|“新建”命令，新建一个空白页面。

02 单击“视图”|“网格”|“文档网格”命令，在页面中创建两条交叉的辅助线。

03 选取工具箱中的矩形工具，在属性栏的转角半径的数值框中输入 20，并在页面中以辅助线的交叉点为中心绘制圆角矩形，如图 58-2 所示。

04 利用选择工具选中圆角矩形，按【Ctrl+C】组合键复制图形，按【Ctrl+V】组合键粘贴图形，并将复制得到的圆角矩形等比例缩小，如图 58-3 所示。

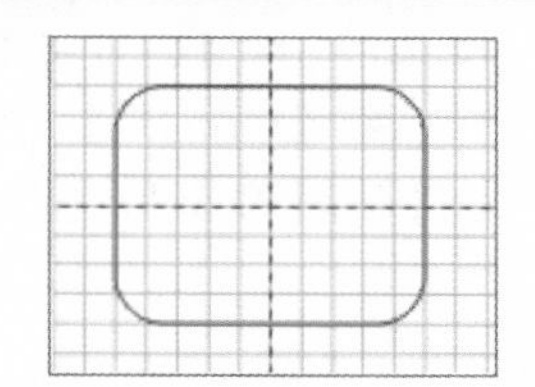

图58-2 绘制圆角矩形　图58-3 复制并缩小圆角矩形

05 在属性栏的转角半径数值框中输入 0，效果如图 58-4 所示。

06 双击选择工具，选中页面中的全部图形，然后单击属性栏中的“移除前面对象”按钮移除对象。

07 利用矩形工具在页面中绘制矩形，如图 58-5 所示。

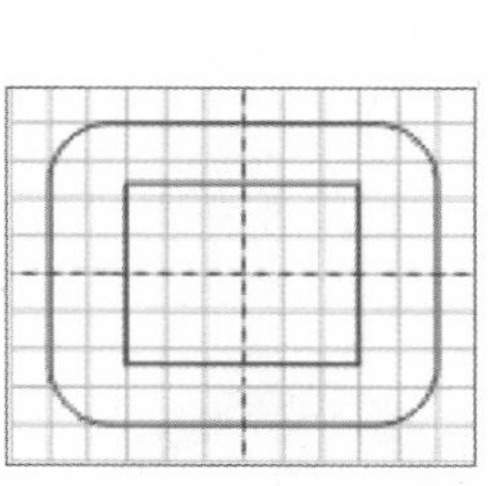

图58-4 调整矩形转角半径

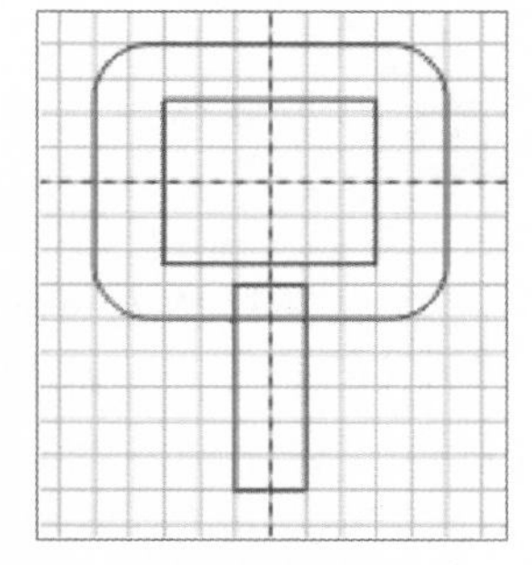

图58-5 绘制矩形

08 继续利用矩形工具在页面中绘制矩形，如图 58-6 所示。

09 选中页面中的全部图形，单击属性栏中的"合并"按钮合并图形，如图 58-7 所示。

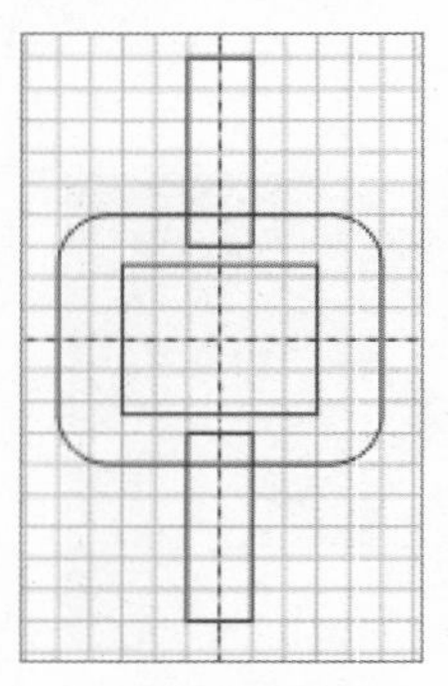

图58-6 绘制矩形

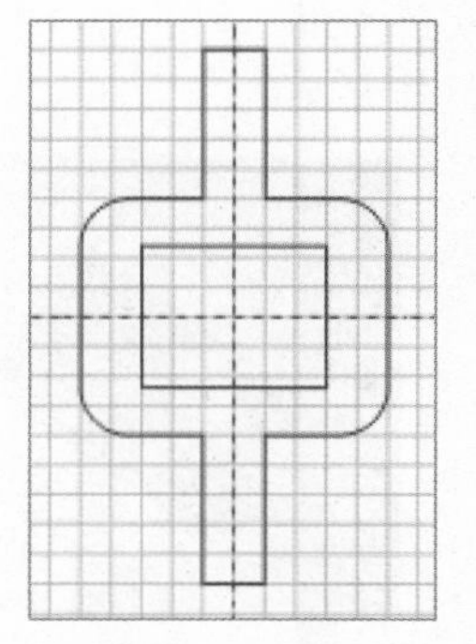

图58-7 合并图形

10 选取工具箱中的椭圆形工具，在页面中以辅助线的交叉点为圆心绘制正圆，如图 58-8 所示。

11 利用选择工具选中正圆，按【Ctrl+C】组合键复制图形，按【Ctrl+V】组合键粘贴图形，并将复制得到的正圆等比例放大，如图 58-9 所示。

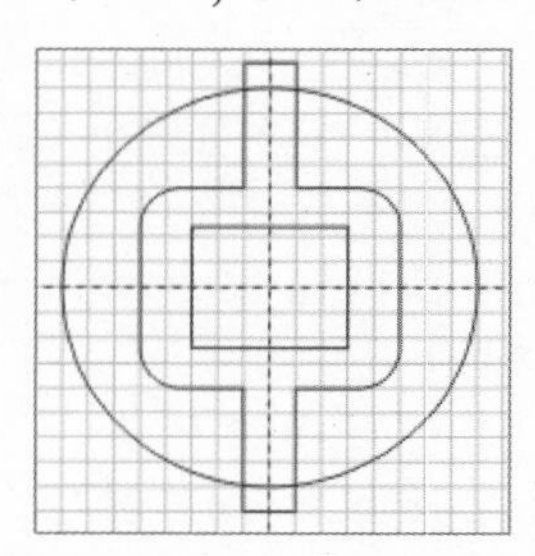

图58-8 绘制正圆

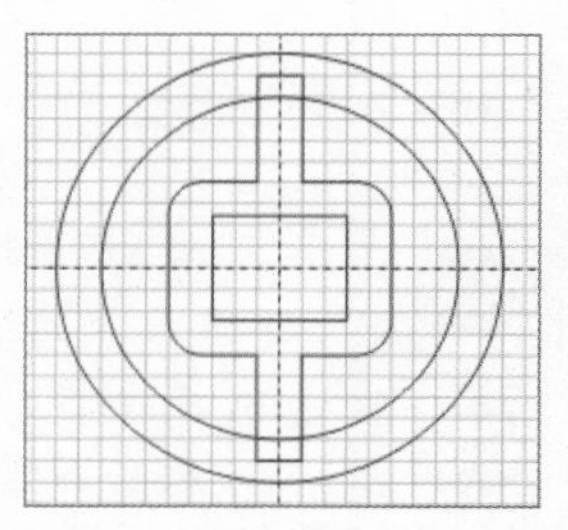

图58-9 复制并放大正圆

12 利用选择工具选中两个圆，单击属性栏中的"移除后面对象"按钮，即可移除对象。

13 利用选择工具选中页面中的全部图形，单击属性栏中的"合并"按钮合并图形，如图 58-10 所示。

14 将图形填充为暗红色，并将轮廓设置为无，如图 58-11 所示。

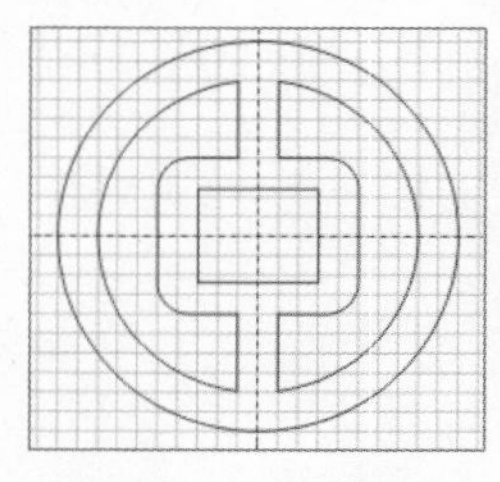

图58-10 合并图形

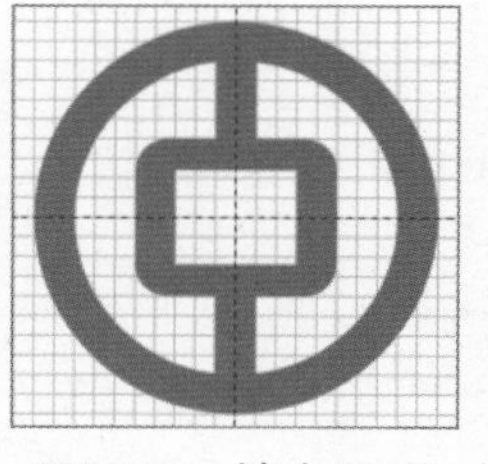

图58-11 填充图形

15 单击"视图"|"网格"|"文档网格"命令隐藏网格，并删除辅助线。

2. 制作银行卡的背景效果

01 选取工具箱中的矩形工具，在属性栏的转角半径数值框中输入 10，在页面中绘制圆角矩形，如图 58-12 所示。

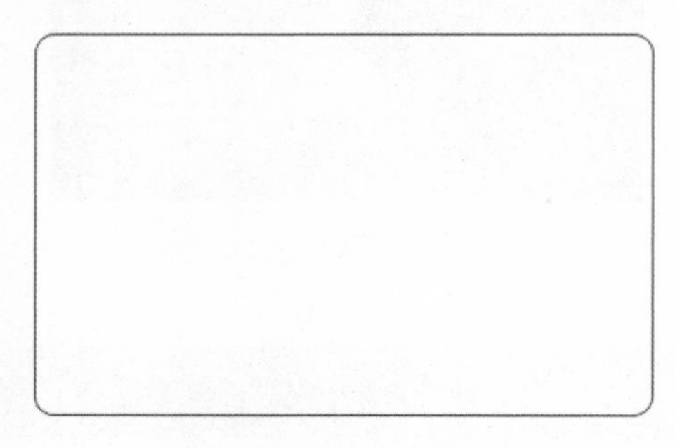

图58-12 绘制圆角矩形

02 选中圆角矩形，按【F11】键，在弹出的"编辑填充"对话框中单击"渐变填充"按钮，设置渐变样式，如图 58-13 所示。

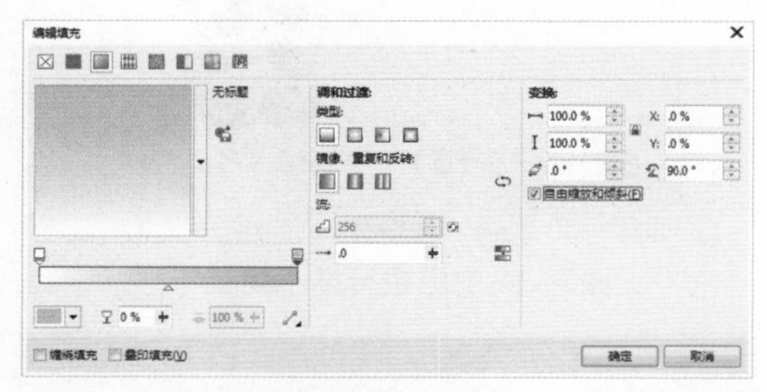

图58-13 "编辑填充"对话框

03 单击"确定"按钮，渐变填充圆角矩形，效果如图 58-14 所示。

图58-14 渐变填充圆角矩形

04 将银行标志置于圆角矩形的左上角，并调整其大小，如图 58-15 所示。

图58-15 调整图形位置及大小

05 单击"文件"|"导入"命令,弹出"导入"对话框，从中选择一幅素材图形，单击"导入"按钮，在页面中导入图形，如图 58-16 所示。

图58-16 导入图形

06 利用工具箱中的文本工具在页面中输入文字，并分别设置合适的字体与字号，如图 58-17 所示。

图58-17 输入文字

07 单击"文件"|"导入"命令,弹出"导入"对话框，从中选择一幅素材图形，单击"导入"按钮，在页面中导入图形，如图 58-18 所示。

图58-18 导入图形

08 利用文本工具在页面中输入文字，并分别设置合适的字体和字号，最终效果参见图 58-1。至此，本实例制作完毕。

实例59 银行卡2

本实例将制作中国发展银行的借记卡，效果如图 59-1 所示。

图59-1 中国发展银行借记卡

操作步骤

1. 制作银行卡的背景效果

01 按【Ctrl+N】组合键,新建一个空白页面。选取矩形工具，绘制一个 85mm×54mm 的矩形。在矩形上右击，在弹出的快捷菜单中选择"对象属性"选项,在弹出的"对象属性"泊坞窗中单击"矩形"选项卡，在转角半径数值框中输入 5，按【Enter】键，将其设置为圆角矩形，如图 59-2 所示。

02 按【F11】键，弹出"编辑填充"对话框。单击"渐变填充"按钮，设置 0% 位置颜色的 CMYK 值分别为 15、63、91、0，100% 位置颜色的 CMYK 值分别为 0、5、

60、0,“节点位置”为41,单击“确定”按钮,渐变填充圆角矩形,删除图形轮廓,效果如图59-3所示。

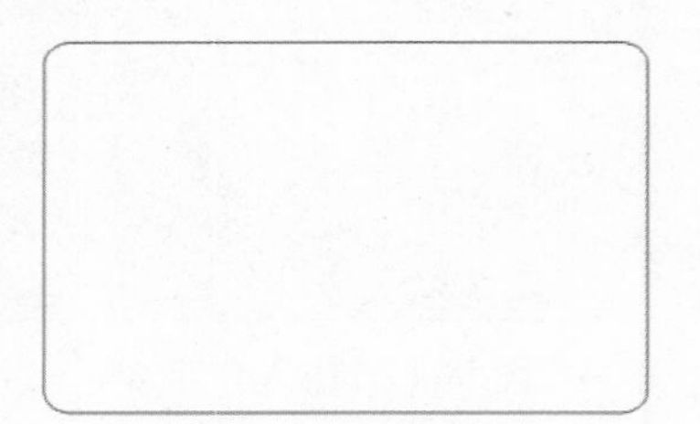

图59-2 绘制圆角矩形

图59-3 渐变填充图形并删除轮廓

03 按【Ctrl+I】组合键,导入一幅素材图像,如图59-4所示。

图59-4 导入素材图像

04 按空格键选取选择工具,在素材图像上按住鼠标右键并拖动至矩形中。当鼠标指针呈⊕形状时松开鼠标,在弹出的快捷菜单中选择“图框精确剪裁内部”选项,将图形置于矩形容器中,效果如图59-5所示。

图59-5 图框精确剪裁

05 在素材图像上右击,在弹出的快捷菜单中选择“编辑PowerClip”选项,将图像调整至合适位置,右击图形,在弹出的快捷菜单中选择“结束编辑”选项,结束内容编辑,效果如图59-6所示。

图59-6 编辑内容后的图像效果

06 按【Ctrl+I】组合键,导入一幅图像。选取透明度工具,在其属性栏中单击“均匀透明度”按钮,设置“透明度”为91,为图像设置透明效果。按【Ctrl+D】组合键,再制一个透明图形,并调整其位置和大小,效果如图59-7所示。

图59-7 复制图形

2. 制作银行卡的银联标志

01 按【F6】键,选取矩形工具,在绘图页面中的合适位置绘制一个矩形。单击调色板中的白色色块,填充其颜色为白色,删除图形轮廓,效果如图59-8所示。

图59-8 绘制并填充矩形

02 选取矩形工具，在其属性栏中设置矩形 4 个角的转角半径均为 0.5，绘制一个圆角矩形。打开“变换”泊坞窗,单击“倾斜”按钮,设置 x 为 -18,单击“应用”按钮,单击调色板中的红色色块，填充其颜色为红色，效果如图 59-9 所示。

图59-9 绘制并倾斜圆角矩形

03 按两次小键盘上的【+】键，复制两个矩形。通过按键盘上的【→】键向右移动图形至合适位置，并分别单击调色板上的蓝色、绿色色块，为复制的两个矩形填充不同的颜色，效果如图 59-10 所示。

图59-10 复制圆角矩形并填充颜色

04 选取文本工具，在其属性栏中设置字体为“方正综艺简体”，输入文字“银联”，并将其填充为白色，调整其位置和大小，效果如图 59-11 所示。

图59-11 输入文字

3. 制作银行卡的文字效果

01 按【Ctrl+I】组合键，导入标志图像，并调整其位置及大小，如图 59-12 所示。

图59-12 导入标志图像

02 选取文本工具，输入数字 8826 6673 8783 1102，在其属性栏中设置字体为“方正粗倩繁体”、字号为 12.5pt，效果如图 59-13 所示。

图59-13 输入数字并设置字体格式

03 用同样的操作方法输入其他内容，并设置其字体、字号和颜色等，效果如图 59-14 所示。

图59-14 输入其他内容

04 选取选择工具，选择圆角矩形。选取阴影工具，为其添加阴影效果，如图 59-15 所示。

图59-15 添加阴影效果

05 运用前面所学的知识，制作出银行卡的立体效果，并通过复制图形以及添加背景制作出银行卡的综合效果，如图59-16所示。至此，本实例制作完毕。

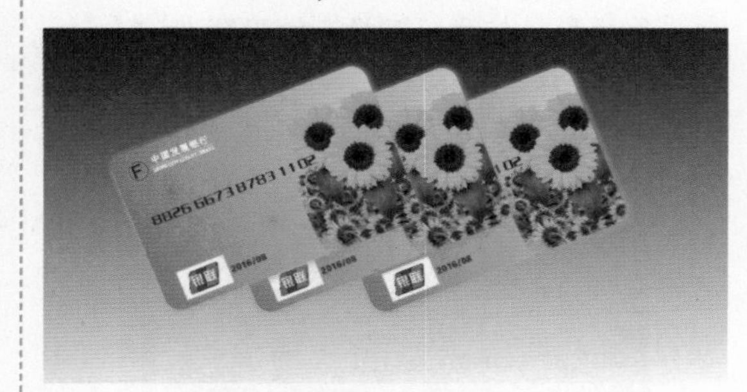

图59-16 综合效果

实例60 电话卡

本实例将制作新航电信的电话卡，效果如图60-1所示。

图60-1 新航电信电话卡

操作步骤

1. 制作电话卡的背景效果

01 按【Ctrl+N】组合键，新建一个空白页面，在属性栏中的“页面大小”下拉列表框中选择“名片”选项,单击“纵向”按钮。双击矩形工具，绘制一个与页面同等大小的矩形，并在其属性栏中设置矩形4个角的转角半径均为0.2，效果如图60-2所示。

02 单击“文件”|“导入”命令，导入一幅素材图像，效果如图60-3所示。

图60-2 绘制圆角矩形　　图60-3 导入图像

03 选取选择工具，在图像上按住鼠标右键并拖动至矩形中，当鼠标指针呈⊕形状时松开鼠标，在弹出的快捷菜单中选择“图框精确剪裁内部”选项，将图像置于矩形容器中，效果如图60-4所示。

图60-4 将图像置于容器中

2．制作电话卡的磁片效果

01 按【F6】键，选取矩形工具，绘制一个11mm×12mm的矩形。按【Shift+F11】组合键，在弹出的“编辑填充”对话框中设置颜色为中黄色（CMYK值分别为3、26、69、0），单击“确定”按钮，为矩形填充颜色。按小键盘上的【+】键复制矩形，并将其缩放至合适的大小，填充颜色为白色。按【Ctrl+PageDown】组合键，调整图形的图层顺序，效果如图60-5所示。

02 按【F7】键，选取椭圆形工具，在矩形的中心位置按住【Ctrl+Shift】组合键的同时拖动鼠标，绘制一个正圆。单击其属性栏中的“弧”按钮，将绘制的圆转换为弧形。选取形状工具，选择节点，调整弧形的弧度，效果如图60-6所示。

图60-5 绘制并复制矩形

图60-6 绘制弧线

03 选取贝塞尔工具，在矩形中绘制线条。选取选择工具，在按住【Shift】键的同时选择所有的线条和圆弧。按【Ctrl+G】组合键，将选择的图形进行组合。选取阴影工具，在其属性栏中设置“预设列表”为“小型辉光”、“阴影偏移”分别为0.135mm和-0.068mm、“阴影的不透明”为84、“阴影羽化”为1、“阴影颜色”为橙色（CMYK值分别为0、60、80、20），为其添加阴影效果，如图60-7所示。

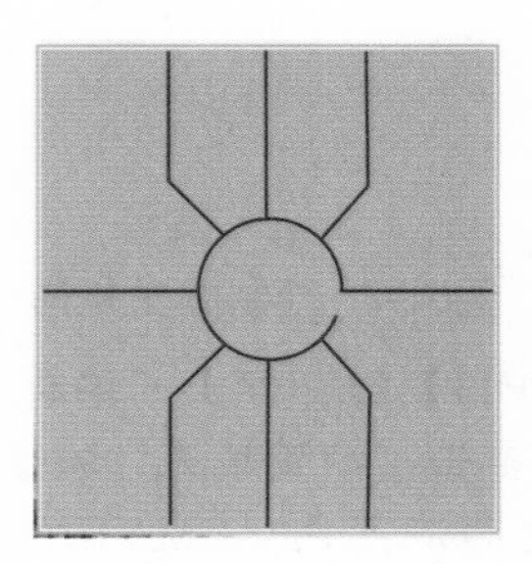

图60-7 绘制曲线并添加阴影效果

04 选取多边形工具，在其属性栏中设置“点数和边数”为3，绘制一个三角形，效果如图60-8所示。

图60-8 绘制三角形

3．制作电话卡的文字效果

01 单击“文件”|“导入”命令，导入标志图像，并调整其大小及位置，效果如图60-9所示。

图60-9 导入标志图像

02 选取文本工具，在绘图页面中绘制一个文本框，在其属性栏中设置字体为“宋体”、字号为6pt，输入段落文本，如图60-10所示。

图60-10 输入段落文本

03 单击页面的空白处，取消段落文本的选择。选取文本工具，在其属性栏中设置字体为Times New Roman、字号为15.5pt，输入文字“￥49+1”，填充颜色为白色，效果如图60-11所示。

04 选择背景图形，在调色板中的“无”按钮上右击，删除其轮廓。按【Ctrl+A】

组合键，选择所有图形并为其添加阴影效果。按【Ctrl+G】组合键组合图形，如图 60-12 所示。

图60-11　输入文字

图60-12　添加阴影效果

05 在本实例的基础上，通过复制并替换素材图像，可以制作电话卡的综合效果，如图 60-13 所示。至此，本实例制作完毕。

图60-13　综合效果

实例61　乘车卡

本实例将制作乘车 IC 卡，效果如图 61-1 所示。

图61-1　乘车IC卡

操作步骤

1．制作乘车卡的背景效果

01 按【Ctrl+N】组合键，新建一个空白页面。选取矩形工具，按【Ctrl+J】组合键,在弹出的“选项”对话框中依次展开“工作区”|“工具箱”|“矩形工具”选项，在其“转角半径”数值框中输入 5，单击“确定”按钮，在绘图页面中绘制一个 85mm×54mm 的圆角矩形，效果如图 61-2 所示。

图61-2　绘制圆角矩形

02 按【F11】键，弹出“编辑填充”对话框。单击“渐变填充”按钮，设置 0% 位置的颜色为淡蓝色（CMYK 值分别为 40、0、0、0）、20% 位置的颜色为浅蓝色（CMYK

值分别为 13、0、0、0)、49% 位置的颜色为白色 (CMYK 值均为 0)、78% 位置的颜色为浅绿色 (CMYK 值分别为 13、0、24、0)、100% 位置的颜色为淡绿色 (CMYK 值分别为 22、2、71、0),“旋转”为 270,单击“确定”按钮进行渐变填充,并删除其轮廓,效果如图 61-3 所示。

图61-3 渐变填充并删除轮廓

03 按【F5】键,选取手绘工具,在其属性栏中设置轮廓宽度为 0.7mm,在绘图页面中绘制两条曲线,并设置颜色为绿色,效果如图 61-4 所示。

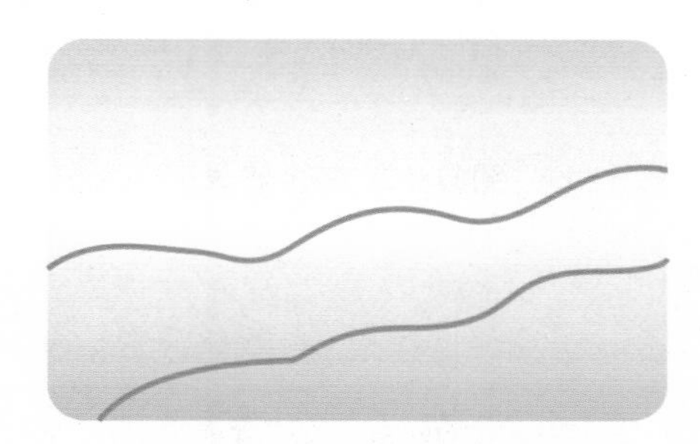

图61-4 绘制曲线并填充颜色

04 选取贝塞尔工具,绘制 3 个三角形,设置轮廓色与填充色均为绿色,并将其调整至合适位置,如图 61-5 所示。

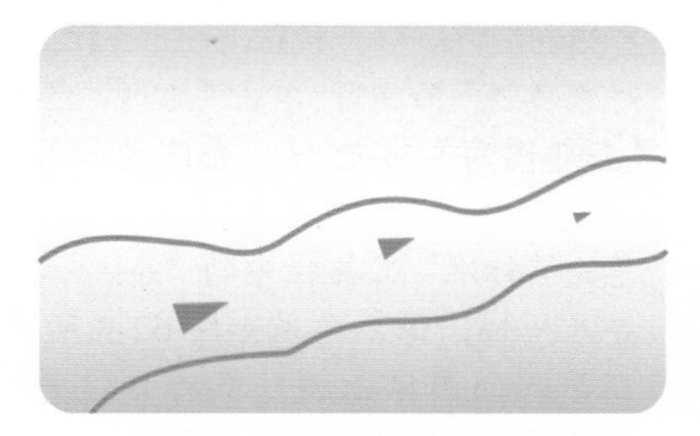

图61-5 绘制三角形并进行填充

05 单击“文件”|“导入”命令,导入一幅图像,并将其调整至合适位置,如图 61-6 所示。

图61-6 导入图像

2. 制作乘车卡的文字效果

01 按【F8】键,选取文本工具,在绘图页面中单击鼠标左键,确认输入点。在其属性栏中设置字体为“方正大标宋简体”、字号为 20pt,输入文字“共创美好未来”,调整文字的角度并为其填充红色,如图 61-7 所示。

图61-7 输入文字并填充颜色

02 单击“效果”|“添加透视”命令,在文字四周会出现变换控制框,调整各控制柄至合适位置,添加透视效果,如图 61-8 所示。

图61-8 添加透视效果

03 选取封套工具,调整各控制柄至合适位置,添加封套效果,如图 61-9 所示。

图61-9 添加封套效果

04 用同样的操作方法输入其他文字，设置其字体、字号和颜色，并将其调整至合适位置，效果如图 61-10 所示。

图61-10 输入其他文字

05 选取选择工具，选择背景图形。选取阴影工具，为其添加阴影效果，如图 61-11 所示。

图61-11 添加阴影效果

06 运用前面所学的知识，制作出乘车卡的立体效果，并通过复制和旋转图形来制作综合效果，如图 61-12 所示。至此，本实例制作完毕。

图61-12 综合效果

实例62 游戏卡

本实例将制作剑侠世界游戏卡乘车 IC 卡，效果如图 62-1 所示。

图62-1 剑侠世界游戏卡

操作步骤

1. 制作游戏卡的背景效果

01 按【Ctrl+N】组合键，新建一个空白页面。选取矩形工具，绘制一个 54mm×85mm 的矩形。按【Alt+Enter】组合键，弹出“对象属性”泊坞窗，单击“矩形”选项卡，选中“全部圆角”复选框，并设置矩形 4 个角的转角半径均为 6，效果如图 62-2 所示。

02 单击“标准”工具栏中的“导入”按钮，导入一幅图像，效果如图 62-3 所示。

03 在导入的图像上按住鼠标右键并拖动至矩形中，当鼠标指针呈⊕形状时松开鼠标，在弹出的快捷菜单中选择“图框精确裁剪内部”选项，将图像置于矩形容器中，如图 62-4 所示。

图62-2 绘制矩形

图62-3 导入图像

04 单击“对象”|“图框精确剪裁”|“编辑 PowerClip”命令，将图像调整至合适位置。单击“对象”|“图框精确剪裁”|“结束编辑”命令，结束内容编辑。选取选择工具，选择背景矩形，删除其轮廓，效果如图 62-5 所示。

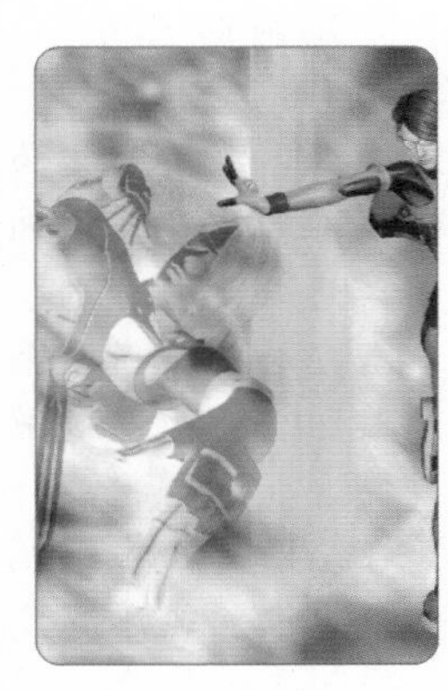

图62-4 图框精确剪裁

图62-5 图形效果

2．制作游戏卡的文字效果

01 选取文本工具，在其属性栏中设置字体为“华文行楷”、字号为 24pt，输入文字“剑侠世界”，效果如图 62-6 所示。

02 选取选择工具，选中输入的文字，在调色板上的红色色块上单击鼠标左键，设置颜色为红色。按【F12】键，在弹出的“轮廓笔”对话框中设置轮廓笔“颜色”为白色、“宽度”为 1.5mm，并选中“填充之后”复选框，单击“确定”按钮填充颜色，效果如图 62-7 所示。

图62-6 输入文字

图62-7 填充颜色

03 单击“效果”|“斜角”命令，在弹出的“斜角”泊坞窗中设置“样式”为“柔和边缘”、“距离”为 2.54mm、“阴影颜色”为黑色、“光源颜色”为白色、“强度”为 80、“方向”为 78、“高度”为 69，单击“应用”按钮，为其添加斜角效果，如图 62-8 所示。

图62-8 添加斜角效果

04 参照步骤 1 中的操作方法输入其他文字，设置其字体、字号和颜色，并将其调整至合适位置，效果如图 62-9 所示。

05 选择背景图形，选取阴影工具，为其添加阴影效果，如图 62-10 所示。

图62-9 输入其他文字 图62-10 添加阴影效果

06 还可以通过复制图形以及添加背景效果制作出游戏卡的立体效果，如图 62-11 所示。至此，本实例制作完毕。

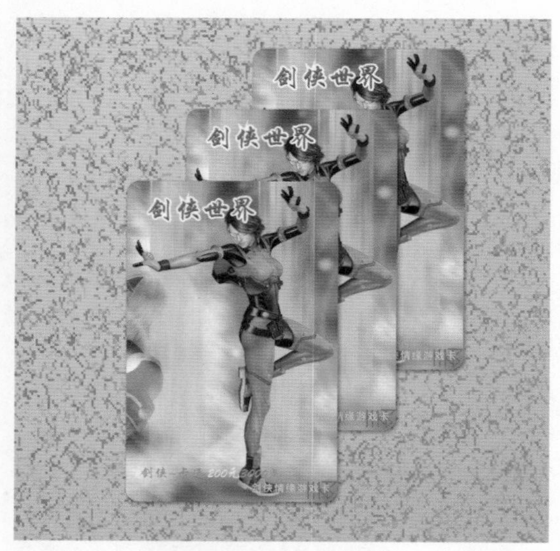

图62-11 立体效果

实例63 金卡

本实例将制作娱美 SPA 生活馆金卡，效果如图 63-1 所示。

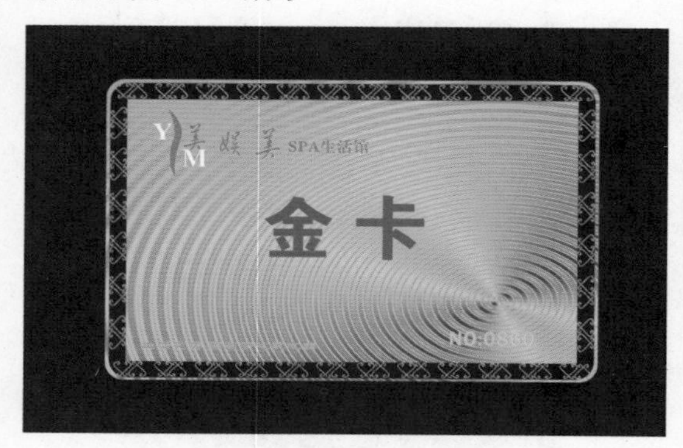

图63-1 娱美SPA生活馆金卡

操作步骤

1. 制作金卡的背景效果

01 按【Ctrl+N】组合键，新建一个空白页面。选取矩形工具，绘制一个 85mm×54mm 的矩形，在其属性栏中设置矩形 4 个角的转角半径均为 5。按【F11】键，在弹出的“编辑填充”对话框中单击“底纹填充”按钮，设置“底纹库”为“样本 9”、“底纹列表”为“震动的钹”，单击“确定”按钮进行底纹填充，效果如图 63-2 所示。

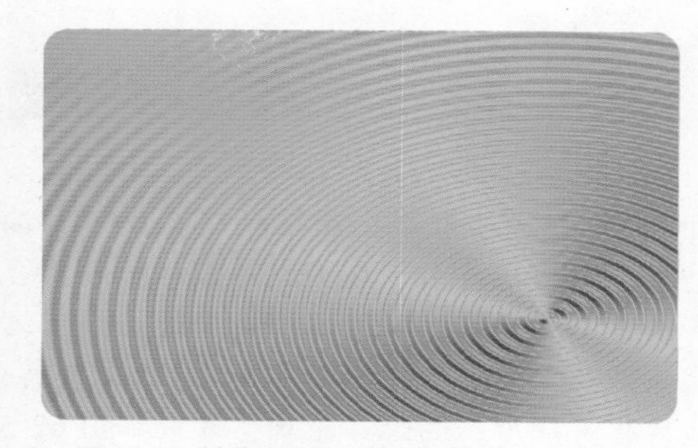

图63-2 绘制圆角矩形并进行底纹填充

02 按【Ctrl+C】组合键复制圆角矩形，按【Ctrl+V】组合键粘贴复制的图形，并调整其大小，设置图形“轮廓宽度”为 4mm，选中两个矩形。在按住【Shift】键的同时单击鼠标左键，选择黑色矩形，分别按【E】和【C】键，水平和垂直居中对齐两个矩形。按【Ctrl+G】组合键组合图形，效果如图 63-3 所示。

03 选取贝塞尔工具，在绘图页面中绘制曲线，并在其属性栏中设置轮廓宽度为 0.25mm，填充黑色，并删除其轮廓，效

果如图 63-4 所示。

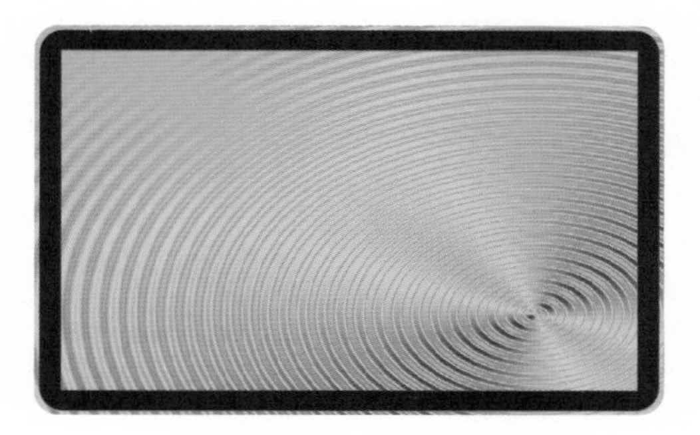

图63-3 合并图形效果

04 参照步骤 1 中的操作方法底纹填充图形；按【Ctrl+C】组合键复制图形，按【Ctrl+V】组合键粘贴图形。单击属性栏中的“水平镜像”按钮，效果如图 63-5 所示。

图63-4 绘制曲线

图63-5 水平镜像后的图形效果

05 选择两个底纹填充的修饰图形，按【Ctrl+G】组合键组合图形。参照步骤 4 中的操作方法复制并垂直镜像图形，调整其位置及大小，效果如图 63-6 所示。

图63-6 复制并垂直镜像图形

06 选择所有底纹填充的图形，按【Ctrl+G】组合键组合曲线图形，并调整其位置及大小。在按住【Ctrl】键的同时拖动鼠标至合适的位置，松开鼠标的同时右击，复制群组的图形，效果如图 63-7 所示。

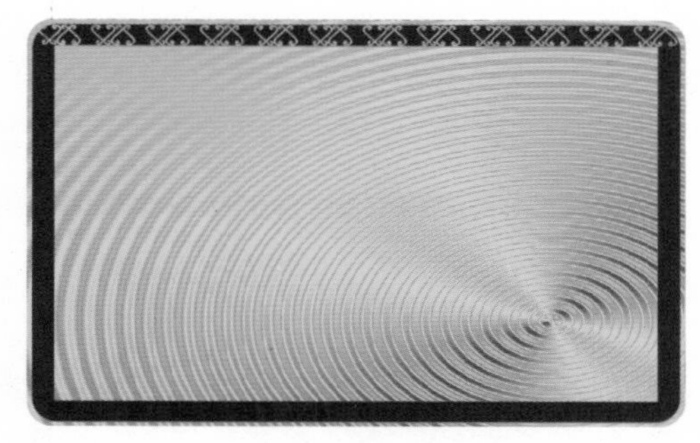

图63-7 调和效果

07 参照步骤 6 中的操作方法制作其他边的修饰图形，效果如图 63-8 所示。

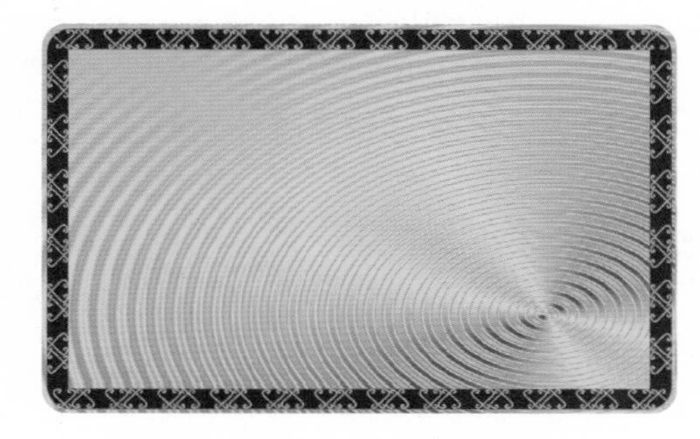

图63-8 制作其他边的修饰图形

2. 制作金卡的文字效果

01 选取文本工具，在其属性栏中设置字体为“方正粗黑繁体”、字号为 35pt，输入文字“金卡”，设置字体颜色为大红色（CMYK 值分别为 31、96、78、0），效果如图 63-9 所示。

图63-9 输入文字

02 选取选择工具，选择文字，单击“效果”|“斜角”命令，在弹出的“斜角”泊坞窗中设置“样式”为“浮雕”、“距离”为 0.254、“阴影颜色”和“光源颜色”均为橙色（CMYK 值分别为 0、30、100、0）、

“强度”为81、“方向”为182，单击“应用”按钮，为文字添加斜角效果，如图63-10所示。

图63-10 添加斜角效果

03 输入其他文字，设置其字体、字号及颜色，并将其调整至合适位置，效果如图63-11所示。

04 在绘图页面的空白区域右击，在弹出的快捷菜单中选择“导入”选项，将标志图像导入，并调整其位置和大小，效果如图63-12所示。

图63-11 输入其他文字

图63-12 导入并调整标志图像

05 双击矩形工具，绘制一个与页面大小相等的矩形，并填充颜色为黑色。按【Shift+PageDown】组合键，调整矩形至图层最后面作为金卡背景，最终效果参见图63-1。至此，本实例制作完毕。

实例64 提货卡

本实例将制作三百百货商城提货卡，效果如图64-1所示。

图64-1 三百百货商城提货卡

操作步骤

1. 制作提货卡的背景效果

01 按【Ctrl+N】组合键，新建一个空白页面。选取矩形工具，在绘图页面中绘制一个89mm×54mm的矩形，在其属性栏中设置矩形4个角的转角半径均为5。按【F11】键，弹出“编辑填充”对话框，单击“渐变填充”按钮，单击“椭圆形渐变填充”按钮，设置0%位置的颜色为淡蓝色（CMYK值分别为40、0、0、0），100%位置的颜色为白色，单击“确定”按钮渐变填充矩形，并删除其轮廓，效果如图64-2所示。

02 按小键盘上的【+】键，复制一个矩形。将鼠标指针置于图形上方中间的控制

柄上，按住鼠标左键并拖动鼠标，调整矩形至合适大小后松开鼠标，并在其属性栏中设置矩形左上角和右上角的转角半径均为0、左下角和右下角的转角半径均为5。单击调色板中的蓝色色块，填充其颜色为蓝色，效果如图64-3所示。

图64-2 绘制矩形

图64-3 复制并填充矩形

03 选取矩形工具，绘制一个矩形，填充为淡蓝色（CMYK值分别为16、0、0、0），并删除其轮廓，效果如图64-4所示。

图64-4 绘制矩形并删除轮廓

04 单击“对象”|“变换”|“位置”命令，弹出“变换”泊坞窗，在“位置”选项区中设置“水平”为0、“垂直”为-2，在“副本”数值框中输入1，单击多次“应用”按钮，复制并移动图形，效果如图64-5所示。

05 选取文本工具，在绘图页面中单击鼠标左键，确认输入点，在其属性栏中设置“旋转角度”为14、字体为“方正剪纸简体”、字号为18pt，输入文字BAI HUO，并填充颜色为淡蓝色（CMYK值分别为19、0、0、0）。按4次小键盘上的【+】键，复制4次文字，分别将其调整至合适位置并旋转一定的角度。选取选择工具，框选所有文字，按【Ctrl+G】组合键进行组合，效果如图64-6所示。

图64-5 复制并移动矩形

图64-6 群组图形

06 按住鼠标右键拖动文字至渐变矩形上松开鼠标，在弹出的快捷菜单中选择“图框精确裁剪内部”选项，将文字置于渐变矩形容器中。在渐变矩形上右击，在弹出的快捷菜单中选择“编辑PowerClip”选项，调整文字至合适位置。选择“结束编辑”选项，完成文字内容的编辑，效果如图64-7所示。

图64-7 图框精确剪裁后的图形

07 在绘图页面中的空白位置右击，在弹出的快捷菜单中选择“导入”选项，导入一幅图像，并调整其大小及位置，效果如图 64-8 所示。

图64-8 导入图像

08 选取阴影工具，在其属性栏中设置“预设列表”为“中等辉光”、“阴影的不透明”为 80、“阴影羽化”为 15、“阴影羽化方向”为“向外”、“阴影颜色”为白色，为导入的图像添加阴影效果，如图 64-9 所示。

图64-9 添加阴影效果

2. 制作提货卡的文字效果

01 单击“文件”|“导入”命令，导入一幅标志图像，并调整其位置及大小，如图 64-10 所示。

图64-10 导入标志图像

02 选取文本工具，在其属性栏中设置字体为“方正行楷简体”、字号为 20pt，输入文字“提货卡”，设置填充色为红色。选取阴影工具，设置“预设列表”为“小型辉光”、“阴影的不透明”为 50、“阴影羽化”为 20、“阴影颜色”为黄色，为其添加阴影效果，如图 64-11 所示。

图64-11 输入文字并添加阴影效果

03 用同样的操作方法输入其他文字，并设置字体为“方正剪纸简体”、字号为 18pt。单击调色板中的白色色块，填充其颜色为白色，如图 64-12 所示。

图64-12 输入其他文字

04 使用挑选工具选取渐变矩形，然后选取阴影工具，为其添加阴影效果，如图 64-13 所示。

图64-13 添加阴影效果

05 还可以通过复制和变形操作制作出提货卡的立体效果，如图 64-14 所示。至此，本实例制作完毕。

图64-14 立体效果

实例65 积分卡

本实例将制作三百百货商城积分卡，效果如图 65-1 所示。

图65-1 三百百货商城积分卡

图65-2 绘制圆角矩形并填充颜色

图65-3 导入图像并精确剪裁

操作步骤

1. 制作积分卡的背景效果

01 按【Ctrl+N】组合键，新建一个空白页面。选取矩形工具，在绘图页面中绘制一个 90mm×55mm 的矩形，并设置矩形 4 个角的转角半径均为 12。按【F11】键,弹出“编辑填充”对话框，单击“均匀填充”按钮，设置颜色为灰白色（CMYK 值分别为 0、0、0、5），单击“确定”按钮，为圆角矩形填充颜色，效果如图 65-2 所示。

02 按【Ctrl+I】组合键，导入一幅图像。在图像上按住鼠标右键，拖动导入的图像至圆角矩形中松开鼠标，在弹出的快捷菜单中选择“图框精确裁剪内部”选项，将图像置于矩形容器中。选取选择工具，调整其位置及大小，效果如图 65-3 所示。

03 按【Ctrl+I】组合键，导入一幅企业标识图像，并调整其位置及大小，效果如图 65-4 所示。

图65-4 导入标识图像

2．制作积分卡的文字效果

01 选取文本工具，在其属性栏中设置字体为“文鼎 CS 大黑”、字号为 20pt，输入文字“积分卡”，如图 65-5 所示。

图65-5 输入文字

02 输入其他文字，设置其字体、字号和颜色，并将其调整至合适位置，效果如图 65-6 所示。

图65-6 输入其他文字

03 选取手绘工具，在按住【Ctrl】键的同时拖动鼠标，绘制一条直线。双击状态栏中的“轮廓颜色”色块，在弹出的“轮廓笔”对话框中设置“宽度”为 0.35mm、“颜色”为红色，单击“确定”按钮，为直线设置轮廓属性，效果如图 65-7 所示。

图65-7 绘制直线并设置属性

04 选取基本形状工具，在其属性栏中单击“完美形状”按钮，在弹出的下拉面板中选择图形，在绘图页面中的合适位置绘制一个笑脸，并填充其颜色为黄色，效果如图 65-8 所示。

图65-8 绘制并填充笑脸图形

05 选择圆角矩形，选取阴影工具，在其属性栏中设置“预设列表”为“小型辉光”、“阴影的不透明”为 70、“阴影羽化”为 30，为其添加阴影效果，如图 65-9 所示。

图65-9 添加阴影效果

06 还可以通过复制图形以及添加背景制作出积分卡的综合效果，如图 65-10 所示。至此，本实例制作完毕。

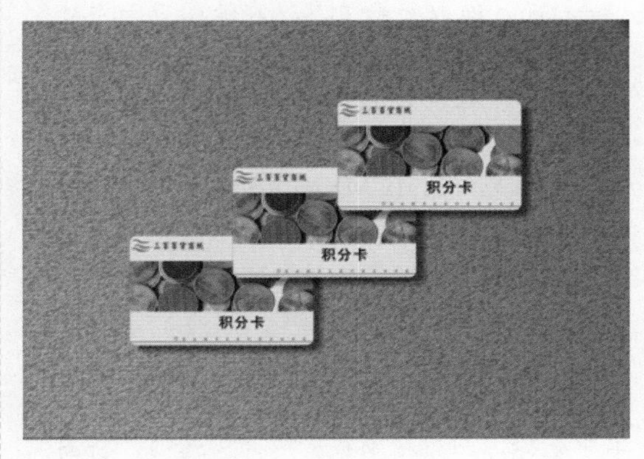

图65-10 综合效果

实例66 购物信用卡

本实例将制作三百百货商城购物信用卡，效果如图 66-1 所示。

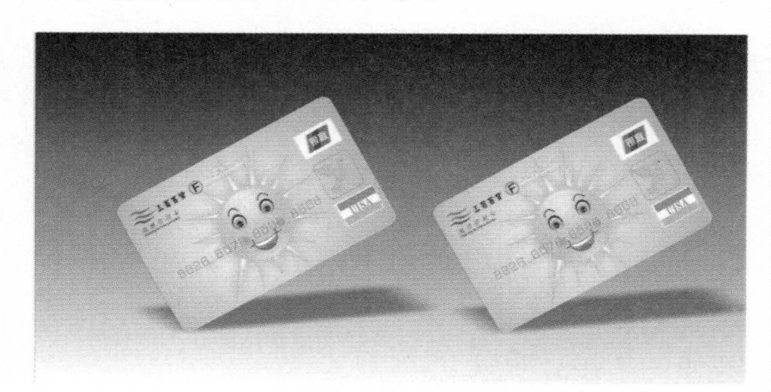
图66-1 三百百货商城购物信用卡

操作步骤

1. 制作购物信用卡的背景效果

01 按【Ctrl+N】组合键，新建一个空白页面。选取矩形工具，绘制一个 90mm×55mm 的矩形，设置矩形 4 个角的转角半径均为 5。按【F11】键，在弹出的“编辑填充”对话框中单击“渐变填充”按钮，单击“椭圆形渐变填充”按钮，设置 0% 位置的颜色为土黄色（CMYK 值分别为 9、20、94、0）、100% 位置的颜色为白色，单击“确定”按钮，渐变填充圆角矩形，效果如图 66-2 所示。

图66-2 绘制圆角矩形并渐变填充

02 单击“标准”工具栏中的“导入”按钮，导入一幅笑脸图像。在图像上按住鼠标右键，拖动图像至圆角矩形上松开鼠标，在弹出的快捷菜单中选择“图框精确裁剪内部”选项，将图像置于矩形容器中，效果如图 66-3 所示。

03 分别导入其他图像，并调整其位置及大小，效果如图 66-4 所示。

图66-3 导入图像并精确剪裁

图66-4 导入其他图像

2. 制作购物信用卡的文字效果

01 按【F8】键，选取文本工具，输入数字 8826 6676 8585 8668，在其属性栏中设置字体为 Square721 BT，字号为 12.5pt，效果如图 66-5 所示。

图66-5 输入数字

02 单击“效果”|“斜角”命令，在弹出的“斜角”泊坞窗中设置“样式”为“柔和边缘”、“距离”为 2.54mm、“阴影颜色”为灰色（CMYK 值分别为 0、0、0、50）、“光源颜色”为白色（CMYK 值均为 0）、“强度”为 80、“方向”为 78、“高度”为 69，单击“应用”按钮，为数字添加斜角效果，如图 66-6 所示。

图66-6 添加斜角效果

03 输入其他文字，设置相应的字体、字号和颜色，并将其调整至合适位置，效果如图 66-7 所示。

图66-7 输入其他文字

04 对购物信用卡进行变形、复制和添加背景操作，最终的综合效果参见图 66-1。至此，本实例制作完毕。

实例67 吊卡

本实例将制作馨香宛美容美肤产品吊卡，效果如图 67-1 所示。

图67-1 馨香宛美容美肤产品吊卡

操作步骤

1．制作吊卡的背景效果

01 按【Ctrl+N】组合键,新建一个空白页面。按【F6】键，选取矩形工具，绘制一个 55mm×90mm 的矩形，在其属性栏中设置矩形 4 个角的转角半径均为 5。按【F11】键,在弹出的“编辑填充”对话框中单击“均匀填充”按钮，设置颜色为淡蓝色（CMYK 值分别为 10、0、0、0），单击“确定”按钮，为圆角矩形填充颜色，并删除其轮廓，效果如图 67-2 所示。

02 按【F7】键，选取椭圆形工具，按住【Ctrl】键并拖动鼠标，在绘图页面中绘制一个正圆。在按住【Shift】键的同时选择圆角矩形和正圆图形，单击其属性栏中的“移除前面对象”按钮修剪图形，效果如图 67-3 所示。

图67-2 绘制圆角矩形 图67-3 绘制正圆并修剪图形

03 单击“文件”|“导入”命令，导入一幅素材图像，如图 67-4 所示。

04 单击“对象”|“图框精确剪裁”|“置于文本框内部”命令，将图像置于矩形容器中。单击“对象”|“图框精确剪裁”|“编辑 PowerClip”命令，将其调整至合适位置。单击“对象”|“图框精确剪裁”|“结束编辑”命令，即可完成内容编辑操作，效果如图 67-5 所示。

图67-4 导入素材图像　图67-5 图框精确剪裁

图67-6 输入文字并填充颜色　图67-7 复制文字并填充颜色

2. 制作吊卡的文字效果

01 选取文本工具，在绘图页面中的合适位置输入文字“馨香宛”。选取选择工具，选中输入的文字，在其属性栏中设置字体为“创艺简行楷”、字号为19.5pt。单击调色板中的白色色块，填充其颜色为白色，效果如图67-6所示。

02 按小键盘上的【+】键复制图形，通过按键盘上的【→】键调整文字位置，并填充其颜色为黑色，效果如图67-7所示。

03 输入其他文字，设置其字体、字号和颜色，并将其调整至合适位置，效果如图67-8所示。

04 选择圆角矩形，选取阴影工具，制作吊卡的阴影效果，如图67-9所示。

图67-8 输入其他文字　图67-9 添加阴影效果

05 还可以通过复制图形并改变卡片的颜色制作吊卡的综合效果，参见图67-1。至此，本实例制作完毕。

实例68 情人卡

本实例将制作情人卡，效果如图68-1所示。

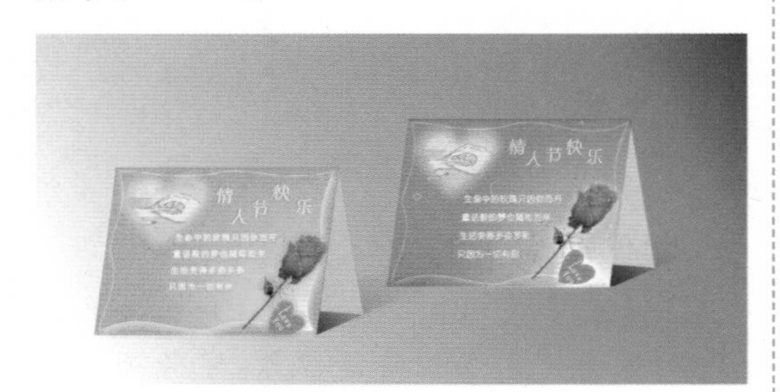

图68-1 情人卡

操作步骤

1. 制作情人卡的背景效果

01 按【Ctrl+N】组合键，新建一个空白页面。选取矩形工具，绘制一个矩形。按【F11】键，弹出“编辑填充”对话框，单击“均匀填充”按钮，设置颜色为粉红色（CMYK值分别为2、62、3、0），单击“确定”按钮，为矩形填充颜色，在其属性栏中设置轮廓宽度为“无”，删除矩形轮廓，效果如图68-2所示。

图68-2 绘制矩形

02 选取贝塞尔工具，绘制一条闭合曲线。按【F11】键，弹出“编辑填充”对话框，单击“渐变填充”按钮，单击“椭圆形渐变填充”按钮，设置0%位置的颜色为粉红色（CMYK值分别为2、62、3、0）、45%位置的颜色为淡红色（CMYK值分别为2、48、3、0）、100%位置的颜色为白色（CMYK值均为0），单击“确定”按钮，渐变填充曲线图形，并在其属性栏中设置轮廓宽度为2mm。右击调色板中的白色色块，设置轮廓颜色为白色，效果如图68-3所示。

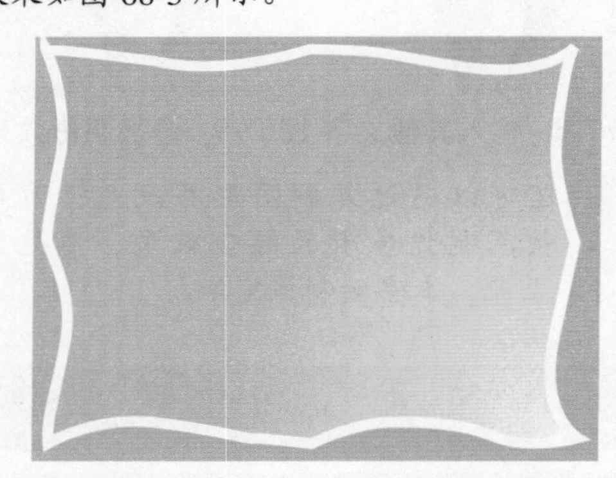

图68-3 绘制曲线图形并渐变填充颜色

03 选取阴影工具，在其属性栏中设置“预设列表”为“小型辉光”、“阴影偏移”的X值和Y值分别为1.797mm和-1.442mm、“阴影的不透明”为63、“阴影羽化”为2、“阴影颜色”为黄色（CMYK值分别为1、15、84、0），为曲线图形添加阴影效果，如图68-4所示。

04 单击“文件”|“导入”命令，分别导入两幅图像，并调整其位置及大小，效果如图68-5所示。

图68-4 添加阴影效果

图68-5 导入图像

05 参照步骤3中的操作方法为玫瑰花添加阴影效果，在其属性栏中设置“预设列表”为“中等辉光”、“阴影的不透明”为70、“阴影羽化”为30、“阴影颜色”为白色，效果如图68-6所示。

图68-6 为玫瑰花添加阴影效果

2．制作情人卡的文字效果

01 选取文本工具，在其属性栏中设置字体为“方正粗倩简体”、字号为21.5 pt，输入文字“情人节快乐”。选中输入的文字，单击调色板中的黄色色块，填充文字颜

色为黄色，如图 68-7 所示。

图68-7 输入文字并填充颜色

02 单击“对象”|“拆分美术字：方正粗倩简体（正常）（CHC）”命令，将文字拆分，并调整各个文字的位置及大小，效果如图 68-8 所示。

图68-8 打散文字并调整位置

03 选取文本工具，绘制一个文本框，输入段落文本。选择段落文本，在其属性栏中设置字体为“方正中倩简体”、字号为9pt。单击调色板中的洋红色色块，填充段落文本颜色为洋红色，效果如图 68-9 所示。

图68-9 输入并填充段落文本

04 按小键盘上的【+】键复制图形，按【→】键和【↓】键微移复制的文字，并填充其颜色为白色，效果如图 68-10 所示。

图68-10 复制并微移文字

3. 制作情人卡的立体效果

01 选取选择工具，框选所有图形，按【Ctrl+G】组合键组合图形。双击图形，并将鼠标指针移至下方的双向箭头处，按下鼠标左键并向左拖动，使图形倾斜，效果如图 68-11 所示。

图68-11 倾斜图形

02 选取贝塞尔工具，绘制曲线图形。单击“窗口”|“泊坞窗”|“彩色”命令，在弹出的“颜色”泊坞窗中设置颜色为淡红色（CMYK 值分别为 0、11、8、0），单击“填充”按钮，为曲线图形填充颜色，效果如图 68-12 所示。

图68-12 绘制曲线图形

03 选取贝塞尔工具，绘制图形，并填充其颜色为黑色。选取透明度工具，在其属性栏中单击“渐变透明度”按钮，为绘制的图形添加透明效果，作为情人卡的阴影，效果如图 68-13 所示。

04 还可以通过复制卡片并改变其颜色制作出情人卡的综合效果，参见图 68-1。至此，本实例制作完毕。

图68-13 制作阴影效果

读书笔记

第4章　动漫形象设计

part 4

卡通漫画是CorelDRAW擅长的领域之一。利用CorelDRAW可以绘制出精美的图形效果，尤其是在运用色彩和绘制各类造型的过程中，更是轻松自如。本章通过14个实例，让读者熟练掌握绘图工具的使用方法与技巧，灵活、快捷地设计出各种形象的动漫图形。

实例69 南瓜

本实例将制作一幅南瓜卡通图，效果如图 69-1 所示。

图69-1 南瓜卡通图

操作步骤

1. 制作南瓜的整体造型

01 单击“文件”|“新建”命令，新建一个空白页面。选取钢笔工具，在绘图页面中绘制一个闭合曲线图形，如图 69-2 所示。

图69-2 绘制闭合曲线图形

02 选取选择工具，单击调色板中的黑色色块，填充图形颜色为黑色，效果如图 69-3 所示。

图69-3 填充颜色

03 参照步骤 1~2 的操作方法绘制曲线图形，并填充其颜色为深黄色（CMYK 值分别为 0、20、100、0），效果如图 69-4 所示。

图69-4 绘制曲线并填充颜色

04 用同样的方法绘制其他曲线图形，并设置相应的颜色，效果如图 69-5 所示。

图69-5 绘制其他曲线图形并填充颜色

05 用同样的方法绘制手部曲线图形，并填充颜色，效果如图 69-6 所示。

图69-6 绘制手部曲线图形并填充颜色

2. 制作南瓜的面部造型

01 选取贝塞尔工具，在绘图页面的合适位置绘制瓜蒂曲线图形。按【F11】键，在弹出的“编辑填充”对话框中单击“均匀

填充”按钮，设置颜色为墨绿色（CMYK值分别为96、42、98、10），单击“确定”按钮，填充图形颜色。选取无轮廓工具，删除其轮廓，效果如图69-7所示。

图69-7 绘制瓜蒂

02 选取轮廓图工具，在瓜蒂图形上拖动鼠标，在其属性栏中单击“内部轮廓”按钮，设置“轮廓图步长”为3、“轮廓图偏移”为2.496mm、“填充色”为绿色（CMYK值分别为44、0、96、0），为其添加轮廓效果，如图69-8所示。

图69-8 添加轮廓效果

03 选取折线工具，在绘图页面中的合适位置单击鼠标左键确定起点。移动鼠标指针至合适位置并单击鼠标左键，确定第2点，然后单击起点，绘制一个三角形。单击调色板中的黑色色块，填充其颜色为黑色，效果如图69-9所示。

图69-9 绘制三角形并填充颜色

04 参照上一步中的操作方法绘制其他三角形，并填充颜色，效果如图69-10所示。

图69-10 绘制其他三角形并填充颜色

05 选取折线工具，绘制连续线段，并在其属性栏中设置轮廓宽度为4mm。至此，本实例制作完毕，最终效果参见图69-1。

实例70 鲜花

本实例将制作一束鲜花图案，效果如图70-1所示。

操作步骤

1. 制作鲜花的花瓣

01 按【Ctrl+N】组合键，新建一个空白页面。选取贝塞尔工具，在绘图页面中绘制一个闭合曲线图形，效果如图70-2所示。

02 选择绘制的图形，单击“对象”|“变换”|“旋转”命令，在弹出的“变换”泊坞窗中设置“角度”为30，并选中“相对中心”右下角的复选框，在“副本”数值框中输入1，如图70-3所示。

03 单击11次“应用”按钮，复制并旋转曲线图形，效果如图70-4所示。

图70-1 鲜花图案

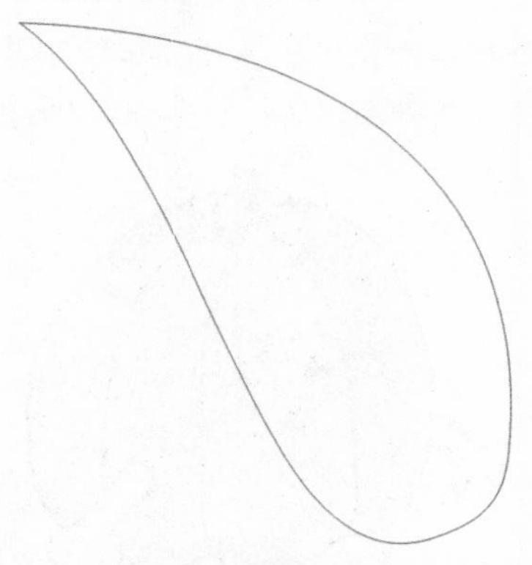
图70-2 绘制曲线图形

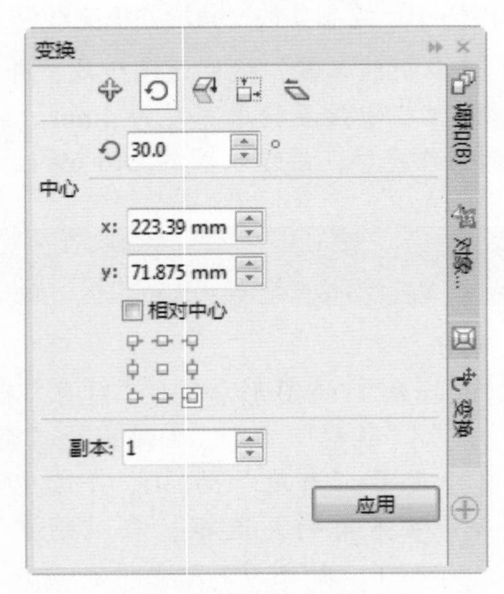

图70-3 “变换”泊坞窗

图70-4 复制并旋转图形

04 双击选择工具，选择所有的图形。按【F11】键，在弹出的“编辑填充”对话框中单击“渐变填充”按钮，然后单击“椭圆形渐变填充”按钮，设置0%位置颜色的CMYK值分别为0、90、100、0，49%位置颜色的CMYK值分别为0、80、96、0，100%位置的颜色为白色（CMYK值均为0），单击“确定”按钮，为图形填充渐变颜色。在调色板中右击按钮，删除其轮廓，效果如图70-5所示。

图70-5 填充图形并删除轮廓

05 单击“对象”|“合并”命令合并图形，效果如图70-6所示。

图70-6 合并图形

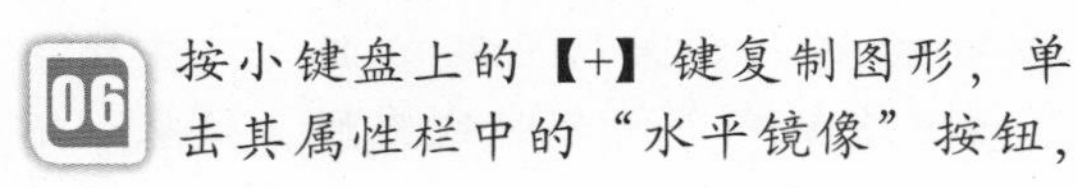
06 按小键盘上的【+】键复制图形，单击其属性栏中的“水平镜像”按钮，

水平镜像图形。在按住【Shift】键的同时将鼠标指针置于图形四周任意控制柄上，单击并向内拖动鼠标至合适位置，等比例缩小图形。参照步骤4中的操作方法渐变填充图形，效果如图70-7所示。

图70-7 复制并缩小图形

2. 制作鲜花的叶片

01 选取钢笔工具，在绘图页面中绘制一个闭合曲线图形，效果如图70-8所示。

02 选择闭合曲线图形，双击状态栏右下角的“填充”色块，弹出“编辑填充”对话框，设置颜色为深绿色（CMYK值分别为79、7、99、0），单击“确定”按钮，为闭合图形填充颜色，效果如图70-9所示。

03 选取钢笔工具，在绿叶上绘制曲线。双击状态栏右下角的“轮廓颜色”色块，弹出“轮廓笔”对话框，设置“宽度”为0.13mm、“颜色”为绿色（CMYK值分别71、0、100、0），单击“确定”按钮，为其设置轮廓属性，效果如图70-10所示。

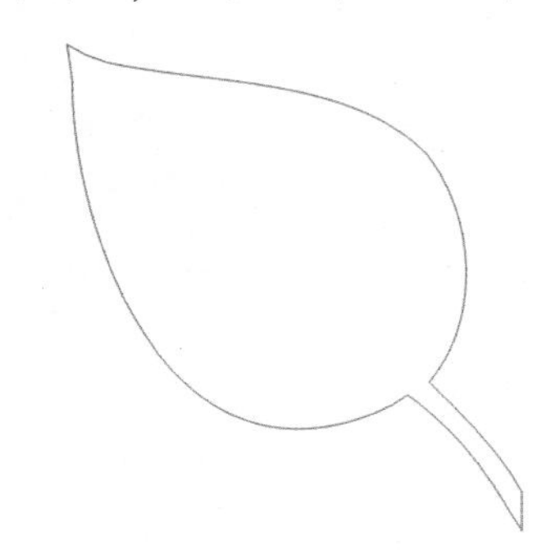

图70-8 绘制闭合曲线图形

图70-9 填充颜色　　图70-10 图形效果

04 参照步骤1~3的操作方法绘制其他曲线图形，并设置其属性。至此，本实例制作完毕，最终效果参见图70-1。

实例71 QQ表情

本实例将制作一幅QQ表情图，效果如图71-1所示。

图71-1 QQ表情

操作步骤

1. 制作QQ表情的造型

01 按【Ctrl+N】组合键，新建一个空白页面。选取椭圆形工具，在绘图页面中的合适位置按住【Ctrl】键的同时单击并拖动鼠标，绘制一个正圆，如图71-2所示。

02 按【F11】键，在弹出的“编辑填充”对话框中单击“渐变填充”按钮，然后单击“椭圆形渐变填充”按钮，设置0%位置的颜色为橙色（CMYK值分别为0、24、100、0）、47%位置的颜色为中黄色（CMYK值分别为0、9、100、0）、74%位置的颜色为柠檬黄（CMYK值分别为0、1、100、0）、100%位置的颜色为淡黄色（CMYK值分别为0、0、49、0），单击“确定”按钮，为正圆填充渐变颜色。在调色板中右击按钮，删除其轮廓，效果如图71-3所示。

图71-2 绘制正圆　图71-3 渐变填充并删除轮廓

03 选取贝塞尔工具，在绘图页面中的合适位置绘制一个闭合曲线图形，效果如图71-4所示。

04 选取选择工具，在绘图页面中的空白位置单击并拖动鼠标，框选正圆和曲线图形。单击工具属性栏中的“移除前面对象”按钮，修剪图形，效果如图71-5所示。

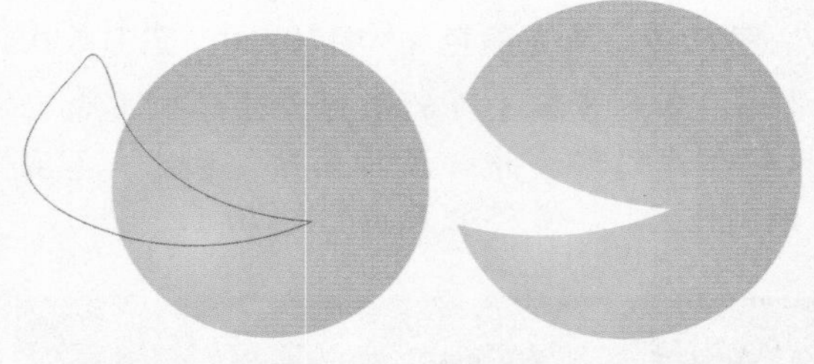

图71-4 绘制曲线图形　图71-5 修剪图形

05 选取贝塞尔工具，绘制曲线图形，并为其填充相应的渐变色，效果如图71-6所示。

06 选取3点椭圆形工具，在绘图页面的合适位置单击并拖动鼠标，以确定椭圆的直径，然后移动鼠标指针至合适位置后单击鼠标左键，绘制一个正圆。单击调色板中的白色色块，填充其颜色为白色，并删除其轮廓，效果如图71-7所示。

07 选取透明度工具，在其属性栏中单击“渐变透明度”按钮，在图形上单击并拖动鼠标，为椭圆添加透明效果，如图71-8所示。

图71-6 绘制并渐变填充曲线图形　图71-7 绘制正圆

08 参照步骤6~7的操作方法绘制其他椭圆，填充相应的颜色并调整其位置及大小，效果如图71-9所示。

图71-8 添加透明效果　图71-9 绘制其他椭圆

2. 制作QQ表情的阴影

01 双击选择工具，选择绘图页面中的所有图形，单击“对象”|“组合”|“组合对象”命令组合图形。选取阴影工具，在群组图形上单击并向右下角拖动鼠标，为其添加阴影效果，并在其属性栏中设置“阴影的不透明”为16、“阴影羽化”为8，效果如图71-10所示。

图71-10 添加阴影效果

02 全选图形，并复制、镜像、填充颜色后调整其位置和大小，即可得到QQ表情的综合效果，参见图71-1。至此，本实例制作完毕。

实例72 太阳脸

本实例将制作一张太阳脸动漫形象，效果如图 72-1 所示。

图72-1 太阳脸动漫形象

操作步骤

1. 绘制太阳脸的外形

01 单击“文件”|“新建”命令，新建一个空白页面。选取椭圆形工具，在按住【Ctrl】键的同时拖动鼠标，绘制一个正圆，如图 72-2 所示。

02 按【F11】键，在弹出的“编辑填充”对话框中单击“渐变填充”按钮，然后单击“椭圆形渐变填充”按钮，设置 0% 位置颜色的 CMYK 值分别为 0、10、100、0，31% 位置颜色的 CMYK 值分别为 1、9、100、0，69% 位置颜色的 CMYK 值分别为 4、5、63、0，100% 位置颜色的 CMYK 值分别为 0、0、29、0，单击“确定”按钮，为正圆填充渐变色。右击调色板中的“无”按钮，删除其轮廓，效果如图 72-3 所示。

图72-2 绘制正圆 图72-3 渐变填充图形并删除轮廓

03 选取多边形工具，在其属性栏中设置“点数或边数”为 3，在绘图页面中的合适位置绘制三角形。按【F11】键，在弹出的“编辑渐变”对话框中单击“均匀填充”按钮，设置颜色为黄色（CMYK 值分别为 0、11、100、0），单击“确定”按钮，为三角形填充颜色，并删除其轮廓。按小键盘上的【+】键复制图形，并调整其大小及位置。单击调色板中的白色色块，填充其颜色为白色，效果如图 72-4 所示。

04 选取调和工具，在黄色三角形和白色三角形之间进行直线调和。多次按小键盘上的【+】键复制多个调和图形，并调整其大小及位置。按【Ctrl+PageDown】组合键调整图层顺序，效果如图 72-5 所示。

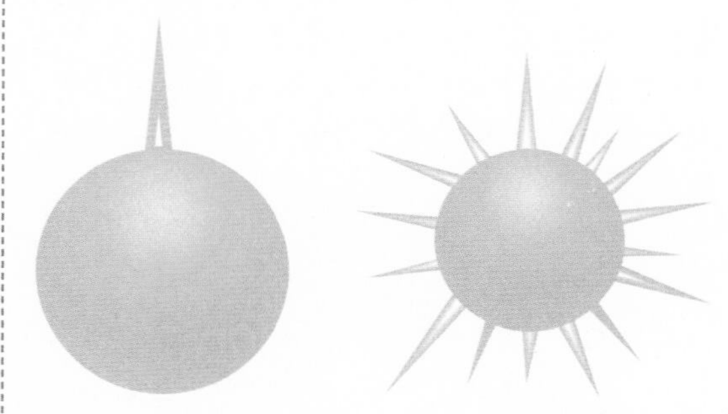

图72-4 复制并填充图形 图72-5 调和图形

2. 绘制太阳脸的笑脸

01 选取 3 点椭圆形工具，在绘图页面中的合适位置绘制一个椭圆。单击调色板中的白色色块，填充图形颜色为白色，并删除其轮廓。选取透明度工具，在图形上单击并拖动鼠标，为图形添加透明效果，如图 72-6 所示。

02 单击“编辑”|“复制”命令复制图形，单击“编辑”|“粘贴”命令粘贴复制的图形。单击属性栏中的“垂直镜像”按钮垂直镜像图形，并调整其大小及位置，效果如图 72-7 所示。

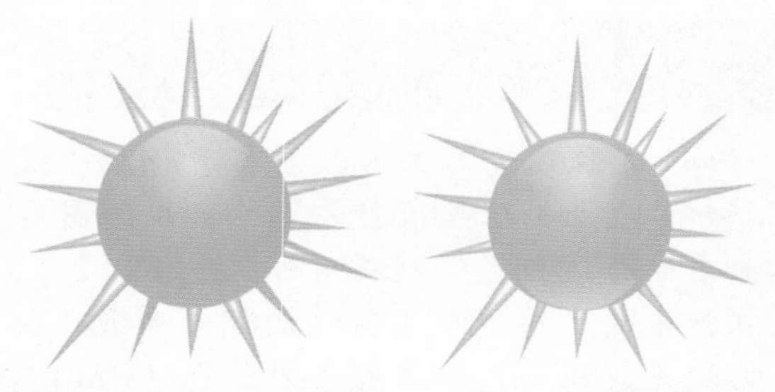
图72-6 创建图形并添加透明效果　图72-7 复制并垂直镜像图形

03 参照步骤1~2的操作方法绘制眼睛图形，并设置相应的颜色，效果如图72-8所示。

04 选取椭圆形工具，绘制一个正圆，填充红色。选取阴影工具，在其属性栏中设置“预设列表”为“中等辉光”、“阴影的不透明”为50、“阴影羽化”为27、“阴影颜色”为橘红色（CMYK值分别为0、60、100、0），为其添加阴影效果。单击“对象”|“拆分阴影群组”命令，拆分阴影。选择正圆图形，按【Delete】键删除正圆图形。复制阴影图形，并将其调整至合适位置，作为太阳脸部的腮红，效果如图72-9所示。

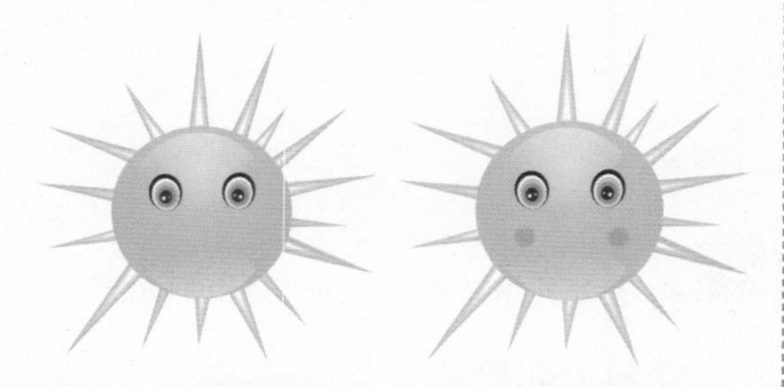
图72-8 绘制眼睛图形　图72-9 绘制腮红图形

05 选取贝塞尔工具，绘制闭合曲线图形。按【F11】键，在弹出的“编辑渐变”对话框中单击“均匀填充”按钮，设置颜色为橘红色（CMYK值分别为0、60、100、0），单击“确定”按钮，为闭合曲线图形填充颜色。按【F12】键，在弹出的“轮廓笔”对话框中设置“颜色”为中国红（CMYK值分别为50、90、100、0）、“宽度”为0.5mm，单击“确定”按钮，设置轮廓颜色，效果如图72-10所示。

06 用同样的操作方法绘制脸部的其他图形，效果如图72-11所示。

图72-10 绘制曲线图形并设置颜色　图72-11 绘制其他图形

07 选取选择工具，在绘图页面中单击并拖动鼠标，框选绘图页面中绘制的全部图形。单击“对象”|“组合”|“组合对象”命令，组合图形；参照步骤4中的操作方法为图形添加阴影效果，参见图72-1。至此，本实例制作完毕。

实例73 可爱小蚊

本实例将制作可爱的小蚊动漫形象，效果如图73-1所示。

图73-1 可爱小蚊动漫形象

操作步骤

1．制作可爱小蚊的造型

01 单击“文件”|“新建”命令，新建一个空白页面。按【F7】键，选取椭圆形工具，在绘图页面中绘制一个椭圆，效果如图73-2所示。

02 单击“对象”|“转换为曲线”命令，将椭圆转换为曲线图形。选取形状工

具，选择相应的节点，并拖动两侧的控制柄，调整图形形状，效果如图 73-3 所示。

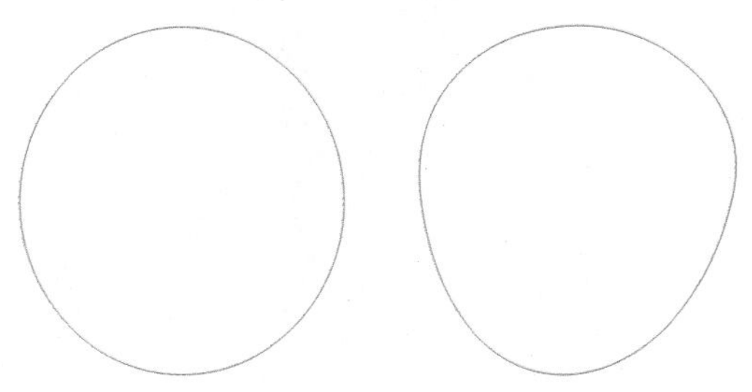

图73-2 绘制椭圆　　图73-3 调整图形形状

03 按【F11】键，在弹出的“编辑渐变”对话框中单击“均匀填充”按钮，设置颜色为绿色（CMYK 值分别为 40、0、100、0），单击“确定”按钮，为椭圆填充颜色。选取无轮廓工具，删除椭圆轮廓，效果如图 73-4 所示。

04 参照步骤 1~3 的操作方法绘制其他椭圆并填充相应的颜色，然后将其移至合适位置，并调整各图形的图层顺序，效果如图 73-5 所示。

图73-4 填充图形并删除轮廓　　图73-5 图形效果

2．制作可爱小蚊的脸部和四肢

01 选取贝塞尔工具，在绘图页面中的合适位置绘制一个闭合的曲线图形。单击调色板中的黑色色块，填充其颜色为黑色，效果如图 73-6 所示。

02 按小键盘上的【+】键，复制图形并将复制的图形缩小。单击调色板中的白色色块，填充其颜色为白色，效果如图 73-7 所示。

03 选取钢笔工具，在绘图页面中的合适位置绘制曲线。按【F12】键，在弹出的“轮廓笔”对话框中设置“宽度”为 1mm，如图 73-8 所示。

图73-6 绘制曲线并填充颜色　　图73-7 复制并缩小图形

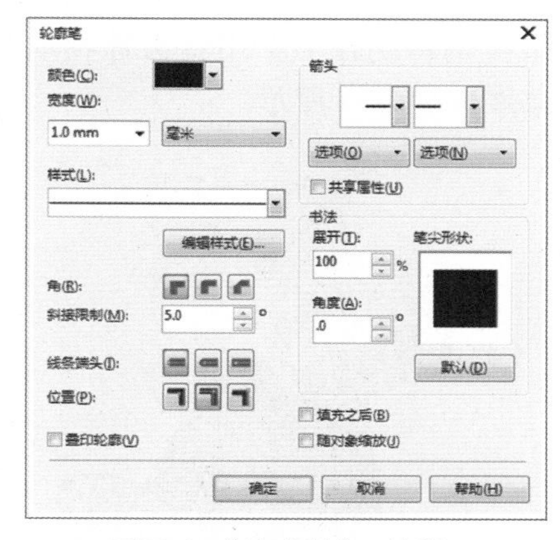

图73-8 “轮廓笔”对话框

04 单击“确定”按钮，更改轮廓属性，效果如图 73-9 所示。

05 选取选择工具，按住【Shift】键的同时选择步骤 1~4 中绘制的曲线图形，按【Ctrl+G】组合键组合图形。按小键盘上的【+】键复制图形，单击其属性栏中的“水平镜像”按钮，水平镜像图形，并移动镜像生成的图形至页面中的合适位置，效果如图 73-10 所示。

图73-9 更改轮廓属性后的效果　　图73-10 复制并水平镜像图形

06 用同样的操作方法绘制其他曲线图形，填充颜色并删除其轮廓，效果如图73-11所示。

07 还可根据设计的需要填充相应的颜色，制作其他色调的图形。至此，本实例制作完毕，效果参见图73-1。

图73-11 绘制其他曲线图形

实例74 吉祥物

本实例将制作一个小猪吉祥物动漫形象，效果如图74-1所示。

图74-1 小猪吉祥物动漫形象

操作步骤

1. 绘制吉祥物的头部

01 单击"标准"工具栏中的"新建"按钮，新建一个空白页面。选取钢笔工具，在绘图页面中的合适位置绘制闭合曲线图形，如图74-2所示。

图74-2 绘制曲线图形

02 单击"窗口"|"泊坞窗"|"对象属性"命令，弹出"对象属性"泊坞窗。切换至"填充"选项卡，设置"填充类型"为"均匀填充"，颜色为粉红色（CMYK值分别为2、10、13、0）。切换至"轮廓"选项卡，设置"轮廓宽度"为0.7mm，效果如图74-3所示。

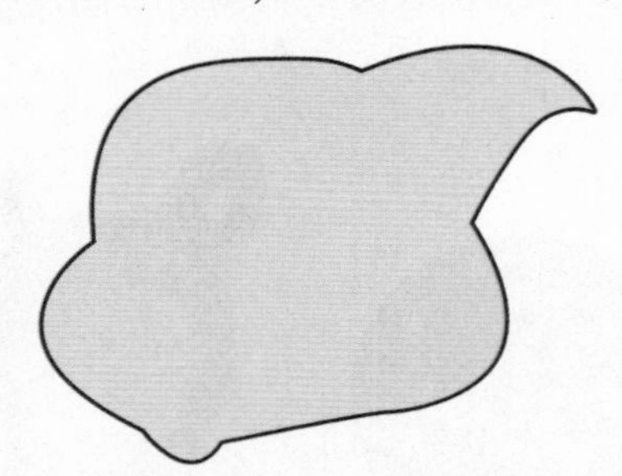

图74-3 填充图形并设置轮廓属性

03 用同样的操作方法绘制其他曲线图形，并设置相应的属性，然后调整各图形的图层顺序，效果如图74-4所示。

图74-4 绘制其他图形并调整图层顺序

04 按【F7】键，选取椭圆形工具，在绘图页面中的合适位置绘制眼睛图形。参照步骤2中的操作方法为绘制的眼睛图形填充颜色并设置轮廓属性，效果如图 74-5 所示。

图74-5 绘制眼睛图形并设置轮廓属性

2. 绘制吉祥物的身体部分

01 选取钢笔工具，绘制衣服图形，效果如图 74-6 所示。

图74-6 绘制衣服图形

02 单击调色板中的红色色块，填充衣服图形颜色为红色。在其属性栏中设置轮廓宽度为 0.7mm，效果如图 74-7 所示。

图74-7 填充图形并设置轮廓宽度

03 用同样的操作方法绘制其他曲线图形，并设置相应的颜色，然后调整各图形的图层顺序，效果如图 74-8 所示。

图74-8 绘制其他曲线图形

04 选取椭圆形工具，绘制纽扣图形，并填充相应的颜色，最终效果参见图 74-1。至此，本实例制作完毕。

实例75 蜜蜂

本实例将制作一只蜜蜂动漫形象，效果如图 75-1 所示。

图75-1 蜜蜂动漫形象

操作步骤

1. 绘制蜜蜂的头部

01 按【Ctrl+N】组合键，新建一个空白页面。选取贝塞尔工具，绘制闭合曲线图形，效果如图 75-2 所示。

02 按【F11】键，在弹出的“编辑填充”对话框中单击“渐变填充”按钮，设置0%位置的颜色为橘红色（CMYK值分别为0、61、91、0）、100%位置的颜色为中黄色(CMYK值分别为1、13、95、0)，单击“确定”按钮，渐变填充曲线图形。选取无轮廓工具，删除其轮廓，效果如图75-3所示。

图75-2 绘制曲线图形　　图75-3 渐变填充图形并删除轮廓

03 选取椭圆形工具，绘制椭圆。单击“对象”|“转换为曲线”命令，将椭圆转换为曲线图形。选取形状工具，调整图形形状。选取网状填充工具，选择相应的节点并填充所需的颜色，效果如图75-4所示。

04 参照步骤1~2的操作方法绘制其他图形，填充颜色，并调整各图形的图层顺序，效果如图75-5所示。

图75-4 绘制图形并进行交互式网状填充　　图75-5 绘制其他图形

05 选取椭圆形工具，绘制椭圆。参照步骤2中的操作方法，渐变填充椭圆。选取选择工具，在椭圆上单击鼠标左键，使其进入旋转状态，并移动中心点至图形下方，如图75-6所示。

06 按【Alt+F8】组合键，在弹出的“变换”泊坞窗的“旋转”选项区中设置“旋转角度”为45，在“副本”数值框中输入1，单击7次“应用”按钮，复制并旋转图形，效果如图75-7所示。

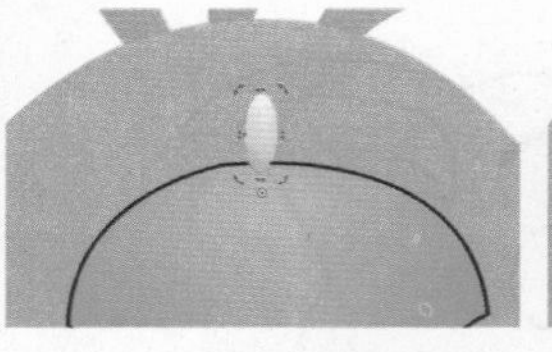

图75-6 绘制椭圆并移动中心点位置　　图75-7 复制并旋转图形

07 选取椭圆形工具，绘制一个正圆，并进行渐变填充，效果如图75-8所示。

08 用同样的操作方法绘制其他椭圆，并填充相应的颜色，效果如图75-9所示。

图75-8 绘制椭圆并填充渐变颜色　　图75-9 绘制其他椭圆并填充颜色

2．绘制蜜蜂的肢体部分

01 选取贝塞尔工具，绘制曲线图形。选取网状填充工具，分别选择相应的节点，并填充所需的颜色，将其调整至头部图形后面，效果如图75-10所示。

图75-10 绘制并填充曲线图形

02 选取3点椭圆形工具，绘制一个椭圆。选取交互式填充工具，在其属性栏中单击“渐变填充”按钮，设置渐变起始颜色为蓝色（CMYK值分别为45、2、4、0）、终止颜色为白色（CMYK值均为0）、“渐变填充中心点”为40、“渐变填充角和边界”为95.572和0，并调整图层顺序，效果如图75-11所示。

图75-11 绘制椭圆并进行渐变填充

03 按住【Ctrl】键的同时在椭圆上单击并拖动鼠标，松开鼠标的同时右击复制图形，然后调整至合适位置，效果如图75-12所示。

图75-12 组合并复制图形

04 选取步骤1~3中绘制的图形，按【Ctrl+G】组合键组合图形。按小键盘上的【+】键复制组合的图形，并单击属性栏中的“水平镜像”按钮水平镜像图形，然后将其调整至合适位置。参照步骤1中的操作方法绘制其他图形，并调整图层顺序，最终效果参见图75-1。至此，本实例制作完毕。

实例76 小猴子

本实例将制作一只小猴子动漫形象，效果如图76-1所示。

图76-1 小猴子动漫形象

操作步骤

1. 绘制小猴子的头部

01 按【Ctrl+N】组合键，新建一个空白页面。选取贝塞尔工具，在绘图页面中的合适位置绘制一个闭合曲线图形。双击状态栏中的“填充”色块，在弹出的“编辑渐变”对话框中单击“均匀填充”按钮，设置颜色为橙黄色（CMYK值分别为1、31、53、0），单击“确定”按钮，填充曲线图形，并删除其轮廓，效果如图76-2所示。

02 按【Ctrl+C】组合键复制图形，按【Ctrl+V】组合键粘贴图形，并为其填充相应的颜色，然后调整图形的大小及位置，效果如图76-3所示。

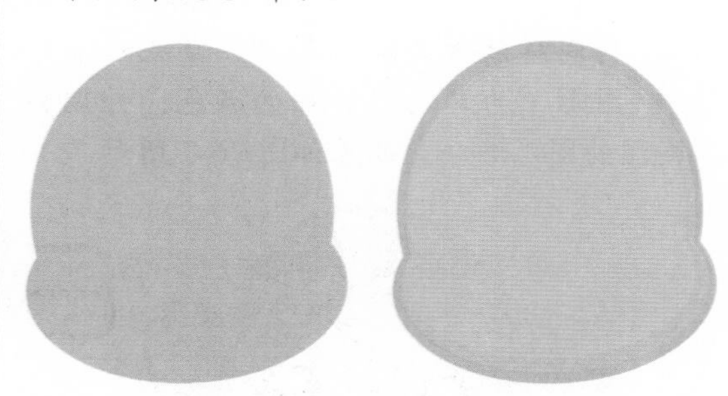

图76-2 删除轮廓后的效果　　图76-3 复制并填充图形

03 参照步骤1~2的操作方法绘制其他曲线图形，并填充相应的颜色，效果如图76-4所示。

04 用同样的操作方法绘制其他曲线图形。按【F11】键，在弹出的“编辑渐变”对话框中单击“渐变填充”按钮，设置0%位置的颜色为白色(CMYK值均为0)、100%位置的颜色为红色（CMYK值分别为0、79、68、3），单击“确定”按钮，渐变填充曲线图形，并删除其轮廓，效果如图76-5所示。

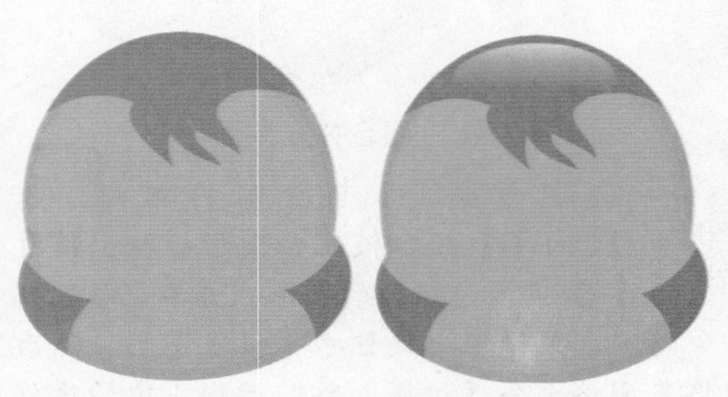

图76-4 绘制其他图形并填充颜色　图76-5 绘制并渐变填充图形

05 选取椭圆形工具，在绘图页面中的合适位置绘制椭圆，并填充相应的颜色，效果如图76-6所示。

图76-6 绘制椭圆并填充颜色

06 用同样的方法绘制眼睛、耳朵和嘴等图形，为其填充相应的颜色，并调整各图形的图层顺序，效果如图76-7所示。

图76-7 绘制其他图形

2. 绘制小猴子的身体部分

01 选取贝塞尔工具，在绘图页面中的合适位置绘制闭合图形，作为小猴子的肚子。按【F11】键，在弹出的“编辑渐变”对话框中单击“均匀填充”按钮，设置颜色为大红色（CMYK值分别为0、79、68、3），单击“确定”按钮，为图形填充颜色。按【Ctrl+PageDown】组合键，调整图形的图层顺序，并删除其轮廓，效果如图76-8所示。

图76-8 绘制肚子图形

02 选取贝塞尔工具，绘制闭合曲线图形，用其作为高光部分图形。按【F11】键，在弹出的“编辑渐变”对话框中单击“渐变填充”按钮，设置0%位置的颜色为大红色（CMYK值分别为0、79、68、3）、100%位置的颜色为橙色（CMYK值分别为0、73、80、0），单击“确定”按钮，渐变填充图形。选取无轮廓工具，删除图形轮廓，效果如图76-9所示。

图76-9 绘制高光部分

03 用同样的操作方法绘制肢体以及阴影图形，并填充所需的颜色，然后调整各图形的图层顺序，效果如图76-10所示。

图76-10 绘制肢体图形

04 还可以根据设计需要填充相应的颜色，制作其他色调的图形，最终效果参见图 76-1。至此，本实例制作完毕。

实例77 笨笨熊

本实例将制作一只笨笨熊动漫形象，效果如图 77-1 所示。

图77-1 笨笨熊动漫形象

操作步骤

1. 绘制笨笨熊的头部

01 单击“文件”|“新建”命令，新建一个空白页面。按【F7】键，选取椭圆形工具，在按住【Ctrl】键的同时拖动鼠标，绘制一个正圆。按【Ctrl+Q】组合键，将图形转换为曲线。选取形状工具，调整图形的形状，效果如图 77-2 所示。

02 按【F11】键，在弹出的“编辑渐变”对话框中单击“渐变填充”按钮，设置 0% 位置的颜色为深灰色（CMYK 值分别为 49、51、66、2）、13% 位置的颜色为浅褐色（CMYK 值分别为 25、51、66、2）、30% 位置的颜色为土黄色（CMYK 值分别为 6、22、44、0）、45% 位置的颜色为淡黄色（CMYK 值分别为 4、12、26、0），100% 位置的颜色为白色（CMYK 值均为 0），单击“确定”按钮，渐变填充图形，并删除其轮廓，效果如图 77-3 所示。

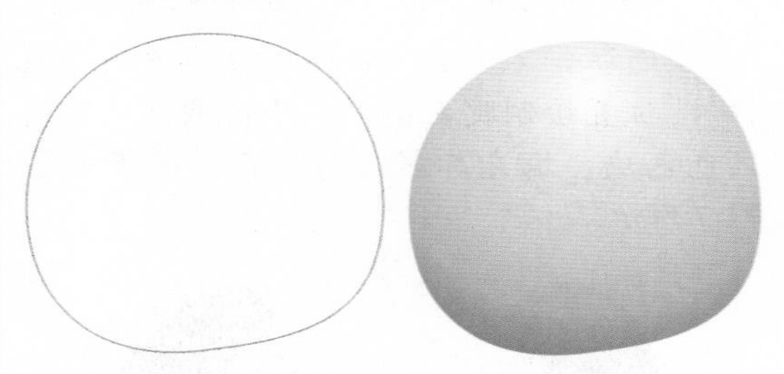

图77-2 绘制头部图形　图77-3 渐变填充图形并删除轮廓

03 选取 3 点椭圆形工具，绘制一个椭圆。按【F11】键，在弹出的“编辑渐变”对话框中单击“均匀填充”按钮，设置颜色为褐色（CMYK 值分别为 25、32、46、0），单击“确定”按钮，为椭圆填充颜色，效果如图 77-4 所示。

04 选取阴影工具，在其属性栏中设置“预设列表”为“中等辉光”、“阴影的不透明”为 50、“阴影羽化”为 36、“阴影颜色”为褐色（CMYK 值分别为 25、32、46、0），为椭圆添加阴影效果。按【Ctrl+K】组合键拆分阴影，并删除椭圆，效果如图 77-5 所示。

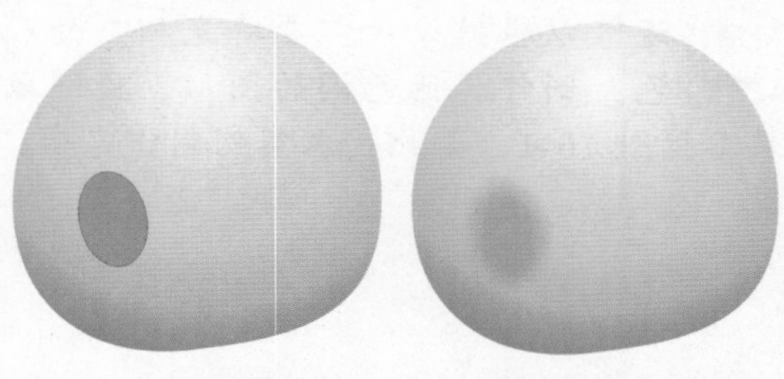

图77-4 绘制椭圆并填充颜色　图77-5 制作阴影效果

05 参照步骤1~4的操作方法绘制眼睛、耳朵和嘴等图形，填充所需的颜色，并调整各图形的图层顺序，效果如图77-6所示。

图77-6 绘制眼睛、耳朵和嘴等图形

06 选取钢笔工具，在绘图页面中的合适位置绘制睫毛图形，单击调色板中的黑色色块，填充其颜色为黑色，效果如图77-7所示。

图77-7 绘制睫毛图形

07 参照步骤6中的操作方法绘制其他眼睫毛、鼻子和嘴巴图形，并填充相应的颜色，效果如图77-8所示。

2. 绘制笨笨熊的身体部分

01 选取钢笔工具，在绘图页面中的合适位置绘制身体图形。按【F11】键，在弹出的“编辑渐变”对话框中单击“渐变填充”按钮,设置0%位置的颜色为灰色(CMYK值分别0、0、0、40)、16%位置的颜色为浅灰色（CMYK值分别为0、0、0、18)、32%位置的颜色为灰色（CMYK值分别为0、0、0、10)、55%位置的颜色为白色（CMYK值分别为0、0、0、1)、100%位置的颜色为白色（CMYK值均为0)，单击“确定”按钮，渐变填充图形，并调整图形顺序，然后删除图形轮廓，效果如图77-9所示。

图77-8 绘制其他眼睫毛、鼻子和嘴巴

图77-9 绘制身体图形

02 选取钢笔工具,绘制修饰图形。按【F11】键，在弹出的“编辑渐变”对话框中单击“均匀填充”按钮，设置颜色为深黄色(CMYK值分别为26、57、95、0)，单击“确定”按钮，为图形填充颜色，并删除其轮廓，效果如图77-10所示。

图77-10 绘制修饰图形

03 参照步骤1~2的操作方法绘制其他图形，填充所需的颜色，并调整各图形的图层顺序，效果如图77-11所示。

图77-11 绘制其他图形

04 选取钢笔工具，绘制手形。选取交互式网状填充工具，选取相应的节点并填充需要的颜色，效果如图77-12所示。

05 按【Ctrl+D】组合键再制图形，并调整其大小及位置，效果如图77-13所示。

06 选取3点椭圆形工具，绘制一个椭圆。参照步骤2中的操作方法为图形填充颜色。按【Ctrl+End】组合键，调整图形至页面最后面，最终效果参见图77-1。至此，本实例制作完毕。

图77-12 绘制手形并进行网状填充

图77-13 再制图形并调整其大小及位置

实例78 上班一族

本实例将制作上班一族型人物形象，效果如图78-1所示。

图78-1 上班一族型人物形象

操作步骤

1. 绘制人物的头部

01 按【Ctrl+N】组合键，新建一个空白页面。按【F7】键，选取椭圆形工具，在绘图页面中的合适位置绘制一个椭圆。单击“窗口”|“泊坞窗”|“彩色”命令，在弹出的“颜色”泊坞窗中设置颜色为米黄色（CMYK值分别为3、9、19、0），单击“填充”按钮，为椭圆填充颜色。右击调色板中的“无”按钮，删除其轮廓，效果如图78-2所示。

02 选取贝塞尔工具，在绘图页面中的合适位置绘制头发图形，并为其填充颜色，效果如图78-3所示。

图78-2 绘制椭圆　　图78-3 绘制头发

03 参照步骤1~2的操作方法绘制头部的其他图形，填充所需的颜色，并调整图层顺序，效果如图78-4所示。

04 使用椭圆形工具绘制一个椭圆。选取阴影工具，在其属性栏中设置"预设列表"为"中等辉光"、"阴影的不透明"为70、"阴影羽化"为30、"阴影颜色"为粉红色（CMYK值分别为0、22、7、0），为椭圆添加阴影效果，按【Ctrl+K】组合键拆分阴影图形。选择椭圆，按【Delete】键删除椭圆。按小键盘上的【+】键，复制阴影图形，并将其调整至合适位置，效果如图78-5所示。

图78-4 绘制头部阴影图形

图78-5 绘制并复制其他图形

2. 绘制人物的身体部分

01 选取贝塞尔工具，绘制上衣图形。在"颜色"泊坞窗中设置颜色为绿色（CMYK值分别为26、1、38、0），单击"填充"按钮，为其填充颜色，效果如图78-6所示。

图78-6 绘制上衣图形

02 用同样的操作方法绘制身体部分的其他图形，并填充相应的颜色，然后调整各图形的图层顺序，最终效果参见图78-1。至此，本实例制作完毕。

实例79 魅力佳人

本实例将制作魅力佳人形象，效果如图79-1所示。

操作步骤

1. 绘制人物的头部

01 按【Ctrl+N】组合键，新建一个空白页面。选取椭圆形工具，在按住【Ctrl】键的同时绘制一个正圆。按【F11】键，在弹出的"编辑渐变"对话框中单击"均匀填充"按钮，设置颜色为大红色（CMYK值分别25、100、98、0），单击"确定"按钮，为正圆填充颜色。选取无轮廓工具，删除正圆形的轮廓，效果如图79-2所示。

02 参照步骤1中的操作方法在绘图页面中的合适位置绘制大小不同的两个椭圆。选取选择工具，框选绘制的两个椭圆，在其属性栏中单击"移除前面对象"按钮修剪图形，并填充其颜色，效果如图79-3所示。

图79-1 魅力佳人形象

图79-2 绘制正圆　　图79-3 修剪后的效果

03 在步骤2中绘制的图形上绘制3个正圆，并分别填充其颜色。选取步骤2~3中绘制的图形，按【Ctrl+G】组合键组合图形。单击“编辑”|“复制”命令复制图形，单击“编辑”|“粘贴”命令粘贴复制的图形，旋转复制的图形并调整其大小及位置，效果如图79-4所示。

04 选取贝塞尔工具，在绘图页面中的合适位置绘制脸部图形，填充其颜色为米白色（CMYK值分别为4、14、18、0），并删除其轮廓，效果如图79-5所示。

图79-4 绘制并复制图形　　图79-5 绘制脸部图形

05 绘制脸部的其他图形，填充颜色并调整其大小及位置，效果如图79-6所示。

图79-6 绘制脸部其他图形并填充颜色

2. 绘制人物的身体部分

01 选取贝塞尔工具，绘制衣领图形，填充其颜色为蓝紫色（CMYK值分别为85、88、36、4）。右击调色板中的“无”按钮，删除其轮廓，效果如图79-7所示。

图79-7 绘制衣领图形

02 绘制身体其他部分的图形，并填充相应的颜色，效果如图79-8所示。

图79-8 绘制其他图形并填充颜色

03 单击“文件”|“导入”命令，导入一幅背景图形。按【Ctrl+End】组合键，调整图形至页面最后面，效果参见图79-1。

实例80 趣味表情人物

本实例将制作趣味表情人物形象，效果如图80-1所示。

图80-1 趣味表情人物形象

操作步骤

1．绘制人物的头部

01 按【Ctrl+N】组合键，新建一个空白页面。按【F7】键，选取椭圆形工具，绘制一个椭圆，如图80-2所示。

02 按【F11】键，在弹出的“编辑填充”对话框中单击“渐变填充”按钮，然后单击“椭圆形渐变填充”按钮，设置0%位置颜色的CMYK值分别为42、0、98、0，8%位置颜色的CMYK值分别为18、0、64、1，30%位置颜色的CMYK值分别为16、0、68、0，53%位置的颜色CMYK值分别为28、0、84、0，100%位置的颜色CMYK值分别为28、0、84、0，单击“确定”按钮，渐变填充椭圆。在其属性栏中设置轮廓宽度为“无”，删除其轮廓，效果如图80-3所示。

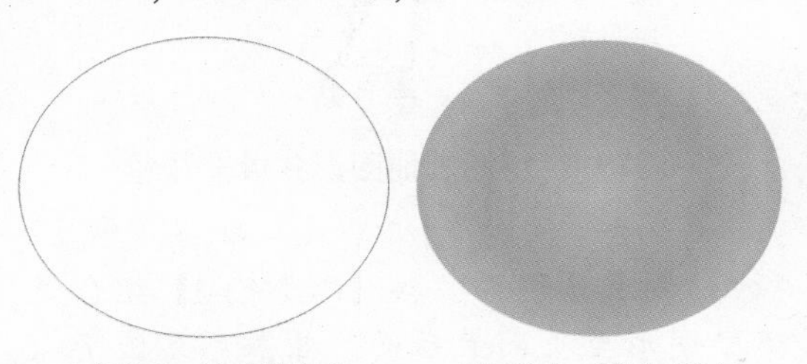

图80-2 绘制椭圆　　图80-3 填充颜色

03 选取钢笔工具，绘制脸部表情图形，并进行渐变填充。选取“轮廓笔”工具，在弹出的“轮廓笔”对话框中设置轮廓“宽度”为0.5mm、“颜色”为柠檬黄（CMYK值分别为4、3、92、0），单击“确定”按钮，设置其轮廓属性，效果如图80-4所示。

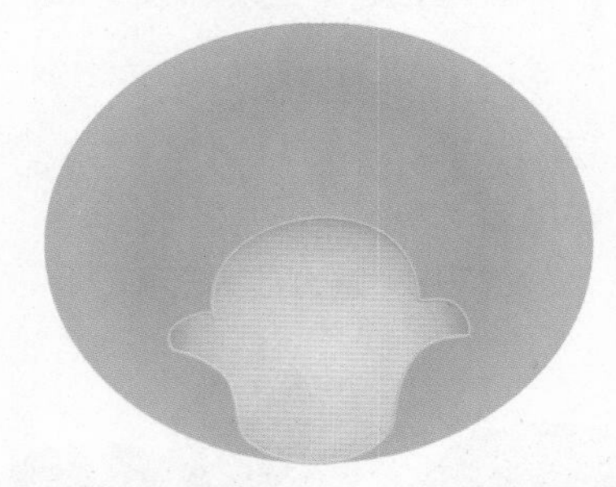

图80-4 绘制脸部图形并设置轮廓属性

04 绘制脸部其他图形，并填充相应的颜色，效果如图80-5所示。

05 选取钢笔工具，绘制高光图形，填充颜色为白色。选取透明度工具，在其属性栏中设置“透明度”为59，为图形添加透明效果，如图80-6所示。

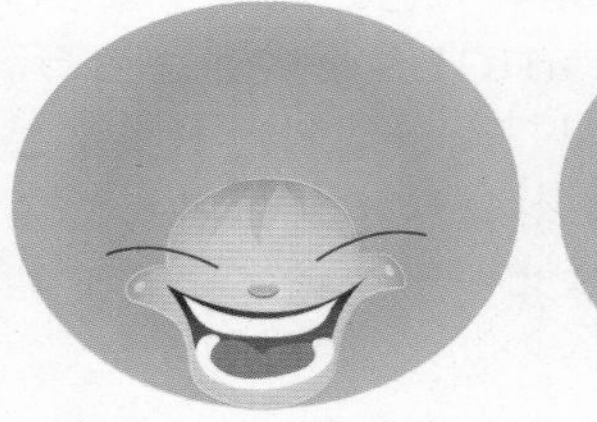

图80-5 绘制脸部其他图形并填充颜色

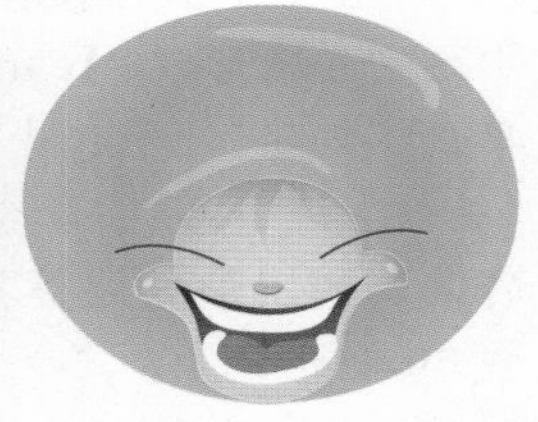

图80-6 绘制高光图形

06 绘制头部其他图形，填充相应的颜色，调整其大小及位置，并调整图层顺序，效果如图80-7所示。

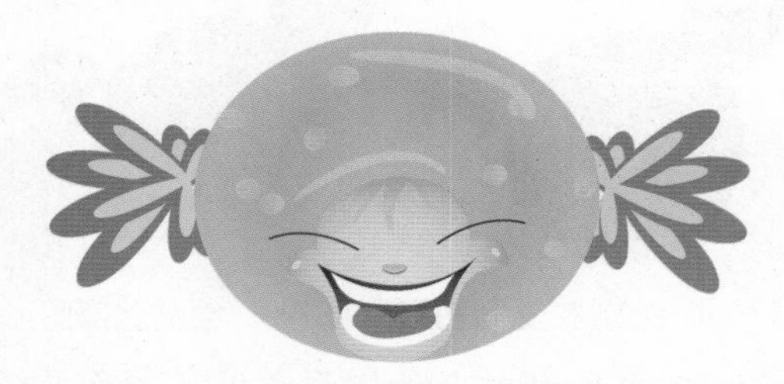

图80-7 绘制头部其他图形并填充颜色

2．绘制人物的身体部分

01 选取钢笔工具，绘制身体的颈部和手部图形。按【F11】键，在弹出的“编辑渐变”对话框中单击“均匀填充”按钮，设置颜色为米黄色（CMYK值分别为2、6、21、0），单击“确定”按钮，为其填充颜色。选取无轮廓工具，删除图形轮廓，效果如图80-8所示。

图80-8 删除轮廓后的效果

02 绘制身体的其他图形，填充相应的颜色，并删除其轮廓，效果如图80-9所示。

图80-9 绘制其他图形

03 选取椭圆形工具，绘制一个正圆。按【F11】键，在弹出的“编辑填充”对话框中单击“渐变填充”按钮，然后单击“椭圆形渐变填充”按钮，设置0%位置颜色的CMYK值分别为0、72、95、0，7%位置颜色的CMYK值分别为0、71、93、0，26%位置颜色的CMYK值分别为0、54、71、0，48%位置颜色的CMYK值分别为1、35、88、0，74%位置颜色的CMYK值分别为0、25、63、0，100%位置颜色的CMYK值分别为2、13、33、0，单击“确定”按钮，渐变填充图形，并删除其轮廓，效果如图80-10所示。

图80-10 绘制并渐变填充正圆

04 选取钢笔工具，绘制花瓣图形。选取挑选工具，在花瓣图形上单击鼠标左键，使其进入旋转状态，移动旋转中心至图形下方的合适位置。单击“对象”|“变换”|“旋转”命令，在弹出的“变换”泊坞窗中设置“旋转角度”为15，在“副本”数值框中输入1，多次单击“应用”按钮，复制并旋转图形，然后对其进行渐变填充，效果如图80-11所示。

图80-11 绘制花朵效果

05 在花朵图形上单击并拖动鼠标至合适位置，松开鼠标的同时右击复制图形。用同样的方法复制多个图形，并渐变填充不同的颜色，效果如图80-12所示。

06 选取钢笔工具，绘制叶片图形。选取网状填充工具，选择节点，设置相应的颜色，效果如图80-13所示。

图80-12 复制图形并填充颜色

图80-13 绘制并网状填充叶片图形

07 绘制其他图形，并填充相应的颜色，然后调整图形的图层顺序，最终效果参见图 80-1。至此，本实例制作完毕。

实例81 天使女孩

本实例将制作一个天使女孩动漫形象，效果如图 81-1 所示。

图81-1 天使女孩动漫形象

操作步骤

1. 绘制天使女孩的表情

01 单击“标准”工具栏中的“新建”按钮，新建一个空白页面。选取贝塞尔工具，在绘图页面中的合适位置绘制脸部图形。按【F11】键，在弹出的“编辑渐变”对话框中单击“均匀填充”按钮，设置颜色为米白色(CMYK 值分别为 2、7、16、0)，单击“确定”按钮,为图形填充颜色。选取无轮廓工具，删除图形轮廓，效果如图 81-2 所示。

图81-2 绘制脸部图形

02 用同样的操作方法绘制头发图形，填充其颜色为洋红色（CMYK 值分别为 14、78、2、0)，并删除其轮廓，效果如图 81-3 所示。

图81-3 绘制头发图形

03 绘制头发的高光以及阴影图形，并填充相应的颜色，效果如图 81-4 所示。

图81-4 绘制头发的高光及阴影部分

04 选取钢笔工具，绘制眼部和嘴图形，并分别填充相应的颜色，效果如图 81-5 所示。

图81-5 绘制眼部和嘴图形

05 选取贝塞尔工具，绘制两个不规则形状的图形作为天使女孩的眼珠，并分别填充其颜色为森林绿（CMYK 值分别为 100、65、100、0）和深黄色（CMYK 值分别为 34、55、76、1）。选取调和工具，在两个不规则图形之间拖动鼠标进行直线调和，并删除其轮廓，在其属性栏中设置“调和对象”为 60，效果如图 81-6 所示。

图81-6 绘制眼珠图形

06 选取 3 点椭圆形工具，在绘图页面中的合适位置绘制两个大小不同的椭圆，分别填充为黑色和白色，效果如图 81-7 所示。

图81-7 绘制并填充椭圆

07 选择整个眼珠图形，按【Ctrl+G】组合键组合图形，按【Ctrl+C】组合键复制图形，按【Ctrl+V】组合键粘贴复制的图形，并调整其大小及位置，效果如图 81-8 所示。

图81-8 复制眼珠图形

2. 绘制天使女孩的身体部分

01 选取贝塞尔工具，绘制颈部图形。按【F11】键，在弹出的“编辑渐变”对话框中单击“均匀填充”按钮，设置颜色为粉红色（CMYK 值分别为 2、28、20、0），单击“确定”按钮，为图形填充颜色。选取无轮廓工具，删除图形轮廓，效果如图 81-9 所示。

02 绘制两个翅膀上端图形，填充颜色分别为白色和粉红色（CMYK 值分别为 1、51、35、0），并删除其轮廓。选取调和工具，在白色图形和粉红色图形之间创建直线调和，在其属性栏中设置“调和对象”为 5，效果如图 81-10 所示。

图81-9 绘制颈部图形

图81-10 绘制翅膀上端图形

03 选取贝塞尔工具，绘制天使女孩的上身以及手图形，并填充相应的颜色，效果如图 81-11 所示。

图81-11 绘制上身以及手图形

04 用同样的操作方法绘制天使女孩的下身、翅膀及脚的图形，并填充相应的颜色，效果如图 81-12 所示。

图81-12 绘制下身、翅膀及脚图形

3. 绘制天使女孩的修饰图形

01 选取贝塞尔工具，在绘图页面中的合适位置绘制手柄图形，填充颜色为淡紫色（CMYK 值分别为 20、38、1、0），并删除其轮廓，效果如图 81-13 所示。

图81-13 绘制手柄图形

02 绘制其他修饰图形，并设置相应的颜色，最终效果参见图 81-1。至此，本实例制作完毕。

实例82 时尚酷男

本实例将制作一个时尚酷男动漫形象，效果如图 82-1 所示。

图82-1 时尚酷男动漫形象

操作步骤

1. 绘制时尚酷男的面部表情

01 单击“文件”|“新建”命令，新建一个空白页面。选取钢笔工具，在绘图页面中的合适位置绘制时尚酷男的脸部图形。单击“窗口”|“泊坞窗”|“彩色”命令，在弹出的“颜色”泊坞窗中设置颜色为米白色（CMYK 值分别为 2、11、18、0），单击“填充”按钮，为图形填充颜色，效果如图 82-2 所示。

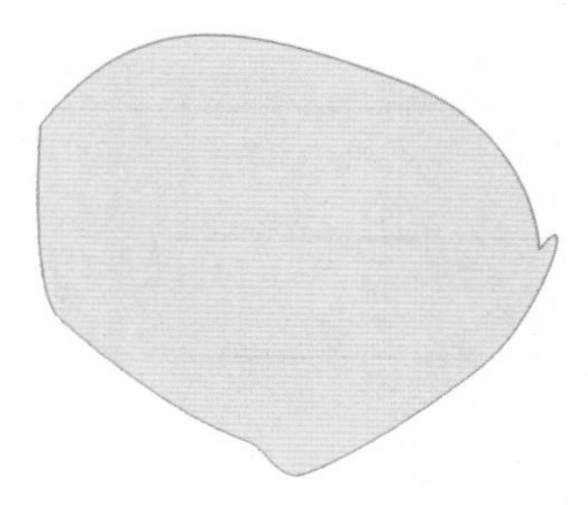
图82-2 绘制脸部图形并填充颜色

02 用同样的操作方法绘制头发和嘴图形，并分别填充相应的颜色，如图 82-3 所示。

图82-3 绘制头发和嘴图形并填充颜色

03 选取 3 点椭圆形工具，在绘图页面中的合适位置绘制一个椭圆。在“颜色”泊坞窗中设置颜色为灰色(CMYK 值分别为 0、0、0、80)，单击“填充”按钮，为椭圆填充颜色，并删除其轮廓，效果如图 82-4 所示。

图82-4 绘制并填充椭圆

04 绘制眼睛的其他部分，并填充相应的颜色，效果如图 82-5 所示。

图82-5 绘制眼睛其他部分并填充颜色

2. 绘制时尚酷男的身体部分

01 选取钢笔工具，绘制颈部图形。单击调色板中的白色色块，填充颜色为白色，效果如图 82-6 所示。

图82-6 绘制颈部图形并填充颜色

02 绘制颈部阴影图形，并填充相应的颜色。选取透明度工具，在其属性栏中单击"渐变透明度"按钮,为其添加透明效果，如图 82-7 所示。

图82-7 绘制阴影图形并添加透明效果

03 绘制上身图形，并填充相应的颜色，效果如图 82-8 所示。

图82-8 绘制上身图形并填充颜色

04 绘制下身图形，并填充相应的颜色，最终效果参见图 82-1。至此，本实例制作完毕。

● 读书笔记

第5章 插画设计

插画设计是CorelDRAW另一个擅长的领域。插画被广泛应用于图书刊物以及商务设计中，具有辅助说明、附加艺术欣赏和填充版面空白等作用。本章将通过10个实例详细介绍插画设计的要点和绘制技巧。

实例83 水果

本实例将制作一幅水果插画，效果如图 83-1 所示。

图83-1 水果插画

操作步骤

1. 绘制水果的外形效果

01 按【Ctrl+N】组合键，新建一个空白页面。选取椭圆形工具，按住【Ctrl】键的同时拖动鼠标，在绘图页面中绘制一个正圆。按【F11】键，在弹出的“编辑渐变”对话框中单击“均匀填充”按钮，设置颜色为绿色（CMYK 值分别为 65、11、96、2），单击“确定”按钮，为正圆填充颜色。选取无轮廓工具，删除图形轮廓，效果如图 83-2 所示。

02 绘制其他正圆，填充相应的颜色，并删除其轮廓，效果如图 83-3 所示。

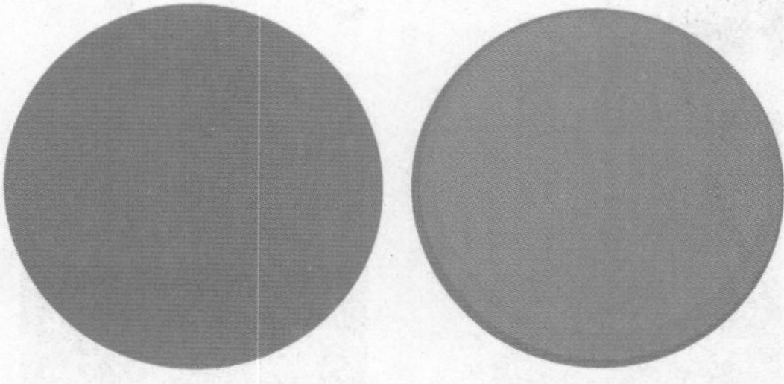

图83-2 绘制正圆并填充颜色　图83-3 绘制其他正圆

03 选取贝塞尔工具，绘制一个闭合的曲线图形，填充其颜色为绿色（CMYK 值分别为 40、3、95、0），并删除其轮廓，效果如图 83-4 所示。

04 依次单击“标准”工具栏中的“复制”和“粘贴”按钮，复制一个曲线图形，在按住【Shift】键的同时拖动鼠标，等比例缩小图形，并填充其颜色为黄绿色（CMYK 值分别为 25、1、96、0），效果如图 83-5 所示。

图83-4 绘制曲线图形　图83-5 复制并填充曲线图形

05 选取调和工具，在复制的曲线图形上单击并拖动鼠标至另一曲线图形上，创建直线调和，在其属性栏中设置“调和对象”为 1，效果如图 83-6 所示。

06 选取贝塞尔工具，绘制其他曲线图形，填充相应的颜色，并删除其轮廓，效果如图 83-7 所示。

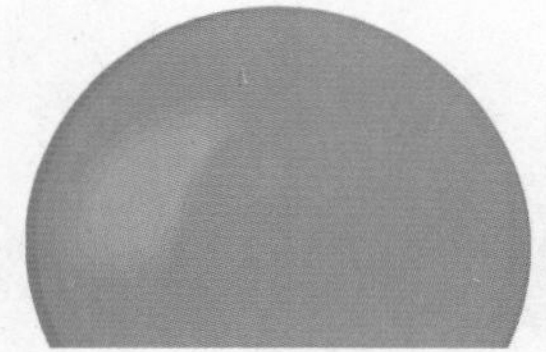

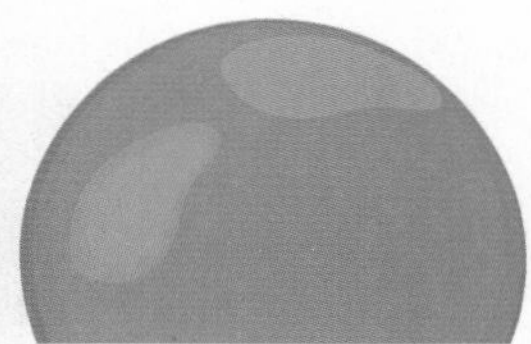

图83-6 直线调和效果　图83-7 绘制其他曲线图形

2. 绘制水果的条纹效果

01 选取贝塞尔工具，绘制一个闭合曲线图形。按【F11】键，在弹出的“编辑渐变”对话框中单击“均匀填充”按钮，设置颜色为墨绿色（CMYK 值分别为 89、22、98、7），单击“确定”按钮，为曲线图形填充颜色。右击调色板中的“无”按钮，删除其轮廓，效果如图 83-8 所示。

02 选取贝塞尔工具，绘制其他闭合曲线图形，分别填充相应的颜色，并删除图形轮廓，效果如图 83-9 所示。

03 绘制水果阴影图形，填充其颜色为墨绿色（CMYK 值分别为 91、27、98、13），并删除其轮廓，效果如图 83-10 所示。

04 双击选择工具，全选绘图页面中的图形。单击“对象”|“组合”|“组合对象”

命令，合并图形。选取阴影工具，在西瓜图形的下方单击并向上拖动鼠标，为其添加阴影效果，如图 83-11 所示。

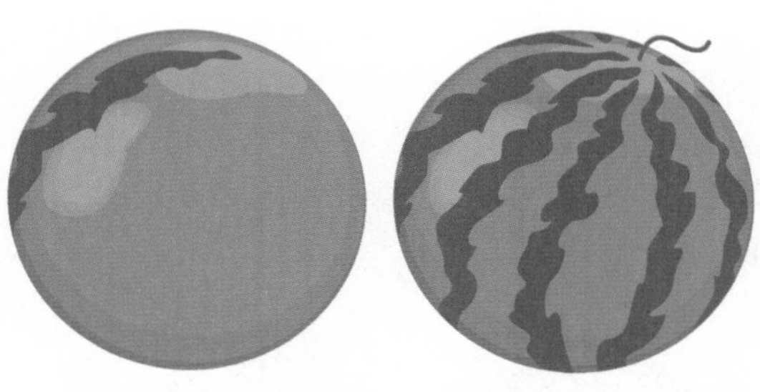

图83-8 绘制曲线图形　图83-9 绘制其他曲线图形并填充颜色

图83-10 绘制阴影图形　图83-11 添加阴影效果

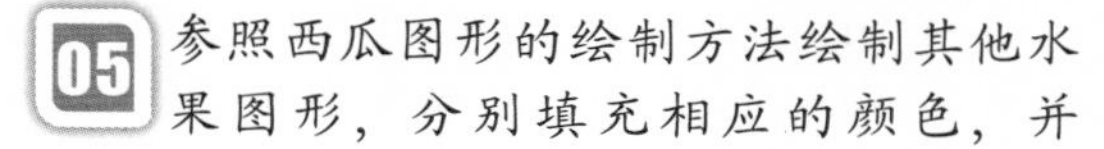

05 参照西瓜图形的绘制方法绘制其他水果图形，分别填充相应的颜色，并添加阴影效果，制作水果组合效果，如图 83-12 所示。

图83-12 水果组合效果

06 选取椭圆形工具，绘制一个椭圆。在椭圆上右击，在弹出的快捷菜单中选择“顺序”|“到图层后面”选项，调整椭圆图形至图层后面。按【F11】键，在弹出的“编辑渐变”对话框中单击“渐变填充”按钮，设置 0% 位置的颜色为灰色（CMYK 值分别为 0、0、0、40）、100% 位置的颜色为淡灰色（CMYK 值分别为 0、0、0、10），单击“确定”按钮，渐变填充椭圆，并删除其轮廓，效果参见图 83-1。至此，本实例制作完毕。

实例84 向日葵

本实例将制作一幅向日葵插画，效果如图 84-1 所示。

图84-1 向日葵插画

操作步骤

1. 绘制向日葵的花瓣效果

01 按【Ctrl+N】组合键，新建一个空白页面。选取钢笔工具，绘制一个闭合曲线图形。按【F11】键，在弹出的“编辑渐变”对话框中单击“渐变填充”按钮，设置 0% 位置颜色的 CMYK 值分别为 0、0、16、0，23% 位置颜色的 CMYK 值分别为 0、3、18、0，100% 位置颜色的 CMYK 值分别为 0、3、18、2，单击“确定”按钮，渐变填充闭合曲线图形，效果如图 84-2 所示。

02 按【F12】键，在弹出的“轮廓笔”对话框中设置“宽度”为 0.272mm、“颜色”为黄色（CMYK 值分别为 0、0、16、0），单击“确定”按钮，效果如图 84-3 所示。

图84-2 绘制并渐变填充曲线图形　图84-3 设置轮廓属性

03 参照步骤1~2的操作方法绘制其他图形，分别填充相应的颜色，并设置轮廓属性，效果如图84-4所示。

04 选取3点椭圆形工具，绘制一个椭圆，填充其颜色为绿色（CMYK值分别为38、4、96、0）。选取无轮廓工具，删除椭圆轮廓，效果如图84-5所示。

图84-4 绘制其他图形　图84-5 绘制椭圆并填充颜色

05 选取变形工具，在其属性栏中单击"拉链变形"按钮，设置"拉链频率"为20，"拉链振幅"为14，单击"随机变形"按钮，在椭圆中间单击并向外拖动鼠标，对图形进行拉链式变形，效果如图84-6所示。

06 选取透明度工具，在其属性栏中单击"均匀透明度"按钮，设置"透明度"为70，为图形添加透明效果，如图84-7所示。

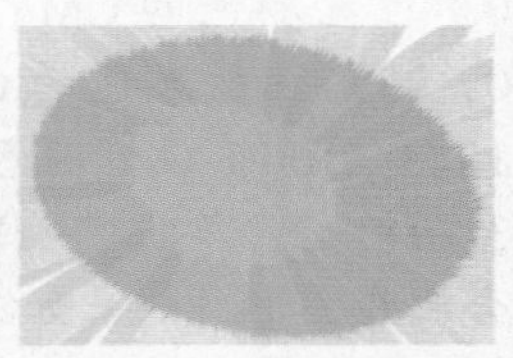

图84-6 拉链变形效果　图84-7 添加透明效果

07 参照步骤4~5的操作方法绘制其他变形图形，分别填充相应的颜色，并删除其轮廓，效果如图84-8所示。

08 选择绿色变形图形，按【F11】键，在弹出的"编辑填充"对话框中单击"渐变填充"按钮，然后单击"椭圆形渐变填充"按钮，设置0%位置的颜色为黄绿色（CMYK值分别为20、5、98、0）、100%位置的颜色为绿色（CMYK值分别为38、4、60、0），单击"确定"按钮，渐变填充图形，效果如图84-9所示。

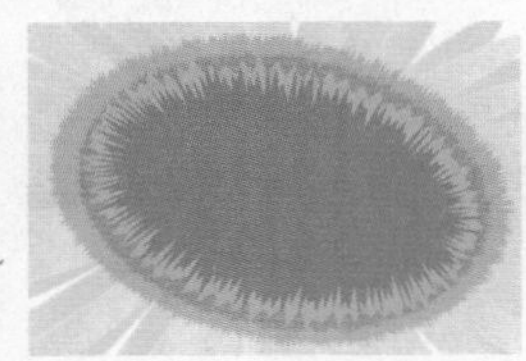

图84-8 绘制其他变形图形　图84-9 渐变填充图形

09 绘制其他图形，分别填充相应的颜色，并调整其位置及大小，效果如图84-10所示。

10 选取3点椭圆形工具，绘制一个椭圆，填充颜色为黄色（CMYK值分别为2、0、100、0），并删除其轮廓。在椭圆图形上单击并拖动鼠标至合适位置，松开鼠标的同时右击复制椭圆。用同样的方法复制多个椭圆，效果如图84-11所示。

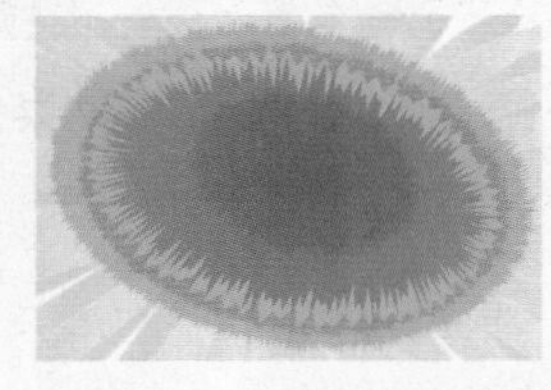

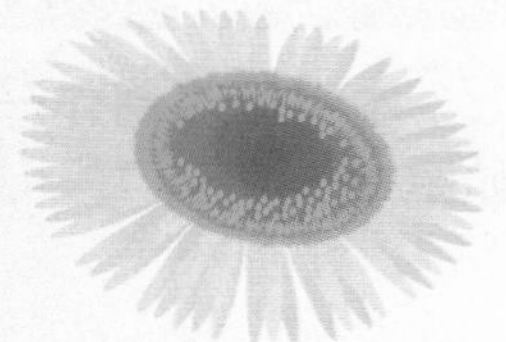

图84-10 绘制其他图形　图84-11 绘制并复制椭圆

2. 绘制向日葵的叶片效果

01 选取钢笔工具，绘制一个花杆图形，填充其颜色为墨绿色（CMYK值分别为97、27、100、13），并删除其轮廓。按【Ctrl+End】组合键，调整图形至页面最后面，效果如图84-12所示。

02 选取钢笔工具，绘制一个叶片图形。按【F11】键，在弹出的"编辑填充"对话框中单击"渐变填充"按钮，然后单击"椭圆形渐变填充"按钮，设置0%位置的颜色为绿色（CMYK值分别为94、0、100、

0)、100%位置的颜色为墨绿色（CMYK值分别为96、25、100、12），单击“确定”按钮，渐变填充图形，并删除其轮廓，效果如图84-13所示。

图84-12 绘制花秆图形并填充颜色　　图84-13 绘制叶片图形

03 绘制其他叶片图形以及叶脉图形，分别填充相应的颜色，删除其轮廓，并调整其图层顺序，效果如图84-14所示。

图84-14 绘制其他叶片及叶脉图形

04 绘制其他的向日葵图形，分别填充相应的颜色，并调整各图形的图层顺序，效果如图84-15所示。

05 选取钢笔工具，绘制一个曲线图形作为花盆。按【F11】键，在弹出的“编辑填充”对话框中单击“渐变填充”按钮，设置0%位置颜色的CMYK值分别为91、55、93、32，17%位置颜色的CMYK值分别为45、27、46、21，54%位置颜色的CMYK值分别为0、0、0、10，81%位置颜色的CMYK值分别为29、16、29、16，100%位置颜色的CMYK值分别为92、53、94、48，单击“确定”按钮，渐变填充图形，并删除其轮廓，效果如图84-16所示。

图84-15 绘制其他图形并调整图层顺序

图84-16 绘制并渐变填充花盆图形

06 选取椭圆形工具，绘制一个椭圆。按【Ctrl+End】组合键，调整图形至页面的最后面，最终效果参见图84-1。至此，本实例制作完毕。

实例85 精美礼盒

本实例将制作一幅精美礼盒插画，效果如图85-1所示。

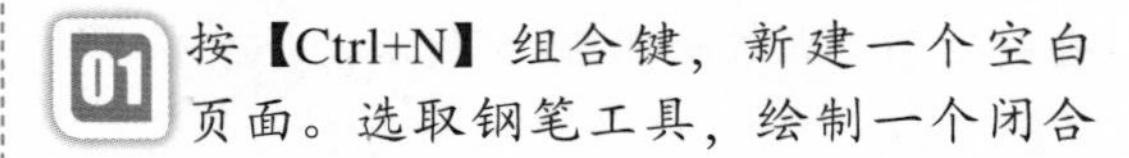

操作步骤

1．制作精美礼盒的盒状效果

01 按【Ctrl+N】组合键，新建一个空白页面。选取钢笔工具，绘制一个闭合曲线图形，如图 85-2 所示。

图85-1 精美礼盒插画

02 按【F11】键，在弹出的“编辑填充”对话框中单击“渐变填充”按钮，设置 0% 位置的颜色为深绿色（CMYK 值分别为 96、0、95、0）、57% 位置的颜色为淡绿色（CMYK 值分别为 28、0、60、0）、100% 位置的颜色为淡绿色(CMYK 值分别为 86、0、92、0)，单击“确定”按钮，渐变填充图形。右击调色板中的“无”按钮，删除其轮廓，效果如图 85-3 所示。

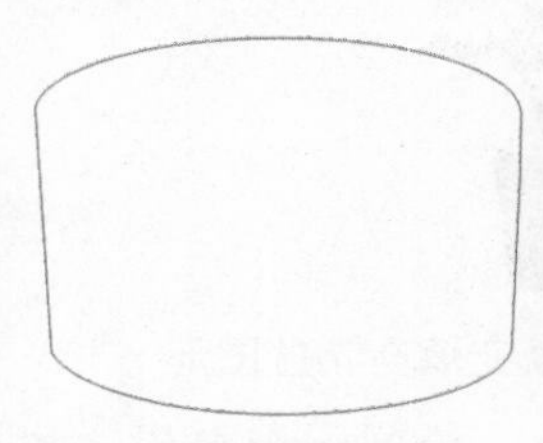

图85-2 绘制闭合曲线图形

图85-3 渐变填充并删除轮廓

03 参照步骤 1~2 的操作方法绘制其他闭合曲线图形，分别进行渐变填充，并删除其轮廓，效果如图 85-4 所示。

04 选取 3 点椭圆形工具，绘制一个椭圆，填充其颜色为白色。按小键盘上的【+】键，复制一个椭圆。在按住【Shift】键的同时拖动鼠标，等比例缩小图形，并加选两个椭圆图形，单击其属性栏中的“合并”按钮合并图形，效果如图 85-5 所示。

图85-4 绘制其他图形并删除轮廓

图85-5 合并图形

2. 制作精美礼盒的修饰效果

01 选取贝塞尔工具，在绘图页面中的合适位置绘制一个闭合曲线图形，如图 85-6 所示。

02 按【F11】键，在弹出的“编辑填充”对话框中单击“渐变填充”按钮，设置 0% 位置的颜色为红色(CMYK 值分别为 2、72、0、0)、100% 位置的颜色为淡红色（CMYK 值分别为 4、35、0、0），单击“确定”按钮，渐变填充闭合曲线图形，并删除其轮廓，效果如图 85-7 所示。

图85-6 绘制图形　　图85-7 渐变填充图形并删除轮廓

03 参照步骤 1~2 的操作方法绘制其他闭合曲线图形，渐变填充颜色并删除其轮廓，效果如图 85-8 所示。

图85-8 绘制其他闭合曲线图形并删除轮廓

04 参照步骤 1 中的操作方法绘制叶片形状。按【F11】键，在弹出的“编辑填充”对话框中单击“均匀填充”按钮，设置

颜色为绿色（CMYK值分别为96、4、100、0），单击“确定”按钮，为叶片图形填充颜色。使用钢笔工具绘制绿叶叶脉图形，并填充其颜色为绿色（CMYK值分别为96、0、100、0）。选取透明度工具，在其属性栏中设置“透明度”为57，为图形添加透明效果，如图85-9所示。

图85-9 绘制绿叶

05 绘制其他绿叶和花瓣形状，分别填充相应的颜色，并删除其轮廓，效果如图85-10所示。

图85-10 绘制其他绿叶及花瓣形状

06 还可以根据设计的需要，通过复制和改变图形填充颜色，并调整其大小及位置，制作出其他颜色的礼盒，最终效果参见图85-1。至此，本实例制作完毕。

实例86 时尚花纹

本实例将制作一幅时尚花纹插画，效果如图86-1所示。

图86-1 时尚花纹插画

操作步骤

1．制作时尚花纹的叶片效果

01 按【Ctrl+N】组合键，新建一个空白页面。选择钢笔工具，绘制叶片图形。按【F11】键，在弹出的“编辑渐变”对话框中单击“均匀填充”按钮，设置颜色为黄绿色（CMYK值分别为29、9、98、0），单击“确定”按钮，为图形填充颜色。在其属性栏中设置轮廓宽度为“无”，删除其轮廓，效果如图86-2所示。

02 参照上一步中的操作方法绘制其他叶片图形，分别填充相应的颜色，并删除其轮廓，效果如图86-3所示。

图86-2 叶片图形　图86-3 绘制其他叶片图形

03 按小键盘上的【+】键复制图形，并调整其大小及位置，作为其他叶片。使用钢笔工具绘制枝条图形，分别填充相应的颜色，并删除其轮廓。按【Ctrl+PageDown】

组合键调整图形顺序，效果如图 86-4 所示。

图86-4 绘制其他叶片和枝条

04 选取钢笔工具，绘制绿叶形状，分别填充相应的颜色，并删除其轮廓，效果如图 86-5 所示。

05 选取调和工具，在黄色叶片和绿色叶片之间创建直线调和，在其属性栏中设置“调和对象”为 10，绘制其他绿叶形状，并创建直线调和。选取椭圆形工具，绘制一个椭圆，填充其颜色为黄色（CMYK 值分别为 10、0、100、0），并删除其轮廓，效果如图 86-6 所示。

图86-5 绘制绿叶形状　图86-6 绿叶图形效果

06 参照步骤 3 中的操作方法复制图形，并调整其大小及位置，效果如图 86-7 所示。

图86-7 复制调和图形

2. 制作时尚花纹的花瓣效果

01 参照绘制时尚花纹叶片的操作方法绘制花瓣图形，并分别填充相应的颜色，效果如图 86-8 所示。

图86-8 绘制花瓣图形

02 按【F7】键，选取椭圆形工具，按住【Ctrl】键的同时拖动鼠标，绘制一个正圆，并填充相应的颜色，然后复制多个正圆，将其调整至合适位置，并调整图形顺序，效果如图 86-9 所示。

图86-9 绘制并复制正圆

03 选取选择工具，选择花瓣图形，按【Ctrl+G】组合键组合图形。按两次小键盘上的【+】键，复制组合后的花瓣图形，并旋转复制的图形，然后调整其大小及位置，效果如图 86-10 所示。

图86-10 复制并调整花瓣图形

04 用同样的操作方法绘制小花瓣图形，效果如图 86-11 所示。

05 单击“文件”|“导入”命令，导入一幅背景图像。单击“对象”|“顺序”|“到页面后面”命令，调整导入的图像至页面最后面，最终效果参见图 86-1。至此，本实例制作完毕。

图86-11 绘制小花瓣图形

实例87 生日蛋糕

本实例将制作一幅生日蛋糕插画，效果如图 87-1 所示。

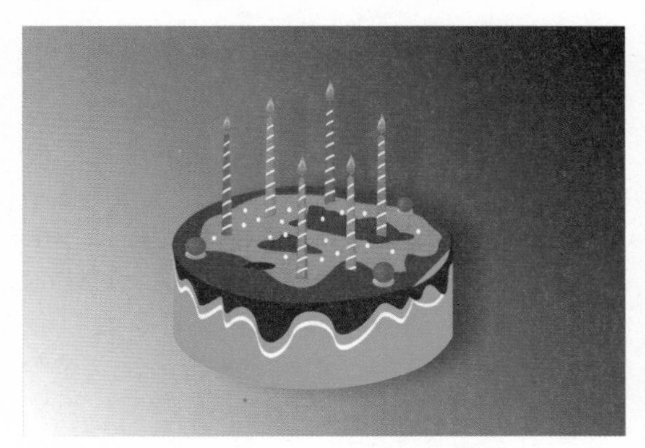

图87-1 生日蛋糕插画

操作步骤

1. 制作生日蛋糕的主体图形

01 按【Ctrl+N】组合键，新建一个空白页面。选取 3 点椭圆形工具，绘制一个椭圆。单击“窗口”|“泊坞窗”|“彩色”命令，在弹出的“颜色”泊坞窗中设置颜色为深褐色（CMYK 值分别为 33、82、96、25），单击“填充”按钮，为椭圆填充颜色，并删除其轮廓，效果如图 87-2 所示。

02 选取钢笔工具，绘制一个闭合曲线图形，填充其颜色为黄色（CMYK 值分别为 2、31、96、0），并删除其轮廓，效果如图 87-3 所示。

图87-2 绘制椭圆

图87-3 绘制闭合曲线图形

03 绘制其他闭合曲线图形，分别填充相应的颜色，并删除其轮廓，效果如图 87-4 所示。

图87-4 绘制其他闭合曲线图形

2．制作生日蛋糕的蜡烛等效果

01 选取钢笔工具，绘制一个闭合曲线图形。单击“窗口”|“泊坞窗”|“彩色”命令，在弹出的“颜色”泊坞窗中设置颜色为绿色（CMYK值分别为42、3、95、0），单击“填充”按钮，为闭合曲线图形填充颜色。在其属性栏中设置轮廓宽度为“无”，删除其轮廓，效果如图87-5所示。

02 用同样的操作方法绘制其他闭合曲线图形，分别填充相应的颜色，并删除其轮廓，效果如图87-6所示。

图87-5 绘制曲线图形 图87-6 绘制其他曲线图形

03 选取钢笔工具，绘制一个火焰图形。按【F11】键，在弹出的“编辑填充”对话框中单击“渐变填充”按钮，设置0%位置的颜色为红色（CMYK值分别为2、96、89、0）、38%位置的颜色为橙色（CMYK值分别为2、49、90、0）、81%、100%位置的颜色均为黄色（CMYK值分别为3、2、91、0），单击“确定”按钮，渐变填充火焰图形，并删除其轮廓，效果如图87-7所示。

04 按小键盘上的【+】键，复制一个火焰图形。按住【Shift】键的同时拖动鼠标，等比例缩小图形，并填充其颜色为橙色（CMYK值分别为4、64、91、0），效果如图87-8所示。

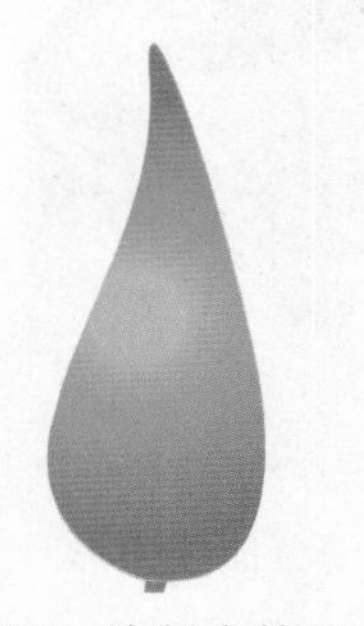

图87-7 绘制火焰图形 图87-8 复制火焰图形

05 使用选择工具选取蜡烛图形，按【Ctrl+G】组合键组合图形，再复制多个蜡烛图形，单击其属性栏中的“取消组合对象”按钮，取消图形的组合。分别对复制的蜡烛图形填充不同的颜色，并调整其位置及大小，效果如图87-9所示。

图87-9 其他蜡烛图形效果

06 选取椭圆形工具，绘制一个椭圆。按【F11】键，在弹出的“编辑填充”对话框中单击“渐变填充”按钮，设置0%位置的颜色为橙色（CMYK值分别为3、40、94、0）、100%位置的颜色为黄色（CMYK值分别为3、2、91、0），单击“确定”按钮，渐变填充椭圆，并删除其轮廓，效果如图87-10所示。

07 选取椭圆形工具，在按住【Ctrl】键的同时拖动鼠标绘制一个正圆，并进行渐变填充，效果如图87-11所示。

图87-10 绘制椭圆 图87-11 绘制正圆

08 选取选择工具，按住【Shift】键的同时选择步骤6~7中所绘制的图形，按【Ctrl+G】组合键组合图形。在组合后的图形上单击并拖动鼠标至合适位置，松开鼠标左键的同时右击复制图形，并调整其大小及位置，效果如图87-12所示。

09 双击选择工具，选择所有图形，按【Ctrl+G】组合键组合图形。选取阴影工具,在其属性栏中设置“预设列表”为“平面右上”，在图形上拖动鼠标，并设置“阴影偏移”分别为10.981mm和-0.008mm、“阴影的不透明”为33、“阴影羽化”为11，为图形添加阴影，效果如图87-13所示。

10 双击矩形工具，绘制一个与页面大小相等的矩形。选取交互式填充工具，在其属性栏中单击“渐变填充”按钮，设置起始颜色为黑色，终止颜色为白色，渐变填充矩形，最终效果参见图87-1。至此，本实例制作完毕。

图87-12 复制图形

图87-13 添加阴影效果

实例88 诚信使者

本实例将制作一幅动物（狗）插画，效果如图88-1所示。

图88-1 动物（狗）插画

操作步骤

1. 制作诚信使者的头部图形

01 按【Ctrl+N】组合键,新建一个空白页面。选取钢笔工具，绘制一个闭合曲线图形。按【Alt+Enter】组合键，在弹出的“对象属性”泊坞窗中单击“填充”选项卡，设置“填充类型”为“均匀填充”，颜色为黄色（CMYK值分别为0、20、80、0）。切换至“轮廓”选项卡，设置“轮廓宽度”为0.35mm、“轮廓颜色”为黑色（CMYK值分别为0、0、0、100），效果如图88-2所示。

02 用同样的操作方法绘制其他闭合曲线图形，分别填充相应的颜色，并设置轮廓属性，然后调整图形的图层顺序，效果如图88-3所示。

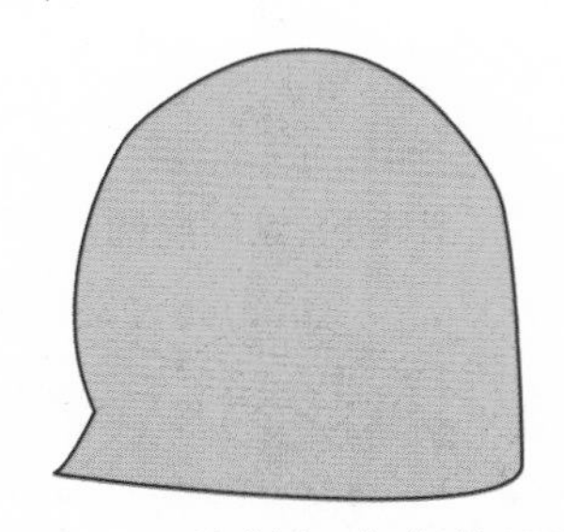

图88-2 绘制闭合曲线图形

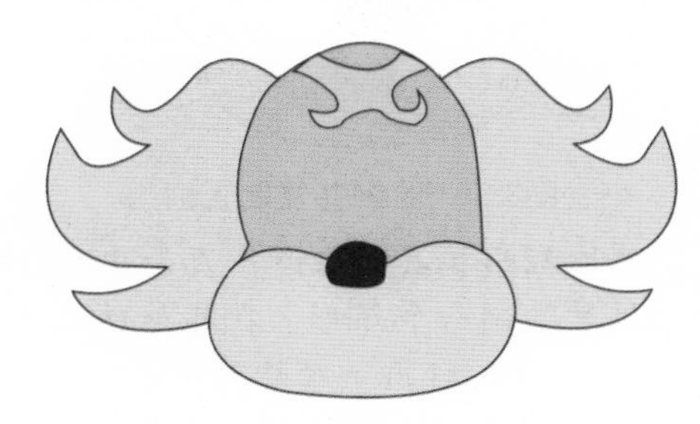

图88-3 绘制其他闭合曲线图形

03 选取钢笔工具，绘制曲线线条。选取选择工具,选择绘制的线条。按【F12】键，弹出“轮廓笔”对话框，设置“宽度”为0.35mm，单击“确定”按钮，效果如图88-4所示。

04 选取椭圆形工具，分别绘制两个椭圆，填充其颜色为黑色（CMYK值分别为0、0、0、100），效果如图88-5所示。

05 选取椭圆形工具，在按住【Ctrl】键的同时拖动鼠标，绘制一个正圆，并填充其颜色为黑色。多次按小键盘上的【+】键复制多个正圆图形，并将其调整至合适位置，效果如图 88-6 所示。

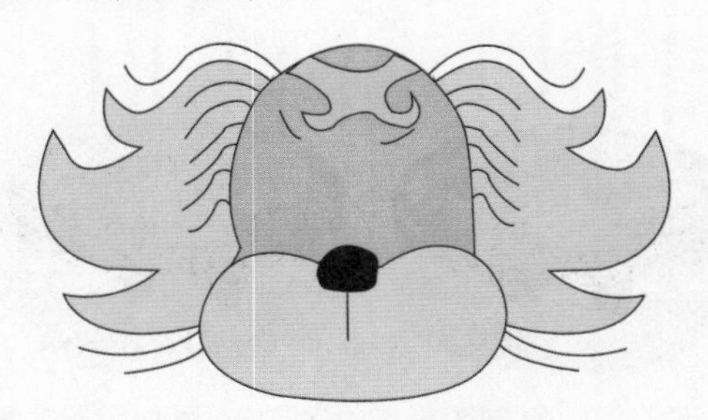
图88-4 绘制曲线线条

图88-5 绘制椭圆

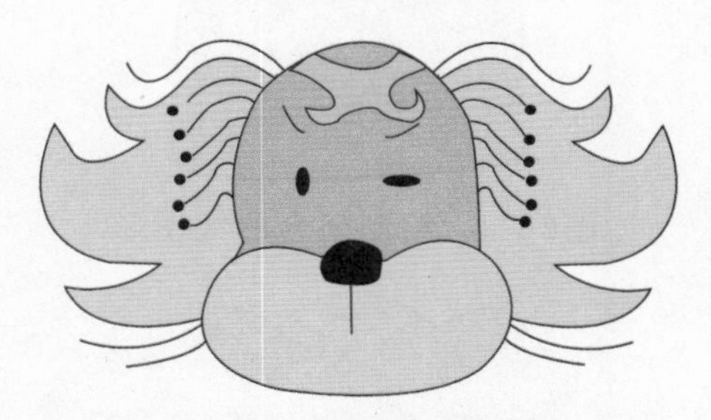
图88-6 绘制并复制正圆

06 选取矩形工具，在绘图页面中的合适位置绘制一个矩形，在其属性栏中设置矩形 4 个角的转角半径均为 100。单击调色板中的白色色块，填充其颜色为白色，效果如图 88-7 所示。

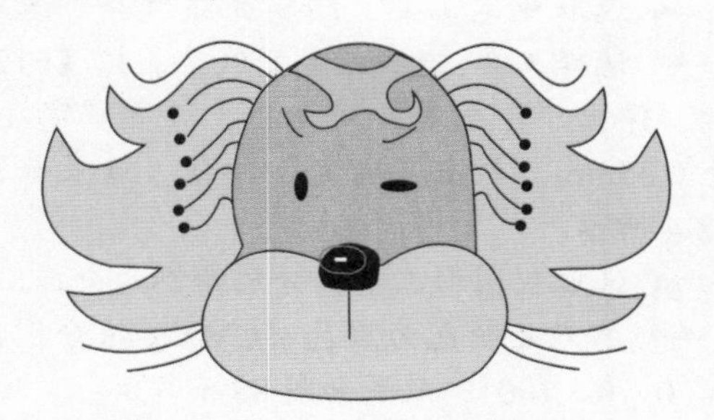
图88-7 绘制圆角矩形

2. 制作诚信使者的身体图形

01 选取钢笔工具，绘制动物身体部分的闭合曲线图形。选取滴管工具，单击动物头部的黄色部分。选取颜料桶工具，在刚绘制的身体图形上单击鼠标左键，将其填充为黄色。利用选择工具选取身体图形，在其属性栏中设置轮廓宽度为 0.35mm。在身体图形上右击,在弹出的快捷菜单中选择“顺序”|“置于此对象后”选项，单击动物的嘴图形，将动物身体图形调整至动物嘴图形的后面，效果如图 88-8 所示。

图88-8 绘制身体图形

02 绘制其他曲线图形，分别填充相应的颜色，并设置轮廓属性，然后调整图形图层的顺序，效果如图 88-9 所示。

图88-9 绘制其他曲线图形

03 选取椭圆形工具，在按住【Ctrl】键的同时拖动鼠标，绘制一个正圆，填充其颜色为粉色(CMYK 值分别为 0、40、20、0)，在其属性栏中设置轮廓宽度为 0.35mm，效果如图 88-10 所示。

04 复制多个正圆图形，分别填充相应的颜色，并调整相应的大小和位置，最终效果参见图 88-1。至此，本实例制作完毕。

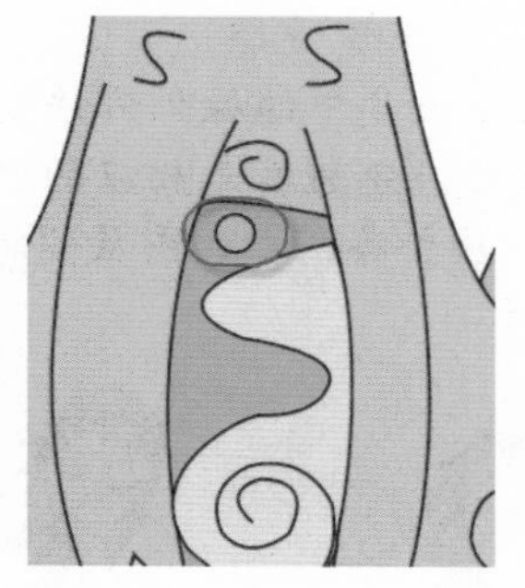

图88-10 绘制正圆

实例89 美丽佳人

本实例将制作一幅人物插画，效果如图 89-1 所示。

图89-1 人物插画

操作步骤

1. 制作美丽佳人的头部图形

01 按【Ctrl+N】组合键，新建一个空白页面。选取贝塞尔工具，绘制一个闭合曲线图形。单击“窗口”|“泊坞窗”|“彩色”命令，在弹出的“颜色”泊坞窗中设置颜色为淡红色（CMYK 值分别为 3、11、14、0），单击“填充”按钮，为图形填充颜色。选取无轮廓工具，删除图形轮廓，效果如图 89-2 所示。

02 选取钢笔工具，绘制头发图形，分别填充相应的颜色，并删除其轮廓，效果如图 89-3 所示。

图89-2 绘制脸部图形　　图89-3 绘制头发图形

03 选取贝塞尔工具，绘制眼部、嘴部和颈部图形，分别填充相应的颜色，删除其轮廓，并调整各图形的图层顺序，效果如图 89-4 所示。

图89-4 绘制眼部、嘴部和颈部图形

2. 制作身体部分的图形

01 选取贝塞尔工具，绘制上衣图形，填充其颜色为蓝色（CMYK 值分别为 82、10、3、0），并删除其轮廓，效果如图

89-5 所示。

02 参照上一步中的操作方法绘制其他曲线图形，分别填充相应的颜色，删除其轮廓，并调整各图形的图层顺序，效果如图 89-6 所示。

图89-5 绘制上衣图形　图89-6 绘制其他曲线图形

03 选取贝塞尔工具，绘制一个闭合曲线图形，填充其颜色为白色。选取无轮廓工具，删除图形轮廓，效果如图 89-7 所示。

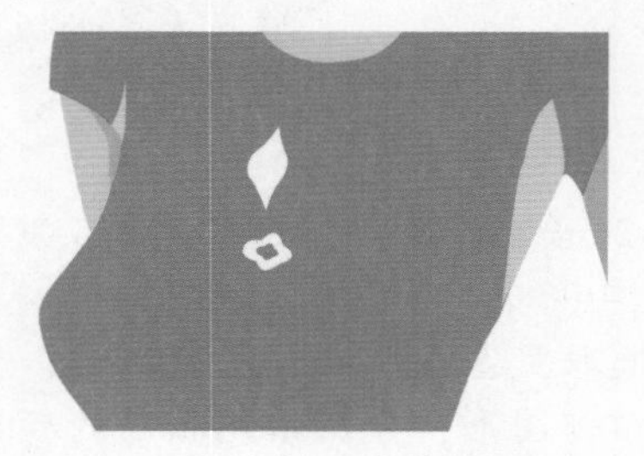

图89-7 绘制闭合曲线图形

04 选取挑选工具，双击曲线图形，使其进入旋转状态，移动中心点至图形下方，如图 89-8 所示。

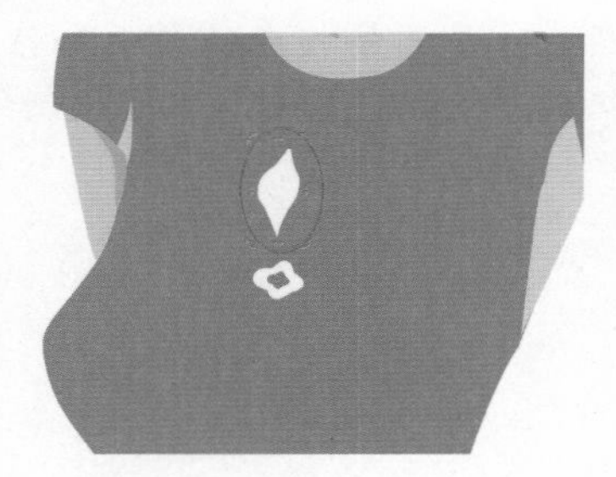

图89-8 移动中心点

05 单击“对象”|“变换”|“旋转”命令，在弹出的“变换”泊坞窗的“旋转”选项区中设置“旋转角度”为 45，在“副本”文本框中输入 1，单击 7 次“应用”按钮，复制并旋转图形，效果如图 89-9 所示。

图89-9 复制并旋转图形

06 选取贝塞尔工具，在腰带图形上绘制两条曲线。选择绘制的曲线，按【F12】键，弹出“轮廓笔”对话框，设置“宽度”为 0.5mm、“颜色”为黄色（CMYK 值分别为 0、0、100、0）、“样式”为 - - - - - - - - -，单击“确定”按钮，设置轮廓属性，效果参见图 89-1。至此，本实例制作完毕。

实例90 纯真少女

本实例将制作一幅纯真少女人物插画，效果如图 90-1 所示。

图90-1 纯真少女人物插画

操作步骤

1．制作纯真少女的头部图形

01 按【Ctrl+N】组合键,新建一个空白页面。选取钢笔工具，绘制一个闭合曲线图形作为脸部图形。按【F11】键，在弹出的“编辑填充”对话框中单击“均匀填充”按钮，设置颜色为淡黄色（CMYK值分别为3、8、29、0），按【Enter】键为其填充颜色。选取无轮廓工具，删除图形轮廓，效果如图90-2所示。

02 按【Ctrl+C】组合键复制图形，按【Ctrl+V】组合键粘贴图形。在按住【Shift】键的同时拖动鼠标,等比例缩小图形，并填充相应的颜色，效果如图90-3所示。

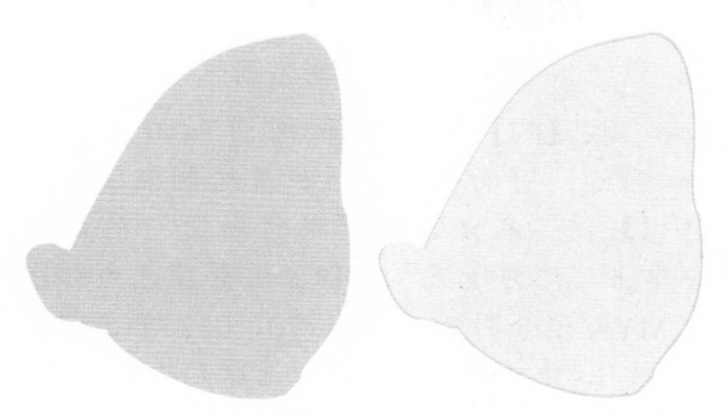

图90-2 绘制脸部图形　　图90-3 复制图形

03 绘制头发图形，填充相应的颜色，并调整图形的图层顺序,效果如图90-4所示。

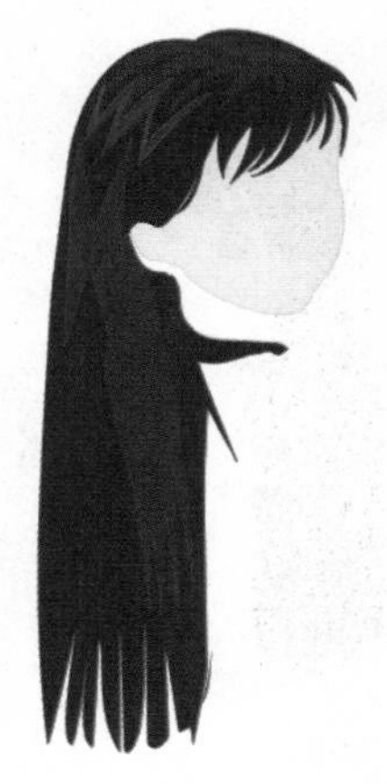

图90-4 绘制头发图形

04 用同样的操作方法绘制眼睛、嘴、鼻子和耳朵等图形，分别填充相应的颜色，删除其轮廓，并调整图层顺序，效果如图90-5所示。

图90-5 绘制眼睛、嘴、鼻子和耳朵等图形

05 选取椭圆形工具，绘制两个椭圆图形。在按住【Shift】键的同时，选中这两个椭圆图形，单击其属性栏中的“合并”按钮合并图形。按【F11】键，在弹出的“编辑填充”对话框中单击“渐变填充”按钮，然后单击“椭圆形渐变填充”按钮，设置0%位置的颜色为黄色（CMYK值分别为15、25、91、3）、100%位置的颜色为白色（CMYK值均为0），单击“确定”按钮,渐变填充图形，并删除其轮廓，效果如图90-6所示。

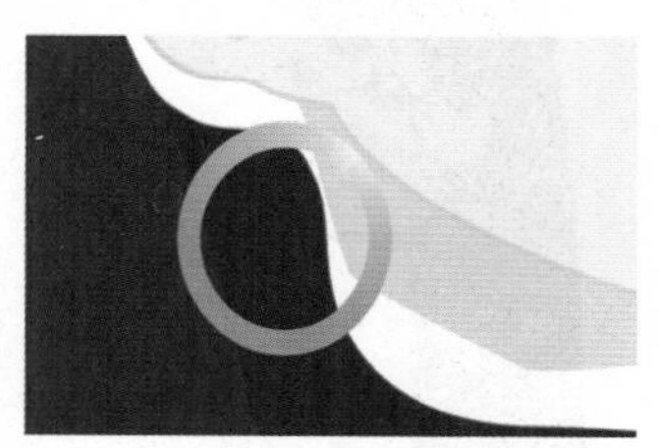

图90-6 删除轮廓后的效果

06 选取椭圆形工具，绘制椭圆并渐变填充，然后删除其轮廓，复制3个椭圆，并将其缩小至合适大小，效果如图90-7所示。

图90-7 绘制椭圆

2．制作纯真少女的身体图形

01 选取钢笔工具，在绘图页面中的合适位置绘制一个上衣图形。按【F11】键，在弹出的“编辑渐变”对话框中单击“均匀填充”按钮，设置颜色为淡黄色（CMYK值分别为0、22、31、0），按【Enter】键，为

上衣图形填充颜色，效果如图 90-8 所示。

图90-8 绘制上衣图形

02 参照步骤 1 中的操作方法绘制其他图形，填充相应的颜色，并删除其轮廓，然后调整各图形的图层顺序，效果如图 90-9 所示。

图90-9 绘制其他图形

03 单击“文件”|“导入”命令，导入一幅礼物插画图形，调整其位置及大小，效果如图 90-10 所示。

图90-10 导入礼物图形

04 绘制彩带图形，填充颜色为淡绿色（CMYK 值分别为 11、2、23、0），在其属性栏中设置轮廓宽度为 1mm。右击调色板中的白色色块，设置图形的轮廓色为白色，效果如图 90-11 所示。

图90-11 绘制彩带图形

05 按【F7】键，选取椭圆形工具，在绘图页面中的合适位置绘制椭圆。按【F11】键，在弹出的“编辑渐变”对话框中单击“均匀填充”按钮，设置颜色为红色（CMYK 值分别为 1、82、70、0），单击“确定”按钮，为椭圆填充颜色。选取无轮廓工具，删除图形轮廓。按【Ctrl+End】组合键，调整椭圆至页面最后面，效果如图 90-12 所示。

图90-12 绘制椭圆

06 按小键盘上的【+】键，复制一个椭圆。将鼠标指针置于椭圆 4 个角的任意控制柄上，按住鼠标左键并拖动，缩小椭圆，并填充相应的颜色，最终效果参见图 90-1。至此，本实例制作完毕。

实例91 酷男插画

本实例将制作一幅酷男插画，效果如图91-1所示。

图91-1 酷男插画

操作步骤

1. 制作酷男的头部图形

01 按【Ctrl+N】组合键，新建一个空白页面。选取贝塞尔工具，绘制一个脸部图形。单击"窗口"|"泊坞窗"|"彩色"命令，在弹出的"颜色"泊坞窗中设置颜色为黄色（CMYK值分别为1、34、48、0），单击"填充"按钮，为图形填充颜色。选取无轮廓工具，删除图形轮廓，效果如图91-2所示。

02 选取贝塞尔工具，绘制头发图形，填充其颜色为黑色（CMYK值分别为87、76、66、48），并删除其轮廓，效果如图91-3所示。

图91-2 绘制脸部图形　图91-3 绘制头发图形

03 绘制头部其他图形，分别填充相应的颜色，并删除其轮廓，然后调整各图形的图层顺序，效果如图91-4所示。

图91-4 绘制头部其他图形

2. 制作酷男的身体图形

01 选取贝塞尔工具，绘制一个上衣图形，填充其颜色为蓝色（CMYK值分别为97、77、13、0）。选取无轮廓工具，删除图形轮廓，效果如图91-5所示。

图91-5 绘制上衣图形

02 绘制其他图形，分别填充相应的颜色，并删除图形轮廓，然后调整各图形的图层顺序，效果如图91-6所示。

03 双击矩形工具，绘制一个与页面大小相同的矩形。在矩形上右击，在弹出的快捷菜单中选择"顺序"|"到页面后面"选项，调整图层至页面最后面，填充矩形颜色为灰色（CMYK 值分别为 0、0、0、20），并删除其轮廓，最终效果参见图 91-1。至此，本实例制作完毕。

图91-6 绘制其他图形

实例92 风景插画

本实例将制作一幅风景插画，效果如图 92-1 所示。

图92-1 风景插画

操作步骤

1. 制作风景插画中的天空和草

01 按【Ctrl+N】组合键,新建一个空白页面，绘制一个矩形。按【F11】键，在弹出的"编辑填充"对话框中单击"渐变填充"按钮，设置 0% 位置的颜色为淡蓝色（CMYK 值分别为 28、0、3、0、)、50% 位置的颜色为蓝色（CMYK 值分别为 91、0、0、0)、100% 位置的颜色为天蓝色（CMYK 值分别为 91、21、0、0)，单击"确定"按钮，渐变填充矩形，并删除其轮廓，效果如图 92-2 所示。

图92-2 绘制矩形

02 选取贝塞尔工具，绘制白云图形，填充其颜色为白色，并删除其轮廓，效果如图 92-3 所示。

图92-3 绘制白云图形

03 选取贝塞尔工具，绘制其他白云图形，并进行渐变填充，然后删除其轮廓，效果如图 92-4 所示。

图92-4 绘制其他白云图形

04 单击“位图”|“转换为位图”命令，在弹出的“转换为位图”对话框中设置“分辨率”为 300，选中“透明背景”复选框，单击“确定”按钮，将白云图形转换为位图。单击“位图”|“模糊”|“高斯式模糊”命令，在弹出的“高斯式模糊”对话框中设置“半径”为 9，单击“确定”按钮，效果如图 92-5 所示。

图92-5 高斯模糊位图

05 按小键盘上的【+】键，复制白云图形，并调整其位置及大小。用同样的操作方法绘制草坪图形，渐变填充图形，并删除其轮廓，效果如图 92-6 所示。

图92-6 绘制草坪图形

06 复制草坪图形，单击其属性栏中的“水平镜像”按钮水平镜像图形，并将其调整至合适位置，效果如图 92-7 所示。

图92-7 复制并水平镜像图形

07 绘制草图形，填充相应的颜色，并删除其轮廓。按【Ctrl+PageDown】组合键，调整图形的图层顺序，效果如图 92-8 所示。

图92-8 绘制草图形

2. 制作风景插画中的鲜花和飞机

01 选取贝塞尔工具，绘制草图形，填充其颜色为草绿色（CMYK 值分别为 80、0、100、0），并删除其轮廓，效果如图 92-9 所示。

图92-9 绘制其他草图形

02 选取3点椭圆形工具，绘制一个椭圆。单击“对象”|“转换为曲线”命令，将椭圆转换为曲线。选取形状工具，调整椭圆形状，填充其颜色为灰色（CMYK值分别为0、0、0、10），并删除其轮廓，效果如图92-10所示。

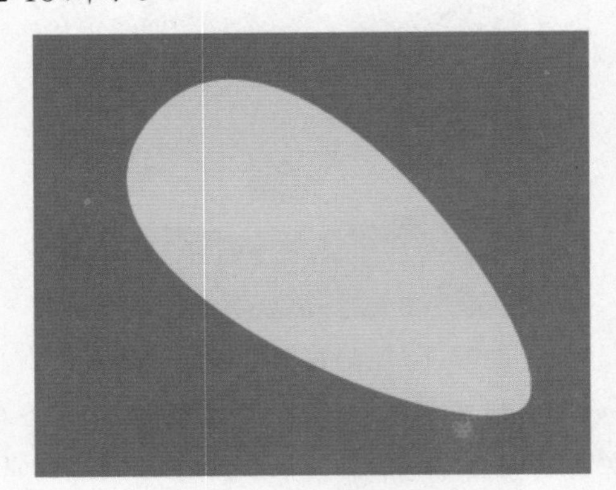

图92-10 绘制曲线图形

03 按【Alt+F8】组合键，在弹出的“变换”泊坞窗的“旋转”选项区中设置“角度”为90，在“副本”文本框中输入1，单击3次“应用”按钮，复制并旋转图形，效果如图92-11所示。

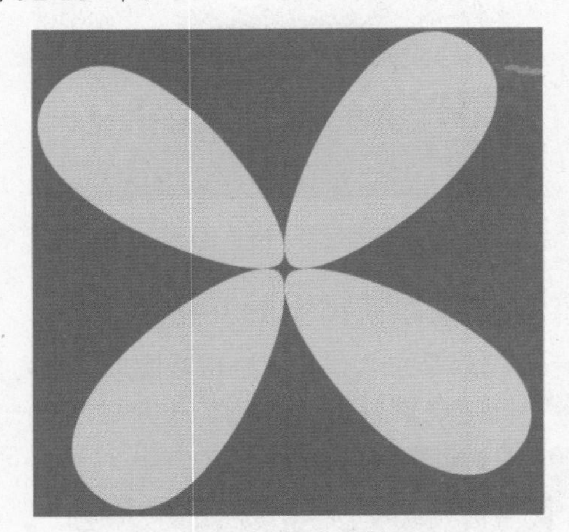

图92-11 复制并旋转图形

04 选取选择工具，在按住【Shift】键的同时选择绘制和复制的图形。按小键盘上的【+】键复制图形，双击图形进入旋转状态，将鼠标指针置于四周任意控制柄上，按住鼠标左键并向左拖动旋转图形，效果如图92-12所示。

05 参照步骤4中的操作方法再次复制并旋转图形，效果如图92-13所示。

图92-12 复制并旋转图形

图92-13 复制并旋转图形

06 按【F7】键，选取椭圆形工具，在按住【Ctrl】键的同时拖动鼠标，绘制一个正圆，填充其颜色为黄色（CMYK值分别为0、0、100、0）。按【F12】键，在弹出的“轮廓笔”对话框中设置“宽度”为0.25mm、“颜色”为橙色（CMYK值分别为0、71、100、0），设置轮廓属性，效果如图92-14所示。

图92-14 绘制正圆并设置轮廓属性

07 绘制其他草和花图形，分别填充相应的颜色，效果如图 92-15 所示。

图92-15 绘制其他草和花图形

08 选取钢笔工具，绘制曲线图形，并填充其颜色为白色。选取透明度工具，在其属性栏中单击“均匀透明度”按钮，设置“透明度”为 30，为图形添加透明效果，如图 92-16 所示。

图92-16 绘制曲线图形并添加透明效果

09 参照步骤 8 中的操作方法绘制其他曲线图形，填充相应的颜色，并调整各图形的图层顺序，效果如图 92-17 所示。

图92-17 绘制其他图形

10 按住【Shift】键的同时选中步骤 8~9 中绘制的图形，按【Ctrl+G】组合键组合图形。在组合后的图形上单击并拖动鼠标至合适位置，在松开鼠标左键的同时右击复制图形，再调整各复制图形的大小及位置，效果如图 92-18 所示。

图92-18 复制其他图形

11 选取折线工具，绘制一个多边形，填充其颜色为白色。右击调色板中的“无”按钮，删除其轮廓，效果如图 92-19 所示。

图92-19 绘制多边形

12 参照步骤 11 中的操作方法绘制其他多边形，分别填充相应的颜色，并删除其轮廓，效果如图 92-20 所示。

图92-20 绘制其他多边形

13 用同样的操作方法绘制其他飞机图形，并填充相应的颜色，最终效果参见图 92-1。至此，本实例制作完毕。

第6章 POP设计

POP广告也称为“购买点广告”或“店面广告”，是零售商店、商场和超市等销售场所的一切广告的统称。它具有最直接、最灵活以及表现形式多样化的特点，促使消费者产生购买的欲望和行为。本章将通过10个实例详细讲解POP广告的制作方法与设计技巧。

实例93 MP3 POP广告

本实例将制作爱丽莎 MP3 POP 广告，效果如图 93-1 所示。

图93-1 爱丽莎MP3 POP广告

操作步骤

1. 制作MP3广告的背景效果

01 按【Ctrl+N】组合键，新建一个空白页面。绘制一个矩形。按【F11】键，在弹出的“编辑填充”对话框中单击“均匀填充”按钮，设置颜色为灰色(CMYK 值分别为 0、0、0、15)，单击“确定”按钮，为矩形填充颜色，然后删除矩形轮廓，效果如图 93-2 所示。

图93-2 绘制矩形并填充颜色

02 选取椭圆形工具，按住【Ctrl】键的同时，绘制一个正圆，填充其颜色为白色。选取变形工具，在正圆中心按住鼠标左键并向外拖动，为图形添加变形效果。单击其属性栏中的“居中变形”按钮，将图形以中心点进行变形，然后删除变形图形的轮廓，效果如图 93-3 所示。

图93-3 绘制正圆并添加变形效果

03 选取透明度工具，在属性栏中单击“渐变透明度”按钮，设置“节点透明度”为 30，为图形添加透明效果，如图 93-4 所示。

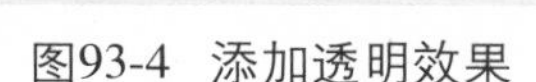

图93-4 添加透明效果

04 按小键盘上的【+】键，复制一个图形。在按住【Shift】键的同时，等比例缩小图形，并设置其轮廓颜色为黄色（CMYK 值分别为 0、0、100、0)，效果如图 93-5 所示。

图93-5 复制图形

05 选取椭圆形工具，绘制一个正圆，填充其颜色为白色，并删除其轮廓。选取阴影工具，在属性栏中设置“预设列表”为“大型辉光”、“阴影的不透明”为100、“阴影羽化”为67、“阴影颜色”为白色，为正圆添加阴影效果，如图93-6所示。

图93-6 绘制正圆并添加阴影效果

06 用同样的操作方法绘制其他透明图形，效果如图93-7所示。

图93-7 绘制其他图形

07 单击“文件”|“导入”命令，导入一幅手机图像，并调整其位置及大小。选取阴影工具，在其属性栏中设置“预设列表”为“小型辉光”、“阴影的不透明”为54、“阴影羽化”为7，为手机图像添加阴影效果，如图93-8所示。

08 分别导入其他手机图像，旋转图像，效果如图93-9所示。

09 按小键盘上的【+】键复制图形，在按住【Ctrl】键的同时将鼠标指针置于图形上方中间的控制柄上，按住鼠标左键并向下拖动，垂直镜像图形，效果如图93-10所示。

图93-8 导入图像并添加阴影效果

图93-9 导入并旋转其他手机图像

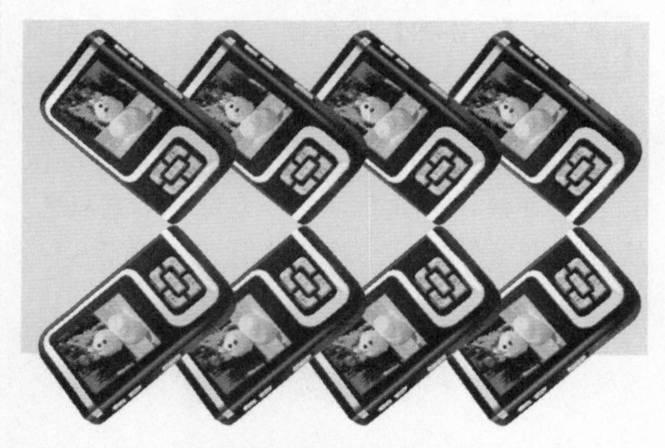

图93-10 复制并垂直镜像图形

10 选取裁剪工具，裁剪复制图形的多余部分。选择垂直镜像的图形，选取透明度工具，在其属性栏中单击“均匀透明度”按钮，设置“节点透明度”为81，为图形添加透明效果，如图93-11所示。

图93-11 裁剪图形并添加透明效果

11 选取艺术笔工具，在其属性栏中单击“喷涂”按钮，在“类别”下拉列表框中选择“其他”选项，在“喷射图样”下拉列表框中选择图案，在绘图页面中的合适位置单击并拖动鼠标，绘制艺术笔图形，效果如图 93-12 所示。

图93-12 绘制艺术笔图形

12 选取椭圆形工具，分别绘制两个椭圆，填充其颜色为粉红色（CMYK 值分别为 4、46、6、0），并删除其轮廓，效果如图 93-13 所示。

图93-13 绘制椭圆

2. 制作MP3广告的文字效果

01 选取文本工具，在其属性栏中设置字体为 Pump Demi Bold LET、字号为 66pt，输入文字 2008，效果如图 93-14 所示。

图93-14 输入文字

02 单击“对象”|“拆分美术字：Pump Demi Bold LET（正常）(ENU)”命令，打散文字。选取选择工具，调整文字的位置。选取椭圆形工具绘制两个正圆，分别填充红色和黄色，并调整图层至文字后面，效果如图 93-15 所示。

图93-15 文字效果

03 选取文本工具，在其属性栏中设置字体为“黑体”、字号为 18pt，输入相应的文字。选中输入的文字，填充其颜色为红色。选取阴影工具，在其属性栏中设置“预设列表”为“小型辉光”、“阴影的不透明”为 100、“阴影羽化”为 9、“阴影延展”为 0、“阴影淡出”为 50、“阴影颜色”为白色，为其添加阴影效果，如图 93-16 所示。

图93-16 输入文字并添加阴影效果

04 输入其他文字，设置其字体、字号和颜色，并调整至合适位置，最终效果参见图 93-1。至此，本实例制作完毕。

实例94 DV POP广告

本实例将制作一则数码摄像机（DV）POP 广告，效果如图 94-1 所示。

图94-1 DV POP广告

操作步骤

1. 制作DV广告的背景效果

01 按【Ctrl+N】组合键，新建一个空白页面。按【F6】键，选取矩形工具，绘制一个矩形，填充其颜色为黑色，效果如图 94-2 所示。

图94-2 绘制矩形并填充颜色

02 选取螺纹工具，在其属性栏中设置“螺纹回圈”为 4，单击“对称式螺纹”按钮，在绘图页面中的合适位置绘制一个螺旋形图形。选取“轮廓笔”工具，在弹出的“轮廓笔”对话框中设置“宽度”为 0.6mm、“颜色”为青色（CMYK 值分别为 100、0、0、0），单击“确定”按钮，为螺旋形图形设置轮廓属性，效果如图 94-3 所示。

图94-3 绘制螺旋形图形

03 选取透明度工具，在其属性栏中单击“均匀透明度”按钮，设置“透明度”为 80，为其添加透明效果。参照上一步的操作方法，绘制其他螺旋形图形，效果如图 94-4 所示。

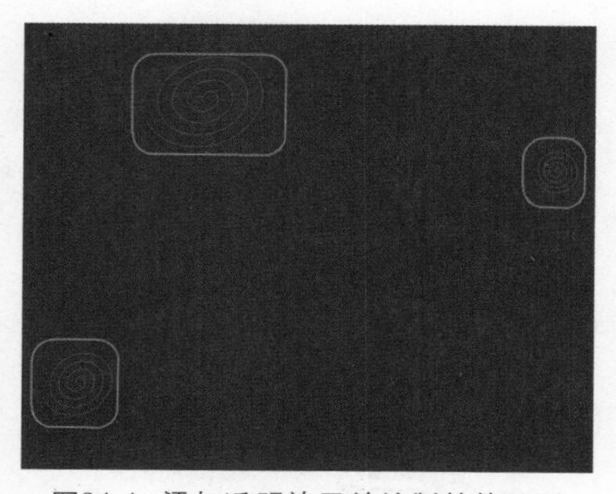

图94-4 添加透明效果并绘制其他图形

04 选取调和工具，从第 1 个图形上拖动鼠标至第 2 个图形上，创建直线调和。再从第 2 个图形上拖动鼠标至第 3 个图形上，复合调和，效果如图 94-5 所示。

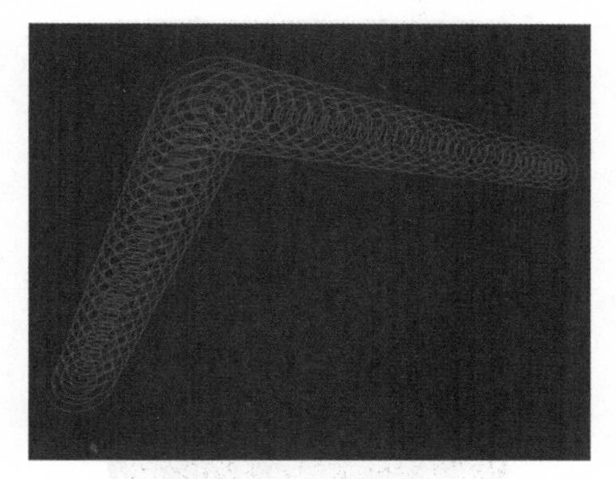

图94-5 复合调和效果

05 参照步骤2~4的操作方法绘制其他调和图形，效果如图94-6所示。

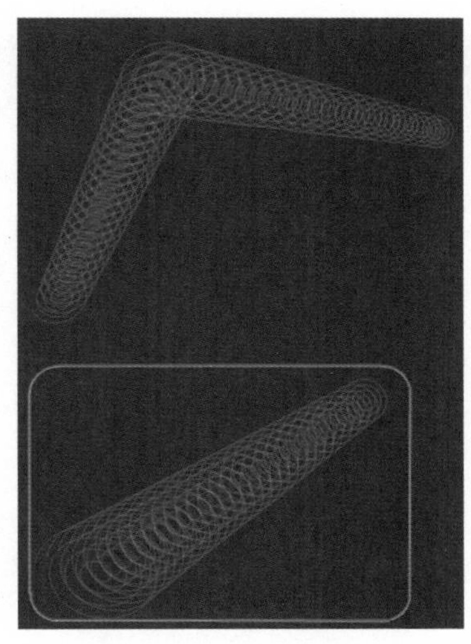

图94-6 绘制其他调和图形

06 单击“标准”工具栏中的“导入”按钮，导入一幅DV图像。选取阴影工具，在其属性栏中设置“预设列表”为“中等辉光”、“阴影的不透明”为26、“阴影羽化”为8、“阴影羽化方向”为“向外”、“阴影颜色”为青色（CMYK值分别为100、0、0、0），为图像添加阴影效果，如图94-7所示。

07 按【F6】键，选取矩形工具，在其属性栏中设置矩形4个角的转角半径均为25，绘制一个圆角矩形。单击该圆角矩形，使其进入旋转状态，将鼠标指针置于其上方中间的双向箭头位置，按住鼠标左键并向左拖动倾斜图形，并填充图形为10%黑。按【F12】键，在弹出的“轮廓笔”对话框中设置“宽度”为0.35mm、“颜色”为40%黑，为倾斜的圆角矩形设置轮廓属性，效果如图94-8所示。

图94-7 导入图像并添加阴影效果

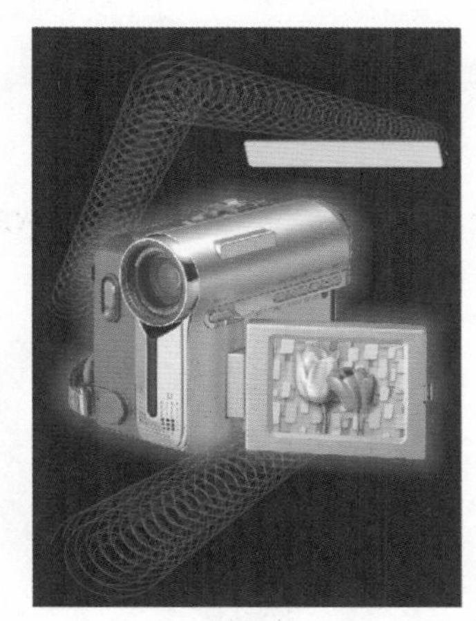

图94-8 绘制圆角矩形并设置轮廓属性

08 参照上一步的操作方法绘制其他圆角矩形，效果如图94-9所示。

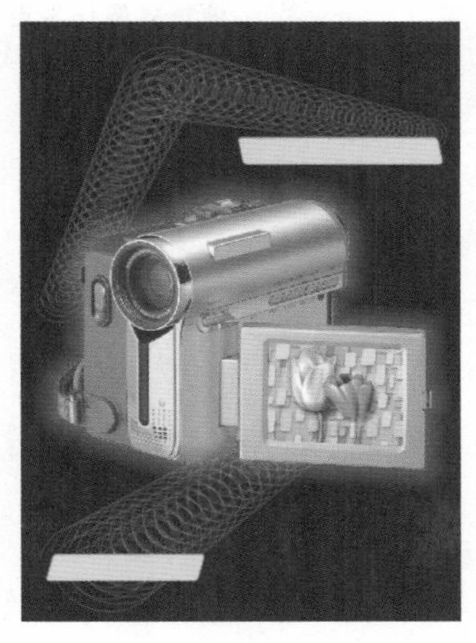

图94-9 绘制其他圆角矩形

2. 制作DV广告的文字效果

01 按【F8】键，选取文本工具，在其属性栏中设置字体为“汉仪菱心体简”、字号为55pt，输入文字“打造生活新感受”。双击状态栏中的“轮廓颜色”色块，在弹出的“轮廓笔”对话框中设置“宽度”为3mm、“颜色”为白色，单击“确定”按钮，为文字设置轮廓属性，效果如图94-10所示。

02 输入其他文字，设置其字体、字号和颜色，并调整至合适位置，最终效果参见图94-1。至此，本实例制作完毕。

图94-10 输入文字并设置轮廓属性

实例95 笔记本电脑POP广告

本实例将制作尼美克笔记本电脑POP广告，效果如图95-1所示。

图95-1 尼美克笔记本电脑POP广告

操作步骤

1. 制作笔记本电脑广告的背景

01 按【Ctrl+N】组合键，新建一个空白页面。按【F6】键，选取矩形工具，绘制一个矩形，填充其颜色为白色，效果如图95-2所示。

02 选取3点椭圆形工具，在矩形上绘制一个椭圆。单击“窗口”|“泊坞窗”|“彩色”命令，在弹出的“颜色”泊坞窗中设置颜色为蓝色（CMYK值分别为37、1、5、0），单击“填充”按钮，为椭圆填充颜色并删除其轮廓，效果如图95-3所示。

图95-2 绘制并填充矩形

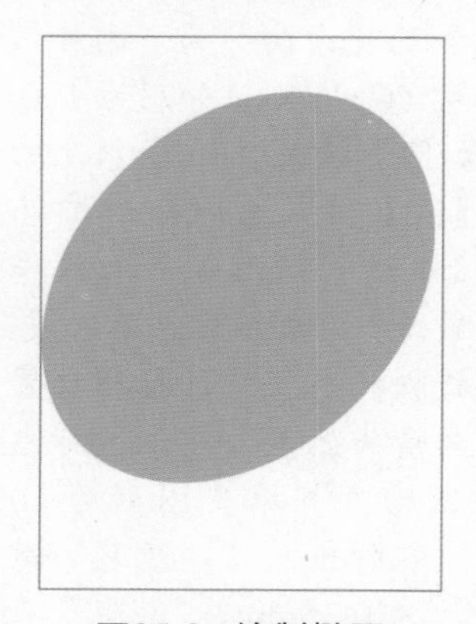

图95-3 绘制椭圆

03 依次单击“标准”工具栏中的“复制”和“粘贴”按钮，复制多个椭圆图形，缩小图形并分别填充相应的颜色，效果如图95-4所示。

图95-4 复制并填充图形

04 参照步骤2~3的操作方法绘制并复制其他椭圆图形，分别为其填充相应的颜色，效果如图95-5所示。

图95-5 绘制并复制其他椭圆

05 选取贝塞尔工具，绘制闭合曲线图形，填充其颜色为蓝色（CMYK值分别为86、19、0、0），并删除其轮廓，效果如图95-6所示。

06 按【Ctrl+I】组合键，导入一幅笔记本电脑图像。选取阴影工具，在其属性栏中设置“预设列表”为“小型辉光”、“阴影的不透明”为50、“阴影羽化”为3，为图像添加阴影效果，如图95-7所示。

图95-6 绘制并填充曲线图形

图95-7 导入图像并添加阴影效果

2. 制作笔记本电脑广告的文字

01 选取文本工具，在其属性栏中设置字体为“方正综艺简体”、字号为120pt，输入文字“新”。单击调色板中的橘红色色块，填充其颜色为橘红色，效果如图95-8所示。

图95-8 输入文字并填充颜色

02 输入并选中文字 NIMEIKE，在属性栏中设置其字体为“方正大黑简体”、字号为 50pt。选取选择工具，在文字上双击鼠标左键，使其进入旋转状态。将鼠标指针置于文字上方中间的双向箭头位置，按住鼠标左键并向右拖动倾斜文字，效果如图 95-9 所示。

图95-9 输入并倾斜文字

03 输入并选中文字“传输资料速度快”，在属性栏中设置其字体为“方正粗倩简体”、字号为 36pt、“旋转角度”为 18.5，效果如图 95-10 所示。

图95-10 输入并旋转文字

04 输入其他文字，设置其字体、字号和颜色，并调整至合适位置，最终效果参见图 95-1。至此，本实例制作完毕。

实例96 显示器POP广告

本实例将制作星镜显示器 POP 广告，效果如图 96-1 所示。

图96-1 星镜显示器POP广告

操作步骤

1. 制作显示器广告的背景效果

01 按【Ctrl+N】组合键，新建一个空白页面。单击“文件”|“导入”命令，导入一幅背景素材图像，效果如图 96-2 所示。

图96-2 导入图像

02 选取钢笔工具，绘制一个闭合多边形，填充其颜色为黑色，效果如图 96-3 所示。

03 按【Ctrl+I】组合键，导入显示器图像，并调整其大小及位置，效果如图 96-4 所示。

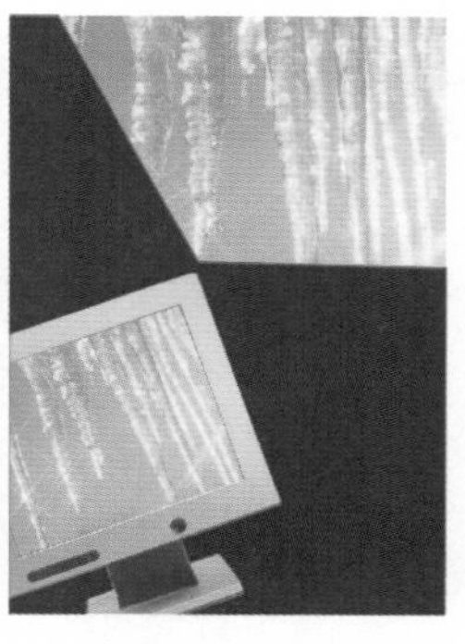

图96-3 绘制并填充多边形 图96-4 导入显示器图像

2．制作显示器广告的文字效果

01 选取文本工具，在其属性栏中设置字体为“方正大黑简体”、字号为125pt，输入并选中文字“星”，填充其颜色为黑色。双击状态栏中的“轮廓颜色”色块，在弹出的“轮廓笔”对话框中设置“宽度”为0.25mm、“颜色”为橘红色（CMYK值分别为0、60、100、0），单击“确定”按钮，为文字设置轮廓属性，效果如图96-5所示。

图96-5 输入文字并设置轮廓属性

02 单击“对象”|“将轮廓转换为对象”命令，将轮廓转换为图形对象。分别按【↓】键和【→】键，微移轮廓图形。按【Ctrl+PageDown】组合键，将轮廓图形向后移一层，效果如图96-6所示。

图96-6 将轮廓转换为对象并微移图形

03 输入文字“设计师专用显示器”，设置其字体为“方正大黑简体”、字号为42pt、颜色为白色，效果如图96-7所示。

图96-7 输入文字

04 选取贝塞尔工具，绘制曲线图形。用鼠标右键将文字拖动至黑色多边形上，在弹出的快捷菜单中选择“使文本适合路径”选项,使文本沿路径排列。选取挑选选择工具，调整文字至合适位置，效果如图96-8所示。

图96-8 使文本适合路径

05 选取文本工具，在其属性栏中设置字体为“方正美黑简体”、字号为38pt，单击“将文本更改为垂直方向”按钮，输入文字“超清晰·真实再现”。选中输入的文字，填充其颜色为橘红色，效果如图96-9所示。

图96-9 输入其他文字

06 输入其他文字，设置其字体、字号和颜色，并调整至合适位置，最终效果参见图96-1。至此，本实例制作完毕。

实例97 音箱POP广告

本实例将制作飞扬音箱 POP 广告，效果如图 97-1 所示。

图97-1 飞扬音箱POP广告

操作步骤

1．制作音箱广告的背景效果

01 按【Ctrl+N】组合键，新建一个空白页面。选取矩形工具，绘制一个矩形，填充其颜色为黑色，效果如图 97-2 所示。

图97-2 绘制矩形并填充颜色

02 单击“标准”工具栏中的“导入”按钮，导入一幅音箱图像，如图 97-3 所示。

图97-3 导入音箱图像

2．制作音箱广告的文字效果

01 选取文本工具，在其属性栏中设置字体为“方正综艺简体”、字号为 100pt，输入文字“飞”，填充其颜色为白色。右击调色板中的白色色块，填充文字的轮廓颜色为白色，效果如图 97-4 所示。

图97-4 输入文字并填充颜色

02 单击“对象”|“将轮廓转换为对象”命令，将轮廓转换为图形对象。按【↑】和【→】键，调整轮廓图形的位置，效果如图 97-5 所示。

图97-5 将轮廓转换为图形并微移图形

03 选取文本工具，输入文字 FEIYANG。选中输入的文字，在其属性栏中设置字体为“方正大黑简体”、字号为 64pt、旋转文字，并填充其颜色为 40% 黑，效果如图 97-6 所示。

图97-6 输入并旋转文字

04 输入其他文字，设置其字体、字号和颜色，并调整至合适位置，效果如图97-7所示。

05 选取钢笔工具，绘制一条直线，在其属性栏中设置轮廓宽度为0.176mm、填充颜色为白色，最终效果参见图97-1。至此，本实例制作完毕。

图97-7 输入其他文字

实例98 钻戒POP广告

本实例将制作水芙蓉钻戒POP广告，效果如图98-1所示。

图98-1 水芙蓉钻戒POP广告

操作步骤

1. 制作钻戒广告的背景效果

01 按【Ctrl+N】组合键，新建一个空白页面。在绘图页面中的空白位置右击，在弹出的快捷菜单中选择"导入"选项，导入一幅背景图像，如图98-2所示。

02 参照步骤1中的操作方法分别导入两幅钻戒图像，选择导入的图像，选取阴影工具，在属性栏中设置"预设列表"为"小型辉光"、"阴影的不透明"为100、"阴影羽化"为7、"阴影颜色"为白色，为图像添加阴影效果，如图98-3所示。

图98-2 导入背景图像

图98-3 导入钻戒图像并添加阴影效果

03 选取钢笔工具，绘制曲线，在属性栏中设置“终止箭头”为、轮廓宽度为0.35mm。右击调色板中的白色色块，填充其轮廓颜色为白色，效果如图 98-4 所示。

图98-4 绘制曲线并添加箭头

04 参照上一步的操作方法绘制其他曲线并添加箭头，效果如图 98-5 所示。

图98-5 绘制其他曲线并添加箭头

2. 制作钻戒广告的文字效果

01 按【F8】键，选取文本工具，在其属性栏中设置字体为“方正美黑简体”、字号为 70pt，输入文字“富贵人家”。单击调色板中的白色色块，填充其颜色为白色，效果如图 98-6 所示。

图98-6 输入文字并填充颜色

02 输入其他文字，设置其字体、字号和颜色，并调整至合适位置，效果如图 98-7 所示。

图98-7 输入其他文字

03 选取贝塞尔工具，按住【Ctrl】键的同时在绘图页面中的合适位置绘制两条直线。选择绘制的直线，在其属性栏中设置轮廓宽度为 0.706mm、填充颜色为白色，最终效果参见图 98-1。至此，本实例制作完毕。

实例99 照相馆POP广告

本实例将制作跳跳宝贝照相馆 POP 广告，效果如图 99-1 所示。

图99-1 跳跳宝贝照相馆POP广告

操作步骤

1. 制作照相馆广告的背景效果

01 按【Ctrl+N】组合键,新建一个空白页面。按【F6】键，选取矩形工具，在绘图页面中的合适位置绘制一个矩形。按【F11】键，在弹出的“编辑填充”对话框中单击“渐变填充”按钮，设置“旋转”为144.5，设置0%位置的颜色为绿色(CMYK值分别为24、2、89、0)、43%位置的颜色为黄绿色（CMYK值分别为13、3、75、0)、100%位置的颜色为黄色（CMYK值分别为0、0、100、0)，单击“确定”按钮，渐变填充矩形，并删除其轮廓，效果如图99-2所示。

图99-2 绘制并渐变填充矩形

02 选取矩形工具，绘制一个矩形，填充其颜色为黄色（CMYK值分别为2、2、24、0)，并删除其轮廓。选取透明度工具，在其属性栏中单击“渐变透明度”按钮，调整透明度控制柄，为矩形添加透明效果，如图99-3所示。

图99-3 绘制矩形并添加透明效果

03 按【Ctrl+I】组合键，分别导入两幅小狗图像，并调整其位置及大小，效果如图99-4所示。

图99-4 导入图像

04 按小键盘上的【+】键复制图形，按住鼠标左键并向下拖动，单击属性栏中的“垂直镜像”按钮，垂直镜像图形。选取透明度工具，在其属性栏中单击“渐变透明度”按钮，调整透明度控制柄，为镜像的图形添加透明效果，如图99-5所示。

图99-5 垂直镜像图形并添加透明效果

05 导入一幅兔子图像，并调整其位置及大小，效果如图 99-6 所示。

图99-6 导入兔子图像

06 选取贝塞尔工具，绘制两个闭合图形，将两个图形均填充为蓝绿色（CMYK 值分别为 75、8、38、0），并删除其轮廓，效果如图 99-7 所示。

图99-7 绘制闭合图形并填充颜色

2. 制作照相馆广告的文字效果

01 按【F8】键，选取文本工具，在属性栏中设置字体为“方正胖头鱼简体”、字号为 76pt、“旋转角度”为 8.6，输入文字“照相馆”。选中该文字，双击状态栏中的“填充”色块，在弹出的“编辑填充”对话框中单击“均匀填充”按钮，设置颜色为紫色（CMYK 值分别为 55、98、2、0），单击“确定”按钮，为文字填充颜色，效果如图 99-8 所示。

图99-8 输入文字

02 输入其他文字，并设置其字体、字号、旋转角度和颜色，将其调整至合适位置，最终效果参见图 99-1。至此，本实例制作完毕。

实例100 餐厅POP广告

本实例将制作麦乐西式餐厅 POP 广告，效果如图 100-1 所示。

图100-1 麦乐西式餐厅POP广告

操作步骤

1．制作麦乐西式餐厅广告的背景

01 按【Ctrl+N】组合键，新建一个空白页面。选取矩形工具，绘制一个矩形。按【F11】键，在弹出的“编辑填充”对话框中单击“渐变填充”按钮，设置 0% 位置的颜色为绿色（CMYK 值分别为 20、0、60、0），单击“确定”按钮，渐变填充矩形，并删除其轮廓，效果如图 100-2 所示。

图100-2 绘制并渐变填充矩形

02 单击“标准”工具栏中的“导入”命令，导入一幅食品图像。选取阴影工具，在属性栏中设置“预设列表”为“平面左下”、“阴影偏移”分别为 -11.722mm 和 -16.438mm、“阴影的不透明”为 89、“阴影羽化”为 46、“羽化方向”为“中间”、“阴影颜色”为白色，为图像添加阴影效果，如图 100-3 所示。

图100-3 导入图像并添加阴影效果

03 用同样的操作方法导入其他图像，并分别添加阴影效果，如图 100-4 所示。

图100-4 导入其他图像并添加阴影效果

04 在按住【Shift】键的同时选择导入的两幅图像，按【Ctrl+G】组合键组合图形。单击“对象”|“图框精确裁剪”|“置于图文框内部”命令，单击矩形，将图像置于矩形容器中，如图 100-5 所示。

图100-5 精确剪裁

05 单击“对象”|“图框精确剪裁”|“编辑 PowerClip”命令，调整图像至合适位置。单击“对象”|“图框精确剪裁”|“结束编辑”命令，即可完成图像的编辑，效果如图 100-6 所示。

图100-6 编辑图像后的效果

06 选取箭头形状工具，在绘图页面中绘制一个箭头图形，在其属性栏中设置“旋转角度”为 28，填充其颜色为橘黄色（CMYK 值分别为 17、71、99、0），并拖动红色色标调整箭头形状，效果如图 100-7 所示。

07 选取裁剪工具，裁剪箭头的多余部分，效果如图 100-8 所示。

08 选取选择工具，按住【Ctrl】键的同时在箭头图形上单击并拖动鼠标至合适位置，松开鼠标的同时右击复制箭头图形参照上述操作方法，再复制一个箭头图形，效果如图 100-9 所示。

图100-7 绘制箭头形状

图100-8 裁剪箭头

图100-9 复制箭头

09 选取钢笔工具，绘制一个闭合曲线图形，填充其颜色为白色，在其属性栏中设置轮廓宽度为 1mm，为曲线图形设置轮廓宽度，效果如图 100-10 所示。

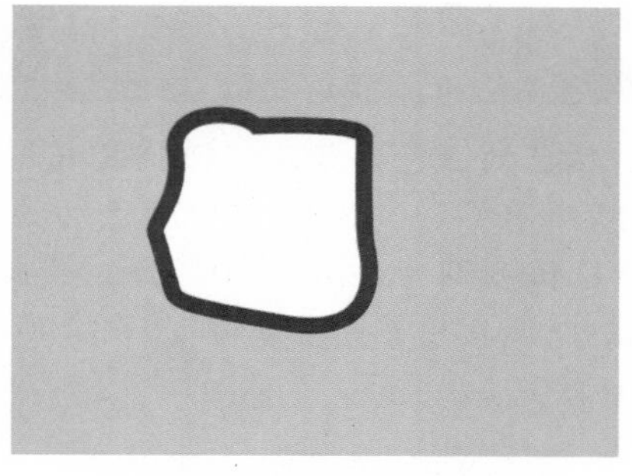

图100-10 绘制曲线图形

10 绘制其他曲线图形，并填充为黑色，效果如图 100-11 所示。

图100-11 绘制曲线图形

2. 制作麦乐西式餐厅广告的文字

01 选取文本工具，在其属性栏中设置字体为 Eras Bold ITC、字号为 88pt、“旋转角度”为 26，输入数字 7，并填充其颜色为白色，效果如图 100-12 所示。

图100-12 输入数字

02 输入并选中文字“西式”，在其属性栏中设置字体为“文鼎 CS 粗圆繁”、字号为 43pt、“旋转角度”为 3.4，更改文字属性。按【Alt+Enter】组合键，弹出“对象属性”泊坞窗，切换至“填充”选项卡，设置“填充类型”为“均匀填充”、颜色为深红色（CMYK 值分别为 0、100、100、40）。单击“轮廓”选项卡，设置“轮廓宽度”为 1.4mm、“轮廓颜色”为白色，选中“填充之后”复选框，为文字设置填充色和轮廓色，效果如图 100-13 所示。

图100-13 输入文字并设置属性

03 输入其他文字，设置其字体、字号、旋转角度和颜色，并调整至合适位置，效果如图 100-14 所示。

图100-14 输入其他文字

04 选取钢笔工具，绘制 4 个闭合图形，并将其填充为黑色，然后删除其轮廓，最终效果参见图 100-1。至此，本实例制作完毕。

实例101 饮料POP广告

本实例将制作欣美克牛奶POP广告，效果如图101-1所示。

图101-1 欣美克牛奶POP广告

操作步骤

1. 制作牛奶广告的背景效果

01 按【Ctrl+N】组合键，新建一个空白页面。选取矩形工具，绘制一个矩形，在其属性栏中单击“同时编辑所有角”按钮，设置矩形左下角和右下角的“转角半径”为100，效果如图101-2所示。

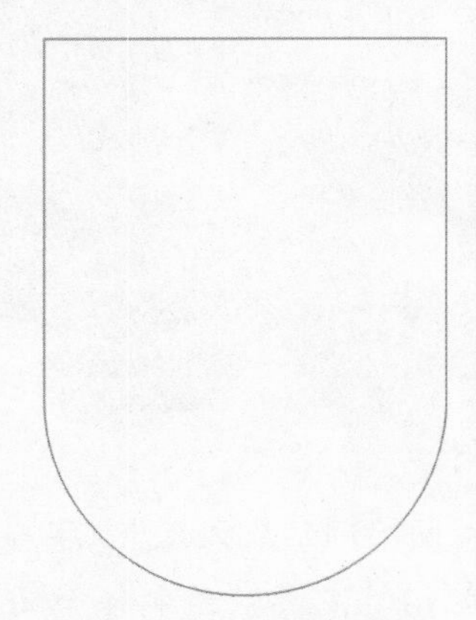

图101-2 绘制圆角矩形

02 按【F11】键，在弹出的“编辑填充”对话框中单击“渐变填充”按钮，设置0%位置的颜色为蓝色（CMYK值分别为50、0、0、0)、100%位置的颜色为浅蓝色（CMYK值分别为30、0、0、0)，单击“确定”按钮，渐变填充圆角矩形，并删除其轮廓，效果如图101-3所示。

图101-3 填充图形并删除轮廓

03 选取钢笔工具，绘制闭合曲线图形，填充其颜色为蓝色（CMYK值分别为70、0、0、0)，并删除其轮廓，效果如图101-4所示。

图101-4 绘制曲线图形并填充颜色

04 用同样的操作方法绘制其他曲线图形，填充相应的颜色，并删除曲线图形的轮廓，效果如图101-5所示。

图101-5 绘制其他曲线图形

2. 制作牛奶广告的文字效果

01 选取文本工具，在其属性栏中设置字体为 Ravie、字号为 320pt、“旋转角度”为 2，输入文字 1。按【F11】键，在弹出的“编辑填充”对话框中单击“渐变填充”按钮，设置 0% 位置的颜色为绿色（CMYK 值分别为 50、0、100、0）、100% 位置的颜色为浅绿色（CMYK 值分别为 20、0、100、0），“旋转”为 90，单击“确定”按钮，为文字填充渐变颜色，效果如图 101-6 所示。

图101-6 输入文字并填充渐变颜色

02 单击“对象”|“转换为曲线”命令，将文字转换为曲线图形。选取形状工具，调整文字的形状。按【F12】键，在弹出的“轮廓笔”对话框中设置“宽度”为 6mm、“颜色”为白色，选中“填充之后”复选框，单击“确定”按钮，为文字设置轮廓属性，效果如图 101-7 所示。

图101-7 设置轮廓属性

03 按小键盘上的【+】键复制文字图形。按【Ctrl+PageDown】组合键，将文字向后移一层，设置填充颜色和轮廓颜色均为蓝色（CMYK 值分别为 70、30、0、0），效果如图 101-8 所示。

图101-8 复制文字图形并设置颜色属性

04 选取钢笔工具，绘制一个闭合曲线图形。参照步骤 1~3 的操作方法渐变填充该图形，设置其轮廓属性，并复制该图形，效果如图 101-9 所示。

05 用同样的操作方法输入其他文字，绘制其他图形，填充相应的颜色，设置文字的字体、字号、旋转角度和颜色，并调整至合适位置，最终效果参见图 101-1。至此，本实例制作完毕。

图101-9 绘制曲线图形

实例102 日用品POP广告

本实例将制作美佳净肥皂 POP 广告，效果如图 102-1 所示。

图102-1 美佳净肥皂POP广告

操作步骤

1. 制作肥皂广告的背景效果

01 按【Ctrl+N】组合键,新建一个空白页面。选取矩形工具,绘制一个矩形。按【F11】键,在弹出的“编辑填充”对话框中单击“渐变填充”按钮，设置 0% 位置的颜色为橙色(CMYK 值分别为 0、48、90、0)、100% 位置的颜色为黄色（CMYK 值分别为 0、10、70、0)，单击“确定”按钮，渐变填充矩形，并删除其轮廓，效果如图 102-2 所示。

图102-2 绘制并渐变填充矩形

02 选取矩形工具，绘制一个矩形，并填充为玉米色（CMYK 值分别为 0、25、90、0)，删除矩形的轮廓。选取选择工具，在按住【Ctrl】键的同时单击并拖动鼠标至合适位置后，松开鼠标的同时右击复制矩形，填充其颜色为橘红色（CMYK 值分别为 0、60、100、0)，效果如图 102-3 所示。

图102-3 绘制并复制图形

03 选取调和工具，在左侧矩形和右侧图形之间创建直线调和，在其属性栏中设置“调和对象”为 10。单击“对象”|“图框精确裁剪”|“置于图文框内部”命令，单击渐变矩形，将调和图形置于渐变矩形容器中，如图 102-4 所示。

图102-4 直线调和并置于容器中

04 选取贝塞尔工具，绘制闭合曲线图形，填充其颜色为黄色（CMYK 值分别为 0、10、100、0)，并删除其轮廓，效果如图 102-5 所示。

图102-5 删除轮廓后的曲线图形

05 选取贝塞尔工具，绘制闭合曲线图形。按【F11】键，在弹出的“编辑填

充”对话框中单击“渐变填充”按钮，设置0%位置的颜色为橙色（CMYK值分别为0、54、96、1）、30%位置的颜色为橙色（CMYK值分别为0、46、81、1）、47%位置的颜色为浅黄色（CMYK值分别为0、20、36、0）、65%位置的颜色为橙色（CMYK值分别为0、40、76、0）、100%位置的颜色为橙色（CMYK值分别为0、50、95、0），单击“确定”按钮，渐变填充曲线图形，并删除其轮廓，效果如图102-6所示。

图102-6 绘制并渐变填充曲线图形

06 选取阴影工具，在其属性栏中设置“预设列表”为“中等辉光”、“阴影的不透明”为100、“阴影羽化”为7、“羽化方向”为“向外”、“阴影颜色”为白色，为曲线图形添加阴影效果，如图102-7所示。

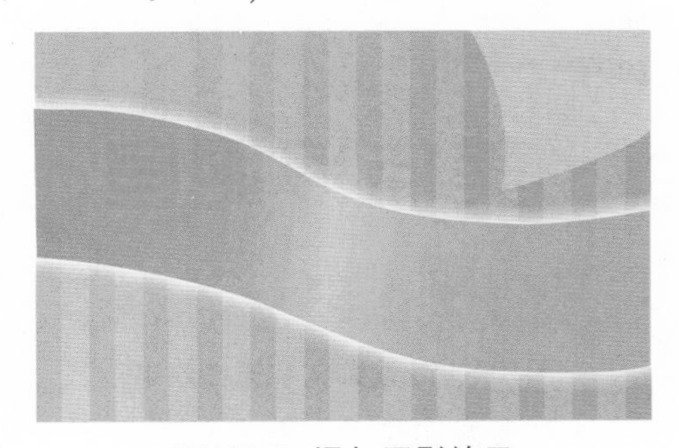

图102-7 添加阴影效果

07 按小键盘上的【+】键复制图形，双击复制的图形使其进入旋转状态，将鼠标指针置于图形四周的任意旋转箭头上，按住鼠标左键并拖动旋转图形。选取形状工具，调整图形形状，并参照步骤5的操作方法渐变填充图形，效果如图102-8所示。

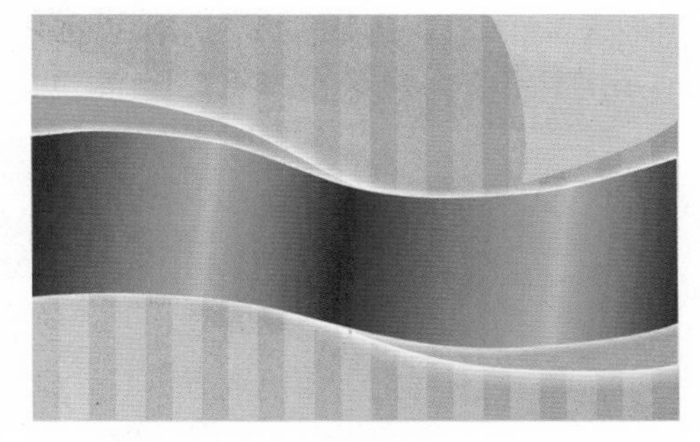

图102-8 渐变填充颜色后的图形

08 参照上一步的操作方法复制并旋转图形，并填充相应的渐变颜色。按【F12】键，在弹出的“轮廓笔”对话框中设置“宽度”为2mm、“颜色”为白色，单击“确定”按钮，为图形设置轮廓属性，效果如图102-9所示。

图102-9 复制图形并设置属性

09 选取椭圆形工具，在按住【Ctrl】键的同时绘制一个正圆，并填充渐变颜色，效果如图102-10所示。

图102-10 绘制正圆并填充渐变颜色

10 按【Ctrl+D】组合键，再制正圆图形，并进行渐变填充，然后调整图形的大小及位置，效果如图102-11所示。

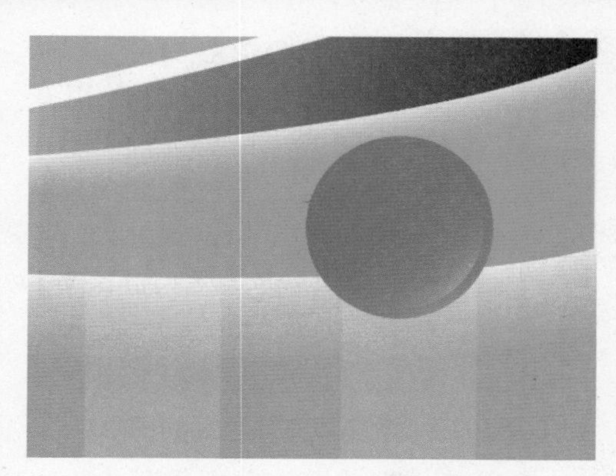

图102-11 再制并渐变填充图形

11 选取椭圆形工具，绘制两个椭圆，并填充颜色，然后调整其位置及大小。选取透明度工具，在属性栏中单击“渐变透明度”按钮，在椭圆的左上角位置单击并向右下角拖动鼠标，为椭圆添加透明效果。复制添加透明效果的图形，并调整其位置及大小，效果如图 102-12 所示。

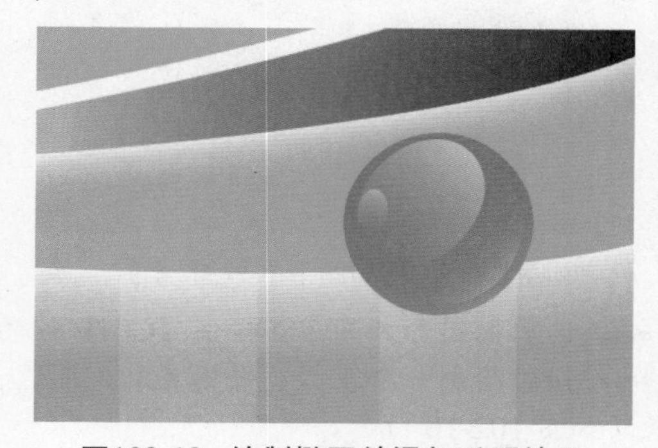

图102-12 绘制椭圆并添加透明效果

12 绘制其他气泡图形，填充相应的渐变颜色。按【Ctrl+PageDown】组合键，调整图形顺序，效果如图 102-13 所示。

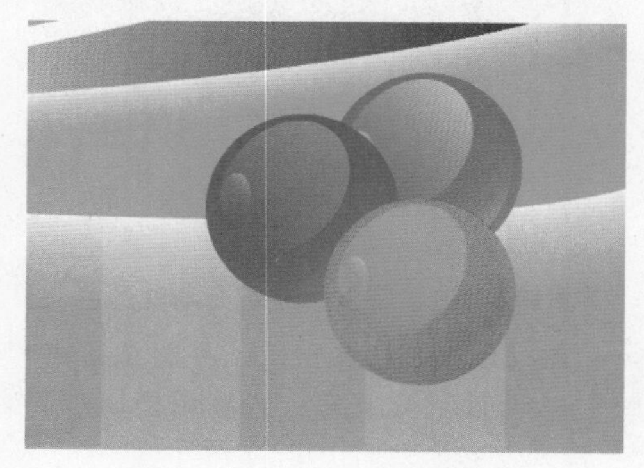

图102-13 绘制其他气泡

2. 制作肥皂广告的文字效果

01 选取文本工具，在其属性栏中设置字体为“方正综艺简体”、字号为 117pt，输入文字“美佳净肥皂”，效果如图 102-14 所示。

图102-14 输入文字

02 按【Alt+Enter】组合键，弹出“对象属性”泊坞窗，切换至“填充”选项卡，设置“填充类型”为“均匀填充”、颜色为蓝色（CMYK 值分别为 100、100、0、0）。切换至“轮廓”选项卡，设置“轮廓宽度”为 4mm、“轮廓颜色”为白色，并选中“填充之后”复选框，为文字设置填充颜色和轮廓属性，效果如图 102-15 所示。

图102-15 设置文字属性效果

03 选取贝塞尔工具，绘制曲线图形。选取挑选工具，在按住【Shift】键的同时加选文字，单击“文本”|“使文本适合路径”命令，将文本沿路径排列，效果如图 102-16 所示。

04 单击“对象”|“拆分在一路径上的文本”命令，拆分文字与路径。选择路径图形，按【Delete】键删除路径。单击“对象”|“拆分美术字：方正综艺简体（正常）（CHC）”命令，拆分文字。选取选择工具，调整文字

的位置，效果如图 102-17 所示。

图102-16 将文本沿路径排列

图102-17 删除路径并拆分文字

05 选取所有文字图形，按【Ctrl+G】组合键群组图形。按小键盘上的【+】键复制图形，按【↓】和【→】键微移图形。按【Ctrl+PageDown】组合键，调整图形顺序，并设置填充颜色和轮廓颜色均为 60% 黑，效果如图 102-18 所示。

图102-18 群组文字图形

06 输入其他文字，设置其字体、字号和颜色，并调整至合适位置，最终效果参见图 102-1。至此，本实例制作完毕。

● 读书笔记

第7章 DM与折页设计

part 7

DM广告以传达商业信息为目的，是现代广告的重要媒介之一。它具有可控制性强、传递快、信息反馈迅速、制作简单和形式灵活等特点，主要表现方式有传单、赠券、折页和广告信函等。本章将通过8个实例详细讲解DM广告的制作方法与技巧。

实例103 现金券折页

本实例将制作风味西餐厅现金券折页广告，效果如图103-1所示。

图103-1 风味西餐厅现金券折页广告

操作步骤

1. 制作现金券的背景效果

01 按【Ctrl+N】组合键,新建一个空白页面。选取矩形工具，绘制一个矩形，填充颜色为淡黄色（CMYK值分别为2、4、49、0），并删除其轮廓，效果如图103-2所示。

图103-2 绘制矩形

02 选取矩形工具，绘制一个矩形，在属性栏中单击“转换为曲线”按钮，将矩形转换为曲线图形。选取形状工具，选择相应的节点，单击其属性栏中的“转换为曲线”按钮，将直线转换为曲线，并调整矩形的形状，效果如图103-3所示。

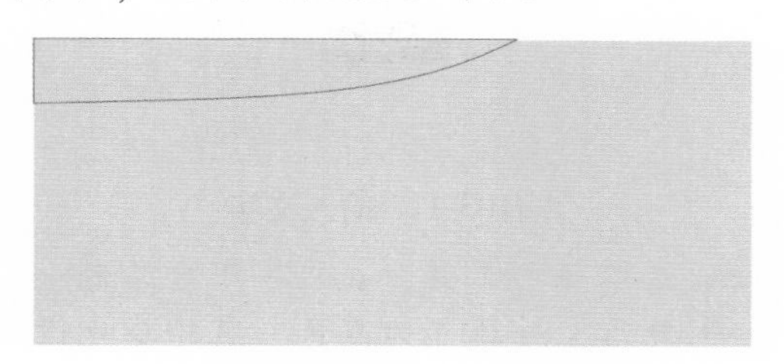

图103-3 绘制矩形并调整形状

03 按【F11】键，在弹出的“编辑填充”对话框中单击“渐变填充”按钮，设置0%位置的颜色为橙色(CMYK值分别为0、55、91、0)、100%位置的颜色为黄色（CMYK值分别为0、0、100、0），单击“确定”按钮，渐变填充图形，并删除其轮廓，效果如图103-4所示。

图103-4 渐变填充图形并删除轮廓

04 选取透明度工具，在其属性栏中单击“渐变透明度”按钮，为图形添加透明效果，如图103-5所示。

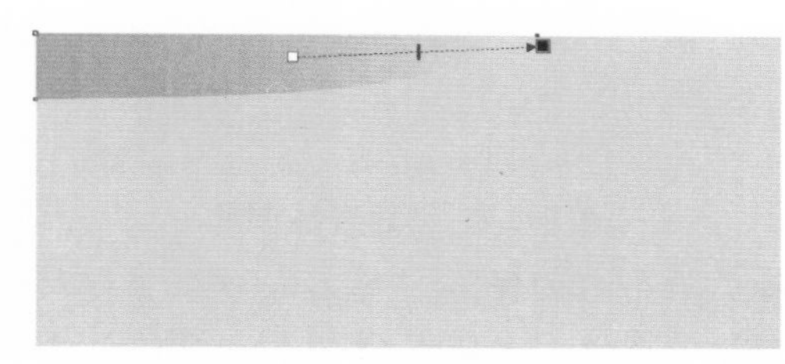

图103-5 添加透明效果

05 选取矩形工具，绘制一个矩形，并在调色板上单击白色色块，填充矩形颜色为白色，并删除其轮廓，然后调整图形顺序，效果如图103-6所示。

图103-6 绘制矩形

06 按【F6】键，选取矩形工具，绘制一个矩形。选取交互式填充工具，在其属性栏中单击“均匀填充”按钮，并设置CMYK值分别为0、0、100、0，然后复制一个矩形，并将其移至下方，效果如图 103-7 所示。

图103-7 绘制矩形并填充颜色

07 选取调和工具，在两个矩形之间创建直线调和。在属性栏中设置“调和对象”为 50，并调整图形顺序，效果如图 103-8 所示。

图103-8 创建直线调和

08 单击“文件”|“导入”命令，导入一幅图像，并将其调整至合适的位置及大小，效果如图 103-9 所示。

图103-9 导入并调整图像

09 用同样的操作方法导入其他图像，并将它们调整至合适位置，效果如图 103-10 所示。

图103-10 导入其他图像

10 选取阴影工具，在其属性栏中设置“预设列表”为“平面右下”、“阴影偏移”分别为 0.8mm 和 -0.8mm、“阴影的不透明”为 70、“阴影羽化”为 8、“阴影颜色”为深灰色（CMYK 值分别为 0、0、0、80），为步骤 9 中导入的图像添加阴影，效果如图 103-11 所示。

图103-11 添加阴影效果

2．制作现金券的文字效果

01 选取文本工具，在其属性栏中设置字体为“方正水黑简体”、字号为 32pt，输入文字“风味西餐厅”，效果如图 103-12 所示。

图103-12 输入文字

02 选取矩形工具，在文字下方绘制一个矩形，并填充为黑色，将轮廓色设置为白色。按小键盘上的【+】键复制图形，并移至合适位置，效果如图 103-13 所示。

图103-13 绘制与复制矩形

03 选取文本工具，在其属性栏中设置字体为“方正粗倩简体”、字号为25pt，单击▥按钮，输入文字“现金券　　元”，并删除文字轮廓，效果如图103-14所示。

图103-14 输入文字并删除轮廓

04 选取星形工具，绘制星形，并在其属性栏中设置“旋转角度”为345、“点数或边数”为7、“锐度”为55、轮廓宽度为“无”。单击调色板中的红色色块，将其填充为红色。选取文本工具，在合适的位置输入文字20，设置其字体为“文鼎霹雳体”、字号为18pt、颜色为白色，效果如图103-15所示。

图103-15 绘制星形并输入文字

05 选取贝塞尔工具，绘制两条曲线。右击调色板中的红色色块，将轮廓色设置为红色，效果如图103-16所示。

图103-16 绘制曲线

06 选取文本工具，设置其字体为“宋体”、字号为24pt、颜色为红色，输入文字“新鲜美食”。单击“文本”|“使文本适合路径”命令，移动鼠标指针至曲线上，单击路径，使文字沿路径排列，效果如图103-17所示。

图103-17 使文本适合路径

07 用同样的操作方法输入其他文字，并设置其字体、字号及颜色，然后使文字适合路径，效果如图103-18所示。

图103-18 输入其他文字

08 选取矩形工具，绘制一个矩形，并将其填充为黑色。单击“对象”|“顺序”|“到图层后面”命令，将其置于最后面，最终效果参见图103-1。至此，本实例制作完毕。

实例104 消费券折页

本实例将制作快乐宝贝消费券折页，效果如图 104-1 所示。

图104-1 快乐宝贝消费券折页

操作步骤

1．制作消费券的正面背景效果

01 按【Ctrl+N】组合键,新建一个空白页面。选取矩形工具，绘制一个矩形。单击调色板上的洋红色色块，将其填充为洋红色，并删除其轮廓，如图 104-2 所示。

图104-2 绘制矩形并填充颜色

02 选取椭圆形工具，绘制一个椭圆。单击“文件”|“导入”命令，导入一幅小孩图像。选取选择工具，在图像上按住鼠标右键并拖动至椭圆内松开鼠标，在弹出的快捷菜单中选择“图框精确裁剪内部”选项，将图像置于椭圆容器中，并删除椭圆轮廓，效果如图 104-3 所示。

03 用同样的操作方法将剪裁的图形置于绘制的矩形内，在按住【Ctrl】键的同时单击精确剪裁后的图形，调整剪裁图像的位置，在按住【Ctrl】键的同时单击剪裁图像以外的区域，即可完成图像的编辑操作，效果如图 104-4 所示。

图104-3 图框精确剪裁

图104-4 精确剪裁

04 选取贝塞尔工具，绘制图形。单击调色板中的白色色块，填充图形为白色，并删除其轮廓，效果如图 104-5 所示。

图104-5 绘制图形

05 选取艺术笔工具，在其属性栏中单击“喷涂”按钮，在“类别”下拉列表框中选择“植物”选项，在“喷射图样”下拉列表框中选择为，在绘图页面中绘制图形，效果如图 104-6 所示。

图104-6 绘制艺术图形

06 在图像上右击，在弹出的快捷菜单中选择“拆分艺术笔组”选项。选取选择工具，在其属性栏中单击“取消组合对象”按钮，选择其中的一片枫叶，并将其调整至合适位置，效果如图 104-7 所示。

图104-7 取消图形群组并调整位置

07 单击“文件”|“导入”命令，导入一幅花朵图像。单击“位图”|“轮廓临摹”|“线条图”命令，然后将位图删除，效果如图 104-8 所示。

图104-8 临摹线条

08 单击“对象”|“组合”|“取消组合图像”命令，删除中间部分的图形。选择剩余图形部分，按【F11】键，在弹出的“编辑填充”对话框中单击“均匀填充”按钮，设置颜色为浅红色（CMYK 值分别为 0、25、25、0），单击“确定”按钮，为图形填充颜色，并删除其轮廓，效果如图 104-9 所示。

图104-9 填充颜色并删除轮廓

09 选取透明度工具，在其属性栏中单击“均匀透明度”按钮，设置“透明度”为 50，为图形添加透明效果，如图 104-10 所示。

图104-10 添加透明效果

10 用同样的操作方法制作出其他图形，并调整至合适的位置，填充相应的颜色，然后删除图形的轮廓，效果如图 104-11 所示。

图104-11 制作其他图形

2. 制作消费券的正面文字效果

01 选取文本工具，在其属性栏中设置字体为“华文彩云”、字号为 34pt，输入文字“快乐宝贝”。在调色板中的白色色块上分别单击鼠标左键和鼠标右键，将填充颜色与轮廓颜色均设置为白色，效果如图 104-12 所示。

图104-12 输入文字

02 输入其他文字，并设置其字体、字号、颜色和位置，效果如图 104-13 所示。

图104-13　输入其他文字

03 选取选择工具，选中文字200。选取阴影工具,在其属性栏中设置“预设列表”为“大型辉光”、“阴影的不透明”为92、“阴影羽化”为28、“阴影颜色”为白色，为文字添加阴影，效果如图104-14所示。

图104-14　添加阴影效果

3．制作消费券的背面效果

01 选取矩形工具，绘制一个与正面图形大小相等的矩形，填充为浅黄色(CMYK值分别为4、2、14、0)，并删除其轮廓，效果如图104-15所示。

图104-15　绘制矩形

02 单击“文件”|“导入”命令，导入一幅小孩图像，并将其调整至合适大小及位置。选取透明度工具，在其属性栏中单击“渐变透明度”按钮，为导入的图像添加透明效果，如图104-16所示。

图104-16　导入图像并添加透明效果

03 导入其他图像，并添加透明效果，如图104-17所示。

图104-17　导入其他图像并添加透明效果

04 输入所有文字，设置字体、字号、颜色及位置，并添加枫叶图形及其他图形，效果如图104-18所示。

图104-18　输入其他文字并添加图形

05 为图像添加背景，最终效果参见图104-1。至此，本实例制作完毕。

实例105　手表折页广告

本实例将制作瑞克手表折页广告，效果如图105-1所示。

操作步骤

1．制作手表折页的背景效果

01 按【Ctrl+N】组合键,新建一个空白页面。选取矩形工具，绘制一个矩形。依次

单击“标准”工具栏中的“复制”和“粘贴”按钮，复制一个矩形，并将其调整至合适位置，效果如图 105-2 所示。

图105-1 瑞克手表折页广告

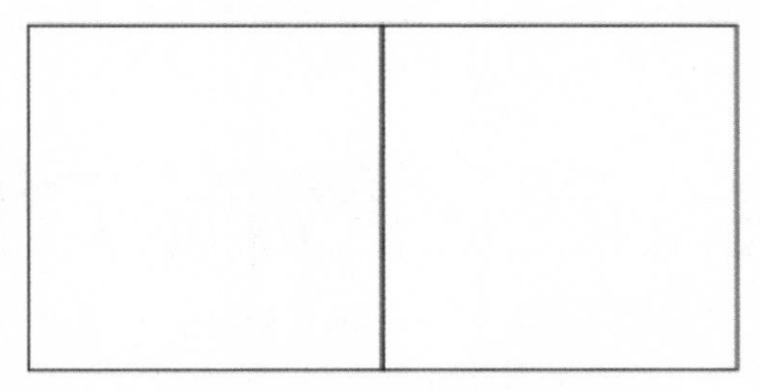

图105-2 绘制并复制矩形

02 按【F11】键，在弹出的“编辑填充”对话框中单击“渐变填充”按钮，设置 0% 位置的颜色为浅蓝色（CMYK 值分别为 20、0、0、0）、100% 位置的颜色为蓝色（CMYK 值分别为 50、5、0、0），单击“确定”按钮，渐变填充左侧的矩形。用同样的操作方法渐变填充右侧的矩形，并删除其轮廓，效果如图 105-3 所示。

图105-3 渐变填充矩形并删除轮廓

03 选取星形工具，在其属性栏中设置“点数或边数”为 7、“锐度”为 91，在绘图页面中绘制一个星形，填充为白色，并删除其轮廓，效果如图 105-4 所示。

04 选取透明度工具，在其属性栏中单击“均匀透明度”按钮、设置“透明度”为 50，为星形添加透明效果，如图 105-5 所示。

图105-4 绘制星形

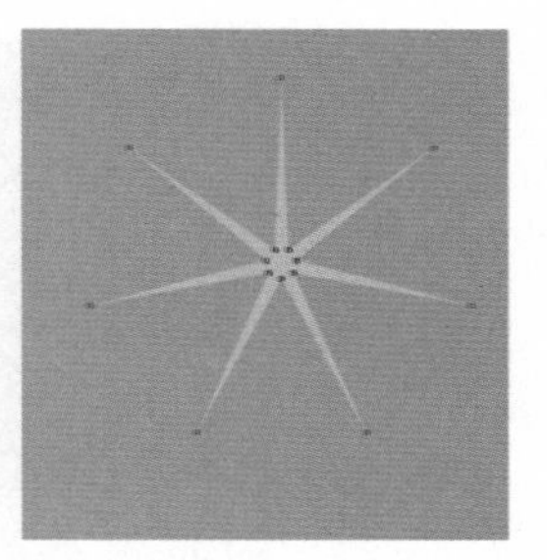

图105-5 添加透明效果

05 选取椭圆形工具，按住【Ctrl+Shift】组合键的同时在星形中央绘制一个正圆，并填充为白色。参照步骤 4 的操作方法为正圆添加透明效果，并删除其轮廓，效果如图 105-6 所示。

06 选取选择工具，选择正圆图形。选取阴影工具，在其属性栏中设置“预设列表”为“大型辉光”、“阴影的不透明”为 50、“阴影羽化”为 15、“阴影颜色”为白色，为正圆图形添加阴影，效果如图 105-7 所示。

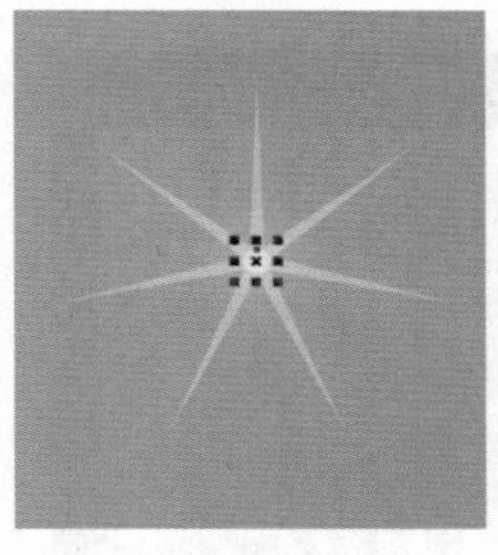

图105-6 绘制正圆并添加透明效果

图105-7 添加阴影

07 选取选择工具，多次按小键盘上的【+】键，复制多个星形和正圆图形，并调整至合适位置及大小，效果如图 105-8 所示。

图105-8 复制并调整图形

08 在绘图页面中右击，在弹出的快捷菜单中选择“导入”选项，分别导入 3 幅图像，并将其调整至合适大小及位置，效果如图 105-9 所示。

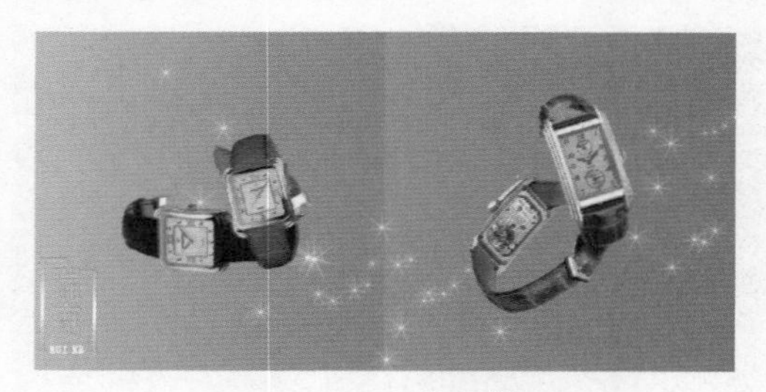

图105-9 导入并调整图像

2. 制作手表折页的文字效果

01 选取文本工具，在其属性栏中设置字体为 Microsoft Sans Serif、字号为 6pt，输入英文字母。在属性栏中设置字体为“宋体”、字号为 4pt，输入其他文字，效果如图 105-10 所示。

图105-10 输入文字

02 输入其余文字，设置其字体、字号、颜色及位置，最终效果参见图 105-1。至此，本实例制作完毕。

实例106 化妆品DM广告

本实例将制作七彩生活化妆品 DM 内页广告，效果如图 106-1 所示。

图106-1 七彩生活化妆品DM内页广告

操作步骤

1. 制作化妆品内页的背景效果

01 按【Ctrl+N】组合键，新建一个空白页面。双击矩形工具，绘制一个与页面大小相等的矩形，并填充为黑色，效果如图 106-2 所示。

02 选取矩形工具，绘制一个矩形。按【F11】键，在弹出的“编辑填充”对话框中单击“渐变填充”按钮，设置 0% 位置的颜色为 40% 黑、13% 位置的颜色为 30% 黑、20% 位置的颜色为 20% 黑、35% 和 100% 位置的颜色均为白色（CMYK 的值均为 0），单击“确定”按钮，渐变填充矩形，并删除其轮廓，效果如图 106-3 所示。

图106-2 绘制矩形并填充颜色

图106-3 绘制并渐变填充矩形

03 单击“文件”|“导入”命令，导入人物图像和化妆品图像，并将其调整至合适位置及大小，效果如图 106-4 所示。

图106-4 导入并调整图像

04 选取椭圆形工具，在按住【Ctrl】键的同时绘制一个正圆。按【F11】键，在弹出的“编辑填充”对话框中单击“渐变填充”按钮，设置0%位置的颜色为粉红色（CMYK值分别为2、67、5、0）、100%位置的颜色为白色（CMYK值均为0），单击“确定”按钮，渐变填充正圆，并删除其轮廓，效果如图106-5所示。

05 选取椭圆形工具，绘制一个椭圆。选取多边形工具，在属性栏中设置“点数或边数”为3，绘制一个三角形，然后调整图形顺序，效果如图106-6所示。

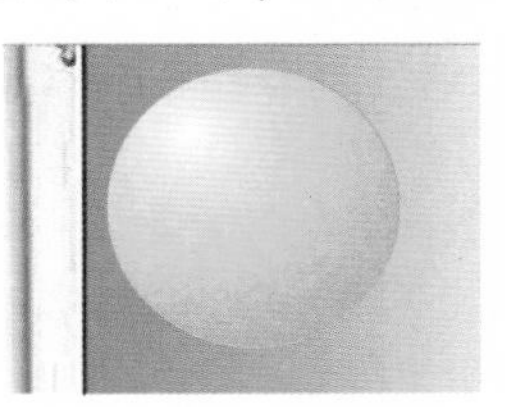

图106-5 绘制并渐变填充正圆

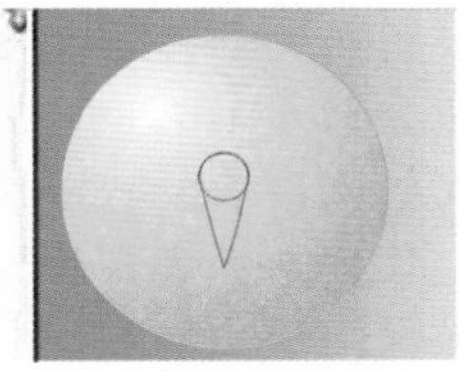

图106-6 绘制图形

06 选取选择工具，在按住【Shift】键的同时加选椭圆，单击其属性栏中的“合并”按钮合并图形。单击调色板中的红色色块，填充合并图形为红色，并删除其轮廓，效果如图106-7所示。

07 参照步骤5~6的操作方法绘制其他图形，并填充相应的颜色，效果如图106-8所示。

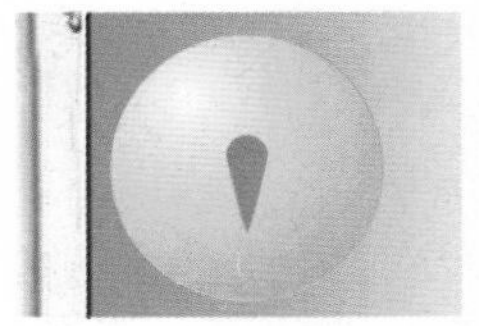

图106-7 删除轮廓后的图形

图106-8 绘制并填充其他图形

08 选取选择工具，选择步骤4~7中绘制的图形，单击其属性栏中的“组合对象”按钮组合图形，在组合图形上单击并拖动鼠标至合适位置，松开鼠标的同时右击复制图形，并将其缩小至合适大小。用同样的方法复制多个图形，效果如图106-9所示。

图106-9 复制图形

2. 制作化妆品内页的文字效果

01 选取文本工具，在其属性栏中设置字体为“经典繁中变”、字号为59pt，单击▥按钮，输入文字“美和青春的构思”。选中输入的文字，单击调色板中的红色色块，填充文字为红色。双击状态栏中的“轮廓颜色”色块，在弹出的“轮廓笔”对话框中设置“宽度”为1.4mm、“颜色”为白色，选中“填充之后”复选框，单击“确定”按钮，为文字设置轮廓属性，效果如图106-10所示。

图106-10 输入文字并设置轮廓属性

02 选取矩形工具，绘制一个矩形，填充为绿色（CMYK值分别为100、0、100、0），并删除其轮廓。在绿色矩形上按住鼠标右键，拖动至文本上松开鼠标，在弹出的快捷菜单中选择“图框精确裁剪内部”

选项，将矩形置于文本中，效果如图 106-11 所示。

图106-11 精确剪裁

03 在按住【Ctrl】键的同时单击文本，调整绿色矩形至合适位置。在按住【Ctrl】键的同时单击文本以外的区域，即可完成编辑操作，效果如图 106-12 所示。

图106-12 调整位置

04 输入其他文字，并设置字体、字号、颜色和位置，最终效果参见图 106-1。至此，本实例制作完毕。

实例107 手表DM广告

本实例将制作瑞克手表 DM 宣传页广告，效果如图 107-1 所示。

图107-1 瑞克手表DM宣传页广告

操作步骤

1. 制作手表宣传页的背景效果

01 按【Ctrl+N】组合键，新建一个空白页面。按【F6】键，选取矩形工具，绘制一个矩形，并进行复制，效果如图 107-2 所示。

02 选择两个矩形，按【F11】键，在弹出的“编辑填充”对话框中单击“底纹填充”按钮，设置“底纹库”为“样本 5”、“底纹列表”为“化石”、“色调”为土黄色（RGB 值分别为 166、112、48）、“亮度”的颜色为大红色（RGB 值分别为 138、64、51），单击“确定”按钮，底纹填充两个矩形，然后删除矩形的轮廓，效果如图 107-3 所示。

图107-2 绘制并复制矩形

图107-3 底纹填充矩形并删除轮廓

03 选取矩形工具，绘制一个矩形。按【F11】键，在弹出的“编辑填充”对话框中单击“均匀填充”按钮，设置颜色为褐色（CMYK 值分别为 67、92、93、32），为矩形填充颜色，并删除其轮廓，效果如图 107-4 所示。

图107-4 绘制矩形并填充颜色

04 单击“标准”工具栏中的“导入”按钮，导入手表图像和标志图形，分别调整至合适位置，效果如图 107-5 所示。

图107-5 导入手表图像和标志图形

2. 制作手表宣传页的文字效果

01 选取文本工具，在其属性栏中设置字体为 Arial、字号为 42pt，输入文字 RUIKE。选中输入的文字，单击调色板中的白色色块，填充文字为白色，效果如图 107-6 所示。

图107-6 输入文字

02 输入其他文字，设置字体、字号、颜色及位置，效果如图 107-7 所示。

图107-7 输入其他文字

03 为手表宣传页添加渐变背景，最终效果参见图 107-1。至此，本实例制作完毕。

实例108 婚纱折页广告

本实例将制作幸福恋歌婚纱两折页广告，效果如图 108-1 所示。

图108-1 幸福恋歌婚纱两折页广告

操作步骤

1. 制作婚纱两折页的背景效果

01 按【Ctrl+N】组合键，新建一个空白页面。选取矩形工具，在按住【Ctrl+Shift】组合键的同时绘制一个正方形，并填充为黑色，效果如图 108-2 所示。

02 选择正方形，按小键盘上的【+】键，复制一个正方形，并在按住【Shift】键的同时等比例缩放正方形，将其填充为红色，效果如图 108-3 所示。

03 选取矩形工具，在正方形的中央绘制一个矩形。按【F11】键，在弹出的

"编辑填充"对话框中单击"均匀填充"按钮，设置颜色为黄绿色（CMYK值分别为7、13、100、28），单击"确定"按钮，为矩形填充颜色，并删除其轮廓，效果如图108-4所示。

图108-2 绘制正方形并填充颜色

图108-3 复制正方形并填充颜色

图108-4 绘制矩形并填充颜色

04 选取矩形工具，在按住【Ctrl】键的同时绘制一个正方形，并复制多个正方形，进行缩放操作，然后将复制的正方形调整至合适位置，效果如图108-5所示。

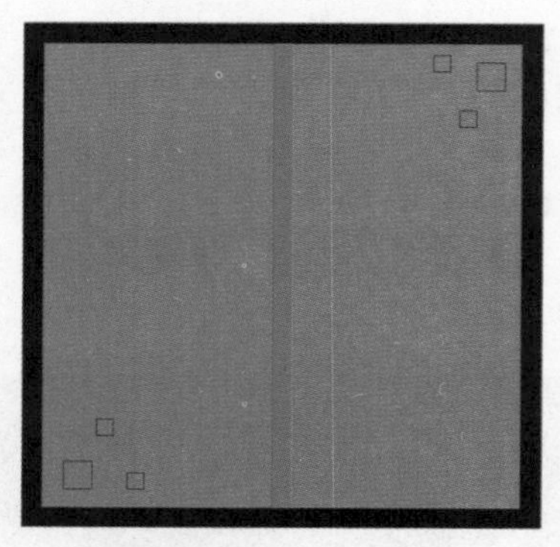

图108-5 绘制并复制正方形

05 按【F11】键，在弹出的"编辑填充"对话框中单击"均匀填充"按钮，设置颜色为粉色（CMYK值分别为0、50、0、0），单击"确定"按钮，为小正方形填充颜色，并删除其轮廓，效果如图108-6所示。

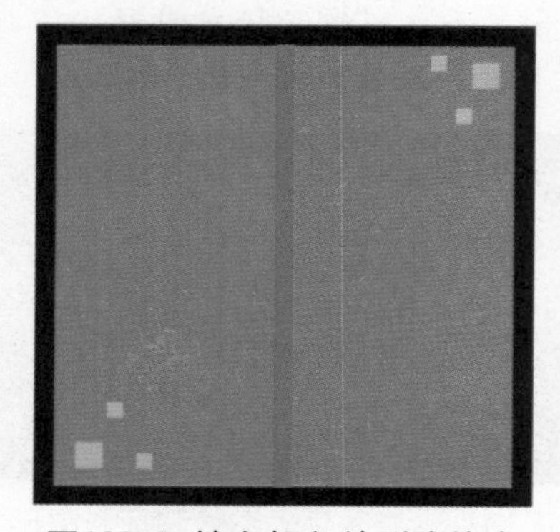

图108-6 填充颜色并删除轮廓

06 选取基本形状工具，单击其属性栏中的"完美形状"按钮，在弹出的下拉列表中选择心形。在绘图页面中绘制一个心形，并填充与小正方形相同的颜色，效果如图108-7所示。

图108-7 绘制心形并填充颜色

07 在绘图页面中的空白位置右击，在弹出的快捷菜单中选择“导入”选项，导入一幅图像。选取矩形工具，绘制一个矩形，在图像上右击并拖动至矩形中松开鼠标，在弹出的快捷菜单中选择“图框精确裁剪内部”选项，将图像置于矩形容器中，效果如图 108-8 所示。

图108-8 导入素材图像并精确剪裁

08 绘制其他矩形，导入其他人物图像和标志图形，并进行精确剪裁，然后调整至合适位置及大小，效果如图 108-9 所示。

图108-9 导入其他图像并精确剪裁

2. 制作婚纱两折页的文字效果

01 选取文本工具，在其属性栏中设置字体为“黑体”、字号为 38pt，输入文字“婚纱摄影视觉盛宴”。选中输入的文字，单击调色板中的白色色块，填充文字为白色，效果如图 108-10 所示。

图108-10 输入文字并填充颜色

02 单击“对象”|“转换为曲线”命令，将文字转换为曲线。选取形状工具，对文本进行编辑。选取贝塞尔工具，绘制两个闭合图形，填充为白色，并删除其轮廓，再将其置于适当位置，效果如图 108-11 所示。

图108-11 绘制闭合图形

03 输入其他文字，设置字体、字号、颜色及位置，最终效果参见图 108-1。至此，本实例制作完毕。

实例109 房地产三折页广告

本实例将制作馨怡·花苑房地产三折页广告，效果如图 109-1 所示。

图109-1 馨怡·花苑房地产三折页广告

操作步骤

1. 制作房地产三折页的背景效果

01 按【Ctrl+N】组合键，新建一个空白页面。选取矩形工具，绘制一个矩形。按【F11】键，在弹出的"编辑填充"对话框中单击"渐变填充"按钮，设置0%位置的颜色为深绿色（CMYK值分别为85、36、97、5）、100%位置的颜色为墨绿色（CMYK值分别为96、52、95、24），"旋转"为90，单击"确定"按钮，渐变填充矩形，并删除其轮廓，效果如图109-2所示。

02 参照步骤1的操作方法绘制矩形，填充为深绿色（CMYK值分别为87、33、93、2），并删除其轮廓，效果如图109-3所示。

图109-2 绘制并填充矩形

图109-3 绘制并填充矩形

03 单击"标准"工具栏中的"导入"按钮，导入一幅风景图像，并将其调整至合适位置及大小，效果如图109-4所示。

04 选取椭圆形工具，绘制一个椭圆，填充为绿色（CMYK值分别为86、24、96、1），并删除其轮廓，效果如图109-5所示。

图109-4 导入图像

图109-5 绘制并填充椭圆

2. 制作房地产三折页的路标和文字

01 选取矩形工具，绘制矩形，并填充为白色。选取椭圆形工具，在按住【Ctrl】键的同时绘制正圆，填充为白色，并删除其轮廓，将其作为路标图形，效果如图109-6所示。

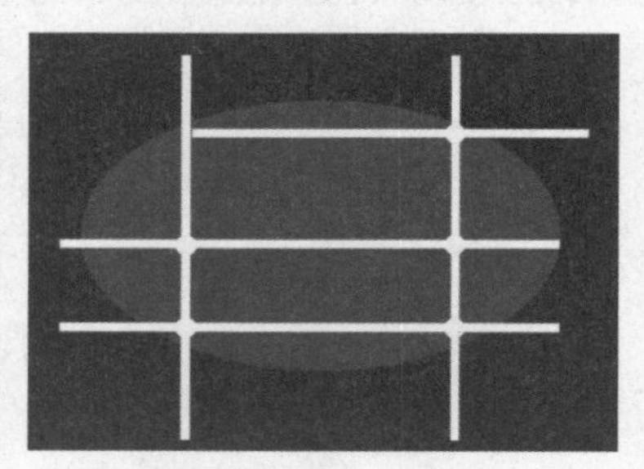

图109-6 绘制路标图形

02 选取椭圆形工具，在按住【Shift+Ctrl】组合键的同时绘制一个正圆，并填充为红色（CMYK值分别为0、100、100、0），效果如图109-7所示。

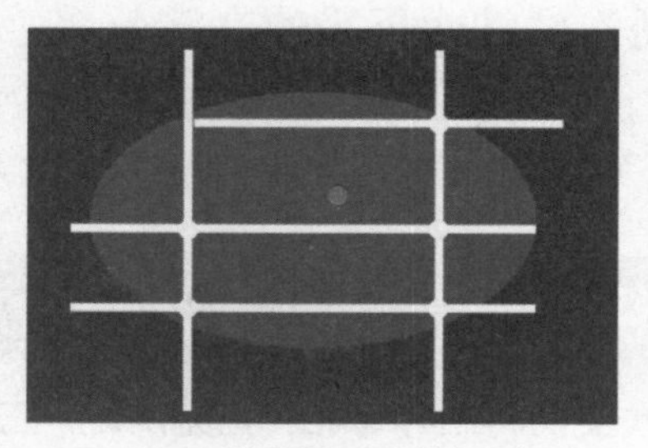

图109-7 绘制正圆并填充颜色

03 选取文本工具，在其属性栏中设置字体为“黑体”、字号为5pt，输入路标文字，并将其调整至合适位置及大小，效果如图109-8所示。

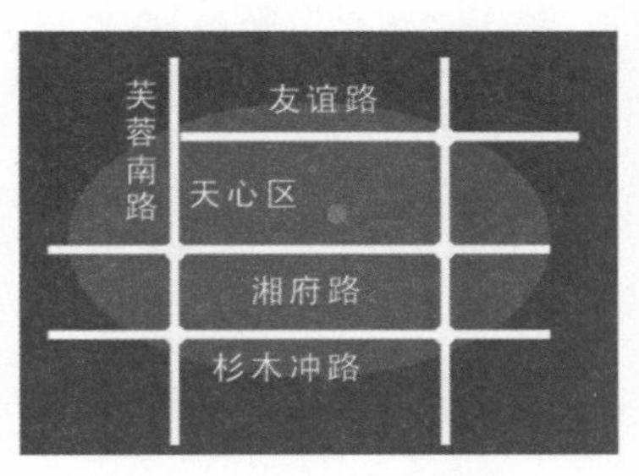

图109-8 输入路标文字

04 导入企业标志图形，并将其调整至合适位置及大小，效果如图109-9所示。

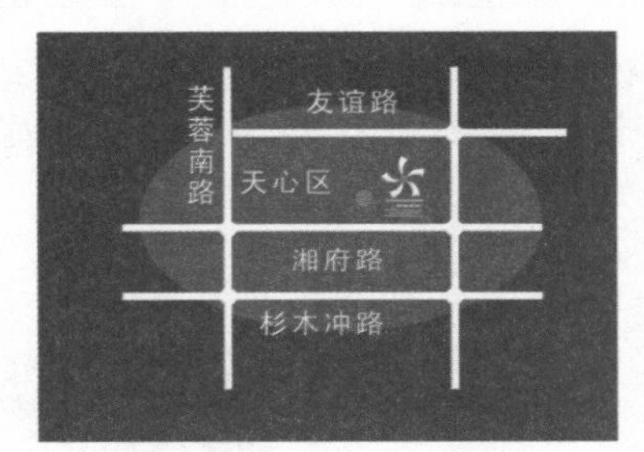

图109-9 导入标志图形

05 选取文本工具，在其属性栏中设置字体为“文鼎CS大宋”、字号为18pt，输入文字“优雅生活·彰显品位”，并填充为白色，效果如图109-10所示。

图109-10 输入文字

06 用同样的操作方法制作馨怡·花苑房地产三折页广告B面和C面的效果，如图109-11所示。

图109-11 制作其他面的效果

3．制作房地产三折页的立体效果

01 选取选择工具，在按住【Shift】键的同时加选A面中的所有矢量图形，按【Ctrl+G】组合键群组图形。选取变形工具，调整图形形状，制作A面的透视效果，如图109-12所示。

02 选取选择工具，双击导入的图像，使其进入旋转状态。将鼠标指针置于图像左侧中间的控制柄上，按住鼠标左键并向上拖动，以倾斜图像，效果如图109-13所示。

图109-12 制作透视效果　图109-13 倾斜图像

03 用同样的操作方法制作其他面的透视效果，如图109-14所示。

图109-14 制作其他面的透视效果

04 双击矩形工具，绘制一个与页面大小相等的矩形。按【F11】键，在弹出的“编辑填充”对话框中单击“渐变填充”按钮，设置0%位置的颜色为黑色、100%位置的颜色为白色，单击“确定”按钮，渐变填充矩形，效果参见图109-1。至此，本实例制作完毕。

实例110 手表四折页广告

本实例将制作瑞克手表四折页广告，效果如图110-1所示。

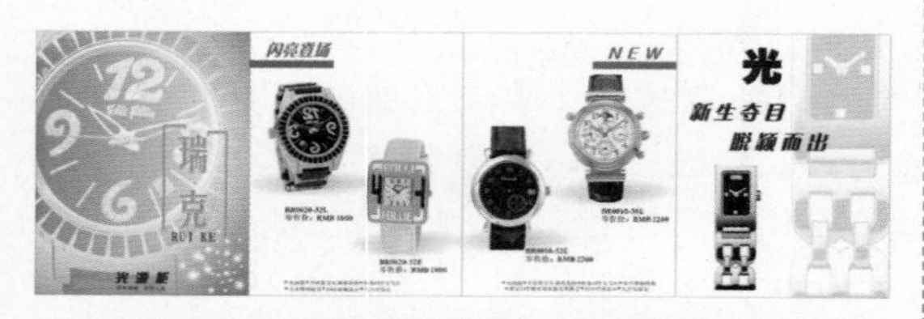

图110-1 瑞克手表四折页广告

操作步骤

1. 制作手表四折页的背景效果

01 按【Ctrl+N】组合键，新建一个空白页面。选取矩形工具，绘制一个矩形。按【F11】键，在弹出的“编辑填充”对话框中单击“渐变填充”按钮，然后单击“椭圆形渐变填充”按钮，设置0%位置的颜色为蓝青色（CMYK值分别为73、25、27、0）、46%和100%位置的颜色均为白色(CMYK值均为0)，单击“确定”按钮，渐变填充矩形，效果如图110-2所示。

02 按【Ctrl+I】组合键，导入一幅手表图像，效果如图110-3所示。

图110-2 绘制并渐变填充矩形

图110-3 导入手表图像

03 单击“对象”|“图框精确裁剪”|“置于图文框内部”命令，当鼠标指针呈➡形状时在矩形中单击鼠标左键，将手表图形置于矩形容器中。在按住【Ctrl】键的同时单击剪裁图形，调整图形至合适位置。在按住【Ctrl】键的同时在剪裁图形以外的位置单击鼠标左键，即可完成编辑操作，效果如图110-4所示。

04 选取椭圆形工具，按住【Ctrl】键的同时在绘图页面中的合适位置绘制一个正圆，填充为白色，并删除其轮廓。选取阴影工具，在属性栏中设置“预设列表”为“中等辉光”、“阴影的不透明”为100、“阴影羽化”

为 49、“阴影颜色”为白色，为正圆添加阴影，效果如图 110-5 所示。

图110-4 精确剪裁

图110-5 绘制正圆并添加阴影

05 单击“对象”|“拆分阴影群组”命令，拆分阴影图形。选取选择工具，选择正圆图形，按【Delete】键将其删除。在阴影图形上单击并拖动鼠标至合适位置，松开鼠标的同时右击，以复制阴影图形，并将其缩放至合适大小。用同样的方法复制多个阴影图形，效果如图 110-6 所示。

图110-6 复制阴影图形

2. 制作手表四折页的文字效果

01 选取贝塞尔工具，绘制一个闭合曲线图形。按【F11】键，在弹出的“编辑填充”对话框中单击“渐变填充”按钮，设置 0% 和 100% 位置的颜色均为橙色（CMYK 值分别为 0、25、80、0）、52% 位置的颜色为浅黄色（CMYK 值分别为 0、0、20、0），单击“确定”按钮，渐变填充闭合曲线图形，并删除其轮廓，效果如图 110-7 所示。

02 单击“效果”|“斜角”命令，在弹出的“斜角”泊坞窗中设置“样式”为“柔和边缘”、“距离”为 1.222mm、“阴影颜色”为白色、“光源颜色”为橘黄色（CMYK 值分别为 0、35、100、0）、“强度”为 93、“方向”为 323、“高度”为 79，单击“应用”按钮，为闭合曲线图形添加斜角效果，如图 110-8 所示。

图110-7 绘制并填充闭合曲线图形

图110-8 添加斜角效果

03 按小键盘上的【+】键，复制曲线图形。单击其属性栏中的“水平镜像”按钮，水平镜像图形，并将镜像的图形移至合适位置，效果如图 110-9 所示。

04 选取文本工具，在其属性栏中设置字体为“文鼎 CS 长美黑”、字号为 51.5pt，单击“将文本更改为垂直方向”按钮，输入文字“瑞克”。参照步骤 1~2 同样的操作方法渐变填充文字，并添加斜角效果，如图 110-10 所示。

图110-9 复制并镜像图形

图110-10 输入文字并添加斜角效果

05 输入并选中文字“光源能”，在其属性栏中设置字体为“方正综艺简体”、字号为 16pt，并填充为白色。再次单击文字，使其进入旋转状态。将鼠标指针置于文字上方中间的控制柄上，按住鼠标左键并向右拖动，以倾斜文字，效果如图 110-11 所示。

图110-11 输入并倾斜文字

06 按小键盘上的【+】键复制文字，按键盘上的【←】和【↓】键微移图形，并填充为黑色，效果如图 110-12 所示。

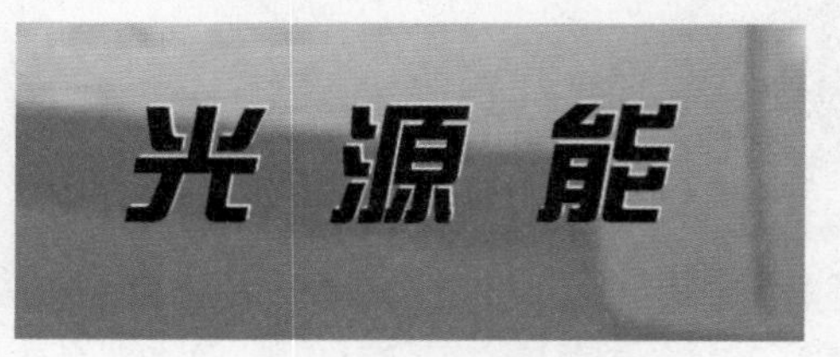

图110-12 复制文字并填充颜色

07 输入其他文字，并设置其字体、字号、颜色和位置，效果如图 110-13 所示。

图110-13 输入其他文字

08 用同样的操作方法制作瑞克广告其他面的效果，如图 110-14 所示。

图110-14 制作其他面的效果

3. 制作手表四折页的立体效果

01 选取选择工具，框选 A 面的所有图形。单击其属性栏中的“组合对象”按钮组合图形。再次单击图形，使其进入旋转状态。将鼠标指针置于图形左侧中间的控制柄上，按住鼠标左键并向上拖动，以倾斜图形，效果如图 110-15 所示。

图110-15 倾斜图形

02 选取折线工具，绘制一个多边形，填充其颜色为灰色（CMYK 值分别为 0、0、0、20），并删除其轮廓，效果如图 110-16 所示。

图110-16 绘制多边形并填充颜色

03 单击“位图”|“转换为位图”命令，在弹出的“转换为位图”对话框中设置“分辨率”为 300，选中“透明背景”复选框，单击“确定”按钮，将图形转换为位图。单击“位图”|“模糊”|“高斯式模糊”命令，在弹出的“高斯式模糊”对话框中设置“半径”为 8，单击“确定”按钮，高斯模糊位图。选取透明度工具，在属性栏中单击“均匀透明度”按钮，设置“透明度”为 62，为位图添加透明效果，如图 110-17 所示。

图110-17 添加透明效果

04 用同样的操作方法制作其他面的透视及透明效果，如图 110-18 所示。

图110-18 制作其他面的透视效果

05 选取矩形工具，绘制一个矩形，并填充为黑色。按【Ctrl+End】组合键，调整矩形至页面最后面，效果如图 110-19 所示。

06 按小键盘上的【+】键复制矩形，并将其调整至合适大小及位置。按【F11】键，在弹出的“编辑填充”对话框中单击“底纹填充”按钮，设置“底纹库”为“样本 5”、“底纹列表”为“化石”，单击“确定”按钮，底纹填充复制的矩形，效果如图 110-20 所示。

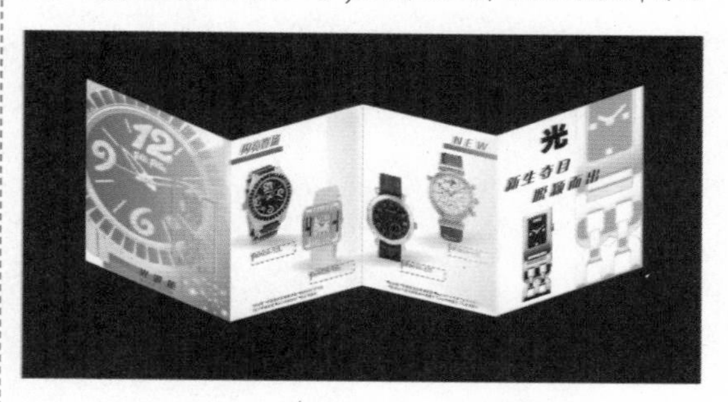

图110-19 绘制矩形并填充颜色

图110-20 复制并底纹填充矩形

07 选择 A 面图形，选取阴影工具，从图形右下角向左上角拖动鼠标，添加阴影效果，在属性栏中设置“阴影的不透明”为 50、“阴影羽化”为 15，最终效果参见图 110-1。至此，本实例制作完毕。

读书笔记

第8章　平面广告设计

平面广告也是CorelDRAW擅长的领域之一。本章将通过30个实例详细讲解平面广告设计的制作方法与技巧。

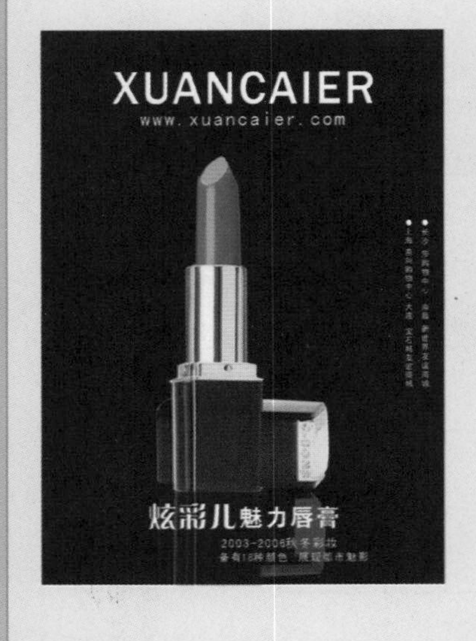

实例111 化妆品平面广告 I

本实例将制作伊莉莎化妆品报纸平面广告，效果如图 111-1 所示。

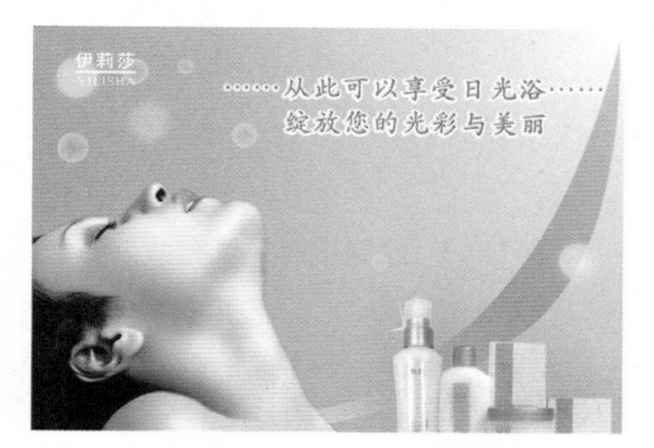

图111-1 伊莉莎化妆品报纸平面广告

操作步骤

1. 制作化妆品广告的背景效果

01 单击“文件”|“新建”命令，新建一个空白页面。选取矩形工具，绘制一个矩形。按【F11】键，在弹出的“编辑填充”对话框中单击“渐变填充”按钮，单击“椭圆形渐变填充”按钮，设置 0% 位置的颜色为蓝色（CMYK 值分别为 60、0、0、0）、100% 位置的颜色为白色（CMYK 值均为 0），单击“确定”按钮，渐变填充矩形，然后删除其轮廓，效果如图 111-2 所示。

图111-2 绘制并渐变填充矩形

02 单击“文件”|“导入”命令，导入一幅化妆品图像，效果如图 111-3 所示。

03 选取阴影工具，在其属性栏中设置“预设列表”为“中等辉光”、“阴影的不透明”为 51、“阴影羽化”为 58、“阴影颜色”为绿松石（CMYK 值为 60、0、20、0），为导入的图像添加阴影，效果如图 111-4 所示。

图111-3 导入图像

图111-4 添加阴影效果

04 选取矩形工具，绘制一个矩形。选取选择工具，选择导入的图像，单击“对象”|“图框精确裁剪”|“置于图文框内部”命令，当鼠标指针呈➡形状时单击矩形，将化妆品图像置于矩形容器中。单击“对象”|“图框精确剪裁”|“编辑 PowerClip”命令，调整图像的位置。单击“对象”|“图框精确剪裁”|“结束编辑”命令，然后删除矩形轮廓，即可完成编辑操作，效果如图 111-5 所示。

图111-5 精确剪裁

05 参照步骤 2~4 的操作方法导入人物图像，并将其调整至合适位置及大小，效果如图 111-6 所示。

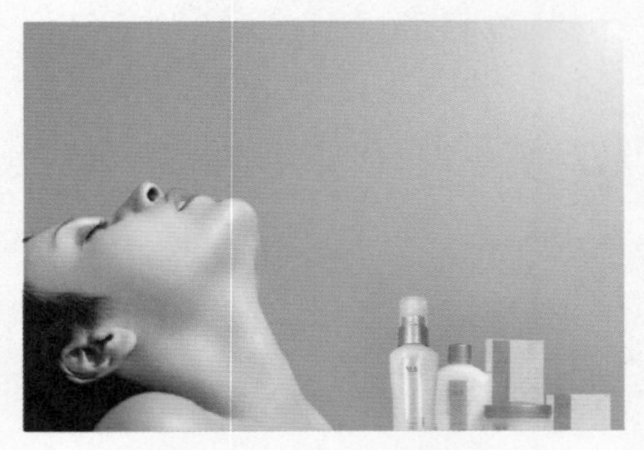

图111-6 导入人物图像

06 选取贝塞尔工具，在绘图页面中的合适位置绘制一个闭合曲线图形。按【Ctrl+PageDown】组合键，将绘制的图形置于导入的图像下层。按【F11】键，在弹出的“编辑填充”对话框中单击“渐变填充”按钮，设置 0% 位置的颜色为灰白色（CMYK 值分别为 10、3、4、0）、47% 位置的颜色为蓝色（CMYK 值分别为 60、0、0、0）和 100% 位置的颜色为灰蓝色（CMYK 值分别为 13、3、5、0），按【Enter】键，渐变填充曲线图形，效果如图 111-7 所示。

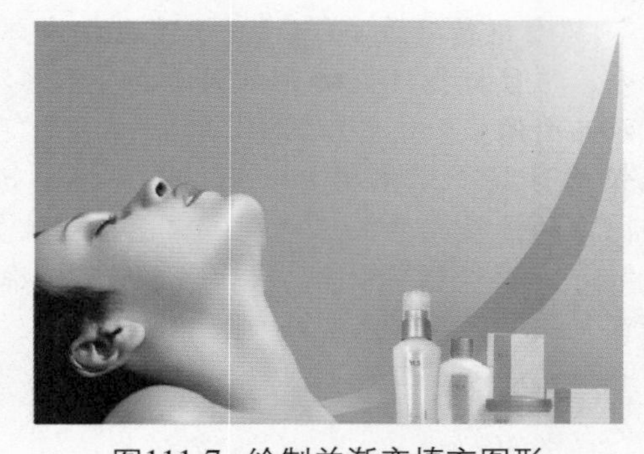

图111-7 绘制并渐变填充图形

07 选取椭圆形工具，按住【Ctrl+Shift】组合键的同时拖动鼠标，在绘图页面中的左上角绘制一个正圆。按【F11】键，在弹出的“编辑填充”对话框中单击“均匀填充”按钮，设置颜色为浅蓝色（CMYK 值分别为 14、0、0、0），单击“确定”按钮，为正圆填充颜色，效果如图 111-8 所示。

图111-8 绘制正圆并填充颜色

08 选取透明度工具，在其属性栏中单击“渐变透明度”按钮，单击“椭圆形渐变透明度”按钮，拖动鼠标左键调整透明度，为正圆添加透明效果，如图 111-9 所示。

图111-9 添加透明效果

09 选取阴影工具，在其属性栏中设置“预设列表”为“小型辉光”、“阴影的不透明”为 70、“阴影羽化”为 30、“阴影颜色”为白色，效果如图 111-10 所示。

图111-10 添加阴影效果

10 参照步骤 7~8 的操作方法绘制其他圆形。选取选择工具，多次按小键盘上的【+】键，复制多个圆形，将其调整至合适位置及大小。再用同样的方法复制其他图形，

效果如图 111-11 所示。

图111-11 复制正圆

11 选取星形工具，在其属性栏中设置“点数或边数”为 4、“锐度”为 88，绘制一个星形。单击调色板中的白色色块，填充星形为白色，在属性栏中设置“旋转角度”为 12.7、轮廓宽度为“无”，效果如图 111-12 所示。

图111-12 绘制星形

12 依次单击“标准”工具栏中的“复制”与“粘贴”按钮，复制星形，并将其调整至合适位置及大小，效果如图 111-13 所示。

图111-13 复制星形

2．制作化妆品广告的文字效果

01 选取文本工具，在其属性栏中设置字体为“华文楷体”、字号为 40pt、颜色为红色（CMYK 值分别为 0、100、100、0），输入文字“……从此可以享受日光浴……”，效果如图 111-14 所示。

图111-14 输入文字

02 选取选择工具，选择输入的文字。双击状态栏中的“轮廓颜色”色块，在弹出的“轮廓笔”对话框中设置“宽度”为 3mm、“颜色”为白色，选中“填充之后”复选框，单击“确定”按钮，为文字设置轮廓属性，效果如图 111-15 所示。

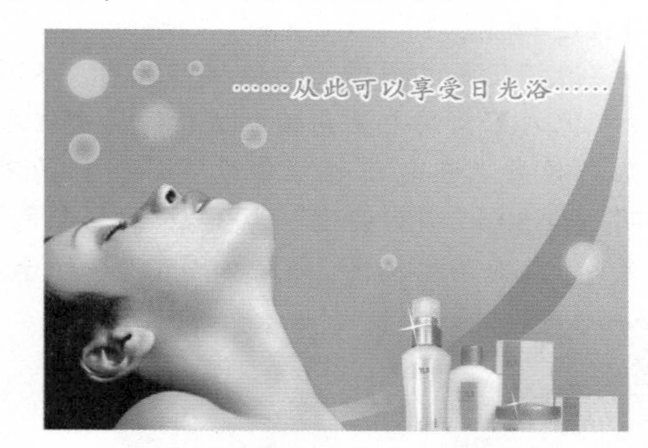

图111-15 设置文字轮廓属性

03 输入其他文字，设置其字体、字号、颜色及位置，最终效果参见图 111-1。至此，本实例制作完毕。

实例112 化妆品平面广告Ⅱ

本实例将制作雪迪化妆品杂志平面广告，效果如图 112-1 所示。

图112-1 雪迪化妆品杂志平面广告

操作步骤

1. 制作广告的背景效果

01 按【Ctrl+N】组合键，新建一个空白页面。单击“标准”工具栏中的“导入”按钮，导入一幅人物素材图像和一幅化妆品素材图像，并将其调整至合适位置，效果如图 112-2 所示。

02 选择化妆品图像，选取阴影工具，从图像右下角向左上角拖动鼠标，为图像添加阴影效果。在其属性栏中设置“阴影的不透明”为 50、“阴影羽化”为 32、“阴影颜色”为黑色，改变阴影属性，效果如图 112-3 所示。

图112-2 导入素材图像 图112-3 添加阴影效果

03 选取矩形工具，绘制一个矩形，填充其颜色为橘红色（CMYK 值分别为 0、43、85、0）。按【Ctrl+PageDown】组合键，将图像向后移一层。右击调色板中的“无”按钮，删除其轮廓，效果如图 112-4 所示。

图112-4 绘制矩形并填充颜色

2. 制作广告的文字效果

01 选取文本工具，在其属性栏中设置字体为“华文中宋”、字号为 100pt，输入文字 XUEDI。将鼠标指针置于文字 X 左侧，按住鼠标左键并向右拖动，选中文字 XUEDI。设置其颜色为蓝色（CMYK 值分别为 100、100、0、0）。按【Ctrl+T】组合键，在弹出的“文本属性”泊坞窗中设置“字距调整范围”为 100%，效果如图 112-5 所示。

02 选取文本工具，在其属性栏中设置字体为“黑体”、字号为 100pt，单击“将文本更改为垂直方向”按钮，输入文字“双倍发挥美白威力”，设置文字颜色为黑色（CMYK 值均为 100），效果如图 112-6 所示。

图112-5 输入并调整文字 图112-6 输入其他文字

03 输入其他文字，并设置其字体、字号、颜色及位置，最终效果参见图 112-1。至此，本实例制作完毕。

实例113 化妆品平面广告III

本实例将制作雅妃爽肤水杂志平面广告，效果如图 113-1 所示。

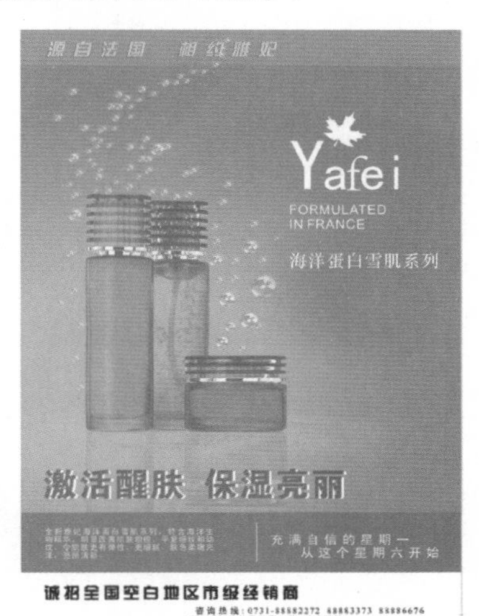

图113-1 雅妃爽肤水杂志平面广告

操作步骤

1. 制作广告的背景效果

01 按【Ctrl+N】组合键，新建一个空白页面。选取矩形工具，绘制一个矩形，填充其颜色为白色。单击“文件”|“导入”命令，导入一幅素材图像，并调整至合适大小及位置，效果如图 113-2 所示。

图113-2 导入素材图像

02 选取矩形工具，绘制一个矩形，填充其颜色为蓝色（CMYK 值分别为 92、25、0、0），右击调色板中的“无”按钮，删除其轮廓，效果如图 113-3 所示。

图113-3 绘制矩形并填充颜色

03 选取贝塞尔工具，在按住【Ctrl】键的同时绘制一条直线。按【F12】键，在弹出的“轮廓笔”对话框中设置“宽度”为 0.035mm、“颜色”为白色，单击“确定”按钮，效果如图 113-4 所示。

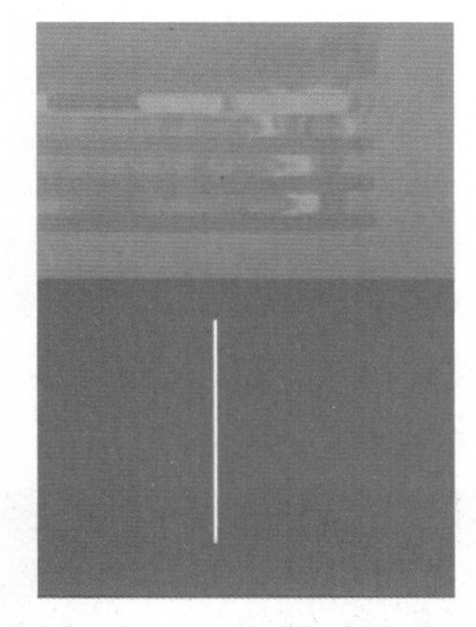

图113-4 绘制直线

2. 制作广告的文字效果

01 按【F8】键，选取文本工具，在其属性栏中设置字体为“黑体”、字号为 72pt，输入文字 Yafei，并设置其颜色为白色。将鼠标指针移至 Y 左侧，单击并向右拖动选择 Y，在属性栏中设置字号为 100pt。用同样的方法选中 f，设置其字体为宋体，如图 113-5 所示。

Yafei

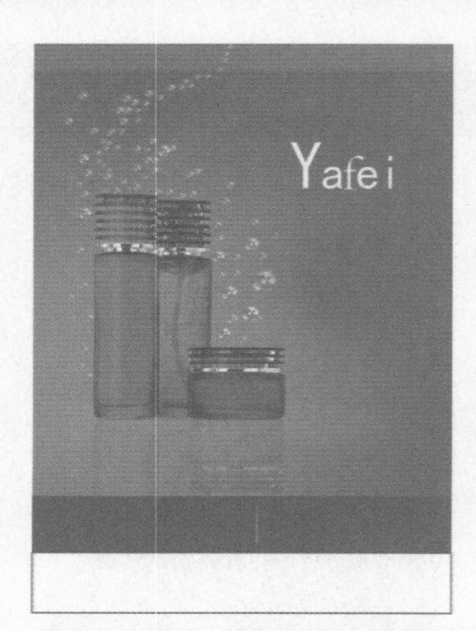

图113-5 输入文字并设置属性

02 选取艺术笔工具，在其属性栏中单击“喷涂”按钮，在“类别”下拉列表框中选择“植物”选项，在“喷射图样”下拉列表框中选择树叶形状的样式，在页面中拖动鼠标，绘制树叶形状后右击，在弹出的快捷菜单中选择“拆分艺术笔群组”选项，按【Ctrl+U】组合键取消组合。选择其中的一片树叶，填充其颜色为白色，并调整至合适位置，然后删除其余的树叶，效果如图 113-6 所示。

03 按【F8】键，选取文本工具，在属性栏中设置字体为“黑体”、字号为 11pt，输入段落文本，并设置文本颜色为白色，如图 113-7 所示。

Yafei

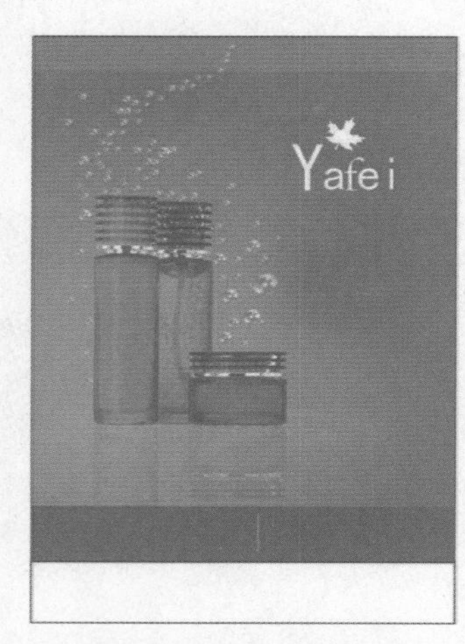

图113-6 绘制树叶图形

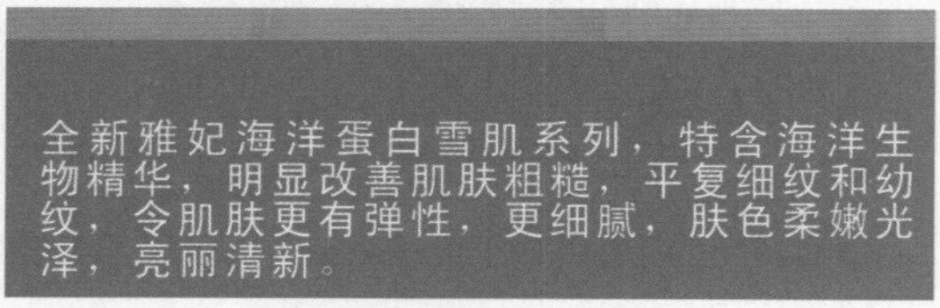
全新雅妃海洋蛋白雪肌系列，特含海洋生物精华，明显改善肌肤粗糙，平复细纹和幼纹，令肌肤更有弹性，更细腻，肤色柔嫩光泽，亮丽清新。

图113-7 输入文字

04 输入其他文字，并设置其字体、字号、颜色及位置，最终效果参见图 113-1。至此，本实例制作完毕。

实例114 化妆品平面广告Ⅳ

本实例将制作炫彩儿魅力唇膏杂志平面广告，效果如图 114-1 所示。

XUANCAIER
www.xuancaier.com
炫彩儿魅力唇膏

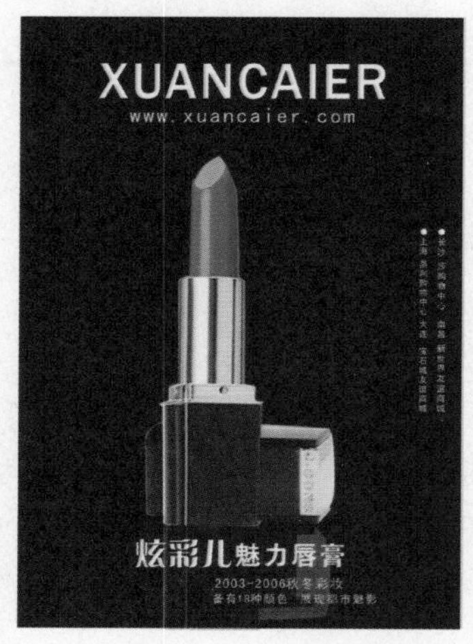

图114-1 炫彩儿魅力唇膏杂志平面广告

操作步骤

1. 制作广告的背景效果

01 按【Ctrl+N】组合键，新建一个空白页面。双击矩形工具，绘制一个与页面大小相等的矩形，填充其颜色为黑色，效果如图 114-2 所示。

02 按【Ctrl+I】组合键，导入一幅素材图像，调整至合适位置及大小，效果如图 114-3 所示。

03 按小键盘上的【+】键，复制一幅唇膏素材图像。在属性栏中单击“垂直镜像”按钮，垂直镜像复制的图形。单击页面空白处，在属性栏中设置“微调距离”为 20mm，按 9 次【↓】键，向下移动镜像的图像，效

果如图 114-4 所示。

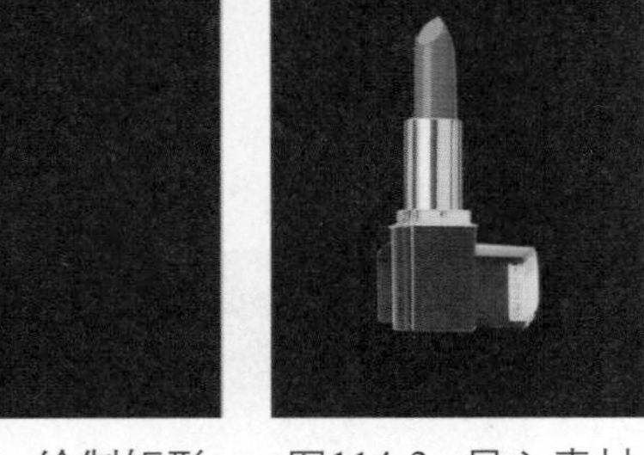

图114-2 绘制矩形并填充颜色　图114-3 导入素材图像

04 选取橡皮擦工具，在其属性栏中设置“橡皮擦厚度”为 100mm，并将橡皮擦放在页面边缘位置。双击鼠标左键，将页面以外的图像擦除，效果如图 114-5 所示。

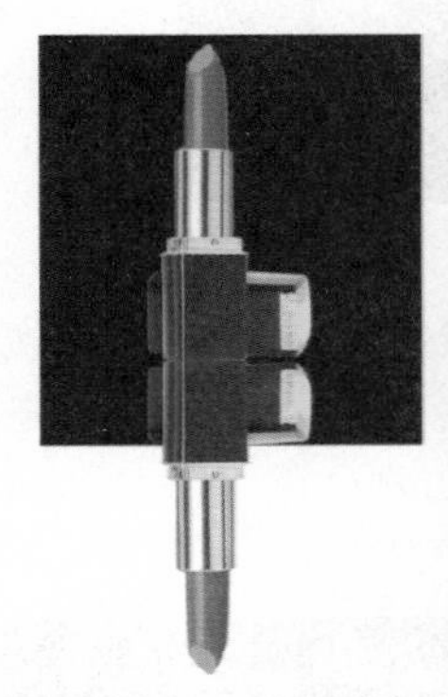

图114-4 复制并垂直镜像图形　图114-5 擦除多余图像

05 选取透明度工具，在复制的唇膏图像上方单击并向下拖动，为图像添加透明效果，改变图像的透明中心点，效果如图 114-6 所示。

图114-6 调整图像透明度

2．制作广告的文字效果

01 选取文本工具，在其属性栏中设置字体为 Franklin Grothic Medium、字号为 72pt，输入文字 XUANCAIER，并设置其颜色为白色，效果如图 114-7 所示。

02 在其属性栏中设置字体为“方正大黑简体”、字号为 36pt，输入文字“炫彩儿魅力唇膏”，并设置其颜色为白色。选中文字“炫彩儿”，设置其字体为“方正粗倩简体”、字号为 42pt，效果如图 114-8 所示。

图114-7 输入文字　图114-8 输入其他文字

03 输入其他文字，并设置其字体、字号、颜色及位置，最终效果参见图 114-1。至此，本实例制作完毕。

实例115 珠宝平面广告

本实例将制作克尼尔钻戒平面广告，效果如图 115-1 所示。

操作步骤

1．制作广告的背景效果

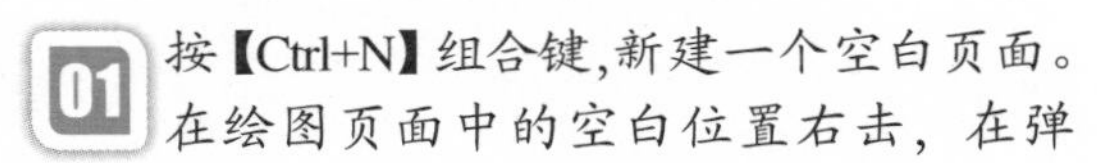

01 按【Ctrl+N】组合键，新建一个空白页面。在绘图页面中的空白位置右击，在弹

出的快捷菜单中选择“导入”选项，分别导入一幅背景图像和两幅戒指图像，并调整至合适大小和位置，效果如图 115-2 所示。

图115-1 克尼尔钻戒平面广告

02 按【F6】键，选取矩形工具，绘制一个矩形，填充其颜色为黑色，效果如图 115-3 所示。

图115-2 导入素材图像

图115-3 绘制矩形并填充颜色

2. 制作广告的文字效果

01 按【F8】键，选取文本工具，在其属性栏中设置字体为“华文新魏”、字号为 40pt，输入文字“‘钻石恒久远 一颗永留传’”，填充其颜色为黄色（CMYK 值分别为 0、0、100、0），效果如图 115-4 所示。

图115-4 输入文字

02 用同样的操作方法在其属性栏中设置字体为“黑体”、字号为 14pt，输入其他文字，并设置文字颜色为白色（CMYK 值均为 0），效果如图 115-5 所示。

图115-5 输入其他文字

03 输入其余文字，并设置其字体、字号、颜色及位置，最终效果参见图 115-1。至此，本实例制作完毕。

实例116 婚纱平面广告

本实例将制作爱特婚纱平面广告，效果如图 116-1 所示。

操作步骤

1. 制作爱特婚纱广告的背景效果

01 按【Ctrl+N】组合键，新建一个空白页面。选取矩形工具，绘制一个矩形，如

图 116-2 所示。

图116-1 爱特婚纱平面广告

图116-2 绘制矩形

02 单击“标准”工具栏中的“导入”按钮,导入一幅黄昏图像。在按住【Shift】键的同时选择矩形与导入的图像，单击其属性栏中的“对齐和分布”按钮,在弹出的“对齐与分布”对话框中单击“左对齐”和“顶端对齐”按钮,使图像和矩形左侧与顶部对齐，效果如图 116-3 所示。

图116-3 导入并对齐图像

2．制作爱特婚纱广告的文字效果

01 选取文本工具，在其属性栏中设置字体为“华文行楷”、字号为 40pt，输入文字“……听海”，如图 116-4 所示。

图116-4 输入文字

02 单击“对象”|“拆分美术字：华文行楷”命令，拆分文字。选取选择工具，选中文字“海”，将其移至合适位置，效果如图 116-5 所示。

图116-5 调整文字位置

03 输入其他文字，并设置其字体、字号、颜色和位置，效果如图 116-6 所示。

图116-6 输入其他文字

04 选取折线工具，在绘图页面中绘制两条直线，如图 116-7 所示。

一生，真心永恒！

活动报名方式：
活动官方网站：www. at.163.com
咨询电话：48600200

长沙爱特文化传播有限公司

图116-7 绘制直线

05 选取贝塞尔工具，在绘图页面中的合适位置绘制一个闭合曲线图形。单击调色板中的红色色块，填充其颜色为红色，并删除其轮廓，最终效果参见图116-1。至此，本实例制作完毕。

实例117 影楼平面广告

本实例将制作魅丽时尚影楼平面广告，效果如图117-1所示。

图117-1 魅丽时尚影楼平面广告

操作步骤

1. 制作广告的背景效果

01 按【Ctrl+N】组合键，新建一个空白页面。选取矩形工具，绘制一个矩形。按【Ctrl+I】组合键，导入一幅人物素材图像，并调整至合适大小及位置，效果如图117-2所示。

02 选取矩形工具，绘制一个矩形，填充其颜色为黑色。按【Ctrl+PageDown】组合键，将矩形向后移一层，效果如图117-3所示。

图117-2 导入素材图像

图117-3 绘制矩形并调整图层顺序

2. 制作广告的文字效果

01 按【F8】键，选取文本工具，在其属性栏中设置字体为“方正美黑简体”、字号为117pt，输入文字“魅丽”，并设置其颜色为绿色(CMYK值分别为100、0、100、0)，效果如图117-4所示。

图117-4 输入文字

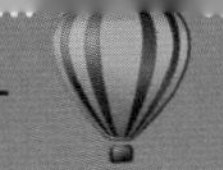

02 选取文本工具，在其属性栏中设置字体为“黑体”、字号为14pt，单击“文本对齐”按钮，在弹出的下拉菜单中选择“居中”选项，然后直接输入文字。输入第一行后，按【Enter】键进行换行，依次输入其他文字，设置其颜色为黑色，效果如图 117-5 所示。

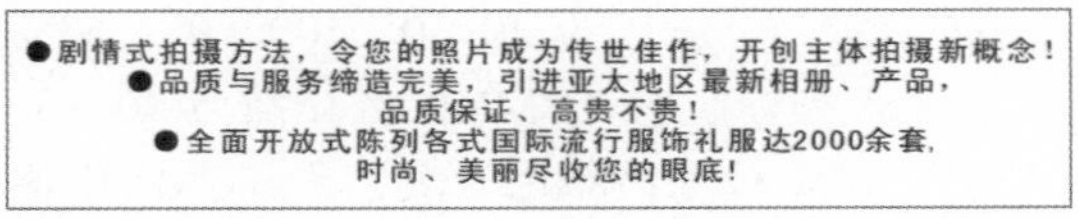

●剧情式拍摄方法，令您的照片成为传世佳作，开创主体拍摄新概念！
●品质与服务缔造完美，引进亚太地区最新相册、产品，
品质保证、高贵不贵！
●全面开放式陈列各式国际流行服饰礼服达2000余套，
时尚、美丽尽收您的眼底！

图117-5 输入其他文字

03 输入其他文字，并设置其字体、字号、颜色及位置，最终效果参见图 117-1。至此，本实例制作完毕。

实例118 服饰平面广告 I

本实例将制作服装博览会平面广告，效果如图 118-1 所示。

2016
服装（长沙）博览会
艺名品牌服装秋日特卖会
开馆时间：9：00-17：00
10月1日——10月10日 湖南省展览馆

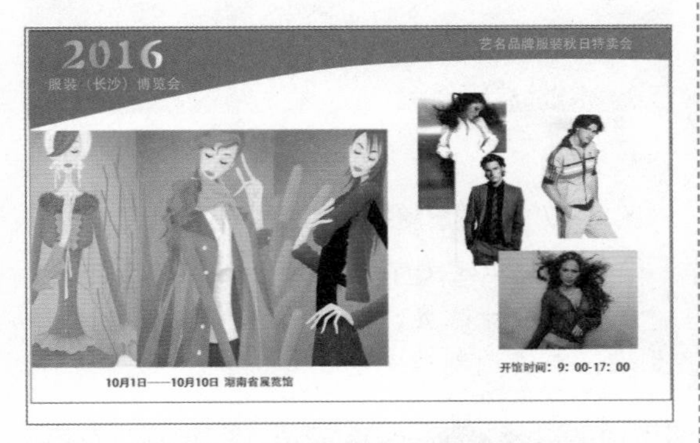

图118-1 服装博览会平面广告

操作步骤

1. 制作服装博览会广告的背景效果

01 按【Ctrl+N】组合键，新建一个空白页面。选取矩形工具，绘制一个矩形。选取钢笔工具，绘制一个闭合曲线图形。单击调色板中的红色色块，填充曲线图形为红色，并删除其轮廓，效果如图 118-2 所示。

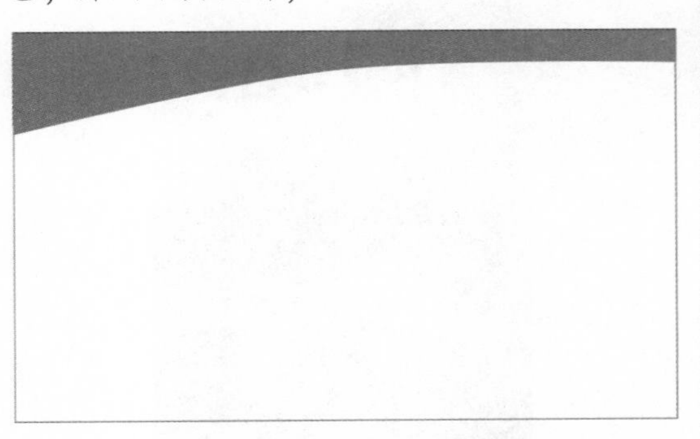

图118-2 绘制曲线图形并填充颜色

02 通过按【Ctrl+I】组合键分别导入 5 幅人物图像，调整各图像至合适位置及大小，效果如图 118-3 所示。

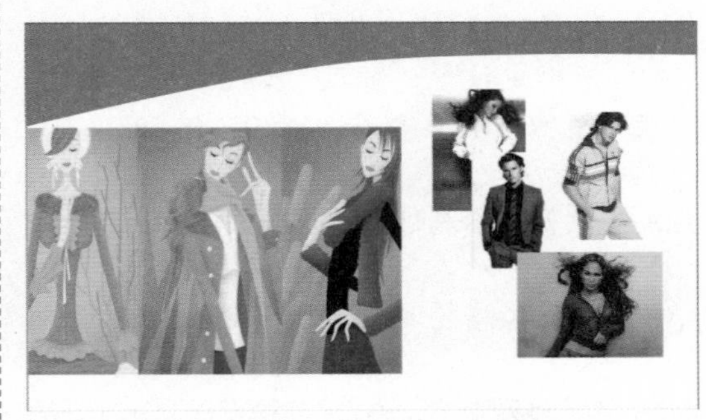

图118-3 导入并调整人物图像

2. 制作服装博览会广告的文字效果

01 选取文本工具，在属性栏中设置字体为“方正水黑简体”、字号为 40pt，输入数字 2007，效果如图 118-4 所示。

2016

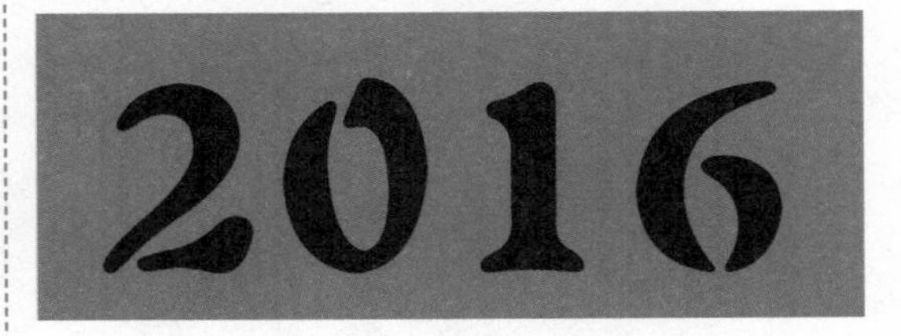

图118-4 输入数字

02 按【F11】键，在弹出的“编辑填充”对话框中单击“渐变填充”按钮，设置 0% 位置的颜色为橙色（CMYK 值分别为 0、60、100、0）、15% 位置的颜色为黄色（CMYK 值分别为 0、0、100、0）、31% 位置的颜色为绿

色（CMYK值分别为40、0、100、0）、53%位置的颜色为蓝色（CMYK值分别为40、0、0、0）、76%位置的颜色为淡紫色（CMYK值分别为20、40、0、0）、100%位置的颜色为白色（CMYK值均为0），单击“确定”按钮，渐变填充文字，效果如图118-5所示。

图118-5 渐变填充文字

03 按【F12】键，在弹出的“轮廓笔”对话框中设置“宽度”为2mm、“颜色”为桃黄色（CMYK值分别为0、40、60、0），并选中“填充之后”复选框，单击“确定”按钮，为文字设置轮廓属性，效果如图118-6所示。

04 单击“对象”|“将轮廓转换为对象”命令，将轮廓转换为图形对象，并对其进行渐变填充，效果如图118-7所示。

图118-6 设置轮廓属性

图118-7 将轮廓转换为对象并进行渐变填充

05 输入其他文字，并设置好字体、字号、颜色和位置，最终效果参见图118-1。至此，本实例制作完毕。

实例119 服饰平面广告II

本实例将制作好身段内衣平面广告，效果如图119-1所示。

图119-1 好身段内衣平面广告

操作步骤

1．制作内衣广告的背景效果

01 按【Ctrl+N】组合键，新建一个空白页面。在绘图页面中的空白位置右击，在弹出的快捷菜单中选择“导入”选项，导入一幅人物图像，效果如图119-2所示。

图119-2 导入图像

02 选取裁剪工具，在图像的左上角单击并向右拖动，拖至合适位置后松开鼠标，在选取的区域上双击鼠标左键裁剪图像，效果如图 119-3 所示。

图119-3 裁剪图像

03 单击“位图”|“创造性”|“虚光”命令，在弹出的“虚光”对话框中设置“颜色”为粉红色、“形状”为“椭圆形”、“偏移”为 140、“褪色”为 74，单击“确定”按钮，为图像添加虚光效果，如图 119-4 所示。

图119-4 添加虚光效果

04 选取贝塞尔工具，绘制两个闭合曲线图形。选择这两个闭合曲线图形，单击调色板中的白色色块，填充图形为白色，并删除其轮廓。选取透明度工具，在其属性栏中单击“渐变透明度”按钮，为图像添加透明度，效果如图 119-5 所示。

图119-5 绘制曲线图形并添加透明效果

2. 制作内衣广告的文字效果

01 按【F8】键，选取文本工具，在属性栏中设置字体为“黑体”、字号为 48pt，输入文字“倾心夺目”。选中输入的文字，单击调色板中的洋红色色块，填充文字为洋红色，效果如图 119-6 所示。

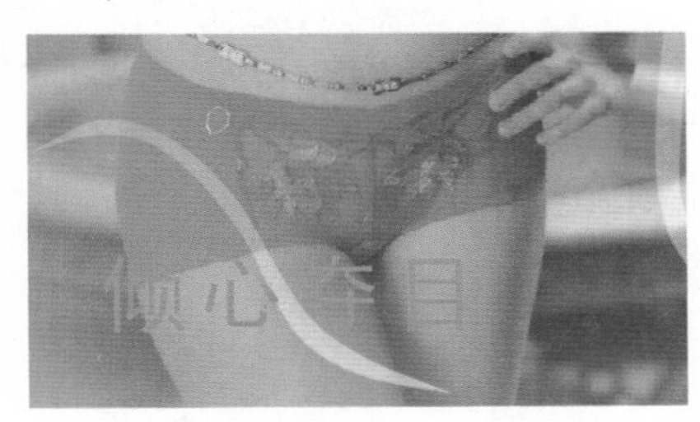

图119-6 输入文字

02 按【Ctrl+K】组合键拆分文字。按【Ctrl+Q】组合键，将文字转换为曲线。选取形状工具，调整文字为艺术字体，效果如图 119-7 所示。

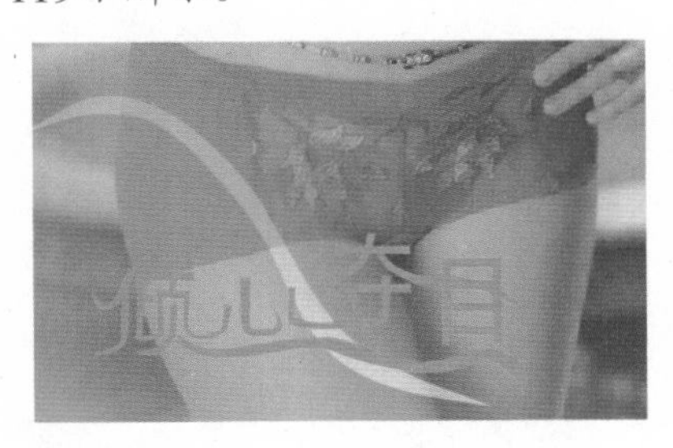

图119-7 调整文字形状

03 选取选择工具，框选文字图形，按【Ctrl+G】组合键组合图形。双击状态栏中的“轮廓颜色”色块，在弹出的“轮廓笔”对话框中设置“宽度”为 1.6mm、“颜色”

为白色，选中“填充之后”复选框，单击“确定”按钮，为文字图形设置轮廓属性，效果如图 119-8 所示。

图119-8 设置轮廓属性

04 输入其他文字，并设置其字体、字号、颜色和位置，效果如图 119-9 所示。

05 选取椭圆形工具，在绘图页面中的合适位置绘制椭圆。单击调色板中的洋红色色块，填充椭圆为洋红色。多次按【Ctrl+PageDown】组合键，调整椭圆至“好身段”文字图形后面，最终效果参见图 119-1。至此，本实例制作完毕。

图119-9 输入其他文字

实例120 服饰平面广告Ⅲ

本实例将制作爱魅内衣平面广告，效果如图 120-1 所示。

图120-1 爱魅内衣平面广告

操作步骤

1. 制作广告的背景效果

01 按【Ctrl+N】组合键，新建一个空白页面。按【Ctrl+I】组合键，导入一幅素材图像，并调整其位置和大小，效果如图 120-2 所示。

02 选取矩形工具，绘制一个矩形，填充其颜色为紫色（CMYK 值分别为 20、80、0、20），效果如图 120-3 所示。

图120-2 导入素材图像 图120-3 图形效果

03 选取矩形工具，绘制一个矩形，填充其颜色为洋红色（CMYK 值分别为 4、82、2、0），然后删除其轮廓，效果如图 120-4 所示。

04 选取椭圆形工具，绘制一个椭圆。按【F12】键，在弹出的“轮廓笔”对话框中设置“颜色”为白色、“宽度”为 0.706mm，单击“确定”按钮，为椭圆设置轮廓属性，

效果如图 120-5 所示。

图120-4 绘制并填充矩形 图120-5 绘制椭圆

2. 制作广告的文字效果

01 选取文本工具，在其属性栏中设置字体为“黑体”、字号为 36pt，单击“将文本更改为垂直方向”按钮，输入文字“爱魅·美丽新时尚”，并设置文字颜色为紫色（CMYK 值分别为 64、89、0、0）。选中文字“爱魅”，设置字体为“方正中倩简体”、字号为 48pt，按【F12】键，在弹出的“轮廓笔”对话框中设置“颜色”为紫色（CMYK 值分别为 64、89、0、0）、“宽度”为 0.025mm，单击“确定”按钮，设置文字轮廓属性，效果如图 120-6 所示。

02 用同样的操作方法在其属性栏中设置字体为“黑体”、字号为 16pt，直接输入文字。输入第一行后，按【Enter】键进行换行。依次输入其他文字，并设置颜色为白色，效果如图 120-7 所示。

图120-6 输入文字

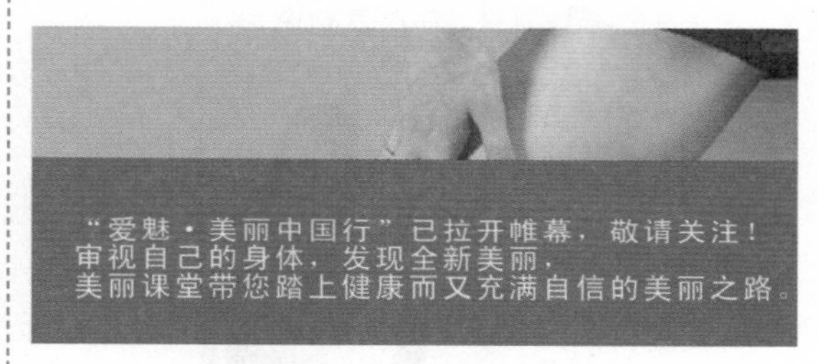

图120-7 输入其他文字

03 输入其余文字，并设置其字体、字号、颜色及位置，最终效果参见图 120-1。至此，本实例制作完毕。

实例121 服饰平面广告Ⅳ

本实例将制作虹彩尼服装平面广告，效果如图 121-1 所示。

图121-1 虹彩尼服装平面广告

操作步骤

1. 制作广告的背景效果

01 按【Ctrl+N】组合键，新建一个空白页面。按【Ctrl+I】组合键，导入一幅插画素材图形，并调整其位置和大小，效果如图 121-2 所示。

02 选取文本工具，在其属性栏中设置字体为“黑体”、字号为 32pt，输入文字，并设置其颜色为灰色（CMYK 值分别为 0、0、0、10）。按【Ctrl+PageDown】组合键，将文字向后移一层。选取选择工具，在输入的文字上双击鼠标左键，使其处于旋转状态。

将鼠标指针放在文字上方的中间控制柄上拖动鼠标，对图像进行倾斜，效果如图 121-3 所示。

图121-2 导入素材图形

图121-3 输入并倾斜文字

03 按小键盘上的【+】键，复制一组文字。单击页面空白处，在其属性栏中设置“微调距离”为 10mm，选中复制的文字，按 4 次【↓】键，向下移动文字，并按 4 次【Ctrl+D】组合键再制文字，效果如图 121-4 所示。

04 选取钢笔工具，绘制一条曲线。按【F12】键，在弹出的“轮廓笔”对话框中设置“宽度”为 2.822mm、“颜色”为褐色（CMYK 值分别为 29、100、98、0），单击“确定”按钮，为曲线设置轮廓属性。按【Ctrl+PageDown】组合键，将曲线向后移一层，效果如图 121-5 所示。

图121-4 再制文字

图121-5 绘制曲线并设置轮廓属性

05 按小键盘上的【+】键，复制一条曲线。分别单击其属性栏中的“垂直镜像”和“水平镜像”按钮镜像曲线，并将其调整至合适的位置，效果如图 121-6 所示。

图121-6 复制并镜像曲线

2. 制作广告的文字效果

01 按【F8】键，选取文本工具，在其属性栏中设置字体为 Arial、字号为 60pt，输入文字 New arrive，并将文字颜色设置为橘红色(CMYK 值分别为 0、61、96、0)。将鼠标指针移至 N 左侧，按住鼠标左键并向右拖动，选中 N，在属性栏中设置字号为 100pt。选取阴影工具，在属性栏中设置“预设列表”为“小型辉光”、“阴影偏移”分别为 1.589mm 和 0.068mm、“阴影的不透明”为 100、“阴影羽化”为 0、“羽化方向”为“向外”，为 N 添加阴影，效果如图 121-7 所示。

图121-7 输入文字并添加阴影效果

02 用同样的操作方法输入文字“虹彩尼”。选取选择工具，在文字上单击鼠标左键两次，使其进入旋转状态，将鼠标指针置于图像右上角的控制柄上，按住鼠标左键并向左拖动，旋转文字。选择文字“虹”，在其属性栏中设置字体为“长城行书体”、字号为 149pt，效果如图 121-8 所示。

图121-8 输入文字“虹彩尼”

03 输入其他文字，并设置其字体、字号、颜色及位置，最终效果参见图 121-1。至此，本实例制作完毕。

实例122 美容平面广告

本实例将制作唯美医疗美容平面广告，效果如图 122-1 所示。

图122-1 唯美医疗美容平面广告

操作步骤

1. 制作美容广告的背景效果

01 按【Ctrl+N】组合键，新建一个空白页面。按【F6】键，选取矩形工具，绘制一个矩形。按【Ctrl+I】组合键，导入一幅人物图像。在按住【Shift】键的同时加选矩形。分别按【T】和【R】键，使矩形和图像顶对齐和右对齐，效果如图 122-2 所示。

02 选取钢笔工具，绘制一个闭合曲线图形。单击调色板中的洋红色色块，填充其颜色为洋红色，效果如图 122-3 所示。

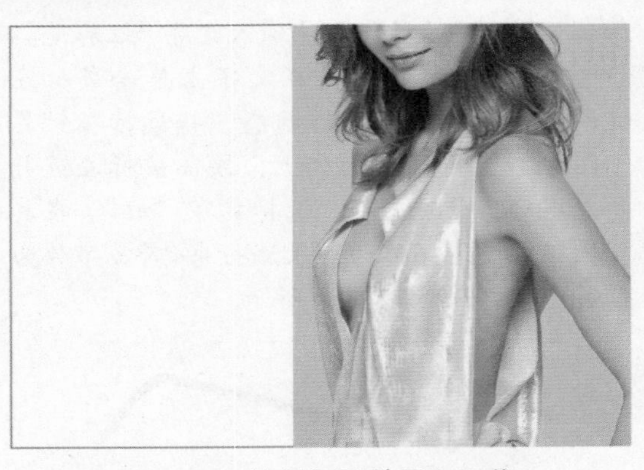

图122-2 绘制矩形并导入图像

03 按住【Ctrl】键的同时在曲线图形上单击鼠标并拖动至合适位置，松开鼠标的同时右击，复制曲线图形。用同样的方法再复制一个曲线图形，效果如图 122-4 所示。

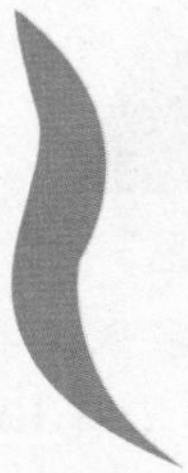

图122-3 绘制曲线图形并填充颜色

图122-4 复制图形

2．制作美容广告的文字效果

01 选取文本工具，在属性栏中设置字体为“黑体”、字号为 20pt，输入文字“光洁玉体”。选中输入的文字，单击调色板中的洋红色色块，将其填充为洋红色，效果如图 122-5 所示。

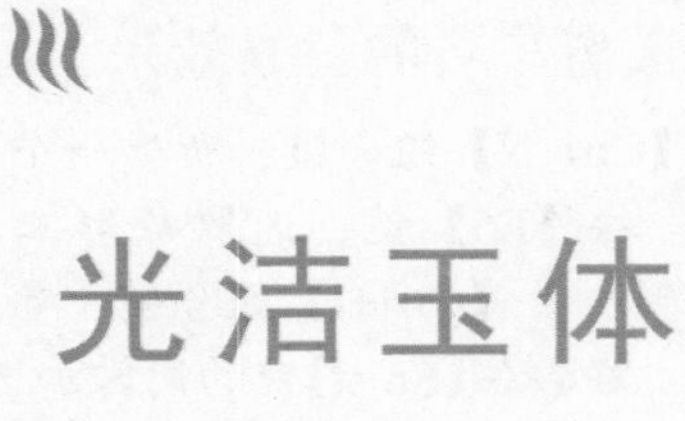
光洁玉体

图122-5 输入文字

02 单击“对象”|“拆分美术字：黑体”命令，拆分文字。选取选择工具，调整各文字的位置，效果如图 122-6 所示。

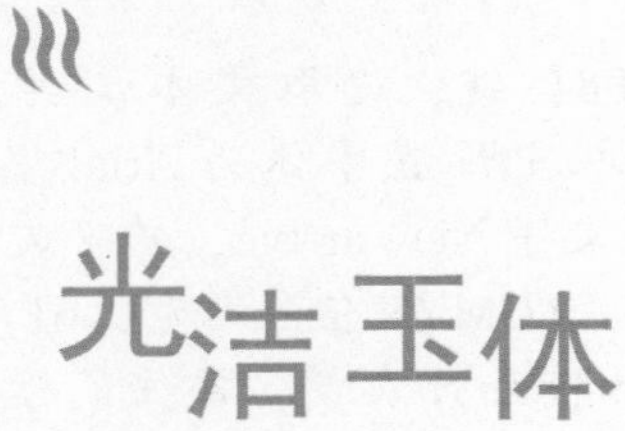
光洁玉体

图122-6 调整文字位置

03 输入其他文字，并设置其字体、字号、颜色和位置，效果如图 122-7 所示。

唯美医疗美容医院
光洁玉体 脱颖而出
嫩肤脱毛双效果
美丽热线 26286288 26282588
www.weimei.com
脱毛篇

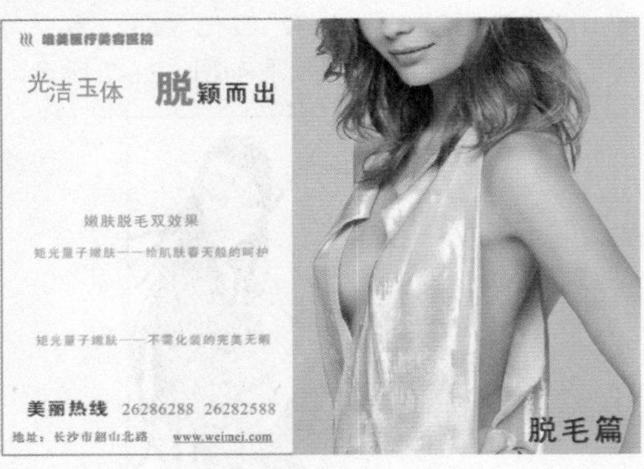

图122-7 输入其他文字

04 选取文本工具，在绘图页面中的合适位置绘制一个文本框，并设置字体为“宋体”、字号为 8pt，输入段落文本，效果如图 122-8 所示。

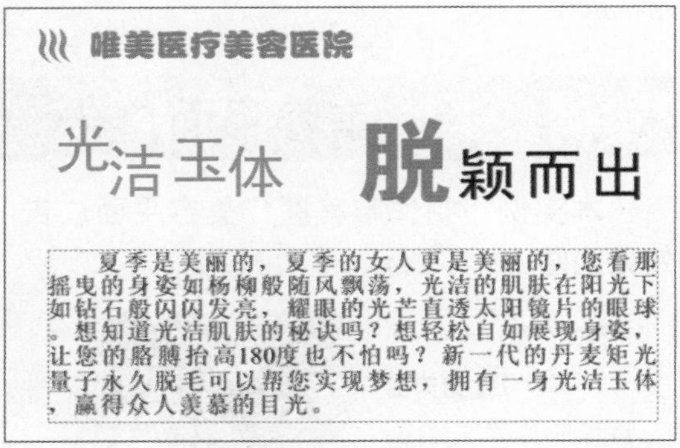
唯美医疗美容医院
光洁玉体 脱颖而出
夏季是美丽的，夏季的女人更是美丽的，您看那摇曳的身姿如杨柳般随风飘荡，光洁的肌肤在阳光下如钻石般闪闪发亮，耀眼的光芒直透太阳镜片的眼球。想知道光洁肌肤的秘诀吗？想轻松自如展现身姿，让您的胳膊抬高180度也不怕吗？新一代的丹麦矩光量子永久脱毛可以帮您实现梦想，拥有一身光洁玉体，赢得众人羡慕的目光。

图122-8 输入段落文本

05 输入其他段落文本，最终效果参见图 122-1。至此，本实例制作完毕。

实例123 旅游平面广告

本实例将制作逍遥游平面广告，效果如图 123-1 所示。

图123-1 逍遥游平面广告

操作步骤

1. 制作旅游广告的背景效果

01 按【Ctrl+N】组合键，新建一个空白页面。单击"标准"工具栏中的"导入"按钮，导入一幅风景图像，并调整至合适的位置及大小，效果如图 123-2 所示。

图123-2 导入图像

02 用同样的操作方法导入其他图像，并调整至合适位置及大小，效果如图 123-3 所示。

图123-3 导入其他图像

2. 制作旅游广告的文字效果

01 按【F8】键，选择文本工具，输入文字"逍遥游"。选取选择工具，选择输入的文字，按【Alt+Enter】组合键，弹出"对象属性"泊坞窗，在其中设置"字体"为"文鼎广告体繁"、"字号"为 50pt。单击调色板中的白色色块，填充其颜色为白色，效果如图 123-4 所示。

图123-4 输入并填充文字

02 切换至"轮廓"选项卡，在其中设置"宽度"为 1.4mm、"颜色"为红色，选中"填充之后"复选框，为文字设置轮廓属性，效果如图 123-5 所示。

图123-5 设置轮廓属性

03 输入其他文字，并设置其字体、字号、颜色和位置，最终效果参见图 123-1。至此，本实例制作完毕。

实例124 数码产品平面广告 I

本实例将制作双芯 MP3 平面广告，效果如图 124-1 所示。

图124-1 双芯MP3平面广告

操作步骤

1. 制作双芯MP3广告的背景效果

01 按【Ctrl+N】组合键，新建一个空白页面。选取钢笔工具，绘制一个闭合曲线图形。单击“窗口”|“泊坞窗”|“彩色”命令，在弹出的“颜色”泊坞窗中设置颜色为青色（CMYK 值分别为 100、0、0、0），单击“填充”按钮，为曲线图形填充颜色，并删除其轮廓，效果如图 124-2 所示。

02 绘制其他曲线图形，填充相应的颜色，并调整图形顺序，效果如图 124-3 所示。

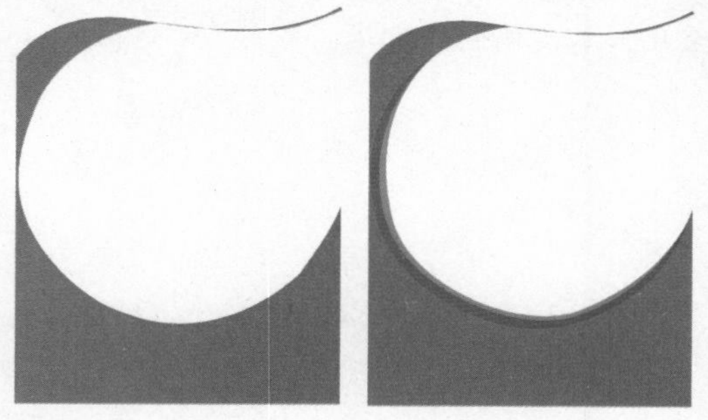

图124-2 绘制曲线图形并填充颜色 图124-3 绘制其他曲线图形

03 单击“文件”|“导入”命令，导入一幅 MP3 图像，并调整至合适位置及大小，效果如图 124-4 所示。

04 选取椭圆形工具，在按住【Ctrl】键的同时拖动鼠标，在绘图页面中绘制一个正圆。单击调色板中的 10% 黑色色块，为正圆填充颜色。按小键盘上的【+】键复制图形，在按住【Shift】键的同时拖动控制柄，等比例缩小图形。单击调色板中的橘红色色块，为缩小的正圆填充颜色，并删除其轮廓，效果如图 124-5 所示。

图124-4 导入图像 图124-5 绘制并复制正圆

05 在按住【Shift】键的同时选择上一步绘制的两个正圆，按【Ctrl+G】组合键组合图形。在组合后的图形上单击并拖动鼠标，拖至合适位置后松开鼠标的同时右击，复制组合图形，并调整至合适位置及大小，为复制的图形填充相应的颜色，效果如图 124-6 所示。

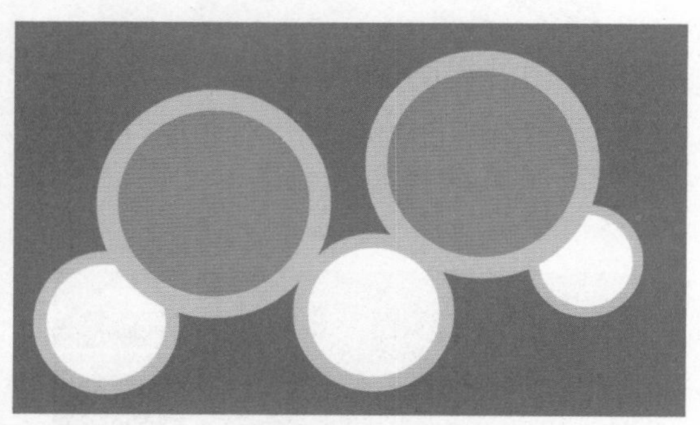

图124-6 复制其他图形并填充颜色

2. 制作双芯MP3广告的文字效果

01 选择文本工具，在其属性栏中设置字体为“宋体”、字号为 18pt，输入文字

“我的音乐梦想 · my musical dream”，效果如图 124-7 所示。

我的音乐梦想 • my musical dream

图124-7 输入文字

02 选取选择工具，选中输入的文字。按【F11】键，在弹出的“编辑填充”对话框中单击“渐变填充”按钮，设置 0% 位置的颜色为橘红色（CMYK 值分别为 0、60、100、0）、17% 位置的颜色为靛蓝色（CMYK 值分别为 60、60、0、0）、44% 位置的颜色为绿色（CMYK 值分别为 100、0、100、0）、72% 位置的颜色为青色（CMYK 值分别为 100、0、0、0）、100% 位置的颜色为洋红色（CMYK 值分别为 0、100、0、0），单击“确定”按钮，为文字填充渐变颜色，效果如图 124-8 所示。

我的音乐梦想 • my musical dream

图124-8 渐变填充文字

03 选取钢笔工具，在绘图页面中绘制一条曲线。选取选择工具，在文字上按住鼠标右键并拖动文字至曲线图形上，当鼠标指针呈⊕形状时松开鼠标，在弹出的快捷菜单中选择“使文本适合路径”选项，使文本适合路径，效果如图 124-9 所示。

图124-9 使文本适合路径

04 选择文字和路径，按【Ctrl+K】组合键拆分路径中的文本，并删除原路径，效果如图 124-10 所示。

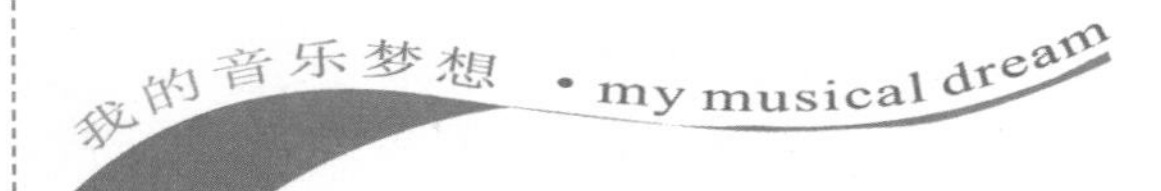

图124-10 拆分路径中的文本

05 输入其他文字，并设置其字体、字号、颜色和位置，最终效果参见图 124-1。至此，本实例制作完毕。

实例125 数码产品平面广告 II

本实例将制作卡思诺手表平面广告，效果如图 125-1 所示。

图125-1 卡思诺手表平面广告

操作步骤

1. 制作手表广告的背景效果

01 按【Ctrl+N】组合键，新建一个空白页面。选取矩形工具，在绘图页面中的合适位置绘制一个矩形，并填充为黑色，效果如图 125-2 所示。

02 按【Ctrl+I】组合键，导入一幅光影图像。在光影图像上按住鼠标右键并拖动至矩形图形上松开鼠标，在弹出的快捷菜单中选择“图框精确裁剪内部”选项，将图像置于矩形容器中。在矩形图形上右击，在弹出的快捷菜单中选择“编辑 PowerClip”选项，调整图像至合适位置。右击，在弹出的快捷菜单中选择“结束编辑”选项，完成编辑图像内容的操作，效果如图 125-3 所示。

图125-2 绘制矩形

图125-3 导入图像并精确剪裁

03 通过按【Ctrl+I】组合键，分别导入3幅手表素材图像，并分别调整至合适位置及大小，效果如图125-4所示。

04 选取钢笔工具，绘制手表外形曲线图形。在属性栏中设置轮廓宽度为1.2mm，右击调色板中的白色色块，填充其轮廓颜色为白色，效果如图125-5所示。

图125-4 导入手表图像并调整位置及大小

图125-5 绘制曲线图形并设置轮廓属性

05 选取阴影工具，在其属性栏中设置“预设列表”为“小型辉光”、“阴影的不透明”为95、“阴影羽化”为5、“阴影颜色”为白色，为手表外形曲线图形添加阴影，效果如图125-6所示。

06 选取椭圆形工具，绘制一个椭圆，并为其添加阴影效果。按【Ctrl+K】组合键，拆分阴影群组，并删除椭圆图形。【Ctrl+PageDown】组合键，调整阴影图形至手表图像的后面，效果如图125-7所示。

图125-6 添加阴影效果

图125-7 添加阴影效果并调整图层顺序

2. 制作手表广告的文字效果

01 选取钢笔工具，在绘图页面中绘制一个闭合曲线图形，填充其颜色为黑色。在其属性栏中设置轮廓宽度为1.2mm，右击调色板上的白色色块，设置轮廓颜色为白色，效果如图125-8所示。

02 选取折线工具，绘制一个闭合曲线图形。按【F11】键，在弹出的“编辑填充”对话框中单击“渐变填充”按钮，设置0%位置的颜色为洋红色(CMYK值分别为0、100、0、0)、31%位置的颜色为蓝色（CMYK值分别为100、100、0、0)、69%位置的颜色为蓝色（CMYK值分别为66、0、6、0)、100%位置的颜色为绿色（CMYK值分别为82、0、100、0)，单击“确定”按钮，渐变填充曲线图形。在其属性栏中设置轮廓宽度为0.18mm，右击调色板中的白色色块，设置轮廓颜色为白色，效果如图125-9所示。

图125-8 绘制曲线图形并设置轮廓属性

图125-9 绘制并渐变填充多边形

03 参照上一步的操作方法绘制其他多边形，并渐变填充多边形，效果如图125-10所示。

04 按【Ctrl+I】组合键，导入一幅标志图像，填充其颜色为白色，并将其调整至合

适位置及大小，效果如图 125-11 所示。

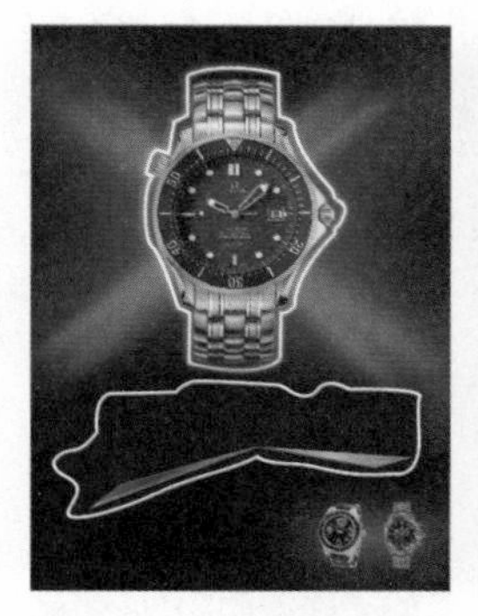

图125-10 绘制并渐变填充其他多边形

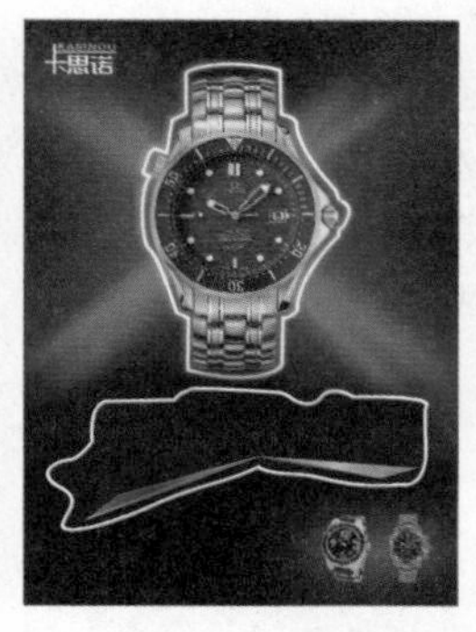

图125-11 导入企业标志并调整位置及大小

05 选取文本工具，在其属性栏中设置字体为“方正综艺简体”、字号为 30pt，输入文字“我的时间”。参照步骤 2 中的操作方法渐变填充文字，效果如图 125-12 所示。

06 选取封套工具，为文本添加封套效果，编辑文本形状，效果如图 125-13 所示。

图125-12 输入并渐变填充文字

图125-13 添加封套效果

07 用同样的操作方法输入其他文字，并添加封套效果，最终效果参见图 125-1。至此，本实例制作完毕。

实例126 数码产品平面广告Ⅲ

本实例将制作数码相机平面广告，效果如图 126-1 所示。

图126-1 数码相机平面广告

操作步骤

1. 制作数码相机广告的背景效果

01 按【Ctrl+N】组合键，新建一个空白页面。按【F6】键，选取矩形工具，绘制一个矩形。选取交互式填充工具，在其属性栏单击“渐变填充”按钮，设置起始颜色为灰绿色（CMYK 值分别为 43、28、58、0），终止颜色为墨绿色（CMYK 值分别为 78、49、94、18）、渐变填充矩形，效果如图 126-2 所示。

02 在绘图页面中的空白位置游记，在弹出的快捷菜单中选择“导入”选项，导入一幅数码相机图像，如图 126-3 所示。

03 按小键盘上的【+】键复制图像。选取透明度工具，在其属性栏中单击“线性透明度”按钮，为复制的图像添加透明效果，如图 126-4 所示。

图126-2 绘制并渐变填充矩形

图126-3 导入数码相机图像

图126-4 添加透明效果

04 单击“对象”|“图框精确裁剪”|“置于图文框内部”命令，当鼠标指针呈➡形状时单击渐变矩形，将图像置于渐变矩形容器中；单击“对象”|“图框精确剪裁”|“编辑 PowerClip”命令，调整图像至合适位置。单击“对象”|“图框精确剪裁”|“结束编辑”命令，完成图像内容的编辑，如图 126-5 所示。

05 按【Ctrl+I】组合键，导入一幅风景图像，并将其调整至合适位置及大小，效果如图 126-6 所示。

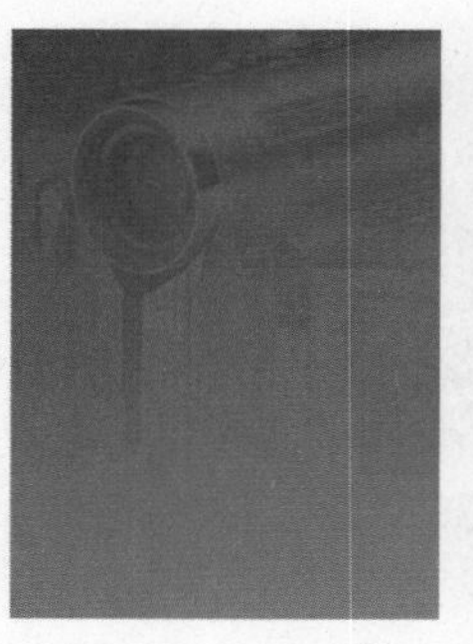

图126-5 精确剪裁

图126-6 导入风景图像

06 选择导入的数码相机图像，并将其调整至合适位置及大小。选取矩形工具，绘制一个与数码相机屏幕大小相等的矩形。选择步骤 5 中导入的图像，按小键盘上的【+】键复制图形。参照步骤 4 中的操作方法，将风景图像精确剪裁至矩形容器中，如图 126-7 所示。

07 按住【Shift】键的同时选择数码相机和精确剪裁的图形，按【Ctrl+G】组合键组合图形，在组合后的图形上单击并拖动鼠标至合适位置，在松开鼠标的同时右击，复制组合后的图形，并调整至合适位置及大小，效果如图 126-8 所示。

图126-7 图框精确剪裁

图126-8 复制图像

2. 制作数码相机广告的文字效果

01 选取文本工具，在其属性栏中设置字体为“文鼎特粗宋简”、字号为 38pt，并设置字体颜色为白色，分别输入文字“惊喜无限”和“影像超凡”，效果如图 126-9 所示。

02 用同样的操作方法输入其他文字，并设置其字体、字号、颜色和位置，效果如图 126-10 所示。

图126-9 输入文字

图126-10 输入其他文字

03 选取贝塞尔工具，按住【Ctrl】键的同时绘制 5 条直线。选取选择工具，选择这 5 条直线。双击状态栏中的“轮廓颜色”色块，在弹出的“轮廓笔”对话框中设置“宽度”为 1mm、“颜色”为白色，单击“确定”按钮，设置的直线颜色效果参见图 126-1。至此，本实例制作完毕。

实例127 手机平面广告

本实例将制作雅乐手机平面广告，效果如图 127-1 所示。

图127-1 雅乐手机平面广告

操作步骤

1. 制作广告的背景效果

01 按【Ctrl+N】组合键,新建一个空白页面。选取矩形工具,绘制一个矩形。单击“标准”工具栏中的“导入”按钮，导入一幅人物素材图像，并调整至合适位置，效果如图 127-2 所示。

图127-2 导入人物素材图像

02 用同样的方法导入手机素材图像，并调整至合适位置，效果如图 127-3 所示。

图127-3 导入手机素材图像

2. 制作广告的文字效果

01 选取文本工具，在其属性栏中设置字体为“方正大黑简体”、字号为 170pt。单击鼠标左键，输入文字 YALE，填充其颜色为灰色（CMYK 值分别为 0、0、0、20），效果如图 127-4 所示。

图127-4 输入并填充文字

02 选取文本工具，在其属性栏中设置字体为 Arial、字号为 40pt，单击“将文本更改为垂直方向”按钮，输入文字“超炫个性.灵感绽放”，并填充其颜色为红色（CMYK 值分别为 0、100、100、0），效果如图 127-5 所示。

03 输入其他文字，并设置相应的字体、字号、颜色及位置，最终效果参见图127-1。至此，本实例制作完毕。

图127-5 输入其他文字

实例128 笔记本电脑平面广告

本实例将制作联尔特笔记本电脑平面广告，效果如图 128-1 所示。

图128-1 联尔特笔记本电脑平面广告

操作步骤

1. 制作广告的背景效果

01 按【Ctrl+N】组合键，新建一个空白页面。选取矩形工具，绘制一个矩形。选取贝塞尔工具，绘制一个多边形，如图 128-2 所示。

02 选取选择工具，选择多边形。按【F11】键，在弹出的“编辑填充”对话框中单击“渐变填充”按钮，单击“椭圆形渐变填充”按钮，设置 0% 位置的颜色为淡蓝色(CMYK 值分别为 11、4、5、0)、90% 和 100% 位置的颜色均为白色（CMYK 值均为 0)，单击“确定”按钮，渐变填充多边形。右击调色板中的“无”按钮，删除其轮廓，效果如图 128-3 所示。

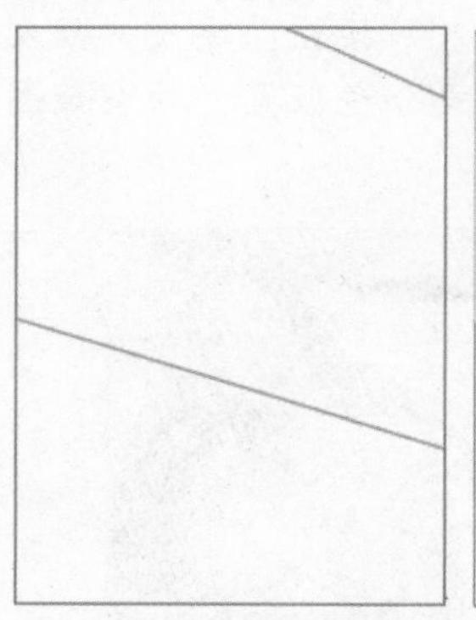
图128-2 绘制图形

图128-3 填充图形

03 选取贝塞尔工具，在绘图页面中绘制一个图形，填充其颜色为蓝色（CMYK 值分别为 100、100、0、0)，并删除其轮廓，效果如图 128-4 所示。

04 用同样的操作方法绘制其他图形，并填充相应的颜色，效果如图 128-5 所示。

图128-4 绘制图形并删除其轮廓

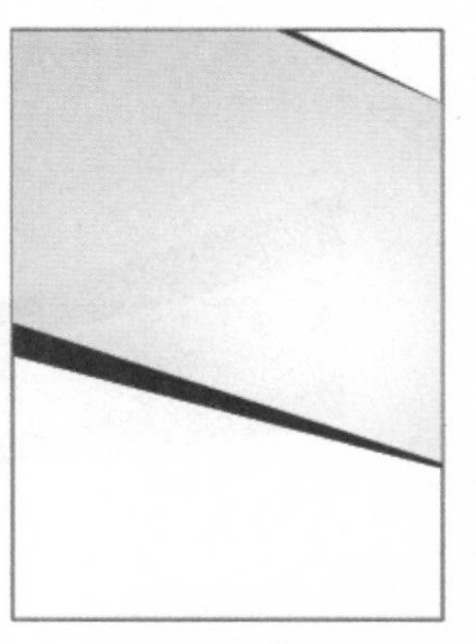

图128-5 绘制其他图形并填充颜色

05 依次单击“标准”工具栏中的“复制”与“粘贴”按钮复制图形，填充相应的颜色，并调整至合适位置，效果如图 128-6 所示。

06 用同样的方法复制图形，并设置其大小、颜色和位置，效果如图 128-7 所示。

图128-6 复制图形并调整位置

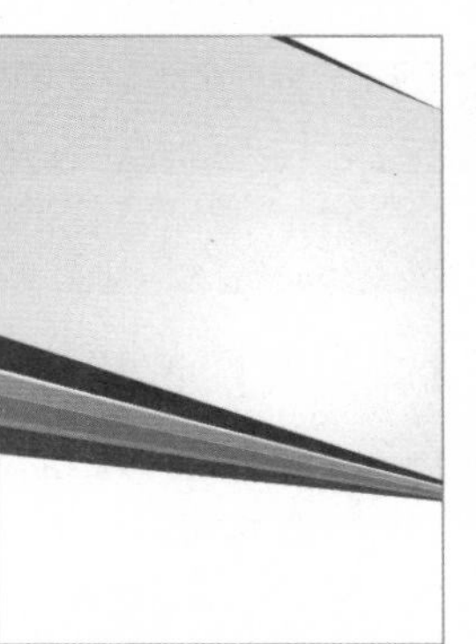

图128-7 复制其他图形并填充颜色

07 按【Ctrl+I】组合键，导入一幅素材图像，并将其调整至合适位置及大小，效果如图 128-8 所示。

08 选取阴影工具，从图像左下方向右上方拖动鼠标，为图像添加阴影效果。在属性栏中设置“阴影的不透明”为 18、“阴影羽化”为 8、“阴影颜色”为黑色，改变阴影属性，效果如图 128-9 所示。

09 选取星形工具，在绘图页面中的合适位置绘制一个星形，填充其颜色为黄色（CMYK 分别为 0、0、100、0）。选取阴影工具，在图形中心处单击并向右拖动，为星形添加阴影效果。在其属性栏中设置“阴影的不透明”为 100、“阴影羽化”为 0、“阴影颜色”为橘红（CMYK 值分别为 0、60、100、0），改变阴影属性，效果如图 128-10 所示。

图128-8 导入素材图像

图128-9 添加阴影效果

图128-10 绘制星形并添加阴影效果

2．制作广告的文字效果

01 选取文本工具，在其属性栏中设置字体为“方正大黑简体”、字号为 32pt，输入文字“全方位便携设计”，填充其颜色为黑色，效果如图 128-11 所示。

02 选取文本工具，在其属性栏中设置字体为“方正综艺简体”、字号为 40pt，输入文字“轻装上市”，设置其颜色为红色（CMYK 值分别为 0、100、100、0），效果如图 128-12 所示。

图128-11 输入文字并填充颜色

图128-12 输入文字“轻装上市”

03 在其属性栏中设置字体为“黑体”、字号为 14pt，输入其他文字，设置其颜色为黑色，效果如图 128-13 所示。

04 输入其他文字，并设置其字体、字号、颜色及位置。选取钢笔工具，绘制 4 条直线，最终效果参见图 128-1。至此，本实例制作完毕。

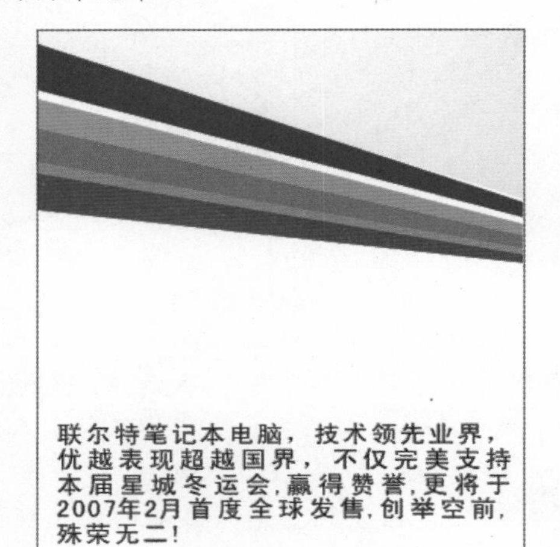

图128-13 输入其他文字

实例129 手表平面广告

本实例将制作罗尼手表平面广告，效果如图 129-1 所示。

图129-1 罗尼手表平面广告

操作步骤

1. 制作广告的背景效果

01 按【Ctrl+N】组合键，新建一个空白页面。选取矩形工具，绘制一个矩形。单击“文件”|“导入”命令，导入一幅背景素材和一幅手表素材，并将其调整至合适大小及位置，效果如图 129-2 所示。

图129-2 导入并调整素材图像

02 选取选择工具，选择手表图像。选取阴影工具，在其属性栏中设置“预设列表”为“小型辉光”、“阴影的不透明”为100、“阴影羽化”为8、“羽化方向”为“向外”、“阴影颜色”为白色，为手表图像添加阴影，效果如图129-3所示。

图129-3 添加阴影效果

2. 制作广告的文字效果

01 选取文本工具，在属性栏中设置字体为“方正大黑简体”、字号为38pt，单击“将文本更改为垂直方向”按钮，输入文字“时间因我存在”，填充其颜色为白色，效果如图129-4所示。

02 选取文本工具，在其属性栏中设置字体为Arial、字号为24pt，输入文字Time always follows me，效果如图129-5所示。

03 在属性栏中设置字体为“黑体”、字号为16pt，输入文字。输入第一行后，按【Enter】键进行换行。依次输入其他文字，并设置文字颜色为黑色，效果如图129-6所示。

04 输入其他文字，并设置其字体、字号、颜色及位置，最终效果参见图129-1。至此，本实例制作完毕。

图129-4 输入文字

图129-5 输入其他文字

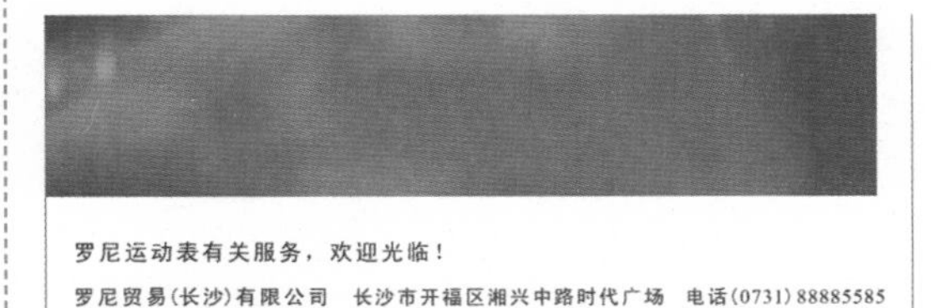

图129-6 输入文字

实例130 房地产广告 I

本实例将制作怡梦·春水苑横幅型房地产广告，效果如图130-1所示。

图130-1 横幅型房地产广告

操作步骤

1. 制作广告的图像效果

01 按【Ctrl+N】组合键，新建一个空白页面。按【F6】键选取矩形工具，绘制一个矩形，效果如图 130-2 所示。

图130-2 绘制矩形

02 按【F11】键，在弹出的"编辑填充"对话框中单击"底纹填充"按钮，设置"底纹库"为"样本 7"、"底纹列表"为"干涸大地"、"第 1 矿物质"颜色为橙色（RGB 值分别为 214、79、51）、"第 2 矿物质"颜色为红色(RGB 值分别为 204、59、48)、"亮度"的颜色为黄色（RGB 值分别为 242、222、0），单击"确定"按钮，底纹填充矩形。在属性栏中设置轮廓宽度为"无"，删除矩形轮廓，效果如图 130-3 所示。

03 按【Ctrl+I】组合键，导入一幅图像和一个标志图形，并将它们调整至合适位置及大小。选择标志图形，填充其颜色为白色，效果如图 130-4 所示。

04 选择标志图形，选取阴影工具，在其属性栏中设置"预设列表"为"小型辉光"、"阴影的不透明"为 50、"阴影羽化"为 20、为标志图形添加阴影，效果如图 130-5 所示。

图130-3 底纹填充矩形并删除轮廓

图130-4 导入图像和标志图形

图130-5 添加阴影效果

2. 制作广告的文字效果

01 按【F8】键，选取文本工具，在其属性栏中设置字体为"华文行楷"、字号为 70pt，输入文字"引领上层生活"。选中输入的文字，设置其颜色为红色（CMYK 值分别为 0、100、100、0），如图 130-6 所示。

02 选取轮廓图工具，在文字上拖动鼠标，并在属性栏中单击"外部轮廓"按钮，设置“轮廓图步长”为1、“轮廓图偏移”为1mm、“轮廓颜色”和“填充色”均为白色，效果如图130-7所示。

图130-6 输入文字并填充颜色

图130-7 添加轮廓图

03 选取文本工具，输入文本“上层气度，一切为尊贵显赫的您准备”。选中输入的文本，设置其字体为“华文行楷”、字号为36pt，单击调色板中的黄色色块，填充文字颜色为黄色。选取阴影工具，在其属性栏中设置“预设列表”为“小型辉光”、“阴影的不透明”为53、“阴影羽化”为12，效果如图130-8所示。

图130-8 输入文字并添加阴影效果

04 输入其他文字，设置其字体、字号、颜色及位置，效果如图130-9所示。

图130-9 输入其他文字

05 选取贝塞尔工具，绘制线段。双击状态栏中的“轮廓颜色”色块，在弹出的“轮廓笔”对话框中设置“宽度”为1.4mm、“颜色”为白色，单击“确定”按钮，为线段设置轮廓属性，最终效果参见图130-1。至此，本实例制作完毕。

实例131 房地产广告Ⅱ

本实例将制作怡梦·春水苑竖幅型房地产广告，效果如图131-1所示。

操作步骤

1. 制作广告的图像效果

01 按【Ctrl+N】组合键，新建一个空白页面。按【F6】键，选取矩形工具，在绘图页面中绘制3个矩形。在按住【Shift】键的同时选择3个矩形，单击“对象”|“对齐和分布”|“垂直居中对齐”命令，垂直居中对齐图形，并将其调整至合适位置，效果如图131-2所示。

02 按【F11】键，在弹出的“编辑填充”对话框中单击“均匀填充”按钮，设置颜色为墨绿色（CMYK值分别为89、36、95、4），单击“确定”按钮，为3个矩形填充颜色，效果如图131-3所示。

图131-1 竖幅型房地产广告

图131-2 绘制矩形并垂直居中对齐

图131-3 填充颜色

03 在绘图页面中的空白位置右击，在弹出的快捷菜单中选择“导入”选项，导入一幅插画风景图像，效果如图131-4所示。

图131-4 导入图像

04 单击“对象”|“图框精确裁剪”|“置于图文框内部”命令，当鼠标指针呈➡形状时单击中间的矩形，将图像置于矩形容器中。单击“对象”|“图框精确剪裁”|“编辑PowerClip”命令，调整图像位置。单击“对象”|“图框精确剪裁”|“结束编辑”命令，即可完成图像的编辑，效果如图131-5所示。

图131-5 图框精确剪裁

05 导入一幅企业标志图形和一幅风景图像，将标志图形填充为白色，并分别调整标志图形和风景图像至合适位置及大小，效果如图 131-6 所示。

图131-6 导入标志图形和图像

2. 制作广告的文字效果

01 选取选择工具，选择标志图形，分别按【Ctrl+C】组合键和【Ctrl+V】组合键，复制标志图形。按【Ctrl+U】组合键，取消复制图形的组合，调整文字至合适大小，并删除标志中的其他图形，效果如图 131-7 所示。

图131-7 调整标志文字大小

02 选取贝塞尔工具，绘制一条直线，并设置轮廓颜色为白色、轮廓宽度为 1mm，效果如图 131-8 所示。

图131-8 绘制直线并设置轮廓属性

03 选取文本工具，在其属性栏中设置字体为“华文中宋”、字号为 40pt，在图像上输入文字“谁能如此亲近”，并设置字体颜色为黑色。选取选择工具，选中文字“亲近”，在属性栏中设置字体为“华文楷体”、字号为 50pt。单击调色板中的红色色块，设置文字颜色为红色，效果如图 131-9 所示。

图131-9 输入文字并填充颜色

04 输入其他文字，并设置其字体、字号、颜色和位置，效果如图 131-10 所示。

图131-10 输入其他文字

05 参照实例 109 中的操作方法制作路标图形，最终效果参见图 131-1。至此，本实例制作完毕。

实例132 房地产广告III

本实例将制作怡梦·春水苑户型说明型房地产广告，效果如图 132-1 所示。

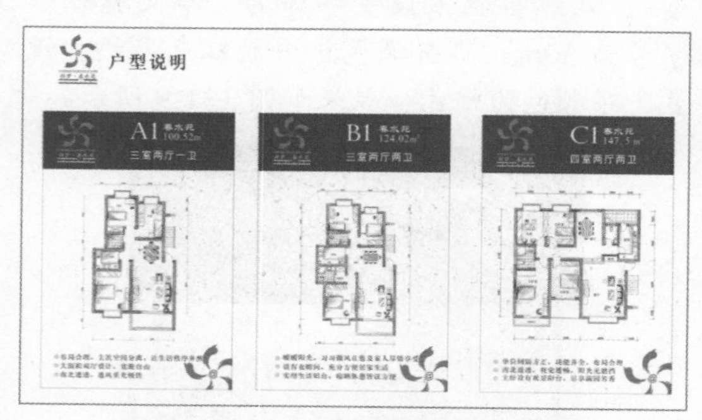

图132-1 户型说明型房地产广告

操作步骤

1．制作广告的图像效果

01 按【Ctrl+N】组合键，新建一个空白页面。选取矩形工具，绘制两个矩形。选取选择工具，框选绘制的两个矩形。按【T】键，顶端对齐这两个矩形，效果如图 132-2 所示。

02 按【F11】键，在弹出的“编辑填充”对话框中单击“均匀填充”按钮，设置颜色为森林绿（CMYK 值分别为 89、36、95、4），单击“确定”按钮填充颜色，效果如图 132-3 所示。

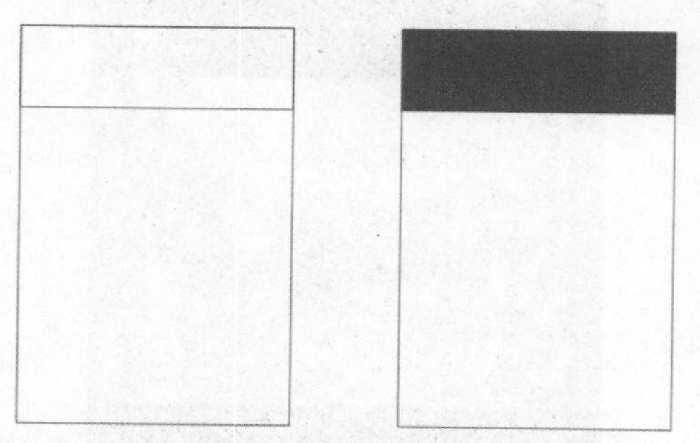

图132-2 绘制并对齐矩形 图132-3 填充颜色

03 单击“文件”|“导入”命令，导入一个企业标志并调整其位置，效果如图 132-4 所示。

04 选取选择工具，在标志图形上按住鼠标右键并拖动至合适位置后松开鼠标，在弹出的快捷菜单中选择“复制”选项，复制一个标志，并将复制的标志缩放至合适大小，单击其属性栏中的“取消组合对象”按钮取消群组。选中文字和其他图形，按【Delete】键删除选中的文字和图形，效果如图 132-5 所示。

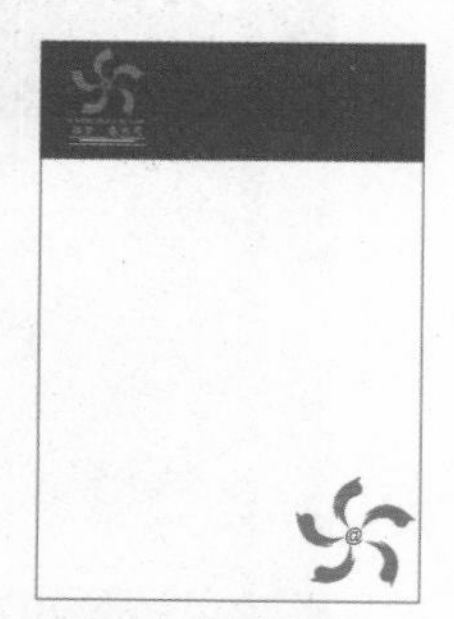

图132-4 导入标志 图132-5 复制标志图案

05 单击“对象”|“图框精确裁剪”|“置于图文框内部”命令，效果如图 132-6 所示。

06 在按住【Ctrl】键的同时单击复制的标志，调整至合适位置。在按住【Ctrl】键的同时单击标志以外的空白区域，即可完成编辑操作，效果如图 132-7 所示。

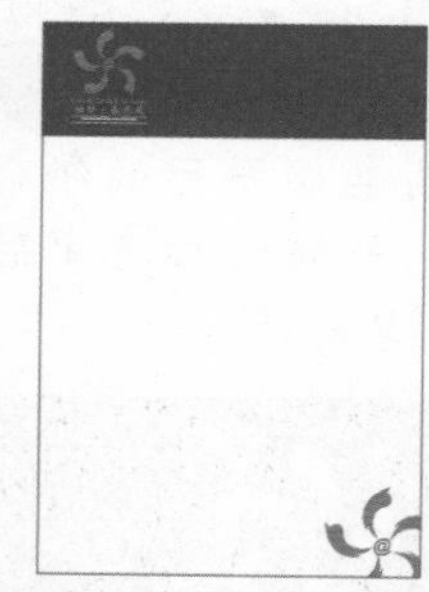

图132-6 图框精确剪裁 图132-7 编辑后的效果

07 在绘图页面中的空白处右击，在弹出的快捷菜单中选择“导入”选项，导入一幅图像，并调整至合适位置，效果如图 132-8 所示。

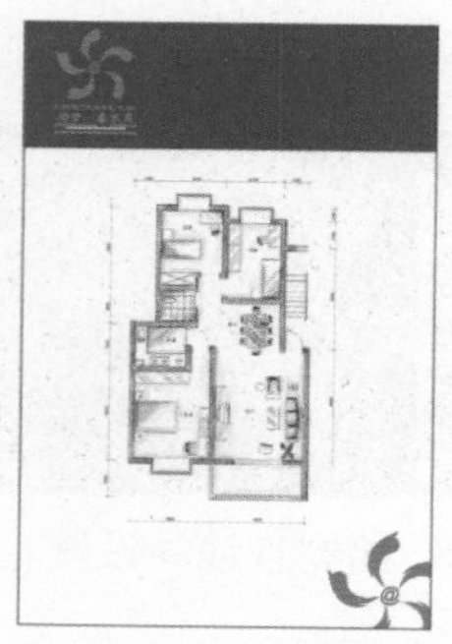

图132-8 导入图像并调整位置

2. 制作广告的文字效果

01 选取文本工具，在其属性栏中设置字体为 Perpetua Titling MT、字号为 27pt，输入 A1，填充颜色为白色，效果如图 132-9 所示。

02 输入其他文字，并设置其字体、字号、颜色及位置，效果如图 132-10 所示。

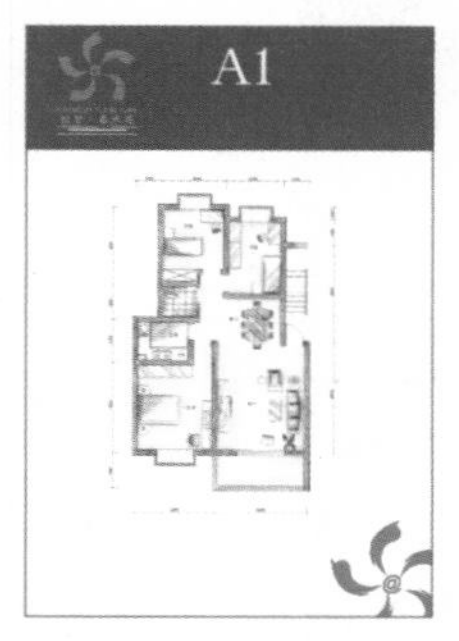

图132-9 输入文字　图132-10 输入其他文字

03 选取基本形状工具，在其属性栏中单击“完美形状”按钮，在弹出的下拉面板中选择圆环图形，在绘图页面中的合适位置绘制圆环，效果如图 132-11 所示。

◎布局合
◎大面积
◎南北通

图132-11 绘制圆环

04 用同样的操作方法制作其他户型说明图，效果如图 132-12 所示。

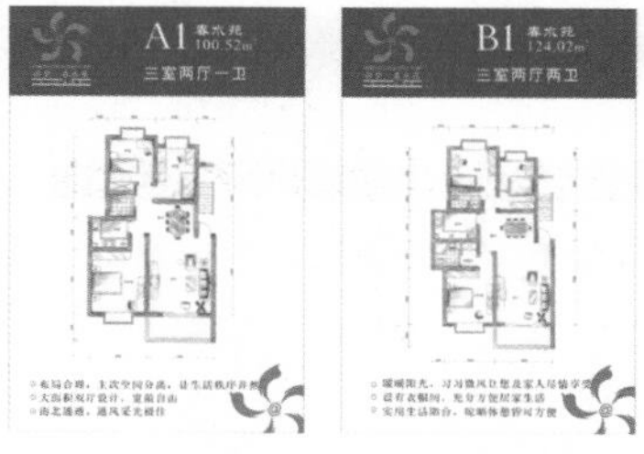

图132-12 制作其他户型说明图

05 选取矩形工具，绘制一个矩形，填充为白色。单击“对象”|“顺序”|“到图层后面”命令，调整矩形至图层后面，并添加标志和文字，最终效果参见图 132-1。至此，本实例制作完毕。

实例133 房地产广告Ⅳ

本实例将制作怡梦·春水苑台历型房地产广告，效果如图 133-1 所示。

图133-1 台历型房地产广告

操作步骤

1. 制作台历的平面效果

01 按【Ctrl+N】组合键,新建一个空白页面。选取矩形工具，绘制两个矩形。选取选择工具,选择绘制的两个矩形,按【B】键,底端对齐这两个矩形，效果如图 133-2 所示。

图133-2 绘制并底端对齐矩形

02 选择小矩形，按【F11】键，在弹出的“编辑填充”对话框中单击“均匀填充”

按钮，设置颜色为墨绿色（CMYK 值分别为 89、35、95、4），单击“确定”按钮，为小矩形填充颜色，并删除其轮廓，然后填充另外一个矩形为白色，效果如图 133-3 所示。

图133-3 填充颜色

03 选取矩形工具，绘制 3 个矩形，效果如图 133-4 所示。

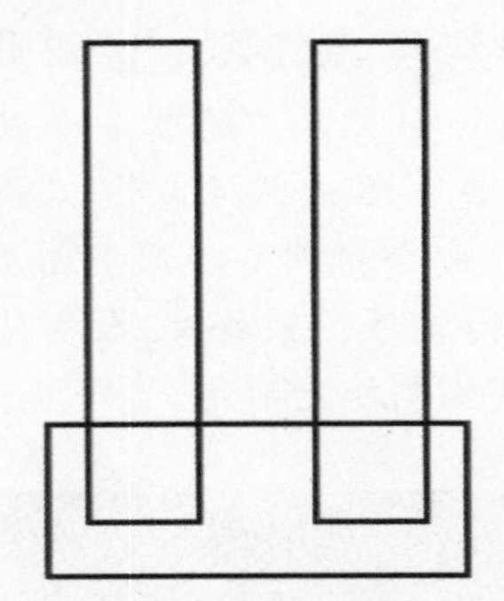

图133-4 绘制矩形

04 选择左侧的矩形，按【F11】键，在弹出的“编辑填充”对话框中单击“渐变填充”按钮，设置 0% 位置的颜色为 50% 黑、27% 位置的颜色为 90% 黑、67% 位置的颜色为白色、100% 位置的颜色为 20% 黑，“旋转”为 -90，单击“确定”按钮，渐变填充矩形，并删除其轮廓，效果如图 133-5 所示。

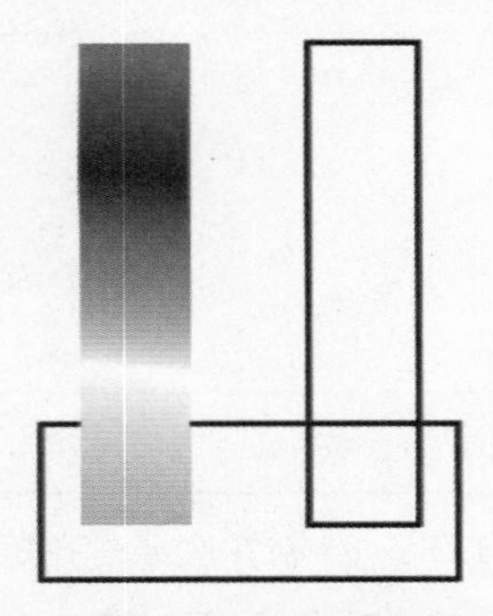

图133-5 渐变填充矩形并删除其轮廓

05 在渐变矩形上按住鼠标右键并拖动至右侧矩形上松开鼠标，在弹出的快捷菜单中选择“复制所有属性”选项，对右侧的矩形进行渐变填充，效果如图 133-6 所示。

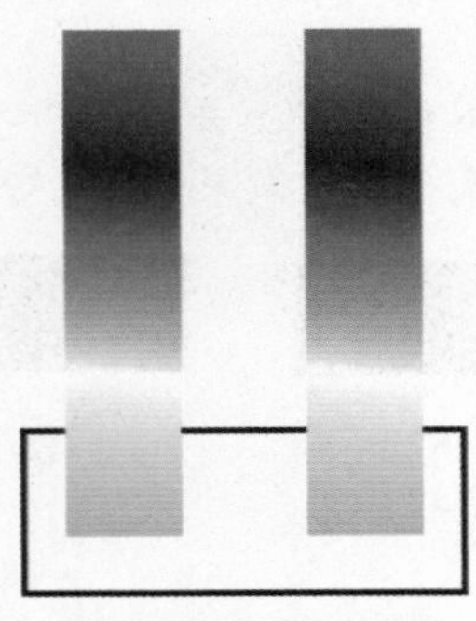

图133-6 复制属性

06 选取选择工具，选择步骤 3~5 中绘制的图形，在其属性栏中单击“组合对象”按钮组合图形。按小键盘上的【+】键，复制组合图形，并将复制的图形调整至合适位置，效果如图 133-7 所示。

图133-7 复制组合图形

07 选取调和工具，在两个组合图形之间创建直线调和，在其属性栏中设置“调和对象”为 16，效果如图 133-8 所示。

图133-8 创建直线调和

08 单击“文件”|“导入”命令，导入两幅图像，并分别将其调整至合适位置及大小，效果如图 133-9 所示。

图133-9 导入图像并调整位置及大小

09 选取文本工具，在其属性栏中设置字体为 Times New Roman、字号为 216pt，输入数字 2，并设置其颜色为灰色

(CMYK 值分别为 0、0、0、7)，效果如图 133-10 所示。

图133-10 输入数字

10 输入其他文字，设置其字体、字号、颜色及位置，效果如图 133-11 所示。

图133-11 输入其他文字

11 选取文本工具，在其属性栏中设置字体为“方正综艺简体”、字号为 30pt，输入“2008 农历戊子年”，并填充其颜色为绿色 (CMYK 值分别为 100、0、100、0)，效果如图 133-12 所示。

图133-12 输入文字并填充颜色

12 选取阴影工具，在其属性栏中设置“预设列表”为“透视右上”、“阴影角度”为 50、“阴影的不透明”为 75、“阴影羽化”为 5、“阴影延展”为 50，为文字添加阴影，效果如图 133-13 所示。

图133-13 添加阴影效果

13 输入其他文字，设置其字体、字号、颜色及位置。选中文字“亲近自然，享受生活”，双击状态栏中的“轮廓颜色”色块，在弹出的“轮廓笔”对话框中设置“宽度”为 2.2mm、“颜色”为黄色 (CMYK 值分别为 0、0、100、0)，选中“填充之后”复选框，单击“确定”按钮，为文字设置轮廓属性，如图 133-14 所示。

图133-14 输入其他文字并设置轮廓属性

2. 制作台历的立体效果

01 选取选择工具，选择所有的图形，在其属性栏中单击“组合对象”按钮组合图形。单击图形使其进入旋转状态，将鼠标指针移至图形上方中间的控制柄上，向右拖动鼠标，倾斜组合图形，如图 133-15 所示。

图133-15 倾斜组合图形

02 选取贝塞尔工具，绘制一个闭合曲线图形。按【F11】键，在弹出的“编辑填充”对话框中单击“均匀填充”按钮，设置颜色为墨绿色（CMYK值分别为86、46、93、13），单击“确定”按钮，为闭合曲线图形填充颜色，效果如图133-16所示。

03 选取贝塞尔工具，绘制一个闭合曲线图形。按【F11】键，在弹出的“编辑填充”对话框中单击“渐变填充”按钮，设置0%位置的颜色为灰色(CMYK值分别为0、0、0、20)、100%位置的颜色为白色（CMYK值均为0），“旋转”为-180，单击“确定”按钮，渐变填充图形，效果如图133-17所示。

图133-16 绘制图形并填充颜色

图133-17 绘制闭合曲线图形并渐变填充颜色

04 参照步骤2~3的操作方法绘制其他多边形，并进行渐变填充，效果如图133-18所示。

图133-18 绘制并渐变填充多边形

05 选取贝塞尔工具，绘制一个三角形。在调色板上单击80%黑色块，为三角形填充颜色，并调整图层顺序，效果如图133-19所示。

06 选取阴影工具，在其属性栏中设置“预设列表”为“大型辉光”，“阴影偏移”的X和Y分别为6mm和0mm、“阴影的不透明”为22、“阴影羽化”为37，为三角形添加阴影，效果如图133-20所示。

图133-19 绘制并填充三角形

图133-20 添加阴影效果

07 选取透明度工具，在属性栏中单击“渐变透明度”按钮，为三角形添加透明效果。调整透明滑杆的色标位置，调整透明度，效果如图133-21所示。

图133-21 添加透明效果

08 选取选择工具，选择所有的图形，在属性栏中单击“组合对象”按钮组合图形。为台历添加背景，并复制台历图形，制作台历的组合效果，最终效果参见图133-1。至此，本实例制作完毕。

实例134 房地产广告V

本实例将制作怡梦·春水苑手提袋型房地产广告，效果如图134-1所示。

图134-1 手提袋型房地产广告

操作步骤

1. 制作手提袋的平面效果

01 按【Ctrl+N】组合键，新建一个空白页面。选取矩形工具。绘制一个矩形。按【F11】键，在弹出的“编辑填充”对话框中单击“底纹填充”按钮，设置“底纹库”为“样本6”、“底纹列表”为“包装纸”、“第1纤维质”为中黄色（RGB值分别为235、209、0）、“第2纤维质”为土黄色（RGB值分别为209、191、26），单击“确定”按钮，底纹填充矩形，效果如图134-2所示。

图134-2 绘制并底纹填充矩形

02 单击“文件”|“导入”命令，导入一幅图像和一个标志图形，并将其调整至合适位置，效果如图134-3所示。

图134-3 导入图像和标志图形

03 按【F7】键，选取椭圆形工具，在其属性栏中设置轮廓宽度为0.7mm，在按住【Ctrl】键的同时拖动鼠标，在绘图页面中分别绘制两个正圆，效果如图134-4所示。

图134-4 绘制正圆

04 选择绘制的两个正圆，选取阴影工具，在属性栏中设置“预设列表”为“平面右下”、“阴影偏移”的X和Y分别为0.253mm和-0.356mm、“阴影的不透明”为50、“阴影羽化”为15、“合并模式”为“乘”、“阴影颜色”为黑色，为两个正圆添加阴影，效果如图134-5所示。

图134-5 添加阴影效果

05 选取文本工具，在其属性栏中设置字体为“文鼎粗黑简”、字号为9pt，在手提袋底端输入文字。选中输入的文字，单击调色板中的橘红色色块，填充文字为橘红色，效果如图 134-6 所示。

图134-6 输入文字并设置颜色

2. 制作手提袋的立体效果

01 选取选择工具，选择手提袋平面图的背景矩形。单击“对象”|“转换为曲线”命令，将背景矩形转换为曲线图形。按【F10】键，选取形状工具，调整矩形的形状，效果如图 134-7 所示。

图134-7 调整矩形形状

02 用同样的操作方法调整其他文字、图形和图像的形状，效果如图 134-8 所示。

03 选取贝塞尔工具，绘制一个多边形。按【F11】键，在弹出的“编辑填充”对话框中单击“均匀填充”按钮，设置颜色为灰色（CMYK 值分别为 0、0、0、20），单击“确定”按钮，为多边形填充颜色，并删除其轮廓，效果如图 134-9 所示。

图134-8 调整其他文字、图形和图像形状

图134-9 绘制并填充多边形

04 参照步骤 3 中的操作方法制作出其他多边形，并填充相应的颜色，然后删除其轮廓，如图 134-10 所示。

图134-10 绘制并填充图形

05 选取钢笔工具，在其属性栏中设置轮廓宽度为 2mm，绘制两条曲线。选择刚绘制的两条曲线，右击调色板中的黄色色块，设置曲线颜色为黄色，效果如图 134-11 所示。

图134-11 绘制曲线并设置颜色

06 选取贝塞尔工具,绘制多边形。按【F11】键，在弹出的“编辑填充”对话框中单击“渐变填充”按钮，设置 0% 位置的颜色为灰色（CMYK 值分别为 0、0、0、30）、100% 位置的颜色为浅灰色（CMYK 值分别为 0、0、0、10），单击“确定”按钮，渐变填充多边形，并删除其轮廓，效果如图 134-12 所示。

图134- 12 绘制并渐变填充多边形

07 选取透明度工具，在其属性栏中单击“渐变透明度”按钮，为多边形添加透明效果，如图 134-13 所示。

图134-13 添加透明效果

08 绘制其他倒影图形，效果如图 134-14 所示。

图134-14 绘制其他图形

09 通过复制图形并添加背景可以制作出手提袋的延伸效果，参见图 134-1。至此，本实例制作完毕。

实例135 汽车广告 I

本实例将制作尊贵型威虎汽车广告，效果如图 135-1 所示。

图135-1 尊贵型威虎汽车广告

操作步骤

1. 制作广告的主体效果

01 按【Ctrl+N】组合键,新建一个空白页面。按【F6】键，选取矩形工具。绘制一个矩形。单击“文件”|“导入”命令，导入图像和标志图形，并将其调整至合适大小及位置。选择标志图形，单击其属性栏中的“取消组合对象”按钮，取消图形组合，并填充文字“中国威虎”为白色,效果如图 135-2 所示。

图135-2 导入图像和标志图形

02 按【F6】键，选取矩形工具，绘制两个矩形，分别填充为灰色（CMYK 值分别为 0、0、0、3）和黑色（CMYK 值分别为 0、0、0、100），效果如图 135-3 所示。

图135-3 绘制矩形并填充颜色

03 绘制一个矩形，按【F12】键，在弹出的“轮廓笔”对话框中设置“宽度”为 0.35mm、“颜色”为灰色（CMYK 值分别为 0、0、0、40），效果如图 135-4 所示。

图135-4 绘制矩形并设置轮廓属性

2. 制作广告的文字效果

01 选取文本工具，在其属性栏中设置字体为“方正大黑简体”、字号为 53pt，输入文字“全新 WH7.0”。选中输入的文字，单击“窗口”|“泊坞窗”|“彩色”命令，在弹出的“颜色”泊坞窗中设置颜色为红色(CMYK 值分别为 0、100、100、0)，单击“填充”按钮，为文字填充颜色，效果如图 135-5 所示。

图135-5 输入文字并填充颜色

02 选取选择工具，单击文字使其进入旋转状态，将鼠标指针移至文字上方中间的控制柄上，向右拖动鼠标，以倾斜文字，效果如图 135-6 所示。

03 输入其他文字，并设置其字体、字号、颜色及位置，最终效果参见图 135-1。至此，本实例制作完毕。

图135-6 倾斜文字

实例136 汽车广告 II

本实例将制作动感型 I 威虎汽车广告，效果如图 136-1 所示。

图136-1 动感型 I 威虎汽车广告

操作步骤

1．制作广告的主体效果

01 按【Ctrl+N】组合键,新建一个空白页面。按【Ctrl+I】组合键，导入图像和标志图形，并调整其大小，效果如图 136-2 所示。

图136-2 导入图像和标志图形

02 选取矩形工具，绘制一个矩形，将其填充为灰白色（CMYK 值分别为 0、0、0、5），效果如图 136-3 所示。

图136-3 绘制矩形并填充颜色

2．制作广告的文字效果

01 选取文本工具，在其属性栏中设置字体为“方正大黑简体”、字号为 28.5pt，输入文字“威虎 WH2.5F”。选中输入的文字，填充其颜色为红色（CMYK 值分别为 0、100、100、0），效果如图 136-4 所示。

图136-4 输入文字并填充颜色

02 选中文字 2.5F，在其属性栏中设置字体为 Castellar、字号为 33pt，效果如图 136-5 所示。

03 输入其他文字，并设置其字体、字号、颜色及位置，最终效果参见图 136-1。至此，本实例制作完毕。

图136-5 设置文字属性

实例137 汽车广告III

本实例将制作动感型II威虎汽车广告，效果如图 137-1 所示。

图137-1 动感型II威虎汽车广告

操作步骤

1. 制作广告的主体效果

01 按【Ctrl+N】组合键,新建一个空白页面。选取矩形工具,绘制一个矩形。单击“标准”工具栏中的“导入”按钮，导入 4 幅素材图像和一个标志图形，并调整各图像、图形的大小和位置，效果如图 137-2 所示。

图137-2 导入图像和标志图形

02 选取矩形工具，绘制一个矩形，将其填充为黑色（CMYK 值分别为 0、0、0、100），效果如图 137-3 所示。

图137-3 绘制矩形并填充颜色

03 绘制一个矩形，双击状态栏中的“轮廓颜色”色块，在弹出的“轮廓笔”对话框中设置“宽度”为 0.5mm、“颜色”为灰色（CMYK 值分别为 0、0、0、30），单击“确定”按钮，为矩形设置轮廓属性，效果如图 137-4 所示。

图137-4 绘制矩形

2. 制作广告的文字效果

01 选取文本工具，在其属性栏中设置字体为“方正大黑简体”、字号为41pt，输入文字“新威虎207，快乐一路相伴”。选中输入的文字，填充其颜色为红色（CMYK值分别为0、100、100、0），效果如图137-5所示。

图137-5 输入文字并填充颜色

02 选中文字“快乐一路相伴”，在其属性栏中设置字体为“方正卡通简体”。选中数字207，设置其字体为Castellar，效果如图137-6所示。

03 在属性栏中设置字体为“黑体”、字号为12.3pt，然后输入文字。输入第一行后，按【Enter】键换行，输入其他文字，效果如图137-7所示。

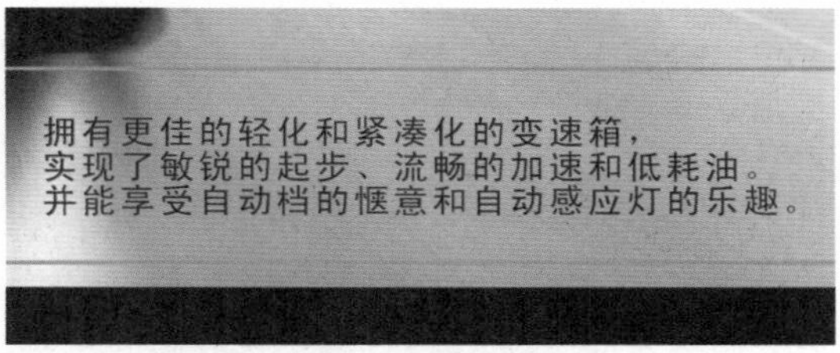

图137-6 设置字体

拥有更佳的轻化和紧凑化的变速箱，
实现了敏锐的起步、流畅的加速和低耗油。
并能享受自动档的惬意和自动感应灯的乐趣。

图137-7 输入文字

04 输入其他文字，并设置其字体、字号、颜色及位置，最终效果参见图137-1。至此，本实例制作完毕。

实例138 汽车广告Ⅳ

本实例将制作豪华型Ⅰ威虎汽车广告，效果如图138-1所示。

图138-1 豪华型Ⅰ威虎汽车广告

操作步骤

1. 制作广告的主体效果

01 按【Ctrl+N】组合键，新建一个空白页面。选取矩形工具，绘制一个矩形。单击“文件”|“导入”命令，导入标志图形和5幅素材图像。调整各图像、图形的大小，并置于页面的合适位置，效果如图138-2所示。

02 选取矩形工具，绘制两个矩形，分别填充为浅灰色（CMYK值分别为0、0、0、2）和大红色（CMYK值分别为44、99、98、5）。选取无轮廓工具，删除矩形轮廓。按【Ctrl+PageDown】组合键，调整图形顺序，效果如图138-3所示。

03 选取矩形工具，在其属性栏中设置矩形4个角的转角半径均为5，绘制一个圆角矩形，效果如图138-4所示。

图138-2 导入图像和标志图形

图138-3 绘制并填充矩形

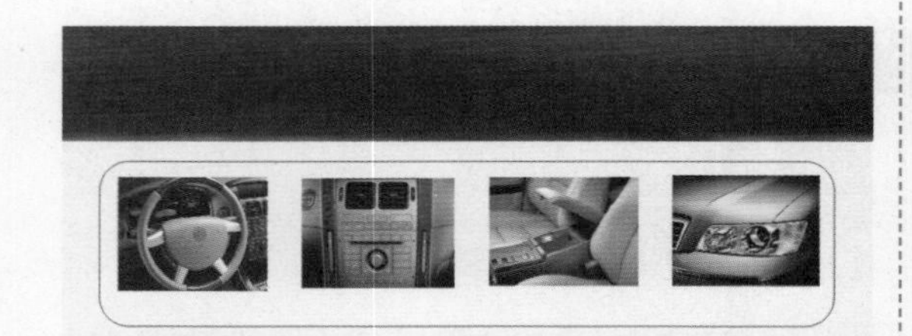

图138-4 绘制圆角矩形

2. 制作广告的文字效果

01 选取文本工具，在其属性栏中设置字体为“方正超粗黑简体”、字号为60pt，输入文字“先行天下”。选中输入的文字，填充其颜色为红色（CMYK值分别为0、100、100、0）。按【F12】键，在弹出的“轮廓笔”对话框中设置“宽度”为0.7mm、“颜色”为白色，单击“确定”按钮，为文字设置轮廓属性，效果如图138-5所示。

图138-5 输入文字并设置轮廓属性

02 选取阴影工具，从文字的左侧向右侧拖动鼠标，为文字添加阴影。在其属性栏中设置“阴影的不透明”为100、“阴影羽化”为10、“羽化方向”为“向外”、“阴影颜色”为白色，改变阴影效果，如图138-6所示。

图138-6 添加阴影效果

03 输入其他文字，并设置其字体、字号、颜色及位置，最终效果参见图138-1。至此，本实例制作完毕。

实例139 汽车广告V

本实例将制作豪华型II威虎汽车广告，效果如图139-1所示。

图139-1 豪华型Ⅱ威虎汽车广告

操作步骤

1．制作广告的主体效果

01 按【Ctrl+N】组合键,新建一个空白页面。选取矩形工具，绘制一个矩形。在绘图页面中的空白位置右击，在弹出的快捷菜单中选择“导入”选项，导入一幅素材图像，调整其大小及位置，效果如图 139-2 所示。

图139-2 导入素材图像

02 选取矩形工具，绘制一个矩形，将其填充为浅灰色（CMYK 值分别为 0、0、0、3），并删除其轮廓，效果如图 139-3 所示。

图139-3 绘制并填充矩形

03 用同样的操作方法绘制两个矩形，分别填充为红色（CMYK 值分别为 0、100、100、0）和黑色（CMYK 值分别为 0、0、0、100），并删除矩形轮廓，效果如图 139-4 所示。

图139-4 绘制并填充两个矩形

04 用同样的操作方法再绘制两个矩形，分别填充为灰白色（CMYK 值分别为 0、0、0、10）和黑色（CMYK 值分别为 0、0、0、100）。右击调色板中的“无”按钮，删除矩形轮廓，效果如图 139-5 所示。

图139-5 绘制两个矩形

05 选取贝塞尔工具，在按住【Ctrl】键的同时在绘图页面中绘制一条直线。按小键盘上的【+】键，复制一条直线，并调整其位置，效果如图 139-6 所示。

图139-6 绘制并复制直线

06 导入标志图形，并将其调整至合适位置及大小，效果如图139-7所示。

中国威虎

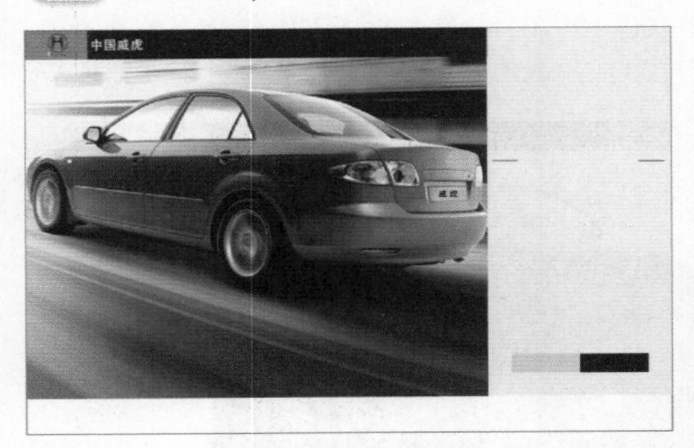

图139-7 导入标志图形

2. 制作广告的文字效果

01 按【F8】键，选取文本工具，在其属性栏中设置字体为“方正大黑简体”、字号为29pt，输入文字“出场，即令世界震撼”。选中输入的文字，填充其颜色为白色。按【F12】键，在弹出的“轮廓笔”对话框中设置“宽度”为0.7mm、“颜色”为黑色，选中“填充之后”复选框，单击“确定”按钮，为文字设置轮廓属性。选取挑选工具，单击文字使其进入旋转状态，将鼠标指针移至文字上方中间的控制柄上，向右拖动鼠标，以倾斜文字，效果如图139-8所示。

出场，即令世界震撼

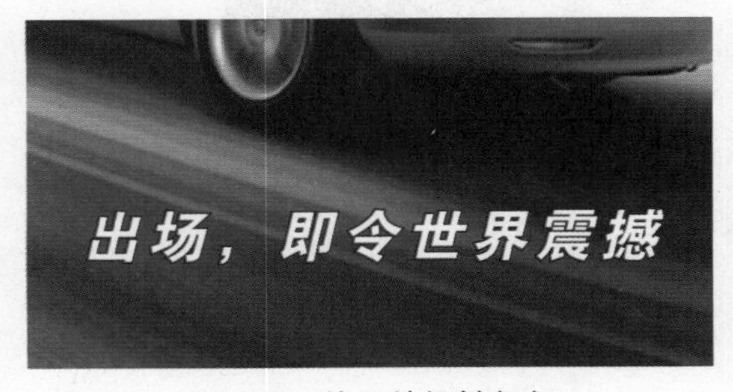

图139-8 输入并倾斜文字

02 选中文字“震撼”，在属性栏中设置字体为“文鼎霹雳体”、字号为33.5pt，并填充文字为红色（CMYK值分别为0、100、100、0）。按【F12】键，在弹出的“轮廓笔”对话框中设置“宽度”为0.35mm、“颜色”为白色，单击“确定”按钮，为文字设置轮廓属性，效果如图139-9所示。

出场，即令世界震撼

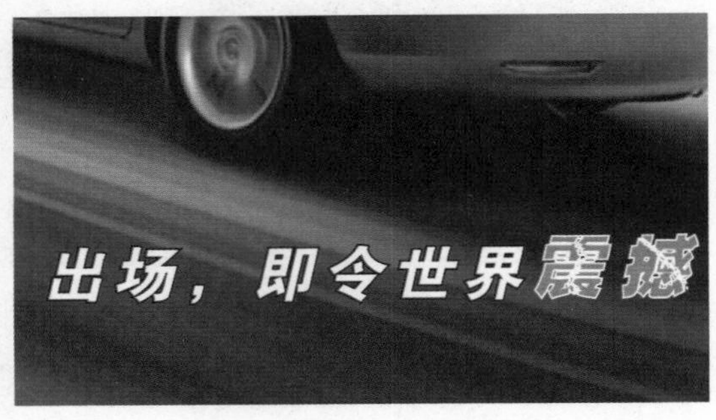

图139-9 设置文字属性

03 选取文本工具，在其属性栏中设置字体为“黑体”、字号为8pt、对齐方式为“居中”，然后输入文字，效果如图139-10所示。

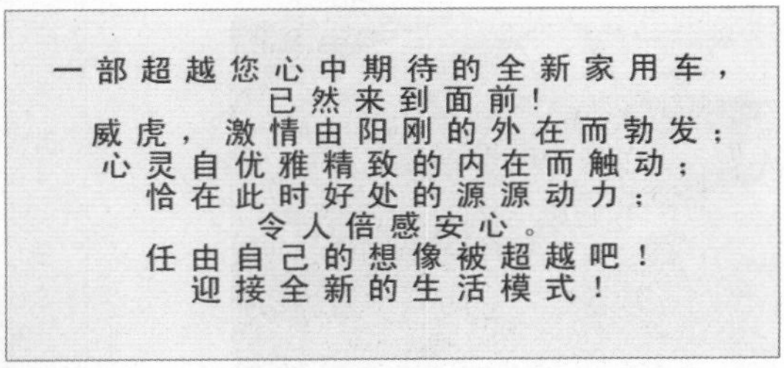

一部超越您心中期待的全新家用车，
已然来到面前！
威虎，激情由阳刚的外在而勃发；
心灵自优雅精致的内在而触动；
恰在此时好处的源源动力；
令人倍感安心。
任由自己的想像被超越吧！
迎接全新的生活模式！

图139-10 输入文字

04 输入其他文字，并设置其字体、字号、颜色及位置，最终效果参见图139-1。至此，本实例制作完毕。

实例140 汽车广告Ⅵ

本实例将制作豪华型Ⅲ威虎汽车广告，效果如图140-1所示。

操作步骤

1. 制作广告的主体效果

01 按【Ctrl+N】组合键，新建一个空白页面。按【F6】键，选取矩形工具，绘

制一个矩形。按【Ctrl+I】组合键，导入一幅素材图像，调整其大小及位置，效果如图140-2所示。

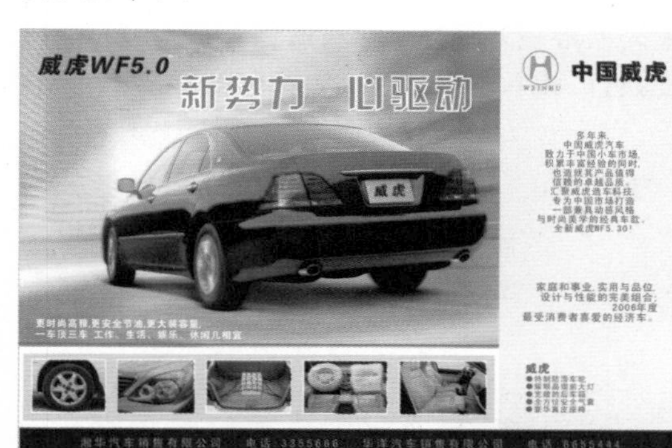

图140-1 豪华型Ⅲ威虎汽车广告

图140-2 导入素材图像

02 选取矩形工具，绘制一个矩形，将其填充为灰色（CMYK值分别为0、0、0、10）。右击调色板中的“无”按钮，删除矩形轮廓，效果如图140-3所示。

图140-3 绘制并填充矩形

03 绘制其他矩形，并填充相应的颜色，效果如图140-4所示。

图140-4 绘制其他矩形

04 分别导入5幅素材图像和一个企业标志图形，并调整各图像、图形至合适位置及大小，效果如图140-5所示。

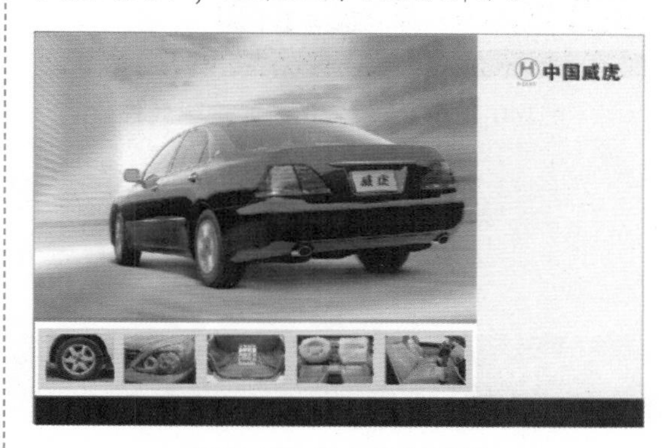

图140-5 导入素材图像

05 选取矩形工具，绘制5个矩形。双击状态栏中的“轮廓颜色”色块，在弹出的“轮廓笔”对话框中设置“宽度”为0.5mm、“颜色”为白色，单击“确定”按钮，分别为5个矩形设置轮廓属性，效果如图140-6所示。

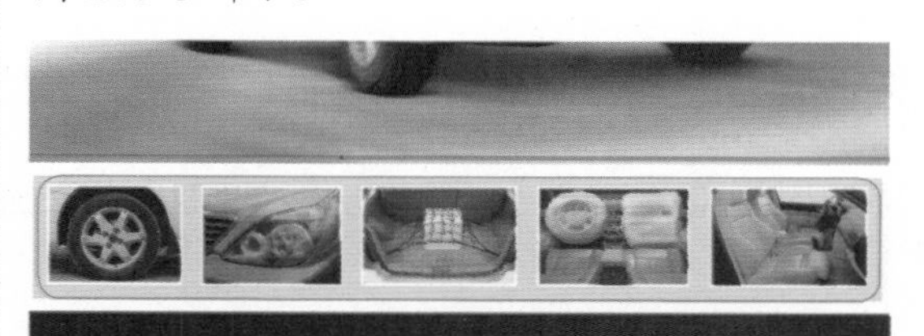

图140-6 绘制矩形并设置轮廓属性

2. 制作广告的文字效果

01 选取文本工具，在其属性栏中设置字体为“汉仪菱心体简”、字号为30pt，输入文字“新势力 心驱动”。选中输入的文字，填充其颜色为红色（CMYK 值分别为 0、100、100、0）。按【F12】键，在弹出的“轮廓笔”对话框中设置“宽度”为 0.7mm、“颜色”为白色，选中“填充之后”复选框，单击“确定”按钮，为文字设置轮廓属性，效果如图 140-7 所示。

新势力 一心驱动
中国威虎

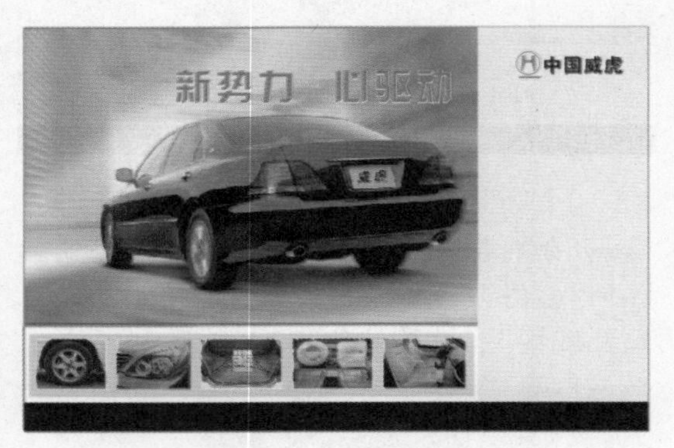

图140-7　输入文字并设置轮廓属性

02 在其属性栏中设置字体为“黑体”、字号为 9.5pt、“颜色”为海军蓝（CMYK 值分别为 60、40、0、40）、对齐方式为“居中”，然后输入文字。输入第一行后，按【Enter】键换行，输入其他文字，效果如图 140-8 所示。

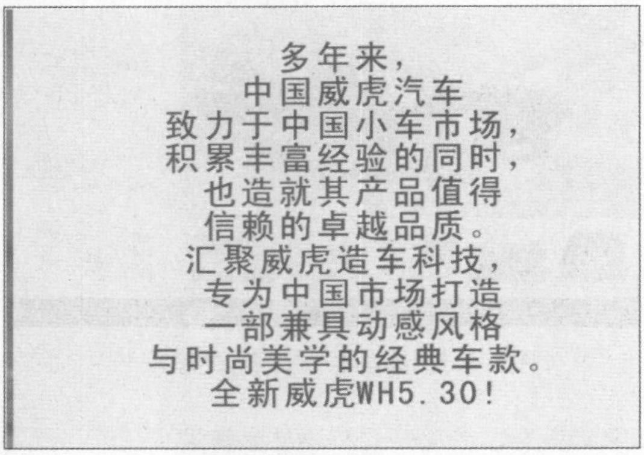
多年来，
中国威虎汽车
致力于中国小车市场，
积累丰富经验的同时，
也造就其产品值得
信赖的卓越品质。
汇聚威虎造车科技，
专为中国市场打造
一部兼具动感风格
与时尚美学的经典车款。
全新威虎WH5.30！

图140-8　输入其他文字

03 输入其他文字，并设置其字体、字号、颜色及位置，最终效果参见图 140-1。至此，本实例制作完毕。

读书笔记

第9章 户外广告与招贴设计

户外广告以不同的形式分布在各种不同的公共场所，如路牌广告、灯箱广告和高立柱广告等，它具有视觉效果强烈、艺术表现力丰富等特点。招贴广告是广告设计和应用中历史最悠久的一种传统广告形式，它具有信息集中、携带方便等特点。本章将通过10个实例详细讲解户外广告和招贴广告的设计制作方法与技巧。

实例141 路牌广告

本实例将设计制作双星 DVD 路牌广告，效果如图 141-1 所示。

图141-1 双星DVD路牌广告

操作步骤

1．制作双星DVD广告的背景效果

01 按【Ctrl+N】组合键，新建一个空白页面。选取折线工具，绘制一个多边形。按【F11】键，在弹出的“编辑填充”对话框中单击“渐变填充”按钮，设置 0% 位置的颜色为浅蓝色（CMYK 值分别为 18、3、7、0）、100% 位置的颜色为蓝色（CMYK 值分别为 76、9、7、0），单击“确定”按钮，渐变填充多边形，并删除其轮廓，效果如图 141-2 所示。

图141-2 绘制并渐变填充多边形

02 绘制其他多边形，填充相应的渐变颜色，并删除其轮廓，效果如图 141-3 所示。

图141-3 绘制其他多边形

03 选取椭圆形工具，在按住【Ctrl】键的同时拖动鼠标，绘制一个正圆，将其填充为白色，并删除其轮廓，效果如图 141-4 所示。

图141-4 绘制正圆

04 选取透明工具，在其属性栏中单击“渐变透明度”按钮，单击“椭圆形渐变透明度”按钮，用鼠标拖动色块调整正圆的透明度，效果如图 141-5 所示。

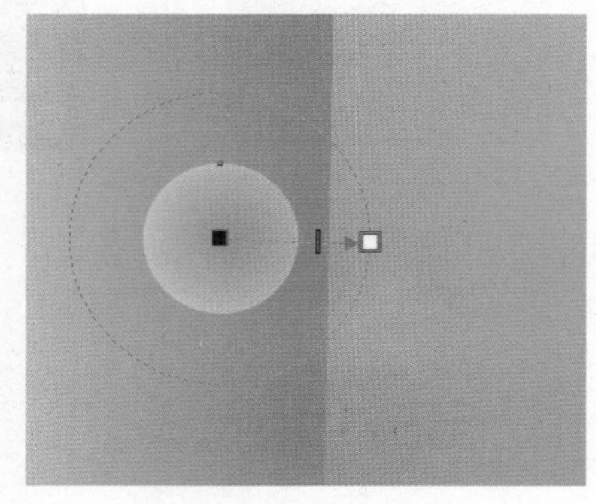

图141-5 添加透明效果

05 在正圆上单击并拖动鼠标至合适位置，松开鼠标的同时右击复制正圆图形，并调整复制的正圆图形至合适大小，如图141-6所示。

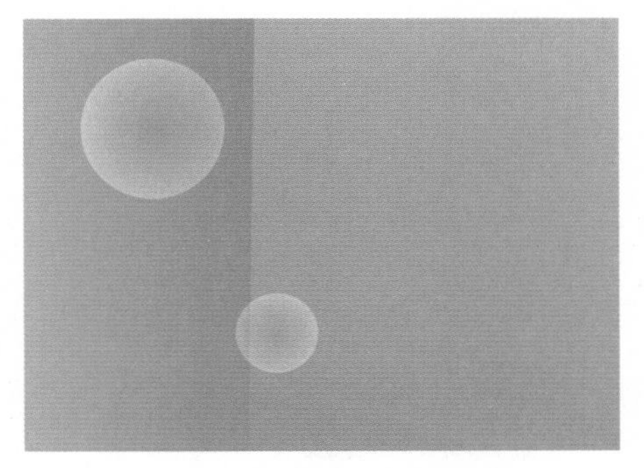

图141-6 复制正圆图形

06 单击“文件”|“导入”命令，导入一幅DVD图像。选取阴影工具，在其属性栏中设置“预设列表”为“小型辉光”、“阴影的不透明”为60、“阴影羽化”为4，为图像添加阴影效果，如图141-7所示。

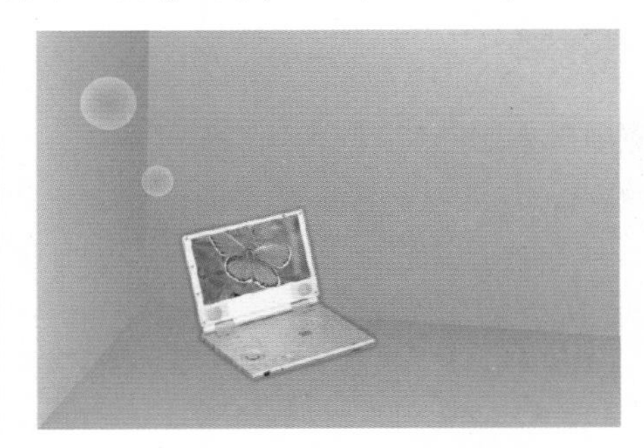

图141-7 导入图像并添加阴影效果

2. 制作双星DVD广告的文字效果

01 选取文本工具，在其属性栏中设置字体为“方正综艺简体”、字号为36pt，输入文字“移动电视DVD”，并填充文字为橘红色（CMYK值分别为0、60、100、0），效果如图141-8所示。

移动电视DVD

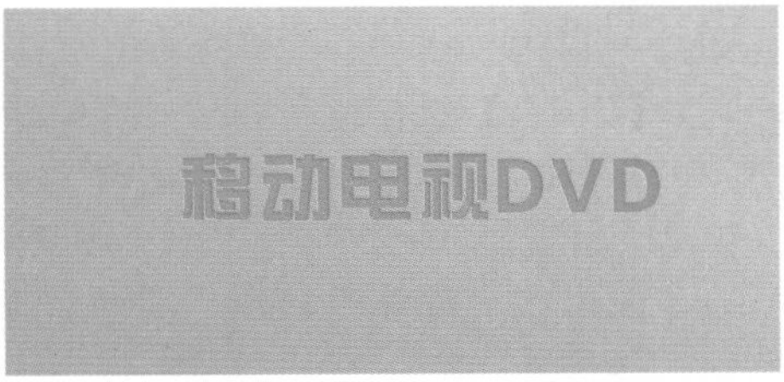

图141-8 输入文字并设置颜色

02 单击“对象”|“转换为曲线”命令，将文字转换为曲线图形。选取形状工具，调整文字形状，效果如图141-9所示。

移动电视DVD

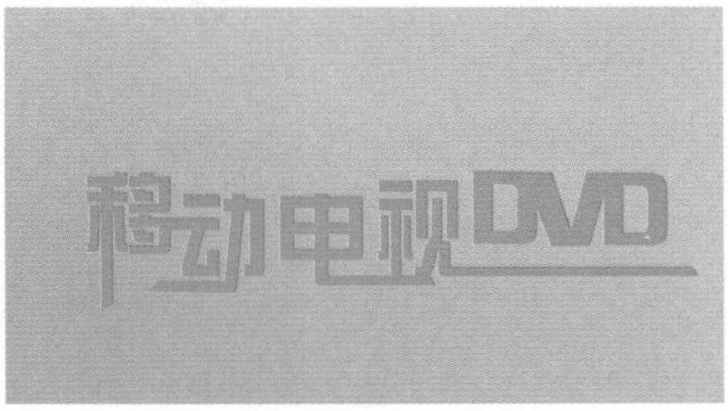

图141-9 调整文字形状

03 选取文本工具，输入其他文字，并设置相应的字体、字号、颜色和位置，效果如图141-10所示。

无拘无束
我的移动电视DVD
双星 SHUANGXING

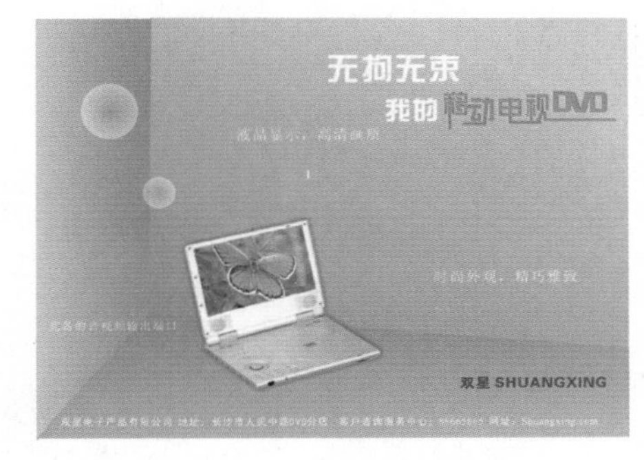

图141-10 输入其他文字

04 选取文本工具，在绘图页面中绘制一个文本框，在属性栏中设置字体为“宋体”、字号为14pt，输入段落文本，填充其颜色为白色，效果如图141-11所示。

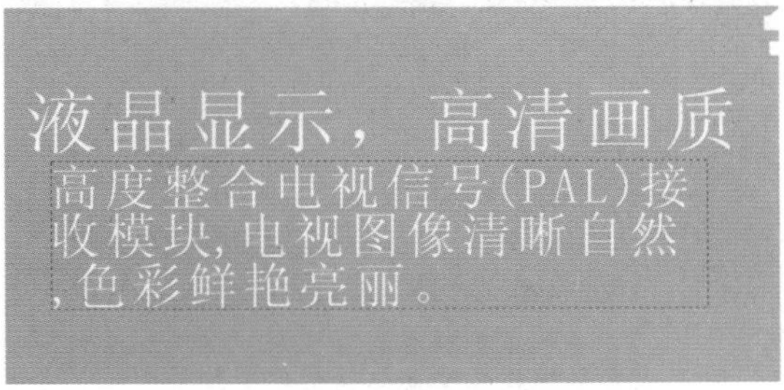

液晶显示，高清画质
高度整合电视信号(PAL)接收模块,电视图像清晰自然,色彩鲜艳亮丽。

图141-11 输入段落文本

05 输入其他文本，并设置字体、字号、颜色和位置，效果如图141-12所示。

06 选取椭圆形工具，绘制一个椭圆。右击调色板中的朦胧绿色块，设置椭圆的轮廓颜色为朦胧绿（CMYK值分别为20、0、20、0），如图141-13所示。

图141-12 输入其他文本

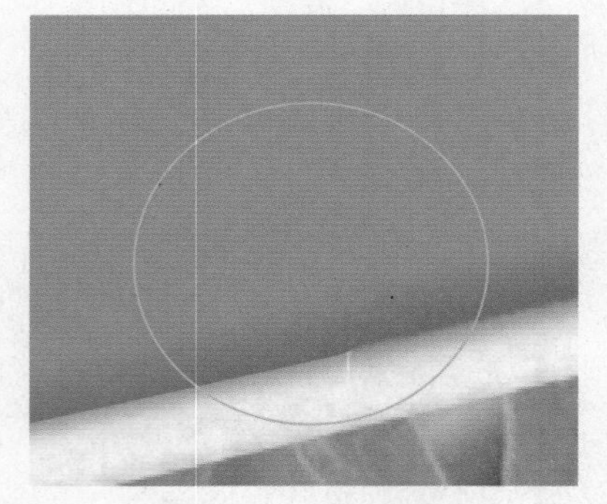

图141-13 绘制椭圆

07 选取贝塞尔工具，在绘图页面中的合适位置绘制线段，设置线段颜色为朦胧绿。选取椭圆形工具，绘制一个正圆，填充其颜色为白色，并删除其轮廓，效果如图141-14所示。

图141-14 绘制线段和正圆

08 绘制其他圆和线段，并设置其颜色和位置。双击矩形工具，绘制一个与页面大小相等的矩形，填充其颜色为黑色，最终效果参见图141-1。至此，本实例制作完毕。

实例142 公益广告

本实例将设计制作爱护环境的公益广告，效果如图142-1所示。

图142-1 爱护环境公益广告

操作步骤

1．制作公益广告的背景效果

01 按【Ctrl+N】组合键，新建一个空白页面。按【F6】键，选取矩形工具，绘制一个矩形，填充其颜色为白色，效果如图142-2所示。

图142-2 绘制的矩形

02 按【Ctrl+I】组合键，导入一幅鸟图像。按住【Shift】键的同时加选矩形，单击"对象"|"对齐和分布"|"对齐和分布"命令，在弹出的"对齐与分布"对话框中分别单击"左对齐"和"顶端对齐"按钮，效果如图142-3所示。

图142-3 导入并对齐图像

2．制作公益广告的文字效果

01 选取标注形状工具，在绘图页面中的合适位置绘制标注。选取形状工具，单击红色色标，调整标注图形的方向；按【F12】键，在弹出的"轮廓笔"对话框中设置"宽度"为1.4mm、"颜色"为白色，单击"确定"按钮，为标注图形设置轮廓属性，效果如图142-4所示。

图142-4 绘制标注图形

02 用同样的方法绘制另外一个标注图形，并设置其轮廓属性，效果如图142-5所示。

图142-5 绘制其他标注图形

03 按【F8】键选取文本工具，在其属性栏中设置字体为"文鼎CS中黑"、字号为24pt，输入"孩子，今天没有食物了。"，选中输入的文本并单击调色板中的红色色块，填充其颜色为红色，效果如图142-6所示。

图142-6 输入文字并设置颜色

04 输入其他文字，并设置其字体、字号、颜色和位置，效果参见图142-1。至此，本实例制作完毕。

实例143 灯箱广告

本实例将设计制作双星电视灯箱广告，效果如图143-1所示。

图143-1 双星电视灯箱广告

操作步骤

1．制作灯箱广告的背景效果

01 按【Ctrl+N】组合键，新建一个空白页面。选取矩形工具，在绘图页面中的合适位置绘制一个矩形，填充其颜色为白色，效果如图143-2所示。

02 在绘图页面中的空白位置右击，在弹出的快捷菜单中选择"导入"选项，导入一幅图像，如图143-3所示。

图143-2 绘制矩形

图143-3 导入图像

03 用同样的操作方法导入电视机图像，并调整至合适大小及位置，效果如图 143-4 所示。

图143-4 导入电视机图像

2．制作灯箱广告的文字效果

01 选取文本工具，在页面中输入文字“想象无止境”。选中文字“想象”，单击“文本”|“文本属性”命令，在弹出的“文本属性”泊坞窗中设置字体为“文鼎霹雳体”、字号为 36pt。单击调色板中的橘红色色块，填充文字为橘红色（CMYK 值分别为 0、60、100、0）。选中文字“无止境”，在属性栏中设置其字体为“文鼎 CS 大黑”、字号为 24pt，效果如图 143-5 所示。

图143-5 输入文字并设置文字属性

02 输入其他文字，并设置其字体、字号、颜色和位置，效果如图 143-6 所示。

图143-6 输入其他文字

03 选取矩形工具，在按住【Ctrl】键的同时拖动鼠标，在绘图页面中绘制一个正方形。按【F11】键，在弹出的“编辑填充”对话框中单击“均匀填充”按钮，设置填充色为蓝色（CMYK 值分别为 100、100、0、0），单击“确定”按钮，为正方形填充颜色，并删除其轮廓，效果如图 143-7 所示。

图143-7 绘制并填充正方形

04 按住【Ctrl】键的同时在正方形上单击并拖动鼠标至合适位置，松开鼠标的同时右击复制正方形。用同样的方法复制其他正方形，效果如图 143-8 所示。

图143-8 复制正方形

3．制作灯箱广告的户外效果

01 单击“文件”|“导入”命令，导入一幅素材图像，如图 143-9 所示。

图143-9 导入图像

02 选取选择工具，将电视广告平面图拖至刚导入的素材图像中，并将其调整至合适大小及位置。选取封套工具，调整图形，最终效果参见图 143-1。至此，本实例制作完毕。

实例144 高立柱广告 I

本实例将设计制作克尼思钻戒高立柱广告，效果如图 144-1 所示。

图144-1 克尼思钻戒高立柱广告

操作步骤

1．制作克尼思钻戒高立柱广告的平面效果

01 按【Ctrl+N】组合键，新建一个空白页面。按【F6】键，选取矩形工具，在绘图页面中的合适位置绘制一个矩形，填充其颜色为白色，效果如图 144-2 所示。

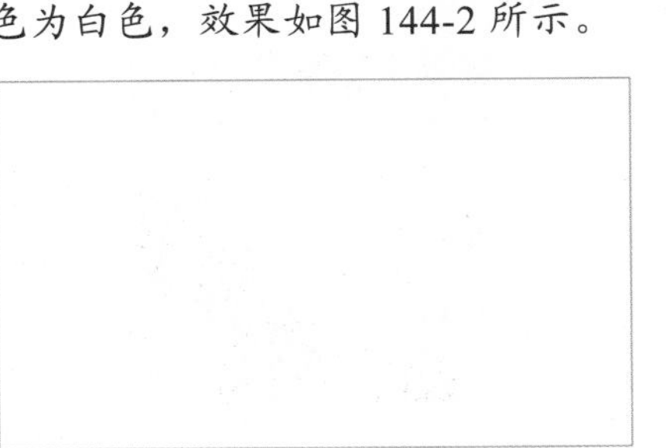

图144-2 绘制矩形

02 选取文本工具，在其属性栏中设置字体为 Arial、字号为 111pt，输入文字 kenisi。按【F11】键，在弹出的“编辑填充”对话框中单击“均匀填充”按钮，设置颜色为青色（CMYK 值分别为 100、0、0、0），单击“确定”按钮，为文字填充颜色，效果如图 144-3 所示。

kenisi

图144-3 输入文字并设置颜色

03 按【Ctrl+Q】组合键，将文字转换为曲线图形。选取形状工具，编辑文字形状，效果如图 144-4 所示。

kenisi

图144-4 编辑文字形状

04 选取文本工具，输入文字“克尼思”。选取选择工具，选中输入的文字，在属性栏中设置字体为“方正综艺简体”、字号为 34pt，并填充文字为青色（CMYK 值分别为 100、0、0、0），效果如图 144-5 所示。

图144-5 输入文字并设置颜色

05 选择步骤 3 中编辑的文字，按【Ctrl+G】组合键组合图形，在其属性栏中设置“旋转角度”为 2.7，旋转图形。选取透明度工具，在属性栏中设置单击“均匀透明度”按钮，设置“透明度”为 80，为图形添加透明效果，如图 144-6 所示。

图144-6 添加透明效果

06 在组合后的图形上单击并拖动鼠标至合适位置，松开鼠标的同时右击复制图形。用再制图形的方法再制多个图形，选取选择工具，框选复制的所有图形，按【Ctrl+G】组合键组合图形。单击“对象”|“图框精确裁剪”|“置于图文框内部”命令，再单击白色矩形，将组合后的图形置于矩形容器中，效果如图 144-7 所示。

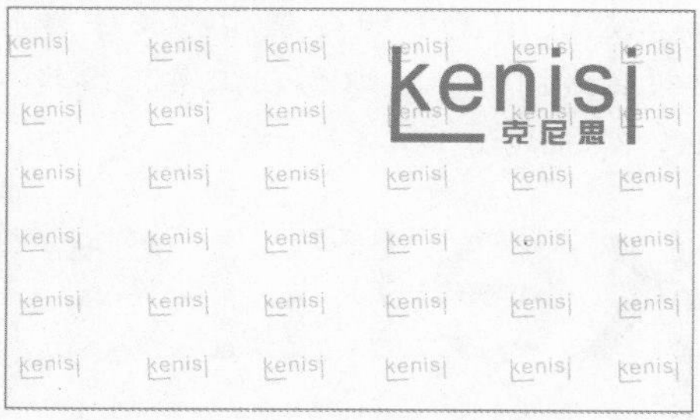

图144-7 复制图形并精确剪裁

07 按【Ctrl+I】组合键，导入一幅钻戒图像，并调整至合适大小及位置，效果如图 144-8 所示。

08 选取星形工具，在其属性栏中设置“点数或边数”为 4，在绘图页面中的合适位置绘制一个星形。选取形状工具，调整星形的外形，填充其颜色为白色，并删除其轮廓，效果如图 144-9 所示。

图144-8 导入图像

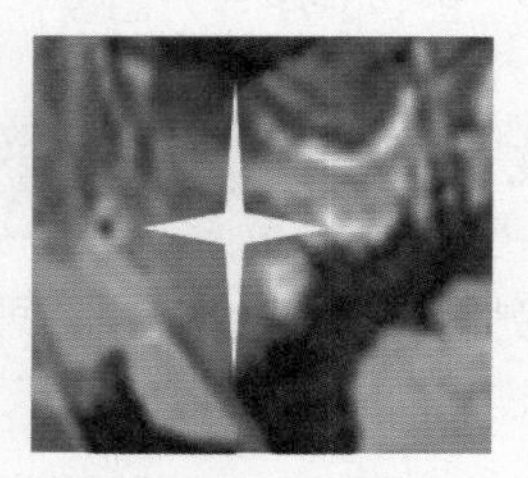

图144-9 绘制星形

09 选取阴影工具，在其属性栏中设置“预设列表”为“小型辉光”、“阴影的不透明”为 100、“阴影羽化”为 4，“阴影颜色”为白色，为星形添加阴影效果。单击“对象”|“拆分阴影群组”命令，拆分阴影。选择星形图形，按【Delete】键删除该图形，效果如图 144-10 所示。

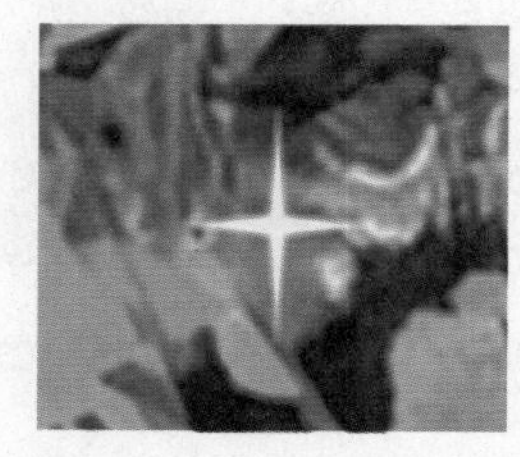

图144-10 添加阴影并删除星形

10 选取椭圆形工具，绘制一个正圆。参照步骤 8~9 的操作方法制作阴影图形，效果如图 144-11 所示。

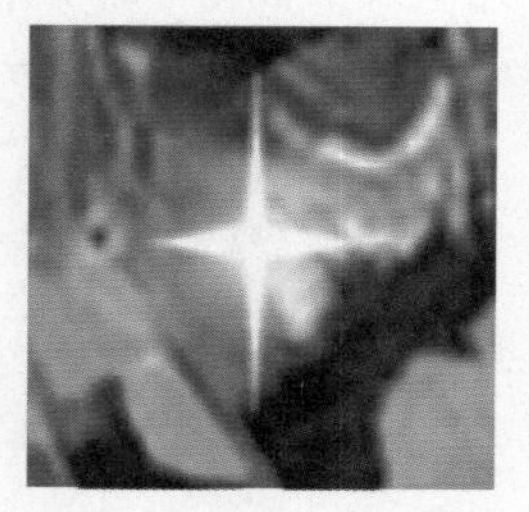

图144-11 制作圆形阴影

11 在按住【Shift】键的同时选择星形阴影和圆形阴影，按【Ctrl+G】组合键组合图形。在组合后的图形上单击并拖动鼠标至合适位置，松开鼠标的同时右击复制图形。用同样的方法复制多个阴影图形，效果如图 144-12 所示。

图144-12 复制阴影图形

12 选取文本工具，输入“克尼思，永恒的见证！”。选择输入的文本，在其属性栏中设置字体为“华文行楷”、字号为60pt，并填充其颜色为白色。按【F12】键，在弹出的“轮廓笔”对话框中设置“宽度”为 2mm、“颜色”为青色（CMYK 值分别为100、0、0、0），并选中“填充之后”复选框，单击“确定”按钮，为文字设置轮廓属性，效果如图 144-13 所示。

图144-13 输入文字并设置属性

13 选中文字，选取阴影工具，在其属性栏中设置“预设列表”为“中等辉光”、“阴影的不透明”为 70、“阴影羽化”为 30、“阴影颜色”为青色（CMYK 值分别为 100、0、0、0），为文字添加阴影效果。选取选择工具，在文字上单击鼠标左键两次，使其进入旋转状态，将鼠标指针移至文字上方中间的控制柄上，向右拖动鼠标，以倾斜图形，效果如图 144-14 所示。

图144-14 添加阴影效果并倾斜图形

14 输入 TM，并设置其字体、字号、颜色和位置，效果如图 144-15 所示。

图144-15 输入文字并设置属性

2. 制作克尼思钻戒高立柱广告的户外效果

01 单击“标准”工具栏中的“导入”按钮，导入一幅高立柱图像，效果如图 144-16 所示。

图144-16 导入图像

02 选取选择工具，将钻戒广告平面图拖到刚导入的素材图像中，并将其调整至合适大小及位置。选取封套工具，调整图形，最终效果参见图 144-1。至此，本实例制作完毕。

实例145 高立柱广告Ⅱ

本实例将设计制作双星手机高立柱广告平面效果图，如图145-1所示。

图145-1 双星手机高立柱广告

操作步骤

1. 制作双星手机高立柱广告的背景效果

01 按【Ctrl+N】组合键，新建一个空白页面。选取矩形工具，绘制一个矩形。按【F11】键，在弹出的“编辑填充”对话框中单击“渐变填充”按钮，设置0%位置的颜色为蓝色（CMYK值分别为40、15、5、0）、100%位置的颜色为黑色（CMYK值分别为0、0、0、100），“旋转”为90，单击“确定”按钮，渐变填充矩形，并删除其轮廓，效果如图145-2所示。

图145-2 删除轮廓后的矩形

02 选取折线工具，绘制多边形，渐变填充图形，并删除其轮廓，效果如图145-3所示。

03 在绘图页面中的空白位置右击，在弹出的快捷菜单中选择“导入”选项，导入一幅手机图像，效果如图145-4所示。

图145-3 绘制多边形

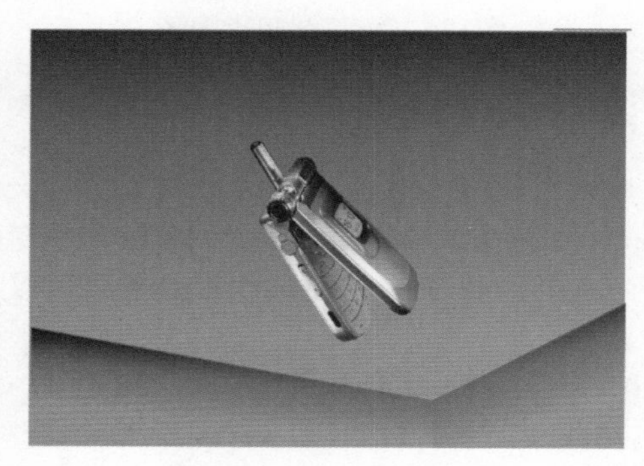

图145-4 导入手机图像

2. 制作双星手机高立柱广告的文字效果

01 按【F8】键，选取文本工具，在其属性栏中设置字体为“方正综艺简体”、字号为24pt，输入文字“内外双屏，彩艺双修”，效果如图145-5所示。

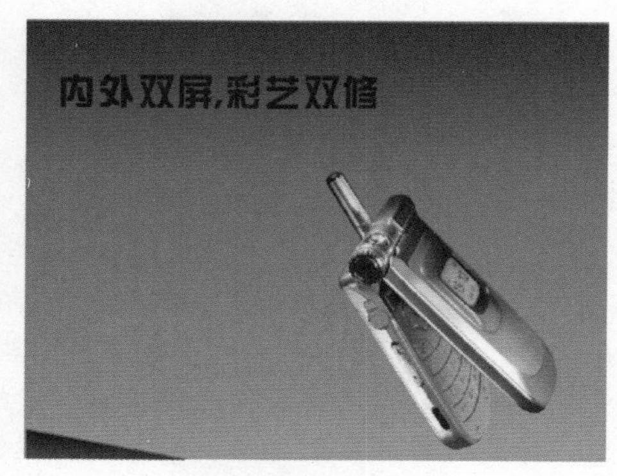

图145-5 输入文字

02 选中文字，单击“窗口”|“泊坞窗”|“彩色”命令，在弹出的“颜色”泊坞窗

中设置颜色为青色（CMYK值分别为100、0、0、0），单击“填充”按钮，为文字填充颜色。按【F12】键，在弹出的“轮廓笔”对话框中设置“宽度”为1mm、“颜色”为白色（CMYK值均为0），并选中“填充之后”复选框，单击“确定”按钮，为文字设置轮廓属性，效果如图145-6所示。

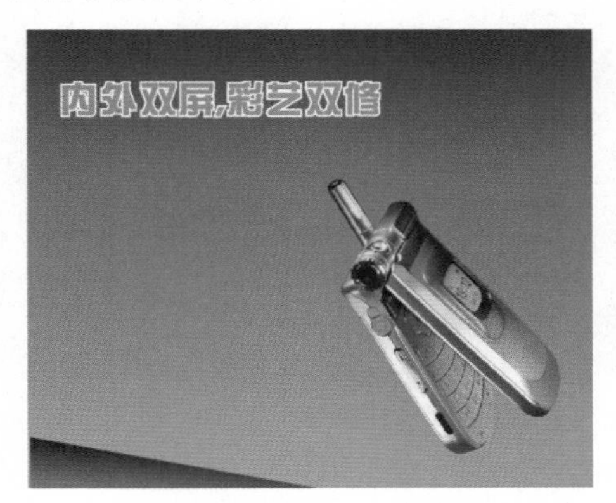

图145-6 设置文字属性

03 选中文字“双”，在其属性栏中设置字号为32pt。选中所有的文字，单击“对象”|“拆分美术字：方正综艺简体”命令。选中文字“彩”并右击，在弹出的快捷菜单中选择“转换为曲线”选项，将文字转换为曲线图形。选取形状工具，调整文字形状，效果如图145-7所示。

04 选中“彩”文字图形，按【F11】键，在弹出的“编辑填充”对话框中单击“渐变填充”按钮，设置0%位置的颜色为红色（CMYK值分别为0、100、100、0）、10%位置的颜色为橘红色（CMYK值分别为0、60、100、0）、24%位置的颜色为黄色（CMYK值分别为0、0、100、0）、45%位置的颜色为绿色（CMYK值分别为100、0、100、0）、65%位置的颜色为青色（CMYK值分别为100、0、0、0）、83%位置的颜色为蓝色（CMYK值分别为100、100、0、0）、100%位置的颜色为紫色（CMYK值分别为20、80、0、20），“旋转”为270，单击“确定”按钮，渐变填充文字图形，效果如图145-8所示。

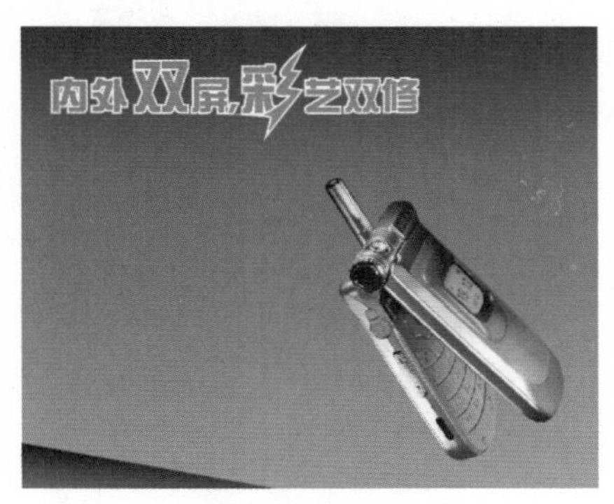

图145-7 文字效果

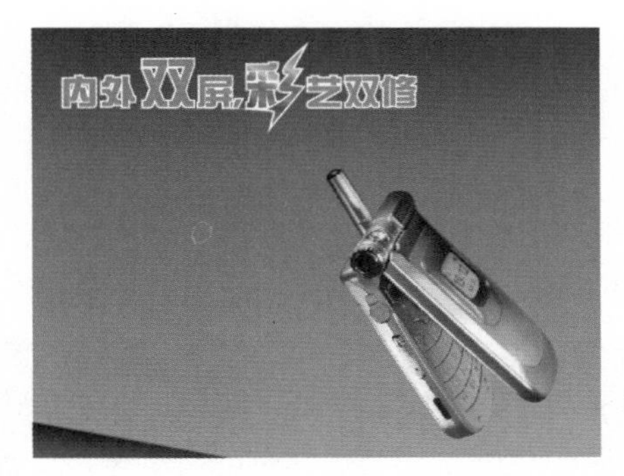

图145-8 渐变填充文字图形

05 输入其他文字，并设置其字体、字号、颜色和位置，最终效果参见图145-1。至此，本实例制作完毕。

06 也可参照制作克尼思钻戒高立柱广告户外效果图的操作方法，制作双星手机高立柱广告的户外效果图。

实例146 饭店招贴广告

本实例将设计制作湘味名店招贴广告，效果如图146-1所示。

操作步骤

1. 制作湘味名店广告的背景

01 按【Ctrl+N】组合键，新建一个空白页面。选取矩形工具，绘制一个矩形，单击调色板中的红色色块，填充其颜色为红色，然后删除其轮廓，如图 146-2 所示。

图146-1 湘味名店招贴广告

02 单击“标准”工具栏中的“导入”按钮，导入一幅辣椒图像。选取透明度工具，在其属性栏中单击“均匀透明度”按钮，设置“透明度”为 78，为图像添加透明效果，如图 146-3 所示。

图146-2 绘制矩形并删除其轮廓

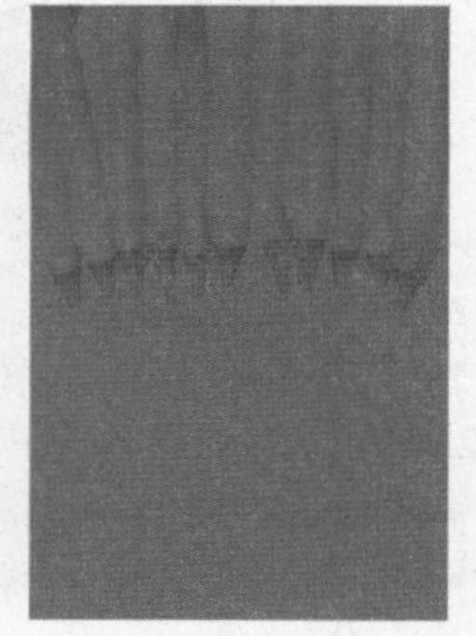

图146-3 导入图像并添加透明效果

03 单击“编辑”|“复制”命令，复制图像；单击“编辑”|“粘贴”命令，粘贴辣椒图像。将鼠标指针移至复制图像上方中间的控制柄上，在按住【Ctrl】键的同时拖动鼠标，即可垂直镜像图像，效果如图 146-4 所示。

04 选取钢笔工具，绘制一个闭合曲线图形。按【F11】键，在弹出的“编辑填充”对话框中单击“渐变填充”按钮，设置 0% 位置的颜色为红色（CMYK 值分别为 0、100、100、0）、100% 位置的颜色为橙色（CMYK 值分别为 0、60、100、0），“旋转”为 90，单击“确定”按钮，渐变填充闭合曲线图形，删除图形轮廓，效果如图 146-5 所示。

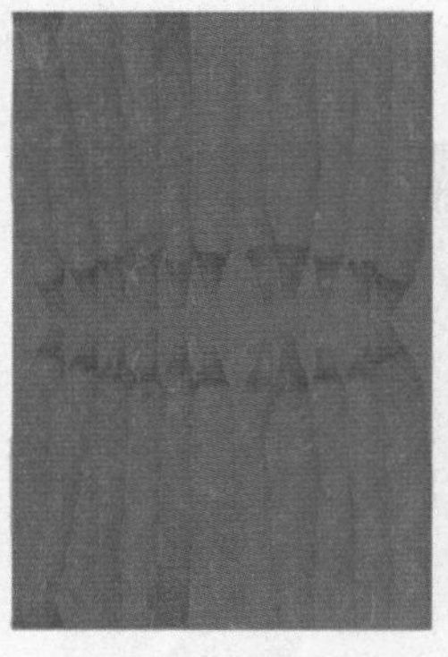

图146-4 垂直镜像图像

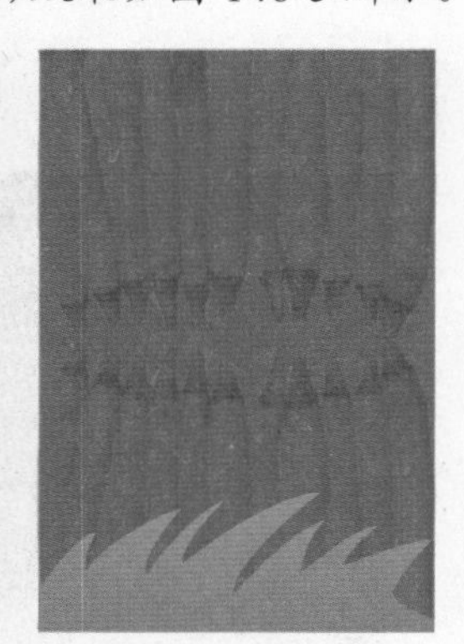

图146-5 图形效果

2. 制作湘味名店广告的文字

01 选取文本工具，在其属性栏中设置字体为“华文行楷”、字号为 420pt，输入文字“辣”，如图 146-6 所示。

02 选中输入的文字，按【Alt+Enter】组合键，弹出“对象属性”泊坞窗。设置颜色为红色（CMYK 值分别为 0、100、100、0），为文字填充颜色，“宽度”为 10mm、“颜色”为白色，选中“填充之后”复选框，为文字设置轮廓属性，效果如图 146-7 所示。

图146-6 输入文字

图146-7 设置文字属性

03 单击“对象”|“转换为曲线”命令，将文字转换为曲线。单击“对象”|“拆分曲线”命令，拆分文字图形。选取形状工具，调整文字形状，效果如图 146-8 所示。

04 选取阴影工具，在其属性栏中设置“预设列表”为“小型辉光”、“阴影的不透明”为100、“阴影羽化”为4，为文字添加阴影，效果如图146-9所示。

图146-8 调整文字形状 图146-9 添加阴影效果

05 按【Ctrl+I】组合键，导入一幅辣椒图像，并添加阴影，效果如图146-10所示。

06 输入其他文字，并设置字体、字号、颜色和位置，效果如图146-11所示。

图146-10 导入图像并添加阴影效果 图146-11 输入其他文字并设置属性

07 选取文本工具，在绘图页面中的合适位置绘制一个文本框，在其属性栏中设置字体为“方正艺黑简体”、字号为14pt，输入段落文本，最终效果参见图146-1。至此，本实例制作完毕。

实例147 数码产品招贴广告

本实例将设计制作彩虹复印机招贴广告，效果如图147-1所示。

图147-1 彩虹复印机招贴广告

操作步骤

1．制作彩虹复印机广告的背景效果

01 按【Ctrl+N】组合键，新建一个空白页面。按【F6】键，选取矩形工具，绘制一个矩形。单击调色板中的黑色色块，为矩形填充黑色。右击调色板中的“无”按钮，删除其轮廓，效果如图147-2所示。

图147-2 绘制并填充矩形

02 选取3点椭圆形工具，绘制一个椭圆，填充其颜色为白色，并删除其轮廓，效果如图147-3所示。

图147-3 绘制并填充椭圆

03 选取贝塞尔工具，绘制一个闭合曲线图形。单击“窗口”|“泊坞窗”|“彩色”命令，在弹出的“颜色”泊坞窗中设置颜色为粉红色（CMYK值分别为1、43、36、0），单击“填充”按钮，为闭合曲线图形填充颜色，并删除其轮廓，效果如图147-4所示。

图147-4 绘制并填充曲线图形

04 选取贝塞尔工具，绘制其他曲线图形，填充相应的颜色，并删除其轮廓，效果如图147-5所示。

图147-5 绘制其他曲线图形

05 单击“标准”工具栏中的“导入”按钮，导入一幅素材图像。选取阴影工具，在其属性栏中设置“预设列表”为“小型辉光”、“阴影的不透明”为24、“阴影羽化”为39、“阴影颜色”为红色（CMYK值分别为0、100、100、0），为导入的图像添加阴影，效果如图147-6所示。

图147-6 导入图像并添加阴影效果

06 选取星形工具，在其属性栏中设置“点数或边数”为4，绘制一个星形。选取形状工具，调整星形形状，填充星形为白色，并删除其轮廓，效果如图147-7所示。

图147-7 绘制星形并填充

07 选取阴影工具，在其属性栏中设置“预设列表”为“小型辉光”、“阴影的不透明”为100、“阴影羽化”为5、“阴影颜色”为白色，为星形添加阴影。单击“对象”|“拆分阴影群组”命令，拆分阴影。选择星形，按【Delete】键将其删除，效果如图147-8所示。

图147-8 添加阴影效果并删除星形

08 选取椭圆形工具，在按住【Ctrl】键的同时拖动鼠标，绘制一个正圆。参照步骤6~7的操作方法创建阴影图形，效果如图147-9所示。

图147-9 制作圆形阴影

09 在按住【Shift】键的同时选择星形阴影和圆形阴影，按【Ctrl+G】组合键组合图形。在组合后的图形上单击并拖动鼠标至合适位置，松开鼠标的同时右击复制图形。用同样的方法再次复制图形，效果如图147-10所示。

图147-10 复制阴影图形

10 选取钢笔工具，绘制一个曲线图形。按【F11】键，在弹出的"编辑填充"对话框中单击"渐变填充"按钮，单击"椭圆形渐变填充"按钮，设置0%位置的颜色为红色、12%位置的颜色为橘红色、30%位置的颜色为黄色、51%位置的颜色为绿色、69%位置的颜色为青色、86%位置的颜色为蓝色、100%位置的颜色为紫色，"旋转"为90，单击"确定"按钮，渐变填充闭合曲线图形，并删除其轮廓，效果如图147-11所示。

图147-11 绘制闭合曲线图形

11 按【F12】键，在弹出的"轮廓笔"对话框中设置"宽度"为2mm、"颜色"为白色（CMYK值均为0），并选中"填充之后"复选框，单击"确定"按钮，为闭合曲线图形设置轮廓属性，效果如图147-12所示。

图147-12 设置轮廓属性

2. 制作彩虹复印机广告的文字效果

01 按【F8】键，选取文本工具，在属性栏中设置字体为"华康简综艺"、字号为74pt，输入文字"彩虹"。选取"轮廓笔"工具，在弹出的"轮廓笔"对话框中设置"宽度"为2mm、"颜色"为白色（CMYK值均为0），并选中"填充之后"复选框，单击"确定"按钮，为文字设置轮廓属性，效果如图147-13所示。

图147-13 输入文字并设置轮廓属性

02 输入其他文字，并设置字体、字号、颜色、位置和轮廓属性，效果如图147-14所示。

图147-14 输入其他文字

03 单击"文本"|"插入字符"命令，弹出"插入字符"泊坞窗，在字符列表框中选

双击需要的字符，即可将其插入。单击属性栏中的“水平镜像”按钮，水平镜像字符图形，填充其颜色为黑色，并删除其轮廓，效果如图 147-15 所示。

图147-15 插入字符

04 按住【Ctrl】键的同时在字符图形上单击并拖动鼠标至合适位置，松开鼠标的同时右击复制字符图形，最终效果参见图 147-1。至此，本实例制作完毕。

实例148 洗衣粉招贴广告

本实例将设计制作亮洁雅洗衣粉招贴广告，效果如图 148-1 所示。

图148-1 亮洁雅洗衣粉招贴广告

操作步骤

1. 制作洗衣粉广告的背景效果

01 按【Ctrl+N】组合键，新建一个空白页面。选取矩形工具，绘制一个矩形。按【F11】键，在弹出的“编辑填充”对话框中单击“均匀填充”按钮，设置颜色为墨绿色（CMYK 值分别为 97、44、98、13），单击“确定”按钮，为矩形填充颜色，并删除其轮廓，效果如图 148-2 所示。

02 选取贝塞尔工具，绘制一个闭合曲线图形。按【F11】键，在弹出的“编辑填充”对话框中单击“渐变填充”按钮，单击“椭圆形渐变填充”按钮，设置 0% 位置的颜色为黄绿色（CMYK 值分别为 18、9、89、0）、100% 位置的颜色为淡绿色（CMYK 值分别为 13、0、61、0），单击“确定”按钮，渐变填充闭合曲线图形，并删除其轮廓，效果如图 148-3 所示。

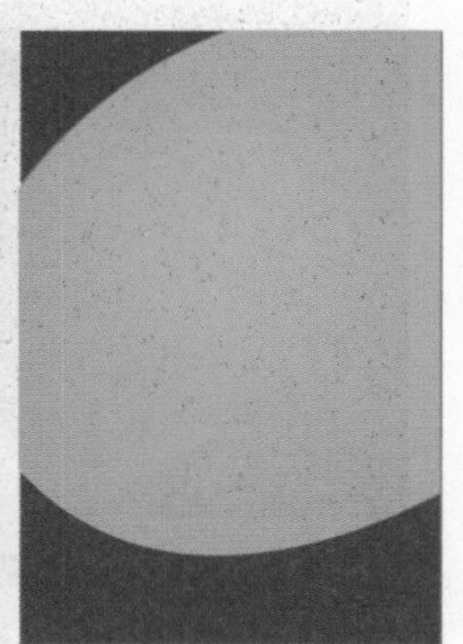

图148-2 绘制矩形　图148-3 绘制曲线图形

03 按小键盘上的【+】键复制图形，在按住【Shift】键的同时等比例缩小图形。参照步骤 2 中的操作方法，为复制的图形填充渐变颜色，效果如图 148-4 所示。

04 选取调和工具，在两个闭合曲线图形之间创建直线调和，在其属性栏中设置“调和对象”为2，效果如图148-5所示。

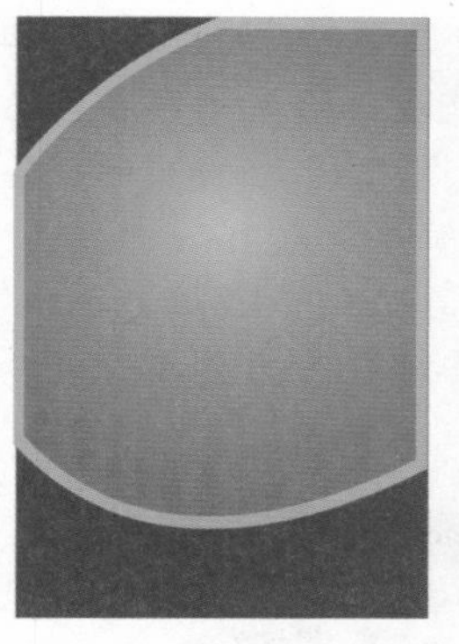

图148-4 复制并渐变填充图形

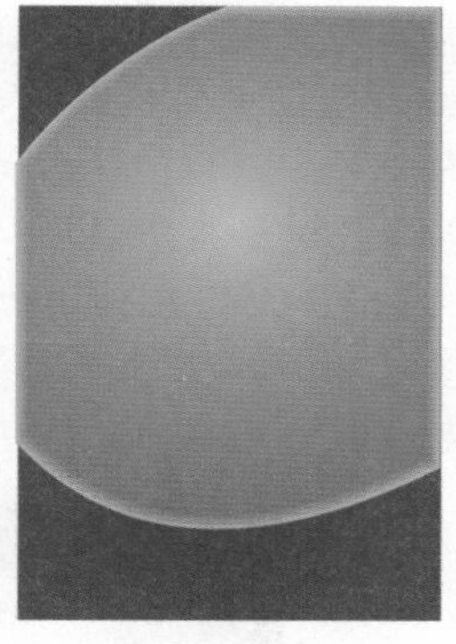

图148-5 直线调和效果

05 选取贝塞尔工具，绘制其他曲线图形，渐变填充相应的颜色，并删除其轮廓，效果如图148-6所示。

06 选取贝塞尔工具，绘制一个闭合曲线图形，填充其颜色为粉红色（CMYK值分别为2、72、4、0），并删除其轮廓，效果如图148-7所示。

图148-6 绘制其他图形并渐变填充颜色

图148-7 绘制曲线图形并删除其轮廓

07 选取贝塞尔工具，绘制闭合曲线图形，填充其颜色为黄色（CMYK值分别为11、20、96、0），并删除其轮廓，效果如图148-8所示。

08 单击“位图”|“转换为位图”命令，在弹出的“转换为位图”对话框中设置“分辨率”为300，并选中“透明背景”复选框，单击“确定”按钮，将图形转换为位图。单击“位图”|“模糊”|“高斯式模糊”命令，在弹出的“高斯式模糊”对话框中设置“半径”为45，单击“确定”按钮，效果如图148-9所示。

图148-8 绘制曲线图形

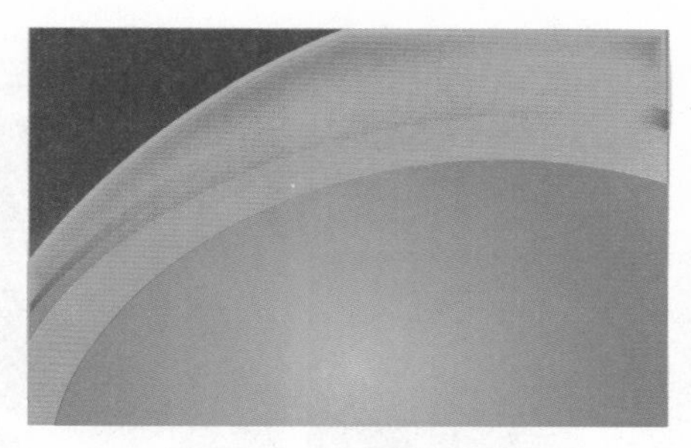

图148-9 高斯模糊位图

09 参照步骤7~8的操作方法绘制其他高斯模糊图形，并设置相应的颜色，效果如图148-10所示。

10 选取椭圆形工具，在按住【Ctrl】键的同时拖动鼠标，绘制一个正圆，并填充其颜色为白色，在属性栏中设置轮廓宽度为1mm，并设置轮廓颜色为白色。选取透明度工具，在其属性栏单击“渐变透明度”按钮，单击“椭圆形渐变透明度”按钮，设置图形的透明度，效果如图148-11所示。

图148-10 绘制其他高斯模糊图形

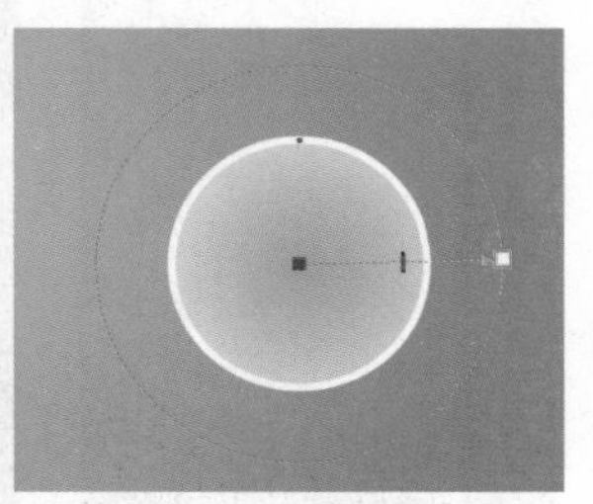

图148-11 绘制正圆并添加透明效果

11 选取椭圆形工具，在按住【Ctrl】键的同时拖动鼠标，绘制一个正圆，填充其颜色为白色，并删除其轮廓。选取阴影工具，在其属性栏中设置“预设列表”为“大型辉光”、“阴影的不透明”为80、“阴影羽化”为70、“阴影颜色”为白色，为正圆添加阴影。按【Ctrl+K】组合键打散拆分群组，选择正圆图形，按【Delete】键删除正圆图形，将阴影图形拖到添加透明效果的正圆上，效果如图148-12所示。

12 参照步骤10~11的操作方法绘制其他图形，并添加透明及阴影效果，如图148-13所示。

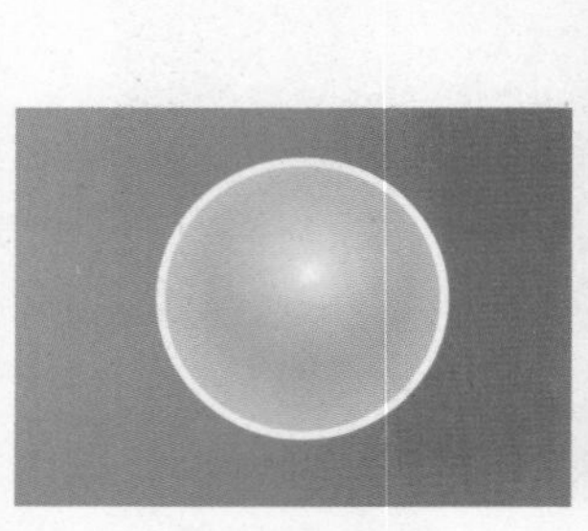

图148-12 添加阴影效果

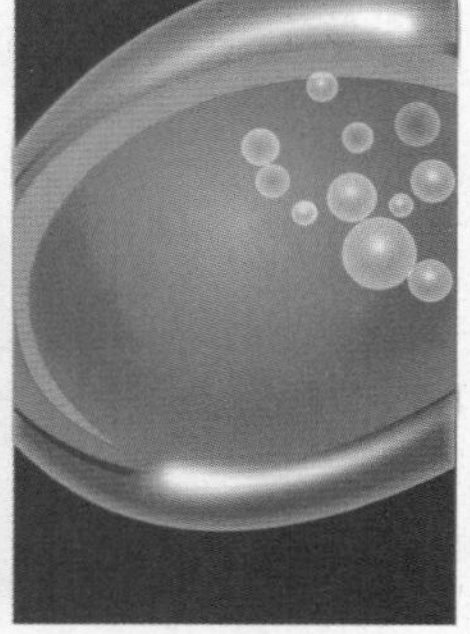

图148-13 绘制其他图形

13 在绘图页面中的空白位置右击，在弹出的快捷菜单中选择“导入”选项，导入标志文字，并调整至合适位置及大小，效果如图148-14所示。

14 用同样的操作方法导入其他图形，按【Ctrl+PageDown】组合键，调整图形顺序，效果如图148-15所示。

图148-14 导入标识文字并调整位置及大小

图148-15 导入其他图形并调整顺序

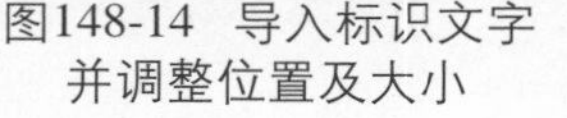

2. 制作洗衣粉广告的文字效果

01 选取文本工具，在其属性栏中设置字体为“华文行楷”、字号为50pt，输入文本“关爱您家人的健康”。选择该文本，单击调色板中的橘红色色块，填充文字颜色为橘红色。选取“轮廓笔”工具，在弹出的“轮廓笔”对话框中设置“宽度”为2mm、“颜色”为白色（CMYK值均为0），并选中“填充之后”复选框，单击“确定”按钮，为文字设置轮廓属性，效果如图148-16所示。

图148-16 输入文字并设置轮廓属性

02 选取钢笔工具，绘制一条曲线。选取挑选工具，在按住【Shift】键的同时加选文字，单击“文本”|“使文本适合路径”命令，使文字适合路径。单击“对象”|“拆分在一路径上的文本”命令，拆分文字与路径，然后选择路径，按【Delete】键删除该路径，最终效果参见图148-1。至此，本实例制作完毕。

实例149 美容产品招贴广告

本实例将设计制作星光美甲招贴广告，效果如图 149-1 所示。

图149-1 星光美甲招贴广告

操作步骤

1. 制作星光美甲广告的背景效果

01 按【Ctrl+N】组合键，新建一个空白页面。选取矩形工具，绘制一个矩形。单击“窗口”|“泊坞窗”|“彩色”命令，在弹出的“颜色”泊坞窗中设置颜色为紫色（CMYK 值分别为 97、94、0、0），单击“填充”按钮，为矩形填充颜色，然后删除其轮廓，效果如图 149-2 所示。

02 绘制一个矩形，并填充颜色为深黄色（CMYK 值分别为 0、20、100、0），然后删除其轮廓，如图 149-3 所示。

图149-2 绘制矩形　图149-3 绘制矩形

03 按小键盘上的【+】键复制图形，通过按【←】键调整复制的图形至合适位置，并为其填充相应的颜色，效果如图 149-4 所示。

04 在绘图页面中的空白位置右击，在弹出的快捷菜单中选择“导入”选项，导入指甲图案，如图 149-5 所示。

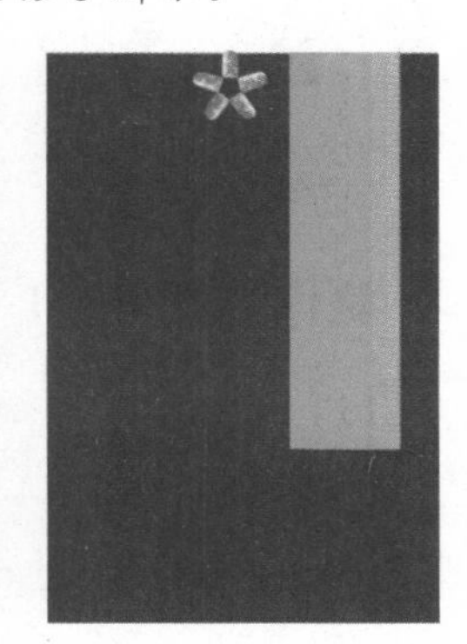

图149-4 复制矩形　图149-5 导入指甲图案

05 在指甲图案上单击并拖动鼠标至合适位置，松开鼠标的同时右击复制图形，并将其调整至合适大小及位置，效果如图 149-6 所示。

06 导入其他的指甲图案和标志，并复制指甲图案，效果如图 149-7 所示。

图149-6 复制图形　图149-7 导入其他图案和标志

07 选取钢笔工具，绘制手形图形，并填充颜色为白色，删除其轮廓，效果如图 149-8 所示。

08 使用钢笔工具绘制手形上的指甲图形和高光图形，并填充相应的颜色，效果如图 149-9 所示。

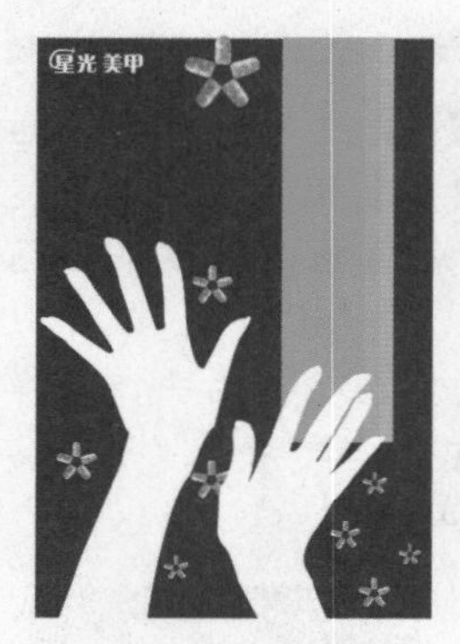

图149-8 绘制手形图形并填充颜色

图149-9 绘制指甲和高光图形

2. 制作星光美甲广告的文字效果

01 选取文本工具，在其属性栏中设置字体为“方正黑体简体”、字号为 49pt，输入文字“出奇不意”。选中文字“奇”，在属性栏中设置字号为 65pt。选中文字“出奇不意”，单击调色板中的红色色块，填充其颜色为红色，效果如图 149-10 所示。

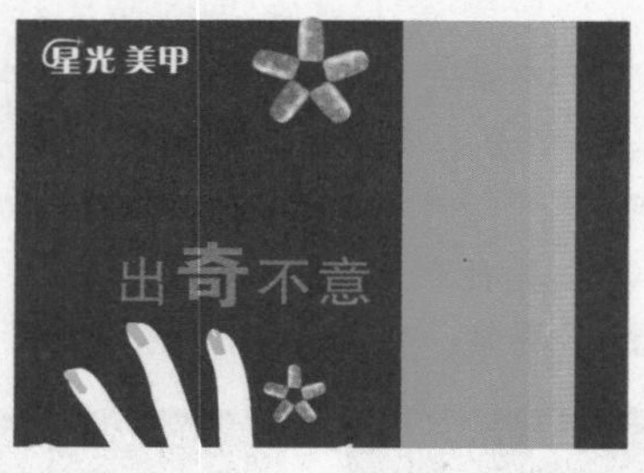

图149-10 输入文字并设置属性

02 按小键盘上的【+】键复制文本，并设置其文本的字号，填充文本为白色。按【Ctrl+PageDown】组合键，将文字向后移一层，效果如图 149-11 所示。

图149-11 复制文字

03 输入其他文字，并设置其字体、字号、颜色和位置，效果如图 149-12 所示。

图149-12 输入其他文字

04 选中文字“美丽，出奇不意”，选取阴影工具，在其属性栏中设置“预设列表”为“中等辉光”、“阴影的不透明”为 91、“阴影羽化”为 9、“羽化方向”为“向外”、“阴影颜色”为白色，为文字添加阴影，效果如图 149-13 所示。

图149-13 添加阴影效果

05 选取文本工具，在其属性栏中设置字体为 Impact、字号为 33pt，单击“将文本更改为垂直方向”按钮，输入文字 XINGGUANGMEIJIA，并将其填充为白色，效果如图 149-14 所示。

图149-14 输入竖排文字

06 输入其他竖排文字，并设置其字体、字号、颜色和位置，最终效果参见图 149-1。至此，本实例制作完毕。

实例150 电脑产品招贴广告

本实例将设计制作罗技鼠标招贴广告，效果如图 150-1 所示。

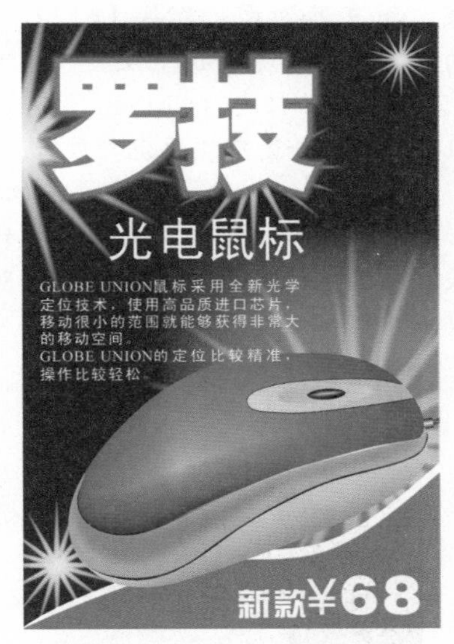

图150-1 罗技鼠标招贴广告

操作步骤

1．制作罗技鼠标广告的背景效果

01 按【Ctrl+N】组合键，新建一个空白页面。选取矩形工具，在绘图页面中绘制一个矩形。选取网状填充工具，选择矩形上相应的节点，填充相应的颜色。在其属性栏中设置轮廓宽度为“无”，删除矩形轮廓，效果如图 150-2 所示。

02 单击“位图”|“转换为位图”命令，在弹出的“转换为位图”对话框中设置“分辨率”为 300，并选中“透明背景”复选框，单击“确定”按钮，将矩形图形转换为位图。单击“位图”|“杂点”|“添加杂点”命令，在弹出的“添加杂点”对话框中设置“杂点类型”为“尖突”、“层次”为 87、“密度”为 91、“颜色模式”为“单一”，单击“确定”按钮，为位图添加杂点，效果如图 150-3 所示。

03 选取星形工具，在其属性栏中设置“点数或边数”为 4，绘制一个星形。选取形状工具，调整星形形状。按【F11】键，在弹出的“编辑填充”对话框中单击“渐变填充”按钮，单击“椭圆形渐变填充”按钮，设置 0% 位置的颜色为青色（CMYK 值分别为 100、0、0、0）、100% 位置的颜色为白色（CMYK 值均为 0），单击“确定”按钮，渐变填充星形，并删除其轮廓，效果如图 150-4 所示。

图150-2 绘制矩形

图150-3 添加杂点

04 单击“位图”|“转换为位图”命令，在弹出的“转换为位图”对话框中设置“分辨率”为 300，并选中“透明背景”复选框，单击“确定”按钮，将图形转换为位图。单击“位图”|“模糊”|“高斯式模糊”命令，在弹出的“高斯式模糊”对话框中设置“半径”为 4.5，单击“确定”按钮，高斯模糊位图图像，效果如图 150-5 所示。

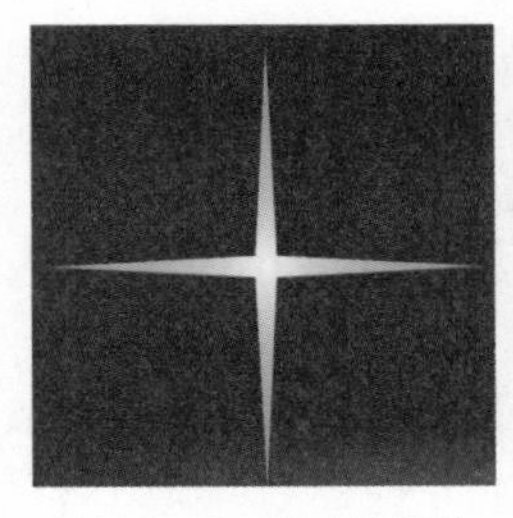

图150-4 绘制星形

图150-5 高斯模糊图像

05 按小键盘上的【+】键复制图形，双击复制的图形使其进入旋转状态。将鼠标指针置于 4 个角的任意控制柄上，按住鼠标左键并拖动至合适位置旋转图形。用同样的方法复制并旋转多个图形，效果如图 150-6 所示。

06 参照步骤 3~5 的操作方法绘制其他星形图形，并将其调整至合适大小及位置，效果如图 150-7 所示。

图150-6 复制并旋转图形

图150-7 绘制其他图形

07 选取选择工具，在按住【Shift】键的同时选择所有星形图形，按【Ctrl+G】组合键组合图形。单击“对象”|“图框精确裁剪”|“置于图文框内部”命令，单击网状填充的矩形，将图形置于矩形容器中，效果如图 150-8 所示。

08 选取贝塞尔工具，绘制一个闭合曲线图形，填充其颜色为白色，并删除其轮廓，效果如图 150-9 所示。

图150-8 图框精确剪裁

图150-9 绘制闭合曲线图形

09 按小键盘上的【+】键复制图形，多次按小键盘上的【↓】键，调整图形位置，填充其颜色为红色，效果如图 150-10 所示。

10 单击“标准”工具栏中的“导入”按钮，导入一幅鼠标图像，调整至合适大小及位置，效果如图 150-11 所示。

图150-10 复制图形

图150-11 导入鼠标图像

2. 制作罗技鼠标广告的文字效果

01 按【F8】键，选取文本工具，在其属性栏中设置字体为“方正超粗黑简体”、字号为 167pt，输入文字“罗技”。选中输入的文字，填充其为白色。按【F12】键，在弹出的“轮廓笔”对话框中设置“宽度”为 4mm、“颜色”为红色（CMYK 值分别为 0、100、100、0），并选中“填充之后”复选框，单击“确定”按钮，为文字设置轮廓属性。选取形状工具，当文字右侧的鼠标指针呈现⇼形状时向左拖动鼠标，缩小文字间距，效果如图 150-12 所示。

图150-12 输入并调整文字

02 选取阴影工具，在其属性栏中设置“预设列表”为“小型辉光”、“阴影的不透明”为 80、“阴影羽化”为 4、“羽化方向”为“向外”、“阴影颜色”为红色（CMYK 值分别为 0、100、100、0），为文字添加阴影效果，如图 150-13 所示。

图150-13 添加阴影效果

03 输入其他文字，并设置相应的字体、字号、颜色和位置，效果如图 150-14 所示。

图150-14 输入其他文字

04 选取文本工具，在绘图页面中的合适位置绘制一个文本框，在其属性栏中设置字体为“黑体”、字号为 18pt，输入段落文本，最终效果参见图 150-1。至此，本实例制作完毕。

● 读书笔记

第10章　网络广告设计

网络广告以各种形式出现在网页上，具有范围广、灵活多样的特点。本章将通过6个实例详细讲解网络广告的制作方法与技巧。

实例151 横幅式网络广告

本实例将设计制作横幅式手机铃声下载网络广告，效果如图 151-1 所示。

图151-1 横幅式手机铃声下载网络广告

操作步骤

1．制作网络广告的背景图像

01 按【Ctrl+N】组合键,新建一个空白页面。选取矩形工具，在绘图页面中绘制一个矩形，效果如图 151-2 所示。

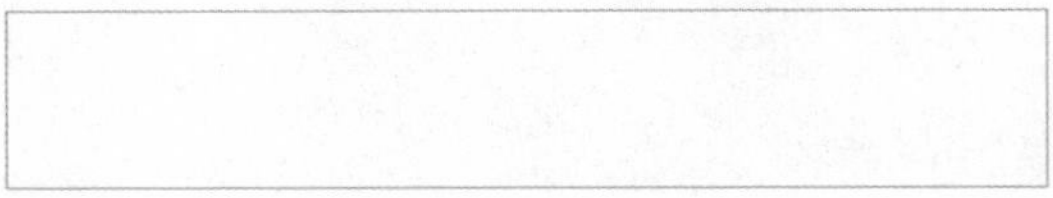

图151-2 绘制矩形

02 单击“文件”|“导入”命令，导入一幅插画，如图 151-3 所示。

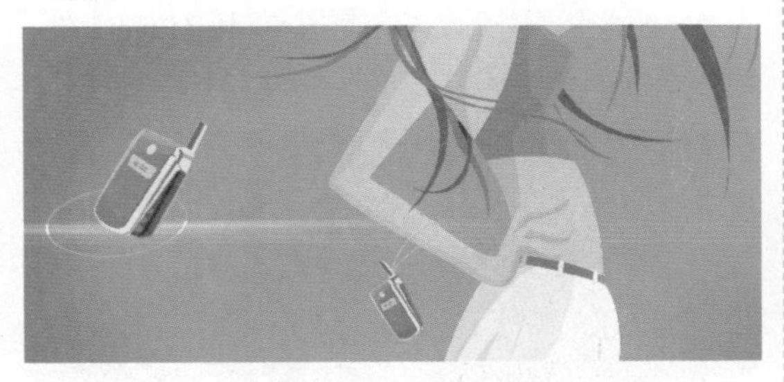

图151-3 导入插画

03 单击“对象”|“图框精确裁剪”|“置于图文框内部”命令,单击绘制的矩形,将图像置于矩形容器中。单击“对象”|“图框精确剪裁”|“编辑 PowerClip”命令，调整图像至合适位置。单击“对象”|“图框精确剪裁”|“结束编辑”命令，即可完成图像的编辑操作，效果如图 151-4 所示。

图151-4 精确剪裁图像

04 选取折线工具，绘制一个多边形。按【F11】键，在弹出的“编辑填充”对话框中单击“均匀填充”按钮，设置颜色为蓝色（CMYK 值分别为 89、42、13、0），单击“确定”按钮，为多边形填充颜色，并删除其轮廓，效果如图 151-5 所示。

图151-5 绘制多边形

05 选取贝塞尔工具，在绘图页面中的合适位置绘制一条曲线。右击调色板中的白色色块，设置轮廓颜色为白色，效果如图 151-6 所示。

图151-6 绘制曲线并设置颜色

06 按住【Ctrl】键的同时在曲线上单击并拖动鼠标至合适位置，松开鼠标的同时右击复制曲线对象，并将其调整至合适位置，效果如图 151-7 所示。

图151-7 复制曲线并调整位置

07 参照步骤 6 中的操作方法复制多条曲线，如图 151-8 所示。在按住【Shift】键的同时选择所有的曲线,单击“对象”|“组合”|“组合对象”命令组合曲线。

图151-8 复制曲线

08 参照步骤 3 的操作方法将群组后的曲线置入多边形容器中，效果如图 151-9 所示。

图151-9 精确剪裁后的效果

09 选取矩形工具，绘制多个不同大小的矩形。选取选择工具，选择所有矩形，单击属性栏中的“合并”按钮合并图形。按【F11】键，在弹出的“编辑填充”对话框中单击“均匀填充”按钮，设置颜色为深蓝色(CMYK 值分别为 96、68、38、5)，单击“确定”按钮，为合并图形填充颜色，并删除其轮廓，效果如图 151-10 所示。

图151-10 绘制图形

10 选取贝塞尔工具，绘制音乐符图形。单击调色板中的白色色块，填充其颜色为白色。按【F12】键，在弹出的“轮廓笔”对话框中设置“宽度”为 0.5mm，“颜色”为冰蓝色（CMYK 值分别为 40、0、0、0），按【Enter】键，为图形设置轮廓属性，效果如图 151-11 所示。

图151-11 绘制音乐符图形并设置属性

11 参照步骤 6~7 的操作方法复制多个音乐符图形，并调整其位置及大小，效果如图 151-12 所示。

图151-12 复制并调整音乐符图形

2. 制作网络广告的文字效果

01 选取文本工具，在其属性栏中设置字体为“文鼎中特广告体”、字号为 35pt，输入文字“超炫手机铃声下载！！”，效果如图 151-13 所示。

图151-13 输入文本

02 选中输入的文本，按【F11】键，在弹出的“编辑填充”对话框中单击“渐变填充”按钮，设置 0% 位置的颜色为橙色（CMYK 值分别为 5、84、97、0）、100% 位置的颜色为中黄色（CMYK 值分别为 8、31、96、0），单击“确定”按钮，渐变填充文字，效果如图 151-14 所示。

图151-14 渐变填充文字

03 按【F12】键，在弹出的“轮廓笔”对话框中设置“宽度”为 1.8mm、“颜色”为白色，并选中“填充之后”复选框，按【Enter】键，为文字设置轮廓属性，效果如图 151-15 所示。

图151-15 添加轮廓效果

04 选取封套工具，在封套节点上拖动鼠标改变文字形状，为文字添加封套效果，如图 151-16 所示。

图151-16 添加封套效果

05 输入其他文字，并设置其字体、字号和颜色，改变文字形状，效果如图

151-17 所示。

06 单击“效果”|“斜角”命令，在弹出的“斜角”泊坞窗中设置“样式”为“柔和边缘”、“距离”为 3.81mm、“阴影颜色”和“光源颜色”均为白色、“强度”为 80、“方向”为 78、“高度”为 69，单击“应用”按钮，为文字设置斜角效果，最终效果参见图 151-1。至此，本实例制作完毕。

图151-17 输入其他文字

实例152 通栏式网络广告

本实例将设计制作通栏式 DV 网络广告，效果如图 152-1 所示。

图152-1 通栏式DV网络广告

操作步骤

1. 制作通栏式网络广告的主体效果

01 按【Ctrl+N】组合键,新建一个空白页面。选取矩形工具，在绘图页面中绘制一个矩形。单击调色板中的黑色色块，填充矩形颜色为黑色，效果如图 152-2 所示。

图152-2 绘制矩形并填充颜色

02 单击“标准”工具栏中的“导入”按钮，导入一幅 DV 图像，如图 152-3 所示。

图152-3 导入DV图像

03 在图像上按住鼠标右键，拖动图像至矩形上松开鼠标，在弹出的快捷菜单中选择“图框精确裁剪内部”选项，将图像置于矩形容器中。在图像上右击，在弹出的快捷菜单中选择“编辑 PowerClip”选项，调整图像至合适位置。在图像上右击，在弹出的快捷菜单中选择“结束编辑”选项，完成图像的编辑操作，效果如图 152-4 所示。

图152-4 图框精确剪裁后的效果

04 单击“文件”|“导入”命令，分别导入其他 3 幅图像，并调整其位置及大小，效果如图 152-5 所示。

图152-5 导入其他3幅图像

2. 制作通栏式网络广告的文字效果

01 选取文本工具，在其属性栏中设置字体为“汉仪菱心简体”、字号为 30.5pt，输入文字“高像素高画质”。选中输入的文字，单击调色板中的白色色块，填充文字颜色为白色，效果如图 152-6 所示。

图152-6 输入文字并设置颜色

02 按【Ctrl+K】组合键拆分美术字，选中文字“高”，单击调色板中的红色色块，填充文字颜色为红色，调整字号大小，效果如图 152-7 所示。

03 输入其他文字，设置其字体、字号和颜色，并调整至合适位置，最终效果参见图 152-1。至此，本实例制作完毕。

图152-7 设置文字属性

实例153 按钮式网络广告

本实例将设计制作按钮式个人主页网络广告，效果如图 153-1 所示。

图153-1 按钮式个人主页网络广告

操作步骤

1. 制作按钮式网络广告的背景

01 按【Ctrl+N】组合键，新建一个空白页面。按【F6】键，选取矩形工具，在绘图页面中绘制一个矩形。双击状态栏中的“填充”色块，在弹出的“均匀填充”对话框中设置颜色为淡蓝色（CMYK 值分别为 30、0、0、0），按【Enter】键填充颜色，并删除其轮廓，效果如图 153-2 所示。

图153-2 绘制并填充矩形

02 选取多边形工具，在其属性栏中设置“点数或边数”为 3，绘制一个三角形，并填充其颜色，删除图形轮廓，效果如图 153-3 所示。

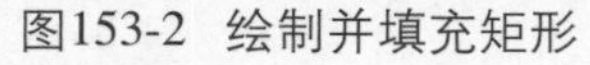

图153-3 绘制并填充三角形

03 单击“窗口”|“泊坞窗”|“变换”|“旋转”命令，在弹出的“变换”泊坞窗的“旋转”选项区中设置“旋转角度”为 18，在“相对中心”选项区中选中右上角的复选框，单击“中上”按钮，在“副本”文本框中输入 1，多次单击“应用”按钮，复制并旋转图形，效果如图 153-4 所示。

图153-4 复制并旋转图形

04 选取选择工具，选择所有的三角形，单击其属性栏中的“组合对象”按钮组合图形。在组合后的图形上按住鼠标右键，拖动图形至矩形中松开鼠标，在弹出的快捷菜单中选择“PowerClip 内部”选项，将图形置于矩形容器中，并将其调整至合适位置，效果如图 153-5 所示。

图153-5 图框精确剪裁后的效果

05 单击“标准”工具栏中的“导入”按钮，导入一幅人物插画，并调整其位置及大小，效果如图 153-6 所示。

图153-6 导入图像

2. 制作按钮式网络广告的按钮

01 选取矩形工具，在绘图页面中的合适位置绘制一个矩形。选取椭圆形工具，绘制一个椭圆，效果如图153-7所示。

图153-7 绘制矩形和椭圆

02 选择椭圆，按小键盘上的【+】键复制椭圆，并将复制的椭圆调整至合适位置。在按住【Shift】键的同时加选矩形和另外一个椭圆图形，单击其属性栏中的“合并”按钮合并图形，效果如图153-8所示。

图153-8 复制椭圆并合并图形

03 按【F11】键，在弹出的“编辑填充”对话框中单击“渐变填充”按钮，设置0%位置的颜色为青色（CMYK值分别为100、0、0、0）、100%位置的颜色为淡蓝色（CMYK值分别为38、3、2、0），单击“确定”按钮，渐变填充图形，效果如图153-9所示。

04 选取透明度工具，在其属性栏中单击“均匀透明度”按钮，设置“透明度”为50，为合并图形添加透明效果，然后删除图形轮廓，效果如图153-10所示。

图153-9 渐变填充图形

图153-10 添加透明效果并删除轮廓

05 单击“文本”|“插入字符”命令，在弹出的“插入字符”泊坞窗中选择需要的字符，将其拖入到文档中，缩放至合适大小，并旋转图形，效果如图153-11所示。

图153-11 插入字符

06 单击调色板中的红色色块，填充字符颜色为红色，按【F12】键打开“轮廓笔”对话框，设置轮廓宽度为0.7mm，轮廓颜色为白色，效果如图153-12所示。

07 选取文本工具，在其属性栏中设置字体为“宋体”、字号为10.5pt，输入文字“点击这里”。选中输入的文字，双击状态栏中的“轮廓颜色”色块，在弹出的“轮廓笔”对话框中设置“宽度”为0.7mm、“颜色”为白色，按【Enter】键为文字设置轮廓属性，效果如图153-13所示。

图153-12 设置字符属性

图153-13 输入文字并设置轮廓属性

08 输入其他文字，设置其字体、字号和颜色，并调整至合适位置，效果如图153-14所示。

图153-14 输入其他文字

09 用同样的操作方法输入文字，设置其字体、字号和颜色，并将其调整至合适位置，最终效果参见图153-1。至此，本实例制作完毕。

实例154 弹出式网络广告

本实例将设计制作弹出式波波咖啡糖网络广告，效果如图154-1所示。

图154-1 弹出式波波咖啡糖网络广告

操作步骤

1. 制作弹出式网络广告的背景效果

01 按【Ctrl+N】组合键，新建一个空白页面。按【Ctrl+I】组合键，导入一幅咖啡豆图像，效果如图154-2所示。

02 单击“位图”|“模糊”|“动态模糊”命令，在弹出的“动态模糊”对话框中设置“间距”为80、“方向”为4，单击“确定”按钮，动态模糊图像，效果如图154-3所示。

图154-2 导入图像

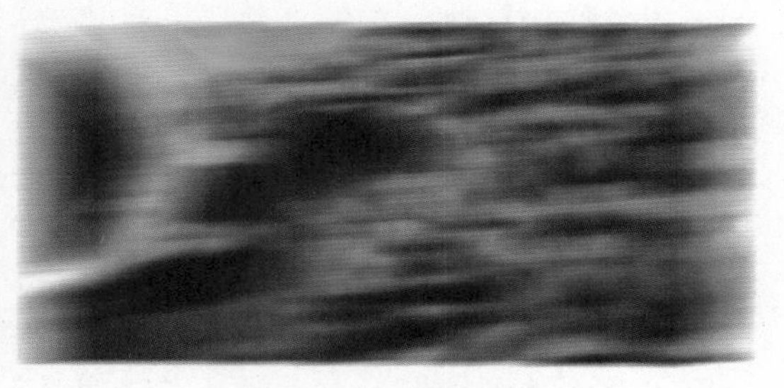

图154-3 动态模糊图像

03 单击“效果”|“调整”|“色度/饱和度/亮度”命令，在弹出的“色度/饱和度/亮度”对话框中设置“色度”为11、“饱和度”为47、“亮度”为14，单击“确定”按钮，调整图像的色度、饱和度以及亮度，效果如图154-4所示。

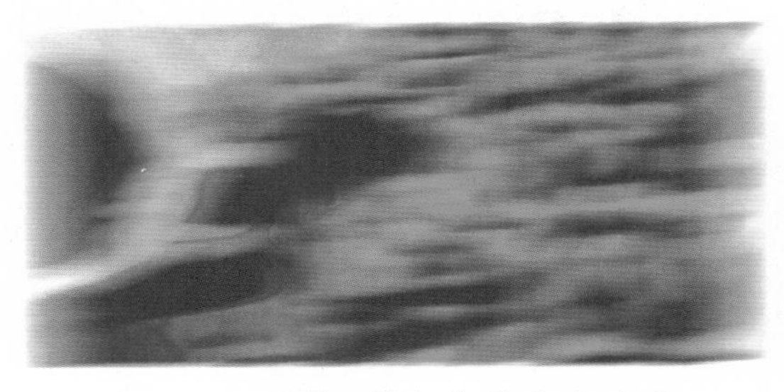

图154-4 调整图像色度/饱和度/亮度

04 选取裁剪工具，在图像上单击并拖动鼠标至合适位置后松开鼠标，在裁剪区域内双击鼠标左键裁剪图像，效果如图154-5所示。

图154-5 裁剪图像

05 按【Ctrl+I】组合键，分别导入咖啡杯子图像和艺术文字图形，并调整其位置及大小，效果如图154-6所示。

图154-6 导入其他图像

06 按【F7】键，选取椭圆形工具，在按住【Ctrl】键的同时拖动鼠标，在绘图页面中绘制一个正圆。选取交互式填充工具，在其属性栏中设单击“均匀填充”按钮，设置“颜色”为咖啡色（CMYK值分别为36、100、98、2）。双击状态栏中的“轮廓颜色”色块，在弹出的“轮廓笔”对话框中设置“宽度”为0.7mm、“颜色”为柳丁黄（CMYK值分别为0、10、70、0），单击“确定”按钮，设置正圆的轮廓属性，效果如图154-7所示。

图154-7 绘制正圆并设置轮廓属性

2. 制作弹出式网络广告的文字效果

01 选取文本工具，输入文字“情浓咖啡糖”。选择输入的文字，在其属性栏中设置字体为“文鼎特粗宋简”、字号为55pt，效果如图154-8所示。

图154-8 输入文字

02 单击“窗口”|“泊坞窗”|“彩色”命令，在弹出的“颜色”泊坞窗中设置颜色为咖啡色（CMYK值分别为44、98、92、5），单击“填充”按钮，为文字填充颜色。选取“轮廓笔”工具，在弹出的“轮廓笔”对话框中设置“宽度”为1.0mm、“颜色”为淡黄色（CMYK值分别为2、5、17、0），并选中“后台填充”复选框，单击“确定”按钮，为文字设置轮廓属性，效果如图154-9所示。

图154-9 设置文字属性

03 按【Ctrl+K】组合键拆分美术字，选中文字“咖啡糖”，在文字工具属性栏中设置字体为“文鼎特黑简”、字号为65pt。在文字上单击鼠标左键，使其进入旋转状态，将鼠标指针移至文字上方中间的控制柄上，按住鼠标左键并向右拖动变换文字，效果如图154-10所示。

图154-10 拆分并变换文字

04 输入其他文字，设置其字体、字号和颜色，并将其调整至合适位置，最终效果参见图154-1。至此，本实例制作完毕。

实例155 对联式网络广告

本实例将设计制作对联式湘式料理网络广告，效果如图155-1所示。

图155-1 对联式湘式料理网络广告

操作步骤

1. 制作对联式网络广告的背景效果

01 按【Ctrl+N】组合键,新建一个空白页面。选取矩形工具，在绘图页面中的合适位置绘制一个矩形，效果如图155-2所示。

02 按【F11】键，在弹出的“编辑填充”对话框中单击“渐变填充”按钮，设置0%位置的颜色为墨绿色（CMYK值分别为90、66、82、58），68%位置的颜色为深绿色（CMYK值分别为96、37、99、6），单击“确定”按钮，渐变填充矩形，效果如图155-3所示。

图155-2 绘制矩形 图155-3 渐变填充矩形

03 在绘图页面中的空白位置右击，在弹出的快捷菜单中选择“导入”选项，导入一幅料理图像，并调整其位置及大小，效果如图155-4所示。

04 选取折线工具，在绘图页面的上方绘制一个多边形。按【F11】键，在弹出的“编辑填充”对话框中单击“均匀填充”按钮，设置颜色为森林绿（CMYK值分别为100、65、100、0），按【Enter】键为多边形填充颜色，并删除其轮廓，效果如图155-5所示。

图155-4 导入图像　图155-5 绘制多边形

05 选取标题形状工具，单击属性栏中的“完美形状”按钮，在弹出的下拉面板中选择合适的样式，在绘图页面中的合适位置绘制一个星形。单击调色板中的黄色色块，填充星形颜色为黄色，效果如图155-6所示。

图155-6 绘制星形并填充颜色

2. 制作对联式网络广告的文字效果

01 选取文本工具，在其属性栏中设置字体为“文鼎CS行楷”、字号为18pt，输入文字“湘式料理”。选中输入的文字，单击“窗口”|“泊坞窗”|“彩色”命令，在弹出的“颜色”泊坞窗中设置颜色为蓝紫色（CMYK值分别为40、100、0、0），单击“填充”按钮，为文字填充颜色。选取“轮廓笔”工具，在弹出的“轮廓笔”对话框中设置“宽度”为0.7mm、“颜色”为白色，并选中“填充之后”复选框，单击“确定”按钮，为文字设置轮廓属性，效果如图155-7所示。

02 输入其他文字，并设置其字体、字号和颜色，效果如图155-8所示。

图155-7 输入文字　图155-8 输入其他文字

03 选取文本工具，在属性栏中设置字体为“文鼎特粗宋简”、字号为28pt，输入文字“食府”。选取选择工具，单击鼠标左键，使文字进入旋转状态，将鼠标指针移至文字右上角的控制柄上，按住鼠标左键并向左拖动旋转文字，效果如图155-9所示。

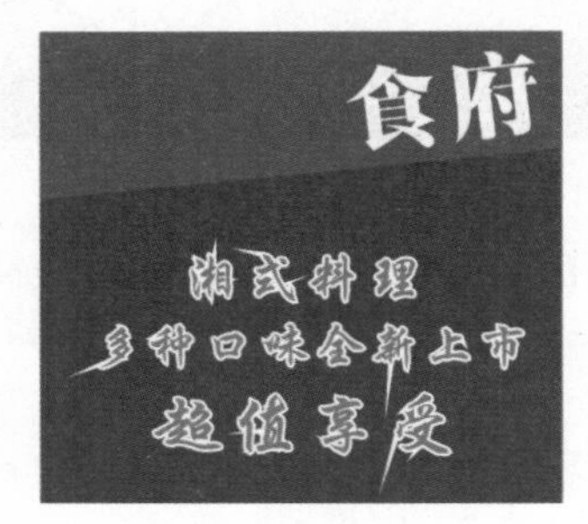

图155-9 输入并旋转文字

04 输入并旋转其他文字，最终效果参见图155-1。至此，本实例制作完毕。

实例156 全屏式网络广告

本实例将设计制作全屏式爱特钻戒网络广告，效果如图 156-1 所示。

图156-1 全屏式爱特钻戒网络广告

操作步骤

1．制作全屏式网络广告的背景效果

01 按【Ctrl+N】组合键,新建一个空白页面。按【Ctrl+I】组合键，导入一幅背景图像，效果如图 156-2 所示。

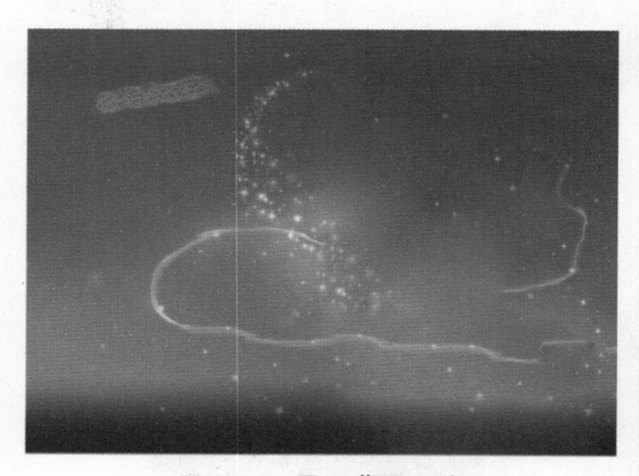

图156-2 导入背景图像

02 用同样的操作方法导入一幅钻戒图像，并调整其位置及大小，效果如图 156-3 所示。

03 选取阴影工具，在其属性栏中设置“预设列表”为“中等辉光”、“阴影的不透明”为 100、“阴影羽化”为 22、“合并模式”为“如果更亮”、“阴影颜色”为白色，为图像添加阴影效果，如图 156-4 所示。

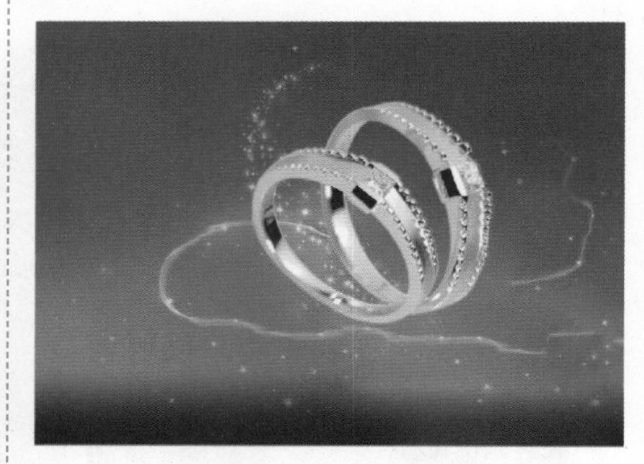

图156-3 导入钻戒图像

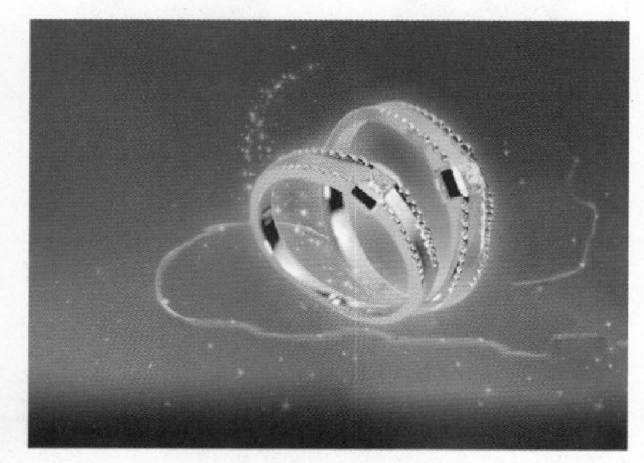

图156-4 添加阴影效果

04 按【Ctrl+I】组合键，导入另一幅钻戒图像，并为其添加阴影效果，如图 156-5 所示。

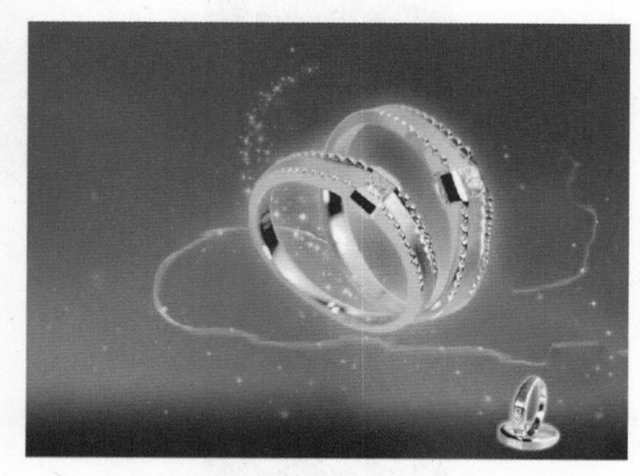

图156-5 导入图像并添加阴影效果

05 选取星形工具，在其属性栏中设置“点数或边数”为4，在绘图页面中绘制星形，并添加阴影效果。单击“对象”|“拆分阴影群组”命令拆分阴影，选择星形图形，按【Delete】键将其删除。用同样的方法制作其他星形，并添加阴影效果，如图156-6所示。

图156-6 制作星形和阴影图形

06 选取椭圆形工具，制作圆形阴影效果，如图156-7所示。

图156-7 制作圆形阴影效果

07 参照步骤5中的操作方法，制作其他图形的阴影效果。在相应的阴影图形上单击并拖动鼠标至合适的位置，松开鼠标的同时右击复制图形，并调整其位置及大小，效果如图156-8所示。

图156-8 复制阴影图形

08 选取矩形工具，在绘图页面中的合适位置绘制一个矩形。单击调色板中的白色色块，填充矩形颜色为白色，效果如图156-9所示。

图156-9 绘制并填充矩形

2. 制作全屏式网络广告的文字效果

01 选取文本工具，在其属性栏中设置字体为“经典黑体简”、字号为18.5pt，输入文字“爱特奢华盛宴”，效果如图156-10所示。

图156-10 输入文字

02 选取选择工具，选中文字“爱特”，设置字体为“汉仪菱心简体”，单击调色板中的红色色块，填充其颜色为红色。双击状态栏中的“轮廓颜色”色块，在弹出的“轮廓笔”对话框中设置“宽度”为0.7mm、“颜色”为白色（CMYK值均为0），单击“确定”按钮，为文字设置轮廓属性，效果如图156-11所示。

03 输入其他文字，设置其字体、字号和颜色，并调整至合适位置，效果如图156-12所示。

04 选取钢笔工具，绘制一个曲线图形，并将其填充为白色，然后删除图形轮廓，最终效果参见图 156-1。至此，本实例制作完毕。

图156-11 设置文字轮廓属性

图156-12 输入其他文字

● 读书笔记

11 part

第11章　工业设计

工业设计决定了消费者对产品的第一印象，其设计要满足人的生理、心理和社会功能等要求。本章将通过8个实例详细介绍产品造型设计的光感和质感等制作方法与表现技巧。

实例157 家电产品 I

本实例将设计制作一款音箱，效果如图 157-1 所示。

图157-1 音箱产品工业设计

操作步骤

1. 制作音箱的材质效果

01 按【Ctrl+N】组合键,新建一个空白页面。选取矩形工具，绘制一个矩形，效果如图 157-2 所示。

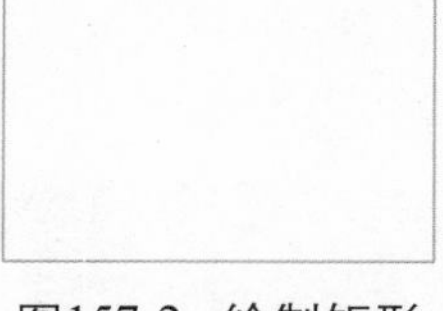

图157-2 绘制矩形

02 按【F11】键，在弹出的“编辑填充”对话框中单击“底纹填充”按钮，设置“底纹库”为“样本 9”、“底纹列表”为“红木”、“密度”为 50、“亮度”为 0、“第 1 色”为深棕色（RGB 值分别为 31、26、23）、“第 2 色”为深蓝色（RGB 值分别为 71、105、112），单击“确定”按钮，底纹填充矩形，并删除其轮廓，效果如图 157-3 所示。

图157-3 底纹填充矩形

03 依次单击“标准”工具栏中的“复制”和“粘贴”按钮，复制并粘贴图形，填充其颜色为黑色。选取透明度工具，在其属性栏中单击“渐变透明度”按钮，为黑色矩形添加透明效果，如图 157-4 所示。

图157-4 复制图形并添加透明效果

04 选取矩形工具，在绘图页面中的合适位置绘制一个矩形，在其属性栏中设置矩形 4 个角的转角半径均为 89。单击调色板中的黑色色块，为圆角矩形填充颜色。按【Ctrl+End】组合键，调整圆角矩形至图层最后面，效果如图 157-5 所示。

图157-5 绘制圆角矩形并填充颜色

05 按小键盘上的【+】键复制图形，按住【Ctrl】键的同时在复制图形上单击并向右拖动鼠标至合适位置，效果如图 157-6 所示。

图157-6 复制并调整圆角矩形

2. 制作音箱的喇叭效果

01 选取椭圆形工具，在按住【Ctrl】键的同时拖动鼠标，绘制一个正圆，并填充其颜色为黑色，效果如图 157-7 所示。

图157-7 绘制正圆

02 按小键盘上的【+】键，复制一个正圆，在按住【Shift】键的同时等比例放大复制的正圆。选取选择工具，在按住【Shift】键的同时加选绘制的正圆，按【Ctrl+L】组合键结合正圆图形，得到圆环图形，效果如图 157-8 所示。

图157-8 绘制圆环

03 按【F11】键，在弹出的“编辑填充”对话框中单击“渐变填充”按钮，设置 0% 位置的颜色为白色（CMYK 值均为 0）、100% 位置的颜色为淡蓝色（CMYK 值分别为 23、10、14、0），“旋转”为 180，单击“确定”按钮，渐变填充圆环图形，效果如图 157-9 所示。

图157-9 渐变填充圆环图形

04 参照步骤 2 中的操作方法复制图形，并缩放图形至合适大小。单击属性栏中的“水平镜像”按钮，水平镜像图形，效果如图 157-10 所示。

图157-10 复制并水平镜像图形

05 用同样的操作方法绘制中间圆环，按【F11】键，在弹出的“编辑填充”对话框中单击“渐变填充”按钮，单击“椭圆形渐变填充”按钮，设置 0% 位置的颜色为白色（CMYK 值均为 0）、100% 位置的颜色为灰色（CMYK 值分别为 52、31、33、1），单击“确定”按钮，渐变填充圆环图形，效果如图 157-11 所示。

图157-11 绘制其他圆环

06 选取椭圆形工具，在图形中心位置绘制一个正圆。选取网状填充工具，双击网格线添加节点。选取相应的节点，单击调色板中的白色色块，将其填充为白色，效果如图 157-12 所示。

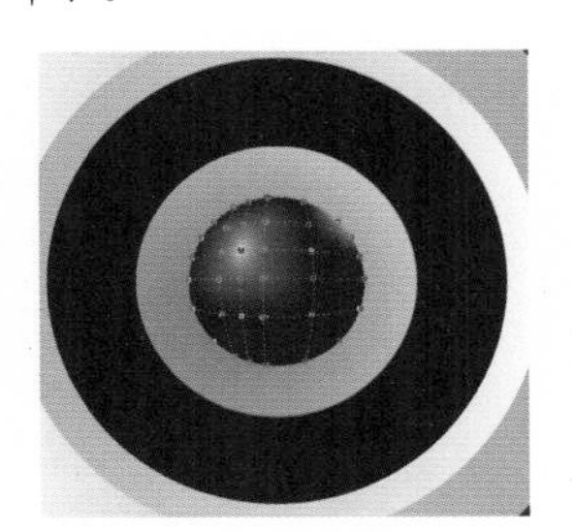

图157-12 网状填充正圆

07 参照步骤1~2的操作方法绘制圆环图形。选取阴影工具，在其属性栏中设置“预设列表”为“小型辉光”、“阴影的不透明”为100、“阴影羽化”为4，为圆环添加阴影效果。按【Ctrl+K】组合键拆分阴影群组，并删除圆环图形，得到圆环的阴影图形，效果如图157-13所示。

图157-13 制作阴影图形

08 参照步骤2中的操作方法复制图形，并将其缩放至合适大小，效果如图157-14所示。

图157-14 复制并缩放圆环

09 双击选择工具，选择绘图页面中的所有图形，按【Ctrl+G】组合键组合图形。选取阴影工具，在图形下方单击并向右上角拖动鼠标，在其属性栏中设置“阴影角度”为26、“阴影的不透明”为50、“阴影羽化”为15、“淡出”为0、“阴影延展”为50，为图形添加阴影效果。参照步骤2中的操作方法复制图形，并调整其大小及位置，制作图形的组合效果，如图157-15所示。

图157-15 复制缩小音箱并添加阴影效果

10 双击矩形工具，绘制一个与页面大小相等的矩形。按【F11】键，在弹出的“编辑填充”对话框中单击“底纹填充”按钮，设置“底纹库”为“样本9”、“底纹列表”为“干涉效果”、“波浪柔和”为100、“波浪密度”为96、“透视”为97、“下”的颜色为土黄色(RGB值分别为186、130、92)，单击“确定”按钮，底纹填充矩形作为背景图形，效果如图157-16所示。

图157-16 添加背影图形

11 按小键盘上的【+】键复制背景图形，按【F11】键，在弹出的“编辑填充”对话框中单击“渐变填充”按钮，设置0%位置的颜色为黑色、100%位置的颜色为白色，“旋转”为124.6，单击“确定”按钮，渐变填充复制的背景图形。选取透明工具，在属性栏中单击“均匀透明度”按钮，设置“透明度”为49，为复制的背景图形添加透明效果，参见图157-1。至此，本实例制作完毕。

实例158 家电产品Ⅱ

本实例将设计制作一款空调机柜，效果如图 158-1 所示。

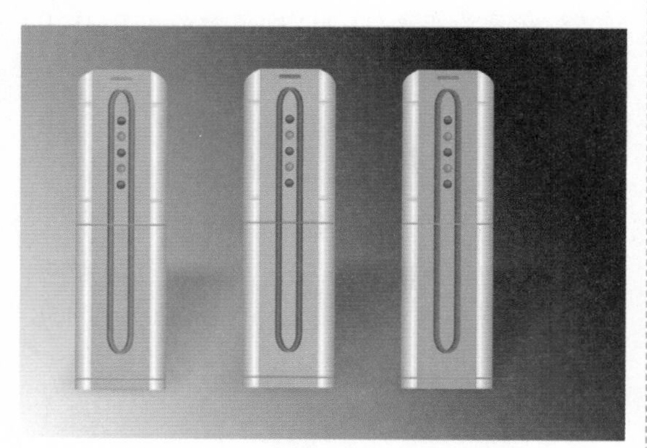

图158-1 空调机柜产品工业设计

操作步骤

1．制作空调机柜的外形

01 按【Ctrl+N】组合键，新建一个空白页面。选取矩形工具，在绘图页面中的合适位置绘制一个矩形。按【F11】键，在弹出的“编辑填充”对话框中单击“均匀填充”按钮，设置颜色为蓝色（CMYK 值分别为 43、5、1、0），单击“确定”按钮，为矩形填充颜色，并删除其轮廓，效果如图 158-2 所示。

图158-2 绘制矩形

02 参照步骤 1 中的操作方法绘制一个矩形，单击“对象”|“转换为曲线”命令，将矩形转换为曲线图形。选取形状工具，选择相应的节点，单击“转换为曲线”按钮，将直线转换为曲线，并调整矩形形状，效果如图 158-3 所示。

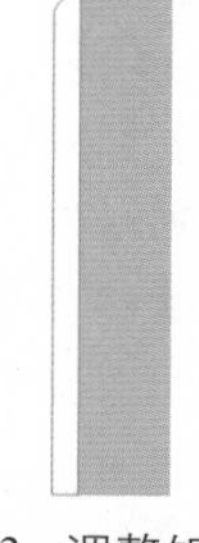

图158-3 调整矩形形状

03 按【F11】键，在弹出的“编辑填充”对话框中单击“渐变填充”按钮，设置 0% 位置的颜色为灰色（CMYK 值分别为 0、0、0、40）、28% 位置的颜色为灰白色（CMYK 值分别为 0、0、0、20）、47% 位置的颜色为灰白色（CMYK 值分别为 0、0、0、10）、69% 位置的颜色为白色（CMYK 值均为 0）、100% 位置的颜色为灰白色（CMYK 值分别为 0、0、0、10），单击“确定”按钮，渐变填充圆角矩形，并删除其轮廓，效果如图 158-4 所示。

图158-4 删除轮廓后的效果

04 按小键盘上的【+】键复制图形，在按住【Ctrl】键的同时将鼠标指针置于图形左侧中间的控制柄上，单击并向右拖动鼠标水平镜像图形，并将其调整至合适位置，效果如图 158-5 所示。

图158-5 复制并水平镜像图形

2. 制作空调机柜的按钮

01 选取矩形工具，绘制一个矩形，在属性栏中设置“转角半径”为5。双击状态栏中的“轮廓颜色”色块，在弹出的“轮廓笔”对话框中设置“宽度”为0.7mm、“颜色”为黑色（CMYK值分别为0、0、0、100），单击“确定”按钮，为圆角矩形设置轮廓属性，效果如图158-6所示。

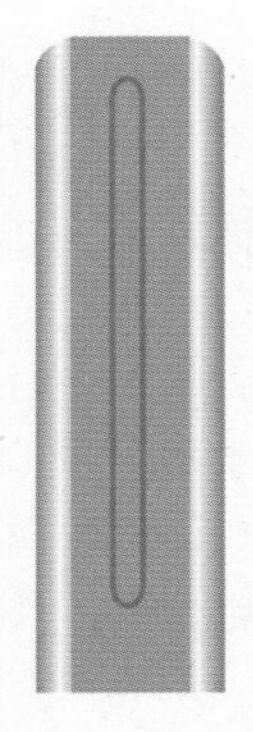

图158-6 设置轮廓属性

02 按小键盘上的【+】键复制图形，双击状态栏种的“轮廓颜色”色块，在弹出的“轮廓笔”对话框中设置“颜色”为天蓝色（CMYK值分别为100、20、0、0），单击“确定”按钮，按小键盘上的【→】键移动图形位置，如图158-7所示。

图158-7 添加斜角效果

03 绘制其他圆角矩形，按【F11】键，在弹出的“编辑填充”对话框中单击“均匀填充”按钮，设置颜色为青色（CMYK值分别为100、0、0、0），单击“确定”按钮，为圆角矩形填充颜色，删除其轮廓，效果如图158-8所示。

图158-8 绘制其他圆角矩形

04 选取矩形工具，绘制一个矩形，并填充颜色为灰色（CMYK值分别为0、0、0、30），效果如图158-9所示。

图158-9 绘制矩形并填充颜色

05 分别绘制其他矩形，填充相应的颜色，并调整其位置及大小，效果如图158-10所示。

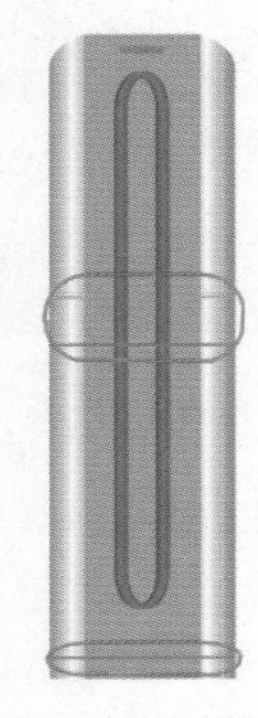

图158-10 绘制其他矩形

06 选取椭圆形工具，在绘图页面中的合适位置绘制一个正圆。选取网状填充工具，选择相应的节点进行网状填充，效果如图158-11所示。

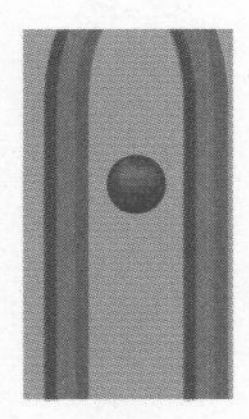

图158-11 绘制正圆并网状填充

07 用同样的操作方法绘制一个绿色的按钮图形，效果如图158-12所示。

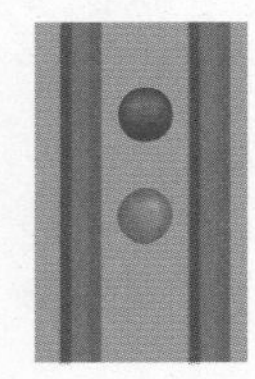

图158-12 绘制按钮图形

08 选择两个网状填充图形，在按住【Ctrl】键的同时单击并拖动鼠标至合适位置，松开鼠标的同时右击复制按钮图形。用同样的操作方法复制其他按钮图形，效果如图158-13所示。

09 复制所有图形，分别添加图形阴影效果，设置相应的颜色，并添加渐变背景，最终效果参见图158-1。至此，本实例制作完毕。

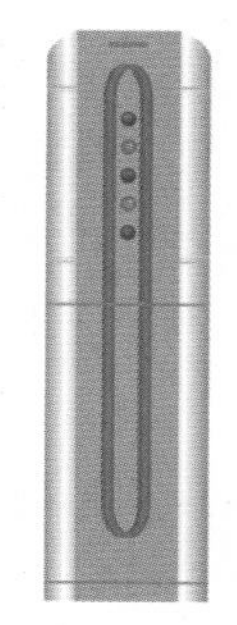

图158-13 复制图形并添加背景

实例159 音像产品

本实例将设计制作一款光盘产品，效果如图159-1所示。

图159-1 光盘产品工业设计

操作步骤

1. 制作光盘的外形

01 按【Ctrl+N】组合键，新建一个空白页面。按【F7】键，选取椭圆形工具，在按住【Ctrl】键的同时拖动鼠标，绘制一个正圆，如图159-2所示。

图159-2 绘制正圆

02 按【F11】键，在弹出的“编辑填充”对话框中单击“渐变填充”按钮，单击“圆锥形渐变填充”按钮，单击“重复”按钮，设置0%位置的颜色为深灰色（CMYK值分别为0、0、0、70）、22%和77%位置的颜色均为灰白色（CMYK值分别为0、0、0、10）、55%和100%位置的颜色均为灰色（CMYK值分别为0、0、0、60），单击“确定”按钮，渐变填充正圆。选取无轮廓工具，删除图形轮廓，效果如图159-3所示。

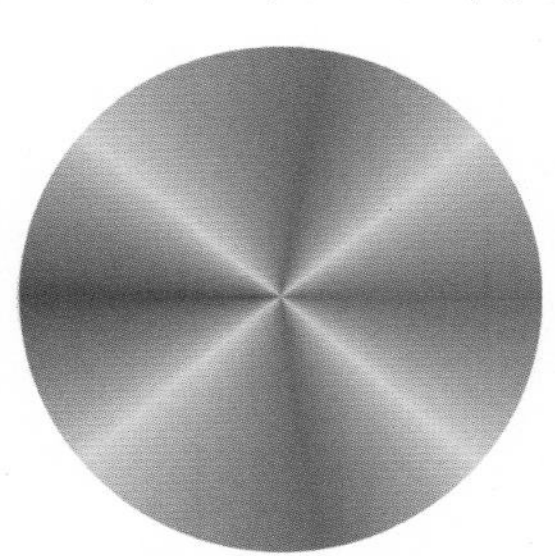

图159-3 渐变填充图形并删除其轮廓

03 依次单击“标准”工具栏中的“复制”和“粘贴”按钮，复制并粘贴图形。在按住【Shift】键的同时等比例缩小图形，并渐变填充颜色，效果如图159-4所示。

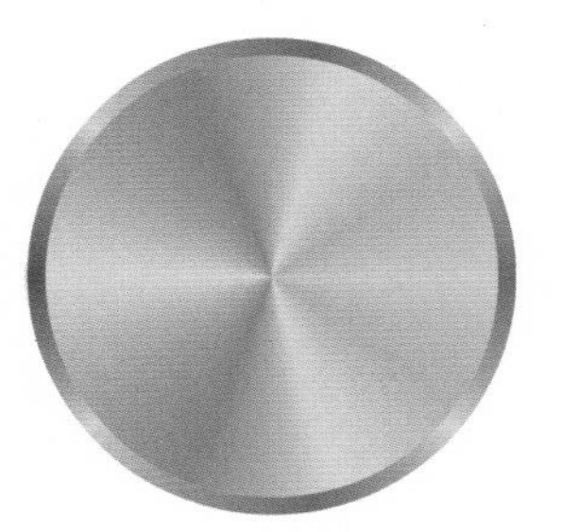

图159-4 渐变填充图形

2. 制作光盘的透明效果

01 用同样的操作方法复制正圆，并将其缩放至合适大小。单击调色板中的灰色色块，填充图形颜色为灰色，效果如图 159-5 所示。

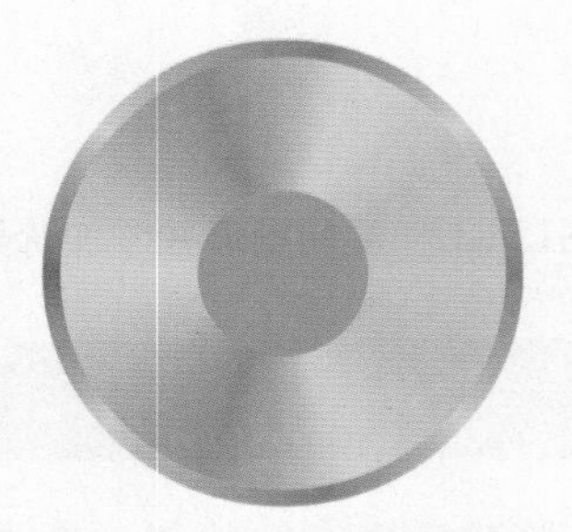

图159-5 复制椭圆并填充颜色

02 绘制其他正圆，并填充相应的颜色，如图 159-6 所示。

图159-6 绘制其他正圆

03 还可以根据设计的需要设置其他颜色、替换相应的素材，制作光盘的组合效果，参见图 159-1。至此，本实例制作完毕。

实例160 电脑配件 I

本实例将设计制作一款鼠标，效果如图 160-1 所示。

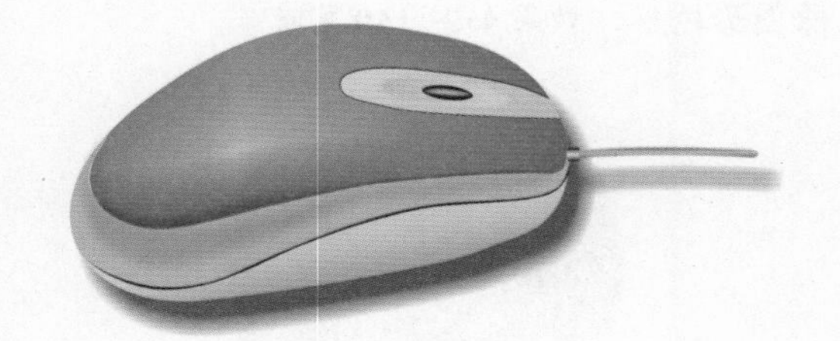

图160-1 鼠标工业设计

操作步骤

1. 绘制鼠标的主体外形

01 按【Ctrl+N】组合键，新建一个空白页面。选取贝塞尔工具，在绘图页面中的合适位置绘制曲线图形，效果如图 160-2 所示。

图160-2 绘制曲线图形

02 选取网状填充工具，在其属性栏中设置“网格大小”为 3×4，效果如图 160-3 所示。

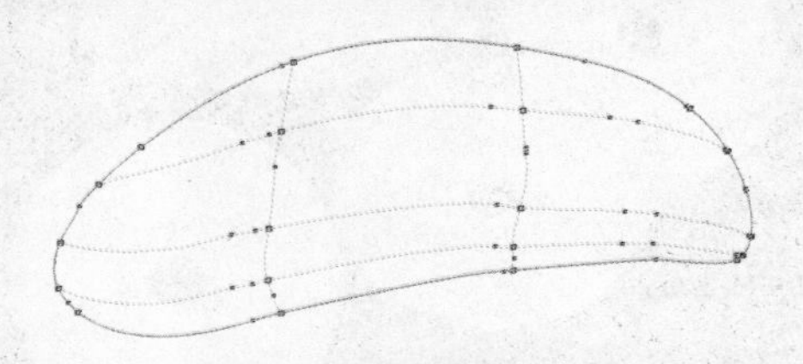

图160-3 添加网格效果

03 选择相应的节点，在调色板中的冰蓝色色块上按住鼠标左键不放，将弹出同类色系的颜色面板，单击第 4 排的第 1 个色块，为该节点填充颜色，效果如图 160-4 所示。

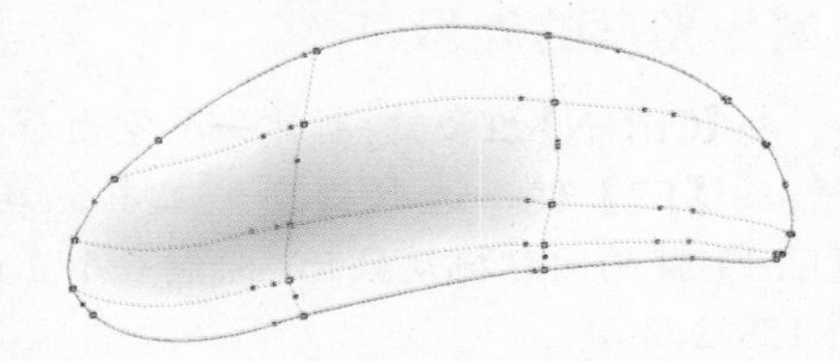

图160-4 为节点填充颜色

04 参照步骤 3 中的操作方法为其他节点填充颜色，效果如图 160-5 所示。

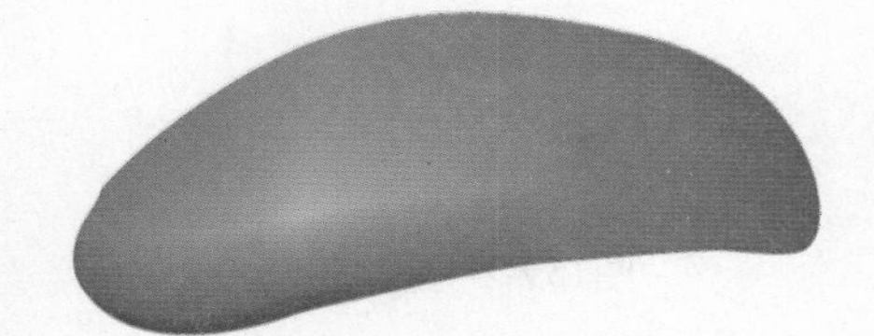

图160-5 为其他节点填充颜色

05 选取贝塞尔工具，绘制一个闭合曲线图形。单击“窗口”|“泊坞窗”|“彩色”命令，在弹出的“颜色”泊坞窗中设置颜色为灰蓝色（CMYK值分别为29、13、8、0），单击“填充”按钮，为曲线图形填充颜色，并删除其轮廓，效果如图160-6所示。

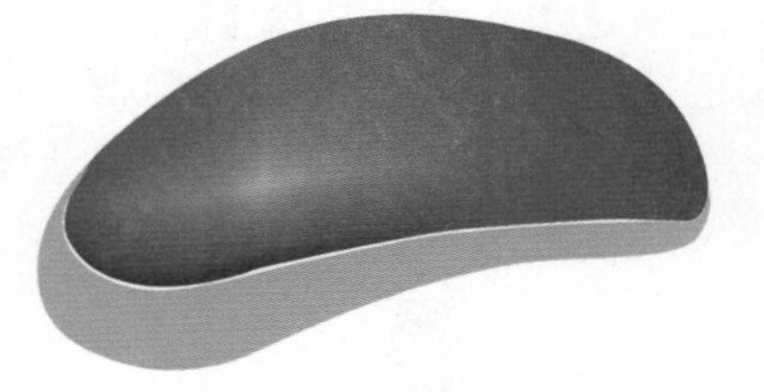

图160-6 绘制曲线图形

06 用同样的操作方法绘制其他曲线图形，并填充相应的颜色。按【Ctrl+PageDown】组合键，调整图形顺序，效果如图160-7所示。

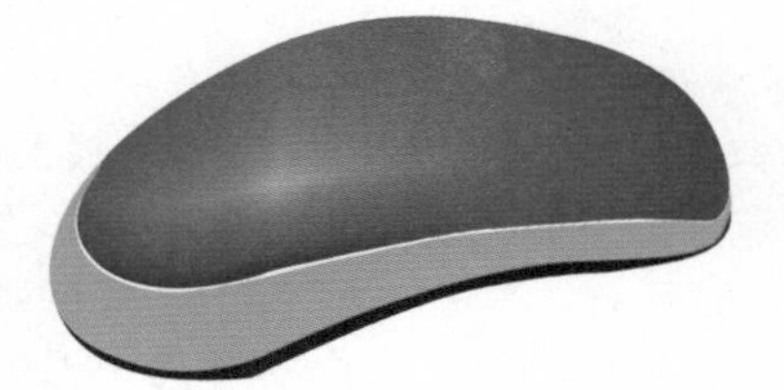

图160-7 绘制其他图形

07 选取贝塞尔工具，绘制曲线图形。按【F11】键，在弹出的“编辑填充”对话框中单击“渐变填充”按钮，设置0%位置的颜色为蓝色（CMYK值分别为51、24、13、0）、24%位置的颜色为蓝色（CMYK值分别为40、16、9、0）、56%位置的颜色为灰蓝色（CMYK值分别为23、8、4、0）、77%位置的颜色为浅蓝色（CMYK值分别为17、6、5、0）、100%位置的颜色为浅蓝色（CMYK值分别为14、5、5、0），“旋转”为100，单击“确定”按钮，渐变填充曲线图形，并删除其轮廓，效果如图160-8所示。

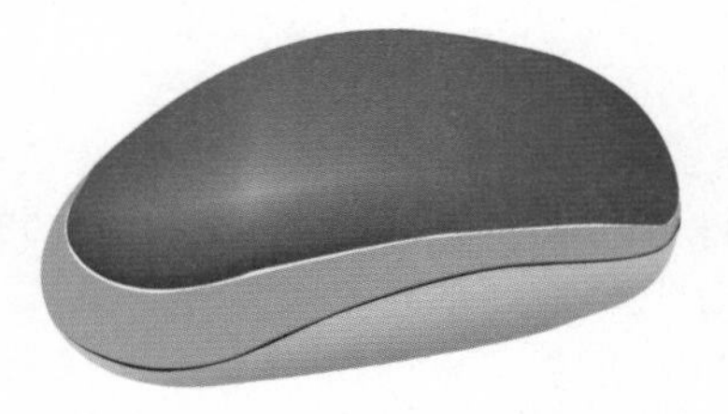

图160-8 删除轮廓后的效果

08 选取贝塞尔工具，绘制曲线图形，并填充相应的颜色。单击“位图”|“转换为位图”命令，在弹出的“转换为位图”对话框中设置“分辨率”为300，并选中“透明背景”复选框，单击“确定”按钮，将图形转换为位图，效果如图160-9所示。

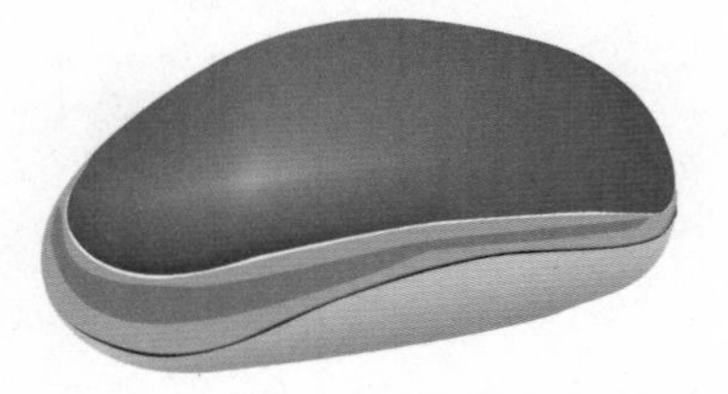

图160-9 绘制曲线图形

09 单击“位图”|“模糊”|“高斯式模糊”命令，在弹出的“高斯式模糊”对话框中设置“半径”为30，单击“确定”按钮，效果如图160-10所示。

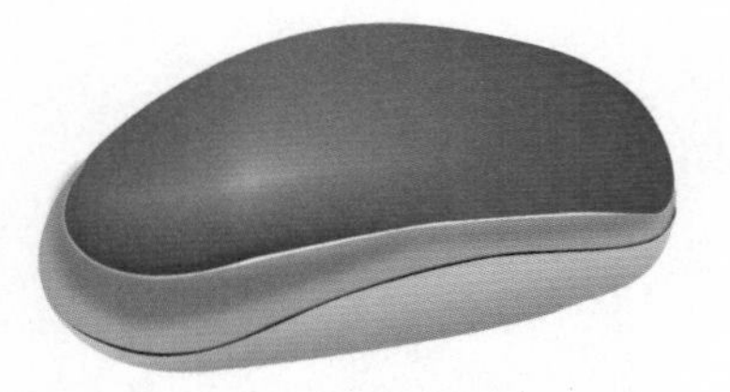

图160-10 高斯模糊位图

2. 制作鼠标的滑轮及鼠标线

01 选取贝塞尔工具，绘制一个闭合曲线图形。按【F11】键，在弹出的“编辑填充”对话框中单击“渐变填充”按钮，设置0%位置的颜色为灰白色（CMYK值分别为0、0、0、10）、100%位置的颜色为灰蓝色（CMYK值分别为22、11、12、0），单击“确定”按钮，渐变填充曲线图形，在属性栏中设置轮廓宽度为0.5mm，效果如图160-11所示。

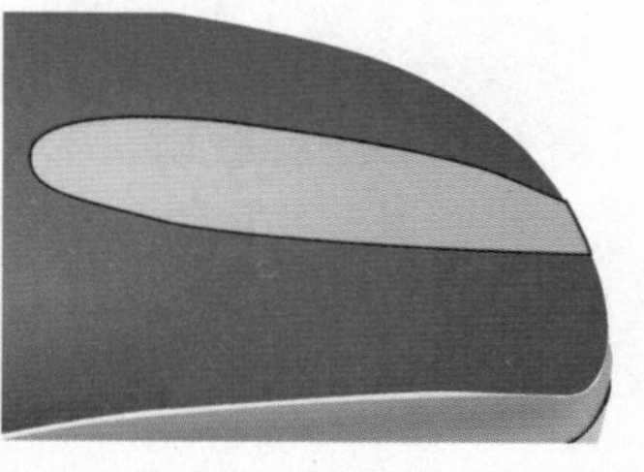

图160-11 绘制曲线图形并设置其轮廓属性

02 单击"对象"|"将轮廓转换为对象"命令，将轮廓转换为对象。选取形状工具，选择相应的节点，调整曲线图形的形状，效果如图 160-12 所示。

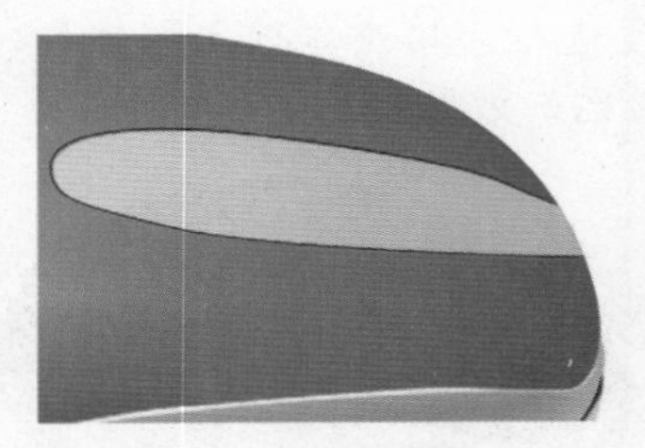

图160-12 调整曲线图形形状

03 选取 3 点椭圆形工具，绘制一个椭圆，为其填充渐变颜色，并删除其轮廓。单击"位图"|"转换为位图"命令，在弹出的"转换为位图"对话框中设置"分辨率"为 300，并选中"透明背景"复选框，单击"确定"按钮，将椭圆图形转换为位图。单击"位图"|"模糊"|"高斯式模糊"命令，在弹出的"高斯式模糊"对话框中设置"半径"为 11，单击"确定"按钮，效果如图 160-13 所示。

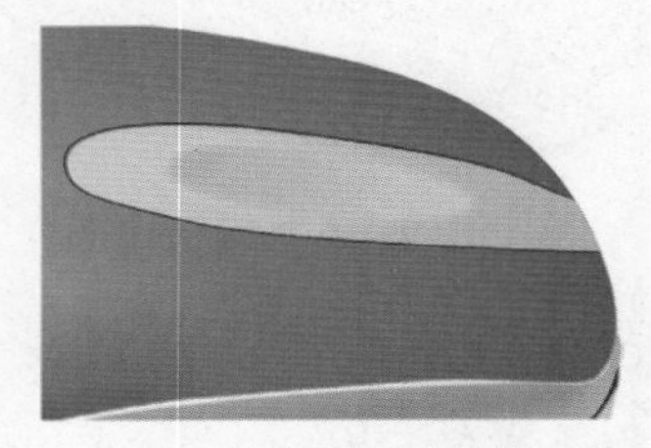

图160-13 绘制并高斯模糊椭圆

04 用同样的操作方法绘制椭圆，选取网状填充工具，选择相应的节点，进行网状填充，效果如图 160-14 所示。

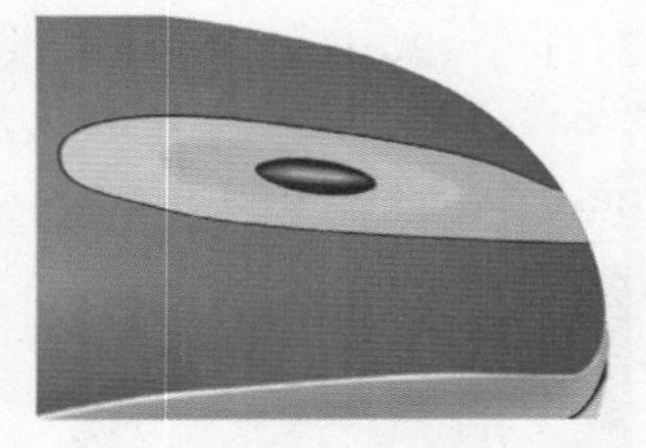

图160-14 绘制并网状填充椭圆

05 选取椭圆形工具，绘制一个椭圆。选取交互式填充工具，在其属性栏中单击"渐变填充"按钮，设置起始颜色为黑色、终止颜色为白色，渐变填充椭圆，效果如图 160-15 所示。

图160-15 绘制并渐变填充椭圆

06 选取选择工具，按住【Ctrl】键的同时在交互式填充的椭圆上单击并拖动鼠标至合适位置，松开鼠标的同时右击复制椭圆图形，效果如图 160-16 所示。

图160-16 复制椭圆图形

07 选取矩形工具，绘制矩形，在其属性栏中设置矩形 4 个角的转角半径均为 5，将矩形转换为圆角矩形。按【Ctrl+Q】组合键，将矩形转换为曲线图形。选取形状工具，调整图形的形状。单击"对象"|"顺序"|"向后一层"命令，将图形向后移动一层，效果如图 160-17 所示。

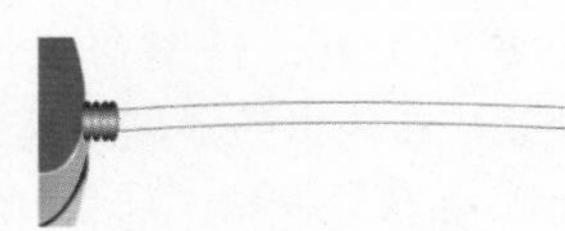

图160-17 绘制并调整矩形

08 参照步骤 1 的操作方法渐变填充曲线图形，效果如图 160-18 所示。

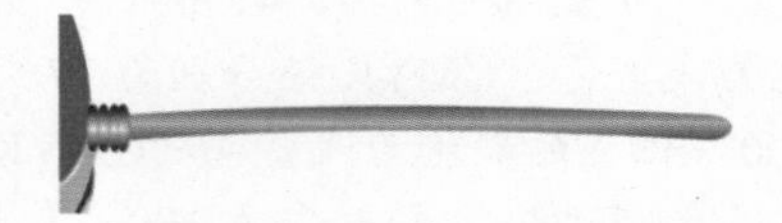

图160-18 渐变填充曲线图形

09 双击选择工具，选择绘图页面中的所有图形，按【Ctrl+G】组合键组合图形。选取阴影工具，在其属性栏中设置"预设列表"为"平面右下"、"阴影偏移"分别为 7.147mm 和 -10.811mm、"阴影的不透明"为 79、"阴影羽化"为 7、"合并模式"为"乘"、"阴影颜色"为黑色，为群组图形添加阴影效果，参见图 160-1。至此，本实例制作完毕。

实例161 电脑配件 II

本实例将设计制作一款液晶显示器屏幕，效果如图 161-1 所示。

图161-1 液晶显示器屏幕工业设计

操作步骤

1. 制作液晶显示器的外形效果

01 按【Ctrl+N】组合键，新建一个空白页面。选取矩形工具，在绘图页面中的合适位置绘制矩形，在属性栏中设置矩形4个角的转角半径均为8，效果如图161-2所示。

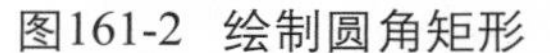

图161-2 绘制圆角矩形

02 按【F11】键，在弹出的"编辑填充"对话框中单击"渐变填充"按钮，设置0%位置的颜色为灰蓝色（CMYK值分别为33、15、14、0）、22%位置的颜色为浅蓝色（CMYK值分别为16、8、7、0）、100%位置的颜色为白色（CMYK值均为0），"旋转"为40，单击"确定"按钮，渐变填充圆角矩形，并删除其轮廓，效果如图161-3所示。

图161-3 渐变填充图形并删除其轮廓

03 按【Ctrl+C】组合键复制圆角矩形，按【Ctrl+V】组合键粘贴圆角矩形，并缩放其至合适大小。选取选择工具，按住【Shift】键的同时加选原圆角矩形，单击属性栏中的"合并"按钮结合图形，效果如图161-4所示。

图161-4 复制并结合图形

04 参照步骤3中的操作方法复制其他图形。单击"对象"|"顺序"|"向后一层"命令，调整图形图层顺序，并参照步骤2中的操作方法设置相应的颜色，效果如图161-5所示。

图161-5 复制其他图形并设置颜色

05 选取矩形工具，绘制一个矩形，在属性栏中设置矩形4个角的转角半径均为100，将矩形转化为圆角矩形。单击调色板中的白色色块，填充圆角矩形颜色为白色。在属性栏中设置轮廓宽度为“无”，删除图形轮廓，效果如图161-6所示。

图161-6 绘制圆角矩形并设置其属性

06 选取透明度工具，在其属性栏单击“渐变透明度”按钮，为圆角矩形添加透明效果作为高光图形，效果如图161-7所示。

图161-7 添加透明效果

07 按小键盘上的【+】键复制高光图形，单击属性栏中的“垂直镜像”按钮垂直镜像图形，并调整其位置及大小，效果如图161-8所示。

图161-8 复制并垂直镜像高光图形

08 绘制一个矩形，并填充其颜色为黑色。单击“对象”|“顺序”|“到页面后面”命令，调整黑色矩形至页面最后面，效果如图161-9所示。

图161-9 绘制矩形并调整顺序

09 单击“文件”|“导入”命令，导入一幅素材图像，效果如图161-10所示。

图161-10 导入图像

10 在图像上按住鼠标右键，并拖动鼠标至矩形中，当鼠标指针呈⊕形状时松开鼠标，在弹出的快捷菜单中选择“图框精确裁剪内部”选项，将图像置于矩形容器中，效果如图161-11所示。

图161-11 图框精确剪裁

2. 制作液晶显示器的按钮图形

01 选取矩形工具，绘制一个矩形，并渐变填充颜色，效果如图161-12所示。

图161-12 绘制矩形并渐变填充颜色

02 按【F7】键，选取椭圆形工具，在按住【Ctrl】键的同时拖动鼠标，绘制一个正圆。单击调色板中的黑色色块，填充其颜色为黑色。选取网状填充工具，选择相应的节点进行网状填充，效果如图 161-13 所示。

图161-13 绘制并网状填充正圆

03 选取选择工具，按小键盘上的【+】键，复制网状填充的正圆图形。在按住【Shift】键的同时将鼠标指针移至正圆图形四周的任意控制柄上，拖动鼠标等比例缩放图形，效果如图 161-14 所示。

图161-14 复制并等比缩放正圆

04 选取钢笔工具，绘制电源按钮图形，效果如图 161-15 所示。

图161-15 绘制电源按钮图形

05 参照步骤 2 中的操作方法绘制其他按钮图形，效果如图 161-16 所示。

图161-16 绘制其他按钮图形

06 选取多边形工具，在其属性栏中设置“点数或边数”为 3、“旋转角度”为 90，在绘图页面中的合适位置绘制一个三角形，填充其颜色为白色，效果如图 161-17 所示。

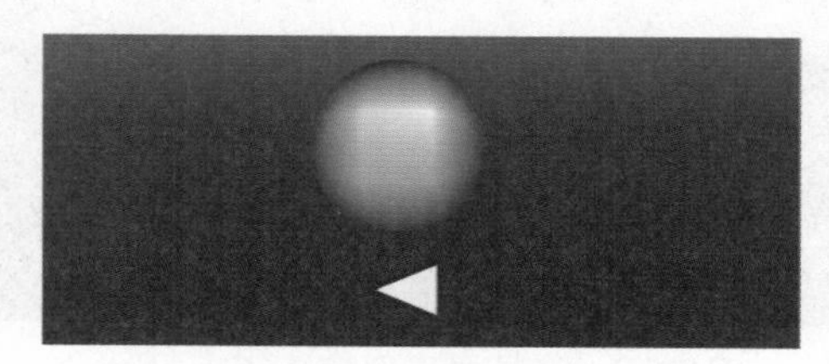

图161-17 绘制三角形

07 选取矩形工具，在绘图页面中的合适位置绘制一个矩形。右击调色板中的白色色块，设置轮廓颜色为白色，效果如图 161-18 所示。

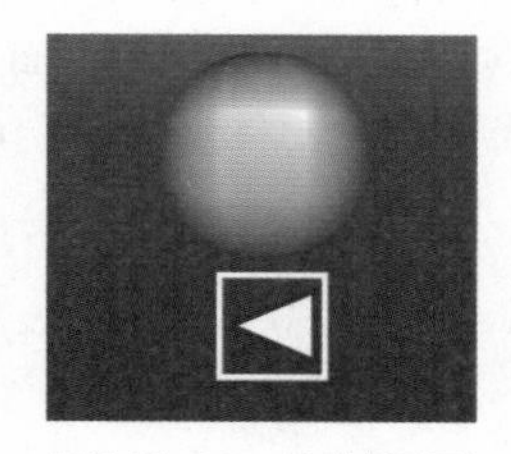

图161-18 绘制矩形

08 选取选择工具，加选三角形，单击属性栏中的“组合对象”按钮组合图形。选择群组后的图形，在按住【Ctrl】键的同时单击并拖动鼠标至合适位置，松开鼠标的同时右击复制群组图形用同样的方法复制多个群组图形，并旋转不同的角度，效果如图 161-19 所示。

图161-19 复制其他组合图形

09 参照步骤 7 中的操作方法绘制一个矩形。选取文本工具，在其属性栏中设置字体为“宋体”、字号为 2.7，在矩形中输入 OK，最终效果参见图 161-1。至此，本实例制作完毕。

实例162 电脑配件III

本实例将设计制作一款液晶显示器底座，效果如图 162-1 所示。

图162-1 液晶显示器底座工业设计

操作步骤

1. 制作液晶显示器底座的造型

01 按【Ctrl+N】组合键，新建一个空白页面。选取钢笔工具，在绘图页面中的合适位置绘制闭合曲线图形，效果如图 162-2 所示。

图162-2 绘制闭合曲线图形

02 按【F11】键，在弹出的“编辑填充”对话框中单击“渐变填充”按钮，设置0%和100%位置的颜色均为黑色（CMYK 值均为 100）、14%位置的颜色为浅蓝色（CMYK 值分别为 18、12、7、0）、23%位置的颜色为浅蓝色（CMYK 值分别为 12、6、4、0）、72%位置的颜色为浅蓝色（CMYK 值分别为 20、11、5、0）、80%位置的颜色为浅蓝色（CMYK 值分别为 15、10、3、0），“旋转”为 90，单击“确定”按钮，渐变填充闭合曲线图形。在属性栏中设置轮廓宽度为“无”，删除其轮廓，效果如图 162-3 所示。

图162-3 删除轮廓后的效果

03 选取钢笔工具，绘制一个曲线图形。按【Ctrl+End】组合键，调整图形顺序。按【F11】键，在弹出的“编辑填充”对话框中单击“均匀填充”按钮，设置颜色为深蓝色（CMYK 值分别为 81、72、51、11），按【Enter】键，为曲线图形填充颜色，效果如图 162-4 所示。

图162-4 绘制曲线图形并填充颜色

2. 制作液晶显示器底座的模糊效果

01 选取矩形工具，绘制一个矩形。按【Shift+F11】组合键，在弹出的“均匀填充”对话框中设置颜色为蓝色（CMYK 值分别为 35、22、10、0），单击“确定”按钮，为矩形填充颜色，并删除其轮廓，效果如图 162-5 所示。

图162-5 绘制并填充矩形

02 单击“位图”|“转换为位图”命令，在弹出的“转换为位图”对话框中设置“分辨率”为 300，并选中“透明背景”复选框，单击“确定”按钮，将图形转换为位图。单击“位图”|“模糊”|“高斯式模糊”命令，在弹出的“高斯式模糊”对话框中设置“半径”为 4，

单击“确定”按钮，效果如图 162-6 所示。

图162-6 高斯模糊图形

03 参照步骤 1~2 的操作方法绘制图形，并设置模糊效果，然后调整图形的图层顺序，效果如图 162-7 所示。

图162-7 绘制图形并设置模糊效果

04 选取选择工具，选择底座所有的图形，单击属性栏中的“组合对象”按钮群组图形。按【Ctrl+I】组合键，导入实例 161 中制作的液晶显示器屏幕，在按住【Shift】键的同时加选底座图形，按【C】键垂直居中对齐图形，效果如图 162-8 所示。

图162-8 屏幕与底座组合效果

05 添加图形阴影效果并绘制背景，最终效果参见图 162-1。至此，本实例制作完毕。

实例163 数码产品 I

本实例将设计制作 DVD 平面效果图，如图 163-1 所示。

图163-1 DVD产品工业设计

操作步骤

1. 制作DVD的基本造型效果

01 按【Ctrl+N】组合键，新建一个空白页面。按【F6】键，选取矩形工具，绘制一个矩形。按【Ctrl+Q】组合键，将矩形转换为曲线图形。选取形状工具，选择相应的节点，单击属性栏中的“转换为曲线”按钮，将直线转换为曲线，并调整曲线的形状，效果如图 163-2 所示。

图163-2 绘制曲线图形

02 按【F11】键，在弹出的“编辑填充”对话框中单击“渐变填充”按钮，设置 0% 位置颜色的 CMYK 值分别为 31、97、92、1，15% 位置颜色的 CMYK 值分别为 0、80、78、0，24% 位置颜色的 CMYK 值分别为 9、98、93、0，81% 位置颜色的 CMYK 值分别为 0、100、100、0，94% 位置颜色的 CMYK 值分别为 1、51、38、0，以及 100% 位置颜色的 CMYK 值分别为 0、13、5、2，单击“确定”按钮，渐变填充曲线图形，并删除其轮廓，效果如图 163-3 所示。

图163-3 渐变填充颜色并删除其轮廓

03 用同样的操作方法绘制其他图形，设置相应的颜色，并进行渐变填充，效果如图 163-4 所示。

图163-4 绘制并渐变填充其他图形

2. 制作DVD的按钮效果

01 按【F7】键，选取椭圆形工具，按住【Ctrl】键的同时拖动鼠标，绘制一个正圆。按【F11】键，在弹出的“编辑填充”对话框中单击“渐变填充”按钮，设置0%位置颜色的CMYK值均为0，7%位置颜色的CMYK值分别为16、7、8、0，84%位置颜色的CMYK值分别为9、4、3、0，95%位置颜色的CMYK值分别为27、13、12、0，以及100%位置颜色的CMYK值分别为38、22、19、0，单击“确定”按钮，渐变填充正圆，并删除其轮廓，效果如图163-5所示。

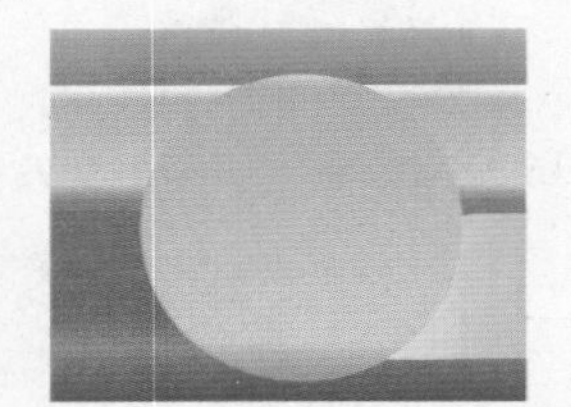

图163-5 绘制并填充正圆

02 按小键盘上的【+】键复制正圆图形，按【↓】键向下微移图形，按【Ctrl+PageDown】组合键调整图形顺序。选取交互式填充工具，在其属性栏中单击“均匀填充”按钮，设置颜色为深蓝色（CMYK值分别为68、52、40、3），效果如图163-6所示。

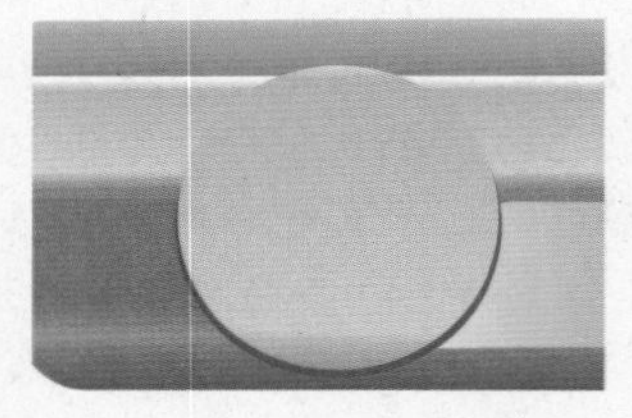

图163-6 复制并填充椭圆

03 选取调和工具，在两个正圆图形之间创建直线调和，效果如图163-7所示。

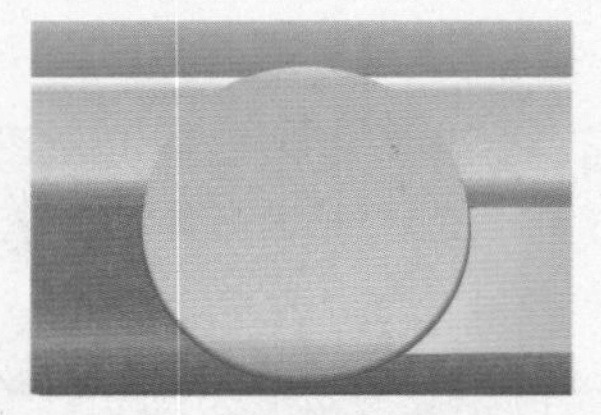

图163-7 创建直线调和

04 选取椭圆形工具，绘制一个正圆。单击“窗口”|“泊坞窗”|“对象属性”命令，在弹出的“对象属性”泊坞窗中单击“填充”选项卡，在其中设置“填充类型”为“渐变填充”，在弹出的“渐变填充”对话框中单击“圆锥形渐变填充”按钮，单击“重复”按钮，设置17%、58%和87%位置的颜色均为红色（CMYK值均为0、100、100、0），0%、37%、72%和100%位置的颜色均为白色（CMYK值均为0），单击“确定”按钮，渐变填充正圆，并删除其轮廓，效果如图163-8所示。

图163-8 绘制并填充正圆

05 参照步骤1中的操作方法绘制其他椭圆图形，并进行渐变填充，效果如图163-9所示。

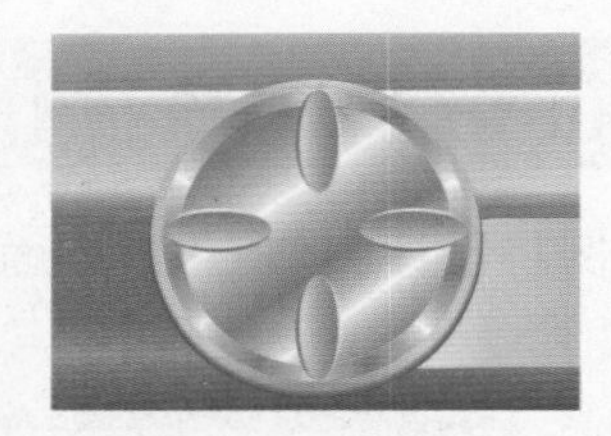

图163-9 绘制并渐变填充其他椭圆

06 在按住【Shift】键的同时选择步骤5中绘制的4个椭圆，单击“对象”|“组合”|“组合对象”命令组合图形。单击“对象”|“图框精确裁剪”|“置于图文框内部”命令，当鼠标指针呈➡形状时单击正圆，将组合图形置于正圆容器中，效果如图163-10所示。

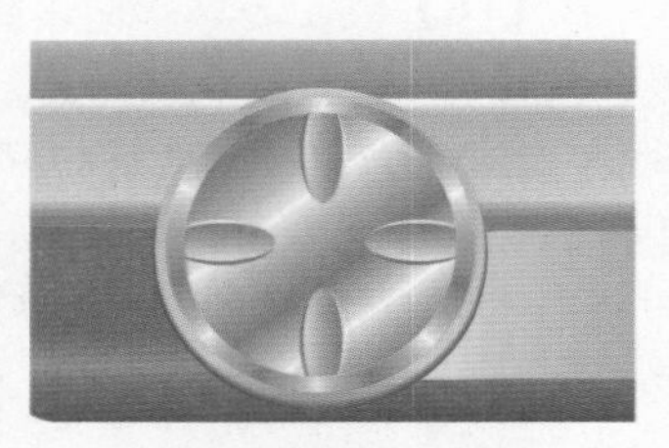

图163-10 图框精确剪裁

07 选取椭圆形工具，绘制一个正圆。单击属性栏中的“饼形”按钮，将正圆转换为饼状图形，并设置“起始和结束角度”

分别为 0 和 90、轮廓宽度为“无”，单击调色板中的黑色色块，填充饼状图形颜色为黑色，效果如图 163-11 所示。

图163-11 绘制并填充饼形

08 按小键盘上的【+】键复制图形，将鼠标指针置于饼状图形上方中间的控制柄上，按住【Ctrl】键的同时单击并向下拖动鼠标垂直镜像图形，并将其调整至合适位置，效果如图 163-12 所示。

图163-12 复制并垂直镜像图形

09 参照步骤 7 中的操作方法绘制另外的饼状图形，填充其颜色为白色。按小键盘上的【+】键复制图形，将鼠标指针置于饼状图形左侧中间的控制柄上，在按住【Ctrl】键的同时单击并向右拖动鼠标水平镜像图形，并将其调整至合适位置，效果如图 163-13 所示。

图163-13 绘制其他饼形

10 用同样的操作方法绘制其他按钮图形，分别填充相应的颜色，并调整其大小和位置，效果如图 163-14 所示。

图163-14 绘制其他图形

11 选取文本工具，在绘图页面中的合适位置输入文字 8888。选中输入的文字，在其属性栏中设置字体为 Spuare 721 BT、字号为 10pt，效果如图 163-15 所示。

8888

图163-15 输入文字

12 输入其他文字，设置其字体、字号和颜色，并将其调整至合适位置，最终效果参见图 163-1。至此，本实例制作完毕。

实例164 数码产品Ⅱ

本实例将设计制作 DVD 立体效果图，如图 164-1 所示。

图164-1 DVD立体效果

操作步骤

1. 制作DVD的顶面

01 按【Ctrl+N】组合键，新建一个空白页面。选取钢笔工具，绘制一个闭合曲线图形，效果如图 164-2 所示。

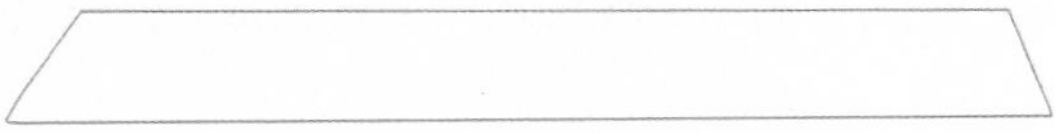

图164-2 绘制曲线图形

02 按【F11】键，在弹出的“编辑填充”对话框中单击“渐变填充”按钮，设置

0%位置颜色的CMYK值分别为55、97、95、14，54%位置颜色的CMYK值分别为50、98、95、11，83%位置颜色的CMYK值分别为33、99、97、11，以及100%位置颜色的CMYK值分别为1、43、28、6，"旋转"为-90，单击"确定"按钮，渐变填充曲线图形，并删除其轮廓，效果如图164-3所示。

图164-3 渐变填充图形

03 参照步骤1~2的操作方法绘制其他图形，并填充相应的颜色，效果如图164-4所示。

图164-4 绘制并渐变填充图形

04 选取椭圆形工具，绘制一个椭圆。参照步骤2中的操作方法渐变填充椭圆，效果如图164-5所示。

图164-5 绘制并渐变填充椭圆

05 按小键盘上的【+】键复制椭圆，并将其缩放至合适大小，按【Ctrl+PageDown】组合键调整图形顺序，单击属性栏中的"水平镜像"按钮水平镜像椭圆，效果如图164-6所示。

图164-6 复制并水平镜像图形

06 按【Ctrl+I】组合键，导入实例163中制作的平面效果图，并对齐图形，效果如图164-7所示。

图164-7 导入平面效果图

2. 制作DVD的倒影

01 选择刚导入的DVD平面效果图，按小键盘上的【+】键复制图形，单击属性栏中的"垂直镜像"按钮垂直镜像图形，效果如图164-8所示。

图164-8 复制并垂直镜像图形

02 选取透明度工具，在其属性栏中单击"渐变透明度"按钮，为垂直镜像的图形添加透明效果，如图164-9所示。

图164-9 添加透明效果

03 制作DVD的背景，最终效果参见图164-1。至此，本实例制作完毕。

第12章 包装设计

12 part

包装设计是开拓市场、提高产品价值的重要手段，它具有保护、美化和宣传产品等多种作用。本章将通过22个实例详细讲解各类产品包装的制作方法和设计要点。

实例165 美容产品包装

本实例将设计制作一款婷美佳芦荟面膜包装，效果如图 165-1 所示。

图165-1 婷美佳芦荟面膜包装

操作步骤

1. 制作芦荟面膜包装的背景效果

01 按【Ctrl+N】组合键,新建一个空白页面。选取矩形工具,绘制一个矩形。按【F11】键，在弹出的“编辑填充”对话框中单击“均匀填充”按钮，设置颜色为绿色（CMYK 值分别为 77、0、100、0），单击“确定”按钮，为矩形填充颜色，然后删除图形轮廓，效果如图 165-2 所示。

图165-2 绘制并填充矩形

02 单击“文件”|“导入”命令，导入一幅芦荟素材图像。选取透明度工具，在其属性栏中单击“均匀透明度”按钮，设置“透明度”为 62，为图像添加透明效果，如图 165-3 所示。

图165-3 导入素材图像并添加透明效果

03 选取选择工具，在图像上单击并拖动鼠标至合适位置，松开鼠标的同时右击复制图像。用同样的方法复制多个图像，在按住【Shift】键的同时，选择所有的芦荟图像，按【Ctrl+G】组合键进行组合，效果如图 165-4 所示。

图165-4 复制并组合图像

04 单击“对象”|“图框精确裁剪”|“置于图文框内部”命令，当鼠标指针呈

➡形状时单击绿色矩形，将图像置于矩形容器中。单击“对象”|“图框精确剪裁”|“编辑PowerClip”命令，调整图像位置。单击“对象”|“图框精确剪裁”|“结束编辑”命令，即可完成图像的编辑操作，效果如图165-5所示。

图165-5 图框精确剪裁

05 选取贝塞尔工具，绘制一个闭合曲线图形。按【F11】键，在弹出的“编辑填充”对话框中单击“渐变填充”按钮，设置0%位置的颜色为绿色(CMYK值分别为78、0、99、0)，100%位置的颜色为白色(CMYK值均为0)，“旋转”为-126，单击“确定”按钮，渐变填充闭合曲线图形，并删除其轮廓，效果如图165-6所示。

图165-6 绘制并填充曲线图形

06 按两次小键盘上的【+】键复制两个图形，通过按【←】和【↓】键的方法调整复制图形的位置。单击“对象”|“顺序”|“向后一层”命令，调整图形顺序，并分别填充颜色为绿色（CMYK分别为48、0、100、0）和淡绿色（CMYK值分别为30、0、58、0），效果如图165-7所示。

图165-7 复制图形并填充颜色

07 用同样的操作方法分别绘制两个曲线图形，设置相应的颜色，导入芦荟图像，并调整其位置及大小，效果如图165-8所示。

图165-8 绘制曲线图形并导入图像

08 参照步骤5中的操作方法绘制面膜图形，并填充相应的颜色，效果如图165-9所示。

图165-9 绘制面膜图形并填充颜色

09 选择面膜图形，选取阴影工具，在属性栏中设置“预设列表”为“平面右下”、“阴影偏移”为0.45mm和-1.048mm、“阴影的不透明”为54、“阴影羽化”为2，为图形添加阴影效果，如图165-10所示。

图165-10 添加阴影效果

2．制作芦荟面膜包装的文字效果

01 选取文本工具，在其属性栏中设置字体为“方正小标宋简体”、字号为100pt，输入文字“芦荟”。选中输入的文字，按【F11】键，在弹出的“编辑填充”对话框中单击“均匀填充”按钮，设置颜色为森林绿（CMYK值分别为95、44、98、12），效果如图165-11所示。

图165-11 输入文字并设置颜色

02 单击“对象”|“拆分美术字：方正小标宋简体（正常）(CHC)”命令，拆分文字，并拖动各文字到合适位置。单击“对象”|“转换为曲线”命令，将文字转换为曲线图形。选取形状工具，调整文字形状，效果如图165-12所示。

图165-12 调整文字形状

03 按【F12】键，在弹出的“轮廓笔”对话框中设置“宽度”为1.4mm、“颜色”为白色，并选中“填充之后”复选框，单击“确定”按钮，为文字设置轮廓属性，效果如图165-13所示。

图165-13 设置轮廓属性

04 选取矩形工具，在绘图页面中的合适位置绘制一个矩形。在其属性栏中设置矩形4个角的转角半径均为100，单击调色板中的白色色块，为圆角矩形填充颜色，效果如图165-14所示。

图165-14 绘制并填充圆角矩形

05 选取基本形状工具，在属性栏中单击“完美形状”按钮，在弹出的下拉面板中选择第一个形状，在绘图页面中的合适位置绘制一个完美形状，填充其颜色为墨绿色(CMYK值分别为94、33、100、3)。按住【Ctrl】键的同时在形状图形上单击并拖动鼠标至合适位置，松开鼠标的同时右击复制图形，将图形填充为浅绿色（CMYK值分别为28、0、93、0），效果如图165-15所示。

图165-15 绘制并填充图形

06 选取调和工具，在两个完美形状图形之间创建直线调和，在属性栏中设置“调和对象”为15，效果如图165-16所示。

图165-16 直线调和效果

07 参照步骤1中的操作方法，输入文字“补水靓白润肤”。选中输入的文字，选取阴影工具，在其属性栏中设置“预设列表”为“小型辉光”、“阴影的不透明”为50、“阴影羽化”为20，为文字添加阴影效果，如图165-17所示。

补水靓白润肤

图165-17 输入文字并添加阴影效果

08 选取手绘工具，绘制一条直线，在其属性栏中设置轮廓宽度为0.35mm。右击调色板中的白色色块，设置轮廓颜色为白色，效果如图165-18所示。

补水靓白润肤

图165-18 绘制直线

09 用同样的操作方法输入其他文字，设置其字体、字号和颜色。绘制其他图形，并调整至合适位置，效果如图165-19所示。

图165-19 输入其他文字

3. 制作芦荟面膜包装的立体效果

01 选取矩形工具，在绘图页面中的合适位置绘制一个矩形，并将其填充为墨绿色(CMYK 值分别为 85、24、93、0)，效果如图 165-20 所示。

图165-20 绘制矩形并填充颜色

02 选取透明工具，在矩形左侧单击并向右拖动鼠标，为矩形添加透明效果。拖动色标，调整图形的透明度，效果如图 165-21 所示。

图165-21 添加透明效果

03 选取选择工具，按小键盘上的【+】键复制图形。单击属性栏中的"水平镜像"按钮水平镜像图形，并将其调整至合适位置，效果如图 165-22 所示。

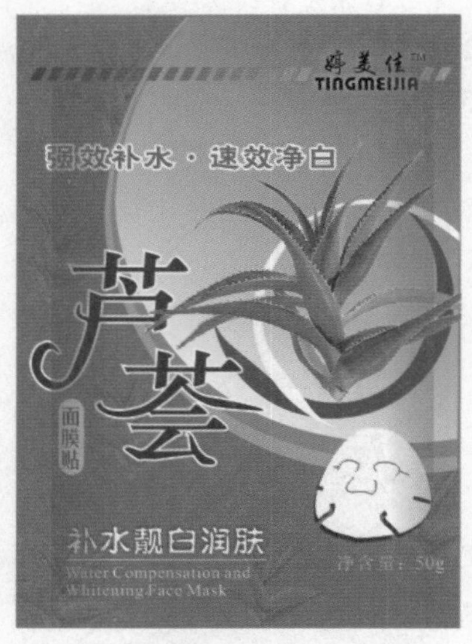

图165-22 复制并水平镜像图形

04 用同样的方法制作其他边的透明效果，如图 165-23 所示。

图165-23 制作其他边的透明效果

05 双击矩形工具，绘制一个与页面大小相同的矩形。按【F11】键，在弹出的"编辑填充"对话框中单击"渐变填充"按钮，设置 0% 和 100% 位置的颜色均为黑色、44% 位置的颜色为白色，"旋转"为 50，单击"确定"按钮，为矩形添加渐变颜色，最终效果参见图 165-1。至此，本实例制作完毕。

实例166 手提袋

本实例将设计制作一款依之锦保暖内衣手提袋，效果如图 166-1 所示。

图166-1 依之锦保暖内衣手提袋

操作步骤

1．制作手提袋的平面效果

01 按【Ctrl+N】组合键，新建一个空白页面。按【F6】键,选取矩形工具,绘制一个矩形，并填充其颜色为白色，效果如图 166-2 所示。

图166-2 绘制矩形

02 再绘制一个矩形，按【F11】键，在弹出的“编辑填充”对话框中单击“均匀填充”按钮，设置颜色为红色（CMYK 值分别为 0、100、100、0），为矩形填充颜色。选取无轮廓工具，删除矩形轮廓，效果如图 166-3 所示。

图166-3 删除轮廓后的效果

03 分别绘制其他矩形，并填充相应的颜色，效果如图 166-4 所示。

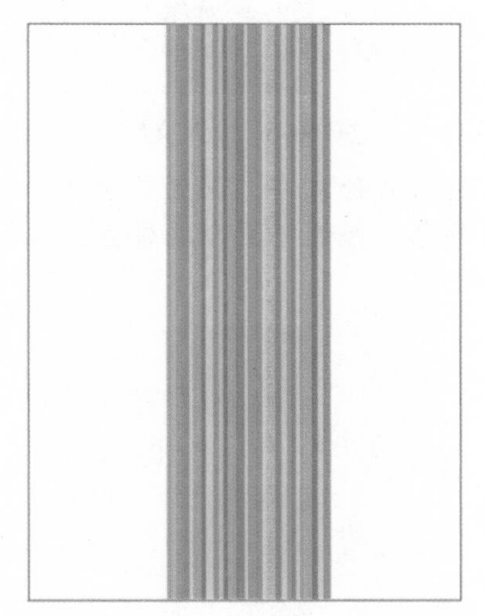

图166-4 绘制并填充其他矩形

04 绘制一个矩形，填充其颜色为白色，并删除其轮廓，效果如图 166-5 所示。

05 选取文本工具，在其属性栏中设置字体为 OCR A Extended、字号为 26.5pt，输入 YIZHIJIN，效果如图 166-6 所示。

图166-5 绘制白色矩形

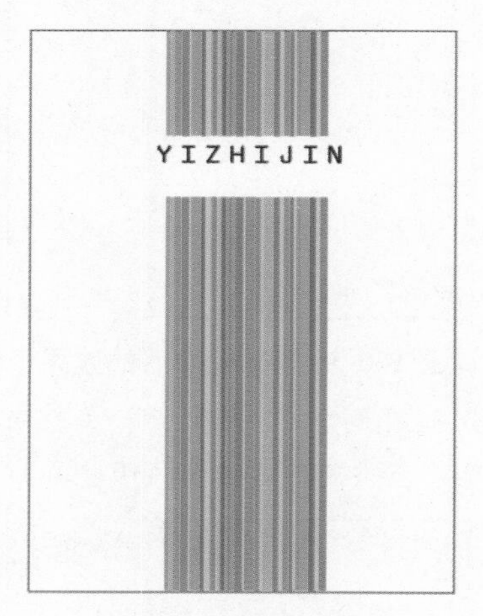

图166-6 输入文字

06 输入其他文字，设置其字体、字号和颜色，并调整至合适位置，效果如图166-7所示。

图166-7 输入其他文字

2. 制作手提袋的立体效果

01 双击选择工具，选择绘图页面中的所有图形，单击属性栏中的“组合对象”按钮组合图形。选取封套工具，为群组图形添加封套效果，拖动节点调整图形形状，效果如图166-8所示。

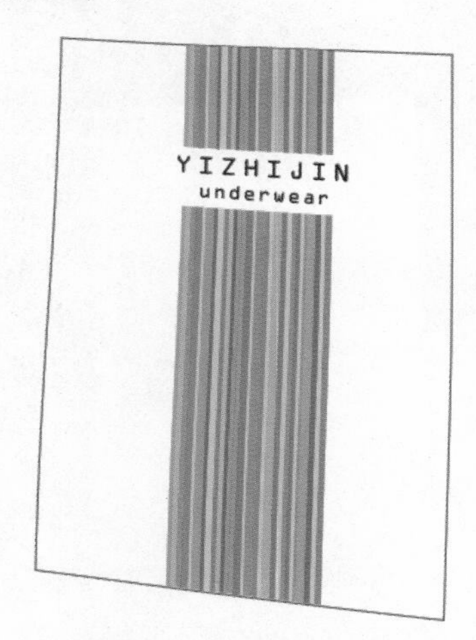

图166-8 添加封套效果

02 选取钢笔工具，绘制一个多边形图形。按【F11】键，在弹出的“编辑填充”对话框中单击“渐变填充”按钮，设置0%位置的颜色为灰色（CMYK值分别为0、0、0、40）、100%的颜色为浅灰色（CMYK值分别为0、0、0、30），单击“确定”按钮，渐变填充多边形，效果如图166-9所示。

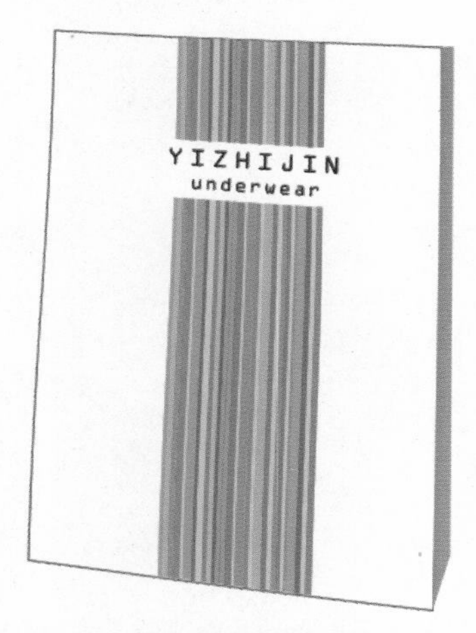

图166-9 绘制多边形并渐变填充颜色

03 绘制其他多边形，并渐变填充颜色，效果如图166-10所示。

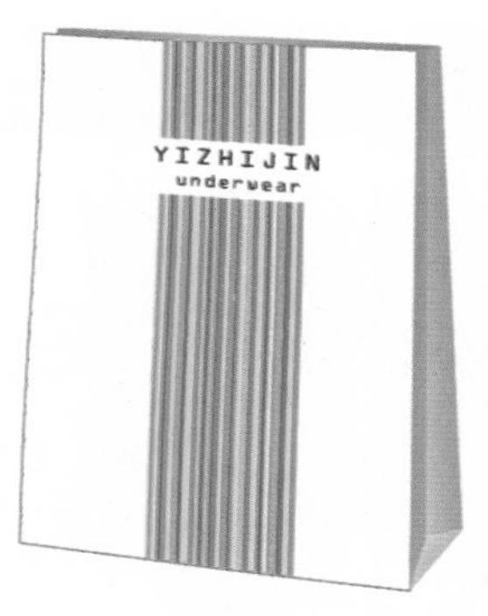

图166-10 绘制其他多边形

04 选取贝塞尔工具，分别绘制两条曲线，并在其属性栏中设置两条曲线的轮廓宽度均为2mm，效果如图166-11所示。

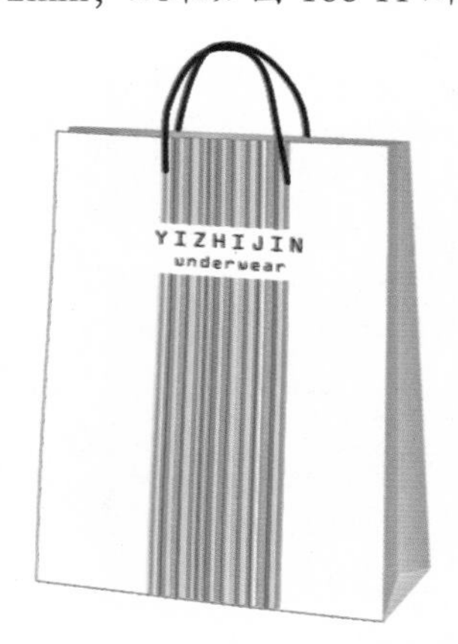

图166-11 绘制曲线并设置轮廓属性

05 选择手提袋平面图形，按小键盘上的【+】键复制图形，单击属性栏中的“垂直镜像”按钮垂直镜像图形，并调整至合适位置，效果如图166-12所示。

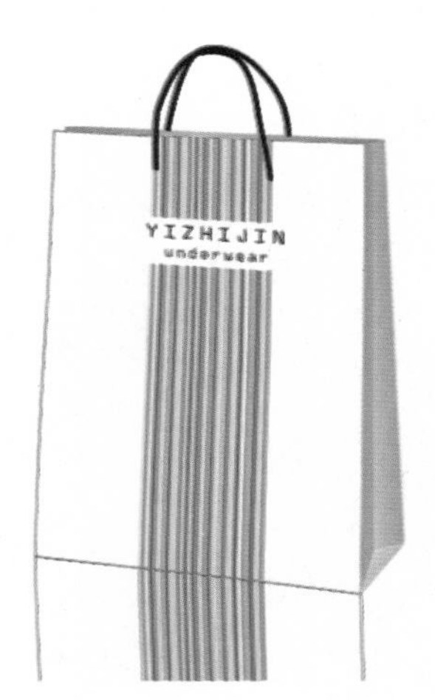

图166-12 复制并垂直镜像图形

06 选取透明度工具，在其属性栏中单击“渐变透明度”按钮，为镜像图形添加透明效果，如图166-13所示。

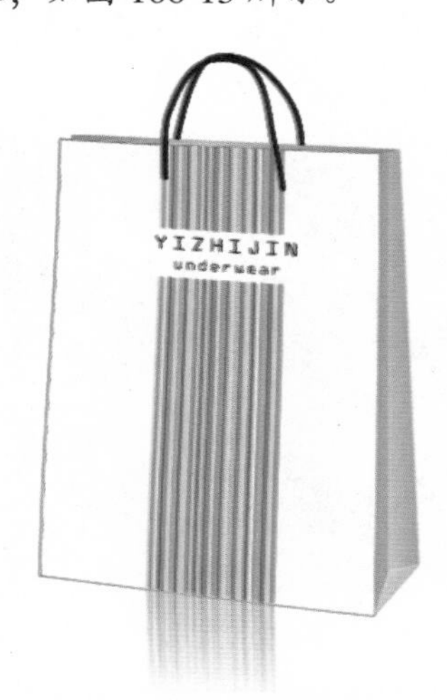

图166-13 添加透明效果

07 用同样的操作方法制作其他面的倒影效果，如图166-14所示。

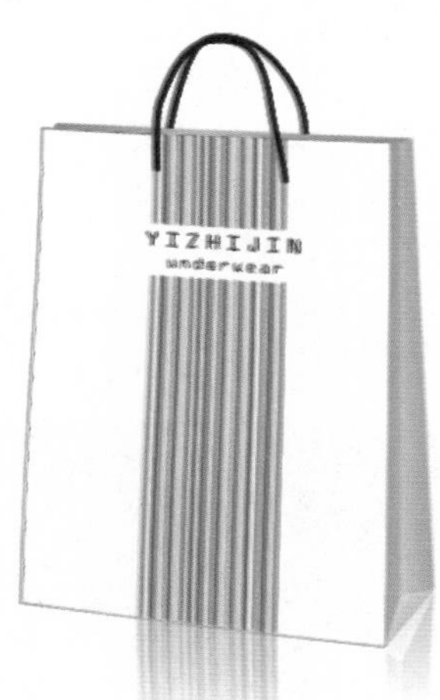

图166-14 制作其他面的倒影效果

08 添加渐变背景，最终效果参见图166-1。至此，本实例制作完毕。

实例167 食品包装 I

本实例将设计制作福多利八宝香包装的平面效果，如图 167-1 所示。

图167-1 福多利八宝香包装平面效果

操作步骤

1. 制作食品包装平面的背景效果

01 按【Ctrl+N】组合键，新建一个空白页面。按【F6】键，选取矩形工具。绘制一个矩形。双击状态栏中的“填充”色块，在弹出的“编辑填充”对话框中单击“均匀填充”按钮，设置颜色为蓝色（CMYK 值分别为 96、82、0、0），单击“确定”按钮，为矩形填充颜色，效果如图 167-2 所示。

图167-2 绘制矩形并填充颜色

02 单击“标准”工具栏中的“导入”按钮，导入一幅图像，效果如图 167-3 所示。

03 选取阴影工具，在其属性栏中设置“预设列表”为“大型辉光”、“阴影的不透明”为 49、“阴影羽化”为 22、“阴影颜色”为蓝色（CMYK 值分别为 100、0、0、0），为导入的图像添加阴影效果，如图 167-4 所示。

图167-3 导入图像

图167-4 添加阴影效果

04 在图像上按住鼠标右键并拖动至矩形中松开鼠标，在弹出的快捷菜单中选择“图框精确裁剪内部”选项，将图像置于矩形容器中。在图像上右击，在弹出的快捷菜单中选择“编辑 PowerClip”选项，调整图像至合适位置。在图像上右击，在弹出的快捷菜单中选择“结束编辑”选项，即可完成图像的编辑操作，效果如图 167-5 所示。

图167-5 图框精确剪裁

05 导入一幅图像，选取透明度工具，在属性栏中单击“渐变透明度”按钮，为导入的图像添加透明效果。参照步骤4中的操作方法精确剪裁图像，效果如图167-6所示。

图167-6 导入图像并添加透明效果

06 参照步骤2~4的操作方法导入筷子图像，为其添加阴影效果，并精确剪裁图像，效果如图167-7所示。

图167-7 精确剪裁图像

2．制作食品包装平面的文字效果

01 按【F8】键，选取文本工具，在其属性栏中设置字体为“方正胖头鱼简体”、字号为71.8pt，单击“将文本更改为垂直方向”按钮，输入文字“八宝香”。选中输入的文字，单击调色板中的白色色块，填充颜色为白色。按【F12】键，在弹出的“轮廓笔”对话框中设置“宽度”为2mm、“颜色”为黑色（CMYK值均为100），选中“填充之后”复选框，单击“确定”按钮，为文字设置轮廓属性，效果如图167-8所示。

图167-8 输入文字并设置轮廓属性

02 按【Ctrl+K】组合键拆分文字。选取选择工具，调整打散文字的位置，效果如图167-9所示。

图167-9 调整文字位置

03 选取钢笔工具，绘制一条曲线。选取文本工具，输入文字“味道好极了”，并设置字体为“文鼎中特广告体”、字号为31pt、颜色为黄色，效果如图167-10所示。

图167-10 绘制曲线和输入文字

04 选取选择工具，在按住【Shift】键的同时选择曲线和文字，单击“文本”|“使文本适合路径”命令，使文本沿曲线路径排列。按【Ctrl+K】组合键拆分路径与文字，并删除路径，效果如图167-11所示。

图167-11 使文本适合路径

05 选取椭圆形工具，在绘图页面中的合适位置绘制一个椭圆。单击调色板中的红色色块，填充颜色为红色，并删除其轮廓，效果如图 167-12 所示。

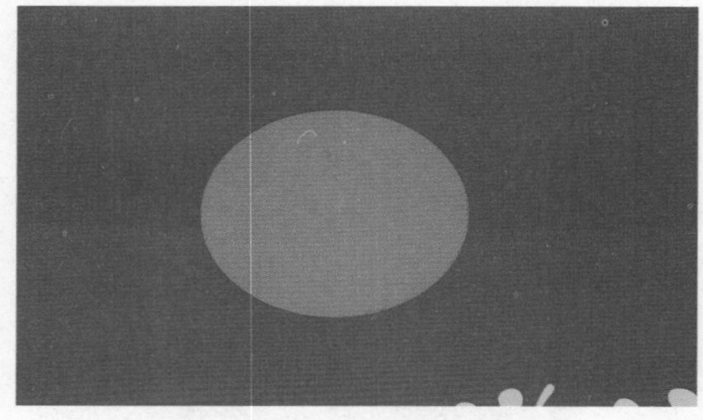

图167-12 绘制并填充椭圆

06 选取钢笔工具，绘制闭合曲线图形，填充其颜色为白色，并删除其轮廓，效果如图 167-13 所示。

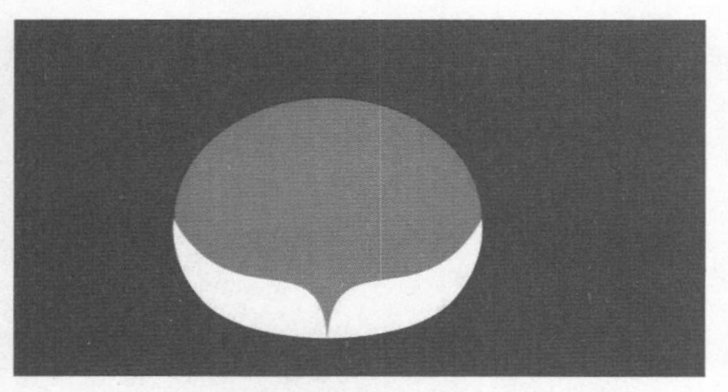

图167-13 绘制曲线图形并填充颜色

07 依次单击“标准”工具栏中的“复制”与“粘贴”按钮，复制并粘贴曲线图形。单击属性栏中的“垂直镜像”按钮垂直镜像图形，并调整至合适位置，效果如图 167-14 所示。

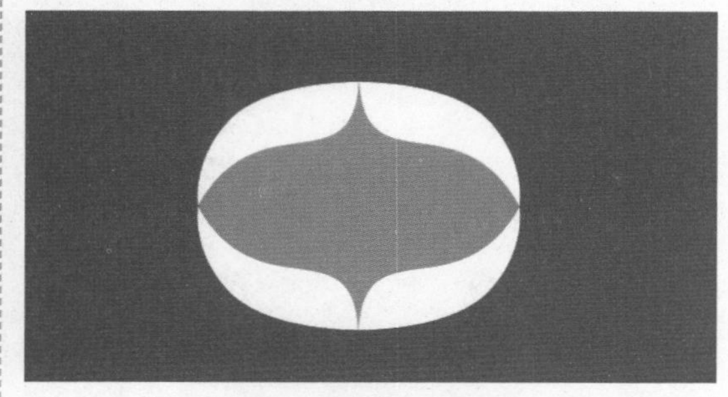

图167-14 复制垂直镜像图形

08 输入其他文字，设置其字体、字号和颜色，绘制椭圆图形，并调整至合适位置，最终效果参见图 167-1。至此，本实例制作完毕。

实例168 食品包装 II

本实例将设计制作福多利八宝香包装的立体效果，如图 168-1 所示。

图168-1 福多利八宝香包装立体效果

操作步骤

1. 制作食品包装的边缘效果

01 打开实例 167 中制作的平面效果图，选取矩形工具，绘制一个矩形，并填充其颜色为灰色，效果如图 168-2 所示。

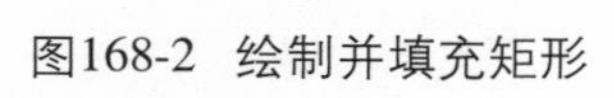

图168-2 绘制并填充矩形

02 用同样的操作方法绘制两个矩形，填充颜色分别为白色和灰白色，效果如图168-3所示。

图168-3 绘制其他矩形

03 在按住【Shift】键的同时选择步骤2中所绘制的矩形并右击，在弹出的快捷菜单中选择“组合对象”选项组合图形。按【Alt+F7】组合键，在弹出的“变换”泊坞窗的“位置”选项区中设置“水平”和“垂直”分别为2和0，在“相对位置”选项区中单击“右中”按钮，在“副本”对话框中输入1，单击4次“应用”按钮，复制并移动图形，效果如图168-4所示。

图168-4 复制多个图形

04 选取选择工具，选择步骤1~3中绘制的所有图形，单击其属性栏中的“组合对象”按钮群组图形。在按住【Ctrl】键的同时单击并拖动鼠标至合适位置，松开鼠标的同时右击复制群组图形，效果如图168-5所示。

图168-5 组合并复制图形

2．制作食品包装的立体效果

01 选取贝塞尔工具，绘制一个闭合曲线图形，效果如图168-6所示。

图168-6 绘制闭合曲线图形

02 选择制作好的平面效果图形，单击“对象”|“图框精确裁剪”|“置于图文框内部”命令，当鼠标指针呈➡形状时单击闭合曲线图形，将图像置于闭合曲线图形容器中。单击“对象”|“图框精确剪裁”|“编辑PowerClip”命令，调整图像位置。单击“对象”|“图框精确剪裁”|“结束编辑”命令，完成图像的编辑操作，效果如图168-7所示。

图168-7 图框精确剪裁

03 选取折线工具，绘制一个多边形。单击调色板中的白色色块，填充其颜色为白色，并删除其轮廓，效果如图168-8所示。

图168-8 绘制多边形并填充颜色

04 单击“位图”|“转换为位图”命令，在弹出的“转换为位图”对话框中设置“分辨率”为300，并选中“透明背景”复选框，单击“确定”按钮，将多边形转换为位图。单击“位图”|“模糊”|“高斯式模糊”命令，在弹出的“高斯式模糊”对话框中设置“半径”为45，单击“确定”按钮，效果如图168-9所示。

图168-9 高斯模糊位图

05 选取透明度工具，在工具属性栏中单击“渐变透明度”按钮，为位图添加透明效果作为高光部分，效果如图168-10所示。

06 依次单击“标准”工具栏中的“复制”与“粘贴”按钮，复制并粘贴高光部分图像。单击属性栏中的“垂直镜像”按钮垂直镜像图像，并调整至合适位置，效果如图168-11所示。

图168-10 添加透明效果

图168-11 复制并镜像高光图形

07 制作渐变背景，最终效果参见图168-1。至此，本实例制作完毕。

实例169 糖果包装 I

本实例将设计制作波波水果软糖包装平面效果，如图169-1所示。

图169-1 波波水果软糖包装平面效果

操作步骤

1. 制作糖果包装平面的背景效果

01 按【Ctrl+N】组合键，新建一个空白页面。选取矩形工具，绘制一个矩形。选取交互式填充工具，在属性栏中单击“均匀填充”按钮，设置颜色为米黄色(CMYK值分别为4、0、19、0)，并删除矩形轮廓，效果如图169-2所示。

02 选取钢笔工具，绘制一个闭合曲线图形。单击“窗口”|“泊坞窗”|“彩色”命令，在弹出的“颜色”泊坞窗中设置颜色为绿色，单击“填充”按钮，为闭合曲线图形填充颜色。在属性栏中设置轮廓宽度为“无”，删除图形轮廓，效果如图169-3所示。

图169-2 绘制矩形并删除轮廓

图169-3 绘制曲线图形

03 用同样的操作方法绘制其他闭合曲线图形，并填充相应的颜色，效果如图169-4所示。

图169-4 绘制其他图形并填充颜色

04 选取选择工具，在按住【Shift】键的同时选择步骤2~3中绘制的闭合曲线图形，单击“标准”工具栏中的“组合对象”按钮群组图形。按小键盘上的【+】键复制图形，单击属性栏中的“水平翻转”和“垂直镜像”按钮，并调整至合适位置，效果如图169-5所示。

图169-5 复制并垂直镜像图形

05 在绘图页面中的空白位置右击，在弹出的快捷菜单中选择“导入”选项，分别导入一幅水果图像和动物插画。按【Ctrl+PageDown】组合键，将水果图像向后移一层，效果如图169-6所示。

图169-6 导入水果图像和动物插画

06 选择水果图像，选取阴影工具，在其属性栏中设置“预设列表”为“中等辉光”、“阴影的不透明”为70、“阴影羽化”为30、“阴影颜色”为淡绿色（CMYK值分别为

40、0、100、0)，为水果图像添加阴影效果，如图 169-7 所示。

图169-7 添加阴影效果

07 参照步骤 2~4 的操作方法绘制图形，填充相应的颜色，并调整图层顺序，效果如图 169-8 所示。

图169-8 绘制其他图形

2. 制作糖果包装平面的文字效果

01 选取文本工具，在其属性栏中设置字体为“方正少儿简体”、字号为 58pt，输入文字“水”，效果如图 169-9 所示。

02 按【Ctrl+Q】组合键，将文字转换为曲线。选取形状工具，调整文字形状，效果如图 169-10 所示。

图169-9 输入文字

图169-10 调整文字形状

03 按【F7】键，选取椭圆形工具，在按住【Ctrl】键的同时拖动鼠标，绘制一个正圆，效果如图 169-11 所示。

图169-11 绘制正圆

04 单击“效果”|“透镜”命令，在弹出的“透镜”泊坞窗中设置透镜类型为“鱼眼”,选中“冻结”复选框,单击“应用”按钮，效果如图 169-12 所示。

05 选择冻结的图形，单击其属性栏中的“取消组合对象”按钮取消组合，并删除多余的图形，效果如图 169-13 所示。

图169-12 冻结鱼眼效果

图169-13 删除多余图形

06 选中冻结的文字，单击“窗口”|“泊坞窗”|“颜色”命令，在弹出的“颜色”泊坞窗中设置颜色为草绿色（CMYK值分别为80、0、100、0），单击“填充”按钮，为文字填充颜色。设置颜色为白色（CMYK值均为0），单击“轮廓”按钮，设置文字的轮廓颜色。按【F12】键，在弹出的“轮廓笔”对话框中设置“宽度”为1.4mm，并选中“填充之后”复选框，单击“确定”按钮，为文字设置轮廓属性，效果如图169-14所示。

图169-14 填充颜色并设置轮廓属性

07 单击“对象”|“将轮廓转换为对象”命令，将轮廓转换为图形对象。按【F12】键，在弹出的“轮廓笔”对话框中设置“宽度”为1.4mm、“颜色”为深黄色（CMYK值分别为0、20、100、0），并选中“后台填充”复选框，单击“确定”按钮，设置文字的轮廓属性，效果如图169-15所示。

图169-15 添加轮廓效果

08 单击“效果”|“斜角”命令，在弹出的“斜角”泊坞窗中设置“样式”为“柔和边缘”、“距离”为1.27mm、“光源颜色”为绿色（CMYK值分别为50、0、100、0）、“强度”为98、“方向”为334、“高度”为81，单击“应用”按钮，为文字添加斜角效果，如图169-16所示。

图169-16 添加斜角效果

09 参照步骤1~8的操作方法制作其他文字图形，效果如图169-17所示。

图169-17 制作其他文字图形

10 用同样的操作方法输入SHUIGUORUANTANG。选中输入的文本，旋转文本角度，并设置相应的字体、字号和颜色，然后将其调整至合适位置，效果如图 169-18 所示。

图169-18 输入文本并设置属性

11 选取钢笔工具，在绘图页面中的合适位置绘制一条曲线作为路径。选取选择工具，在步骤 10 中输入的文字上按住鼠标右键并拖动至绘制的曲线上，当鼠标指针呈⊕形状时松开鼠标，在弹出的快捷菜单中选择“使文本适合路径”选项，将文字沿曲线路径排列，效果如图 169-19 所示。

图169-19 使文本适合路径

12 在属性栏中的“文字方向”下拉列表框中选择第 3 种文字样式，更改文字方向。单击“对象”|“拆分在一路径上的文本”命令，拆分文字和路径，并删除路径，然后调整文字至合适位置，效果如图 169-20 所示。

图169-20 调整文字方向并删除路径

13 输入文字“美味的生活从一嚼开始”，设置其字体、字号和颜色，并调整至合适位置，使文本适合路径，效果如图 169-21 所示。

图169-21 输入其他文字

14 选取封套工具，为步骤 13 中输入的文字添加封套效果，并拖动节点，改变文字形状，效果如图 169-22 所示。

图169-22 添加封套效果

15 选取阴影工具，在其属性栏中设置“预设列表”为“中等辉光”、“阴影的不透明”为 50、“阴影羽化”为 20、“阴影颜色”为酒绿色（CMYK 值分别为 40、0、100、0），为封套文字添加阴影效果，如图 169-23 所示。

图169-23 添加阴影效果

16 输入其他文字，设置其字体、字号和颜色，并调整至合适位置，最终效果参见图 169-1。至此，本实例制作完毕。

实例170 糖果包装Ⅱ

本实例将设计制作波波水果软糖包装的立体效果，如图 170-1 所示。

图170-1 波波水果软糖包装立体效果

操作步骤

1．制作糖果包装的立体造型效果

01 选取贝塞尔工具，绘制一个闭合曲线图形。双击状态栏中的“填充”色块，在弹出的“均匀填充”对话框中设置颜色为绿色（CMYK 值分别为 72、0、100、0），单击“确定”按钮，为闭合曲线图形填充颜色，效果如图 170-2 所示。

图170-2 绘制闭合曲线图形并填充颜色

02 单击“标准”工具栏中的“导入”按钮，导入实例 169 中制作好的平面效果图，效果如图 170-3 所示。

图170-3 导入平面效果图

03 单击“对象”|“图框精确裁剪”|“置于图文框内部”命令，当鼠标指针呈➡形状时单击闭合曲线图形，将图像置于闭合曲线图形容器中。单击“对象”|“图框精确剪裁”|“编辑 PowerClip”命令，调整图像位置。单击“对象”|“图框精确剪裁”|“结束编辑”命令，即可完成图像的编辑操作，效果如图 170-4 所示。

图170-4 图框精确剪裁

2．制作糖果包装的立体效果

01 选取贝塞尔工具，绘制一个闭合曲线图形。单击调色板中的灰白色色块，填充颜色为灰白色，并删除其轮廓，效果如图 170-5 所示。

图170-5 绘制曲线图形并填充颜色

02 单击“位图”|“转换为位图”命令，在弹出的“转换为位图”对话框中设置“分辨率”为300，并选中“透明背景”复选框，单击“确定”按钮，将闭合曲线图形转换为位图。单击“位图”|“模糊”|“高斯式模糊”命令，在弹出的“高斯式模糊”对话框中设置“半径”为45，单击“确定”按钮，效果如图170-6所示。

图170-6 高斯模糊位图

03 选取透明度工具，在属性栏中单击“均匀透明度”按钮，为位图添加透明效果。选取橡皮擦工具，擦除左侧多余的部分作为包装的高光部分，效果如图170-7所示。

04 依次按【Ctrl+C】组合键和【Ctrl+V】组合键，复制并粘贴高光部分图像。单击属性栏中的“水平镜像”按钮水平镜像图像，并调整至合适位置，效果如图170-8所示。

图170-7 添加透明效果

图170-8 复制高光部分

05 参照步骤1~4的操作方法绘制其他高光部分，并设置其颜色、透明度和模糊效果，然后将其调整至合适位置，效果如图170-9所示。

图170-9 制作其他高光部分

06 制作渐变背景，复制图形，填充相应的颜色，制作糖果包装的组合效果，参见图170-1。至此，本实例制作完毕。

实例171 医药产品包装1

本实例将设计制作安济定神补脑片包装的平面效果，如图 171-1 所示。

图171-1 安济定神补脑片包装平面效果

操作步骤

1. 制作药品包装平面的背景效果

01 按【Ctrl+N】组合键,新建一个空白页面。按【F6】键，选取矩形工具，绘制一个矩形。按【F11】键，在弹出的“编辑填充”对话框中单击“渐变填充”按钮，设置 0% 位置的颜色为墨绿色（CMYK 值分别为 100、0、100、60)、100% 位置的颜色为绿色（CMYK 值分别为 71、0、96、0)，渐变填充矩形，效果如图 171-2 所示。

图171-2 绘制并渐变填充矩形

02 选取钢笔工具，绘制一个闭合曲线图形。单击“窗口”|“泊坞窗”|“对象属性”命令,在弹出的“对象属性”泊坞窗中单击“填充”选项卡,设置“填充类型”为“均匀填充”，颜色为绿色（CMYK 值分别为 47、0、98、0)，为闭合曲线图形填充颜色。单击“轮廓”选项卡，设置“轮廓宽度”为“无”，设置闭合曲线图形的轮廓属性，效果如图 171-3 所示。

图171-3 绘制曲线图形并设置轮廓属性

03 按两次小键盘上的【+】键复制图形。按【↓】键微移图形，并填充相应的颜色，效果如图 171-4 所示。

图171-4 复制图形并填充颜色

04 参照步骤 2 中的操作方法，分别绘制 3 个闭合曲线图形。选取选择工具，在按住【Shift】键的同时加选绘制的曲线图形，单击属性栏中的“组合对象”按钮合并图形，效果如图 171-5 所示。

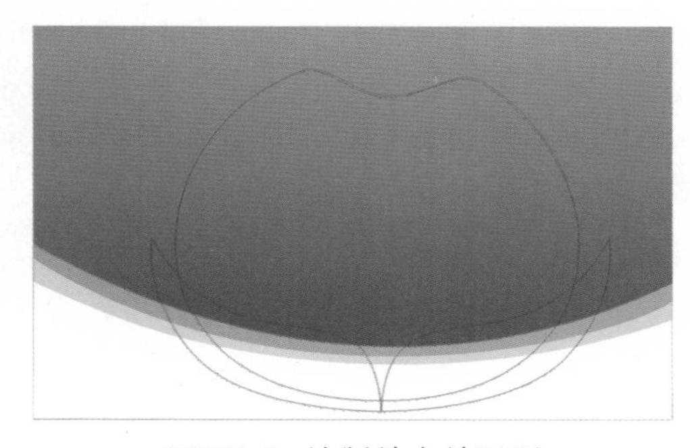

图171-5 绘制并合并图形

05 参照步骤1中的操作方法渐变填充图形，并设置轮廓属性，效果如图171-6所示。

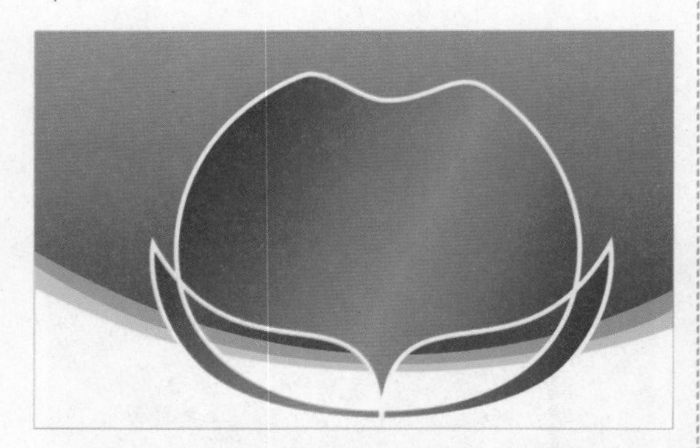

图171-6 渐变填充图形并设置轮廓属性

06 用同样的操作方法绘制曲线图形，并填充颜色，效果如图171-7所示。

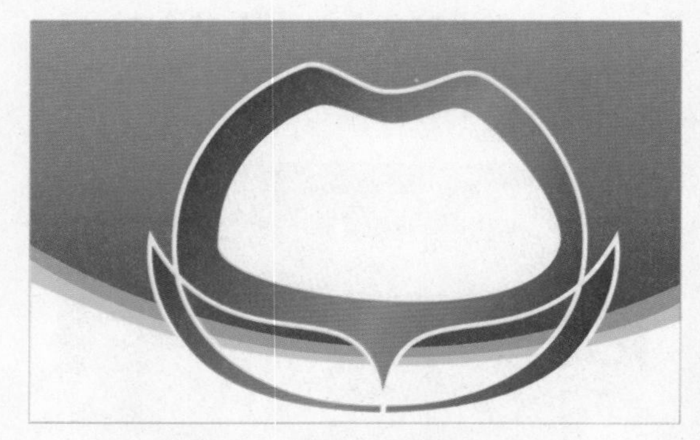

图171-7 绘制图形并填充颜色

07 选择步骤4中合并的图形，选取阴影工具，在其属性栏中设置"预设列表"为"中等辉光"、"阴影的不透明"为34、"阴影羽化"为18、"阴影方向"为"向外"、"阴影颜色"为80%黑，为合并图形添加阴影效果，如图171-8所示。

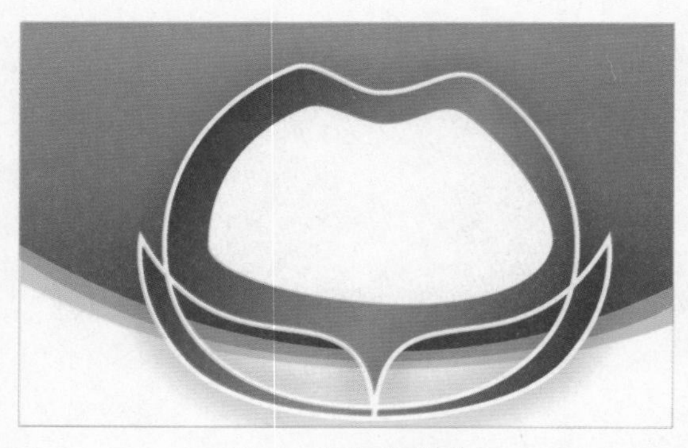

图171-8 添加阴影效果

2. 制作药品包装平面的文字效果

01 选取文本工具，在其属性栏中设置字体为"汉仪菱心简体"、字号为50pt，输入文字"定神补脑片"。选中输入的文字，按【F12】键，在弹出的"轮廓"对话框中设置轮廓宽度为1mm，选中"填充之后"复选框，单击"确定"按钮，效果如图171-9所示。

图171-9 输入文字并设置轮廓属性

02 按小键盘上的【+】键复制图形，按【Ctrl+PageDown】组合键调整文字顺序。按【↓】和【→】键微移图形，并设置填充颜色和轮廓颜色均为20%黑，效果如图171-10所示。

图171-10 复制、微移文字并设置属性

03 参照步骤1中的操作方法输入文字，并设置轮廓属性。按【F11】键，在弹出的"编辑填充"对话框中单击"渐变填充"按钮，设置0%位置颜色的CMYK值分别为100、0、100、60，56%位置颜色的CMYK值分别为71、0、96、2，100%位置的颜色CMYK值分别为100、0、100、50，单击"确定"按钮，为文字填充渐变颜色，效果如图171-11所示。

图171-11 输入文字并设置轮廓属性

04 选取阴影工具，在其属性栏中设置“预设列表”为“小型辉光”、“阴影的不透明”为70、“阴影羽化”为15，为文字添加阴影效果，如图171-12所示。

图171-12 添加阴影效果

05 选取矩形工具，在绘图页面中的合适位置绘制一个矩形，在其属性栏中设置矩形4个角的转角半径均为100，填充其颜色为白色，并删除其轮廓，效果如图171-13所示。

图171-13 绘制圆角矩形

06 选取椭圆形工具，在绘图页面中的合适位置绘制一个椭圆，填充其颜色为红色，并删除其轮廓，效果如图171-14所示。

图171-14 绘制椭圆

07 参照步骤1中的操作方法输入其他文字，设置其字体、字号和颜色，并调整至合适位置，效果如图171-15所示。

图171-15 输入其他文字

08 参照包装正面的制作方法，制作侧面和顶面的效果，如图171-16所示。

图171-16 制作其他面的效果

09 单击“文件”|“导入”命令，导入条形码，并调整其位置及大小，最终效果参见图171-1。至此，本实例制作完毕。

实例172 医药产品包装Ⅱ

本实例将设计制作安济定神补脑片包装的立体效果，如图 172-1 所示。

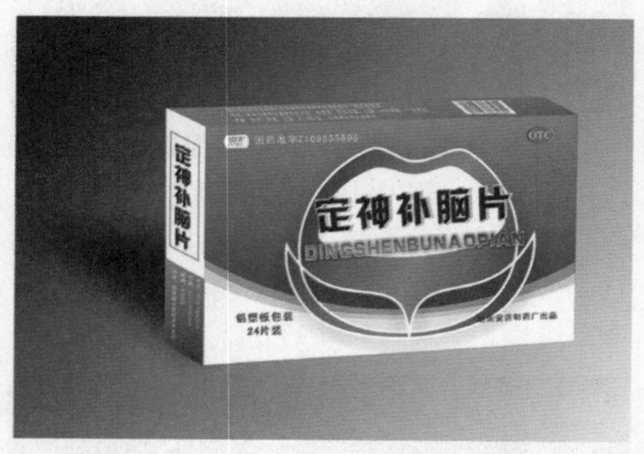

图172-1 安济定神补脑片包装立体效果

操作步骤

1. 制作药品包装的立体效果

01 按【Ctrl+O】组合键，打开实例 171 中制作好的药品包装平面效果图，如图 172-2 所示。

图172-2 打开平面效果图

02 选择正面的图形，按【Ctrl+G】组合键群组图形。选取封套工具，为图形添加封套效果，移动或控制节点以编辑封套效果，如图 172-3 所示。

03 参照步骤 2 中的操作方法为正面图形中的文字添加封套效果，如图 172-4 所示。

04 用同样的操作方法为侧面和顶面添加封套效果，如图 172-5 所示。

图172-3 添加封套效果

图172-4 为正面图形中的文字添加封套效果

图172-5 为侧面和顶面添加封套效果

2. 制作药品包装的阴影效果

01 选取折线工具，在绘图页面中的合适位置绘制一个多边形，并填充其颜色为 90% 黑，效果如图 172-6 所示。

02 选取阴影工具，在其属性栏中设置“预设列表”为“大型辉光”、“阴影的不透明”为 77、“阴影羽化”为 34，为多边形添加阴影效果，如图 172-7 所示。

图172-6 绘制多边形并填充颜色

图172-7 添加阴影效果

03 单击“对象”|“拆分阴影群组”命令拆分阴影，并删除步骤1中绘制的多边形，效果如图172-8所示。

图172-8 拆分阴影群组

04 添加渐变背景，最终效果参见图172-1。至此，本实例制作完毕。

实例173 卷烟包装 I

本实例将设计制作贺新卷烟包装平面效果图，如图173-1所示。

图173-1 贺新卷烟包装平面效果

操作步骤

1. 制作卷烟包装正面的背景效果

01 按【Ctrl+N】组合键，新建一个空白页面。选取矩形工具，绘制一个矩形。按【F11】键，在弹出的“编辑填充”对话框中单击“均匀填充”按钮，设置颜色为大红色(CMYK值分别为11、100、96、0)，在其属性栏中设置轮廓宽度为“无”，并删除其轮廓，效果如图173-2所示。

02 分别绘制两个矩形，填充其颜色为红色(CMYK值分别为0、90、85、0)，并删除其轮廓。按住【Shift】键的同时选择绘制的两个矩形，单击其属性栏中的“组合对象”按钮群组图形，效果如图173-3所示。

图173-2 绘制并填充矩形

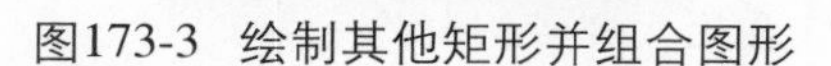

图173-3 绘制其他矩形并组合图形

03 选取透明度工具,在其属性栏中单击“均匀透明度”按钮,设置“透明度”为20,为群组图形添加透明效果,如图 173-4 所示。

图173-4 添加透明效果

04 按【Alt+F7】组合键,在弹出的“变换”泊坞窗的“位置”选项区中设置“水平”和“垂直”分别为 0 和 -5.2,单击“相对位置”选项区中的“中下”按钮,在“副本”文本框中输入 1,多次单击“应用”按钮,复制并移动图形,效果如图 173-5 所示。

图173-5 复制并移动图形

05 选取文本工具,在其属性栏中设置字体为“华文行楷”、字号为 300pt,输入文字。选中输入的文字,单击调色板中的红色色块,填充文字为红色,效果如图 173-6 所示。

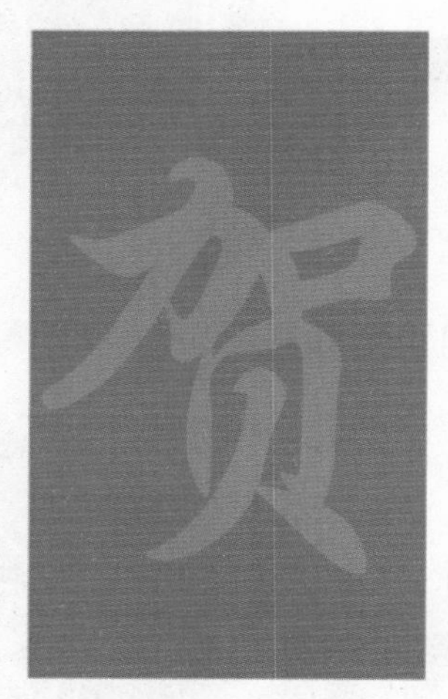

图173-6 输入并填充文字

06 按【Ctrl+Q】组合键,将文字转换为曲线图形。选取形状工具,选择相应的节点调整文字的形状,效果如图 173-7 所示。

图173-7 调整文字形状

07 选取钢笔工具,绘制闭合曲线图形,填充其颜色为白色。右击调色板中的白色色块,设置其轮廓颜色为白色,效果如图 173-8 所示。

08 按【Ctrl+Shift+Q】组合键,将轮廓转换为对象,并调整其大小,效果如图 173-9 所示。

图173-8 绘制曲线图形

图173-9 将轮廓转换为对象

09 按【Ctrl+I】组合键，导入一幅风景素材图像，效果如图 173-10 所示。

图173-10 导入图像

10 选取透明度工具，在其属性栏中单击“渐变透明度”按钮，为导入的图像添加透明效果，如图 173-11 所示。

图173-11 添加透明效果

11 在导入的图像上按住鼠标右键，将其拖至步骤 7 中所绘制的曲线图形中松开鼠标，在弹出的快捷菜单中选择“图框精确裁剪内部”选项，将图像置于图形容器中，效果如图 173-12 所示。

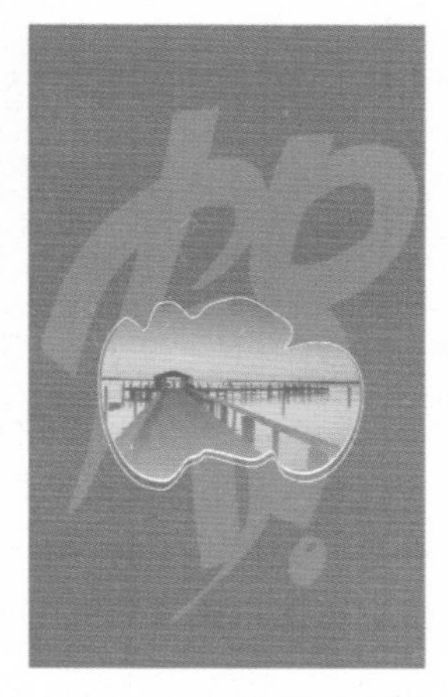

图173-12 图框精确剪裁

12 绘制矩形，并填充相应的颜色，效果如图 173-13 所示。

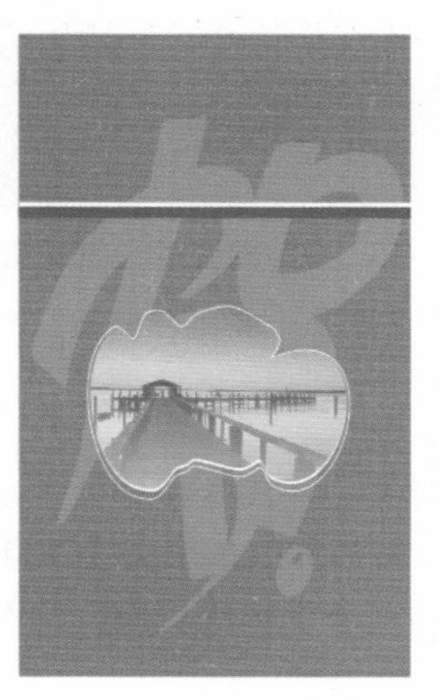

图173-13 绘制矩形并填充颜色

2. 制作卷烟包装正面的文字效果

01 按【F8】键，选取文本工具，在其属性栏中设置字体为“经典繁毛楷”、字号为60pt，输入文字“贺新”。选中输入的文字，单击调色板中的红色色块，填充其颜色为红色。按【F12】键，在弹出的“轮廓笔”对话框中设置“宽度”为1mm、“颜色”为黄色，单击“确定”按钮，效果如图173-14所示。

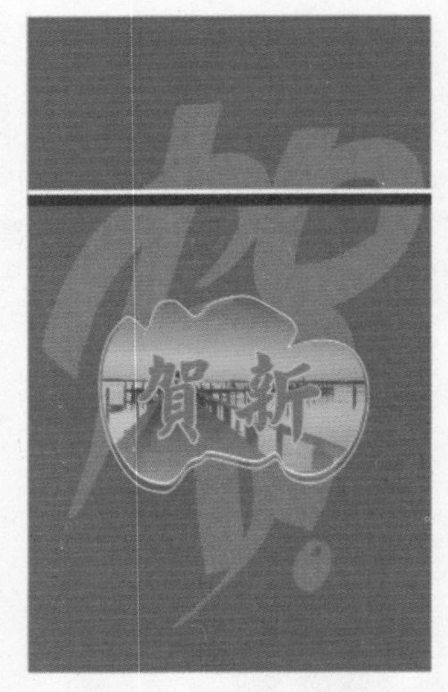

图173-14 输入文字并设置轮廓属性

02 选取椭圆形工具，绘制一个椭圆，并设置其轮廓属性，效果如图173-15所示。

图173-15 绘制椭圆并设置轮廓属性

03 单击“标准”工具栏中的“导入”按钮，导入一幅图像。依次单击“标准”工具栏中的“复制”和“粘贴”按钮，复制并粘贴导入的图像。将鼠标指针置于复制图像左侧中间的控制柄上，在按住【Ctrl】键的同时向右拖动鼠标水平镜像图形，效果如图173-16所示。

图173-16 导入、复制并水平镜像图像

04 输入其他文字，设置其字体、字号和颜色，并调整至合适位置，效果如图173-17所示。

图173-17 输入其他文字

05 参照前面的操作方法制作出烟盒侧面的平面效果，如图173-18所示。至此，本实例制作完毕。

图173-18 制作侧面的平面效果

实例174 卷烟包装II

本实例将设计制作贺新卷烟包装的立体效果，如图174-1所示。

图174-1 贺新卷烟包装立体效果

操作步骤

1. 制作卷烟包装的立体效果

01 按【Ctrl+O】组合键，打开实例173中制作好的平面效果图形，如图174-2所示。

图174-2 打开平面效果图

02 选取选择工具，框选正面的图形并右击，在弹出的快捷菜单中选择“组合对象”选项群组图形。选取封套工具，为群组图形添加封套效果，移动节点编辑封套形状，效果如图174-3所示。

图174-3 添加封套效果

03 用同样的操作方法为侧面图形添加封套效果，如图174-4所示。

图174-4 为侧面图形添加封套效果

04 选取选择工具，双击条形码图形，使其进入旋转状态。将鼠标指针置于图形右侧中间的控制柄上，按住鼠标右键并向上拖动，以倾斜条形码，效果如图174-5所示。

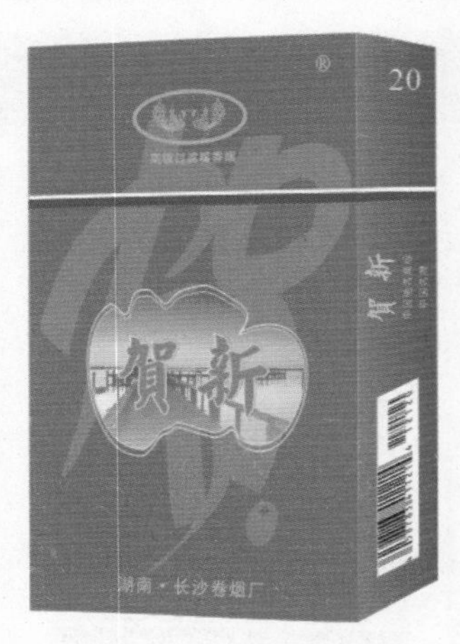

图174-5 倾斜条形码

05 选择白色矩形并右击，在弹出的快捷菜单中选择“转换为曲线”选项，将矩形转换为曲线图形。选取形状工具，调整图形形状，效果如图 174-6 所示。

图174-6 调整图形形状

2. 制作卷烟包装中的香烟图形

01 选取矩形工具，绘制一个矩形。按【Ctrl+Q】组合键，将矩形转换为曲线图形。选取形状工具，调整图形形状，效果如图 174-7 所示。

图174-7 绘制曲线图形

02 按【F11】键，在弹出的“编辑填充”对话框中单击“渐变填充”按钮，设置 0% 位置颜色的 CMYK 值分别为 0、38、69、31，41% 位置颜色的 CMYK 值分别为 0、25、45、9，66% 位置颜色的 CMYK 值分别为 0、3、22、1，90% 位置颜色的 CMYK 值分别为 4、36、67、0，100% 位置颜色的 CMYK 值分别为 0、38、69、31，“旋转”为 90，单击“确定”按钮，渐变填充曲线图形，并删除其轮廓，效果如图 174-8 所示。

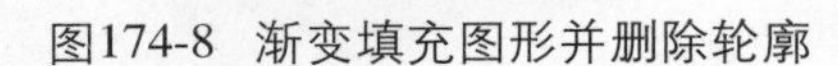

图174-8 渐变填充图形并删除轮廓

03 用同样的操作方法绘制其他曲线图形并渐变填充颜色，按【Ctrl+PageDown】组合键调整图形顺序，效果如图 174-9 所示。

图174-9 绘制其他图形

04 选取椭圆形工具，在绘图页面中的合适位置绘制一个椭圆，并填充其颜色为白色，效果如图 174-10 所示。

图174-10 绘制并填充椭圆

05 选中平面效果图中的文字“贺新”，按【Ctrl+D】组合键再制图形。在属性栏中设置“旋转角度”为 90，设置字体为“经典繁毛楷”、字号为 8pt，单击调色板中的红色色块，填充文字颜色为红色，效果如图 174-11 所示。

图174-11 添加文字并填充颜色

06 选取选择工具，删除烟头椭圆的轮廓，框选烟形状图形，单击属性栏中的“组合对象”按钮群组图形。按【Ctrl+D】组合键再制组合图形，并调整至合适位置，删除烟头椭圆的轮廓，效果如图 174-12 所示。

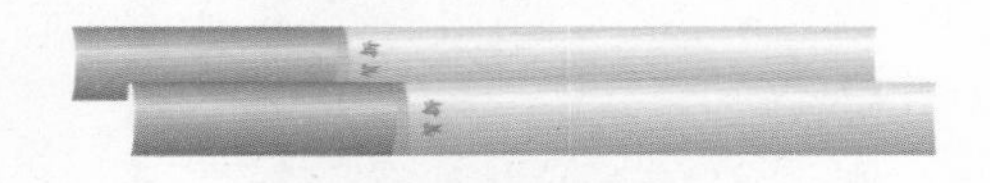

图174-12 再制烟图形

07 复制卷烟包装立体图形，调整其位置，并制作背景，最终效果参见图 174-1。至此，本实例制作完毕。

实例175 酒类包装 I

本实例将设计制作万年福寿酒包装的平面效果，如图 175-1 所示。

图175-1 万年福寿酒包装平面效果

操作步骤

1. 制作酒包装平面的背景效果

01 按【Ctrl+N】组合键，新建一个空白页面。按【F6】键，选取矩形工具，在绘图页面中的合适位置绘制一个矩形。单击“窗口”|“泊坞窗”|“彩色”命令，在弹出的“颜色”泊坞窗中设置颜色为红色（CMYK 值分别为 0、100、100、5），单击“填充”按钮，为矩形填充颜色。选取无轮廓工具，删除矩形轮廓，效果如图 175-2 所示。

图175-2 绘制矩形并填充颜色

02 单击“标准”工具栏中的“导入”按钮，导入一幅龙图形。依次单击“编辑”|“复制”和“粘贴”命令，复制并粘贴龙图形。将鼠标指针置于图形最左侧中间的控制柄上，在按住【Ctrl】键的同时单击并向右拖动鼠标水平镜像图形，并将其调整至合适位置，效果如图 175-3 所示。

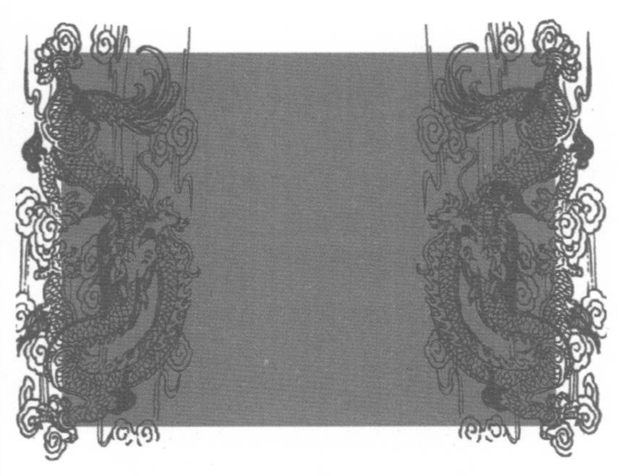

图175-3 导入、复制并水平镜像图像

03 在按住【Shift】键的同时选择两幅龙图形，按【Ctrl+G】组合键组合图形。选取透明度工具，在其属性栏中单击“均匀透明度”按钮，为图形添加透明效果，如图 175-4 所示。

图175-4 添加透明效果

04 单击“对象”|“图框精确裁剪”|“置于图文框内部”命令，当鼠标指针呈➡形状时单击矩形，将图形置于矩形容器中，效果如图 175-5 所示。

图175-5 图框精确剪裁

05 选取钢笔工具，绘制闭合曲线图形。按【F11】键，在弹出的“编辑填充”对话框中单击“均匀填充”按钮，设置颜色为黄色(CMYK值分别为2、12、90、0)，单击“确定”按钮，为曲线图形填充颜色，并删除其轮廓，效果如图175-6所示。

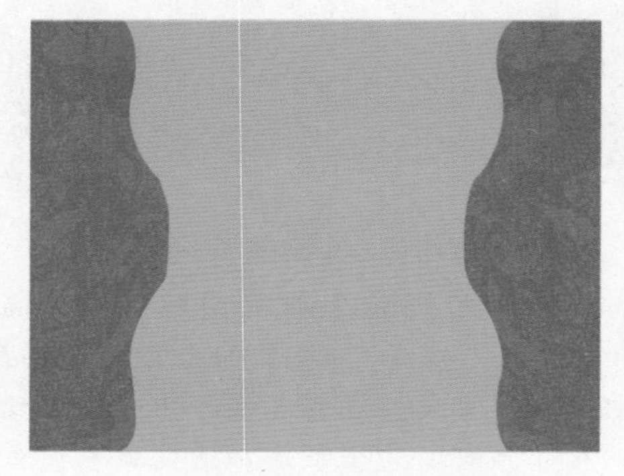

图175-6 绘制曲线图形并填充颜色

06 选取矩形工具，绘制一个矩形。在矩形上右击，在弹出的快捷菜单中的选择“转换为曲线”选项，将矩形转换为曲线图形。选取形状工具，调整图形形状，效果如图175-7所示。

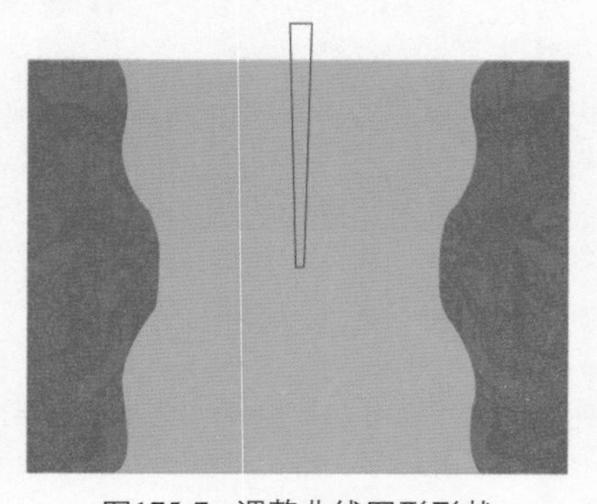

图175-7 调整曲线图形形状

07 按【F11】键，在弹出的“编辑填充”对话框中单击“渐变填充”按钮，设置0%位置颜色的CMYK值分别为0、20、100、5，24%和100%位置颜色的CMYK值均为0、0、100、0，43%位置颜色的CMYK值分别为0、15、100、2，50%位置颜色的CMYK值分别为1、20、94、0，59%位置颜色的CMYK值分别为0、11、100、2，“旋转”为90，单击“确定”按钮，渐变填充曲线图形，并删除其轮廓，效果如图175-8所示。

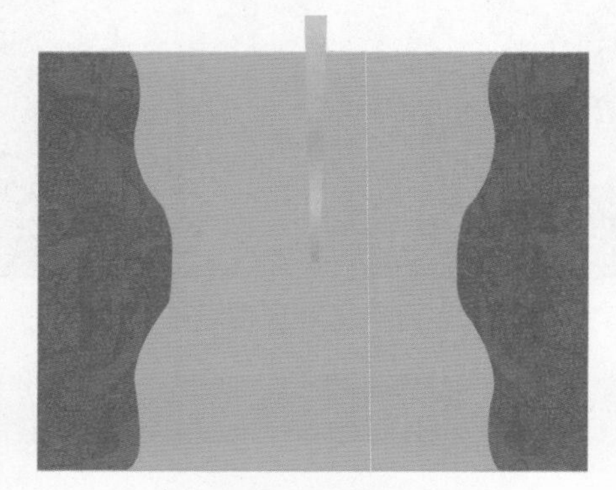

图175-8 绘制图形并渐变填充颜色

08 单击“窗口”|“泊坞窗”|“变换”|“旋转”命令，在弹出的“变换”泊坞窗的“旋转”选项区中设置“角度”为10，选中“相对中心”选项区中最下端中间的复选框，在“副本”文本框中输入1，多次单击“应用”按钮，复制并旋转图形，效果如图175-9所示。

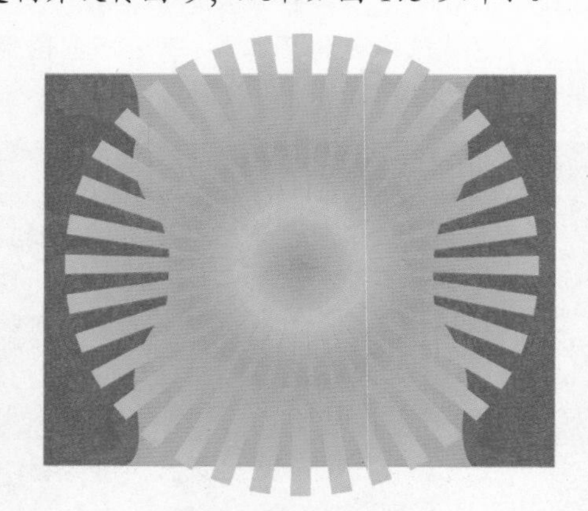

图175-9 复制并旋转图形

09 选择步骤6~8中绘制的图形并右击，在弹出的快捷菜单中的选择“组合对象”选项组合图形。参照步骤4中的操作方法精确剪裁图形，效果如图175-10所示。

图175-10 精确剪裁图像

10 参照步骤5~7的方法绘制曲线，并渐变填充颜色，效果如图175-11所示。

图175-11 绘制并渐变填充曲线图形

11 参照步骤3中的操作方法群组图形，复制并垂直镜像群组后的图形，效果如图175-12所示。

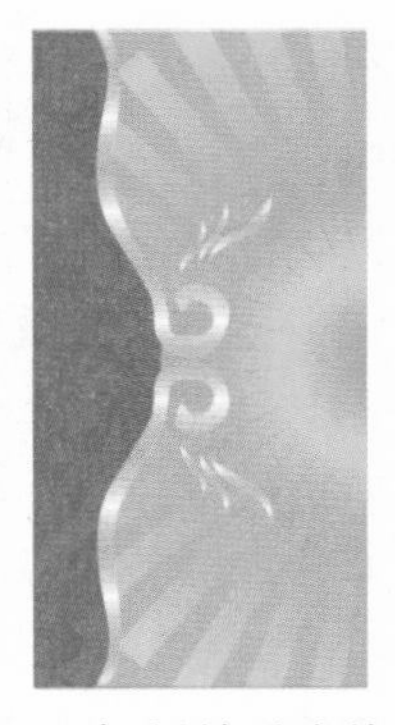

图175-12 复制并垂直镜像图形

12 选取阴影工具，在其属性栏中设置“预设列表”为“小型辉光”、“阴影偏移”分别为1.237mm和0.119mm、“阴影的不透明”为50、“阴影羽化”为4、“阴影颜色”为红色(CMYK值分别为0、100、100、0)，为组合后的图形添加阴影效果，如图175-13所示。

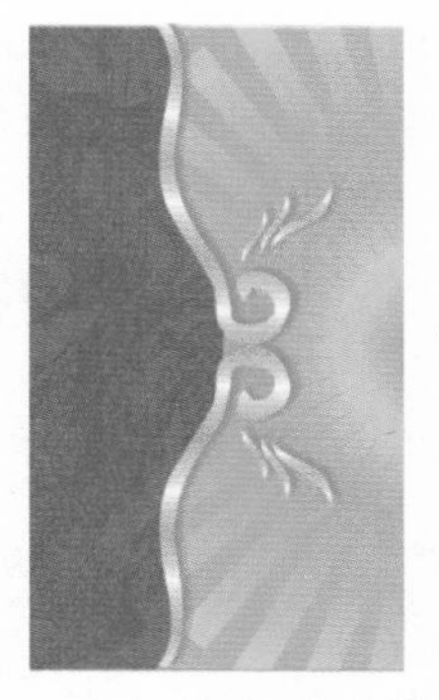

图175-13 添加阴影效果

13 参照步骤2中的操作方法复制并水平镜像图形，然后将其调整至合适位置，效果如图175-14所示。

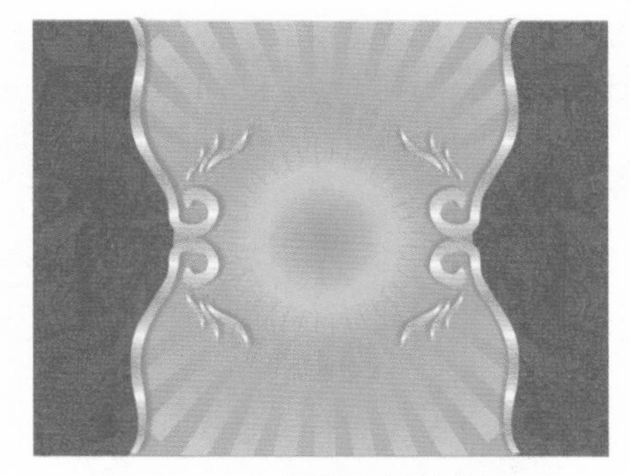

图175-14 复制并水平镜像图形

14 选取钢笔工具，绘制闭合曲线图形。按【F11】键，在弹出的“编辑填充”对话框中单击“渐变填充”按钮，单击“圆锥形渐变填充”按钮，单击“重复”按钮，设置0%、38%、72%和100%位置颜色的CMYK值均为0、20、100、5，22%、55%和90%位置颜色的CMYK值均为0，单击“确定”按钮，渐变填充闭合曲线图形，效果如图175-15所示。

图175-15 绘制并渐变填充曲线图形

15 在其属性栏中设置轮廓宽度为1.4mm，单击“对象”|“将轮廓转换为对象”命令，

将轮廓转换为对象。选择轮廓对象，参照步骤 14 中的操作方法渐变填充颜色，效果如图 175-16 所示。

图175-16 将轮廓转换为对象并渐变填充颜色

16 按小键盘上的【+】键复制轮廓图形。按【Ctrl+PageDown】组合键，调整复制图形顺序，并将其缩放至合适大小，填充其颜色为红色，效果如图 175-17 所示。

图175-17 复制图形并填充颜色

17 导入一幅龙图形，并调整其大小及位置；按住【Ctrl】键的同时，在导入的图形上单击并拖动鼠标至合适位置，松开鼠标的同时右击，以复制图像，效果如图 175-18 所示。

图175-18 导入并复制图像

18 参照步骤 16 中的操作方法复制图像，并将其调整至合适位置。单击“效果”|“调整”|“色度 / 饱和度 / 亮度”命令，在弹出的“色度 / 饱和度 / 亮度”对话框中设置“色度”为 -18，单击“确定”按钮，调整两幅图像的色度，效果如图 175-19 所示。

图175-19 复制其他图形并调整色度

2. 制作酒包装平面的文字效果

01 按【F8】键，选取文本工具，在属性栏中设置字体为“经典繁毛楷”、字号为 30pt，输入文字“万年福寿”。选中输入的文字，双击状态栏中的“轮廓颜色”色块，在弹出的“轮廓笔”对话框中设置“宽度”为 0.7mm、“颜色”为 20% 黑，并选中“填充之后”复选框，单击“确定”按钮，为文字设置轮廓属性，效果如图 175-20 所示。

图175-20 输入文字并设置轮廓属性

02 单击“对象”|“拆分美术字：经典繁毛楷（正常）(CHC)”命令，拆分文字。选取选择工具，调整文字位置，效果如图 175-21 所示。

图175-21 调整文字位置

03 选择拆分后的文字，单击“效果”|“斜角”命令，在弹出的“斜角”泊坞窗中设置“样式”为“柔和边缘”、“距离”为2.54mm、“光源颜色”为红色、“强度”为100、“方向”为70、“高度”为63，单击“确定”按钮，为文字添加斜角效果，如图175-22所示。

04 输入其他文字，设置其字体、字号和颜色，并调整至合适位置，最终效果参见图175-1。至此，本实例制作完毕。

图175-22 添加斜角效果

实例176 酒类包装II

本实例将设计制作万年福寿酒包装的立体效果，如图176-1所示。

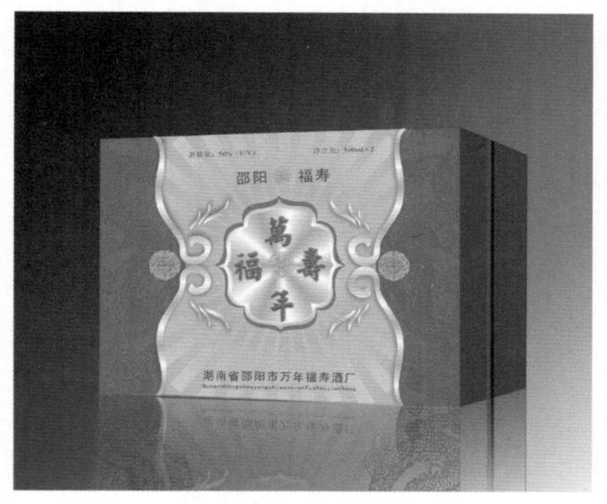

图176-1 万年福寿酒包装立体效果

操作步骤

1. 制作酒包装的立体效果

01 单击“标准”工具栏中的“打开”按钮，打开实例175中制作好的平面效果图形，如图176-2所示。

02 选择平面效果的背景图形，选取封套工具，拖动节点以调整图形封套效果，如图176-3所示。

图176-2 打开平面效果图

图176-3 添加封套效果

03 参照步骤2中的操作方法添加其他图形的封套效果，如图176-4所示。

04 选取折线工具，绘制一个多边形。按【Alt+Enter】组合键，弹出“对象属性”泊坞窗，单击“填充”选项卡，设置“填充类型”

为“均匀填充”，颜色为深红色（CMYK 值分别为 0、100、100、50），效果如图 176-5 所示。

图176-4　添加其他图形封套效果

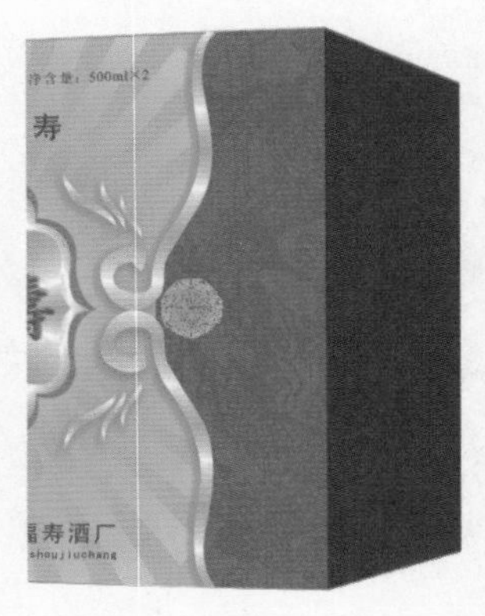

图176-5　绘制多边形并填充颜色

05 参照步骤 4 中的操作方法绘制其他曲线图形，并填充相应的颜色，效果如图 176-6 所示。

图176-6　绘制其他曲线图形

2．制作酒包装的倒影效果

01 选择制作好的酒包装的正面效果图形，按小键盘上的【+】键复制图形，单击属性栏中的“垂直镜像”按钮垂直镜像图形，并调整其位置及大小，效果如图 176-7 所示。

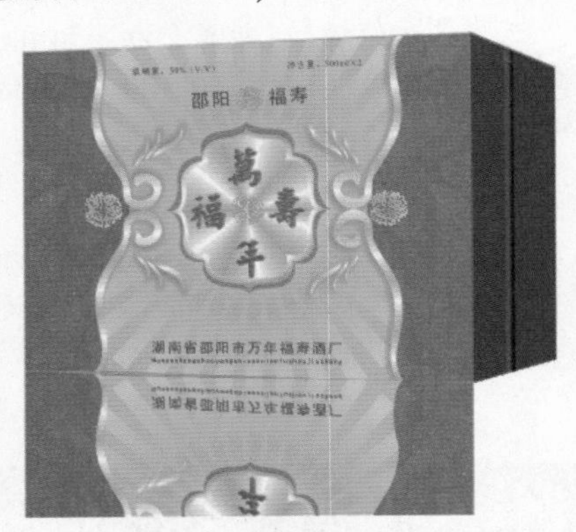

图176-7　复制并垂直镜像图形

02 选取透明度工具，在图像上方单击并向下拖动鼠标，复制图形以添加透明效果，并调整图像的透明度参数，如图 176-8 所示。

图176-8　添加透明效果

03 参照步骤 1~2 的操作方法制作侧面的倒影效果，如图 176-9 所示。

图176-9　制作侧面的倒影效果

04 添加渐变背景，最终效果参见图 176-1。至此，本实例制作完毕。

实例177 面食包装 I

本实例将设计制作鱼香肉丝面包装平面效果，如图 177-1 所示。

图177-1 鱼香肉丝面包装平面效果

操作步骤

1. 制作面食包装的平面背景

01 按【Ctrl+N】组合键，新建一个空白页面。选取矩形工具，绘制一个矩形。单击“窗口”|“泊坞窗”|“彩色”命令，在弹出的“颜色”泊坞窗中设置颜色为绿色（CMYK 值分别为 58、2、99、0），单击“填充”按钮，为矩形填充颜色，并删除其轮廓，效果如图 177-2 所示。

图177-2 绘制矩形

02 选取钢笔工具，绘制多条曲线。右击调色板中的白色色块，设置轮廓色为白色，如图 177-3 所示。

图177-3 绘制曲线

03 选取钢笔工具，绘制其他曲线，并设置其轮廓属性，效果如图 177-4 所示。

图177-4 绘制其他曲线

04 选取矩形工具，绘制一个矩形。按【F11】键，在弹出的“编辑填充”对话框中单击“渐变填充”按钮，设置 0% 位置的颜色为绿色（CMYK 值分别为 64、0、79、0）、100% 位置的颜色为黄色（CMYK 值分别为 0、0、100、0），单击“确定”按钮，渐变填充矩形，并删除其轮廓，效果如图 177-5 所示。

图177-5 绘制矩形并渐变填充

05 按小键盘上的【+】键复制图形，通过按【↑】键移动图形，并调整其大小及位置。用同样的操作方法复制其他图形，效果如图 177-6 所示。

图177-6 复制并调整图形

06 选取选择工具，在按住【Shift】键的同时选择所有的渐变矩形，单击属性栏中的“组合对象”按钮群组图形。按住【Ctrl】键的同时在群组后的图形上单击并拖动鼠标至合适位置，松开鼠标的同时右击复制图形。单击属性栏中的“水平镜像”按钮水平镜像图形，效果如图 177-7 所示。

图177-7 水平镜像图形效果

07 选取钢笔工具，绘制一个闭合曲线图形，填充其颜色为黄色（CMYK 值分别为 0、0、100、0），并删除其轮廓，效果如图 177-8 所示。

图177-8 绘制曲线图形并填充颜色

08 参照步骤 5 中的操作方法复制图形，并调整至合适大小，填充其颜色为绿色（CMYK 值分别为 100、0、100、0），并删除其轮廓，效果如图 177-9 所示。

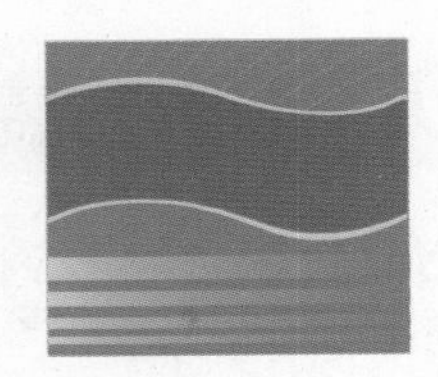

图177-9 复制图形并填充颜色

09 导入一幅面条图形。选取选择工具，单击图像使其进入旋转状态，将鼠标指针置于图像右侧中间的控制柄上，按住鼠标左键并向上拖动倾斜图形，如图 177-10 所示。

图177-10 导入图像并精确剪裁

10 选取艺术笔工具，在其属性栏中设置合适的笔触，设置“艺术笔工具宽度”为 5mm，绘制艺术图形，填充颜色为米黄色（CMYK 值分别为 2、4、18、0），效果如图 177-11 所示。

图177-11 绘制艺术图形

11 按【Ctrl+K】组合键，拆分艺术笔图形。选取选择工具，选中中间的直线，按【Delete】键将其删除。参照步骤 10 中的操作方法绘制其他艺术笔图形，效果如图 177-12 所示。

图177-12 绘制其他艺术笔图形

2．制作面食包装的平面文字效果

01 选取文本工具，输入文字“鱼”。选择该文字，在其属性栏中设置字体为“方正水柱简体”、字号为33pt，“旋转角度”为353.8，并填充其颜色为白色，效果如图177-13所示。

图177-13 输入文字并填充颜色

02 输入其他文字，设置相应的字体、字号、旋转角度和颜色，并将其调整至合适位置，效果如图177-14所示。

图177-14 输入其他文字

03 选取椭圆形工具，在按住【Ctrl】键的同时拖动鼠标，绘制一个正圆，填充其颜色为橙色（CMYK值分别为0、40、100、0），并删除其轮廓。选择绘制的正圆，在按住【Ctrl】键的同时单击并拖动鼠标至合适位置，松开鼠标的同时右击复制正圆。用同样的方法复制其他正圆，效果如图177-15所示。

04 选取文本工具，在其属性栏中设置字体为“文鼎中特广告体”、字号为12.2pt，单击“将文本更改为垂直方向”按钮，分别输入文字“馈赠佳品”、“名扬海外”，并填充其颜色为白色，效果如图177-16所示。

图177-15 复制正圆

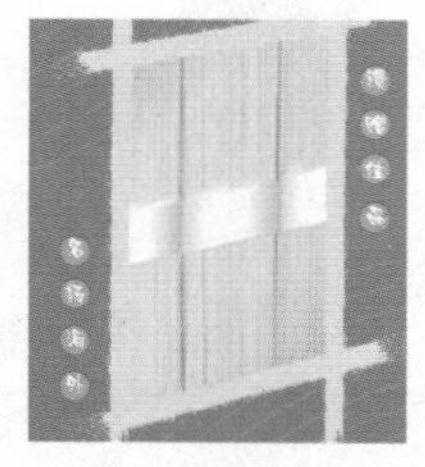

图177-16 输入文字并填充颜色

05 按【Ctrl+I】组合键，导入一幅文字图形，并调整其位置及大小，效果如图177-17所示。

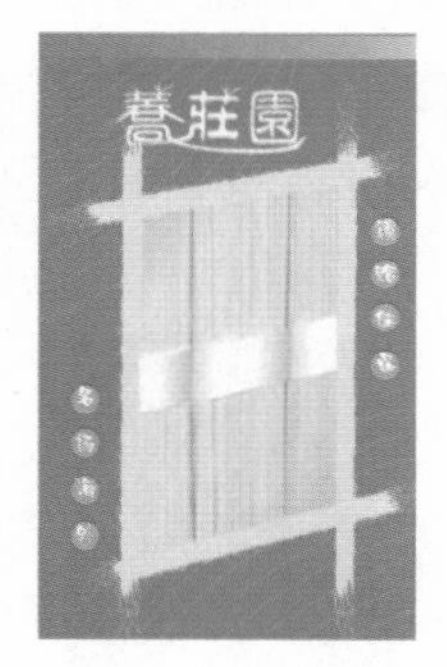

图177-17 导入文字图形

06 选取钢笔工具，绘制一个闭合曲线图形，填充其颜色为橘红色（CMYK值分别为0、60、100、0），并删除其轮廓，效果如图177-18所示。

图177-18 绘制曲线图形并填充颜色

07 输入其他文字，设置相应的字体、字号和颜色，并将其调整至合适位置，最终效果参见图177-1。至此，本实例制作完毕。

实例178 面食包装Ⅱ

本实例将设计制作鱼香肉丝面包装的立体效果，如图 178-1 所示。

图178-1 鱼香肉丝面包装立体效果

操作步骤

1. 制作面食包装的立体造型效果

01 打开实例 177 中制作好的平面效果图形，如图 178-2 所示。

图178-2 打开平面效果图

02 选取贝塞尔工具，绘制一个闭合曲线图形。单击“窗口”|“泊坞窗”|“彩色”命令，在弹出的“颜色”泊坞窗中设置颜色为绿色（CMYK 值分别为 58、2、99、0），单击“填充”按钮，为曲线图形填充颜色，并删除其轮廓，效果如图 178-3 所示。

图178-3 绘制曲线图形

03 选取选择工具，选择平面效果图形，按【Ctrl+G】组合键组合图形。在平面效果图形上按住鼠标右键并拖动至曲线图形中松开鼠标，在弹出的快捷菜单中选择“图框精确裁剪内部”选项，将平面效果图置于曲线图形容器中。在按住【Ctrl】键的同时单击剪裁图形，调整平面效果图至合适位置。按住【Ctrl】键的同时在剪裁图形以外的区域单击鼠标左键，即可完成图形编辑操作，效果如图 178-4 所示。

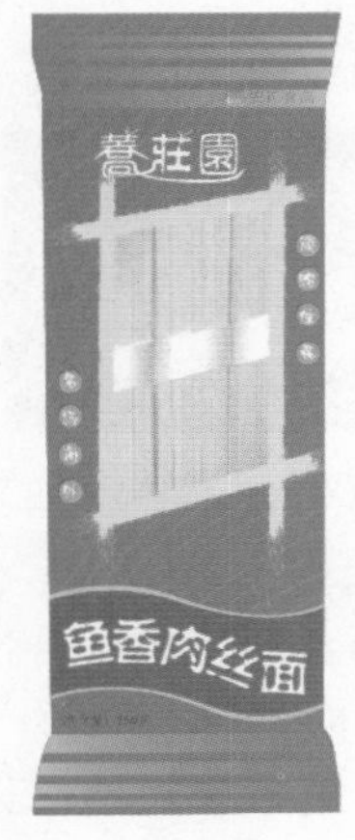

图178-4 精确剪裁图像

2. 制作面食包装的立体效果

01 选取贝塞尔工具，绘制一个闭合曲线图形，填充其颜色为白色，并删除其轮廓，效果如图 178-5 所示。

图178-5 绘制曲线图形

02 单击“位图”|“转换为位图”命令，在弹出的“转换为位图”对话框中设置“分辨率”为300,并选中“透明背景”复选框,单击“确定”按钮,将图形转换为位图。单击“位图”|“模糊”|“高斯式模糊”命令，在弹出的“高斯式模糊”对话框中设置“半径”为28，单击“确定”按钮，效果如图178-6所示。

图178-6 高斯模糊位图

03 选取透明度工具，在属性栏中单击“均匀透明度”按钮，为位图添加透明效果，如图178-7所示。

04 用同样的操作方法制作其他高斯模糊图形，效果如图178-8所示。

05 选取矩形工具，绘制一个矩形，填充颜色为灰色（CMYK值分别为0、0、0、50）。选取透明度工具，在属性栏中单击“渐变透明度”按钮，在矩形下方单击并向上方拖动鼠标至合适位置，为矩形添加透明效果，如图178-9所示。

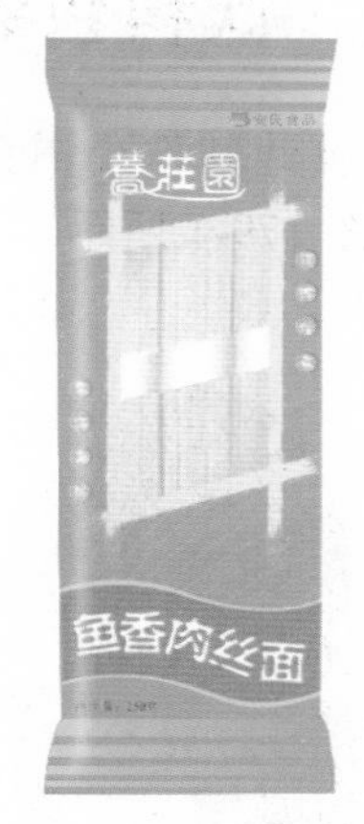

图178-7 添加透明效果

图178-8 绘制其他高斯模糊图形

图178-9 绘制矩形并添加透明效果

06 制作背景，复制图形，并设置相应的颜色，即可制作面食包装的组合效果，参见图178-1。至此，本实例制作完毕。

实例179 饮料包装 I

本实例将设计制作小白兔牛奶包装的平面效果，如图 179-1 所示。

图179-1 小白兔牛奶包装平面效果

操作步骤

1．制作饮料包装的平面效果

01 按【Ctrl+N】组合键，新建一个空白页面。选取钢笔工具，绘制闭合曲线图形。按【F11】键，在弹出的"编辑填充"对话框中单击"渐变填充"按钮，设置 0% 位置的颜色为绿色（CMYK 值分别为 70、0、100、0）、56%、100% 位置的颜色均为白色（CMYK 值均为 0），"旋转"为 90，单击"确定"按钮，渐变填充闭合曲线图形，效果如图 179-2 所示。

图179-2 绘制闭合曲线图形并渐变填充颜色

02 用同样的操作方法绘制闭合曲线图形，单击"窗口"|"泊坞窗"|"彩色"命令，在弹出的"颜色"泊坞窗中设置颜色为墨绿色（CMYK 值分别为 84、31、100、2），单击"填充"按钮，为闭合曲线图形填充颜色，并删除其轮廓，效果如图 179-3 所示。

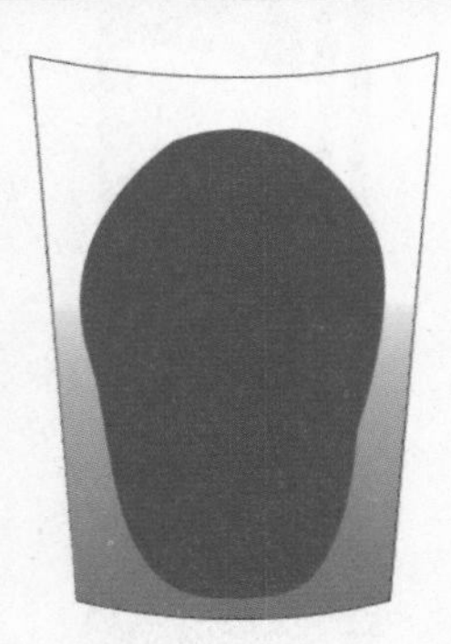

图179-3 绘制曲线图形并填充颜色

03 按小键盘上的【+】键复制图形。在按住【Shift】键的同时拖动鼠标，等比例缩小图形。填充复制图形的颜色为淡绿色（CMYK 值分别为 33、0、91、0），效果如图 179-4 所示。

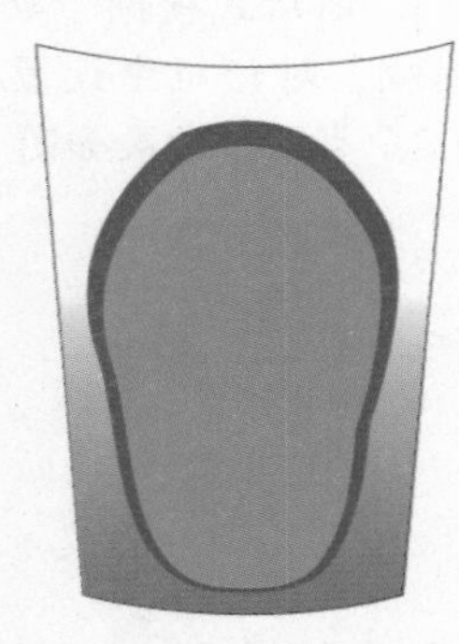

图179-4 复制图形并填充颜色

04 选取调和工具，在复制图形和原图形之间进行直线调和，效果如图 179-5 所示。

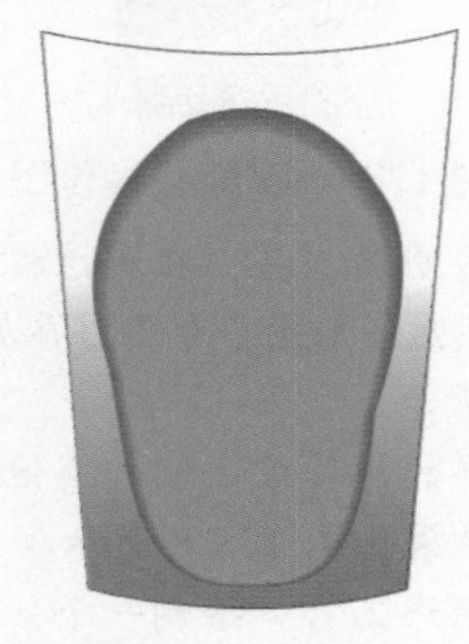

图179-5 直线调和效果

05 绘制闭合曲线图形，填充其颜色为黄绿色（CMYK 值分别为 21、0、56、0），并删除其轮廓，效果如图 179-6 所示。

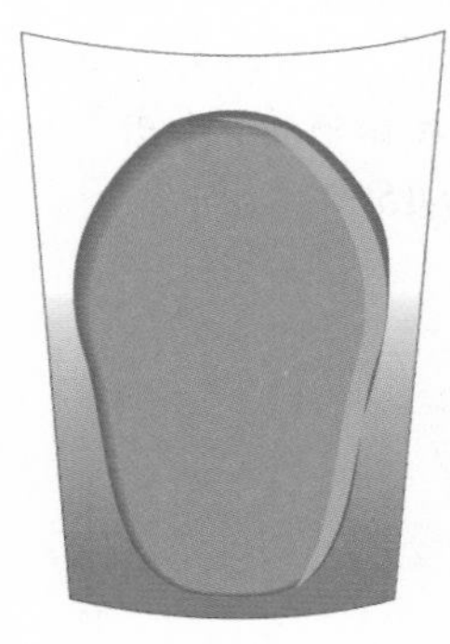

图179-6 绘制图形并填充颜色

06 单击“位图”|“转换为位图”命令，在弹出的“转换为位图”对话框中设置“分辨率”为 300，并选中“透明背景”复选框，单击“确定”按钮，将图形转换为位图。单击“位图”|“模糊”|“高斯式模糊”命令，在弹出的“高斯式模糊”对话框中设置“半径”为 25，单击“确定”按钮，效果如图 179-7 所示。

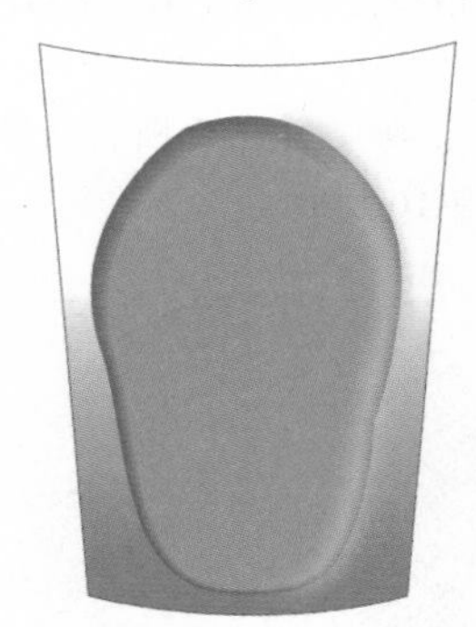

图179-7 高斯模糊图形

07 参照步骤 5~6 的操作方法绘制其他高斯模糊图形，并填充相应的颜色，效果如图 179-8 所示。

图179-8 绘制其他高斯模糊图形

2. 制作饮料包装的修饰背景

01 单击“标准”工具栏中的“导入”按钮，导入一幅卡通图形，效果如图 179-9 所示。

图179-9 导入卡通图形

02 选取贝塞尔工具，绘制一个水滴图形。按【Alt+Enter】组合键，在弹出的“对象属性”泊坞窗中单击“填充”选项卡，在其中设置“填充类型”为“均匀填充”，颜色为洋红色（CMYK 值分别为 0、100、0、0）。单击“轮廓”选项卡，在其中设置“轮廓宽度”为 1.4mm，“轮廓颜色”为白色，设置图形属性，效果如图 179-10 所示。

图179-10 绘制图形并设置轮廓属性

03 用同样的操作方法绘制其他图形，填充相应的颜色，并设置轮廓属性，效果如图 179-11 所示。

图179-11 绘制其他图形

04 选取椭圆形工具，绘制3个椭圆。参照步骤2中的操作方法设置填充颜色和轮廓颜色，效果如图179-12所示。

图179-12 绘制椭圆并填充颜色

05 按【F8】键，选取文本工具，在属性栏中设置字体为“方正卡通简体”、字号为21pt，输入文字“营养一整天”，并参照步骤2中的操作方法为文字设置填充颜色和轮廓颜色，效果如图179-13所示。

图179-13 输入文字并填充颜色

06 输入其他文字，设置其字体、字号和颜色，并调整至合适位置，效果如图179-14所示。

图179-14 输入其他文字

3. 制作饮料包装的瓶盖图形

01 选取椭圆形工具，在按住【Ctrl】键的同时拖动鼠标，绘制一个正圆。选取贝塞尔工具，绘制一个曲线图形。选取选择工具，在按住【Shift】键的同时单击鼠标左键加选正圆，单击属性栏中的“合并”按钮合并图形，效果如图179-15所示。

图179-15 绘制并合并图形

02 用同样的操作方法绘制一个正圆。按【F11】键，在弹出的“编辑填充”对话框中单击“渐变填充”按钮，单击“椭圆形渐变填充”按钮，设置0%位置的颜色为绿色（CMYK值分别为50、0、100、0）、100%位置的颜色为白色（CMYK值均为0），单击“确定”按钮，渐变填充正圆，并删除其轮廓，效果如图179-16所示。

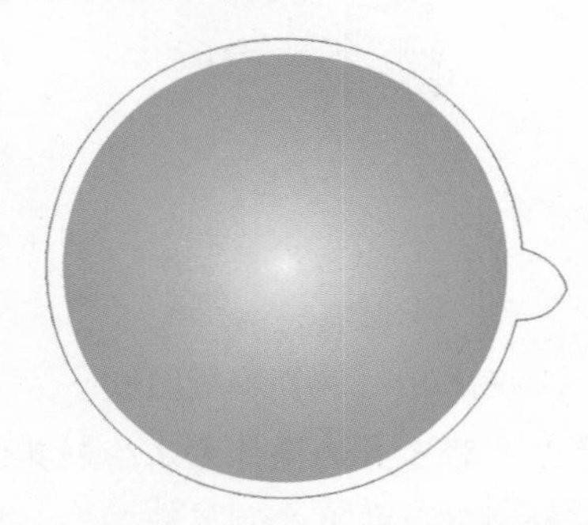

图179-16 绘制正圆并渐变填充颜色

03 参照瓶身的制作方法绘制瓶盖中的其他图形，并输入文字，最终效果如图179-17所示。至此，本实例制作完毕。

图179-17 绘制其他图形

实例180 饮料包装Ⅱ

本实例将设计制作小白兔牛奶包装立体效果，如图 180-1 所示。

图180-1 小白兔牛奶包装立体效果

操作步骤

1．制作饮料包装的合成效果

01 按【Ctrl+N】组合键, 新建一个空白页面。双击矩形工具，绘制一个与页面大小相等的矩形，填充其颜色为黑色。按【Ctrl+I】组合键，导入实例 179 中制作好的瓶身图形，效果如图 180-2 所示。

图180-2 绘制矩形并导入图形

02 用同样的操作方法导入瓶盖图形，将鼠标指针置于瓶盖图形上方中间的控制柄上，拖动鼠标缩放图形至合适大小，效果如图 180-3 所示。

图180-3 导入并缩放瓶盖图形

2．制作饮料包装的立体效果

01 选取钢笔工具,绘制一个闭合曲线图形，填充其颜色为灰色(CMYK 值分别为 0、0、0、20)，并删除其轮廓，效果如图 180-4 所示。

图180-4 绘制曲线图形

02 选取透明度工具,在其属性栏中单击“渐变透明度”按钮，为曲线图形添加透明效果，如图 180-5 所示。

图180-5 添加透明效果

03 按小键盘上的【+】键复制图形，并水平镜像复制的图形，然后调整其大小和位置。单击“位图”|“转换为位图”命令，在弹出的“转换为位图”对话框中设置“分辨率”为300，并选中“透明背景”复选框，单击“确定”按钮，将图形转换为位图。单击“位图”|“模糊”|“高斯式模糊”命令，在弹出的“高斯式模糊”对话框中设置“半径”为21，单击“确定”按钮，效果如图180-6所示。

图180-6 高斯模糊位图

04 用同样的操作方法绘制其他高斯模糊图形，效果如图180-7所示。

图180-7 绘制其他高斯模糊图形

05 选择瓶身图形，按小键盘上的【+】键复制图形，单击其属性栏中的“垂直镜像”按钮垂直镜像图形。选取裁剪工具，裁剪图形，效果如图180-8所示。

图180-8 复制、垂直镜像并裁剪图形

06 选取透明度工具，从图形下方向上拖动鼠标，为垂直镜像图形添加透明效果，如图180-9所示。

图180-9 添加透明效果

07 通过复制图形并填充相应的颜色，可以制作食品包装的延伸效果，参见图180-1。至此，本实例制作完毕。

实例181 书籍封面

本实例将设计制作书籍封面，如图 181-1 所示。

图181-1 书籍封面

操作步骤

1. 制作书籍封面的背景

01 单击“文件”|“新建”命令，新建一个空白页面。

02 选取矩形工具，在页面中绘制矩形，如图 181-2 所示。

图181-2 绘制矩形

03 继续利用矩形工具绘制一个较小的矩形，如图 181-3 所示。

04 将两个矩形均填充为黄色，如图 181-4 所示。

图181-3 绘制矩形

图181-4 填充颜色

05 选取螺纹工具，单击属性栏中的“对数螺纹”按钮，并在“螺纹回圈”文本框中输入 36，然后在页面中绘制螺纹，如图 181-5 所示。

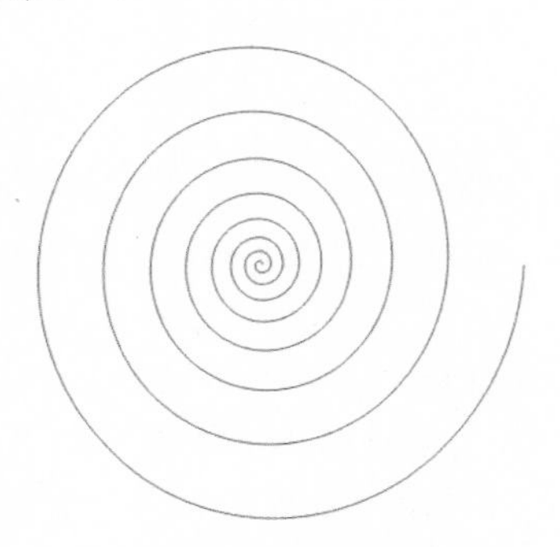
图181-5 绘制螺纹

06 利用选择工具选中螺纹图形，单击“效果”|“艺术笔”命令，弹出“艺术笔”泊坞窗，从中选择一种艺术笔样式，如图181-6所示。

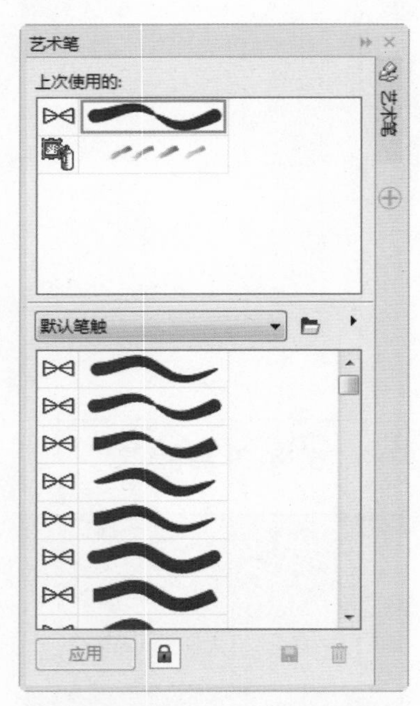

图181-6 “艺术笔”泊坞窗

07 单击“应用”按钮,然后在属性栏的“笔触宽度”数值框中输入4，效果如图181-7所示。

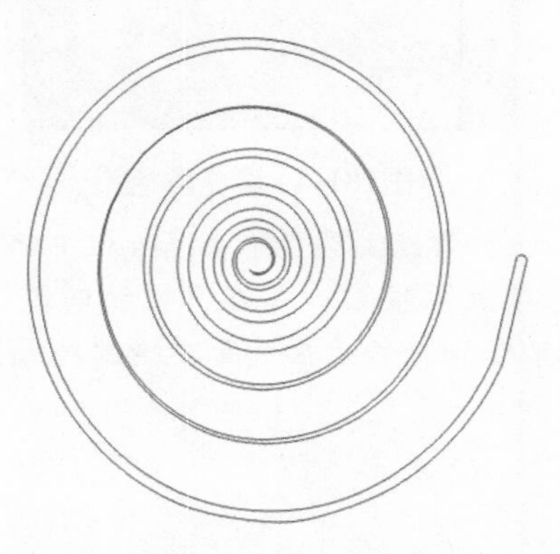

图181-7 应用艺术笔效果

08 将螺纹图形填充为绿色，并将轮廓设置为“无”，如图181-8所示。

09 利用选择工具选中螺纹图形，单击“对象”|“图框精确裁剪”|“置于图文框内部”命令，单击页面中较大的矩形，将螺纹图形置于该矩形容器中，如图181-9所示。

图181-8 填充图形

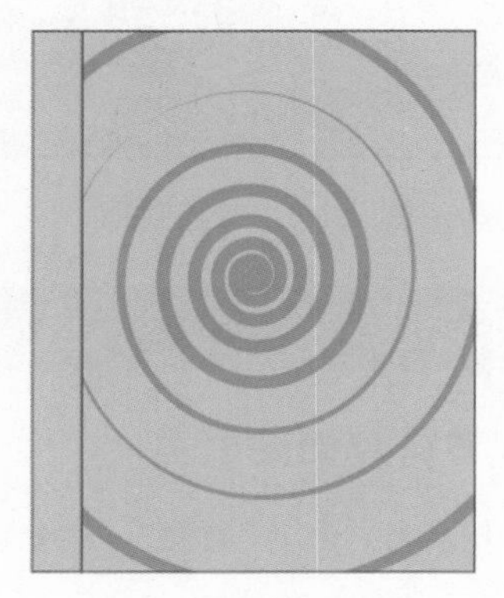

图181-9 精确剪裁图形

10 在较大的矩形上按住鼠标左键并拖动，然后右击复制矩形，并将其调整至合适位置，如图181-10所示。

图181-10 复制图形并调整位置

11 单击“文件”|“导入”命令,弹出“导入”对话框，从中选择一幅素材图形，单击“导入”按钮，在页面中导入图形，如图181-11所示。

图181-11 导入图形

12 用同样的方法导入另一幅素材图形，如图 181-12 所示。

图181-12 导入图形

2. 制作书籍封面的文字效果

01 选取文本工具，在页面中输入文字，并设置合适的字体和字号，如图 181-13 所示。

图181-13 输入文字

02 利用选择工具选中文字，单击“效果”|“封套”命令，弹出“封套”泊坞窗，单击“添加预设”按钮，并选择一种封套样式，如图 181-14 所示。

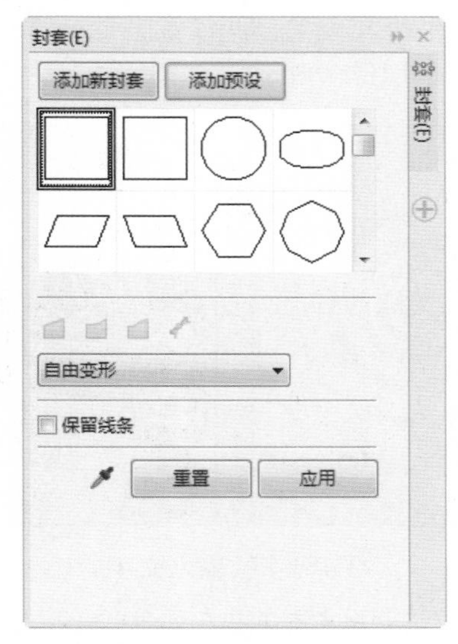

图181-14 “封套”泊坞窗

03 单击“应用”按钮，并利用鼠标调整文字右侧的两个控制柄，效果如图 181-15 所示。

图181-15 调整封套控制柄

04 继续利用文本工具在页面中输入文字，并设置合适的字体和字号，如图 181-16 所示。

图181-16 输入文字

05 单击工具箱中的文本工具，单击属性栏中的“将文本更改为垂直方向”按钮，在页面中输入文字，并设置合适的字体和字号，如图 181-17 所示。

图181-17 输入文字

06 继续利用文本工具在页面中输入文字，并设置合适的字体和字号，如图 181-18 所示。

图181-18 输入文字

07 单击“标准”工具栏中的“应用程序启动器”按钮，在弹出的下拉列表中单击 Corel BARCODE WIZARD 命令，弹出“条码向导”对话框，设置相应的条码参数，单击“下一步”按钮，如图 181-19 所示。

图181-19 “条码向导”对话框

08 设置条形码参数，单击“下一步”按钮，如图 181-20 所示。

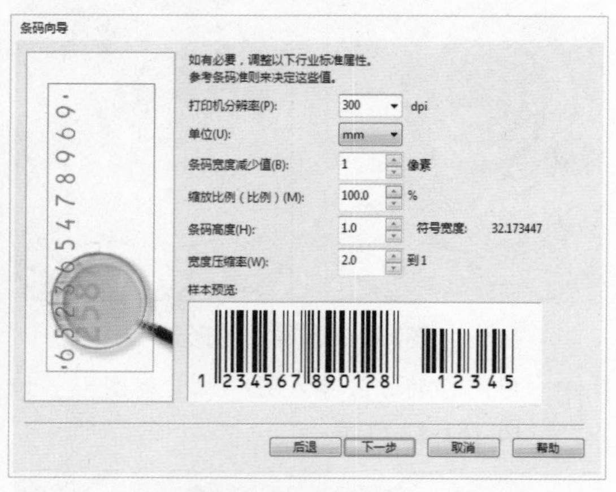

图181-20 设置条形码参数

09 设置条形码文字参数，单击“完成”按钮，如图 181-21 所示。

图181-21 设置条形码文字参数

10 弹出提示信息框，单击“是”按钮，如图 181-22 所示。

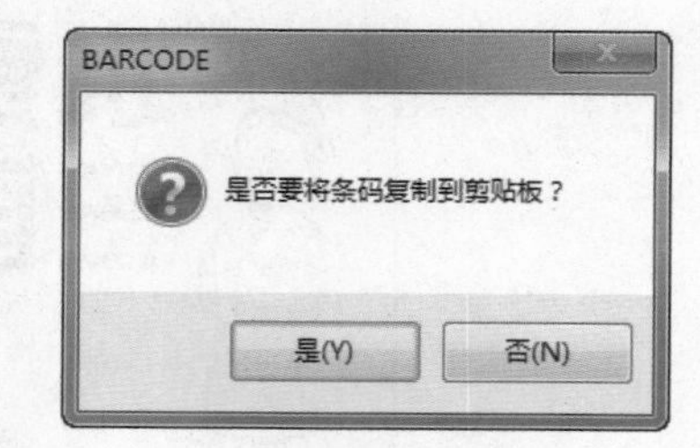

图181-22 提示信息框

11 按【Ctrl+V】组合键粘贴条形码，得到的最终效果参见图 181-1。

实例182 软件包装盒 I

本实例将设计制作 ACDSee 软件盒包装平面效果，如图 182-1 所示。

图182-1 ACDsee软件盒包装平面效果

操作步骤

1. 制作软件盒包装正面的背景

01 按【Ctrl+N】组合键，新建一个空白页面。选取矩形工具，在绘图页面中的合适位置绘制一个矩形。单击调色板中的白色色块，将矩形填充为白色，效果如图 182-2 所示。

图182-2 绘制矩形并填充颜色

02 单击“文件”|“导入”命令，导入一幅人物素材图像，单击属性栏中的“水平翻转”按钮，水平翻转图像，效果如图 182-3 所示。

图182-3 导入人物图像

03 在人物图像上按住鼠标右键并拖动至矩形中松开鼠标，在弹出的快捷菜单中选择“图框精确剪裁内部”选项，将图像置于矩形容器中。在按住【Ctrl】键的同时单击图像，调整图像至合适位置。按住【Ctrl】键的同时在图像以外的空白位置单击鼠标左键，即可完成图像的编辑操作，效果如图 182-4 所示。

图182-4 精确剪裁图像

04 选取贝塞尔工具，在绘图页面中的合适位置绘制闭合曲线图形。双击状态栏中的“轮廓颜色”色块，在弹出的“轮廓笔”对话框中设置“宽度”为 1mm、“颜色”为白色，单击“确定”按钮，为曲线图形设置轮廓属性，效果如图 182-5 所示。

图182-5 绘制曲线图形

05 参照步骤 2~3 的操作方法分别导入 3 幅人物图像并精确剪裁，效果如图 182-6 所示。

图182-6 导入并精确剪裁图像

06 按【F5】键，选取手绘工具，在绘图页面中的合适位置分别绘制两条直线。参照步骤 4 中的操作方法为直线设置轮廓属性，效果如图 182-7 所示。

图182-7 绘制直线并设置轮廓属性

2．制作软件盒包装正面的文字

01 选取文本工具，在其属性栏中设置字体为“文鼎 CS 大黑”、字号为 48pt，输入文字“数字图像专家”，效果如图 182-8 所示。

数字图像专家

图182-8 输入文字

02 选取贝塞尔工具，绘制一个闭合曲线图形。按【F11】键，在弹出的“编辑填充”对话框中单击“渐变填充”按钮，设置 0% 和 100% 位置的颜色均为橙色（CMYK 值分别为 0、60、100、0）、51% 位置的颜色为中黄色（CMYK 值分别为 0、20、100、0），“旋转”为 85，单击“确定”按钮，渐变填充曲线图形，并删除其轮廓，效果如图 182-9 所示。

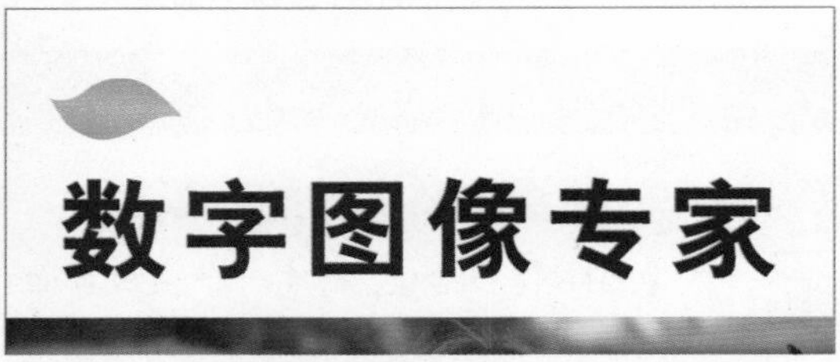

图182-9 绘制图形并渐变填充颜色

03 按【F7】键，选取椭圆形工具，在按住【Ctrl】键的同时拖动鼠标，绘制一个正圆，填充其颜色为白色，效果如图 182-10 所示。

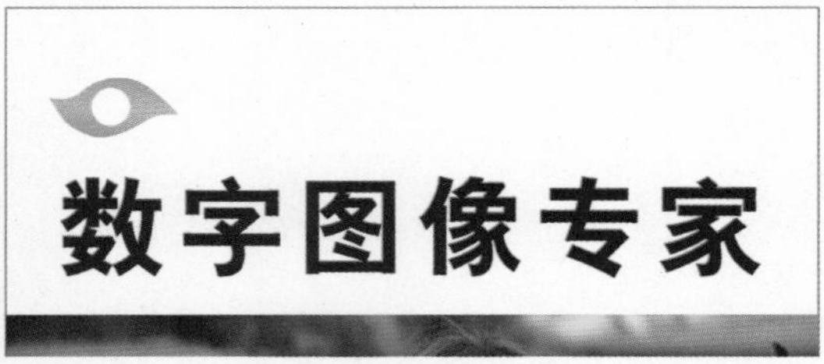

图182-10 绘制并填充正圆

04 按小键盘上【+】键复制正圆图形，缩放图形至合适大小，并填充相应的颜色，效果如图 182-11 所示。

图182-11 复制并缩放图形

05 输入其他文字，设置相应的字体、字号和颜色，并将其调整至合适位置，效果如图 182-12 所示。

06 用同样的操作方法制作侧面和底面的效果，参见图 182-1。至此，本实例制作完毕。

图182-12 输入其他文字

实例183 软件包装盒II

本实例将设计制作 ACDSee 软件盒包装的立体效果，如图 183-1 所示。

图183-1 ACDSee软件盒包装立体效果

操作步骤

1. 导入图像并裁切图像

01 单击“文件”|“新建”命令，在弹出的“创建新文档”对话框中设置各项参数（如图 183-2 所示），单击“确定”按钮，新建一个空白文档。

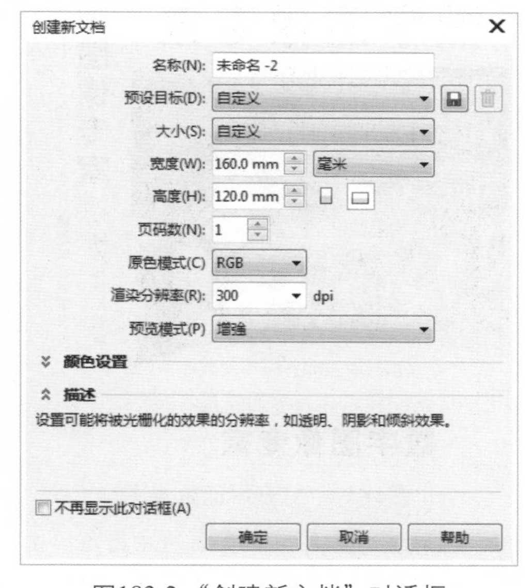

图183-2 “创建新文档”对话框

02 双击矩形工具，按【F11】键，在弹出的“编辑填充”对话框中单击“渐变填充”按钮，单击“椭圆形渐变填充”按钮，渐变填充页面。按【Alt+Tab】组合键，切换至制作好的软件盒包装平面效果图中。单击“文件”|“导出”命令，在弹出的“导出”对话框中设置（如图 183-3 所示），单击“确定”

按钮，将制作好的软件包装平面效果图导出为 JPG 图像。

图183-3 “导出到JPEG”对话框

03 单击“文件”|“导入”命令，打开刚导出的 JPG 格式文件，效果如图 183-4 所示。

图183-4 打开平面效果图

04 选取裁剪工具，在页面的左上角单击并拖动鼠标至合适位置，框选正面所有的图形，效果如图 183-5 所示。

05 在页面中双击鼠标左键裁剪图形，效果如图 183-6 所示。

06 单击“编辑”|“复制”命令复制图形。按【Ctrl+Tab】组合键，切换至新建的文档中，单击“编辑”|“粘贴”命令粘贴图形，并调整其大小及位置，效果如图 183-7 所示。

图183-5 框选图形

图183-6 裁剪图形

图183-7 复制图像并调整其大小和位置

2. 制作软件盒包装的立体效果

01 选取自由变换工具，在其属性栏中单击“自由倾斜”按钮，移动鼠标指针至图像左上角的控制柄上，按住鼠标左键并拖动至合适位置，进行旋转操作，效果如图 183-8 所示。

图183-8 旋转图形

02 在属性栏中单击“自由缩放”按钮，移动鼠标指针至图像 4 个角的任意控制柄上，按住鼠标左键并拖动至合适位置，进行扭曲操作，效果如图 183-9 所示。

图183-9 扭曲变形

03 按【Ctrl+Tab】组合键，切换至上一节步骤 5 中打开的图形窗口，单击“编辑”|“撤销裁剪”命令,返回到裁剪前的状态，效果如图 183-10 所示。

图183-10 返回到裁剪前的状态

04 选取裁剪工具，用同样的操作方法分别裁剪软件包装盒的其他部分，并进行扭曲变形操作，效果如图 183-11 所示。

图183-11 制作软件盒侧面和底面的立体效果

05 选择页面中的 3 个对象并右击，在弹出的快捷菜单中选择“组合对象”选项，合并选中的 3 个对象。选取阴影工具，在属性栏中设置“自定义”为“中型发光”、“阴影颜色”为灰色（CMYK 值分别为 0、0、0、90），为其添加阴影效果，最终效果参见图 183-1。至此，本实例制作完毕。

实例184 软件包装盒III

本实例将设计制作一款软件产品包装盒，如图184-1所示。

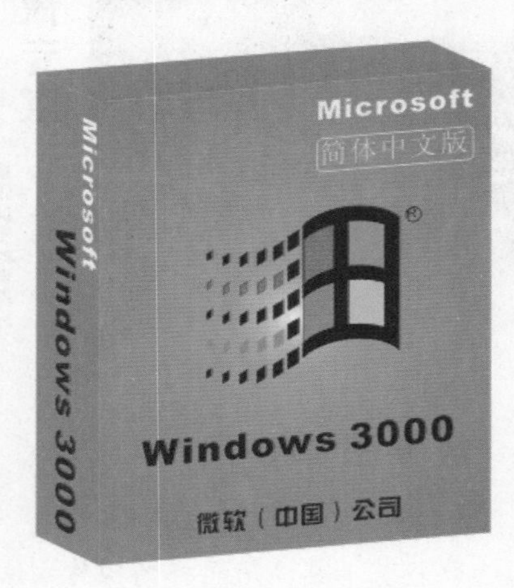

图184-1 软件产品包装盒

操作步骤

1. 制作软件盒包装正面的背景

01 单击“文件”|“新建”命令，新建一个空白页面。

02 单击“视图”|“网格”|“文档网格”命令显示网格，然后单击“视图”|“贴齐”|“文档网格”命令对齐网格。

03 选取矩形工具，在页面中绘制矩形，如图184-2所示。

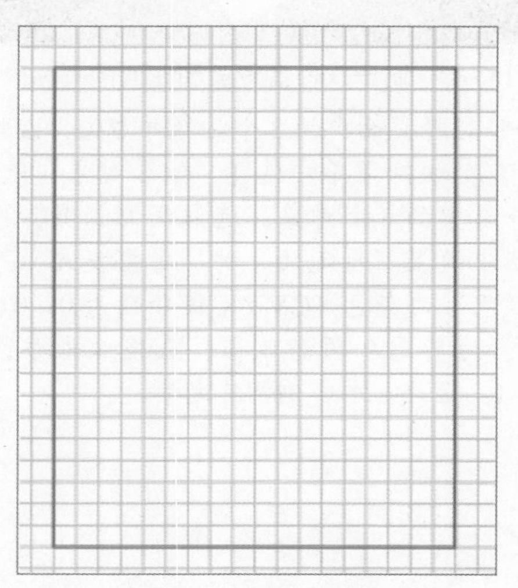

图184-2 绘制矩形

04 选中矩形，按【F11】键，在弹出的“编辑填充”对话框中单击“渐变填充”按钮，单击“椭圆形渐变填充”按钮，设置渐变颜色，单击“确定”按钮，效果如图184-3所示。

图184-3 填充图形

05 继续利用矩形工具分别绘制两个矩形，如图184-4所示。

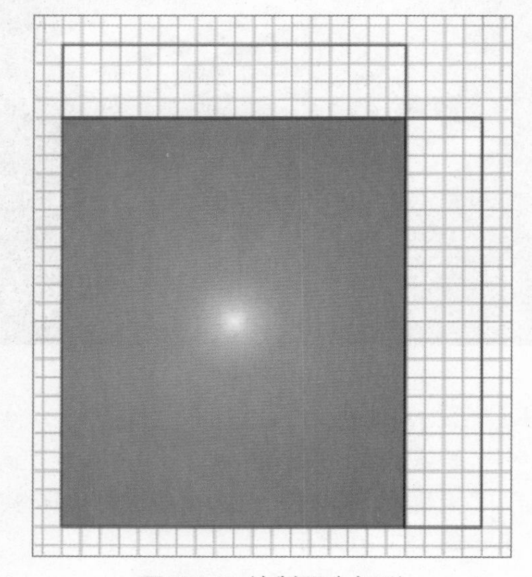

图184-4 绘制两个矩形

06 填充两个矩形的颜色为蓝色，如图184-5所示。

07 选取矩形工具，在属性栏的转角半径数值框中输入40，然后在页面中绘制圆角矩形，并将其填充为白色，如图184-6所示。

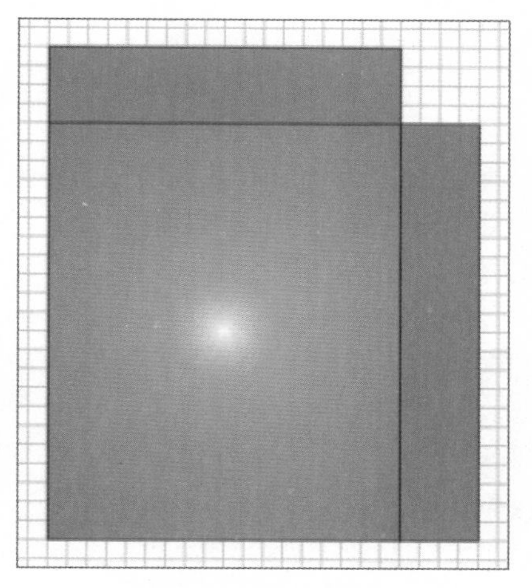

图184-5 填充图形

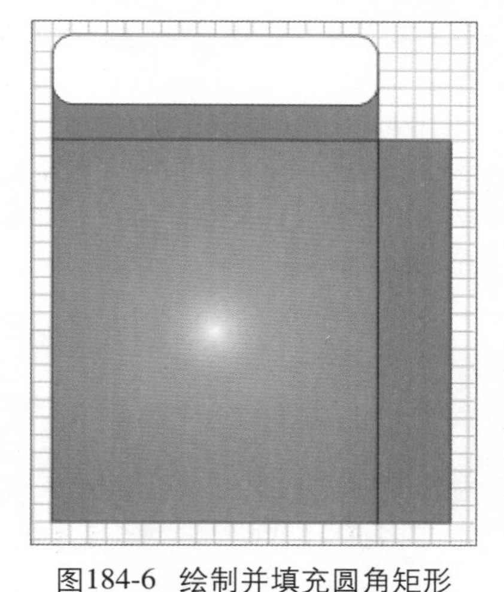

图184-6 绘制并填充圆角矩形

08 继续绘制圆角矩形，并填充为白色，然后将其置于后面，如图 184-7 所示。

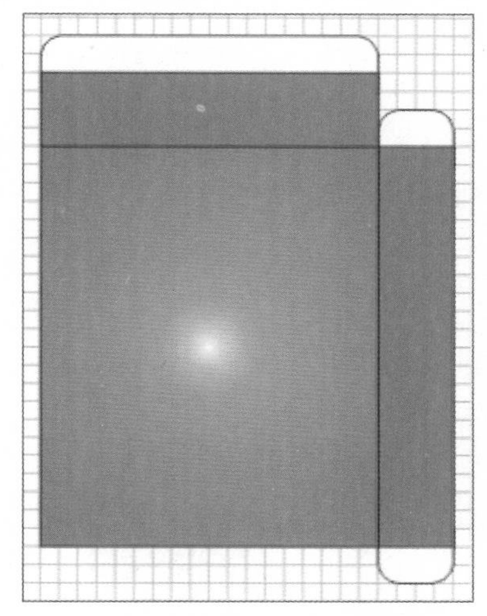

图184-7 绘制并填充圆角矩形

09 继续利用矩形工具绘制圆角矩形，并填充为白色，然后将其置于后面，如图 184-8 所示。

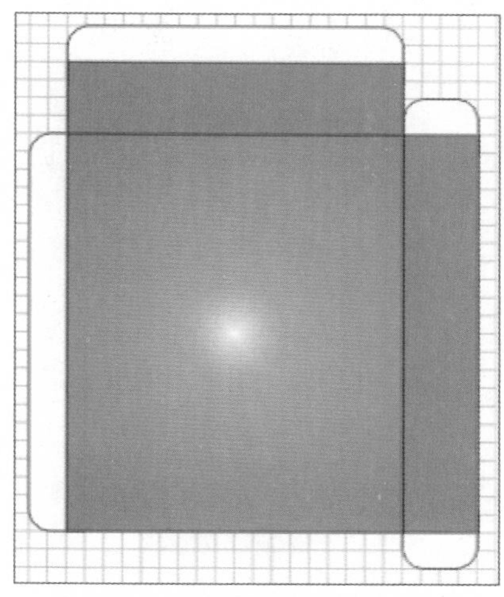

图184-8 绘制并填充圆角矩形

10 双击工具箱中的矩形工具，绘制一个与页面一样大小的矩形，并填充为灰色，然后单击“对象”|“锁定”|“锁定对象”命令将其锁定，如图 184-9 所示。

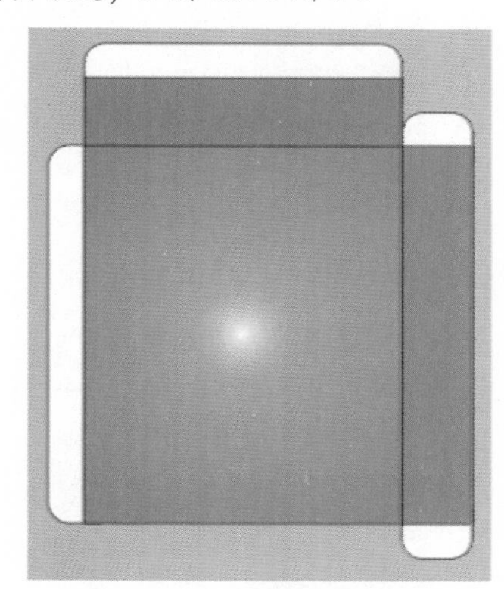

图184-9 绘制并填充矩形

11 利用选择工具选中页面中的所有图形，在调色板中将轮廓设置为“无”，如图 184-10 所示。

12 单击“文件”|“导入”命令，弹出“导入”对话框，选择一幅素材图形，单击“导入”按钮，将图形导入到页面中，如图 184-11 所示。

图184-10 设置无轮廓

图184-11 导入图形

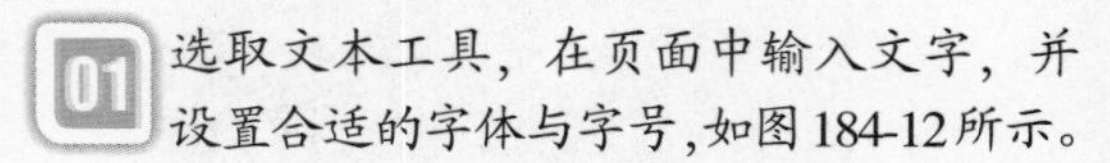

2. 制作软件盒包装正面的文字

01 选取文本工具，在页面中输入文字，并设置合适的字体与字号，如图184-12所示。

图184-12 输入文字

02 选中页面中的所有图形（除了最左侧的白色圆角矩形之外），单击“对象”|“组合”|“组合对象”命令组合图形。

03 单击群组后的图形并拖动一些距离，右击复制图形，然后调整其位置，如图184-13所示。

图184-13 复制图形并调整位置

04 将复制得到的图形取消群组，并将右上部的图形移至右下部，然后对其垂直镜像，如图184-14所示。

图184-14 垂直镜像图形

05 对产品的三个面进行变形操作，即可得到立体效果，如图184-15所示。

图184-15 包装盒立体效果

实例185 洗发水包装 I

本实例将设计制作美露洗发水包装瓶身效果，如图 185-1 所示。

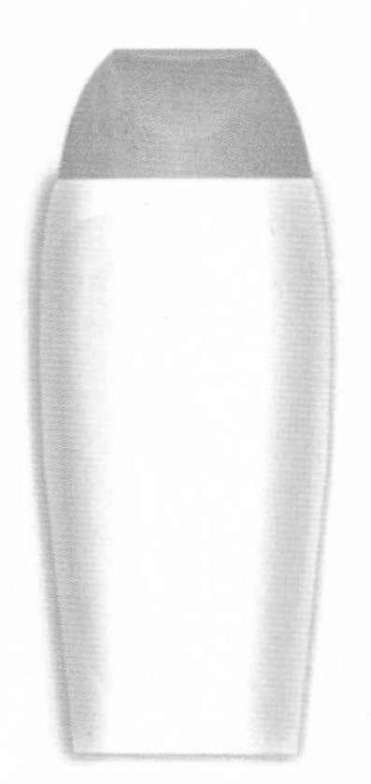

图185-1 美露洗发水包装瓶身效果

操作步骤

1. 制作洗发水包装的瓶盖效果

01 按【Ctrl+N】组合键，新建一个空白页面。选取钢笔工具，绘制一个闭合曲线图形，效果如图 185-2 所示。

图185-2 绘制曲线图形

02 按【F11】键，在弹出的“编辑填充”对话框中单击“渐变填充”按钮，设置 0% 和 100% 位置的颜色均为橙红色（CMYK 值分别为 0、60、100、0）、47% 位置的颜色为中黄色（CMYK 值分别为 2、11、56、0），单击“确定”按钮，渐变填充曲线图形。选取无轮廓工具，删除图形轮廓，效果如图 185-3 所示。

图185-3 渐变填充颜色并删除轮廓

03 用同样的操作方法制作其他曲线图形，渐变填充颜色，并删除其轮廓，效果如图 185-4 所示。

图185-4 绘制其他曲线图形

2. 制作洗发水包装的瓶身效果

01 选取钢笔工具，在绘图页面中的空白位置绘制一个曲线图形，将其填充为白色，效果如图 185-5 所示。

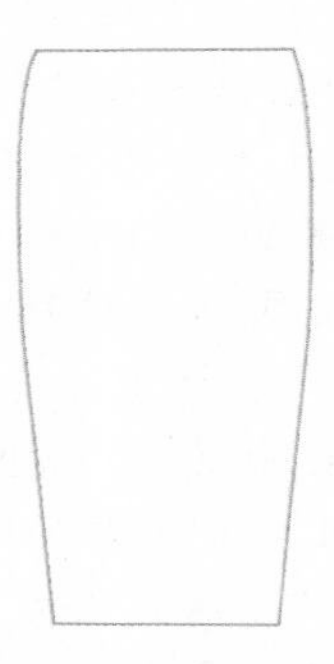

图185-5 绘制曲线图形

02 选取阴影工具，在其属性栏中设置“预设列表”为“小型辉光”、“阴影的不透明”为 34、“阴影羽化”为 7，“羽化方向”为“向外”，为曲线图形添加阴影效果，如图 185-6 所示。

图185-6 添加阴影效果

03 参照步骤 1 中的操作方法绘制一个闭合曲线图形。按【F11】键，在弹出的“编辑填充”对话框中单击“渐变填充”按钮，设置 0% 和 100% 位置的颜色均为浅灰色（CMYK 值分别为 0、0、0、25）、15% 和 91% 位置的颜色均为灰白色（CMYK 值分别为0、0、0、3)、26%位置和76%位置的颜色均为白色（CMYK值均为0)，单击“确定”按钮，渐变填充闭合曲线图形，并删除其轮廓，效果如图185-7所示。

图185-7 绘制曲线图形

04 用同样的操作方法绘制闭合曲线图形，填充其颜色为灰色(CMYK值分别为0、0、0、40)，效果如图185-8所示。

05 单击“位图”|“转换为位图”命令，在弹出的“转换为位图”对话框中设置“分辨率”为300，并选中“透明背景”复选框，单击“确定”按钮，将图形转换为位图。单击“位图”|“模糊”|“高斯式模糊”命令，在弹出的“高斯式模糊”对话框中设置“半径”为45，单击“确定”按钮，效果如图185-9所示。

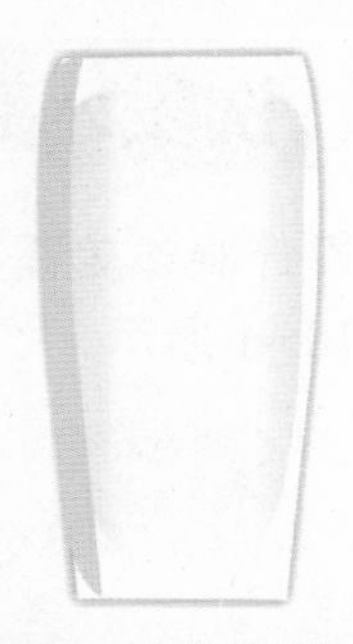

图185-8 绘制曲线图形

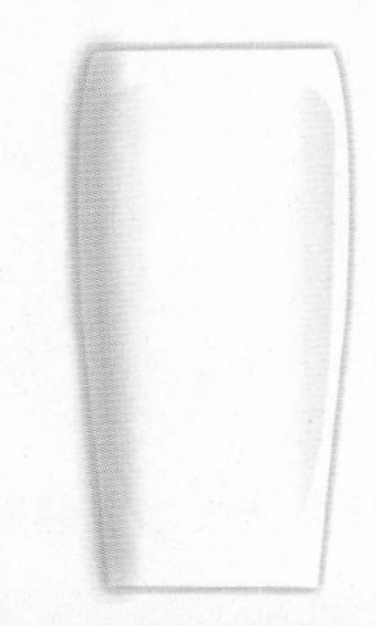

图185-9 高斯模糊图形

06 依次按【Ctrl+C】组合键和【Ctrl+V】组合键，复制并粘贴图形。单击其属性栏中的“水平镜像”按钮水平镜像图形，并将其调整至合适位置，最终效果参见图185-1。至此，本实例制作完毕。

实例186 洗发水包装Ⅱ

本实例将设计制作美露洗发水包装的综合效果，如图186-1所示。

图186-1 美露洗发水包装综合效果

操作步骤

1. 制作洗发水标签的图像效果

01 按【Ctrl+N】组合键，新建一个空白页面。选取贝塞尔工具，绘制一个闭合曲线图形。按【F11】键，在弹出的“编辑填充”对话框中单击“渐变填充”按钮，设置0%位置的颜色为白色（CMYK值均为0)、100%位置的颜色为红色（CMYK值分别为0、89、25、0)，单击“确定”按钮，渐变填充闭合曲线图形。右击调色板中的“无”按钮，删除其轮廓，效果如图186-2所示。

图186-2 绘制曲线图形并渐变填充颜色

02 用同样的操作方法绘制其他曲线图形，并填充相应的颜色，效果如图 186-3 所示。

图186-3 绘制其他图形并填充颜色

03 选取椭圆形工具，在按住【Ctrl】键的同时拖动鼠标，绘制一个正圆。参照步骤 1 的操作方法渐变填充正圆，并删除其轮廓，效果如图 186-4 所示。

图186-4 绘制正圆并渐变填充颜色

04 参照步骤 3 中的操作方法绘制其他椭圆，并渐变填充颜色，效果如图 186-5 所示。

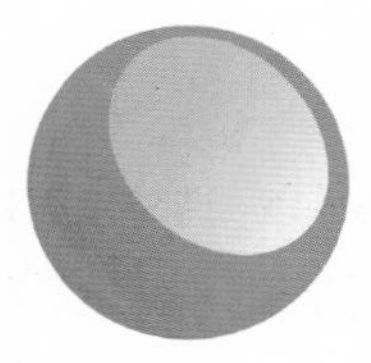

图186-5 绘制并渐变填充其他椭圆

05 选择粉色渐变填充的椭圆，选取透明度工具，在其属性栏单击“渐变透明度”按钮，为椭圆添加透明效果，如图 186-6 所示。

图186-6 添加透明效果

06 用同样的操作方法绘制其他椭圆图形，渐变填充并添加透明效果，如图 186-7 所示。

图186-7 绘制图形并添加透明效果

07 选取选择工具，框选步骤 3~6 中绘制的椭圆图形，单击属性栏中的“组合对象”按钮群组图形。在群组图形上单击并拖动鼠标至合适位置，松开鼠标的同时右击复制图形，并分别调整其位置及大小。用同样的方法复制多个椭圆图形，效果如图 186-8 所示。

图186-8 复制图形并调整位置

2. 制作洗发水标签的文字效果

01 按【F8】键，选取文本工具，在其属性栏中设置字体为“方正粗倩简体”、字号为 25pt，输入文字“美露洗发水”，效果如图 186-9 所示。

图186-9 输入文字

02 选取阴影工具，在其属性栏中设置“预设列表”为“小型辉光”、“阴影的不透明”为 100、“阴影羽化”为 7、“羽化方向”为“向外”、“阴影颜色”为白色，为文字添加阴影效果，如图 186-10 所示。

图186-10 添加阴影效果

03 选取文本工具，在其属性栏中设置字体为“方正粗倩简体”、字号为25pt，输入MEILU。单击“对象”|“拆分美术字：方正粗倩简体（正常）(ENU)”命令，拆分文字。选中M，单击“对象”|“转换为曲线”命令，将文字转换为曲线。选取形状工具，调整文字形状，效果如图186-11所示。

MEILU

图186-11 输入文本并调整文字形状

04 选取钢笔工具，绘制曲线图形，并填充其颜色为黑色，效果如图186-12所示。

MEILU

图186-12 绘制曲线图形并填充颜色

05 输入其他文字，设置相应的字体、字号和颜色，并将其调整至合适位置，效果如图186-13所示。

图186-13 输入其他文字

3. 制作美露洗发水的综合效果

01 按【Ctrl+I】组合键，导入实例185中制作好的瓶身图形，效果如图186-14所示。

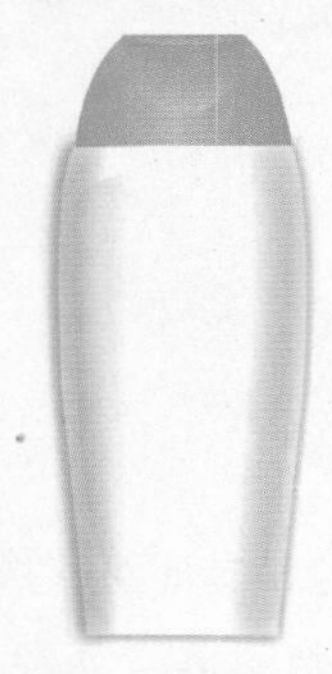

图186-14 导入瓶身图形

02 选取选择工具，框选制作好的平面图形，按【Ctrl+Home】组合键，调整图形顺序至页面最前面，并将其调整至合适位置，效果如图186-15所示。

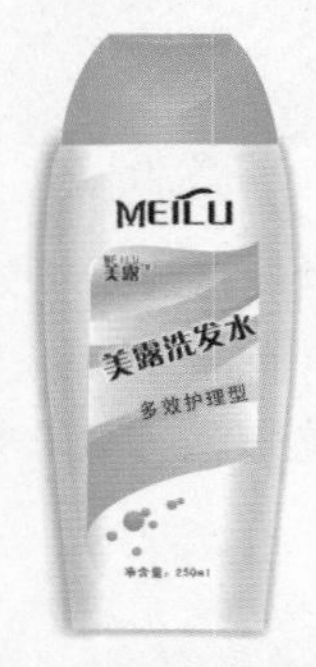

图186-15 调整图层顺序

03 添加图像背景，然后复制图形，并填充相应的颜色，即可制作出洗发水包装的综合效果，如图186-16所示。至此，本实例制作完毕。

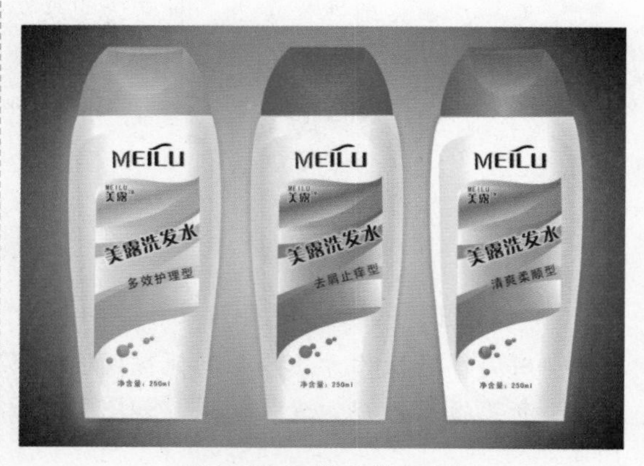

图186-16 综合效果图

13 part

第13章　服装设计

服装设计是CorelDRAW重要的应用领域之一。本章将通过10个实例详细介绍不同款式和材质的服饰效果图的绘制方法和设计技巧。

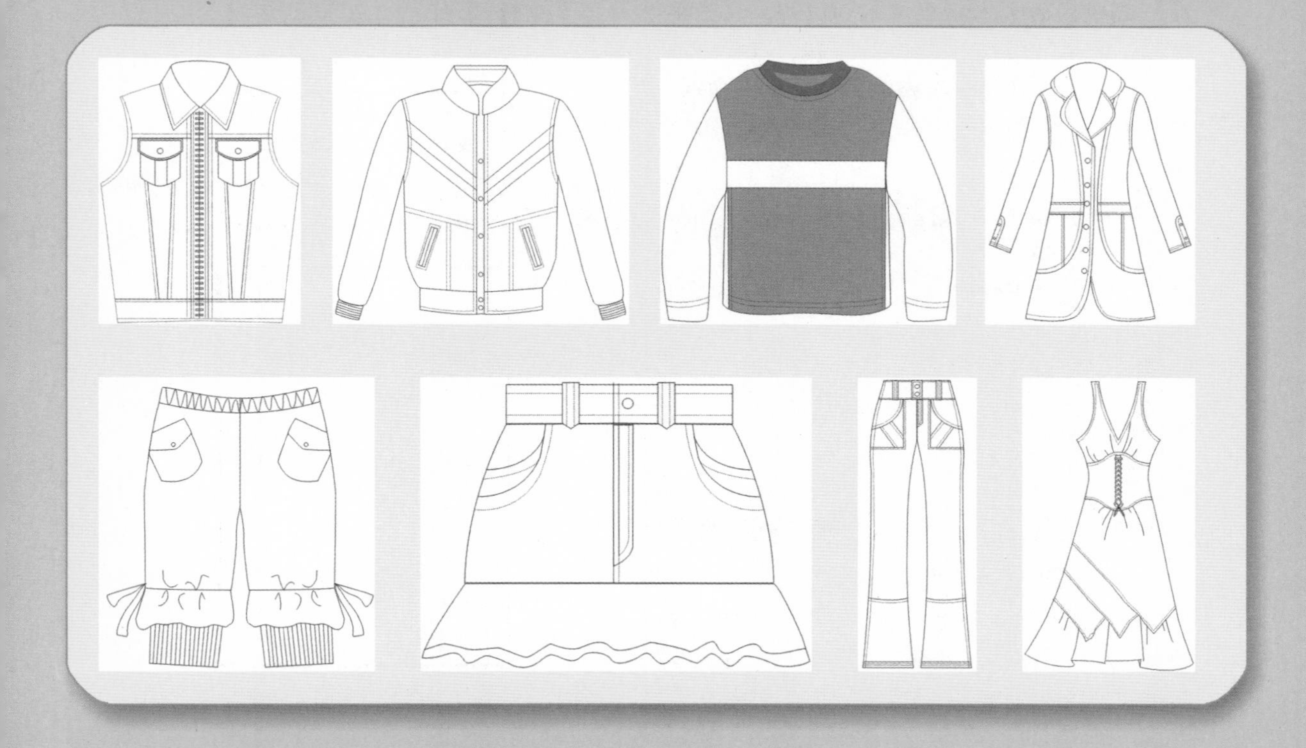

实例187 男装 I

本实例将设计制作一款男装牛仔背心，效果如图 187-1 所示。

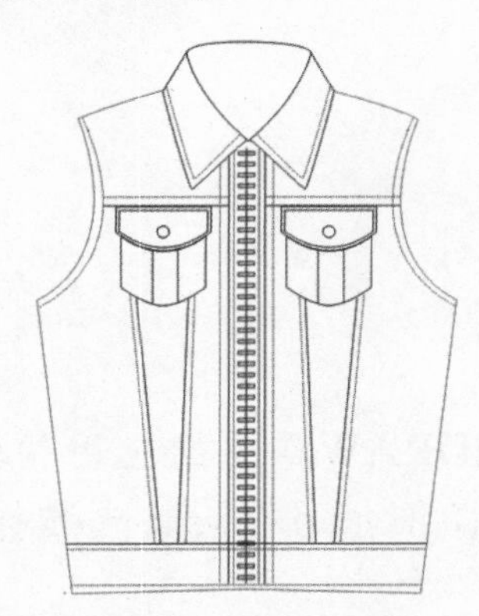

图187-1 男装牛仔背心

操作步骤

1. 制作男装牛仔背心的主体轮廓

01 按【Ctrl+N】组合键，新建一个空白页面。单击“工具”|“选项”命令，弹出“选项”对话框，在左侧列表框中依次展开“文档”|“辅助线”选项，并选择“垂直”选项。在右侧“垂直”选项区的文本框中输入 30.199，设置单位为“毫米”，单击“添加”按钮，添加垂直辅助线。用同样的方法添加其他垂直辅助线，如图 187-2 所示。

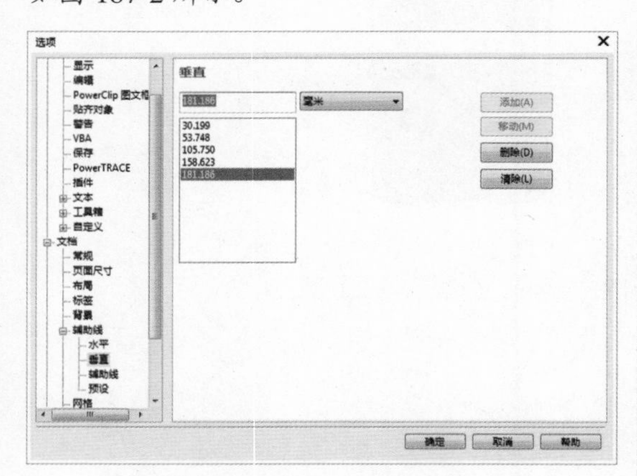

图187-2 “选项”对话框

02 在左侧列表框中选择“水平”选项，在右侧“水平”选项区的文本框中设置各水平辅助线，如图 187-3 所示。

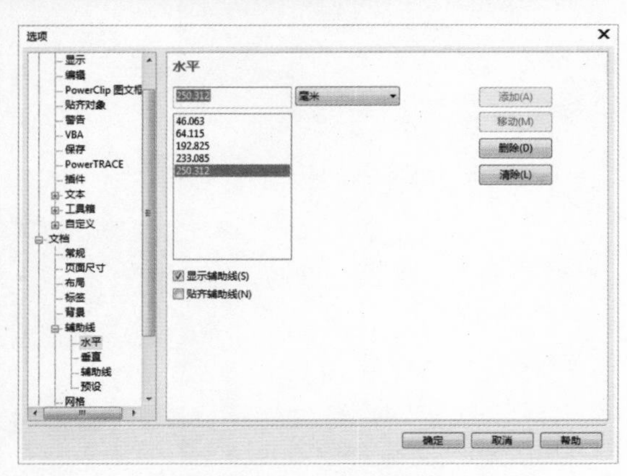

图187-3 设置水平辅助线

03 单击“确定”按钮，完成添加辅助线的操作，效果如图 187-4 所示。

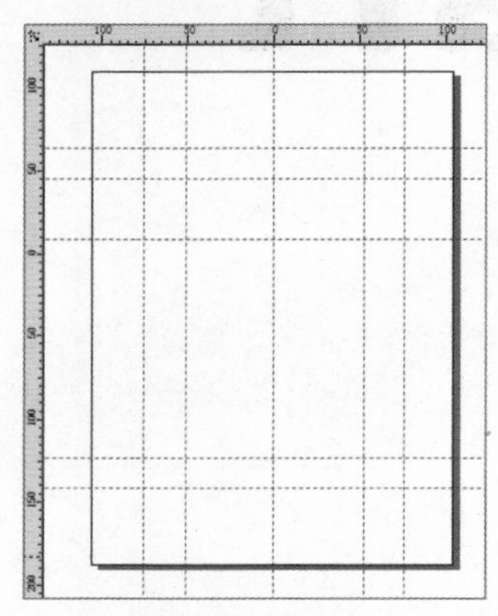

图187-4 添加辅助线

04 选取贝塞尔工具，绘制牛仔背心左侧的轮廓图形，效果如图 187-5 所示。

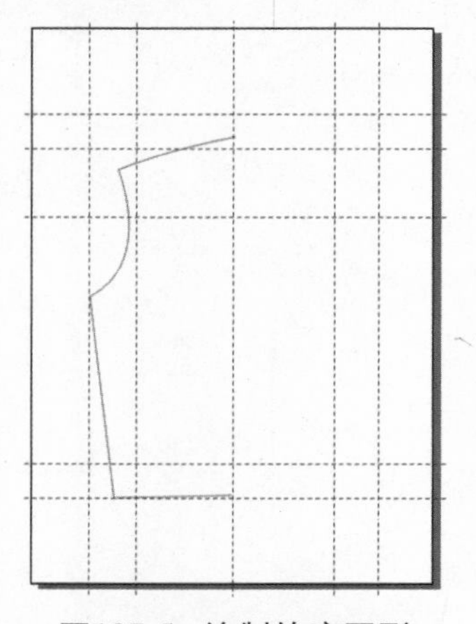

图187-5 绘制轮廓图形

05 依次按【Ctrl+C】和【Ctrl+V】组合键，复制并粘贴左侧轮廓图形。单击其属性栏中的“水平镜像”按钮水平镜像图形，并将其拖至合适位置，如图 187-6 所示。

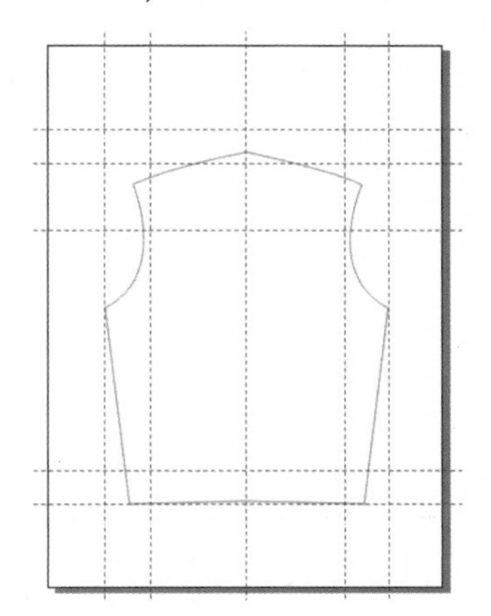

图187-6 复制并水平镜像图形

06 用同样的操作方法分别绘制领子、门襟、衣袋、过户分割线、下摆分割线和竖向分割线，并设置各图形、曲线的轮廓属性。选取椭圆形工具，在按住【Ctrl】键的同时拖动鼠标，分别绘制两个正圆作为纽扣图形，效果如图 187-7 所示。

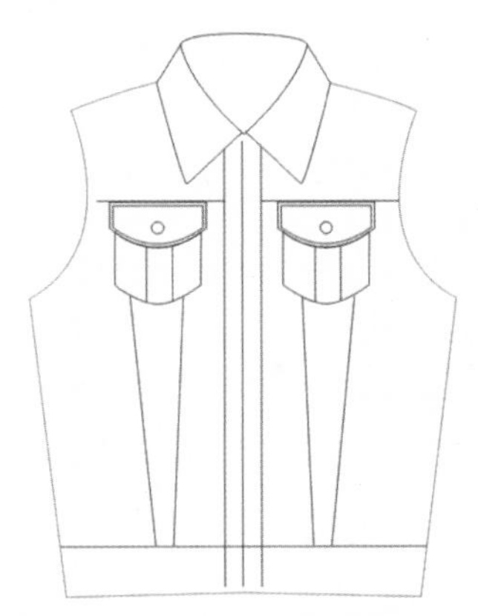

图187-7 绘制其他图形

2．制作男装牛仔背心的拉链

01 选取矩形工具，在绘图页面的合适位置绘制一个矩形，设置其轮廓宽度为 0.2mm，效果如图 187-8 所示。

02 按住【Ctrl】键的同时，在矩形上单击并向下拖动鼠标至合适位置，松开鼠标的同时右击复制矩形，效果如图 187-9 所示。

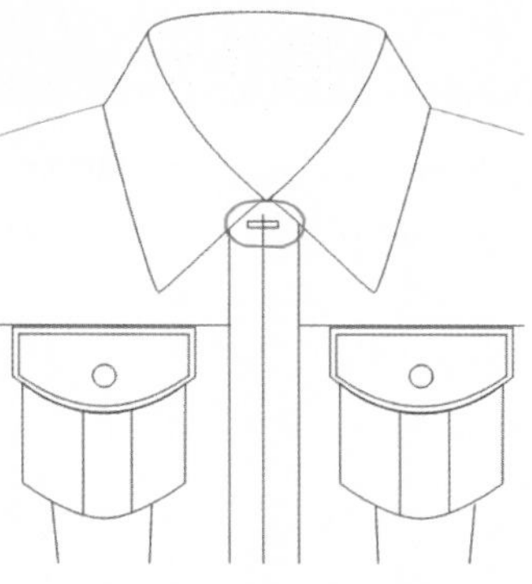

图187-8 绘制矩形

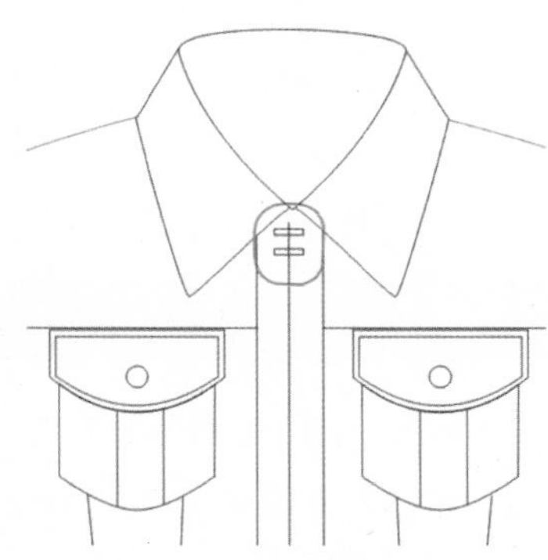

图187-9 复制矩形

03 多次按【Ctrl+D】组合键再制矩形，效果如图 187-10 所示。

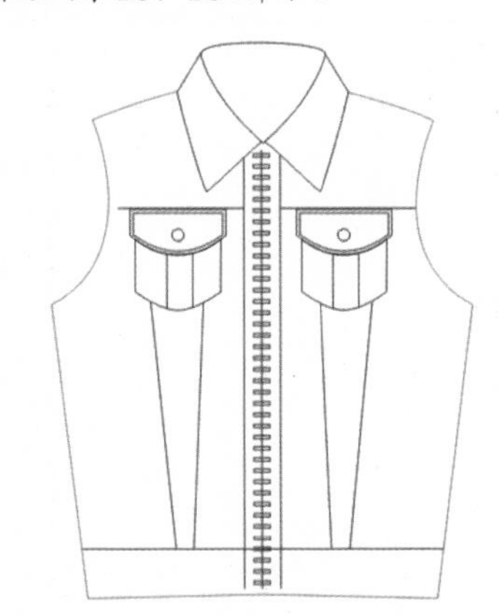

图187-10 再制图形

04 选取贝塞尔工具，绘制多条曲线。双击状态栏中的“轮廓颜色”色块，在弹出的“轮廓笔”对话框中设置“样式”为 - - - - - - - - - - - - 、“宽度”为 0.25mm，单击“确定”按钮，设置曲线轮廓属性，并调整图形顺序，最终效果参见图 187-1。至此，本实例制作完毕。

实例188 男装Ⅱ

本实例将设计制作一款男装上衣，效果如图 188-1 所示。

图188-1 男装上衣

操作步骤

1. 制作男装上衣的主体轮廓

01 按【Ctrl+N】组合键，新建一个空白页面。选取选择工具，将鼠标指针置于标尺处，按下鼠标左键并拖动，以设置辅助线，效果如图 188-2 所示。

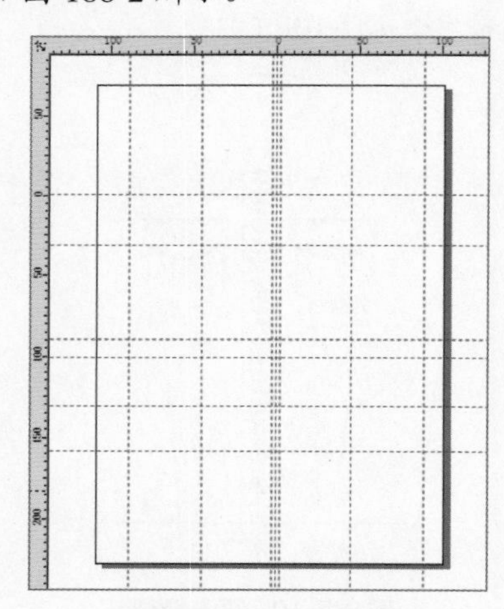

图188-2 设置辅助线

02 选取折线工具，绘制上衣左侧的轮廓图形，效果如图 188-3 所示。

03 选取形状工具，分别选择衣身和衣袖图形上的节点，单击其属性栏中的“转换为曲线”按钮，将直线转换为曲线。将鼠标指针置于相应的节点上并拖动，将其调整为流畅、圆滑的曲线，效果如图 188-4 所示。

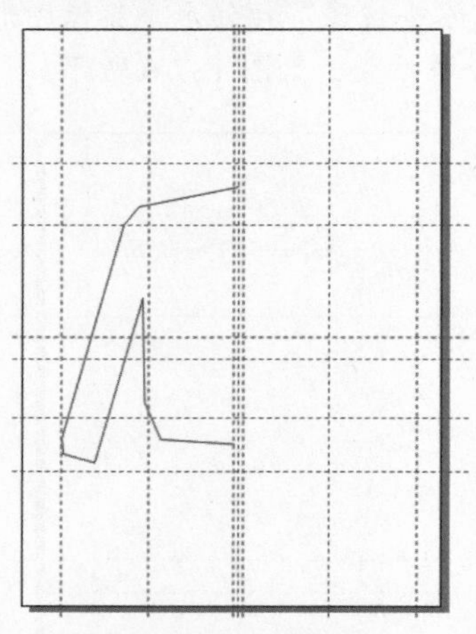

图188-3 绘制轮廓图形

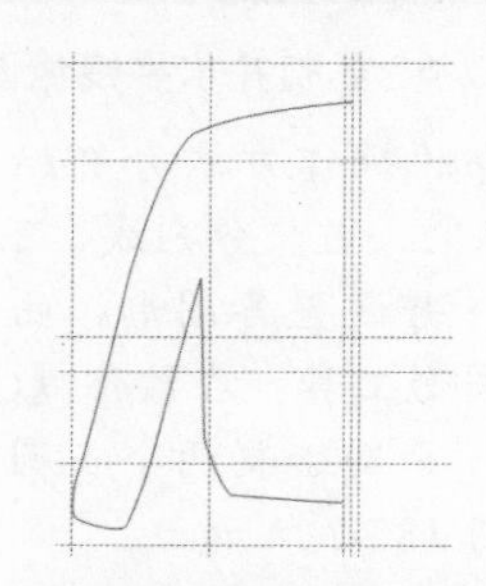

图188-4 调整图形形状

04 单击“对象”|“变换”|“缩放和镜像”命令，在弹出的“变换”泊坞窗中单击“缩放和镜像”按钮，并单击按钮，在“按比例”选项区中选中右侧中间的复选框，在“副本”文本框中输入 1，单击“应用”按钮，复制并水平镜像图形，效果如图 188-5 所示。

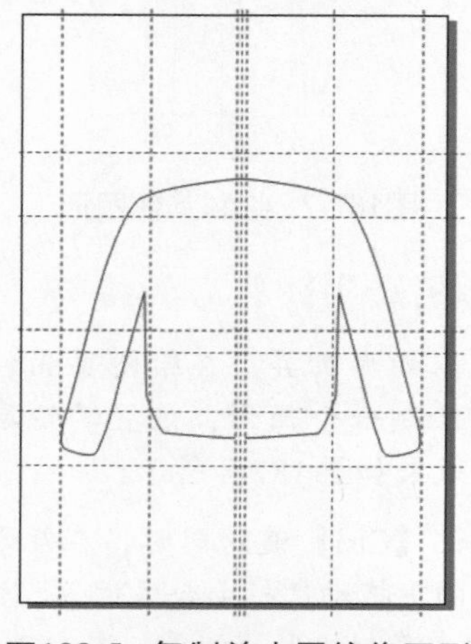

图188-5 复制并水平镜像图形

05 参照步骤 2~4 的操作方法绘制衣领、门襟、下摆分割线和袖口分割线，效果如图 188-6 所示。

图188-6 绘制其他曲线和图形

06 按【F7】键，选取椭圆形工具，在按住【Ctrl】键的同时拖动鼠标，分别绘制 6 个正圆作为纽扣图形，效果如图 188-7 所示。

图188-7 绘制纽扣图形

2. 制作男装上衣中的其他图形

01 选取 3 点矩形工具，绘制一个斜角矩形。选取"轮廓笔"工具，在弹出的"轮廓笔"对话框中设置"样式"为┅▾、"宽度"为 0.25mm，单击"确定"按钮，为斜角矩形设置轮廓属性。用同样的方法绘制其他斜角矩形，并设置轮廓属性。选取手绘工具，绘制直线，并设置轮廓属性，效果如图 188-8 所示。

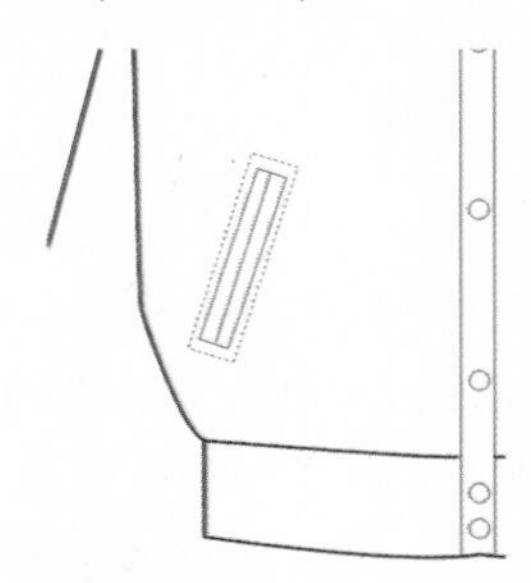

图188-8 绘制图形并设置轮廓属性

02 选取选择工具，选择步骤 1 中绘制的图形和直线并右击，在弹出的快捷菜单中选择"组合对象"选项组合图形。依次单击"标准"工具栏中的"复制"和"粘贴"按钮，复制并粘贴图形。单击其属性栏中的"水平镜像"按钮水平镜像图形，并将镜像后的图形拖至合适位置，效果如图 188-9 所示。

图188-9 复制并水平镜像图形

03 选取折线工具，绘制胸襟曲线，并设置其轮廓属性，效果如图 188-10 所示。

图188-10 绘制胸襟曲线

04 选取折线工具，按【F12】键，在弹出的"轮廓笔"对话框中设置"轮廓样式选择器"为┅▾、轮廓宽度为 0.25mm，绘制多条虚线，最终效果参见图 188-1。至此，本实例制作完毕。

实例189 童装Ⅰ

本实例将设计制作一款童装连衣裙，效果如图189-1所示。

图189-1 童装连衣裙

操作步骤

1. 制作童装连衣裙的主体轮廓

01 按【Ctrl+N】组合键，新建一个空白页面。选取选择工具，将鼠标指针置于标尺处，按下鼠标左键并拖动，设置辅助线。用同样的操作方法设置其他辅助线，如图189-2所示。

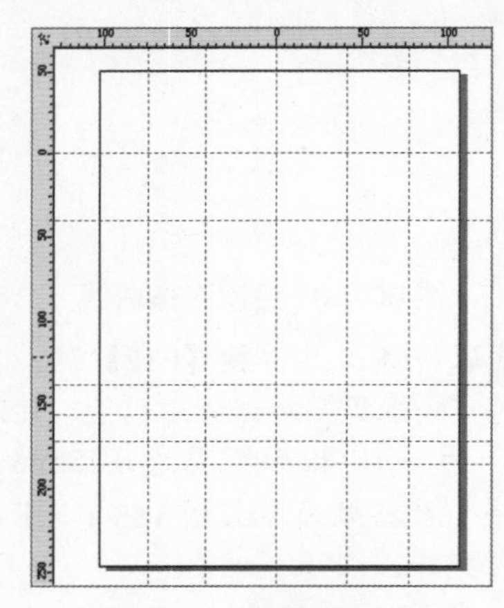

图189-2 设置辅助线

02 选取钢笔工具，绘制连衣裙的主体轮廓图形，在其属性栏中设置轮廓宽度为0.5mm，效果如图189-3所示。

03 选取钢笔工具，绘制裙身中的分割曲线，并在其属性栏中设置轮廓宽度为0.5mm。单击“视图”|“辅助线”命令，隐藏辅助线，效果如图189-4所示。

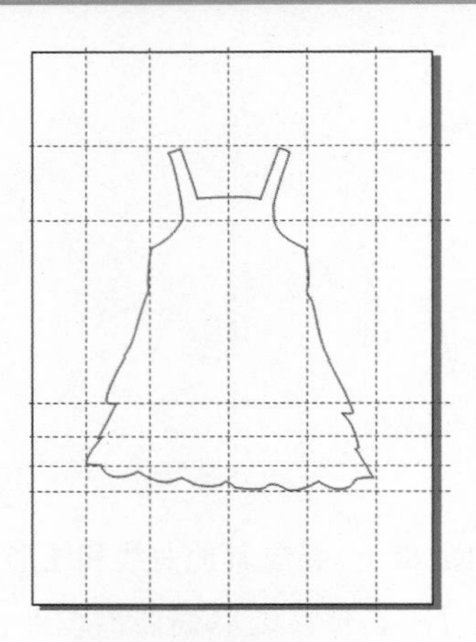

图189-3 绘制裙子主体轮廓

图189-4 绘制分割曲线

2. 制作童装连衣裙的褶皱线

01 选取手绘工具，绘制裙子裙摆的褶皱线，并在其属性栏中设置轮廓宽度为0.25mm，效果如图189-5所示。

图189-5 绘制皱褶图形

02 选取椭圆形工具，在按住【Ctrl】键的同时拖动鼠标，分别绘制多个正圆作为裙子的纽扣图形，最终效果参见图189-1。至此，本实例制作完毕。

实例190 童装II

本实例将设计制作一款童装时尚靴裤，效果如图 190-1 所示。

图190-1 童装时尚靴裤

操作步骤

1. 制作童装靴裤的主体轮廓

01 按【Ctrl+N】组合键,新建一个空白页面。选取选择工具，将鼠标指针置于标尺处，按下鼠标左键并拖动，以设置辅助线。用同样的方法设置其他辅助线，如图 190-2 所示。

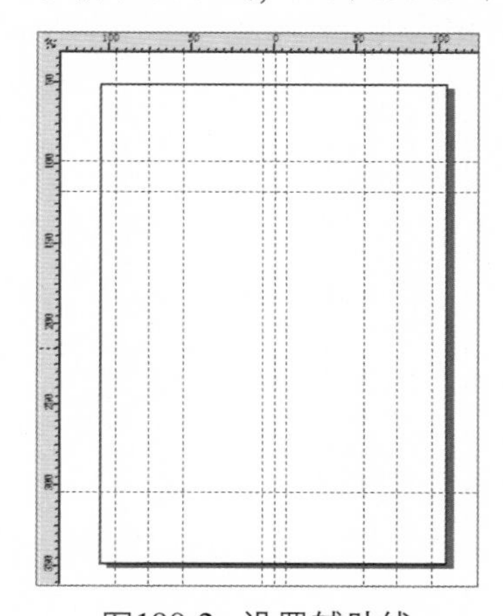

图190-2 设置辅助线

02 选取贝塞尔工具，绘制童装裤的主体轮廓，并在属性栏中设置轮廓宽度为 0.5mm，效果如图 190-3 所示。

03 按小键盘上的【+】键复制图形，将鼠标指针置于图形左侧中间的控制柄上，在按住【Ctrl】键的同时向右拖动鼠标水平镜像图形，效果如图 190-4 所示。

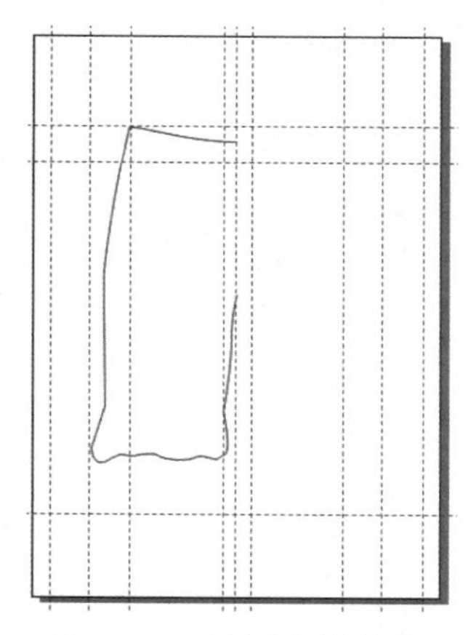

图190-3 绘制主体轮廓

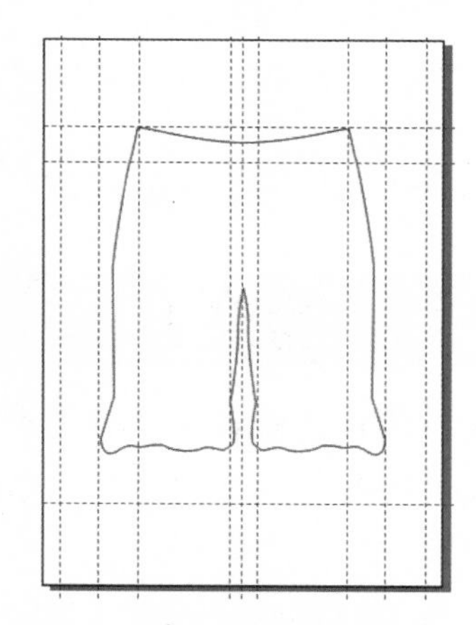

图190-4 复制并水平镜像图形

04 参照步骤 3 中的操作方法，选取贝塞尔工具，绘制童装裤的裤腰和裤脚图形，复制并水平镜像绘制的图形，然后设置轮廓属性，调整图层顺序，效果如图 190-5 所示。

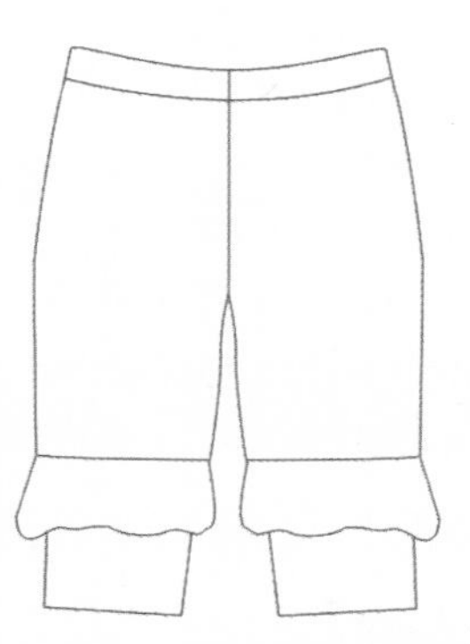

图190-5 绘制裤腰和裤脚图形

2. 制作童装靴裤的其他图形

01 选取贝塞尔工具，绘制童装裤上的裤袋图形，并在其属性栏中设置轮廓宽度为0.35mm。按小键盘上的【+】键复制图形，将鼠标指针置于复制图形左侧中间的控制柄上，在按住【Ctrl】键的同时向右拖动鼠标水平镜像图形，并将其调整至合适位置，效果如图190-6所示。

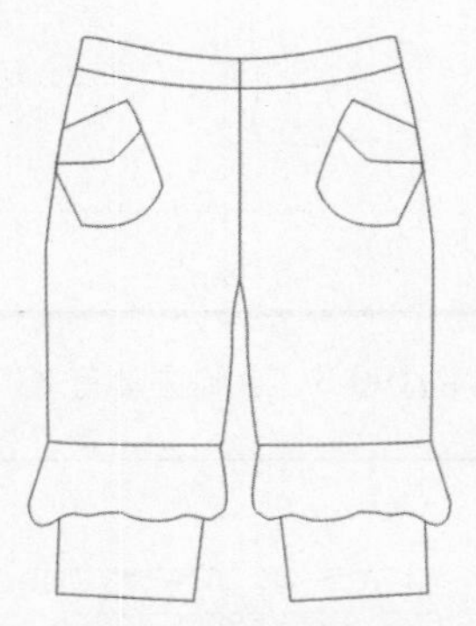

图190-6 绘制裤袋图形

02 按【F7】键，选取椭圆形工具，在按住【Ctrl】键的同时拖动鼠标，分别绘制两个正圆作为童装靴裤上的纽扣图形，效果如图190-7所示。

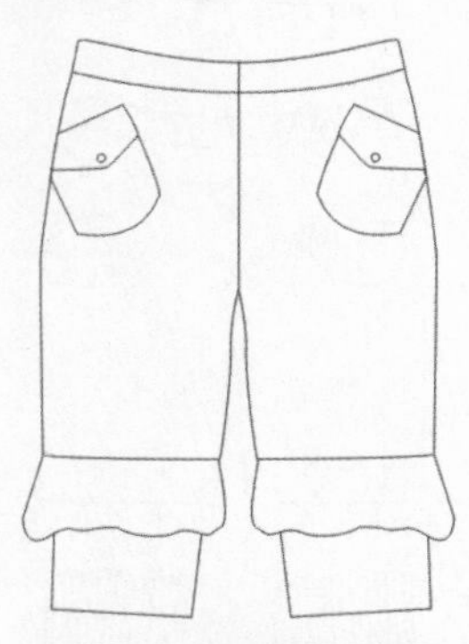

图190-7 绘制纽扣图形

03 选取贝塞尔工具，分别绘制童装靴裤上的裤脚褶皱、裤腰以及装饰图形，并设置轮廓属性，然后调整图层顺序，最终效果参见图190-1。至此，本实例制作完毕。

实例191 童装Ⅲ

本实例将设计制作一款童装外套，效果如图191-1所示。

图191-1 童装外套

操作步骤

1. 制作童装外套的主体轮廓

01 按【Ctrl+N】组合键，新建一个空白页面。选取选择工具，将鼠标指针置于标尺处，按下鼠标左键并拖动，以设置辅助线。用同样的操作方法设置其他辅助线，如图191-2所示。

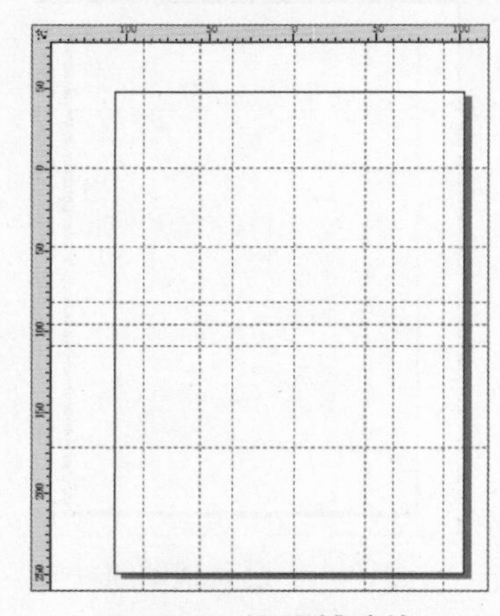

图191-2 设置辅助线

02 选取贝塞尔工具，绘制童装外套的主体轮廓，并在其属性栏中设置轮廓宽度为0.5mm，效果如图191-3所示。

03 选取手绘工具，分别绘制帽子、门襟线、斜边拼接线和袖口等图形，并设置各图形的轮廓属性，效果如图191-4所示。

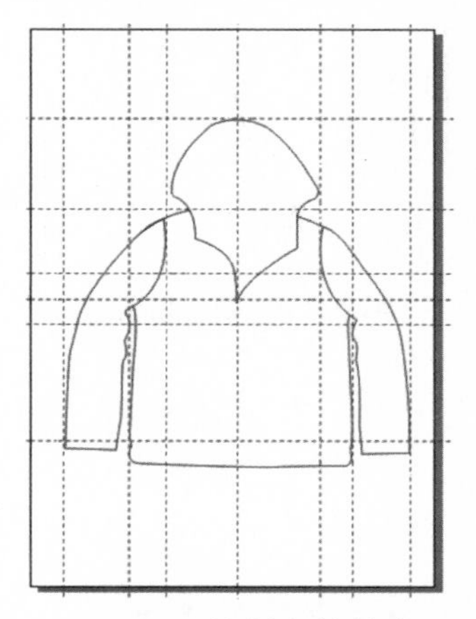

图191-3 绘制主体轮廓

图191-4 绘制图形

2. 制作童装外套的衣袋图形

01 选取矩形工具，在其属性栏中设置“转角半径”分别为 0、100、0 和 100，绘制圆角矩形。单击“对象”|“转换为曲线”命令，将图形转换为曲线。选取形状工具，调整图形形状，效果如图 191-5 所示。

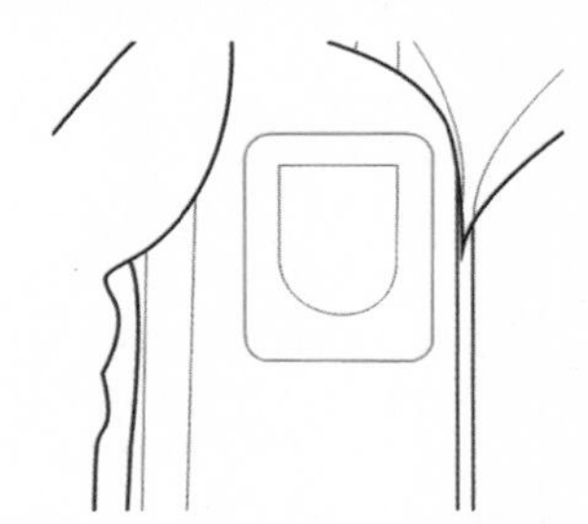

图191-5 绘制矩形并调整形状

02 按小键盘上的【+】键复制图形，在按住【Shift】键的同时拖动鼠标，等比例缩小图形。按【F12】键，在弹出的“轮廓笔”对话框中设置“宽度”为 0.25mm、“样式”为虚线。用同样的方法再次复制图形，等比例放大图形，并设置轮廓属性，效果如图 191-6 所示。

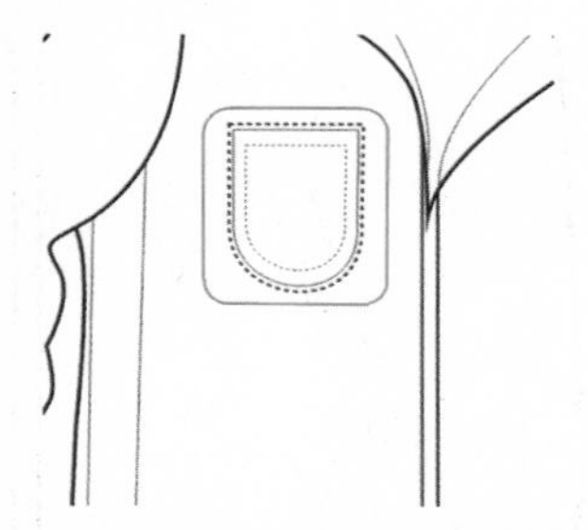

图191-6 复制图形并设置轮廓属性

03 选取矩形工具，绘制一个矩形。参照步骤 2 中的操作方法复制图形，等比例缩小图形，并设置轮廓属性，效果如图 191-7 所示。

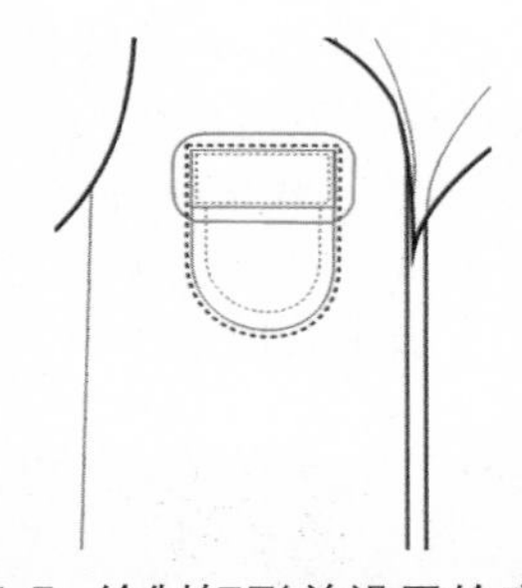

图191-7 绘制矩形并设置轮廓属性

04 选取选择工具，框选步骤 1~3 中绘制和复制的图形。单击“对象”|“组合”|“组合对象”命令组合图形。依次单击“标准”工具栏中的“复制”和“粘贴”按钮，复制并粘贴群组图形。单击其属性栏中的“水平镜像”按钮水平镜像图形，并将其调整至合适位置，效果如图 191-8 所示。

图191-8 复制并水平镜像图形

05 选取3点矩形工具，绘制一个斜角矩形，并参照步骤2~3的操作方法复制图形，等比例缩放图形并设置图形的轮廓属性，效果如图191-9所示。

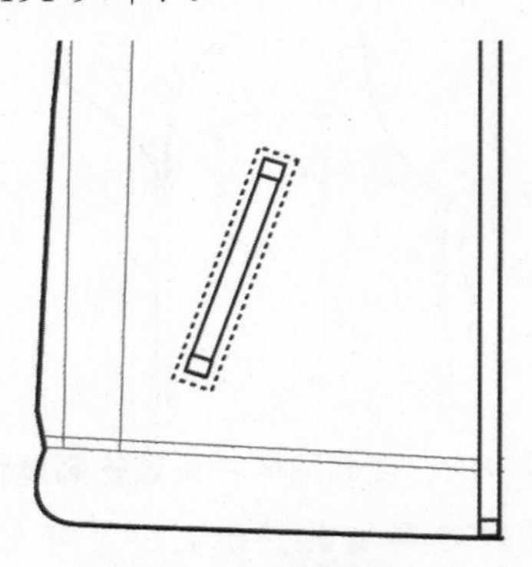

图191-9 绘制斜角矩形

06 选取折线工具，绘制一条直线，按【F12】键，在弹出的“轮廓笔”对话框中设置“线条样式”为[线条样式图标]。选取椭圆形工具，在按住【Ctrl】键的同时拖动鼠标，绘制一个正圆，并设置其轮廓属性，效果如图191-10所示。

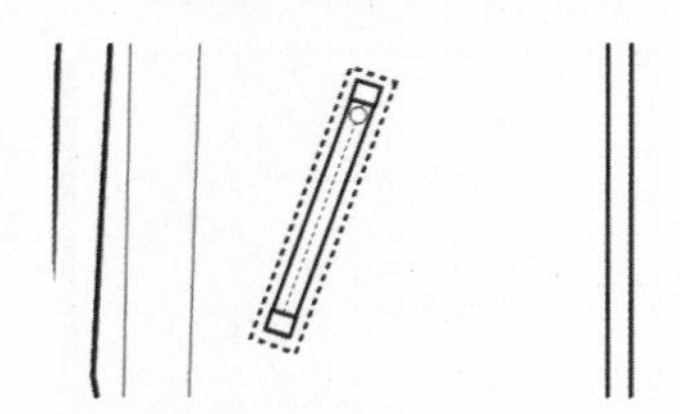

图191-10 绘制直线和正圆

07 参照步骤4中的操作方法复制并水平镜像图形，效果如图191-11所示。

图191-11 复制并水平镜像图形

08 选取手绘工具，按【F12】键，在弹出的“轮廓笔”对话框中设置“线条样式”为[线条样式图标]，绘制虚线，并设置其轮廓属性，最终效果参见图191-1。至此，本实例制作完毕。

实例192 童装Ⅳ

本实例将设计制作一款童装上衣，效果如图192-1所示。

图192-1 童装上衣

操作步骤

1. 制作童装上衣的主体轮廓

01 按【Ctrl+N】组合键，新建一个空白页面。选取选择工具，将鼠标指针置于标尺处，按下鼠标左键并拖动，以设置辅助线。用同样的操作方法设置其他辅助线，如图192-2所示。

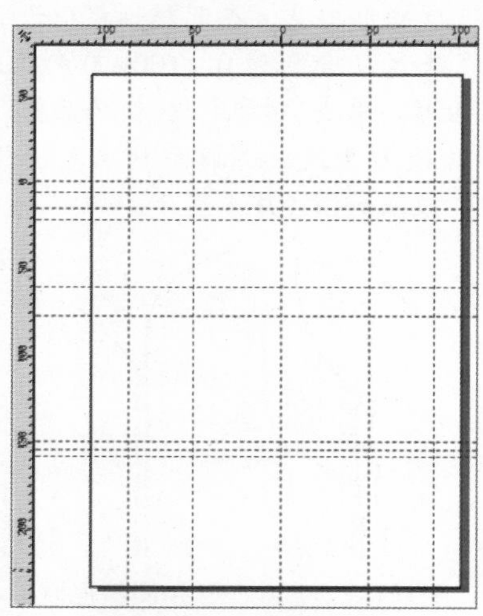

图192-2 设置辅助线

02 选取折线工具，绘制童装上衣的轮廓图形，效果如图192-3所示。

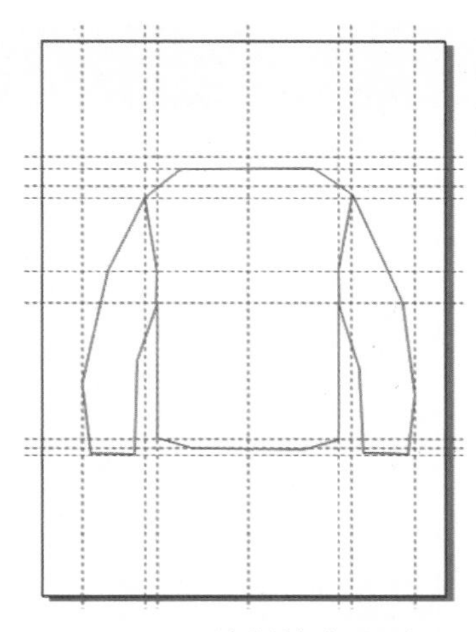

图192-3 绘制轮廓图形

03 选取形状工具，分别选择衣身和衣袖轮廓图形周围的节点。单击其属性栏中的“转换为曲线”按钮，将直线转换为曲线。将鼠标指针置于相应的节点上并拖动，将曲线调整为流畅圆滑的曲线,效果如图 192-4 所示。

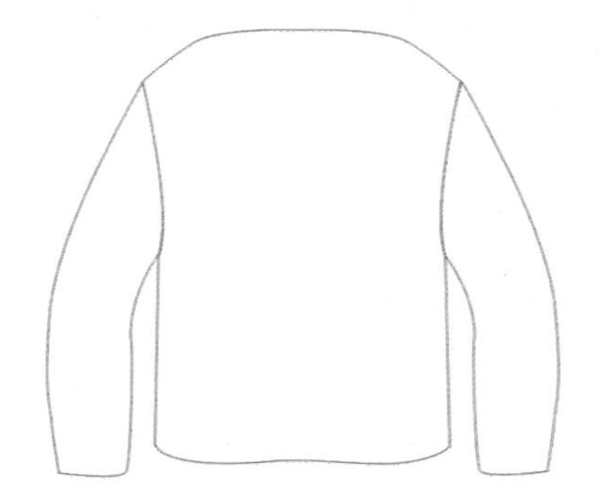

图192-4 将直线转换为曲线

04 选取衣身图形，单击调色板中的浅灰色色块，为其填充颜色，效果如图 192-5 所示。

图192-5 填充颜色

2. 制作童装上衣的其他图形

01 按【F6】键，选取矩形工具，绘制一个矩形，填充其颜色为白色，并在其属性栏中设置轮廓宽度为 0.5mm，效果如图 192-6 所示。

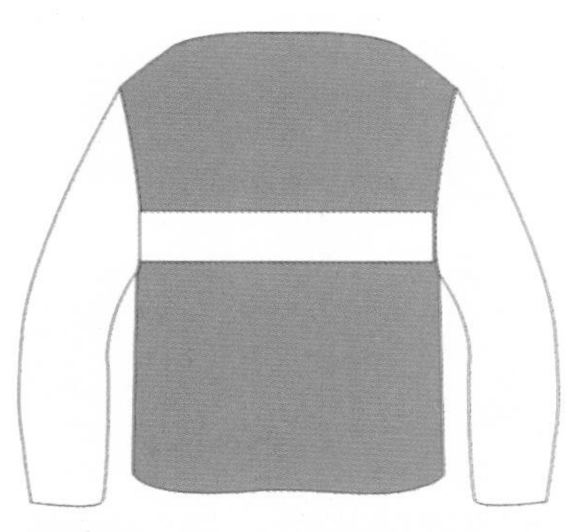

图192-6 绘制并填充矩形

02 选取钢笔工具，绘制衣领图形，填充相应的颜色，并设置轮廓属性，效果如图 192-7 所示。

图192-7 绘制衣领图形

03 选取钢笔工具,绘制其他曲线。按【F12】键，在弹出的“轮廓笔”对话框中设置“线条样式”为----、轮廓宽度为 0.5mm，为曲线设置轮廓属性，最终效果参见图 192-1。至此，本实例制作完毕。

实例193 女装 I

本实例将设计制作一款女装短裙，效果如图 193-1 所示。

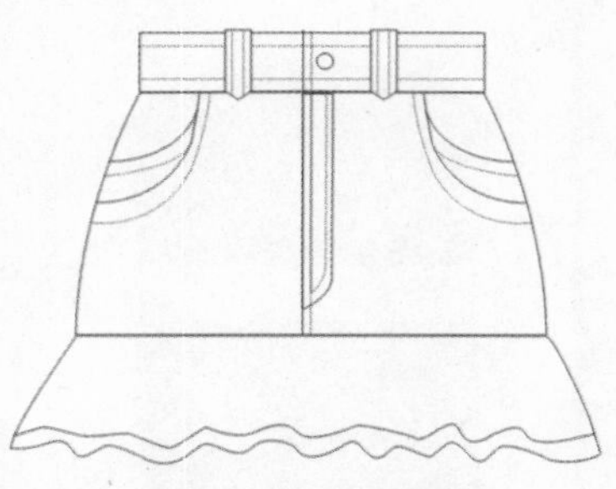

图193-1 女装短裙

操作步骤

1. 制作女装短裙的主体轮廓

01 按【Ctrl+N】组合键，新建一个空白页面。选取选择工具，将鼠标指针置于标尺处，按下鼠标左键并拖动，以设置辅助线。用同样的操作方法设置其他辅助线，如图 193-2 所示。

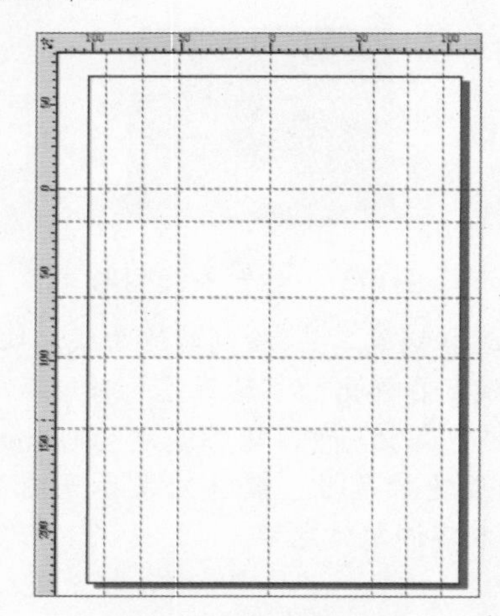

图193-2 设置辅助线

02 选取矩形工具，在绘图页面中绘制一个矩形，效果如图 193-3 所示。

03 按【Ctrl+Q】组合键，将矩形转换为曲线图形。选取形状工具，将鼠标指针置于相应的节点上并拖动，调整矩形为裙身形状，效果如图 193-4 所示。

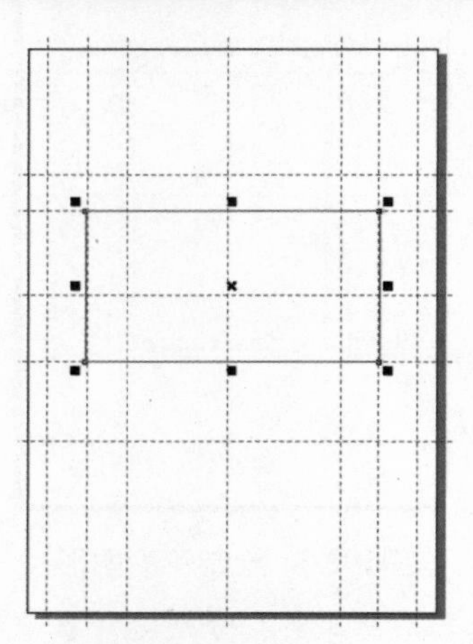

图193-3 绘制矩形

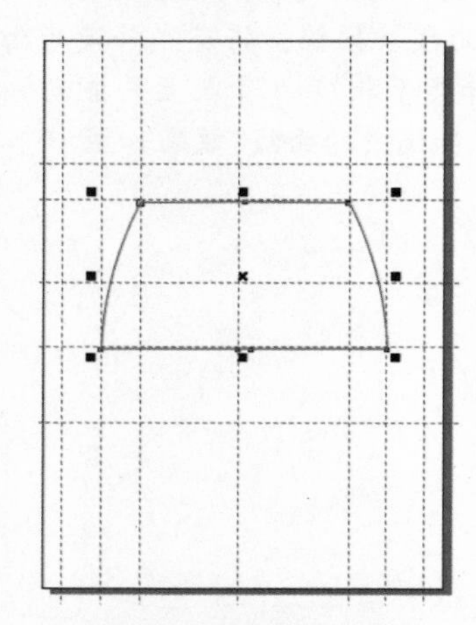

图193-4 调整矩形形状

04 用同样的操作方法绘制裙腰和裙摆的轮廓图形，如图 193-5 所示。

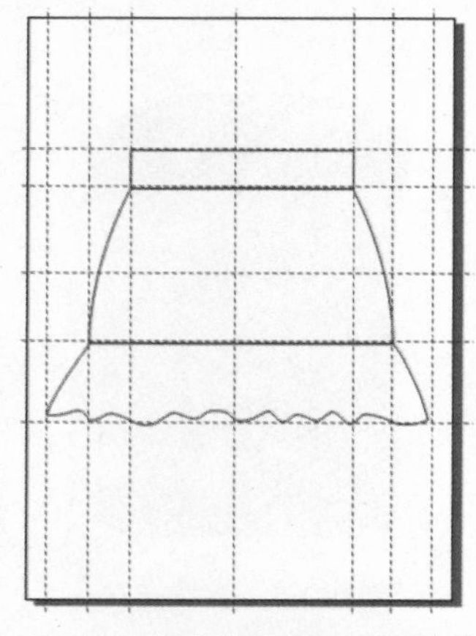

图193-5 绘制裙腰和裙摆轮廓

2. 制作女装短裙中的其他图形

01 选取矩形工具，绘制一个矩形。按【Ctrl+Q】组合键，将矩形转换为曲线。选取形状工具，在矩形下方中间处双击鼠标左键添加节点，并在该节点上向下拖动鼠标，调整图形为多边形。在按住【Ctrl】键的同时单击并拖动鼠标至合适位置，松开鼠标的同时右击复制图形，效果如图 193-6 所示。

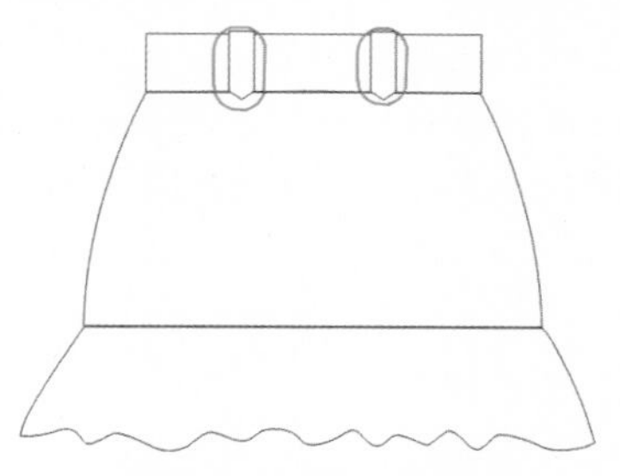

图193-6 绘制腰图形

02 用同样的操作方法绘制短裙中的搭门。选取椭圆形工具，在按住【Ctrl】键的同时拖动鼠标，绘制一个正圆作为纽扣图形，效果如图 193-7 所示。

03 选取手绘工具，分别绘制口袋、前裆线和下摆分割线，效果如图 193-8 所示。

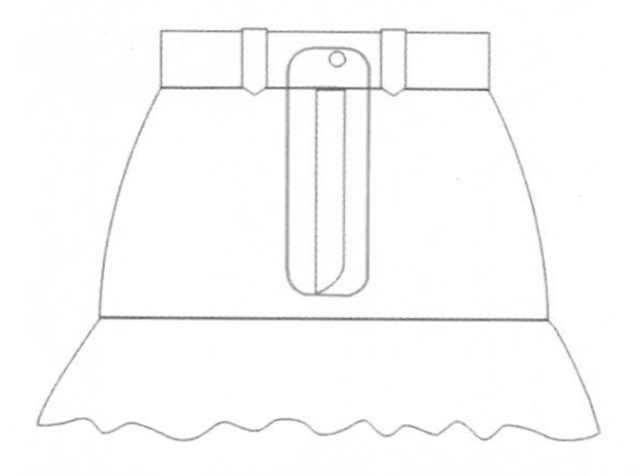

图193-7 绘制纽扣和搭门图形

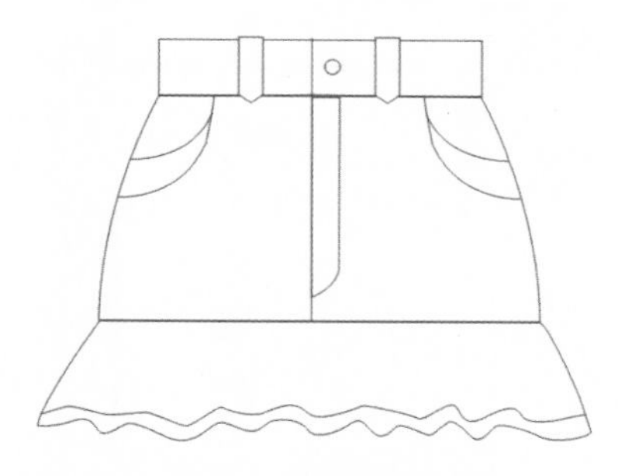

图193-8 绘制其他线型

04 选取手绘工具，按【F12】键，在弹出的“轮廓笔”对话框中设置“轮廓样式选择器”为⋯⋯、轮廓宽度为 0.25mm，绘制相应的虚线，最终效果参见图 193-1。至此，本实例制作完毕。

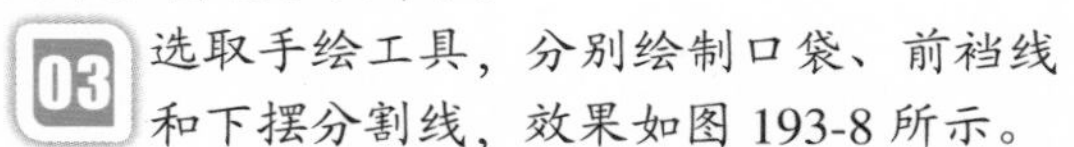

实例194 女装Ⅱ

本实例将设计制作一款女装牛仔裤，效果如图 194-1 所示。

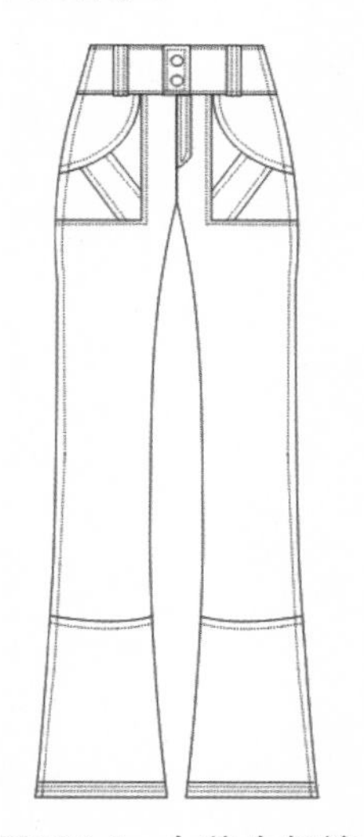

图194-1 女装牛仔裤

操作步骤

1. 制作女装牛仔裤的主体轮廓

01 按【Ctrl+N】组合键，新建一个空白页面。选取选择工具，将鼠标指针置于标尺处，按下鼠标左键并拖动，以设置辅助线，效果如图 194-2 所示。

02 选取贝塞尔工具，绘制一条裤腿轮廓图形。依次单击“编辑”|“复制”命令和“粘贴”命令，复制并粘贴图形。选取选择工具，向右拖动鼠标水平镜像图形，并将其调整至合适位置。选取选择工具，在按住【Shift】键的同时单击鼠标左键选择轮廓图形，单击属性栏中的“合并”按钮合并图形，效果如图 194-3 所示。

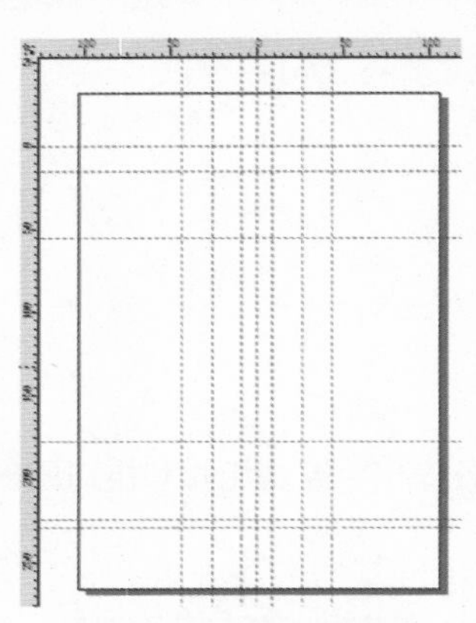

图194-2 设置辅助线

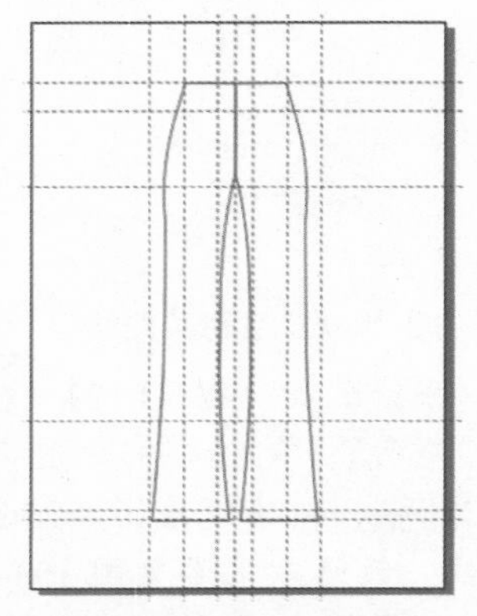

图194-3 复制并水平镜像图形

2. 制作女装牛仔裤的其他图形

01 选取智能绘图工具，绘制裤腰分割线。按【F6】键，选取矩形工具，分别绘制3个矩形作为腰带环图形。按【F7】键，选取椭圆形工具，分别绘制两个椭圆作为纽扣图形，如图194-4所示。

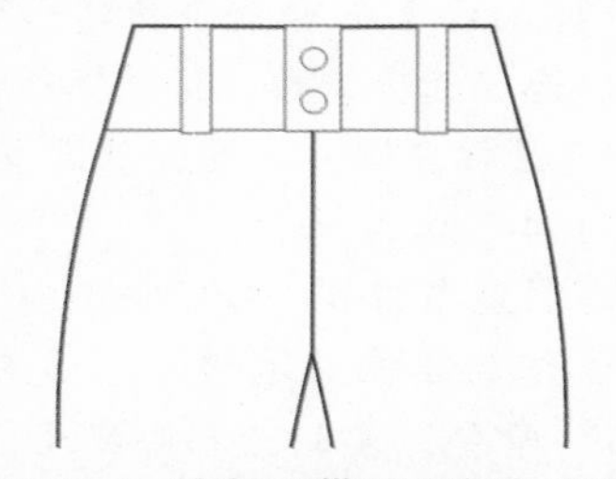

图194-4 绘制腰带环和纽扣图形

02 选择中间的腰带环图形，按小键盘上的【+】键复制图形。在按住【Shift】键的同时拖动鼠标，等比例缩小图形。按【F12】键，在弹出的对话框中设置“线条样式”为----、轮廓宽度为0.25mm，效果如图194-5所示。

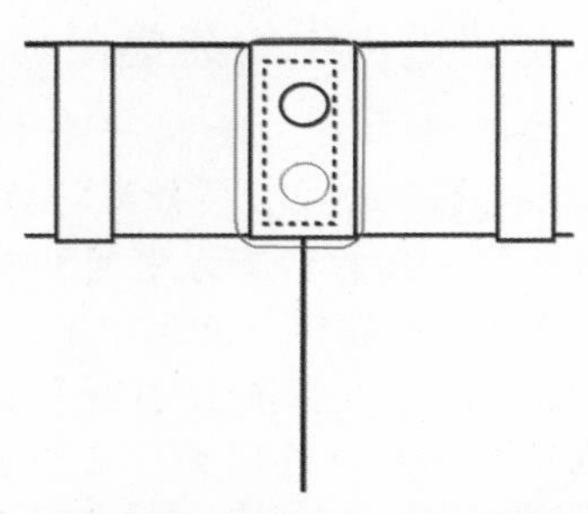

图194-5 复制、缩小图形并设置轮廓属性

03 选取智能绘图工具，分别绘制门襟、搭门、口袋和裤口翻边线，并设置各图形和曲线的轮廓属性，效果如图194-6所示。

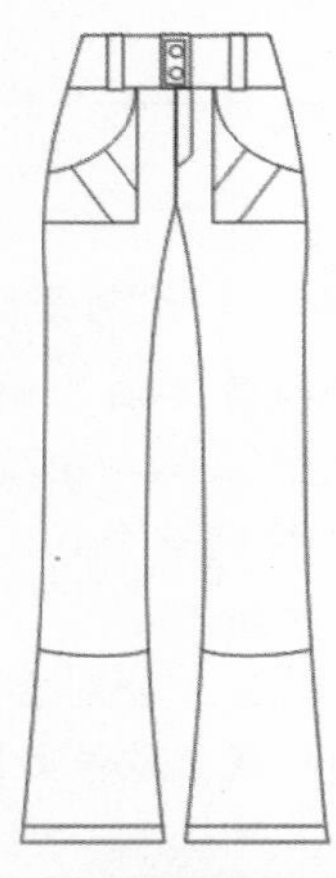

图194-6 绘制其他图形和曲线

04 参照步骤3中的操作方法绘制相应的虚线。按【Alt+Enter】组合键，弹出“对象属性”泊坞窗，切换至“轮廓”选项卡，设置“线条样式”为、“轮廓宽度”为0.25mm，最终效果如图194-7所示。至此，本实例制作完毕。

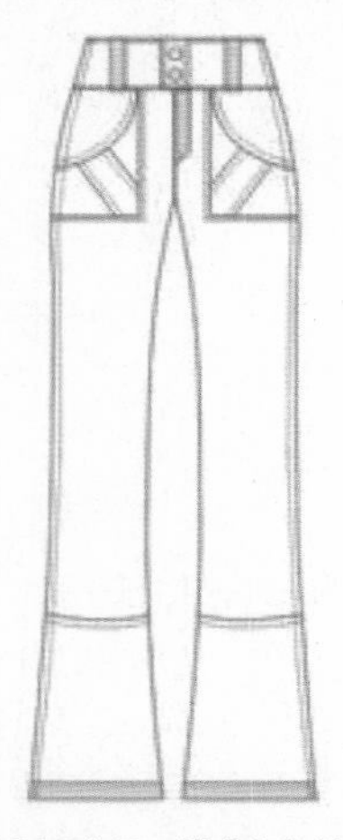

图194-7 绘制虚线

实例195 女装III

本实例将设计制作一款女装连衣裙，效果如图 195-1 所示。

图195-1 女装连衣裙

操作步骤

1. 制作女装连衣裙的主体轮廓

01 按【Ctrl+N】组合键，新建一个空白页面，添加垂直和水平辅助线，如图 195-2 所示。

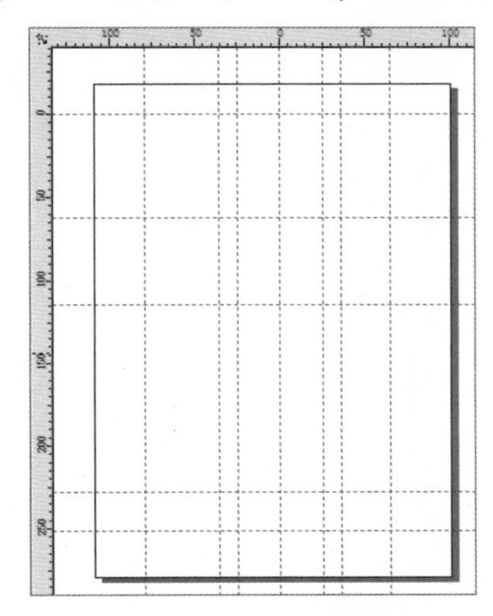

图195-2 添加辅助线

02 绘制上衣和裙子的轮廓图形，在其属性栏中设置轮廓宽度为 0.35mm，效果如图 195-3 所示。

03 选取钢笔工具，分别绘制上衣、裙身和裙摆的分割线，并设置各曲线的轮廓属性，效果如图 195-4 所示。

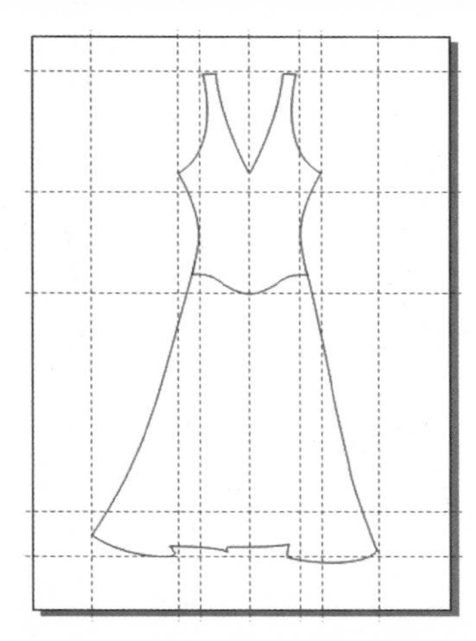

图195-3 绘制上衣和裙子轮廓图形

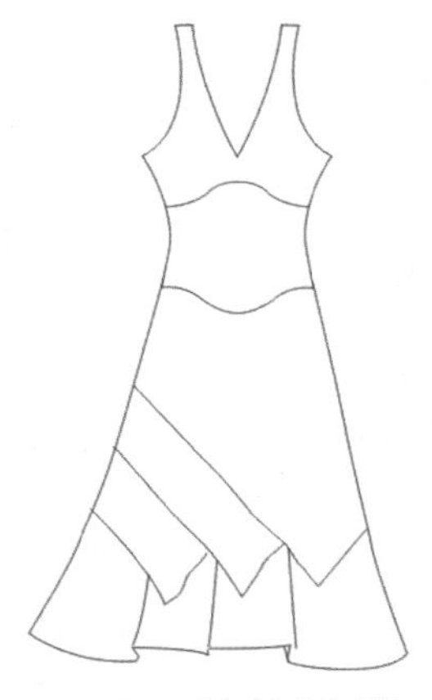

图195-4 绘制分割线

04 选取手绘工具，分别绘制双层裙摆和上衣中的褶皱线，效果如图 195-5 所示。

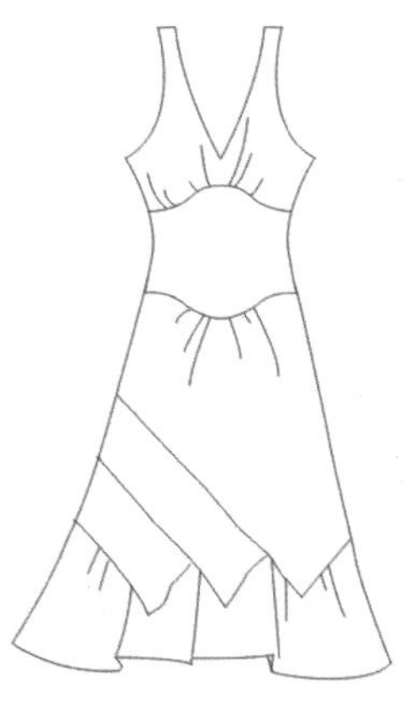

图195-5 绘制褶皱线

2. 制作女装连衣裙的修饰图形

01 选取矩形工具，在绘图页面中的合适位置分别绘制两个矩形，效果如图 195-6 所示。

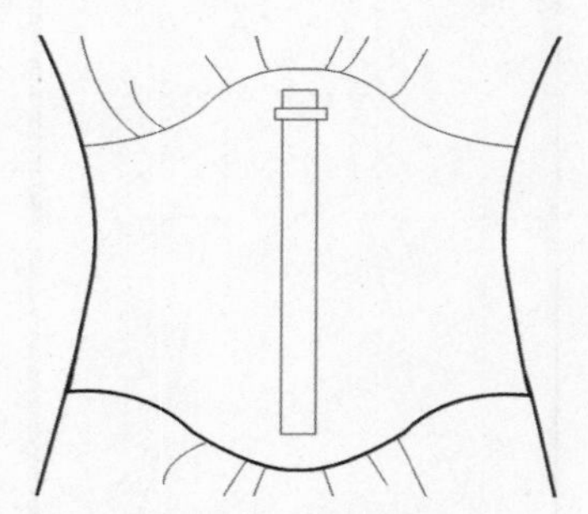

图195-6 绘制矩形

02 选取 3 点矩形工具，绘制一个斜角矩形，在属性栏中设置矩形 4 个角的转角半径均为 100，效果如图 195-7 所示。

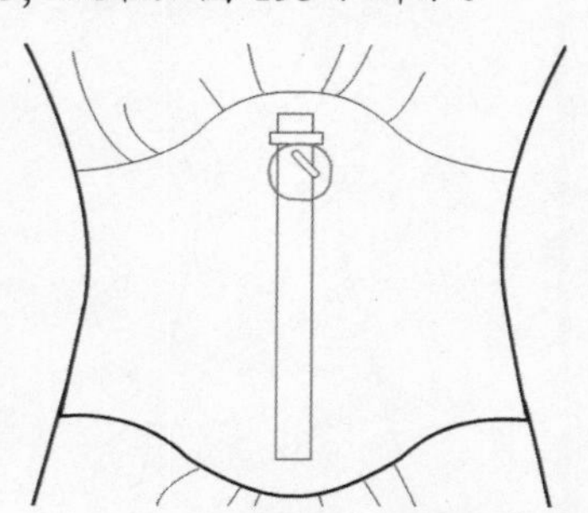

图195-7 绘制圆角斜矩形

03 按小键盘上的【+】键复制图形，单击属性栏中的“水平镜像”按钮水平镜像图形，并将其拖至合适位置，效果如图 195-8 所示。

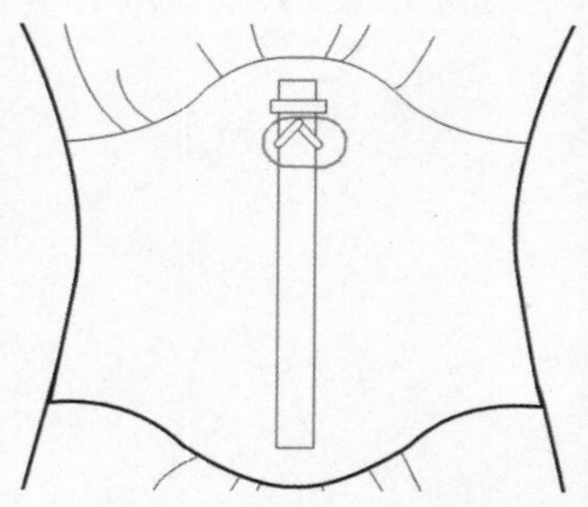

图195-8 复制并水平镜像图形

04 选择绘制的两个圆角矩形，单击其属性栏中的“组合对象”按钮群组图形。按住【Ctrl】键的同时在群组图形上单击并拖动鼠标至合适位置，松开鼠标的同时右击复制图形，然后调整至合适位置，效果如图 195-9 所示。

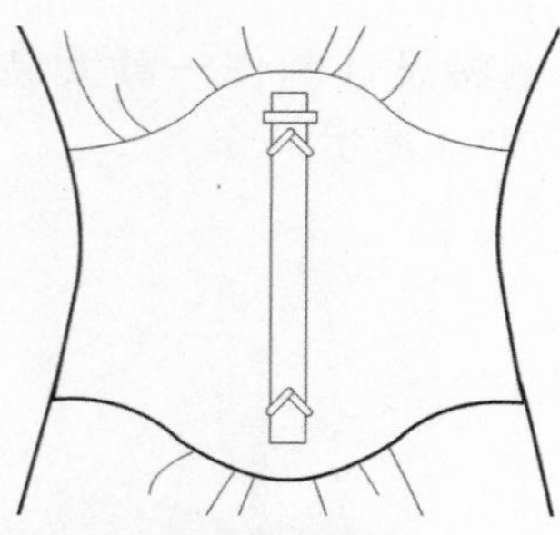

图195-9 复制图形

05 选取调和工具，在群组和复制的群组图形之间进行直线调和，在属性栏中设置“调和对象”为 7，效果如图 195-10 所示。

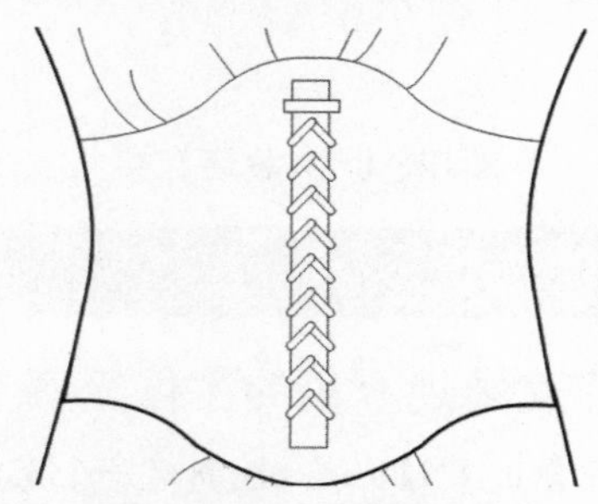

图195-10 进行直线调和

06 选取椭圆形工具，绘制一个椭圆。选取变形工具，在其属性栏中单击“推拉变形”按钮，在图形上按住鼠标左键并由内向外拖动，将椭圆变形，并填充其颜色为白色，效果如图 195-11 所示。

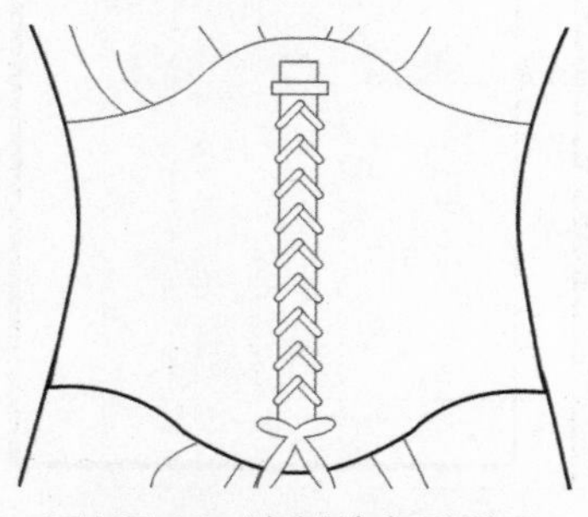

图195-11 绘制并变形椭圆

07 单击“对象”|“转换为曲线”命令，将变形图形转换为曲线。选取形状工具，调整图形形状，并参照步骤 3 中的操作方法复制图形。在按住【Shift】键的同时拖动鼠标，等比例缩小图形，效果如图 195-12 所示。

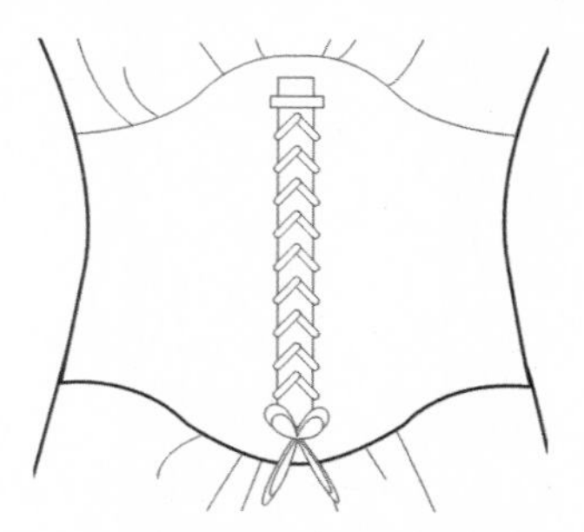

图195-12 复制并缩小图形

08 选取钢笔工具，在其属性栏中设置“线条样式”为[图标]、轮廓宽度为0.25mm，在绘图页面中绘制相应的虚线，最终效果参见图195-1。至此，本实例制作完毕。

实例196 女装Ⅳ

本实例将设计制作一款女装长外套，效果如图196-1所示。

图196-1 女装长外套

操作步骤

1. 制作女装长外套的主体轮廓

01 按【Ctrl+N】组合键，新建一个空白页面。选取选择工具，将鼠标指针置于标尺处，按下鼠标左键并拖动，设置辅助线。用同样的操作方法设置其他辅助线，如图196-2所示。

02 选取贝塞尔工具，绘制女装长外套的轮廓图形。单击“对象”|“变换”|“缩放和镜像”命令，在弹出的“变换”泊坞窗中单击[按钮图标]按钮，在“按比例”选项区中选中右侧中间的复选框，在“副本”文本框中输入1，单击“应用”按钮，复制并水平镜像图形，效果如图196-3所示。

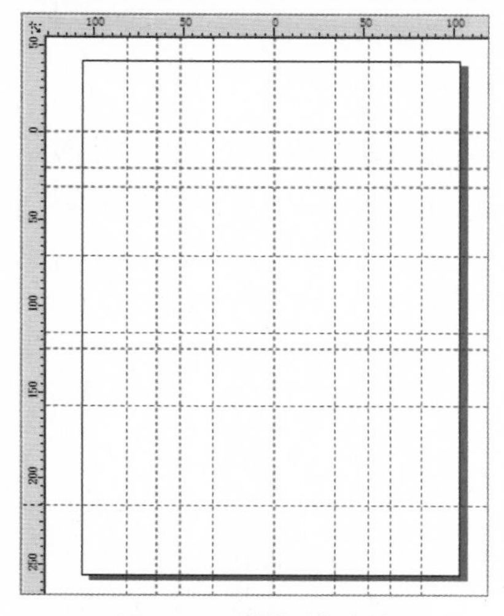

图196-2 添加辅助线

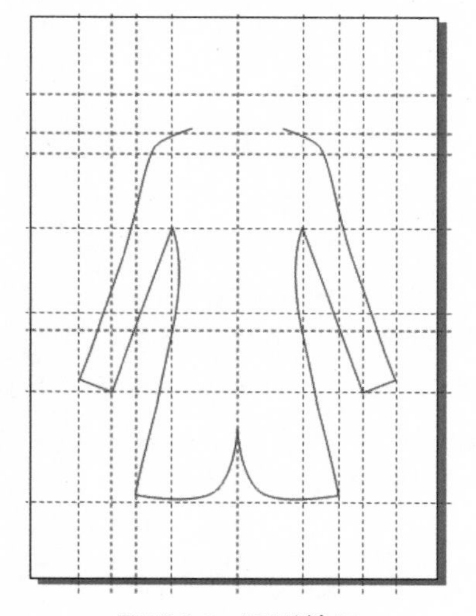

图196-3 图形效果

03 参照步骤2中的操作方法绘制衣领图形，效果如图196-4所示。

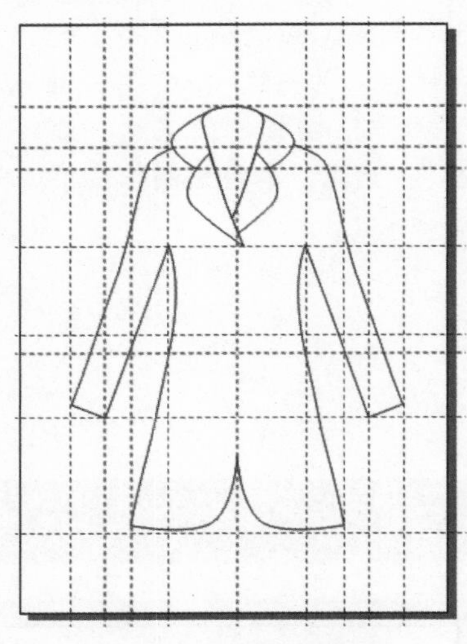

图196-4 绘制衣领图形

2. 制作女装长外套的其他图形

01 选取钢笔工具，分别绘制腰带、袖口拼接线、袋口拼接线、门襟和衣身分割线，并调整图形顺序，效果如图 196-5 所示。

图196-5 绘制各种曲线

02 用同样的操作方法绘制相应的虚线，双击状态栏中的“轮廓颜色”色块，在弹出的“轮廓笔”对话框中设置“样式”为 、“宽度”为 0.25mm，并调整图形顺序，效果如图 196-6 所示。

图196-6 绘制虚线

03 按【F7】键，选取椭圆形工具，绘制一个正圆。在绘制的正圆上单击并拖动鼠标至合适位置，松开鼠标的同时右击复制正圆作为外套的纽扣图形。用同样的方法复制多个正圆，效果如图 196-7 所示。

图196-7 绘制并复制纽扣

04 参照步骤 3 中的操作方法绘制袖口的纽扣图形，最终效果参见图 196-1。至此，本实例制作完毕。

第14章　户型图与展台设计

户型图与展台设计在产品营销中起着非常重要的作用，它可以迅速吸引消费者的眼球，从而达到销售的目的。本章将通过4个不同类别的户型图和2个展台的设计，详细介绍户型图与展台的绘制方法与技巧。

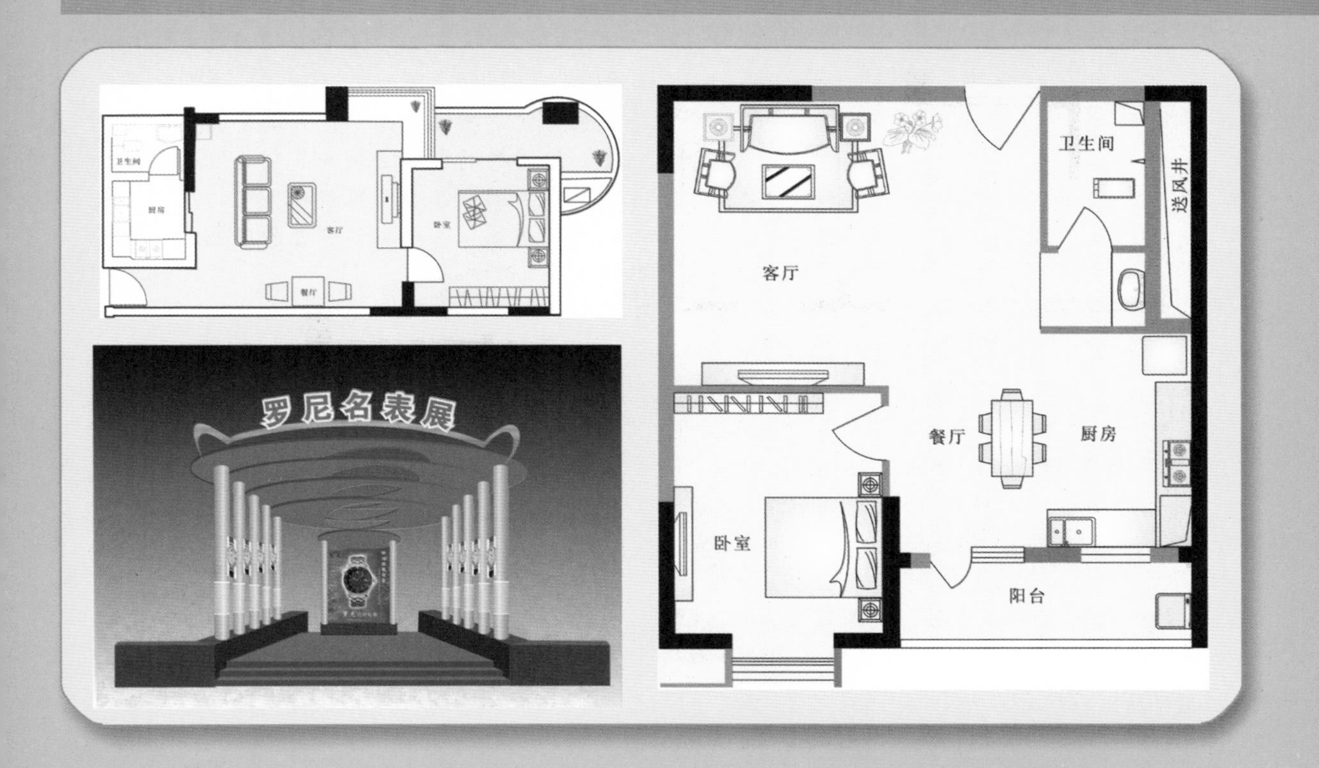

实例197 户型图 I

本实例将设计制作一幅一室一厅户型图，效果如图197-1所示。

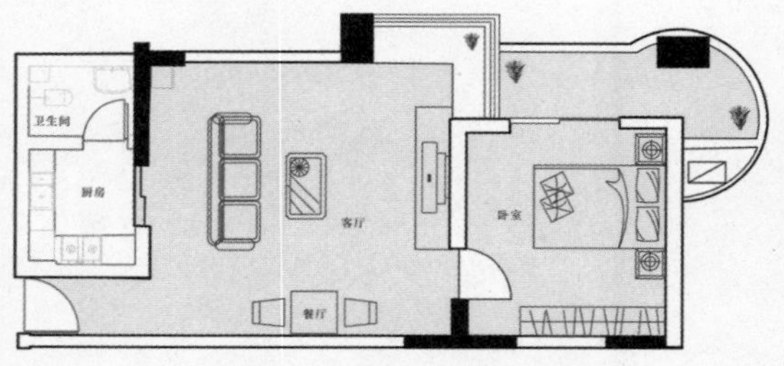

图197-1 一室一厅户型图

操作步骤

1．制作一室一厅的主体效果

01 按【Ctrl+N】组合键，新建一个空白页面。选取矩形工具，在绘图页面中的合适位置绘制矩形，制作户型图的墙体效果。选取选择工具，在按住【Shift】键的同时选择墙体拐角处的相交矩形，单击其属性栏中的“合并”按钮合并图形，并分别填充其颜色为白色和黑色。选择白色的图形，并在其属性栏中设置轮廓宽度为0.7mm，效果如图197-2所示。

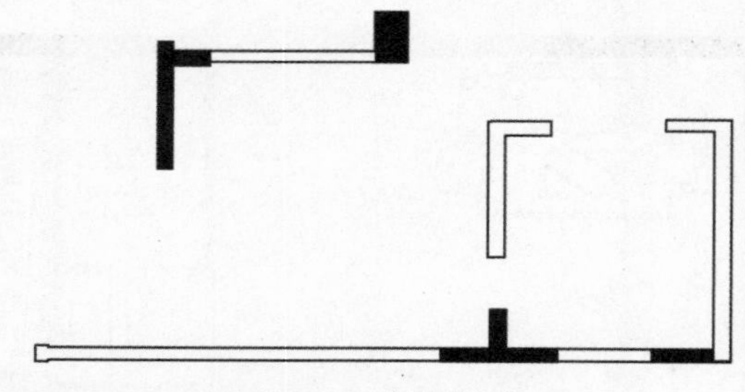

图197-2 绘制墙体

02 分别利用贝塞尔工具和矩形工具绘制地板图形和阳台效果，填充地板颜色为淡黄色（CMYK值分别为0、0、20、0）。参照步骤1中的操作方法为地板图形设置轮廓属性，并调整图形顺序，效果如图197-3所示。

03 选取椭圆形工具，在按住【Ctrl】键的同时拖动鼠标，绘制一个正圆。单击属性栏中的“饼形”按钮，将正圆转换为饼形，设置“起始和结束角度”分别为0和90，作为门图形。按小键盘上的【+】键复制饼状图形，并调整其角度、大小和位置，效果如图197-4所示。

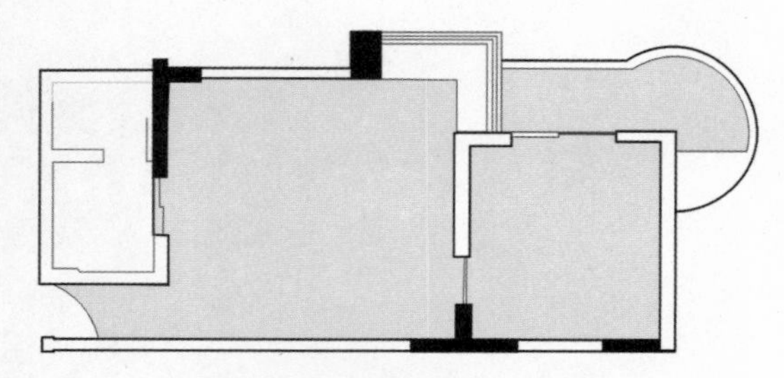

图197-3 绘制地板及阳台

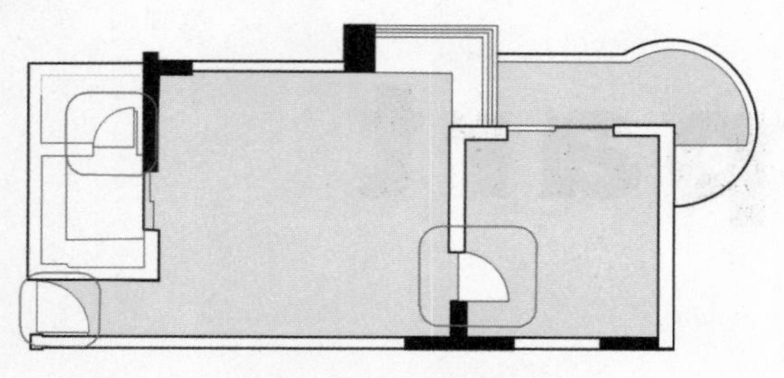

图197-4 绘制门图形

04 选取矩形工具，在其属性栏中设置矩形4个角的转角半径均为100，绘制圆角矩形。按住【Ctrl】键的同时在圆角矩形上单击并拖动鼠标至合适位置，松开鼠标左键的同时右击复制图形，并调整其大小和位置。用同样的方法绘制并复制其他圆角矩形作为沙发图形，并参照步骤1中的操作方法设置轮廓属性，填充其颜色为白色，效果如图197-5所示。

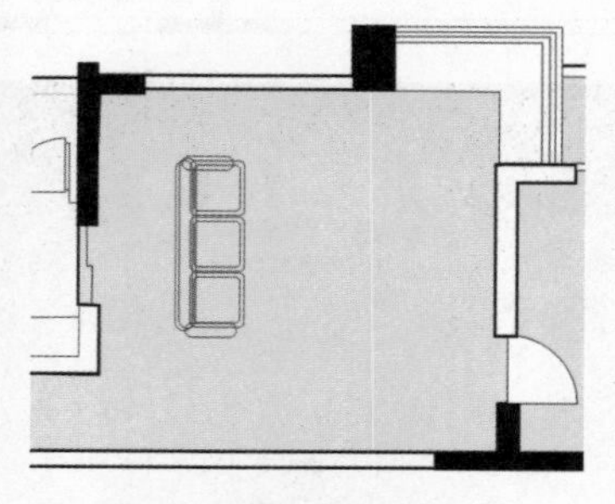

图197-5 绘制沙发图形

05 选取矩形工具，绘制一个矩形作为茶几，并设置其轮廓属性。单击“窗口”|“泊坞窗”|“圆角/扇形角/倒棱角”命令，在弹

出的“圆角/扇形角/倒棱角”泊坞窗中设置“操作”为“扇形角”、“半径”为1，单击“应用”按钮，添加扇形切角效果，如图197-6所示。

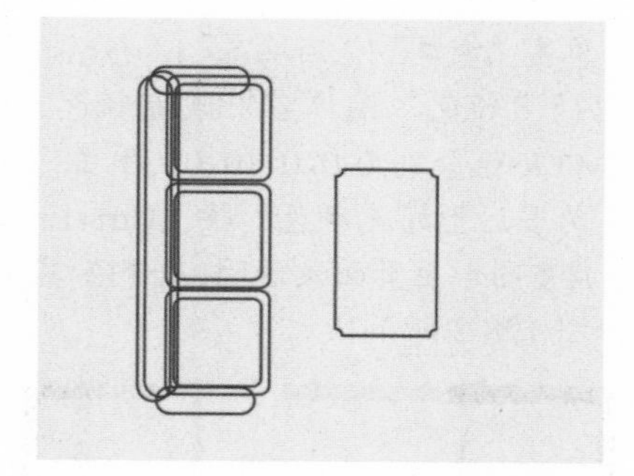

图197-6 绘制矩形并添加扇形切角效果

06 选取椭圆形工具，在按住【Ctrl】键的同时拖动鼠标，绘制一个正圆。选取钢笔工具，绘制多条直线。参照步骤4中的操作方法绘制圆角矩形，并设置轮廓属性，效果如图197-7所示。

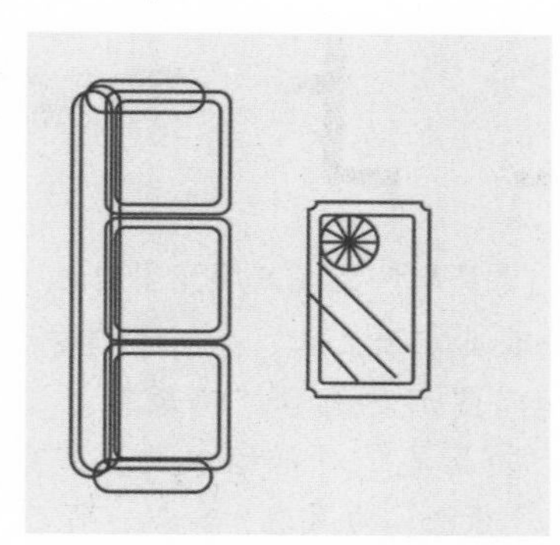

图197-7 绘制其他图形

07 选取基本形状工具，单击其属性栏中的“完美形状”按钮，在弹出的下拉面板中选择方环形状，绘制图形。再次单击“完美形状”按钮，在弹出的下拉面板中选择圆环形状，绘制圆环图形。选取钢笔工具，分别绘制两条直线，并设置各图形轮廓属性，作为床头柜效果，如图197-8所示。

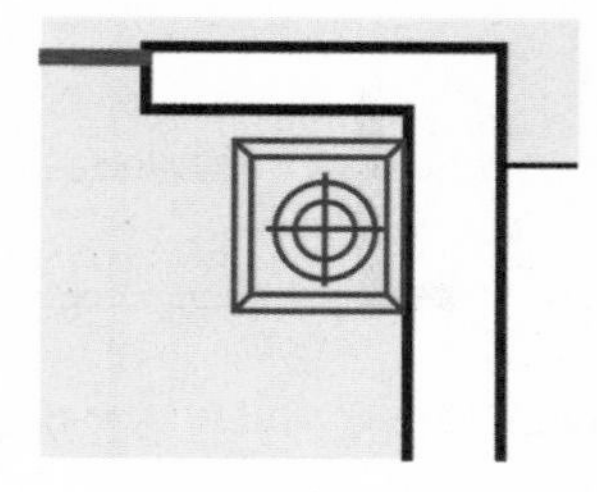

图197-8 绘制床头柜

08 用同样的操作方法绘制另一个床头柜和床图形，并设置轮廓属性，效果如图197-9所示。

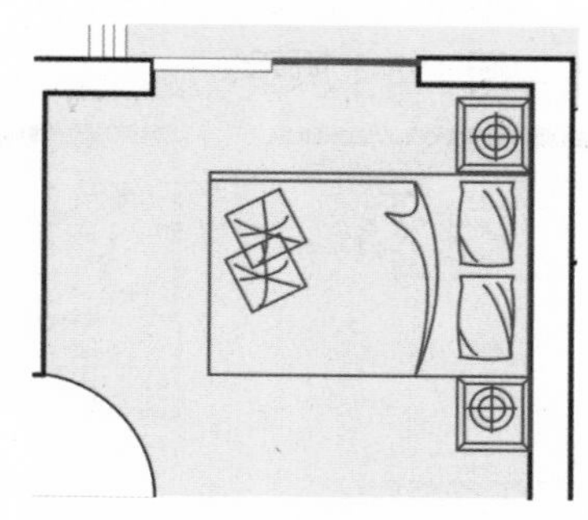

图197-9 绘制床和床头柜图形

09 使用矩形工具、钢笔工具、椭圆形工具和“轮廓笔”工具分别绘制餐桌、衣柜和厨房餐具等图形，并设置其轮廓颜色和宽度，效果如图197-10所示。

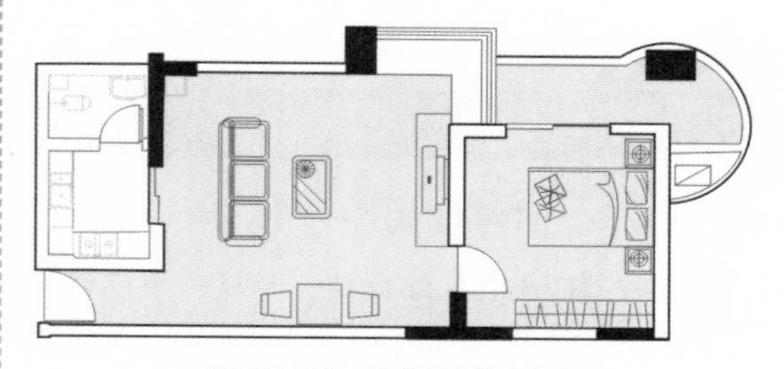

图197-10 绘制其他图形

2. 制作一室一厅的其他效果

01 单击“文件”|“导入”命令，导入一幅植物图像。按两次小键盘上的【+】键，复制两幅植物图像，并分别调整其大小及位置，效果如图197-11所示。

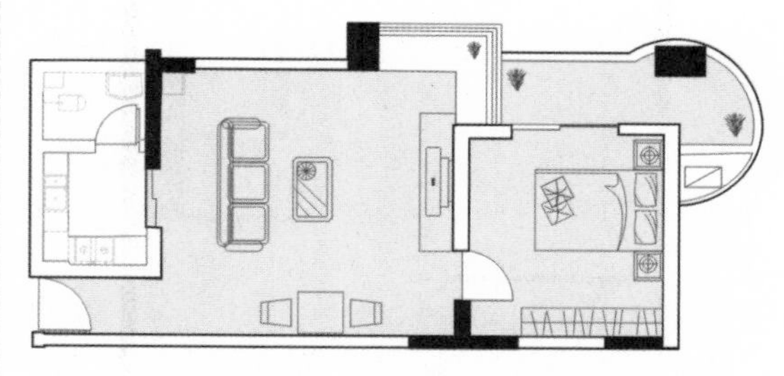

图197-11 导入并复制植物图像

02 选取文本工具，在其属性栏中设置字体为“宋体”、字号为12pt，输入相应的标注文字，最终效果参见图197-1。至此，本实例制作完毕。

实例198 户型图Ⅱ

本实例将设计制作一幅一室两厅户型图，效果如图198-1所示。

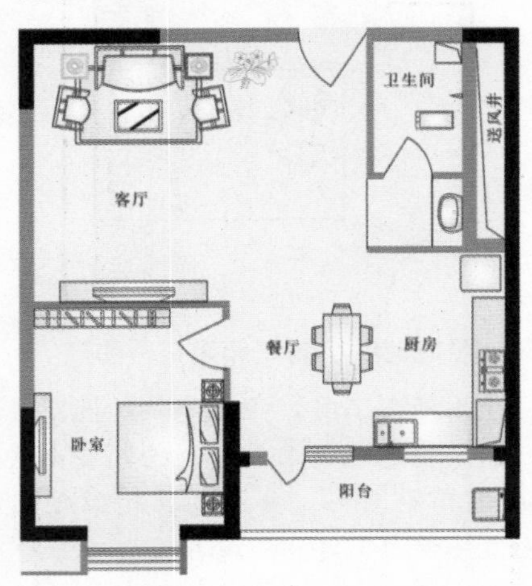

图198-1 一室两厅户型图

操作步骤

1. 制作一室两厅的主体效果

01 按【Ctrl+N】组合键，新建一个空白页面。选取矩形工具，在绘图页面中的合适位置绘制矩形，制作户型图的墙体效果。在按住【Shift】键的同时加选墙体拐角的矩形，单击其属性栏中的“合并”按钮合并图形。分别填充其颜色为灰色（CMYK值分别为0、0、0、30）和黑色（CMYK值分别为0、0、0、100），并删除其轮廓，效果如图198-2所示。

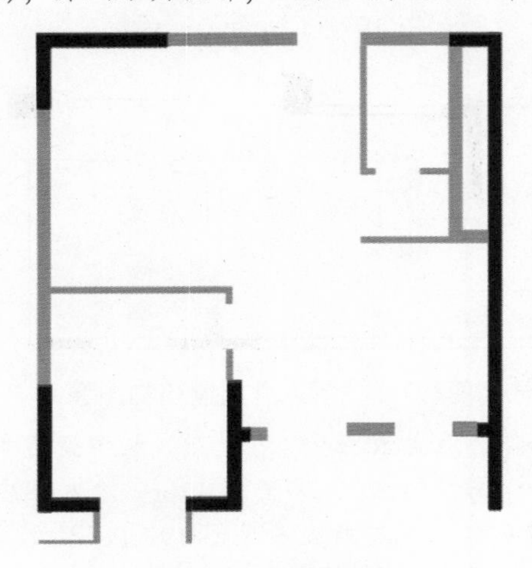

图198-2 绘制墙体

02 选取折线工具，绘制一个闭合多边形。单击“窗口”|“泊坞窗”|“彩色”命令，在弹出的“颜色”泊坞窗中设置颜色为淡黄色（CMYK值分别为0、0、10、0），单击“填充”按钮，为多边形填充颜色。按【Ctrl+End】组合键，调整图形至页面最后面，并删除其轮廓，效果如图198-3所示。

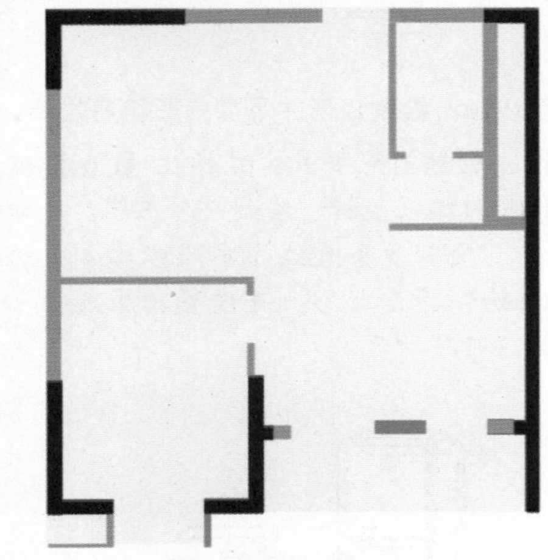

图198-3 绘制并填充多边形

03 选取贝塞尔工具，分别绘制窗户、玻璃和门图形。选取“轮廓笔”工具，在弹出的“轮廓笔”对话框中设置“宽度”为0.35mm、“颜色”为黑色，单击“确定”按钮，为各图形设置轮廓属性，效果如图198-4所示。

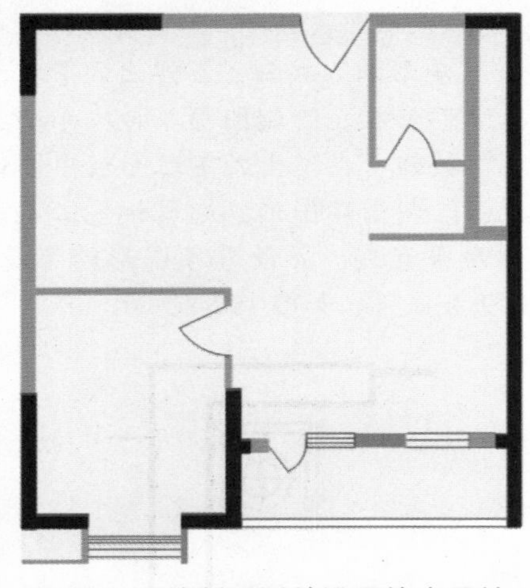

图198-4 绘制图形并设置轮廓属性

04 选取矩形工具,绘制一个矩形。按【F11】键，在弹出的“编辑填充”对话框中单击“渐变填充”按钮，设置0%位置的颜色为淡黄色（CMYK值分别为0、2、20、0），100%位置的颜色为白色（CMYK值均为0），单击“确定”按钮，渐变填充矩形。在其属性栏中设置轮廓宽度为0.35mm，为矩形设置轮廓属性，效果如图198-5所示。

图198-5 绘制矩形

05 选取矩形工具，绘制一个矩形。依次单击“标准”工具栏中的“复制”和“粘贴”按钮，复制并粘贴图形，然后缩小图形，在其属性栏中设置矩形4个角的转角半径均为15，将其转化为圆角矩形。在按住【Shift】键的同时选择两个矩形，单击属性栏中的“移除后面对象”按钮修剪图形，并参照步骤4中的操作方法渐变填充修剪后的图形，效果如图198-6所示。

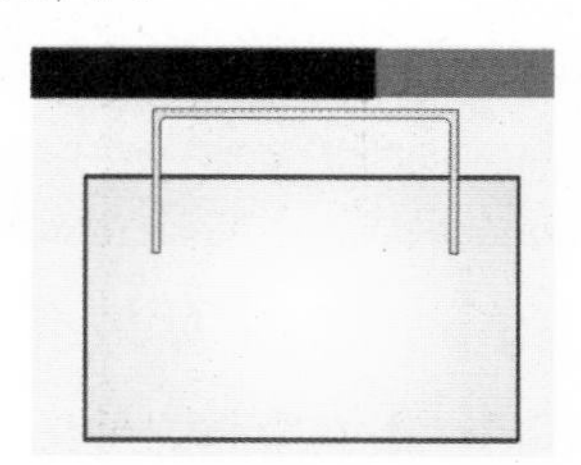

图198-6 修剪图形并渐变填充颜色

06 选取贝塞尔工具，绘制一个闭合曲线图形。参照步骤4中的操作方法渐变填充曲线图形，并设置其轮廓属性，效果如图198-7所示。

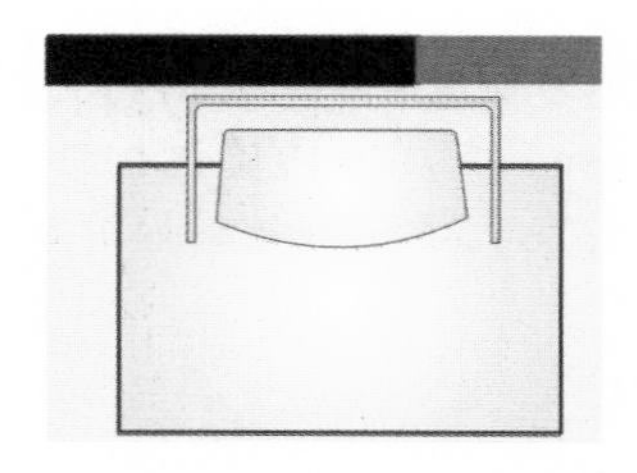

图198-7 绘制曲线图形

07 参照步骤4~6的操作方法绘制其他矩形和曲线图形，填充相应的渐变颜色，并调整图形顺序，效果如图198-8所示。

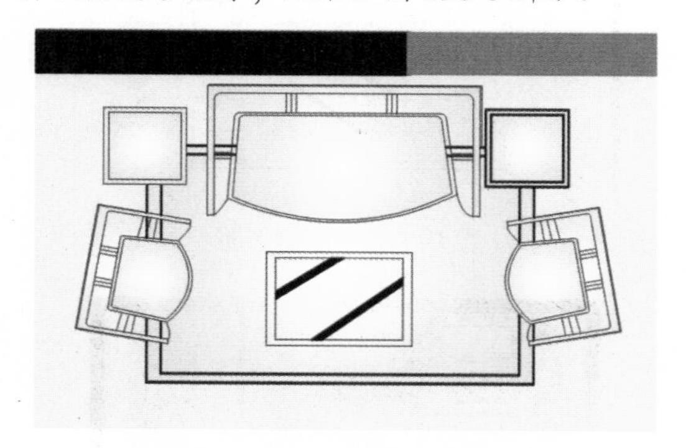

图198-8 绘制其他图形

08 选取椭圆形工具，在按住【Ctrl】键的同时拖动鼠标，绘制一个正圆。选取折线工具，绘制一条直线。选取选择工具，单击图形，移动旋转中心点至正圆的中心位置。单击“对象”|“变换”|“旋转”命令，在弹出的“变换”泊坞窗的“旋转”选项区中设置“旋转角度”为15，在“副本”文本框中输入1，多次单击“应用”按钮，复制并旋转图形，然后绘制一个与正圆同心的小圆，效果如图198-9所示。

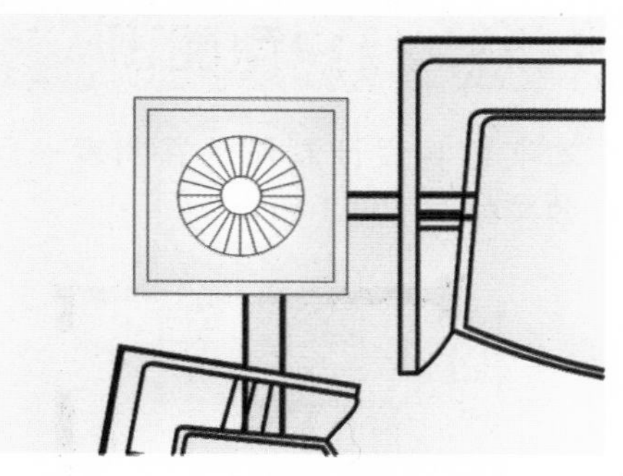

图198-9 绘制并旋转复制图形

09 选取选择工具，选择正圆和直线图形。按【Ctrl+G】组合键组合图形，在按住【Ctrl】键的同时单击并拖动鼠标至合适位置，松开鼠标的同时右击复制图形，并绘制其他正圆，效果如图198-10所示。

10 用同样的操作方法分别绘制茶几、厨具以及浴室用品等图形，并填充相应的渐变颜色，效果如图198-11所示。

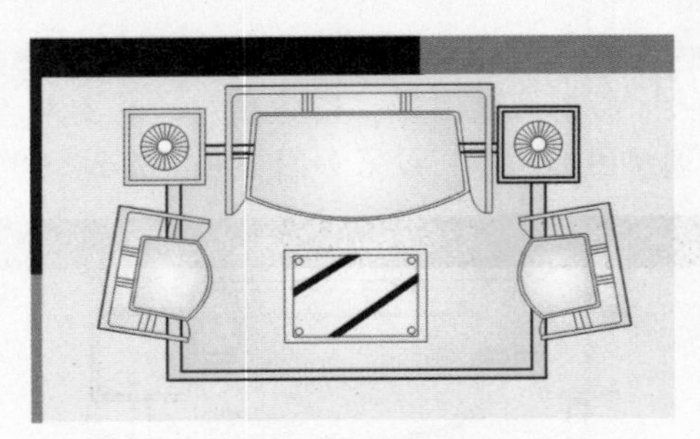

图198-10 复制图形

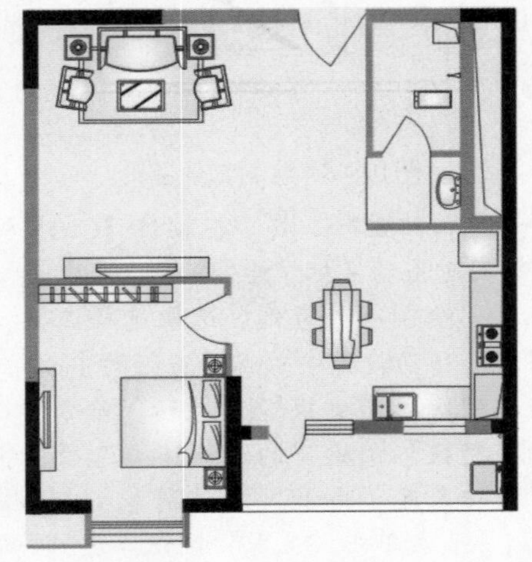

图198-11 绘制其他图形

2．制作一室两厅的标注文字

01 单击“标准”工具栏中的“导入”按钮，导入一幅植物图像，并调整其位置及大小，效果如图 198-12 所示。

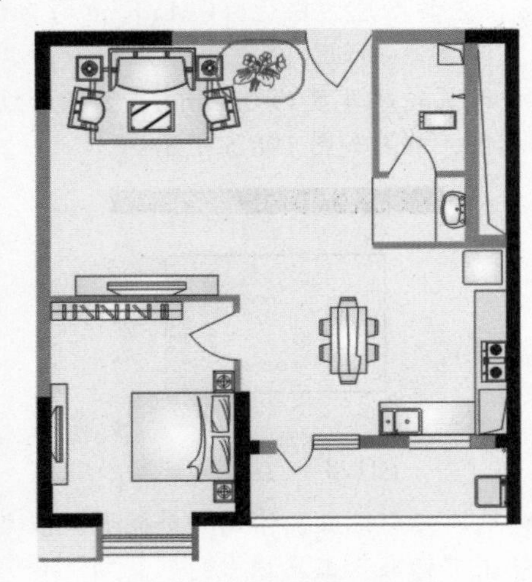

图198-12 导入植物图像

02 按【F8】键，选取文本工具，在其属性栏中设置字体为“宋体”、字号为 12pt，输入相应的标注文字，最终效果参见图 198-1。至此，本实例制作完毕。

实例199 户型图III

本实例将设计制作一幅两室一厅户型图，效果如图 199-1 所示。

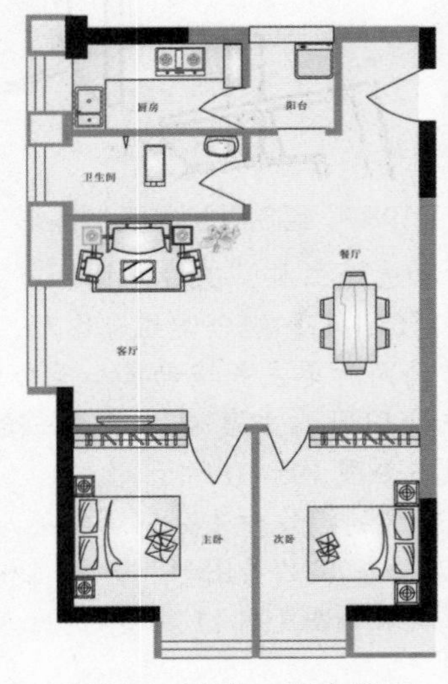

图199-1 两室一厅户型图

操作步骤

1．制作两室一厅的主体效果

01 按【Ctrl+N】组合键，新建一个空白页面。按【F6】键，选取矩形工具，在绘图页面中的合适位置绘制矩形，制作户型图的墙体效果。选取选择工具，在按住【Shift】键的同时选择墙体拐角的矩形，单击其属性栏中的“对齐和分布”按钮，弹出“对齐与分布”对话框，选中相应的复选框对齐图形，并分别填充其颜色为灰色(CMYK 值分别为 0、0、0、30）和黑色（CMYK 值分别为 0、0、0、100)，然后删除其轮廓，效果如图 199-2 所示。

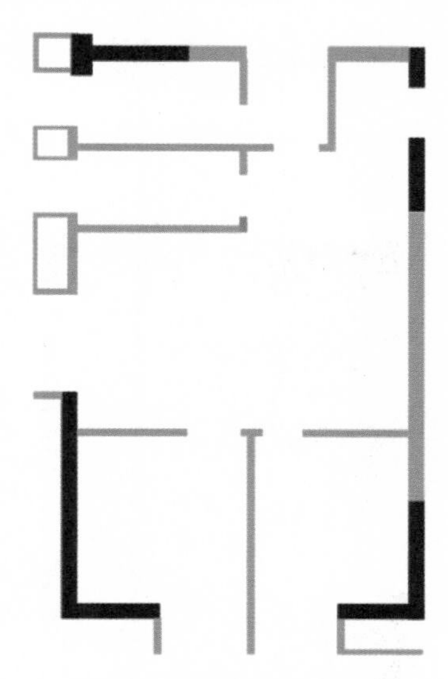

图199-2 绘制墙体图形

02 选取折线工具，绘制一个闭合多边形。按【F11】键，在弹出的“编辑填充”对话框中单击“均匀填充”按钮，设置颜色为淡黄色（CMYK值分别为0、0、10、0），单击“确定”按钮，为多边形填充颜色。按【Ctrl+End】组合键，调整图形至页面最后面，并删除其轮廓，效果如图199-3所示。

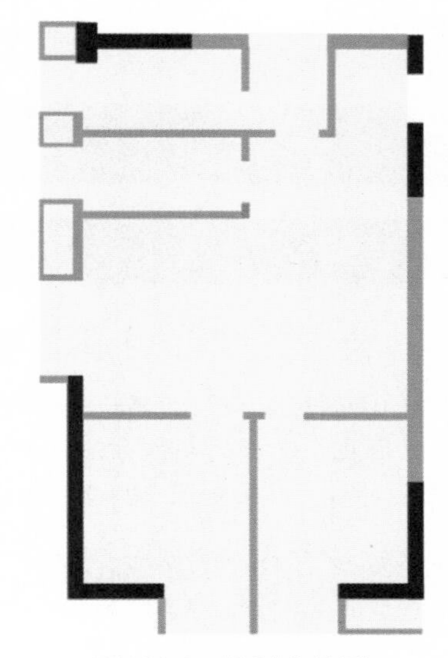

图199-3 绘制多边形

03 选取钢笔工具，分别绘制窗户和门图形。按【F12】键，在弹出的“轮廓笔”对话框中设置“宽度”为0.35mm、“颜色”为黑色，单击“确定”按钮，为图形设置轮廓属性，并调整图形顺序，效果如图199-4所示。

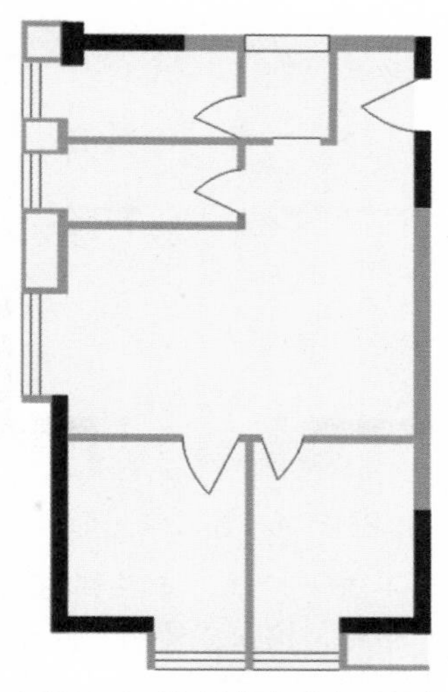

图199-4 绘制窗户和门图形

04 选取矩形工具，分别绘制3个矩形。选取选择工具，选择左侧的两个矩形，单击其属性栏中的“合并”按钮合并图形。按【F11】键，在弹出的“编辑填充”对话框中单击“渐变填充”按钮，设置0%位置的颜色为淡黄色（CMYK值分别为0、2、20、0）、100%位置的颜色为白色（CMYK值均为0），单击“确定”按钮，渐变填充合并的图形，在其属性栏中设置轮廓宽度为0.35mm，效果如图199-5所示。

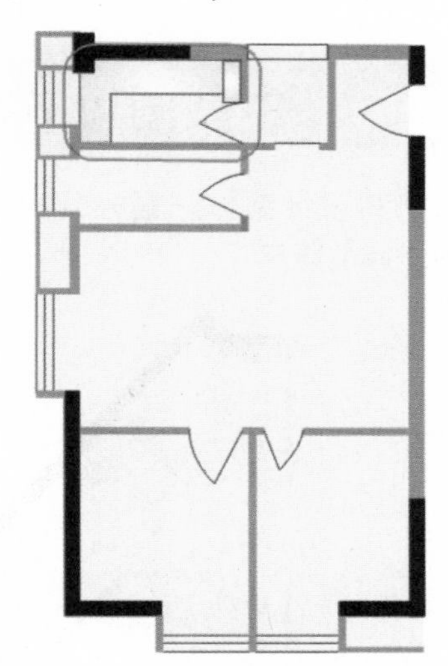

图199-5 绘制矩形并渐变填充颜色

2. 制作两室一厅户型图中的家具图形和标注文字

01 在绘图页面中的合适位置右击，在弹出的快捷菜单中选择“导入”选项，导入一幅床图形，并将其调整至合适位置，效果如图 199-6 所示。

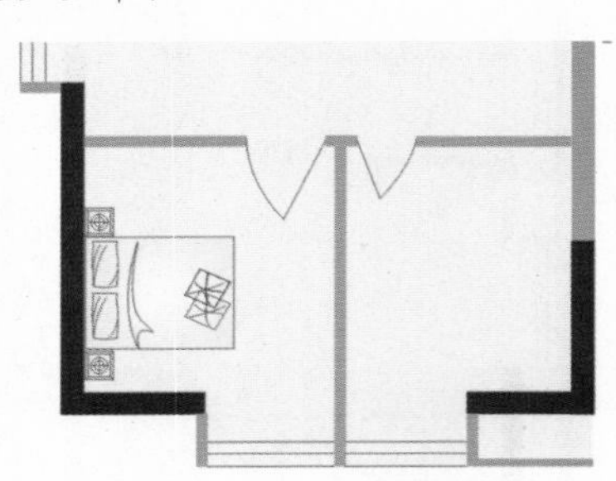

图199-6　导入床图形

02 分别单击“标准”工具栏中的“复制”和“粘贴”按钮，复制并粘贴图形。单击属性栏中的“水平镜像”按钮水平镜像图形，并调整其大小及位置，效果如图 199-7 所示。

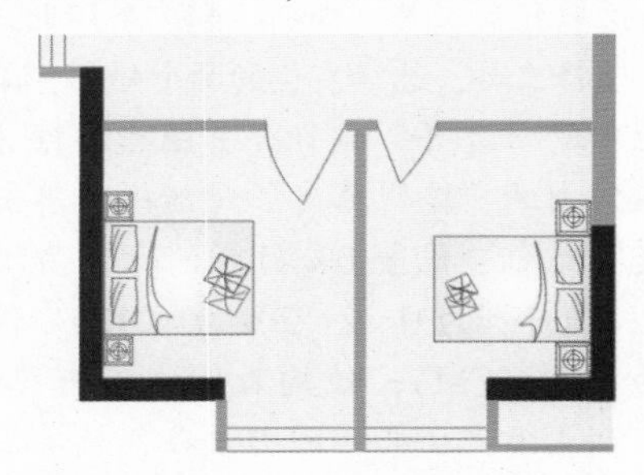

图199-7　复制并水平镜像图形

03 参照步骤 1 中的操作方法，导入沙发、茶几、厨具、衣柜、楼梯、浴室用品和植物图形，并分别调整至相应的位置及大小，效果如图 199-8 所示。

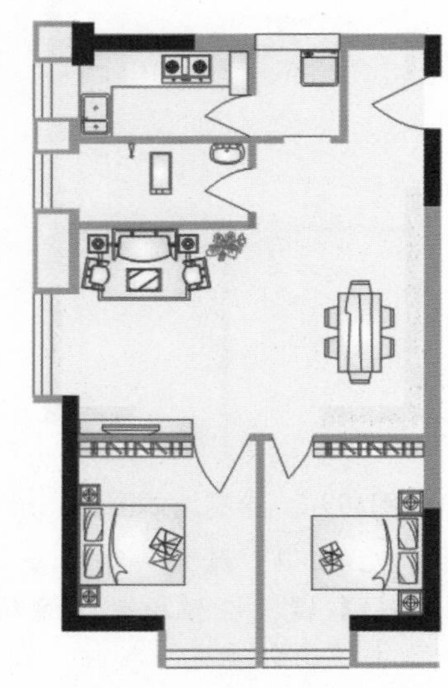

图199-8　导入其他图形

04 选取文本工具，在其属性栏中设置字体为“宋体”、字号为 12pt，输入相应的标注文字，最终效果参见图 199-1。至此，本实例制作完毕。

实例200　户型图Ⅳ

本实例将设计制作一幅办公室户型图，效果如图 200-1 所示。

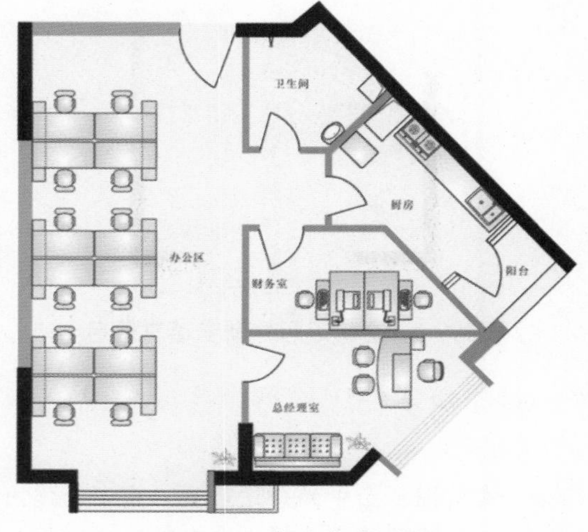

图200-1　办公室户型图

操作步骤

1．制作办公室户型图的主体效果

01 按【Ctrl+N】组合键，新建一个空白页面。参照前几个实例的制作方法绘制办公室的主体平面图形，效果如图 200-2 所示。

02 选取矩形工具，绘制一个矩形，并填充其颜色为黄色（CMYK 值分别为 0、0、40、0），并在其属性栏中设置轮廓宽度为 0.25mm。按小键盘上的【+】键复制图形，按住【Ctrl】键的同时单击并拖动鼠标至合适位置，松开鼠标的同时右击复制图形，效果如图 200-3 所示。

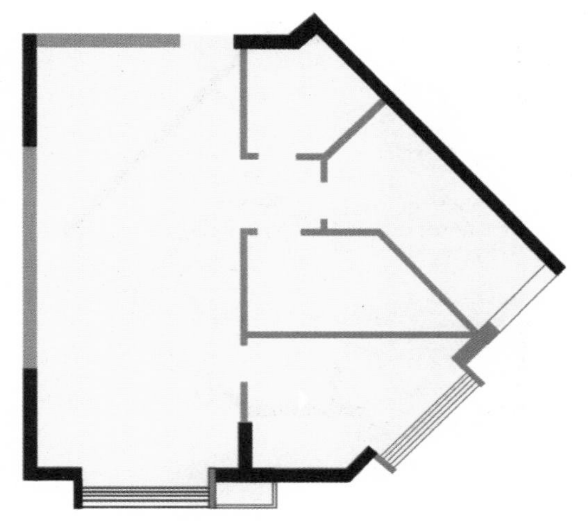

图200-2 绘制办公室主体平面图

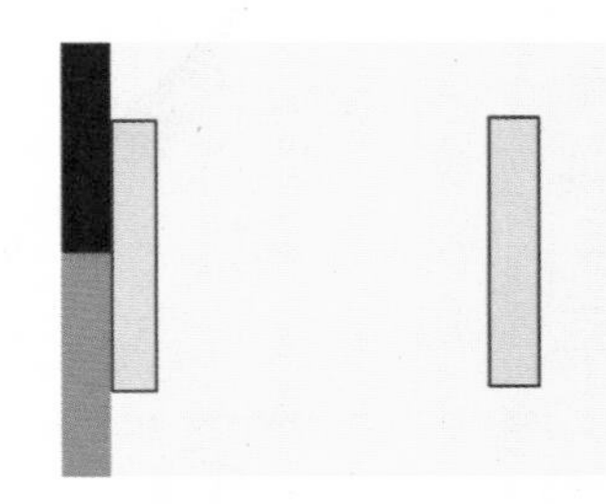

图200-3 绘制并复制矩形

03 参照步骤2中的操作方法绘制矩形，并填充相应的颜色，设置其轮廓属性，效果如图200-4所示。

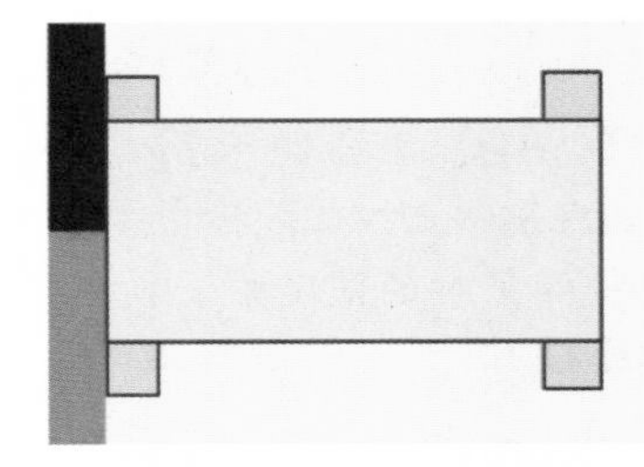

图200-4 绘制矩形并设置轮廓属性

04 用同样的操作方法绘制矩形，在其属性栏中设置左侧矩形的“转角半径”为12。按【F11】键，在弹出的“编辑填充”对话框中单击“渐变填充”按钮，单击“椭圆形渐变填充”按钮，选中“自定义”单选按钮，设置0%位置的颜色为黄色（CMYK值分别为2、5、45、0）、100%位置的颜色为白色（CMYK值均为0），单击“确定”按钮，渐变填充圆角矩形，并设置其轮廓属性，效果如图200-5所示。

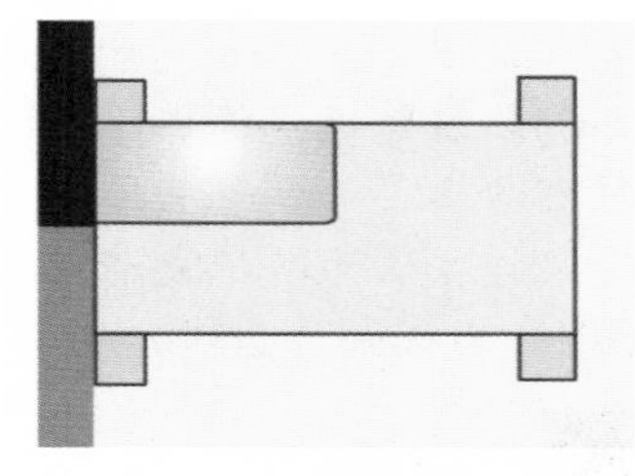

图200-5 绘制圆角矩形并渐变填充颜色

05 按小键盘上的【+】键复制圆角矩形。将鼠标指针置于复制图形左侧中间的控制柄上，在按住【Ctrl】键的同时向右拖动鼠标水平镜像图形，并将其调整至合适位置。用同样的操作方法复制其他图形，效果如图200-6所示。

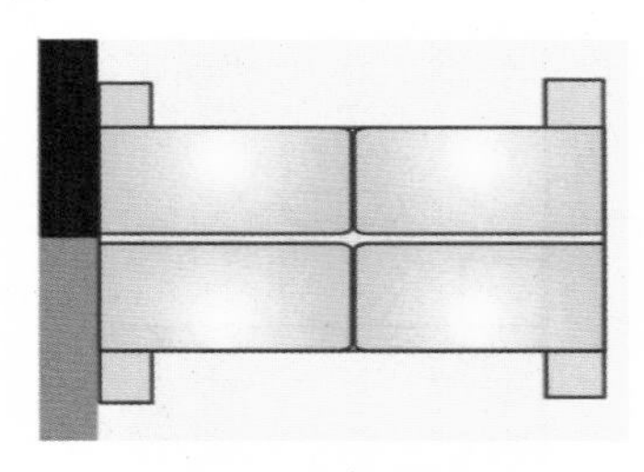

图200-6 复制图形

06 选取直线连接器工具，分别绘制两条直线。在其属性栏中单击“直线连接器”按钮，分别绘制两条直线，在其属性栏中设置轮廓宽度为0.25mm、“线条样式”为▭，效果如图200-7所示。

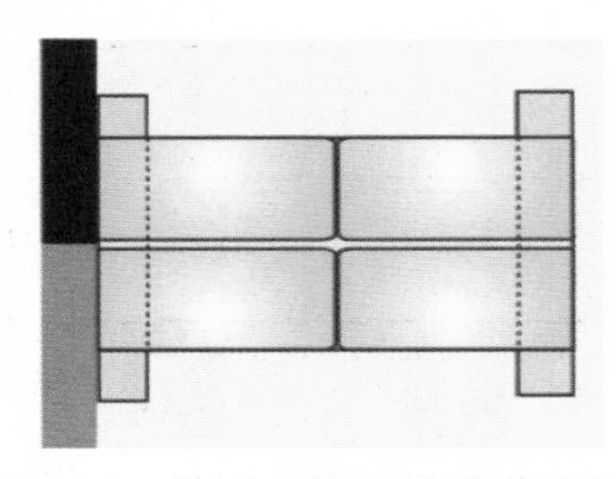

图200-7 绘制直线并设置轮廓属性

07 选取矩形工具，绘制一个矩形，在其属性栏中设置矩形4个角的转角半径均为100，并参照步骤2中的操作方法填充颜色，并设置轮廓属性，效果如图200-8所示。

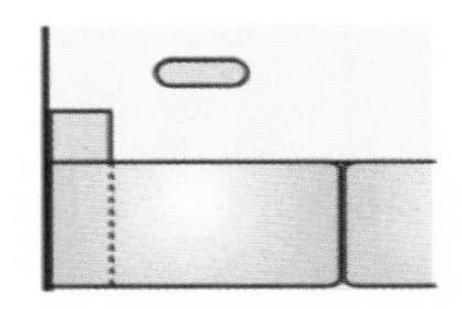

图200-8 绘制圆角矩形并设置轮廓属性

08 选取椭圆形工具，绘制一个椭圆。按【Ctrl+Q】组合键，将椭圆转换为曲线图形。选取形状工具，调整椭圆形状。参照步骤 4 中的操作方法为其填充渐变颜色，并设置轮廓属性，效果如图 200-9 所示。

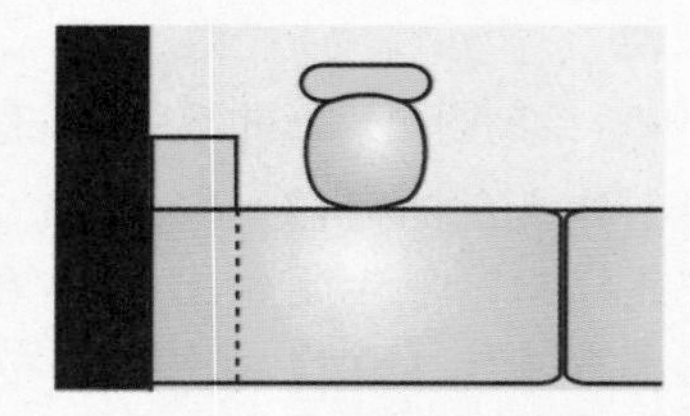

图200-9 绘制椭圆并设置轮廓属性

09 参照步骤 7 中的操作方法绘制其他圆角矩形，分别填充相应的颜色，并设置轮廓属性，效果如图 200-10 所示。

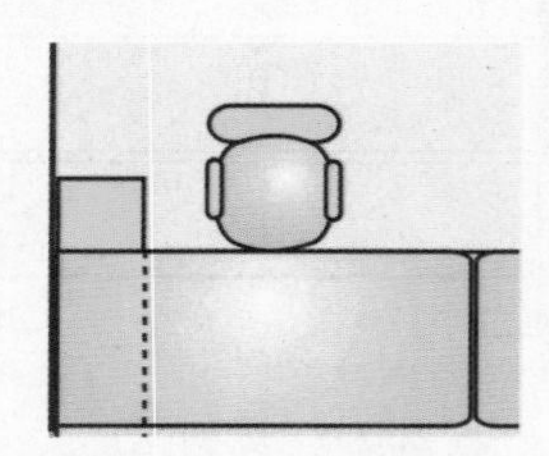

图200-10 绘制其他圆角矩形并设置轮廓属性

10 参照步骤 5 中的操作方法复制椅子图形，效果如图 200-11 所示。

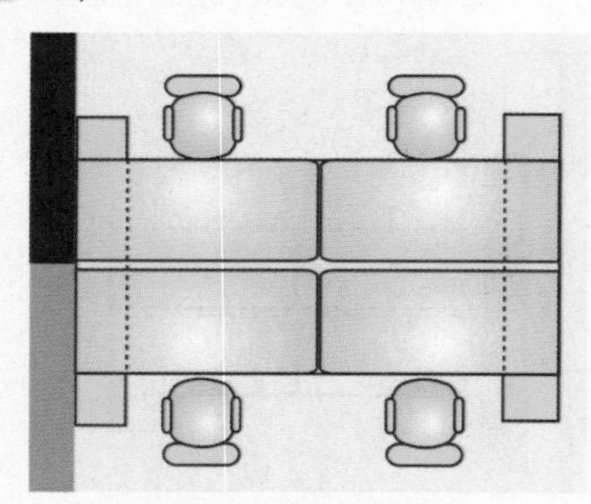

图200-11 复制椅子图形

11 选取选择工具，框选步骤 2~10 中绘制的图形，按【Ctrl+G】组合键组合图形。在按住【Ctrl】键的同时单击并拖动鼠标至合适位置，松开鼠标的同时右击复制图形。用同样的方法再次复制图形，效果如图 200-12 所示。

12 用同样的操作方法绘制门、沙发、电脑桌、灯以及厨具等图形，并分别设置相应的属性，效果如图 200-13 所示。

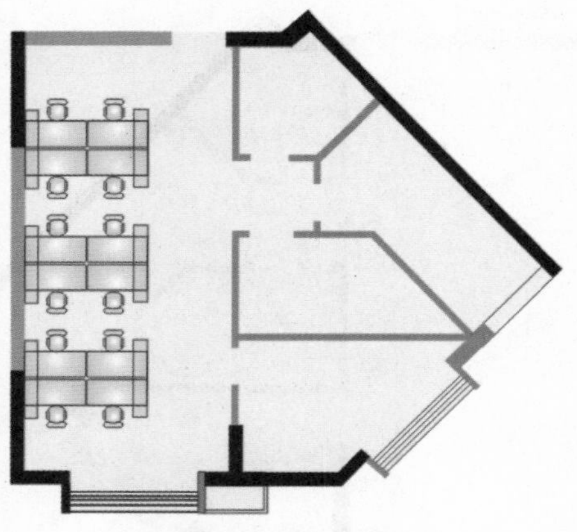

图200-12 复制图形

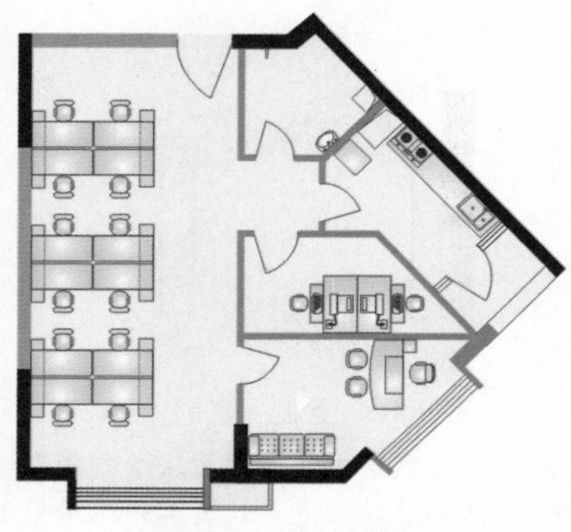

图200-13 绘制其他图形

2. 制作办公室户型图中的标注文字

01 按【Ctrl+I】组合键，导入一幅植物图形。在图形上按住鼠标左键并拖动至合适位置，松开鼠标的同时右击复制图形，效果如图 200-14 所示。

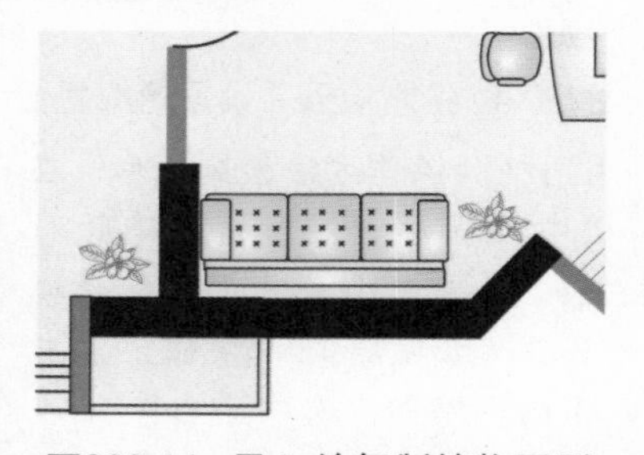

图200-14 导入并复制植物图形

02 按【F8】键，选取文本工具，在其属性栏中设置字体为“宋体”、字号为 12pt，输入相应的标注文字，并将其调整至合适位置，效果参见图 200-1。至此，本实例制作完毕。

实例201 展台设计Ⅰ

本实例将设计制作电脑展台设计图，效果如图201-1所示。

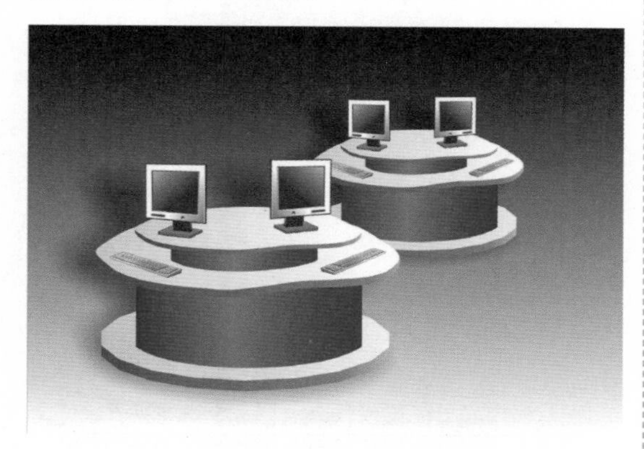

图201-1 电脑展台设计图

操作步骤

1. 制作电脑展台的主体效果

01 按【Ctrl+N】组合键，新建一个空白页面。选取多边形工具，在其属性栏中设置“点数或边数”为18，在绘图页面中的合适位置绘制多边形。按【F11】键，在弹出的“编辑填充”对话框中单击“渐变填充”按钮，设置0%位置的颜色为深灰色（CMYK值分别为40、40、0、60）、31%位置的颜色为蓝灰色（CMYK值分别为29、29、0、44）、75%位置的颜色为蓝灰色（CMYK值分别为20、20、0、29）、100%位置的颜色为白色（CMYK值均为0），单击“确定”按钮，渐变填充多边形，并删除其轮廓，如图201-2所示。

图201-2 绘制并渐变填充多边形

02 分别单击“标准”工具栏中的“复制”和“粘贴”按钮，复制并粘贴图形。多次按【↑】键，调整图形的位置，并参照步骤1中的操作方法为图形渐变填充相应的颜色，效果如图201-3所示。

图201-3 复制图形并渐变填充颜色

03 选取矩形工具，绘制一个矩形。单击“对象”|“转换为曲线”命令，将矩形转换为曲线图形。选取形状工具，调整图形的形状。参照步骤1中的操作方法渐变填充图形，并删除其轮廓，效果如图201-4所示。

图201-4 绘制并渐变填充图形

04 选取钢笔工具，绘制一个闭合曲线图形。参照步骤1中的操作方法为图形填充渐变颜色，并删除其轮廓，效果如图201-5所示。

图201-5 绘制闭合曲线图形

05 参照步骤2中的操作方法复制闭合曲线图形，调整图形的位置，并填充相应的渐变颜色，效果如图201-6所示。

图201-6 复制并填充图形

06 选取选择工具，在按住【Shift】键的同时选择步骤3~5中绘制的图形。按小键盘上的【+】键复制图形，并调整其大小及位置，效果如图201-7所示。

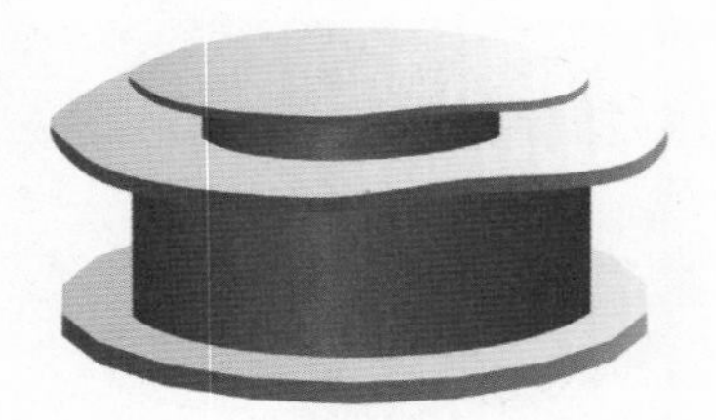

图201-7 复制并调整图形

2．制作电脑展台的延展效果

01 单击“文件”|“导入”命令，分别导入一幅电脑和键盘图形。选取选择工具，选择电脑和键盘图形，按小键盘上的【+】键复制图形，单击其属性栏中的“水平镜像”按钮水平镜像图形，效果如图 201-8 所示。

图201-8 复制并水平镜像图形

02 双击选择工具，选择绘图页面中的所有图形，按【Ctrl+G】组合键组合图形。选取阴影工具，从图形右下角向左上角拖动鼠标，并在其属性栏中设置“阴影角度”为 105、“阴影的不透明”为 50、“阴影羽化”为 15，为组合图形添加阴影效果，如图 201-9 所示。

图201-9 添加阴影效果

03 参照步骤 1 中的操作方法复制图形，并调整其大小和位置，效果如图 201-10 所示。

图201-10 复制并调整图形

04 双击矩形工具，绘制一个与页面大小相等的矩形。选取交互式填充工具，在其属性栏中单击“渐变填充”按钮，为矩形填充渐变颜色，最终效果参见图 201-1。至此，本实例制作完毕。

实例202 展台设计Ⅱ

本实例将设计制作罗尼名表展台设计图，效果如图 202-1 所示。

图202-1 罗尼名表展台设计

操作步骤

1．制作罗尼名表展台的主体效果

01 按【Ctrl+N】组合键，新建一个空白页面。选取折线工具，绘制一个多边形。按【Alt+Enter】组合键，在弹出的“对象属性”泊坞窗中单击“填充”选项卡，设置“填充类型”为“均匀填充”，颜色为红色（CMYK 值分别为 0、100、100、0），填充多边形颜色为红色。单击“轮廓”选项卡，设置轮廓宽度为“无”，删除其轮廓，效果如图 202-2 所示。

图202-2 绘制多边形

02 按【F6】键，选取矩形工具，绘制一个矩形，填充其颜色为深红色（CMYK值分别为 0、100、100、30），并删除其轮廓，效果如图 202-3 所示。

图202-3 绘制矩形

03 绘制其他多边形，分别填充相应的颜色，并删除其轮廓，效果如图 202-4 所示。

图202-4 绘制其他多边形

04 用同样的操作方法绘制围墙图形，并填充相应的颜色，然后调整图形顺序，效果如图 202-5 所示。

图202-5 绘制围墙并调整图形顺序

05 选取矩形工具，绘制一个矩形。选取椭圆形工具，分别绘制两个椭圆。选取选择工具，在按住【Shift】键的同时选择椭圆图形和矩形，单击其属性栏中的“合并”按钮合并图形。按【F11】键，在弹出的“编辑填充”对话框中单击“渐变填充”按钮，设置 0% 位置的颜色为橙色(CMYK 值分别为 8、43、96、0)、59% 位置的颜色为淡黄色（CMYK值分别为 2、4、11、0）、100% 位置的颜色为橙色（CMYK 值分别为 1、36、95、0），单击“确定”按钮，渐变填充合并的图形，并删除其轮廓，效果如图 202-6 所示。

图202-6 绘制圆柱图形

06 参照步骤 5 中的操作方法绘制另一个圆柱图形，填充相应的渐变颜色，并删除其轮廓，效果如图 202-7 所示。

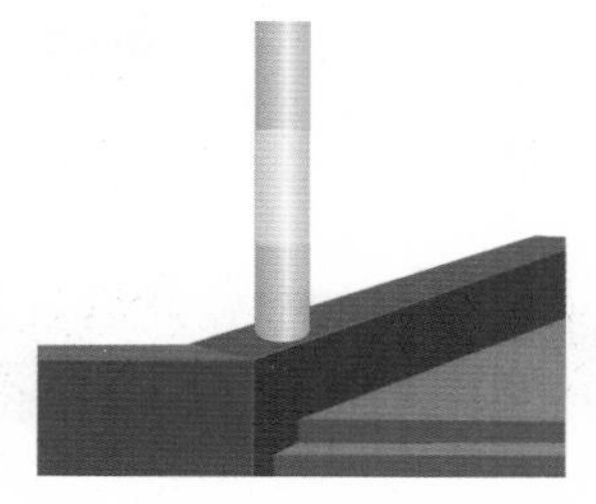

图202-7 绘制另一个圆柱图形

07 选取矩形工具，分别绘制两个矩形，填充其颜色为白色，并删除其轮廓，效果如图 202-8 所示。

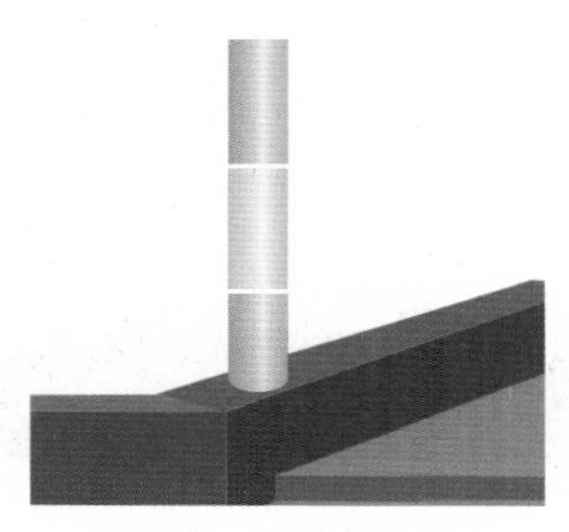

图202-8 绘制矩形

08 选取选择工具，选择步骤 5~7 中绘制的图形，按【Ctrl+G】组合键组合图形。在组合后的图形上按住鼠标左键并拖动至合适位置，松开鼠标的同时右击复制图形，并缩小图形。用同样的操作方法再复制多个图形，效果如图 202-9 所示。

图202-9 绘制并复制图形

09 选取选择工具，选择所有的圆柱图形。按小键盘上的【+】键复制图形，单击其属性栏中的“水平镜像”按钮水平镜像图形，并将其调整至合适位置，效果如图202-10所示。

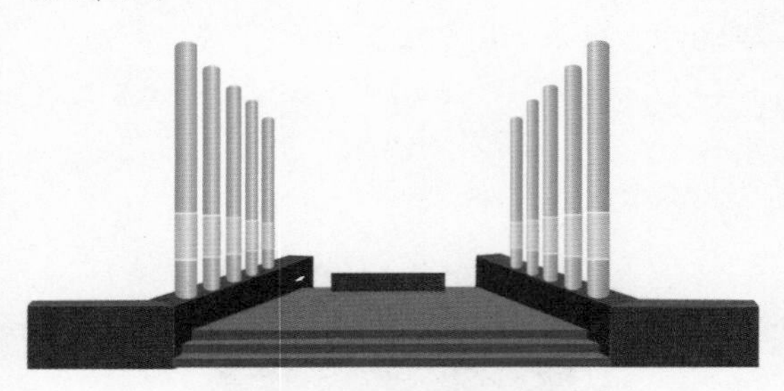

图202-10 复制并水平镜像图形

10 用同样的操作方法复制圆柱图形，并调整其位置及大小，效果如图202-11所示。

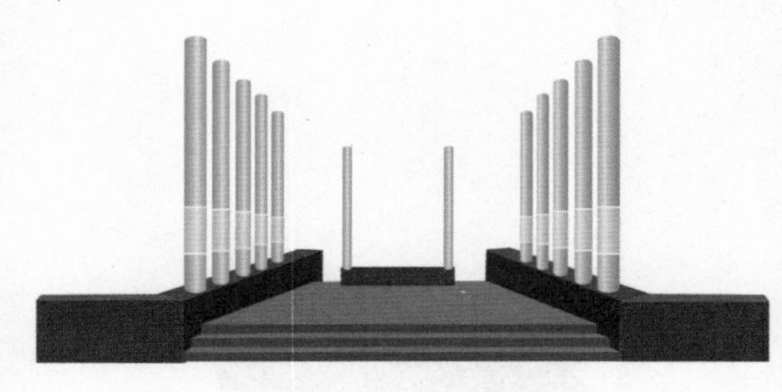

图202-11 复制图形

11 按【F7】键，选取椭圆形工具，分别绘制两个椭圆图形。选取选择工具，在按住【Shift】键的同时加选椭圆图形，单击其属性栏的“合并”按钮合并图形。按【F11】键，在弹出的“编辑填充”对话框中单击“渐变填充”按钮，设置0%位置的颜色为深红色（CMYK值分别为0、100、100、40）、100%位置的颜色为红色（CMYK值分别为0、100、100、0），单击“确定”按钮，渐变填充合并的图形，并删除其轮廓，然后调整图形顺序，效果如图202-12所示。

图202-12 绘制椭圆并调整图形顺序

12 按小键盘上的【+】键复制图形，在按住【Shift】键的同时拖动鼠标，等比例缩小图形，并将其填充为红色（CMYK值分别为0、100、100、0），然后调整图形位置，效果如图202-13所示。

图202-13 复制图形并填充颜色

13 在按住【Shift】键的同时选择两个合并的图形，参照步骤12中的操作方法复制多个图形并缩放图形，再将其调整至合适位置，然后调整图形顺序，效果如图202-14所示。

图202-14 复制并调整图形

14 在绘图页面中的空白位置右击，在弹出的快捷菜单中选择“导入”选项，导入广告图像，并调整图形顺序，效果如图202-15所示。

图202-15 导入图像

15 参照步骤 14 中的操作方法导入一幅手表广告图像，并调整其大小。参照步骤 8~9 的操作方法复制图像，并调整其位置及大小，效果如图 202-16 所示。

图202-16 导入并复制图像

16 选取贝塞尔工具，绘制一个闭合曲线图形。按【F11】键，在弹出的“编辑填充”对话框中单击“渐变填充”按钮，设置 0% 位置、35% 位置、65% 位置和 100% 位置的颜色均为橙色（CMYK 值分别为 0、60、100、0），20% 位置、51% 位置和 84% 位置的颜色均为淡橙色（CMYK 值分别为 2、27、46、0），单击“确定”按钮，渐变填充曲线图形，并删除其轮廓，效果如图 202-17 所示。

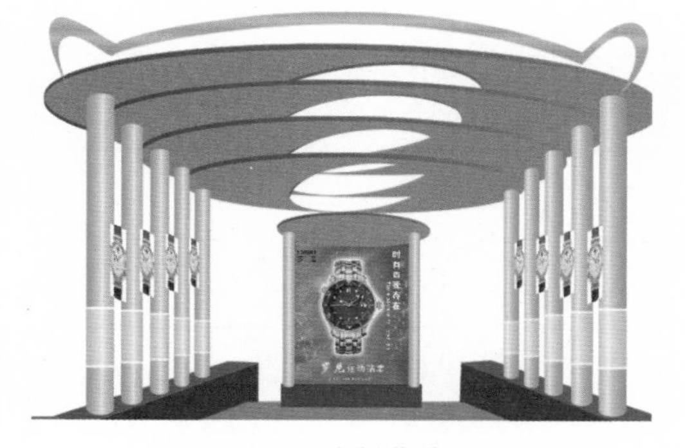

图202-17 绘制曲线图形

2. 制作罗尼名表展台图中的文字和背景

01 选取文本工具，在其属性栏中设置字体为“方正大黑简体”、字号为 34pt，输入文字“罗尼名表展”。选择该文字，单击调色板中的红色色块，填充颜色为红色。右击调色板中的白色色块，设置轮廓颜色为白色，并在其属性栏中设置轮廓宽度为 2mm，效果如图 202-18 所示。

图202-18 输入文字并设置属性

02 选取钢笔工具，绘制一条曲线。选取选择工具，用鼠标右键拖动文字至曲线上松开鼠标，在弹出的快捷菜单中选择“使文本适合路径”选项，将文本沿路径排列。按【Ctrl+K】组合键，拆分文字和路径。选择路径，按【Delete】键将其删除，效果如图 202-19 所示。

图202-19 使文本适合路径

03 按小键盘上的【+】键复制图形。按【Ctrl+PageDown】组合键，将文字向后移一层。多次按【↑】和【→】键，调整复制图形的位置，并设置填充颜色和轮廓颜色均为 30% 黑，效果如图 202-20 所示。

图202-20 复制文本并设置颜色

04 按【Ctrl+I】组合键，导入一幅风景图像。按【Ctrl+End】组合键，调整图像至图层最后面，效果如图202-21所示。

图202-21 导入风景图像

05 选取矩形工具，绘制一个矩形，并调整图形至图像上方。按【F11】键，在弹出的“编辑填充”对话框中单击“渐变填充”按钮，设置0%位置的颜色为黑色、100%位置的颜色为白色，单击“确定”按钮，渐变填充矩形，效果如图202-22所示。

图202-22 绘制矩形并渐变填充

06 选取透明工具，沿矩形上方向下拖动鼠标，为图形添加透明效果。在调色板中的灰色色块上按住鼠标左键并拖动至透明滑杆上，添加灰色色标，调整透明度，最终效果参见图202-1。至此，本实例制作完毕。

● 读书笔记

15 part

第15章　儿童与婚纱数码设计

儿童及婚纱摄影已经成为一种社会时尚。将一系列照片组合在一起，通过各种元素的点缀，不仅使照片中的人物更加漂亮，也更加富有神韵。本章将通过6个实例详细讲解儿童与婚纱数码作品的制作方法与技巧。

实例203 婚纱数码设计 I

本实例将设计制作幸福恋歌 I 婚纱数码模板，效果如图 203-1 所示。

图203-1 幸福恋歌 I 婚纱数码模板

操作步骤

1. 制作婚纱数码模板的背景效果

01 按【Ctrl+N】组合键，新建一个空白页面。选取矩形工具，绘制一个 160mm×52mm 的矩形。按【F11】键，在弹出的“编辑填充”对话框中单击“均匀填充”按钮，设置颜色为绿色（CMYK 值分别为 66、19、100、0）单击“确定”按钮，为矩形填充颜色，然后删除图形轮廓，效果如图 203-2 所示。

图203-2 绘制矩形并删除轮廓

02 单击“文件”|“导入”命令，导入一幅风景图像。选取透明工具，在属性栏中单击“渐变透明度”按钮，为图像添加透明效果，如图 203-3 所示。

图203-3 导入图像并添加透明效果

03 单击“编辑”|“复制”命令，复制导入的图像。单击“编辑”|“粘贴”命令，粘贴图像。将鼠标指针移至复制图像左侧中间的控制柄上，在按住【Ctrl】键的同时向右拖动鼠标水平镜像图形，并将其调整至合适位置，效果如图 203-4 所示。

图203-4 复制并水平镜像图像

04 在按住【Shift】键的同时加选导入的风景图像，单击“对象”|“组合”|“组合对象”命令，组合两幅风景图像。单击“对象”|“图框精确裁剪”|“置于图文框内部”命令，将图像置入矩形容器中，效果如图 203-5 所示。

图203-5 图框精确剪裁

05 单击“对象”|“图框精确剪裁”|“编辑 PowerClip”命令，调整图像至合适位置。单击“对象”|“图框精确剪裁”|“结束编辑”命令，即可完成图像的编辑操作，效果如图 203-6 所示。

图203-6 调整图像至合适位置

2. 制作婚纱数码的模板主体人物图像

01 单击“文件”|“导入”命令，导入一幅人物图像。选取透明工具，在属性栏中单击“渐变透明度”按钮，并在透明滑杆上添加色标，调整图形的透明度，如图 203-7 所示。

图203-7 导入人物图像并添加透明效果

02 单击“对象”|“图框精确裁剪”|“置于图文框内部”命令，单击矩形容器，将导入的图像置于矩形容器中。单击“对象”|“图框精确剪裁”|“编辑 PowerClip”命令，调整图像的位置及大小。单击“对象”|“图框精确剪裁”|“结束编辑”命令，即可完成图像的编辑操作，效果如图 203-8 所示。

图203-8 精确剪裁并调整图像

03 导入其他图像，添加交互式透明效果，并精确剪裁图像，然后调整图像至合适位置，效果如图 203-9 所示。

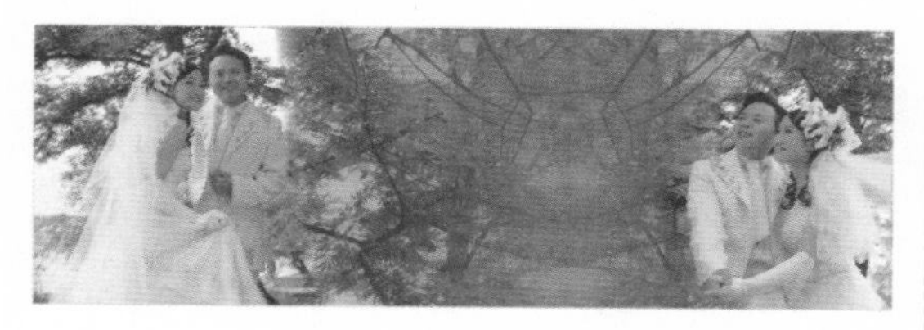

图203-9 导入其他图像

04 选取矩形工具，绘制一个矩形。单击调色板中的白色色块，填充矩形颜色为白色，删除其轮廓。选取透明工具，从图形右侧向左拖动鼠标，在调色板中的黑色色块上单击并拖动鼠标至透明滑杆上，添加色标，设置图形的不透明度，然后复制并水平镜像图形，效果如图 203-10 所示。

图203-10 绘制矩形并添加透明效果

05 选取矩形工具，绘制矩形。选取“轮廓笔”工具，在弹出的“轮廓笔”对话框中设置“宽度”为 0.35mm、“颜色”为绿色（CMYK 值分别为 100、0、100、0），单击“确定”按钮，为矩形设置轮廓属性，效果如图 203-11 所示。

图203-11 绘制矩形并设置轮廓属性

06 导入一幅人物图像，并精确剪裁图像，效果如图 203-12 所示。

图203-12 导入并精确剪裁图像

07 用同样的操作方法绘制其他矩形，并导入图像，然后精确剪裁图像，效果如图 203-13 所示。

图203-13 导入并精确剪裁其他图像

3. 制作婚纱数码模板锦上添花效果

01 选取星形工具，在属性栏中设置“点数或边数”为 4，在绘图页面中绘制星形。选取阴影工具，在其属性栏中设置“预设列表”为“小型辉光”、“阴影的不透明”为 90、“阴影羽化”为 6、“阴影颜色”为白色，为星形添加阴影效果。单击“排列”|“打散阴影群组”命令打散阴影图形，并删除星形，效果如图 203-14 所示。

图203-14 绘制星形并添加阴影效果

02 选取椭圆形工具，在按住【Ctrl】键的同时拖动鼠标，绘制一个正圆，并参照步骤1中的操作方法制作圆形阴影效果，如图203-15所示。

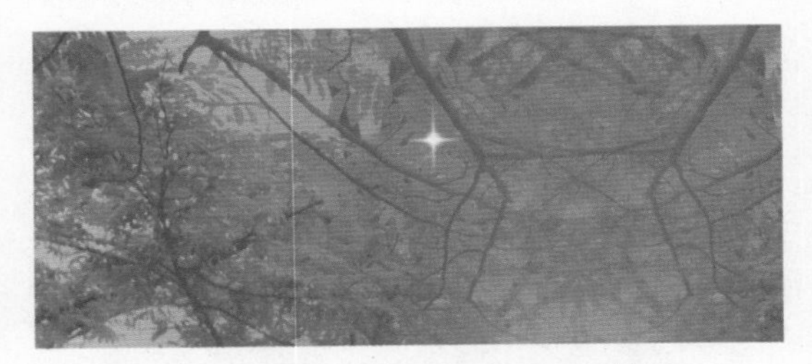

图203-15 绘制圆形并添加阴影效果

03 选取选择工具，在按住【Shift】键的同时选择星形阴影和椭圆阴影图形，单击"对象"|"组合"|"组合对象"命令组合图形。单击并拖动阴影图形至合适位置，松开鼠标的同时右击复制图形，并调整其位置及大小，效果如图203-16所示。

图203-16 复制并调整阴影图形

04 单击"文件"|"导入"命令，导入一幅标志图形，并填充其颜色为白色。选取阴影工具，在其属性栏中设置"预设列表"为"小型辉光"、"阴影的不透明"为96、"阴影羽化"为17、"阴影颜色"为白色，为其添加阴影效果，参见图203-1。至此，本实例制作完毕。

实例204 婚纱数码设计 II

本实例将设计制作幸福恋歌II婚纱数码模板，效果如图204-1所示。

图204-1 幸福恋歌II婚纱数码模板

操作步骤

1. 制作婚纱数码模板的背景效果

01 按【Ctrl+N】组合键，新建一个空白页面。选取矩形工具，绘制一个160mm×52mm的矩形，如图204-2所示。

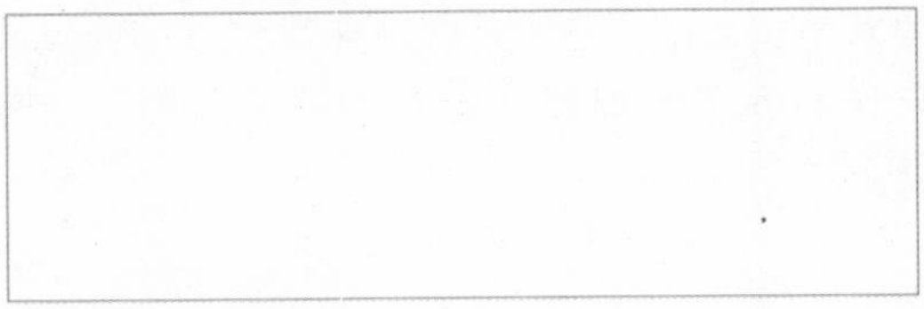

图204-2 绘制矩形

02 单击"标准"工具栏中的"导入"按钮，导入一幅风景图像。选取透明度工具，在属性栏中单击"渐变透明度"按钮，为风景图像添加透明效果。在导入的图像上按住鼠标右键并拖动至矩形上后松开鼠标，在弹出的快捷菜单中选择"图框精确裁剪内部"选项，将图像置于矩形容器内，效果如图204-3所示。

图204-3 导入并精确剪裁图像

03 在矩形上右击，在弹出的快捷菜单中选择"编辑PowerClip"选项，调整图像至合适位置。在矩形上右击，在弹出的快捷菜单中选择"结束编辑"选项，即可完成图像的编辑操作，效果如图204-4所示。

图204-4 完成编辑后的图像效果

04 按【Ctrl+I】组合键，导入一幅素材图像。选取透明度工具，在其属性栏单击“渐变透明度”按钮，为素材图像添加透明效果，如图 204-5 所示。

图204-5 导入图像并添加透明效果

05 参照步骤 2~3 的操作方法精确剪裁图像，并调整至合适位置，效果如图 204-6 所示。

图204-6 精确剪裁图像

2. 制作婚纱数码模板的主体人物图像

01 单击“标准”工具栏中的“导入”按钮，导入人物图像，对其精确剪裁并置入矩形容器中，然后调整其位置和大小，效果如图 204-7 所示。

图204-7 导入并精确剪裁图像

02 用同样的操作方法导入另一幅人物图像，如图 204-8 所示。

图204-8 导入另一幅人物图像

03 选取透明度工具，在其属性栏中单击“渐变透明度”按钮，单击“椭圆形渐变透明度”按钮，在图像上拖动鼠标，为图像添加透明效果，如图 204-9 所示。

图204-9 添加透明效果

04 在调色板中的白色色块上单击并拖动鼠标至透明滑杆上，添加色标，并设置透明度。用同样的操作方法添加其他不同色标，并调整色标的位置，以设置图像的透明度，效果如图 204-10 所示。

图204-10 调整透明度

05 用同样的操作方法导入其他图像，并添加透明效果，如图 204-11 所示。

图204-11 导入其他图像并添加透明效果

06 按【F7】键，选取椭圆形工具，在绘图页面中的合适位置绘制一个椭圆。双击状态栏中的“轮廓颜色”色块，在弹出的“轮廓笔”对话框中设置“宽度”为 0.5mm、“颜色”为黄绿色（CMYK 值分别为 12、1、94、0）、“样式”为 ，单击“确定”按钮，为椭圆设置轮廓属性，效果如图 204-12 所示。

图204-12 绘制椭圆并设置轮廓属性

07 绘制其他椭圆，并设置其属性，如图 204-13 所示。

图204-13 绘制其他椭圆

08 导入标志文字，按小键盘上的【+】键复制图形。按【↓】和【→】方向键，调整图形的位置。单击调色板中的白色色块，为图形填充颜色，效果如图 204-14 所示。

图204-14 导入标志文字

3. 制作婚纱数码模板的整体套版效果

01 选取矩形工具，绘制一个 340mm×120mm 的矩形。单击调色板中的黑色色块，填充其颜色为黑色，效果如图 204-15 所示。

图204-15 绘制矩形并填充颜色

02 选取矩形工具，绘制一个矩形。按【F11】键，在弹出的“编辑填充”对话框中单击“渐变填充”按钮，设置 0% 位置的颜色为墨绿色（CMYK 值分别为 89、59、90、41）、100% 位置的颜色为墨绿色（CMYK 值分别为 93、50、94、20），单击“确定”按钮，渐变填充矩形，效果如图 204-16 所示。

图204-16 绘制矩形并渐变填充颜色

03 单击“文件”|“导入”命令，导入标志文字。选取阴影工具，在其属性栏中设置“预设列表”为“小型辉光”、“阴影的不透明”为 93、“阴影羽化”为 9、“阴影颜色”为黄色，为标识文字添加阴影效果，如图 204-17 所示。

图204-17 添加阴影效果

04 按小键盘上的【+】键复制标志文字，并将其调整至合适位置。按【Ctrl+PageDown】组合键，将文字向后移一层，并填充其颜色为白色，效果如图 204-18 所示。

图204-18 复制文字并填充颜色

05 选取文本工具，在其属性栏中设置字体为“宋体”、字号为 13.5pt，输入相应的文字，如图 204-19 所示。

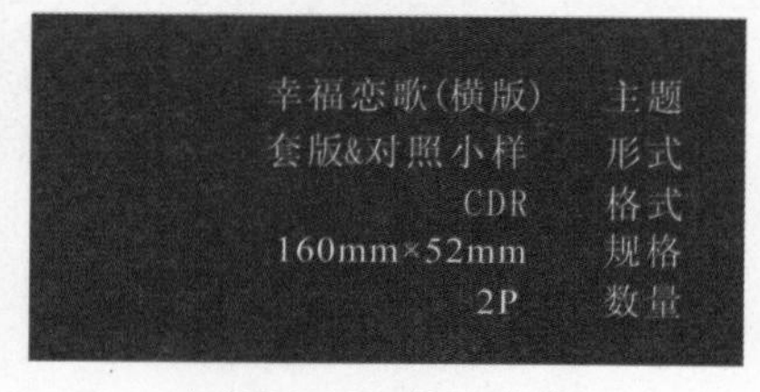

图204-19 输入文字

06 按【Ctrl+I】组合键，导入前面制作的婚纱模板，并调整其位置及大小，最终效果如图 204-20 所示。至此，本实例制作完毕。

图204-20 最终效果

实例205 儿童数码设计 I

本实例将设计制作快乐宝贝 I 儿童数码模板，效果如图 205-1 所示。

图205-1 快乐宝贝 I 儿童数码模板

操作步骤

1. 制作儿童数码模板的背景效果

01 按【Ctrl+N】组合键，新建一个空白页面。按【F6】键，选取矩形工具，在绘图页面中的合适位置绘制一个 48mm×36mm 的矩形。单击“窗口”|“泊坞窗”|“彩色”命令，在弹出的“颜色”泊坞窗中设置颜色为黄绿色（CMYK 值分别为 1、0、13、0），单击“填充”按钮，为矩形填充颜色，如图 205-2 所示。

图205-2 绘制矩形并填充颜色

02 按【Ctrl+I】组合键，导入一幅背景图像，效果如图 205-3 所示。

图205-3 导入背景图像

03 选取透明度工具，在其属性栏中单击“均匀透明度”按钮，为背景图像添加透明效果，如图 205-4 所示。

图205-4 添加透明效果

2. 制作儿童数码模板中的主体人物

01 按【Ctrl+I】组合键，导入一幅儿童人物图像，如图 205-5 所示。

图205-5 导入儿童人物图像

02 选取透明度工具，在其属性栏中单击“渐变透明度”按钮，改变透明滑杆上色标的颜色，为儿童人物图像添加透明效果，如图 205-6 所示。

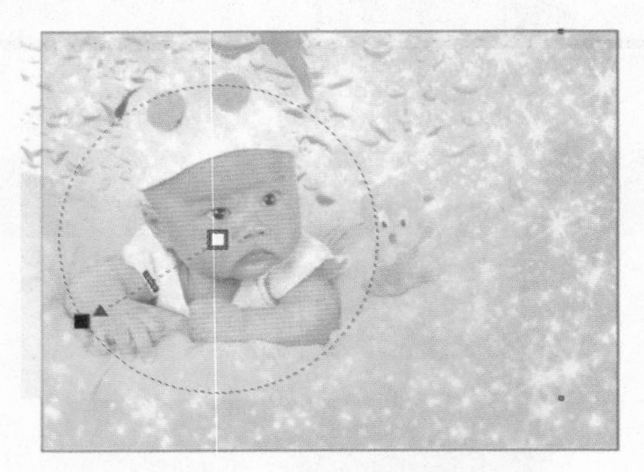

图205-6 添加透明效果

03 在调色板中的白色色块上单击并拖动鼠标至透明滑杆上，为透明滑杆添加白色色标，然后调整图像的透明度，效果如图 205-7 所示。

图205-7 添加白色色标并调整透明度

04 用同样的操作方法添加黑色色标，并调整图像的透明度，效果如图 205-8 所示。

图205-8 添加黑色色标并调整透明度

05 选取矩形工具，绘制一个矩形。选取选择工具，在儿童图像上按住鼠标右键并拖动至矩形上后松开鼠标，在弹出的快捷菜单中选择“图框精确裁剪内部”选项，将图形置于矩形容器内，效果如图 205-9 所示。

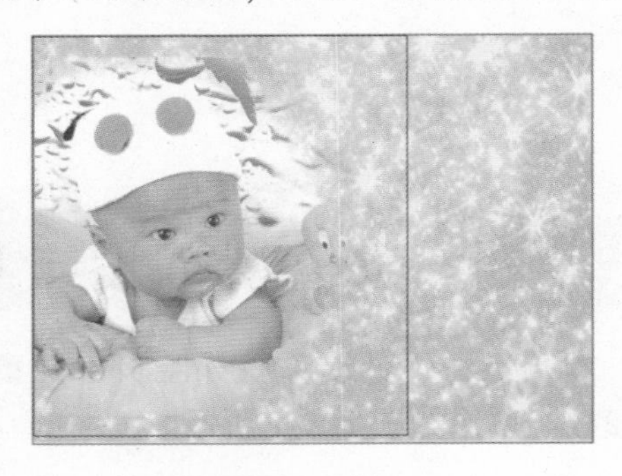

图205-9 精确剪裁图像

06 在矩形上右击，在弹出的快捷菜单中选择“编辑 PowerClip”选项，调整图像至合适位置。选择“结束编辑”选项，即可完成图像的编辑操作。右击调色板中的“无”按钮☒，删除其轮廓，效果如图 205-10 所示。

图205-10 结束编辑后的图像效果

07 参照步骤 1~4 的操作方法导入其他图像，并添加透明效果，如图 205-11 所示。

图205-11 导入其他图像并添加透明效果

3．制作儿童数码模板的文字效果

01 选取文本工具，在图像上输入文字“快乐宝贝”。选取选择工具，选中输入的文字，在其属性栏中设置字体为“文鼎潇洒体”、字号为15.5pt，更改文字属性，效果如图205-12所示。

图205-12 添加文字效果

02 选取形状工具，此时文字右下角出现方形控制柄，在按住【Shift】键的同时单击文字“快”和“宝”下方的方形控制柄，选中文字“快”和“宝”，单击调色板中的绿色色块，将这两个字填充为绿色。双击状态栏中的“轮廓颜色”色块，在弹出的“轮廓笔”对话框中设置“宽度”为0.7mm、“颜色”为黄色，并选中“填充之后”复选框，单击“确定”按钮，效果如图205-13所示。

03 用同样的操作方法设置文字“乐”和“贝”的属性，效果如图205-14所示。

图205-13 设置文字属性

图205-14 设置其他文字的属性

04 选取艺术笔工具，在其属性栏中单击“喷涂”按钮，在“喷射图样”下拉列表框中选择需要的样式，在绘图页面中的合适位置单击并拖动鼠标，绘制艺术笔图形。按【Ctrl+K】组合键，拆分艺术笔图形，并调整其位置及大小，最终效果参见图205-1。至此，本实例制作完毕。

实例206 儿童数码设计 II

本实例将设计制作快乐宝贝II儿童数码模板，效果如图206-1所示。

图206-1 快乐宝贝II儿童数码模板

操作步骤

1．制作儿童数码模板的主体图像

01 按【Ctrl+N】组合键，新建一个空白页面。选取选择工具，在绘图页面中的空白位置右击，在弹出的快捷菜单中选择“导入”选项，导入一幅素材图像，在属性栏中设置“对象大小”分别为48mm和36mm，效果如图206-2所示。

图206-2 导入背景图像

02 导入一幅宝宝图像，效果如图 206-3 所示。

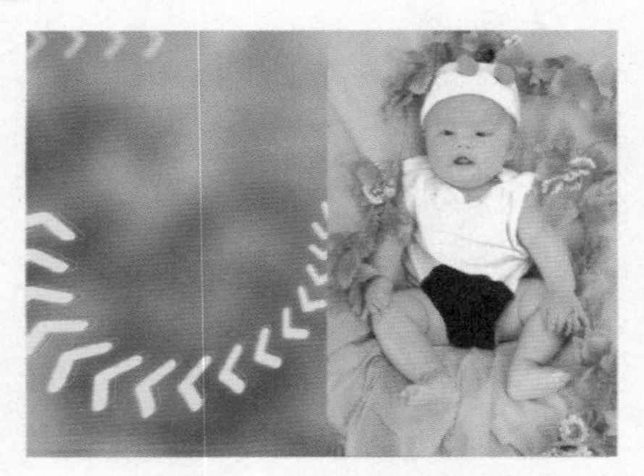

图206-3 导入宝宝图像

03 选取透明度工具，在图像右侧单击并拖动鼠标至图像左侧，为图像添加透明效果。在调色板中的白色色块上单击并拖动鼠标至透明滑杆上，在透明滑杆上添加白色色标，调整图像的不透明度，效果如图 206-4 所示。

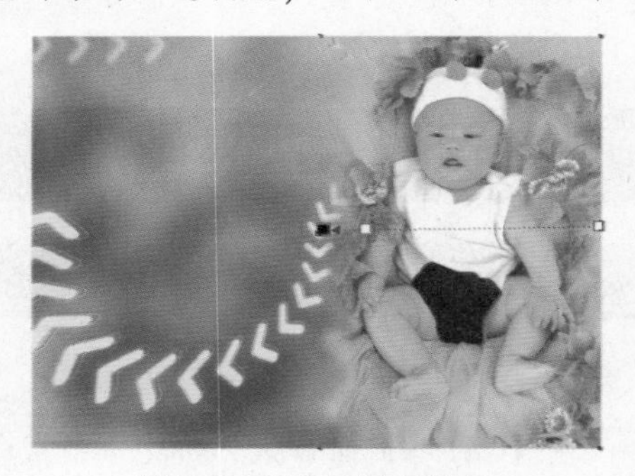

图206-4 添加透明效果

04 导入另一幅人物图像，选取透明度工具，在其属性栏中单击“渐变透明度”按钮，单击“椭圆形渐变透明度”按钮，为人物图像添加透明效果。改变透明滑杆上色标的颜色，并在调色板中的黑色色块上单击鼠标左键，然后拖动色块至透明滑杆上添加色标，设置图像的透明度，效果如图 206-5 所示。

图206-5 导入图像并添加透明效果

05 导入其他人物图像，并添加透明效果，如图 206-6 所示。

图206-6 导入其他人物图像

2. 制作儿童数码模板中的文字修饰效果

01 选取文本工具，在其属性栏中设置字体为“方正胖头鱼简体”、字号为 8.5pt，输入文字“快”，单击调色板中的绿色色块，填充文字颜色为绿色。选取“轮廓笔”工具，在弹出的“轮廓笔”对话框中设置“宽度”为 0.7mm、“颜色”为白色，选中“填充之后”复选框，单击“确定”按钮，为文字设置轮廓属性，效果如图 206-7 所示。

图206-7 输入文字并设置轮廓属性

02 输入其他文字，设置其字号、字体和颜色，并将其调整至合适位置，最终效果参见图 206-1。至此，本实例制作完毕。

实例207 儿童数码设计III

本实例将设计制作新酷一族III儿童数码模板，效果如图 207-1 所示。

图207-1 新酷一族III儿童数码模板

操作步骤

1. 制作儿童数码的主体图像效果

01 按【Ctrl+N】组合键，新建一个空白页面。选取矩形工具，绘制一个矩形。按【F11】键，在弹出的“编辑填充”对话框中单击“均匀填充”按钮，设置颜色为淡黄色（CMYK 值分别为 2、4、19、0），单击“确定”按钮，为矩形填充颜色。在其属性栏中设置轮廓宽度为“无”，删除矩形轮廓，效果如图 207-2 所示。

图207-2 绘制矩形

02 单击“标准”工具栏中的“导入”按钮，导入一幅儿童图像，效果如图 207-3 所示。

03 选取透明度工具，在人物图像左侧单击并向右拖动鼠标，为图像添加透明效果，如图 207-4 所示。

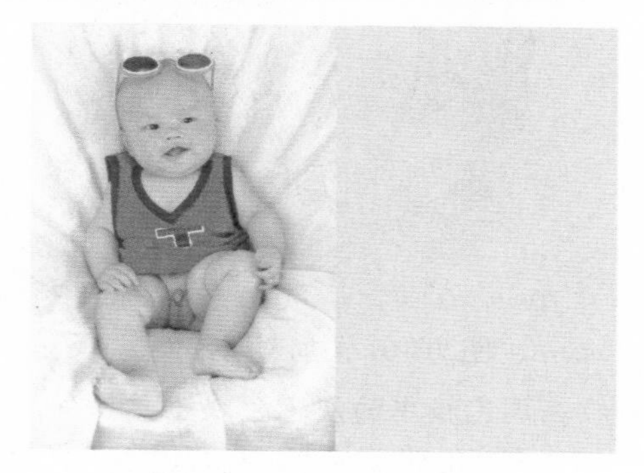

图207-3 导入儿童图像

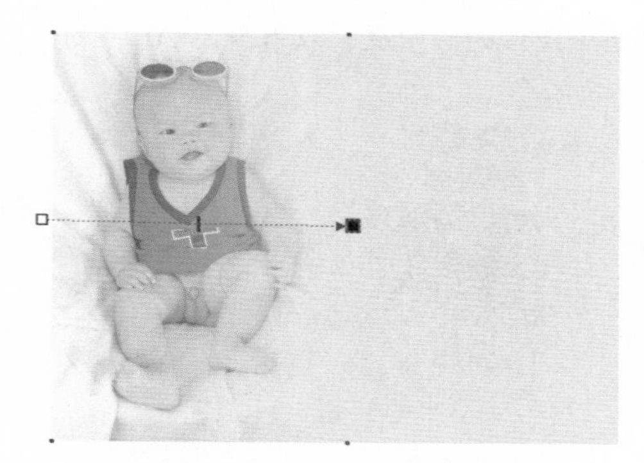

图207-4 添加透明效果

04 在调色板中的白色色块上按住鼠标左键，拖动色块至透明滑块上添加白色色标，并调整图像的透明度，效果如图 207-5 所示。

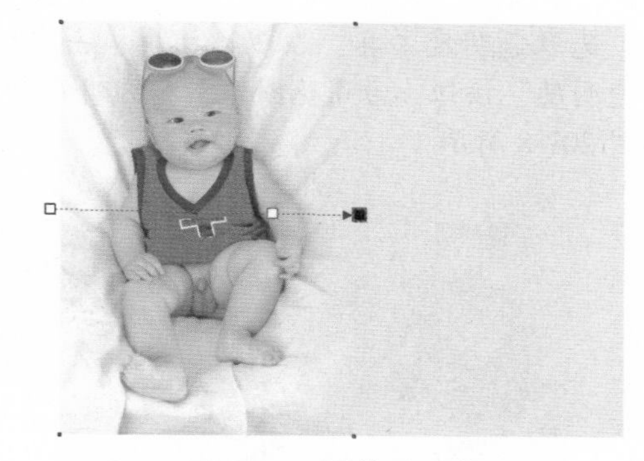

图207-5 调整透明度

05 导入一幅图像，选取透明度工具，在其属性栏中单击“渐变透明度”按钮，单击“椭圆形渐变透明度”按钮，改变透明滑杆上色标的颜色，为图像添加透明效果，如图 207-6 所示。

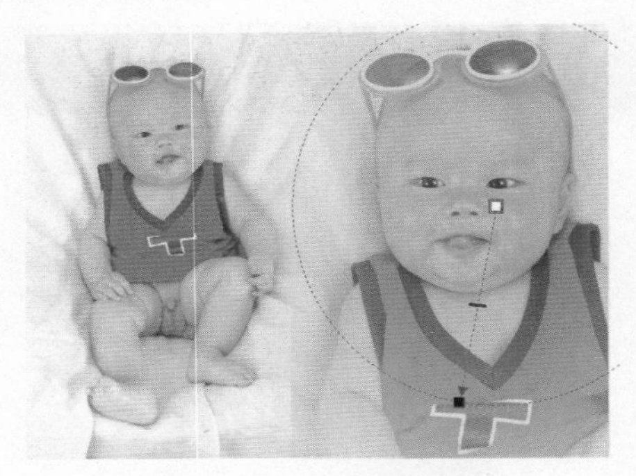

图207-6 添加透明效果

06 在调色板中的灰色色块上单击并拖动色块至透明滑杆上，再将调色板中的不同灰度级的灰色色块拖至透明度滑杆上，调整整个图像的透明度，效果如图 207-7 所示。

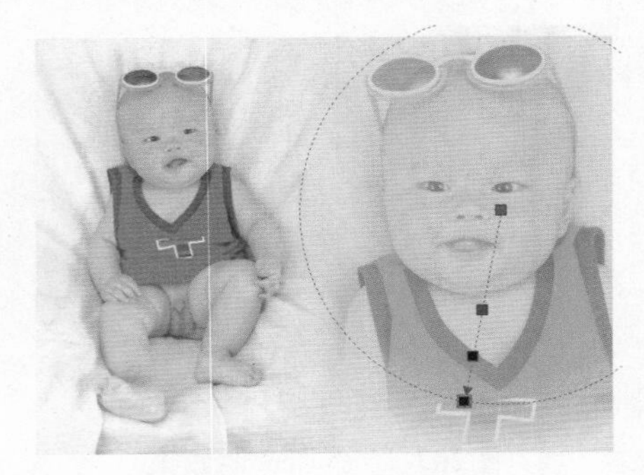

图207-7 调整透明度

2. 制作儿童数码的修饰效果

01 单击“标准”工具栏中的“导入”按钮，导入一幅菊花图像，并调整其位置及大小。选取透明度工具，在属性栏中单击“均匀透明度”按钮，为菊花图像添加透明效果，如图 207-8 所示。

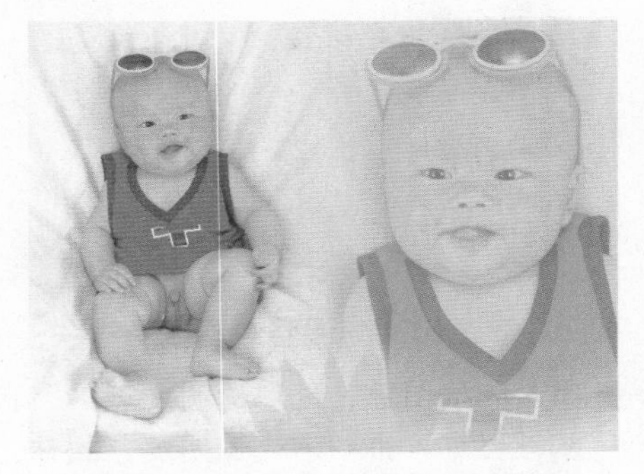

图207-8 导入图像并添加透明效果

02 参照步骤 2 中的操作方法导入蝴蝶图像，效果如图 207-9 所示。

图207-9 导入蝴蝶图像

03 选取文本工具，在其属性栏中设置字体为“方正平和简体”、字号为 13pt，输入文字“新酷一族”。选取选择工具，选中输入的文字，单击调色板中的红色色块，填充文字颜色为红色，在属性栏中设置轮廓宽度为 0.5mm。右击调色板中的白色色块，填充其轮廓颜色为白色，效果如图 207-10 所示。

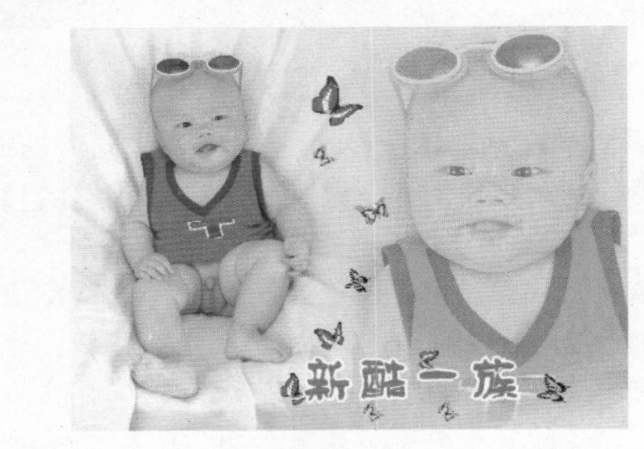

图207-10 输入文字并设置文字属性

04 选取封套工具，在文字上方中间的节点上按住鼠标左键并向下拖动，改变封套形状。选取选择工具，完成封套的编辑操作，效果如图 207-11 所示。

图207-11 添加封套效果

05 单击“效果”|“斜角”命令，在弹出的“斜角”泊坞窗中设置“样式”为“柔和边缘”、“距离”为2.54mm、“阴影颜色”和“光源颜色”均为白色、“强度”为80、“方向”为78、“高度”为79，单击“应用”按钮，为文字添加斜角效果，参见图207-1。至此，本实例制作完毕。

实例208 儿童数码设计Ⅳ

本实例将设计制作新酷一族Ⅱ儿童数码模板，效果如图208-1所示。

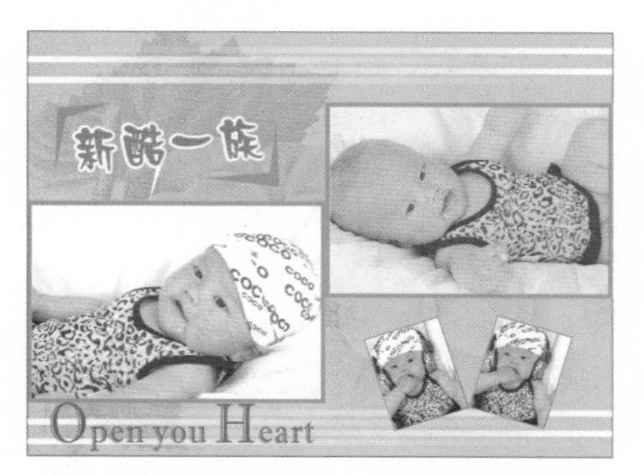

图208-1 新酷一族Ⅱ儿童数码模板

操作步骤

1. 制作儿童数码模板的主体图像

01 按【Ctrl+N】组合键，新建一个空白页面。按【F6】键，选取矩形工具，绘制一个矩形。按【F11】键，在弹出的“编辑填充”对话框中单击“均匀填充”按钮，设置颜色为淡绿色（CMYK值分别为10、0、41、0），单击“确定”按钮，为矩形填充颜色，效果如图208-2所示。

图208-2 绘制矩形并填充颜色

02 按【Ctrl+I】组合键，导入葡萄图像。选取透明度工具，在其属性栏中单击“均匀透明度”按钮，为图像添加透明效果，如图208-3所示。

图208-3 导入图像并添加透明效果

03 单击“对象”|“图框精确裁剪”|“置于图文框内部”命令，当鼠标指针呈➡形状时单击矩形，将图像置于矩形容器中，效果如图208-4所示。

图208-4 精确剪裁图像

04 选取矩形工具，绘制一个矩形。双击状态栏中的“轮廓颜色”色块，在弹出的“轮廓笔”对话框中设置“宽度”为0.35mm、“颜色”为酒绿色（CMYK值分别为40、0、100、0），单击“确定”按钮，为矩形设置轮廓属性，效果如图208-5所示。

图208-5 绘制矩形并设置轮廓属性

05 导入儿童图像，并将其精确剪裁以置于矩形容器中，效果如图 208-6 所示。

图208-6 导入并精确剪裁儿童图像

06 参照步骤 4 中的操作方法，分别绘制其他矩形并设置轮廓属性。分别导入其他图像，并将其精确剪裁以置于矩形容器中，效果如图 208-7 所示。

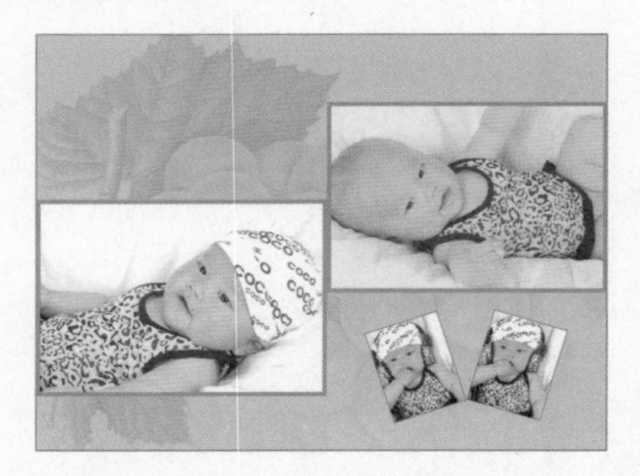

图208-7 导入并精确剪裁其他图像

2. 制作儿童数码模板的修饰效果

01 按【F6】键，选取矩形工具，绘制一个矩形。选取透明度工具，在其属性栏中单击“渐变透明度”按钮，为矩形添加透明效果，如图 208-8 所示。

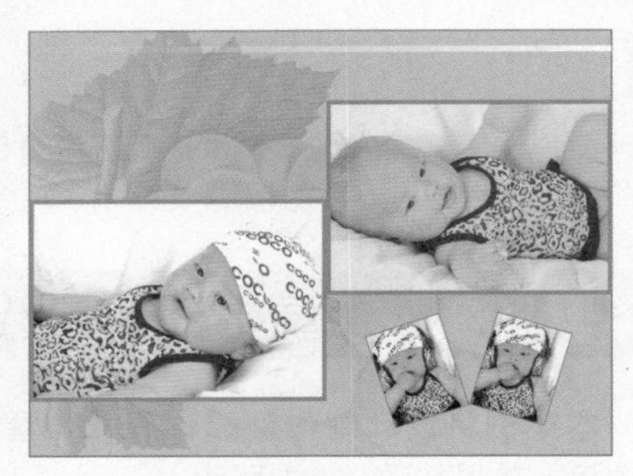

图208-8 绘制矩形并添加透明效果

02 依次单击“标准”工具栏中的“复制”与“粘贴”按钮，复制添加透明效果的矩形。单击属性栏中的“水平镜像”按钮水平镜像矩形，按【↓】键调整复制矩形的位置，效果如图 208-9 所示。

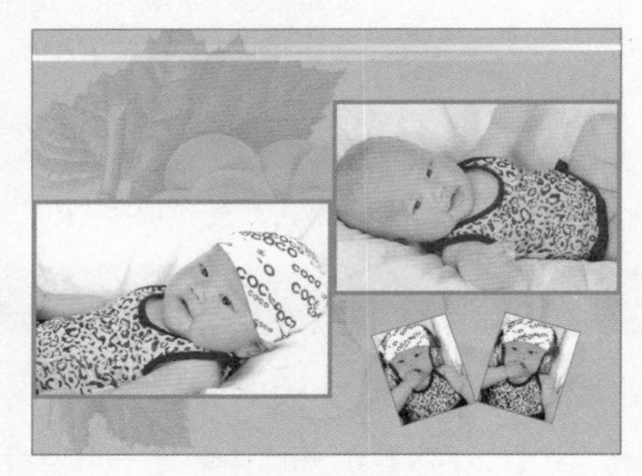

图208-9 水平镜像矩形并调整矩形位置

03 用同样的操作方法复制其他矩形，并将其调整至合适的位置，效果如图 208-10 所示。

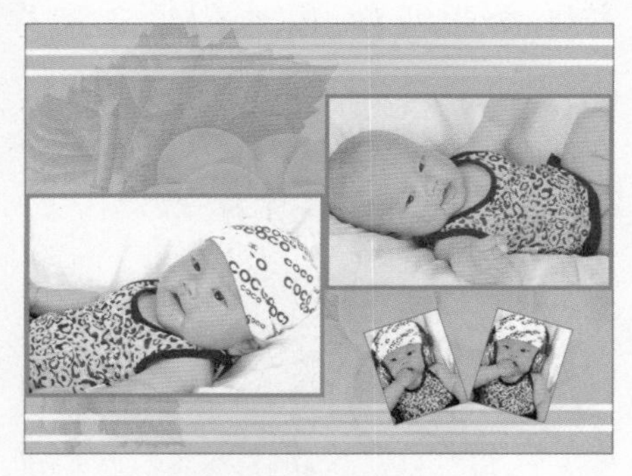

图208-10 复制其他矩形

04 选取钢笔工具，在绘图页面中的合适位置绘制一个多边形。单击调色板中的嫩黄色（CMYK 值分别为 50、0、70、0）色块，

为多边形填充颜色，并删除其轮廓，效果如图 208-11 所示。

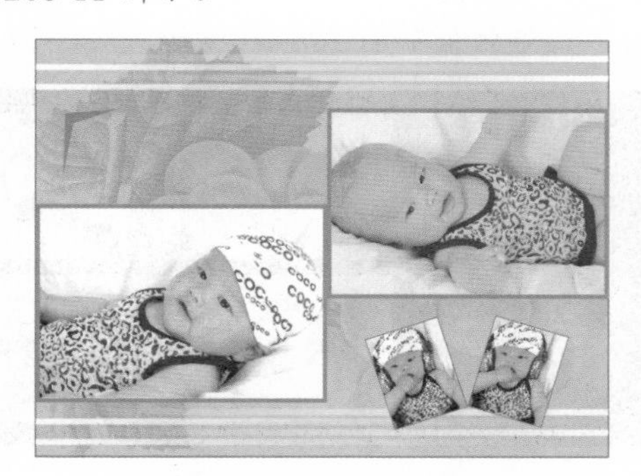

图208-11 绘制并填充多边形

05 参照步骤 4 中的操作方法绘制另一个多边形，填充颜色并删除其轮廓，效果如图 208-12 所示。

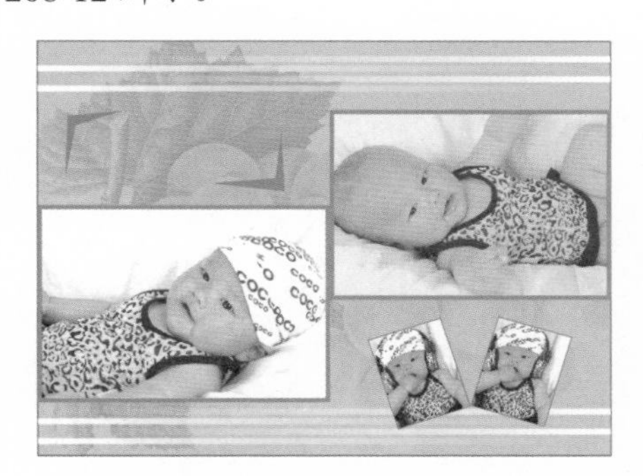

图208-12 绘制并填充另一个多边形

06 选取文本工具，输入文字“新酷一族”。选取选择工具，选中文字，在其属性栏中设置字体为“文鼎中特广告体”、字号为 12.5pt，单击调色板中的红色色块，填充文字颜色为红色。选取“轮廓笔”对话框工具，在弹出的“轮廓笔”中设置“宽度”为 0.5mm、“颜色”为白色，单击“确定”按钮，为文字设置轮廓属性，效果如图 208-13 所示。

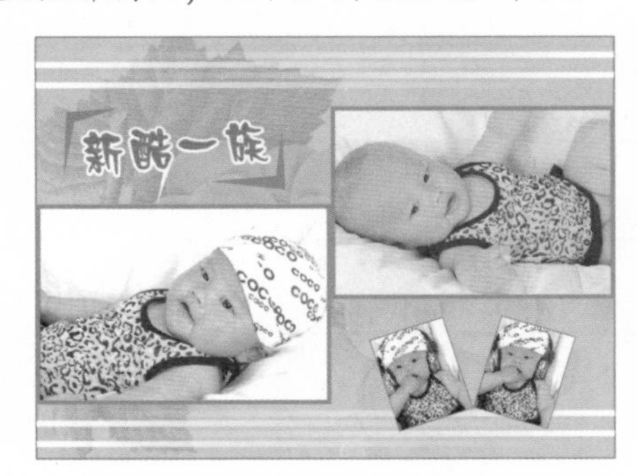

图208-13 输入文字并设置轮廓属性

07 参照步骤 6 中的操作方法输入其他文字，并设置相应的属性，效果如图 208-14 所示。

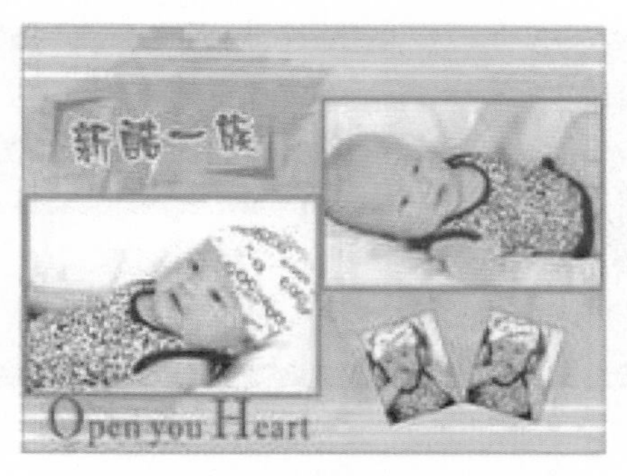

图208-14 输入其他文字并设置属性

3．制作儿童数码的整体套版效果

01 选取矩形工具，绘制一个 175mm×88mm 的矩形，单击调色板中的黑色色块，填充其颜色为黑色，效果如图 208-15 所示。

图208-15 绘制矩形并填充颜色

02 选取矩形工具，绘制一个矩形。选取交互式填充工具，在其属性栏中单击“渐变填充”按钮，设置起始颜色为深紫色（CMYK 值分别为 89、90、39、6）、终止颜色为紫色（CMYK 值分别为 93、91、53、25），渐变填充矩形，效果如图 208-16 所示。

图208-16 绘制并渐变填充矩形

03 按【Ctrl+I】组合键，导入前面制作的儿童数码模板，并调整其位置及大小，如图 208-17 所示。

图208-17　导入并调整图像

04 输入文字“快乐宝贝”，设置相应的字体、字号和颜色，并将其调整至合适位置，效果如图 208-18 所示。

图208-18 输入文字并设置属性

05 选取文本工具，在其属性栏中设置字体为“宋体”、字号为 12.5pt，输入其他文字，最终效果如图 208-19 所示。

图208-19　最终效果

● 读书笔记

第16章　企业VI设计

16 part

企业视觉识别系统（VI）一般分为基本设计系统和应用设计系统两大类，基本设计系统主要包括标志、标准字体和标准色等；应用设计系统主要包括办公用品类、旗帜类、指示标志类、服装类、广告宣传类和公关礼品类等。本章将通过20个实例详细讲解企业VI作品的制作方法与技巧。

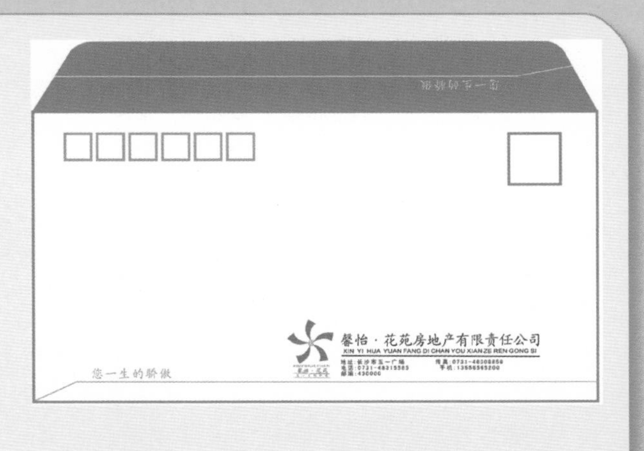

实例209 企业标志

本实例将设计制作一个房地产企业标志，效果如图209-1所示。

图209-1 馨怡·花苑标志

操作步骤

1．制作标志的轮廓效果

01 按【Ctrl+N】组合键,新建一个空白页面。选取贝塞尔工具，绘制一个闭合曲线图形，如图209-2所示。

图209-2 绘制曲线图形

02 选取选择工具，按小键盘上的【+】键复制一个图形。再次单击图形使其进入旋转状态，拖动中心点至合适位置，效果如图209-3所示。

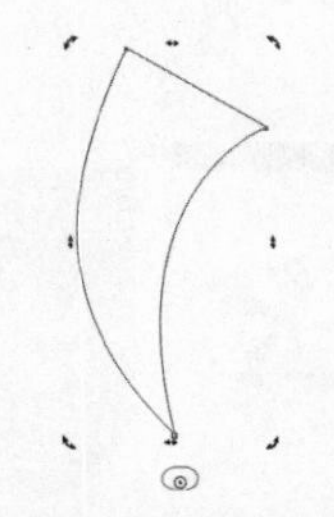

图209-3 复制图形并设置中心点

03 移动鼠标指针至右上角的控制柄上，向下拖动鼠标至合适位置，在属性栏中设置“旋转角度”为72，旋转图形，效果如图209-4所示。

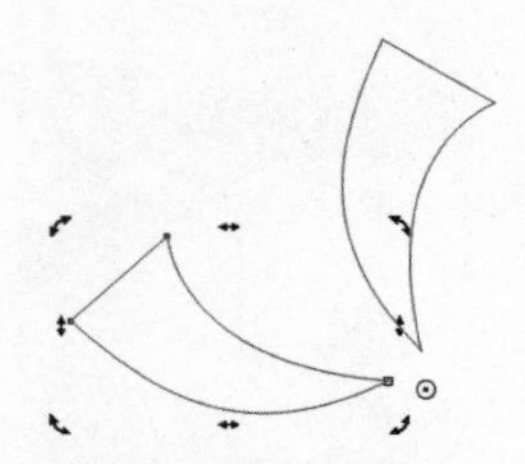

图209-4 旋转图形

04 按3次【Ctrl+D】组合键，进行3次图形再制，效果如图209-5所示。

图209-5 再制图形

05 单击“文本”|“插入字符”命令，在弹出的“插入字符”泊坞窗中设置“字体”为Arial，在符号列表框中双击所需的符号即可插入符号，效果如图209-6所示。

图209-6 插入符号

06 双击选择工具，全选绘图页面中的所有图形。按【F11】键,在弹出的“编辑填充”对话框中单击“均匀填充”按钮，设置填充颜色为绿色（CMYK值分别为100、0、100、0），单击“确定”按钮，为图形填充颜色。右击调色板中的“无”按钮，删除所有图形的轮廓，效果如图 209-7 所示。

图209-7 填充颜色并删除轮廓

2. 制作标志的文字效果

01 选取文本工具，在其属性栏中设置字体为“楷体”、字号为 22pt，输入文字“馨怡·花苑”，填充其颜色为蓝色，如图 209-8 所示。

馨怡 · 花苑

图209-8 输入文字并填充颜色

02 单击“对象”|“转换为曲线”命令，将文字转换为曲线。选取选择工具，此时文字处于选中状态。再次单击鼠标左键，使其进入旋转状态，将鼠标指针移至文字上方中间的控制柄上，此时指针呈双向旋转箭头形状，向右拖动鼠标倾斜文字，效果如图 209-9 所示。

馨怡 · 花苑

图209-9 倾斜文字

03 选取形状工具，调整文字“馨”的形状，效果如图 209-10 所示。

馨怡 · 花苑

图209-10 调整文字形状

04 输入其他文字，并设置其字体、字号、颜色及位置，效果如图 209-11 所示。

XINYIHUAYUAN
馨怡 · 花苑
您 一 生 的 骄 傲

图209-11 输入其他文字

05 选取手绘工具，在按住【Ctrl】键的同时拖动鼠标，绘制一条直线。按两次小键盘上的【+】键复制两条直线，并将其调整至合适的大小和位置。双击状态栏中的“轮廓颜色”色块，在弹出的“轮廓笔”对话框中设置“宽度”为 0.035cm、“颜色”为蓝色（CMYK 值分别为 100、100、0、0），单击“确定”按钮，设置轮廓属性，最终效果参见图 209-1。至此，本实例制作完毕。

实例210 企业名片

本实例将设计制作一个房地产企业名片，效果如图 210-1 所示。

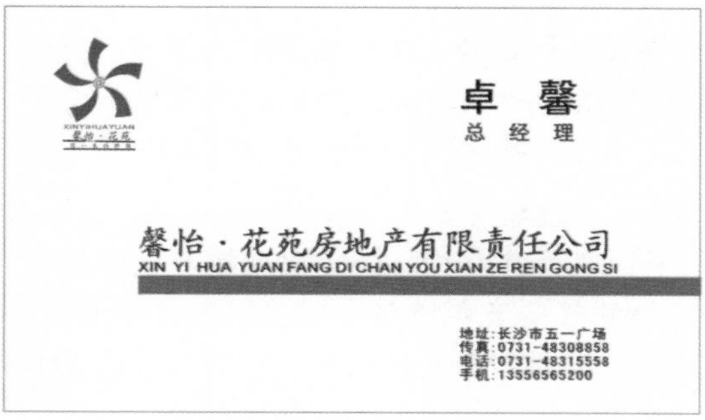

卓 馨
总 经 理

馨怡 · 花苑房地产有限责任公司
XIN YI HUA YUAN FANG DI CHAN YOU XIAN ZE REN GONG SI

地址：长沙市五一广场
传真：0731-48308858
电话：0731-48315558
手机：13556565200

图210-1 馨怡·花苑名片

操作步骤

1. 制作名片的背景效果

01 按【Ctrl+N】组合键，新建一个空白页面。双击矩形工具，绘制一个与页面大小相等的矩形。选取矩形工具，绘制一个矩形，效果如图 210-2 所示。

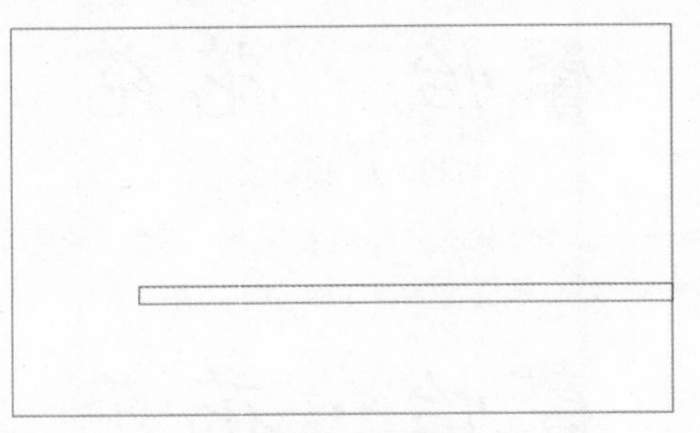

图210-2 绘制矩形

02 按【F11】键，在弹出的“编辑填充”对话框中单击“均匀填充”按钮，设置颜色为绿色（CMYK值分别为70、0、100、0），单击“确定”按钮，为矩形填充颜色。右击调色板中的“无”按钮，删除其轮廓，效果如图210-3所示。

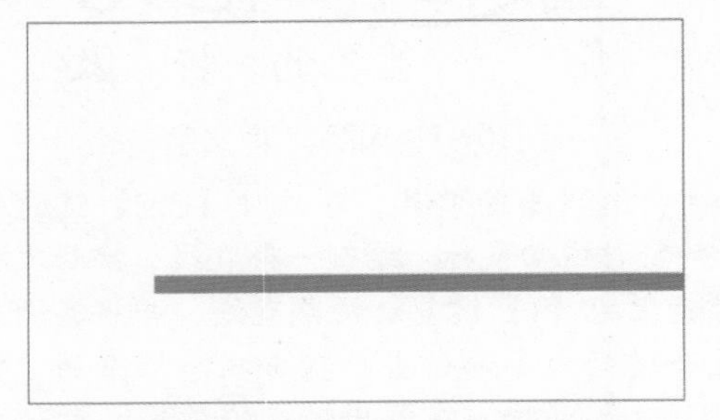

图210-3 填充颜色并删除轮廓

03 单击“文件”|“导入”命令，导入馨怡·花苑标志图形，并将其置于页面中的合适位置，效果如图210-4所示。

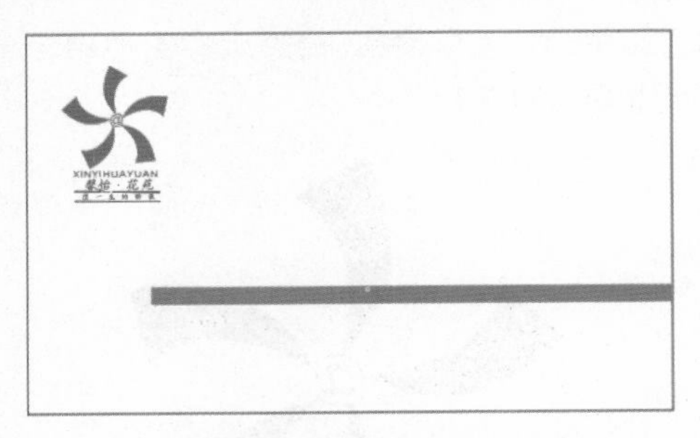

图210-4 导入标志图形

2. 制作名片的文字效果

01 选取文本工具，输入文字“馨怡·花苑房地产有限责任公司”。选中输入的文字，在属性栏中设置字体为“楷体”、字号为13pt，效果如图210-5所示。

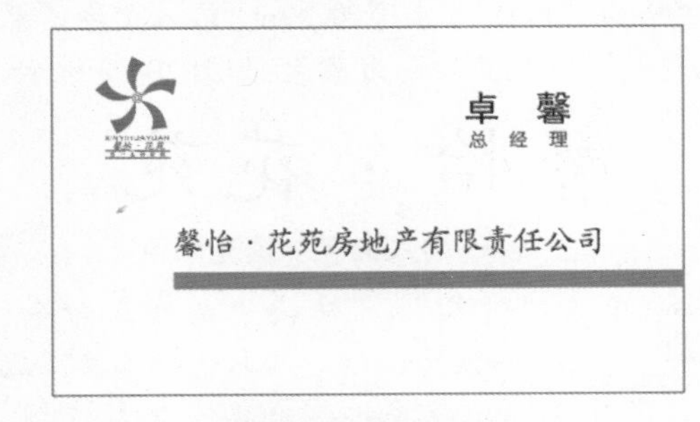

图210-5 输入文字

02 输入其他文字，并设置其字体、字号、颜色及位置，最终效果参见图210-1。至此，本实例制作完毕。

实例211 企业工作牌

本实例将设计制作一个房地产企业工作牌，如图211-1所示。

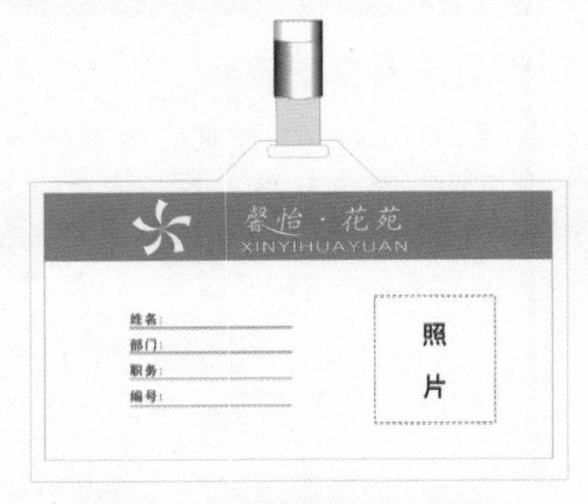

图211-1 馨怡·花苑工作牌

操作步骤

1. 制作工作牌的轮廓效果

01 按【Ctrl+N】组合键，新建一个空白页面。选取折线工具，绘制一个闭合多边形。选取矩形工具，绘制一个矩形，如图211-2所示。

02 选取矩形工具，绘制一个矩形。选取形状工具，此时的控制柄呈黑色矩形块，将指针移至黑色矩形块上，按住鼠标左键并拖动，调整矩形的转角半径，效果如图211-3所示。

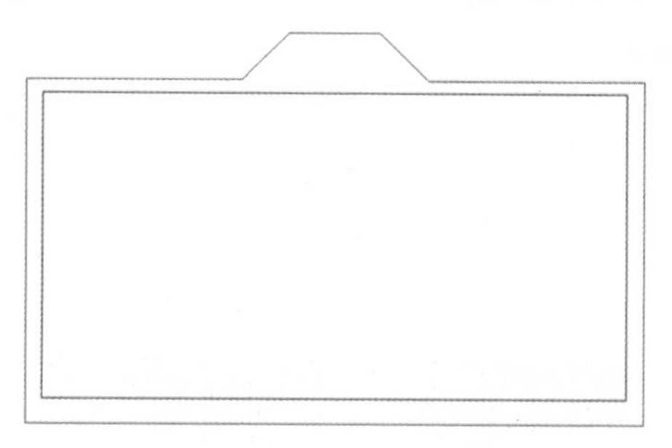

图211-2 绘制多边形和矩形

图211-3 绘制矩形并调整其边角圆滑度

03 选取矩形工具，绘制一个矩形，并填充为灰色（CMYK值分别为7、5、6、0），效果如图211-4所示。

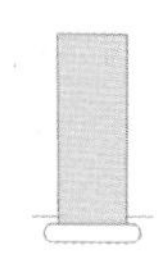

图211-4 绘制矩形并填充颜色

04 使用矩形工具绘制一个矩形，单击“对象”|“转换为曲线”命令，将矩形转换为曲线图形。选取形状工具，选择矩形上的节点，单击属性栏中的“转换为曲线”按钮，将直线转换为曲线，调整矩形的形状。按【F11】键，在弹出的“编辑填充”对话框中单击“渐变填充”按钮，设置0%位置的颜色为30%黑、19%和74%位置的颜色均为白色、100%位置的颜色为黑色，单击“确定”按钮，渐变填充图形，效果如图211-5所示。

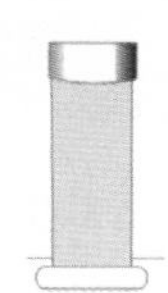

图211-5 绘制并渐变填充图形

05 参照步骤4中的操作方法绘制图形，并进行渐变填充，效果如图211-6所示。

图211-6 绘制并渐变填充其他图形

06 选取矩形工具，绘制一个矩形，将其填充为绿色（CMYK值分别为70、0、100、0），并删除其轮廓，效果如图211-7所示。

图211-7 绘制并填充矩形

07 按【Ctrl+I】组合键，导入一个标志图形。单击属性栏中的“取消组合对象”按钮，打散标志图形。分别调整标志图形和文字至合适位置，并将其填充为白色，效果如图211-8所示。

图211-8 导入并调整标志图形

08 选取手绘工具，按住【Ctrl】键的同时拖动鼠标，绘制一条直线。按3次小键盘上的【+】键复制3条直线，并将其调整至合适位置，效果如图211-9所示。

图211-9 绘制并复制直线

09 选取矩形工具，绘制一个矩形。选取“轮廓笔”工具，在弹出的“轮廓笔”对话框中设置“样式”为 - - - - - - - -、“宽度”为0.018cm，单击“确定”按钮，为矩形设置轮廓属性，效果如图 211-10 所示。

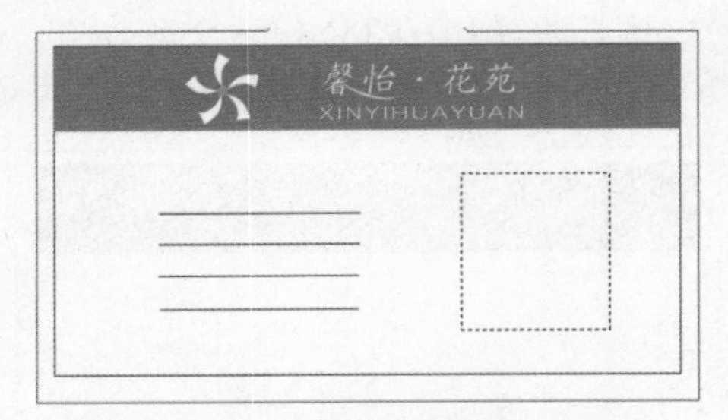

图211-10 绘制矩形并设置轮廓属性

2．制作工作牌的文字部分

01 选取文本工具，在其属性栏中设置字体为“黑体”、字号为 22pt，单击“将文本更改为垂直方向”按钮，输入文字“照片”，并将其调整至合适位置，效果如图 211-11 所示。

图211-11 输入并调整文字

02 输入其他文字，并设置其字体、字号、颜色及位置，效果如图 211-12 所示。

图211-12 输入其他文字

03 还可在本实例的基础上复制并调整图形位置，设置相应的颜色，制作出其他样式的工作牌，效果如图 211-13 所示。至此，本实例制作完毕。

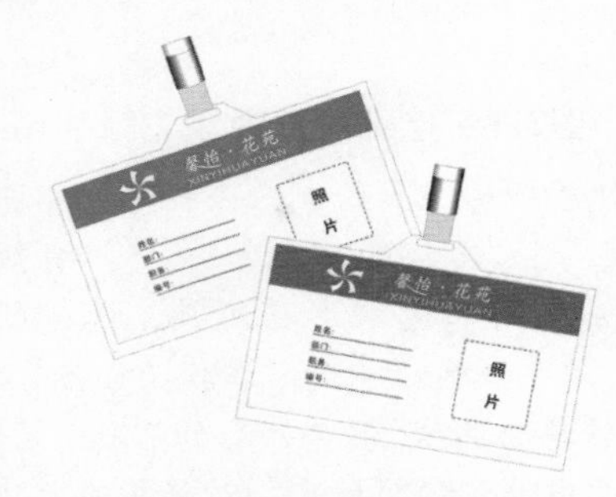

图211-13 其他样式的工作牌

实例212 企业信封

本实例将设计制作企业信封，效果如图 212-1 所示。

图212-1 馨怡·花苑信封

操作步骤

1．制作信封的轮廓效果

01 按【Ctrl+N】组合键，新建一个空白页面。选取矩形工具，绘制一个矩形。选取“轮廓笔”工具，在弹出的“轮廓笔”对话框中设置轮廓“颜色”为绿色（CMYK 值分别为 70、0、100、0），单击“确定”按钮，为矩形设置轮廓属性，效果如图 212-2 所示。

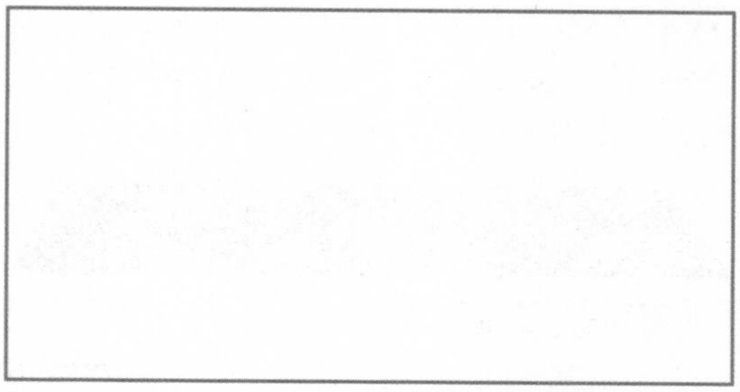

图212-2 绘制矩形并设置轮廓属性

02 选取贝塞尔工具，绘制一个闭合曲线图形。按【F11】键，在弹出的“编辑填充”对话框中单击“均匀填充”按钮，设置颜色为绿色（CMYK值分别为70、0、100、0），单击“确定”按钮，为曲线图形填充颜色，并删除其轮廓，效果如图212-3所示。

图212-3 绘制曲线图形

03 选取矩形工具，按住【Ctrl+ Shift】组合键的同时在绘图页面中拖动鼠标至合适位置，以起始点为中心绘制一个正方形，并参照步骤1中的操作方法为其设置轮廓属性，效果如图212-4所示。

图212-4 绘制正方形并设置轮廓属性

04 按小键盘上的【+】键复制一个正方形，按两次【→】键向右移动正方形，并按4次【Ctrl+D】组合键进行4次再制，效果如图212-5所示。

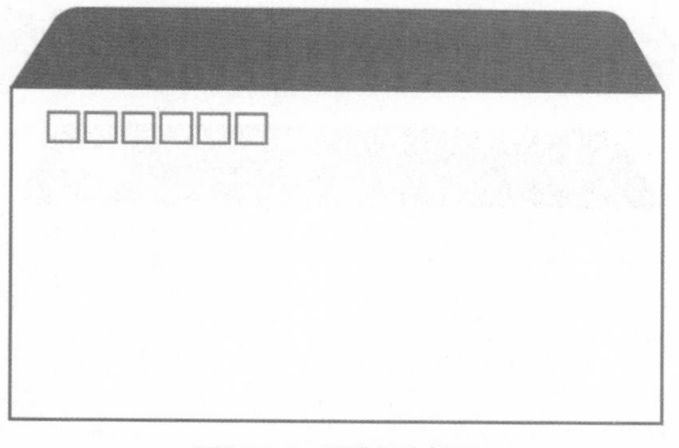

图212-5 再制正方形

05 绘制其他正方形，并设置其轮廓属性，效果如图212-6所示。

图212-6 绘制其他正方形

06 选取贝塞尔工具，绘制两个折线图形，并设置其轮廓属性，效果如图212-7所示。

图212-7 绘制折线

2. 制作信封的文字效果

01 选取文本工具，在其属性栏中设置字体为“楷体”、字号为12pt，输入文字“馨怡·花苑房地产有限责任公司”，并设置其颜色为黑色，然后将其调整至合适位置，效果如图212-8所示。

馨怡 · 花苑房地产有限责任公司

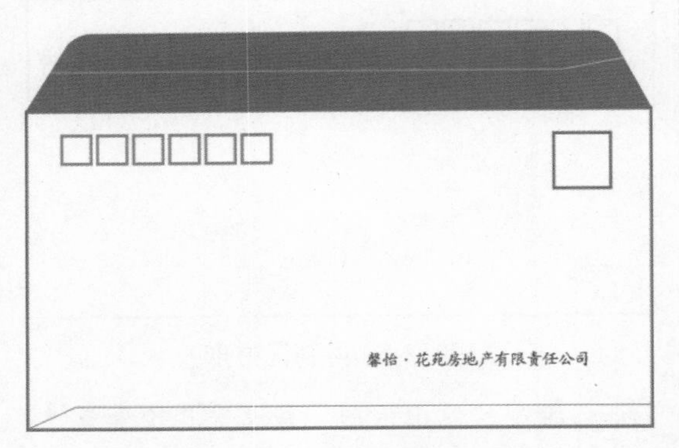

图212-8 输入并调整文字

02 输入其他文字，并设置相应的字体、字号、颜色及位置，效果如图212-9所示。

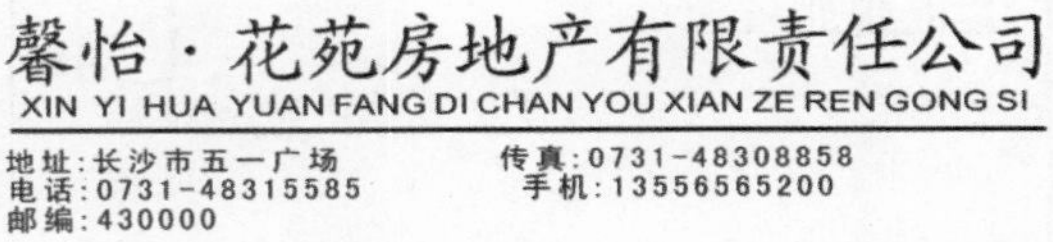

馨怡 · 花苑房地产有限责任公司
XIN YI HUA YUAN FANG DI CHAN YOU XIAN ZE REN GONG SI
地址:长沙市五一广场
电话:0731-48315585
邮编:430000
传真:0731-48308858
手机:13556565200

图212-9 输入其他文字

03 用同样的方法输入文字“您一生的骄傲”，设置字体为“楷体”、字号为10pt、颜色为绿色（CMYK值分别为50、0、80、0）。按小键盘上的【+】键复制文字，并将其填充为白色，在属性栏中设置“旋转角度”为180，然后将其调整至合适位置，效果如图212-10所示。

馨怡 · 花苑房地产有限责任公司
您一生的骄傲

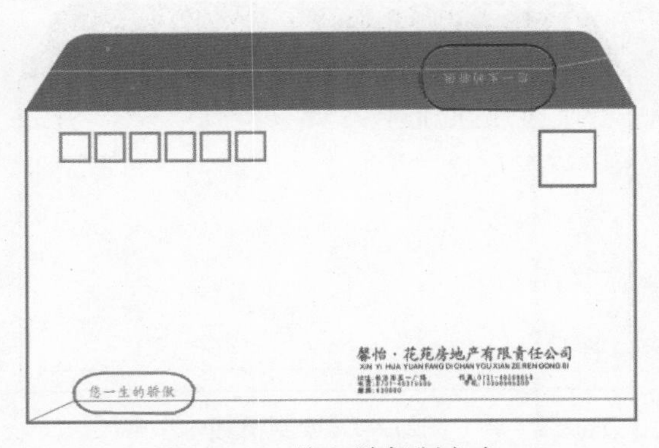

图212-10 输入并复制文字

04 单击“文件”|“导入”命令，导入标志图形，将其置于页面中的合适位置，效果如图212-11所示。

馨怡 · 花苑房地产有限责任公司
您一生的骄傲

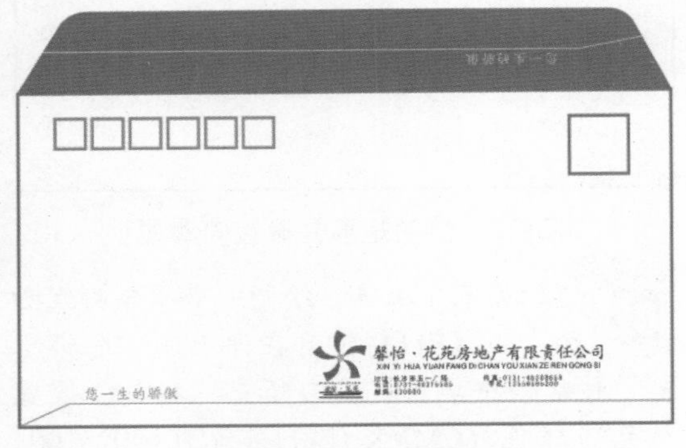

图212-11 导入标志图形

05 选取贝塞尔工具，在按住【Ctrl】键的同时拖动鼠标，绘制一条直线，效果如图212-12所示。

馨怡 · 花苑房地产有限责任公司
您一生的骄傲

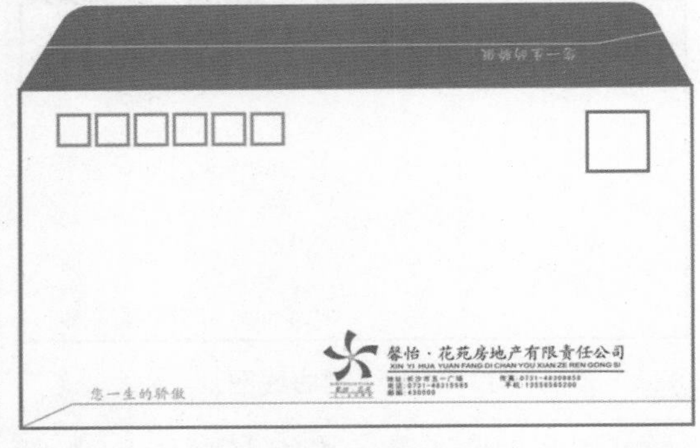

图212-12 绘制直线

06 还可以参照上述操作方法制作出其他样式的信封，效果如图212-13所示。至此，本实例制作完毕。

馨怡 · 花苑房地产有限责任公司
您一生的骄傲

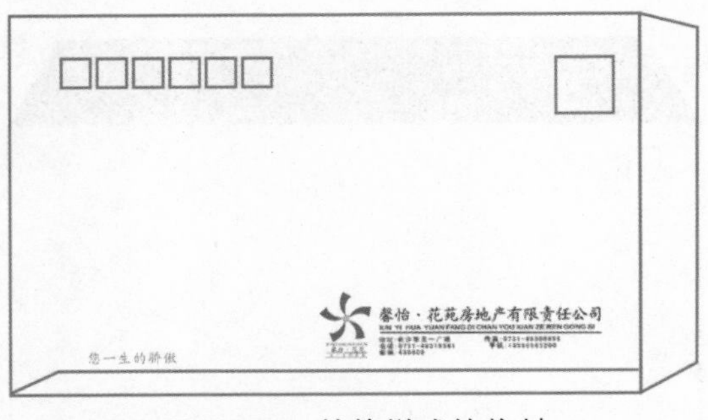

图212-13 其他样式的信封

实例213 企业办公胶带机

本实例将设计制作企业办公胶带机，效果如图 213-1 所示。

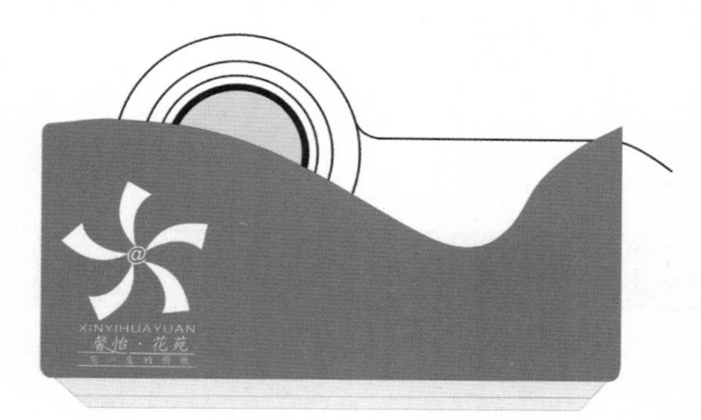

图213-1 馨怡·花苑胶带机

操作步骤

1．制作胶带机的外形效果

01 按【Ctrl+N】组合键，新建一个空白页面。选取贝塞尔工具，绘制一个闭合曲线图形，将其填充为绿色（CMYK 值分别为 70、0、100、0），效果如图 213-2 所示。

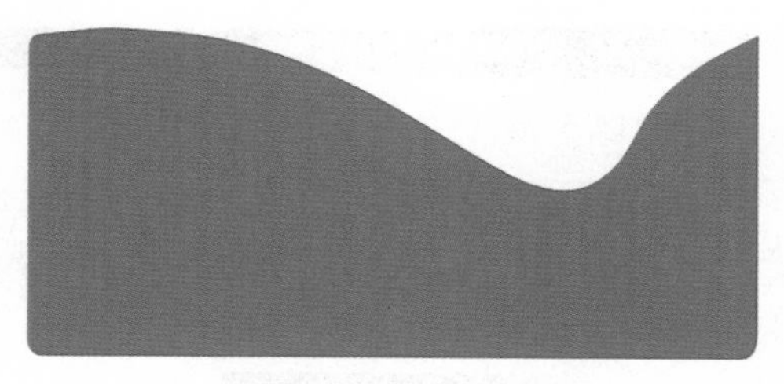

图213-2 绘制闭合曲线图形并填充颜色

02 用同样的操作方法绘制另一个闭合曲线图形，并将其填充为灰色（CMYK 值分别为 0、0、0、5）。选取选择工具，按小键盘上的【+】键复制闭合曲线，并调整其大小及位置，效果如图 213-3 所示。

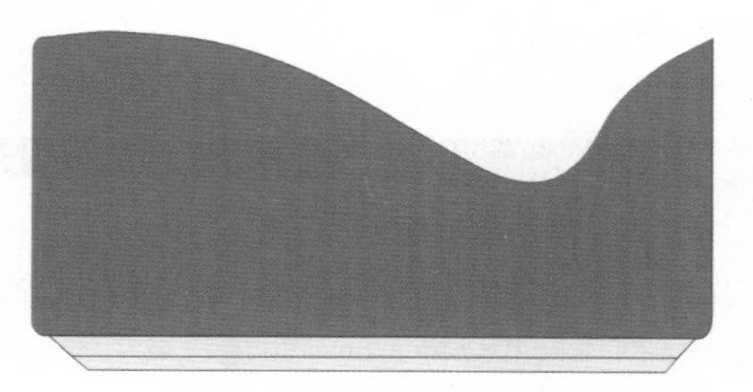

图213-3 绘制并复制图形

2．制作胶带机的胶轮图形

01 选取椭圆形工具，在按住【Shift+Ctrl】组合键的同时拖动鼠标绘制一个正圆，将其填充为白色（CMYK 值均为 0），并在其属性栏中设置轮廓宽度为 0.017cm，效果如图 213-4 所示。

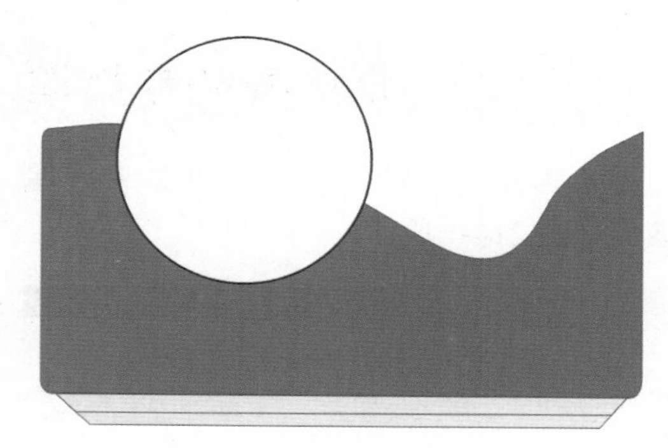

图213-4 绘制并填充正圆

02 选取选择工具，按两次小键盘上的【+】键复制两个正圆图形，并将其调整至合适大小及位置。选取椭圆形工具，在按住【Shift+Ctrl】组合键的同时绘制一个正圆，将其填充为灰色（CMYK 值分别为 0、0、0、10），并设置其轮廓宽度为 0.282cm，效果如图 213-5 所示。

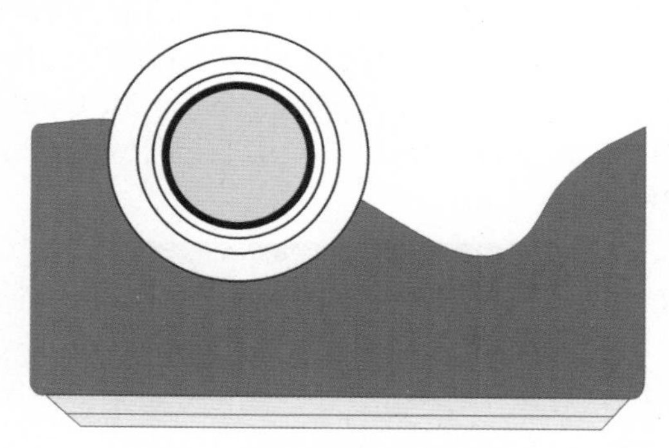

图213-5 复制并调整正圆

03 选择所有的圆，按【Ctrl+End】组合键，将图形置于最后面。选取贝塞尔工具，绘制一条曲线，并设置轮廓宽度为 0.706mm，效果如图 213-6 所示。

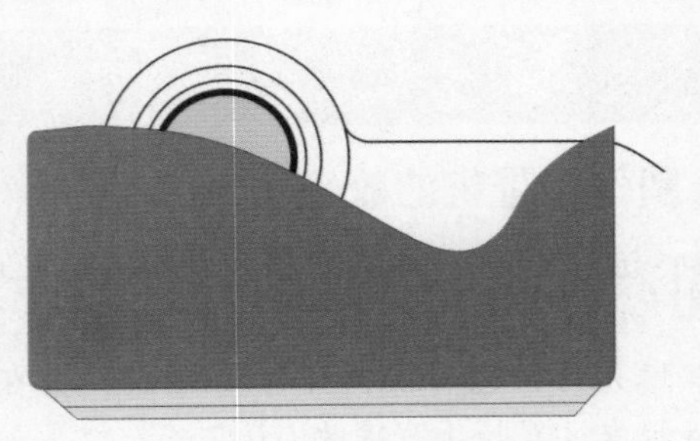

图213-6 调整图形顺序并绘制曲线

04 按【Ctrl+I】组合键，导入企业标志图形，将其填充为白色，并调整至页面中的合适位置，最终效果参见图213-1。至此，本实例制作完毕。

实例214 企业办公专用笔

本实例将设计制作企业办公专用笔，效果如图214-1所示。

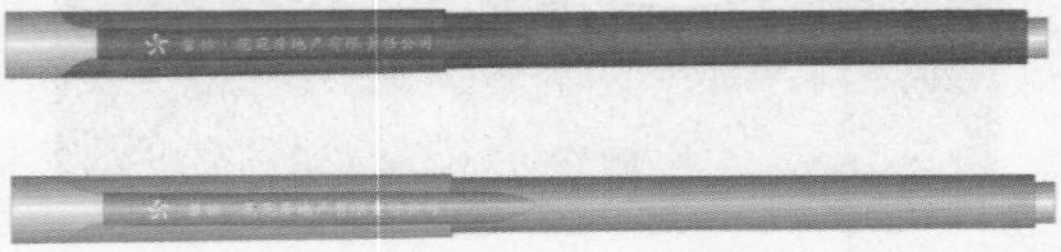

图214-1 馨怡·花苑专用笔

操作步骤

1. 制作专用笔的笔身

01 按【Ctrl+N】组合键，新建一个空白页面。选取矩形工具，绘制一个矩形。按【F11】键，在弹出的“编辑填充”对话框中单击“渐变填充”按钮，设置0%和100%位置的颜色均为绿色（CMYK值分别为100、0、100、0）、51%位置的颜色为黄绿色（CMYK值分别为20、0、60、0），单击“确定”按钮，渐变填充矩形，效果如图214-2所示。

图214-2 绘制并渐变填充矩形

02 用同样的操作方法绘制笔身图形，并进行渐变填充，效果如图214-3所示。

图214-3 绘制并渐变填充笔身图形

2. 制作专用笔的笔挂

01 选取贝塞尔工具，绘制一个闭合曲线图形。按【F11】键，在弹出的“编辑填充”对话框中单击“渐变填充”按钮，设置0%位置的颜色为灰色（CMYK值分别为0、0、0、30）、52%位置的颜色为白色（CMYK值均为0）、100%位置的颜色为灰色（CMYK值分别为0、0、0、40），单击“确定”按钮，渐变填充曲线图形，效果如图214-4所示。

图214-4 绘制并渐变填充图形

02 绘制其他图形，并填充相应的渐变颜色，效果如图214-5所示。

图214-5 绘制并渐变填充其他图形

03 单击“文件”|“导入”命令，导入企业标志图形，并将其调整至合适位置，效果如图214-6所示。

图214-6 导入并调整标志图形

04 选取文本工具，在其属性栏中设置字体为“楷体”、字号为13pt，输入文字“馨怡·花苑房地产有限责任公司”，设置文字颜色为白色，并将其调整至合适位置，效果如图214-7所示。

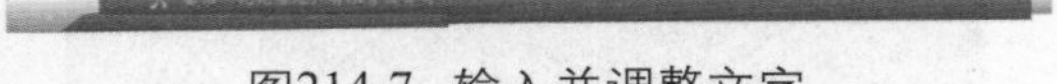

图214-7 输入并调整文字

05 还可根据上述制作专用笔的操作方法制作出其他样式的专用笔，效果参见图214-1。至此，本实例制作完毕。

实例215 企业办公文件夹

本实例将设计制作企业办公文件夹，效果如图 215-1 所示。

图215-1 馨怡·花苑文件夹

操作步骤

1. 制作文件夹的正面效果

01 按【Ctrl+N】组合键，新建一个空白页面。选取矩形工具，绘制两个矩形，分别填充为绿色（CMYK 值分别为 70、0、100、0）和白色，并删除白色矩形的轮廓，效果如图 215-2 所示。

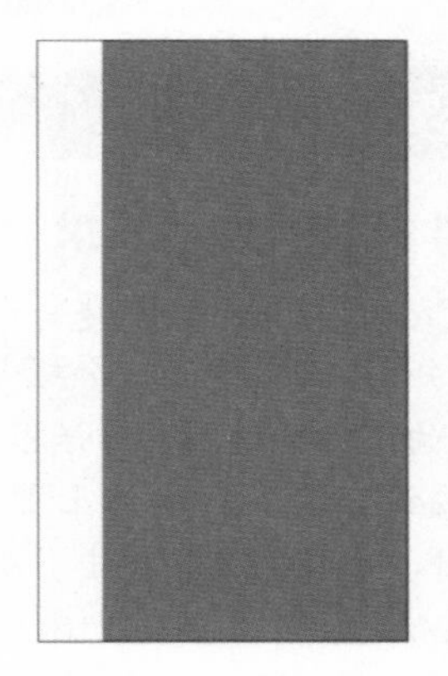

图215-2 绘制矩形

02 选取矩形工具，绘制文件夹侧面的两个矩形，并分别填充为灰色（CMYK 值分别为 0、0、0、30）和绿色（CMYK 值分别为 70、0、100、0），然后删除其轮廓，效果如图 215-3 所示。

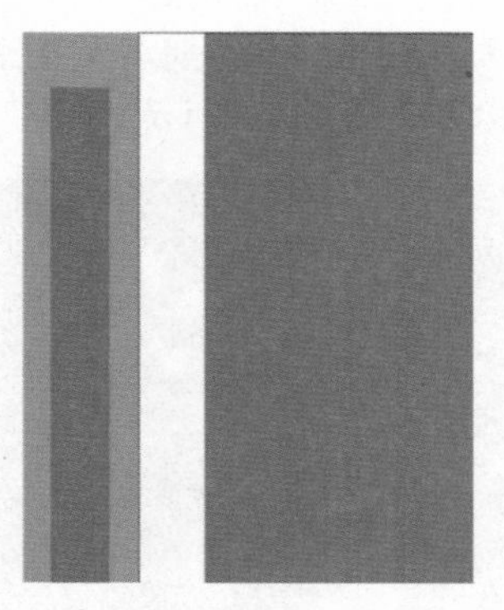

图215-3 绘制侧面矩形

03 按【F8】键，选取文本工具，在属性栏中设置字体为“隶书”、字号为 26pt，输入文字“文件夹”，填充其颜色为白色，效果如图 215-4 所示。

图215-4 输入并填充文字

04 选取文本工具，输入 XINYIHUAYUAN。选中输入的文本，在其属性栏中设置字体为 Arial、字号为 10pt，效果如图 215-5 所示。

图215-5 输入其他文本

05 按【Ctrl+I】组合键，导入一幅标志图形，并将其调整至合适位置。在标志图形上单击并拖动鼠标至合适位置，松开鼠标的同时右击复制标志图形，然后将其调整至合适大小及位置，效果如图 215-6 所示。

图215-6 导入并复制标志图形

2. 制作文件夹的立体效果

01 选取选择工具，框选侧面的矩形和文字，单击属性栏中的“组合对象”按钮群组图形。选取封套工具，为群组图形添加封套效果，并选择相应的节点，编辑图形的透视效果，如图 215-7 所示。

图215-7 添加封套效果

02 用同样的操作方法完成文件夹立体效果的制作，最终效果参见图 215-1。至此，本实例制作完毕。

实例216 企业办公资料袋

本实例将设计制作企业办公资料袋，如图 216-1 所示。

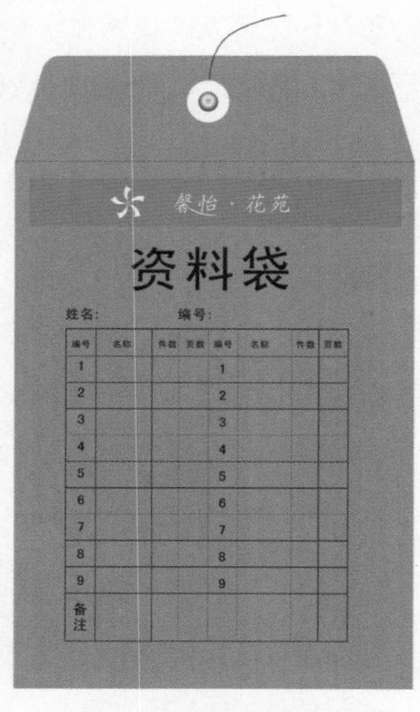

图216-1 馨怡·花苑资料袋

操作步骤

1. 制作资料袋的外形效果

01 按【Ctrl+N】组合键，新建一个空白页面。选取矩形工具，绘制一个矩形。按【F11】键，在弹出的“编辑填充”对话框中单击“均匀填充”按钮，设置颜色为土黄色（CMYK 值分别为 21、31、70、0），单击“确定”按钮，为矩形填充颜色，效果如图 216-2 所示。

图216-2 绘制矩形并填充颜色

02 选取贝塞尔工具，绘制一个闭合曲线图形，参照步骤 1 的操作方法为闭合曲线图形填充颜色，效果如图 216-3 所示。

图216-3 绘制闭合曲线图形并填充颜色

03 选取椭圆形工具，在按住【Ctrl+Shift】组合键的同时拖动鼠标，绘制一个正圆，并将其填充为白色，效果如图 216-4 所示。

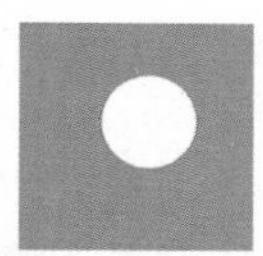

图216-4 绘制正圆并填充颜色

04 复制一个正圆，按【F11】键，在弹出的“编辑填充”对话框中单击“渐变填充”按钮，设置 0% 和 19% 位置的颜色均为黑色（CMYK 值分别为 0、0、0、100）、50% 和 100% 位置的颜色均为灰色（CMYK 值分别为 0、0、0、30）、65% 位置的颜色为白色（CMYK 值均为 0），单击“确定”按钮，渐变填充正圆，效果如图 216-5 所示。

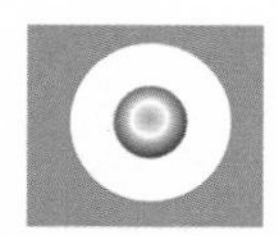

图216-5 复制并渐变填充图形

05 选取贝塞尔工具，绘制一条曲线，效果如图 216-6 所示。

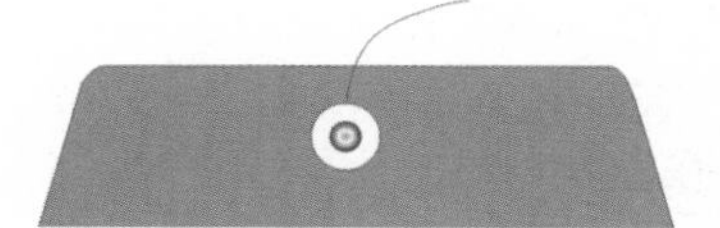

图216-6 绘制曲线

06 选取矩形工具，绘制两个矩形。选择上方的矩形，将其填充为绿色（CMYK 值分别为 70、0、100、0），并删除其轮廓，效果如图 216-7 所示。

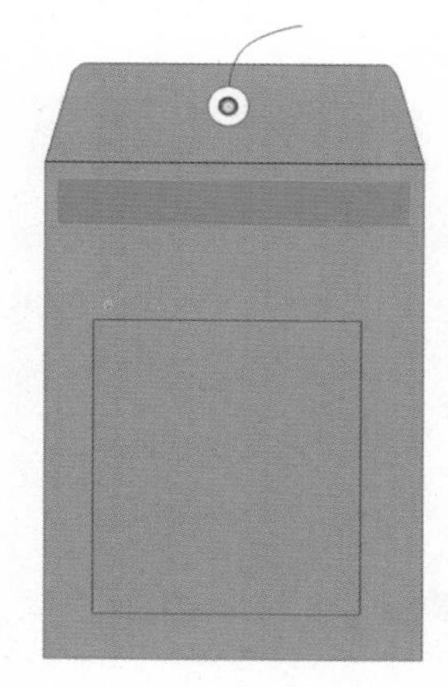

图216-7 绘制矩形

07 选取折线工具，在按住【Ctrl】键的同时绘制一条直线。按小键盘上的【+】键复制一条直线，按【↓】键向下移动复制的直线，按【Ctrl+D】键再制 8 条直线，效果如图 216-8 所示。

图216-8 绘制直线

08 用同样的操作方法绘制出其他的直线条，并将其调整至合适位置，效果如图 216-9 所示。

图216-9 绘制其他直线

2. 制作资料袋的文字效果

01 按【Ctrl+I】组合键，导入标志图形和文字，并将其调整至页面中的合适位置，效果如图216-10所示。

图216-10 导入图形和文字

02 按【F8】键，选取文本工具，在其属性栏中设置字体为“黑体”、字号为58pt，输入文字“资料袋”，填充其颜色为黑色，并将其调整至合适位置，效果如图216-11所示。

图216-11 输入并调整文字

03 输入其他文字，并设置其字体、字号、颜色及位置，最终效果参见图216-1。至此，本实例制作完毕。

实例217 企业办公软盘

本实例将设计制作企业办公软盘（现在已不使用，主要学习其绘制方法），效果如图217-1所示。

图217-1 馨怡·花苑软盘

操作步骤

1. 制作软盘的造型效果

01 按【Ctrl+N】组合键，新建一个空白页面。选取矩形工具，绘制一个矩形。按【Ctrl+Q】组合键，将矩形转换为曲线。选取形状工具，编辑图形，效果如图217-2所示。

图217-2 编辑后的图形

02 按【F11】键，在弹出的“编辑填充”对话框中单击“均匀填充”按钮，设置颜色为绿色（CMYK值分别为82、13、96、0），单击“确定”按钮填充颜色，然后删除其轮廓，效果如图217-3所示。

图217-3 填充颜色并删除轮廓

03 选取折线工具，绘制一个线框图形。右击调色板中的白色色块，设置轮廓颜色为白色，效果如图 217-4 所示。

图217-4 绘制线框图形

04 选取矩形工具，绘制一个矩形。按【F11】键，在弹出的“编辑填充”对话框中单击“渐变填充”按钮，设置 0% 位置的颜色为 40% 黑、29% 位置的颜色为 20% 黑、67% 位置的颜色为白色、100% 位置的颜色为 10% 黑，单击“确定”按钮，渐变填充矩形，效果如图 217-5 所示。

图217-5 绘制并渐变填充矩形

05 按住【Ctrl】键的同时单击并拖动鼠标至合适位置，松开鼠标的同时右击复制图形，效果如图 217-6 所示。

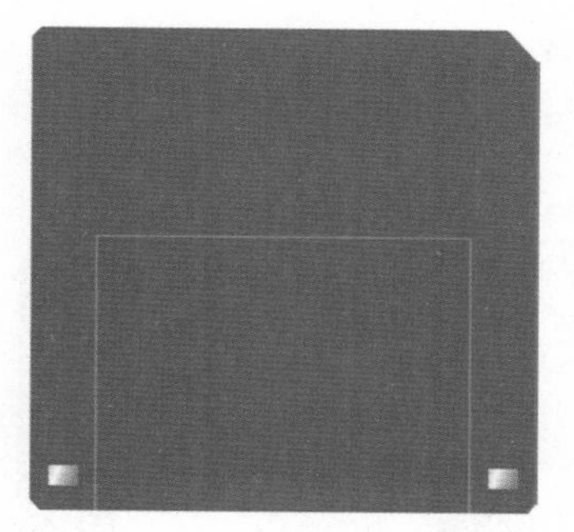

图217-6 复制矩形

06 选取矩形工具，绘制两个矩形。在按住【Shift】键的同时加选矩形，按【Ctrl+L】组合键合并图形。参照步骤 4 中的操作方法渐变填充图形，并删除其轮廓，效果如图 217-7 所示。

图217-7 绘制并填充矩形

07 选取箭头形状工具，在其属性栏中单击“完美形状”按钮，在弹出的下拉面板中选择相应的样式，绘制一个箭头，在属性栏中设置轮廓宽度为 0.1cm，效果如图 217-8 所示。

图217-8 绘制箭头

2. 制作软盘的标签效果

01 选取矩形工具，绘制一个矩形。选取形状工具，在图形四周任意控制柄上按住鼠标左键并拖动，设置矩形的圆角度，将其填充为白色，并删除其轮廓，效果如图 217-9 所示。

图217-9 绘制矩形

02 用同样的方法再绘制一个矩形，填充为橙色（CMYK 值分别为 0、60、100、0），并删除其轮廓，效果如图 217-10 所示。

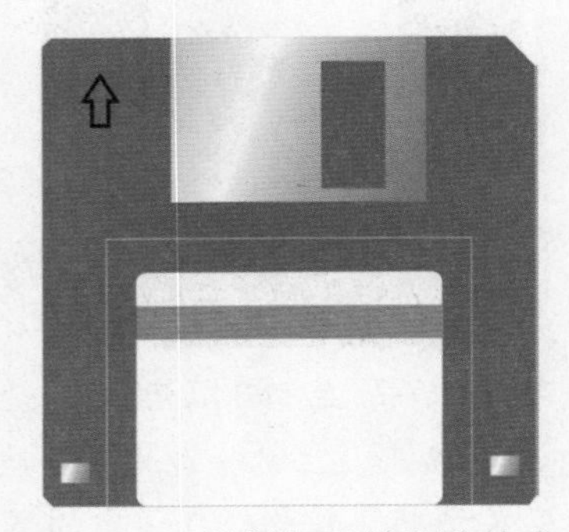

图217-10 绘制矩形并删除轮廓

03 按【Ctrl+I】组合键，导入企业标志和文字图形，并将其调整至页面的合适位置，效果如图 217-11 所示。

图217-11 导入标志和文字

04 选取手绘工具，在按住【Ctrl】键的同时拖动鼠标，绘制一条直线，设置轮廓颜色为绿色（CMYK 值分别为 40、0、40、0）。按小键盘上的【+】键复制一条直线，按两次【↓】键向下移动图形，按 3 次【Ctrl+D】组合键进行 3 次再制，效果如图 217-12 所示。

图217-12 绘制并复制直线

05 选择步骤 1 中绘制的图形，选取阴影工具，从中心向右下角拖动鼠标至合适位置，在属性栏中设置“阴影的不透明”为 72、“阴影羽化”为 1，最终效果参见图 217-1。至此，本实例制作完毕。

实例218 企业旗帜

本实例将设计制作企业旗帜，效果如图 218-1 所示。

图218-1 馨怡·花苑旗帜

操作步骤

1．制作旗帜的外形效果

01 按【Ctrl+N】组合键，新建一个空白页面。选取矩形工具，绘制一个矩形，并填充为白色。按【F12】键，在弹出的“轮廓笔”对话框中设置“颜色”为绿色（CMYK 值分别为 70、0、100、0），单击“确定”按钮，为矩形设置轮廓属性，效果如图 218-2 所示。

图218-2 绘制并填充矩形

02 选取矩形工具，绘制一个矩形，在其属性栏中设置“转角半径”分别为0、100、0、100，设置矩形的圆角度。按【Ctrl+Q】组合键，将圆角矩形转换为曲线图形。选取形状工具，调整图形的形状，填充其颜色为绿色（CMYK值分别为70、0、100、0），并删除其轮廓，效果如图218-3所示。

图218-3 绘制图形并填充颜色

03 单击“标准”工具栏中的“导入”按钮，导入企业标志图形，并设置填充色和轮廓色均为白色，效果如图218-4所示。

图218-4 导入标志图形

04 选取选择工具，选择所有的图形。按小键盘上的【+】键复制图形，调整至合适位置，并设置相应的颜色，效果如图218-5所示。

图218-5 复制并填充图形

2. 制作旗帜的旗杆效果

01 选取矩形工具，绘制一个矩形。按【F11】键，在弹出的“编辑填充”对话框中单击“渐变填充”按钮，设置0%位置的颜色为黑色（CMYK值分别为0、0、0、100）、34%位置的颜色为灰色（CMYK值分别为0、0、0、40）、70%位置的颜色为白色（CMYK值均为0）、100%位置的颜色为灰色（CMYK值分别为0、0、0、10），单击“确定”按钮，渐变填充图形。按【Ctrl+End】组合键，调整图形至页面最后面，效果如图218-6所示。

图218-6 绘制矩形并调整图形顺序

02 还可根据上述操作方法制作出其他样式的旗帜，效果如图218-7所示。至此，本实例制作完毕。

图218-7 其他样式的旗帜

实例219 企业礼品 I

本实例将设计制作企业礼品打火机，效果如图 219-1 所示。

图219-1 馨怡·花苑打火机

操作步骤

1. 制作打火机的外形效果

01 按【Ctrl+N】组合键,新建一个空白页面。选取矩形工具,绘制一个矩形。按【F11】键，在弹出的“编辑填充”对话框中单击“渐变填充”按钮，设置 0% 和 100% 位置的颜色均为绿色（CMYK 值分别为 60、0、100、0）、7% 和 95% 位置的颜色均为墨绿色（CMYK 值分别为 70、0、100、30）、16% 和 88% 位置的颜色均为深绿色（CMYK 值分别为 70、0、100、0）、52% 位置的颜色为绿色（CMYK 值分别为 60、0、100、0），单击“确定”按钮，渐变填充矩形，效果如图 219-2 所示。

图219-2 绘制并渐变填充矩形

02 用同样的操作方法绘制其他矩形，渐变填充相应的颜色，并调整图形的顺序，效果如图 219-3 所示。

图219-3 绘制其他矩形

03 选取矩形工具，绘制一个矩形。按【Ctrl+Q】组合键，将矩形转换为曲线图形。选取形状工具,调整矩形为半圆角矩形。按【F11】键，在弹出的“编辑填充”对话框中单击“渐变填充”按钮，设置 0% 和 26% 位置的颜色均为浅灰色(CMYK 值分别为 0、0、0、10)、12% 位置的颜色为灰色（CMYK 值分别为 0、0、0、30)、100% 位置的颜色为灰白色（CMYK 值分别为 0、0、0、5)，单击“确定”按钮,渐变填充矩形,效果如图 219-4 所示。

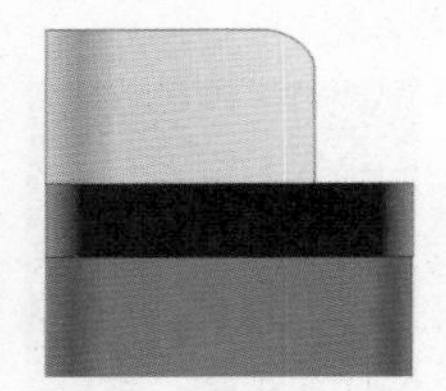

图219-4 绘制图形并渐变填充颜色

04 绘制其他矩形，并渐变填充颜色，效果如图 219-5 所示。

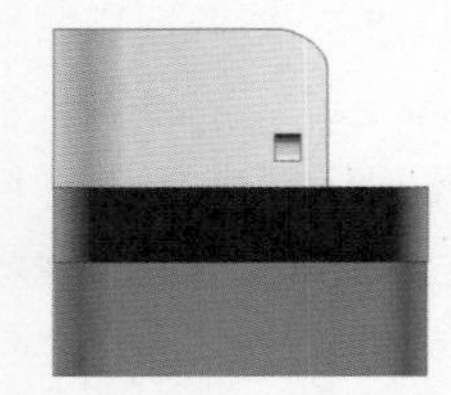

图219-5 绘制其他矩形并渐变填充颜色

05 选取椭圆形工具，在按住【Shift+Ctrl】组合键的同时拖动鼠标，绘制一个正圆。单击调色板中的灰色色块，填充其颜色为灰色。按【Ctrl+PageDown】组合键，调整图形的顺序，效果如图 219-6 所示。

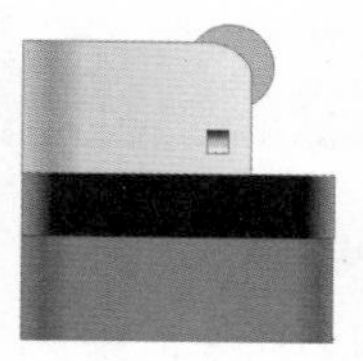

图219-6 绘制正圆并调整顺序

06 选取折线工具，绘制一个多边形，将其填充为黑色。选取矩形工具，绘制一个矩形，并将其填充为黑色，效果如图 219-7 所示。

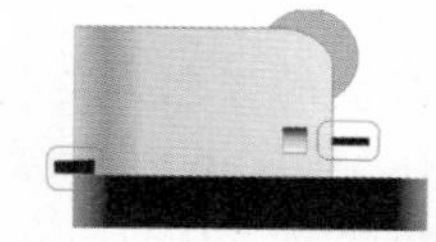

图219-7 绘制多边形和矩形

07 选取矩形工具，绘制一个矩形。选取选择工具，此时矩形处于选中状态，再次单击此矩形使其进入旋转状态，将鼠标指针置于矩形右侧中间的控制柄上，按住鼠标左键并向上拖动，以倾斜图形。将鼠标指针移至矩形右上角的控制柄旁，按住鼠标左键并拖动，以旋转图形，并渐变填充颜色。绘制另一个矩形，倾斜图形并进行渐变填充，效果如图 219-8 所示。

图219-8 绘制并调整矩形

2．制作打火机的图像和文字部分

01 按【Ctrl+I】组合键，导入企业标志图形，并将其调整至页面中的合适位置，效果如图 219-9 所示。

图219-9 导入标志图形

02 按【F8】键，选取文本工具，在其属性栏中设置字体为“楷体”、字号为 40pt，单击“将文本更改为垂直方向”按钮，输入文字“馨怡·花苑”，将其填充为白色，并调整至合适位置，效果如图 219-10 所示。

图219-10 输入并调整文字

03 输入其他文字，并设置其字体、字号、颜色及位置，效果如图 219-11 所示。

图219-11 输入其他文字

04 还可根据上述操作方法复制并调整图形的颜色和位置，制作出其他样式的打火机，效果如图 219-12 所示。至此，本实例制作完毕。

图219-12 其他样式的打火机

实例220 企业礼品Ⅱ

本实例将设计制作企业礼品雨伞，效果如图 220-1 所示。

图220-1 馨怡·花苑雨伞

操作步骤

1. 制作雨伞的雨布

01 按【Ctrl+N】组合键，新建一个空白页面。选取折线工具，绘制一个多边形。选取形状工具，调整所绘制图形的形状，并填充为绿色（CMYK 值分别为 70、0、100、0），效果如图 220-2 所示。

图220-2 绘制图形并填充颜色

02 参照步骤 1 中的操作方法绘制其他图形，并填充相应的颜色，如图 220-3 所示。

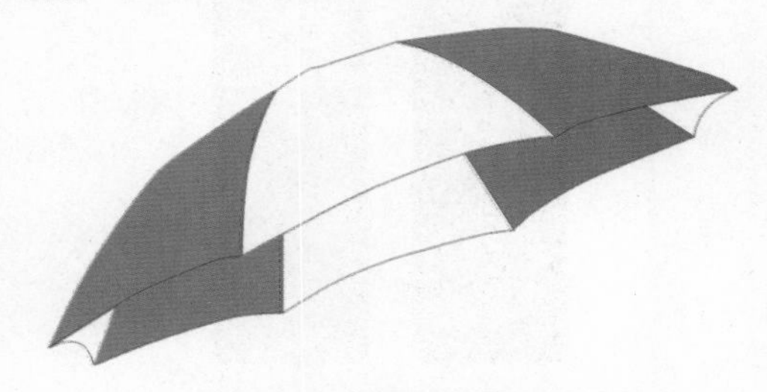

图220-3 绘制其他图形

2. 制作雨伞的撑杆

01 选取矩形工具，绘制一个矩形。按【Ctrl+Q】组合键，将矩形转换为曲线图形。选取形状工具，调整矩形的节点，编辑图形的形状。按【F11】键，在弹出的“编辑填充”对话框中单击“渐变填充”按钮，设置 0% 位置的颜色为黑色（CMYK 值分别为 100）、40% 位置的颜色为灰色（CMYK 值分别为 0、0、0、50）、60% 位置的颜色为灰白色（CMYK 值分别为 0、0、0、20）、100% 位置的颜色为灰色（CMYK 值分别为 0、0、0、80），单击“确定”按钮，渐变填充矩形，效果如图 220-4 所示。

图220-4 绘制并渐变填充图形

02 选取选择工具，此时矩形处于选中状态，在矩形上再次单击鼠标左键，移动鼠标指针到矩形的右上角，按住鼠标左键并拖动旋转图形。按【Ctrl+ PageDown】组合键，调整图形顺序，效果如图 220-5 所示。

图220-5 旋转图形

03 选取贝塞尔工具，绘制伞把图形，并将其填充为绿色（CMYK 值分别为 70、0、100、0），效果如图 220-6 所示。

图220-6 绘制伞把图形并填充颜色

04 单击“文件”|“导入”命令，导入企业标志及文字图形，并将其调整至合适大小及位置，效果如图 220-7 所示。

图220-7 导入标志及文字图形

05 还可根据上述操作方法复制并调整图形的颜色和位置，制作出其他样式的雨伞，效果如图 220-8 所示。至此，本实例制作完毕。

图220-8 其他样式的雨伞

实例221 企业礼品III

本实例将设计制作企业礼品钥匙扣，效果如图 221-1 所示。

图221-1 馨怡·花苑钥匙扣

操作步骤

1. 制作钥匙扣的外形效果

01 按【Ctrl+N】组合键，新建一个空白页面。选取椭圆形工具，在按住【Shift+Ctrl】组合键的同时绘制一个正圆。按小键盘上的【+】键复制正圆，在按住【Shift】键的同时拖动鼠标，等比例缩放所复制的图形，效果如图 221-2 所示。

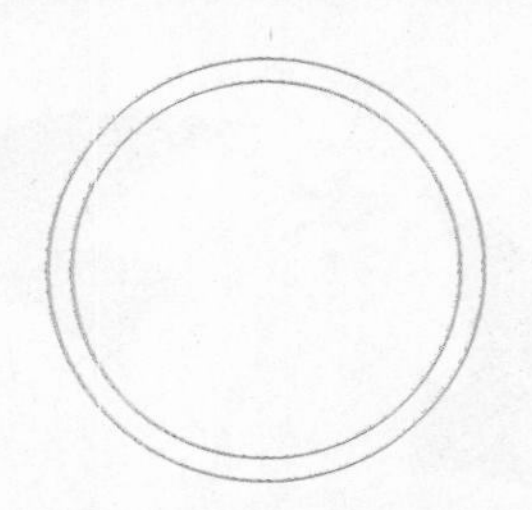

图221-2 绘制并复制正圆

02 选择小圆，单击“对象”|“造型”|“造型”命令，在弹出的“造型”泊坞窗中的下拉列表框中选择“修剪”选项，并选中“来源对象”复选框，单击“修剪”按钮，然后单击大圆修剪图形。选择来源对象，将其填充为绿色（CMYK值分别为70、0、100、0），效果如图221-3所示。

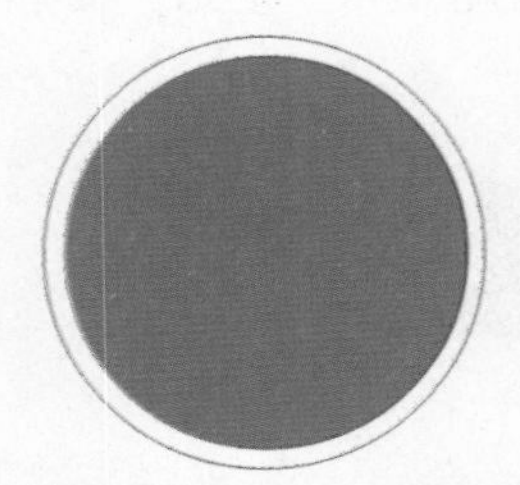

图221-3 修剪图形并填充颜色

03 选择圆环图形，按【F11】键，在弹出的“编辑填充”对话框中单击“渐变填充”按钮，设置0%位置的颜色为灰色（CMYK值分别为0、0、0、20）、28%和74%位置的颜色均为白色（CMYK值均为0）、54%和100%位置的颜色均为灰色（CMYK值分别为0、0、0、30），单击“确定”按钮，渐变填充圆环图形，效果如图221-4所示。

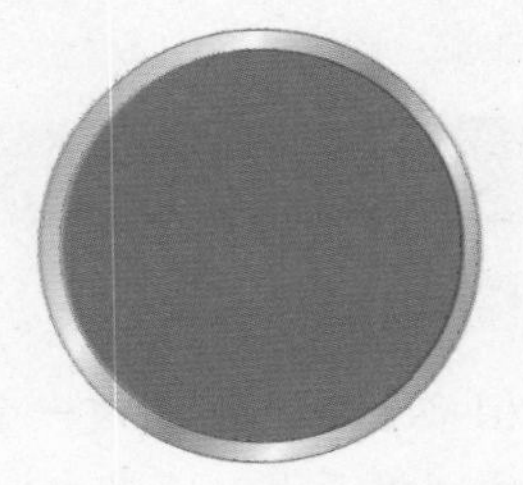

图221-4 渐变填充圆环图形

04 选取贝塞尔工具，绘制一个闭合曲线图形。选取选择工具，在按住【Shift】键的同时选择闭合曲线图形和圆环图形，单击属性栏中的“合并”按钮合并图形，效果如图221-5所示。

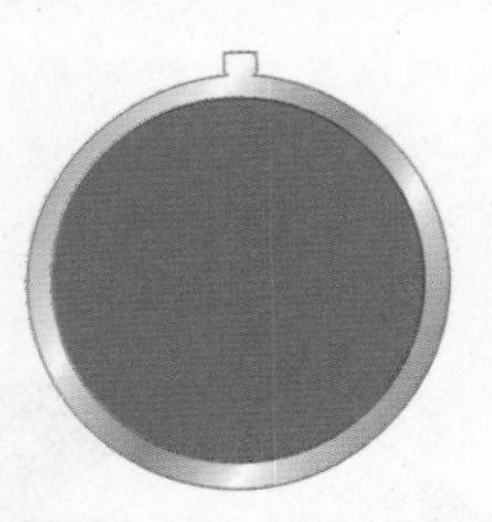

图221-5 合并图形

05 参照步骤1~3的操作方法绘制圆环图形，并删除中间的小圆，渐变填充相应的颜色。按【Ctrl+PageDown】组合键，调整图形的顺序，如图221-6所示。

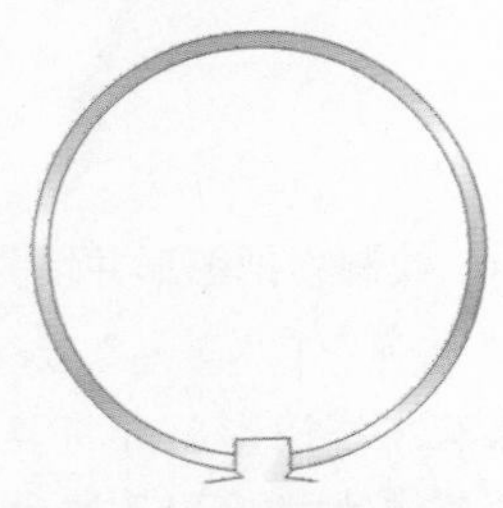

图221-6 绘制圆环图形

06 选取3点矩形工具，绘制一个斜角矩形。选取选择工具，在按住【Shift】键的同时加选步骤5中绘制的圆环图形，单击属性栏中的“移除前面对象”按钮修剪图形，效果如图221-7所示。

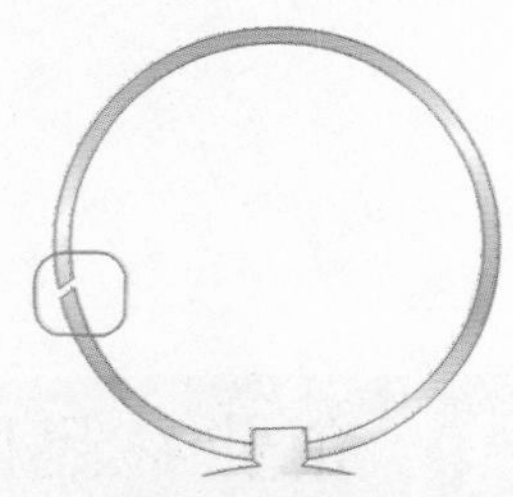

图221-7 绘制斜角矩形并修剪图形

07 用同样的操作方法绘制另一个圆环图形并进行修剪，填充相应的渐变颜色，效果如图221-8所示。

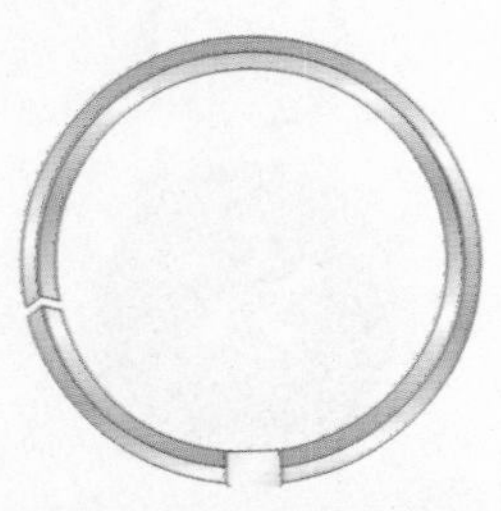

图221-8 绘制并修剪其他圆环图形

2. 添加企业标志

01 按【Ctrl+I】组合键，导入企业标志图形和文字，分别调整至页面中的合适位置，效果如图 221-9 所示。

图221-9 导入标志图形和文字

02 还可根据上述操作方法复制并调整图形的位置和颜色，制作出其他样式的钥匙扣，效果如图 221-10 所示。至此，本实例制作完毕。

图221-10 其他样式的钥匙扣

实例222 企业男女工作服

本实例将设计制作房地产企业男女工作服，效果如图 222-1 所示。

图222-1 馨怡·花苑男女工作服

操作步骤

1. 制作工作服的轮廓效果

01 按【Ctrl+N】组合键，新建一个空白页面。将鼠标指针分别移至垂直和水平标尺上，拖出垂直和水平辅助线，如图 222-2 所示。

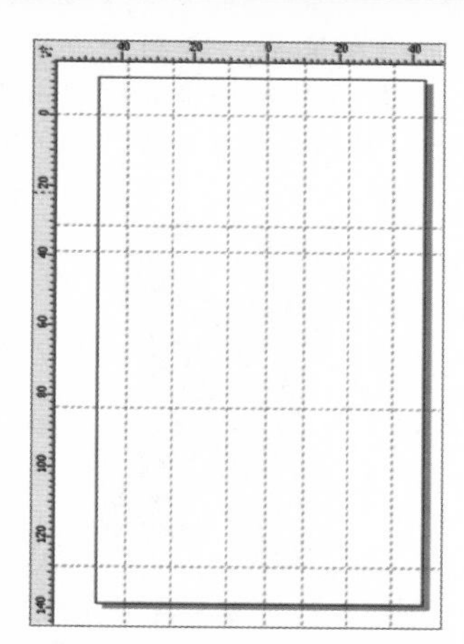

图222-2 拖出垂直和水平辅助线

02 选取贝塞尔工具，依照辅助线绘制工作服的轮廓，并选取形状工具，调整轮廓的形状，效果如图 222-3 所示。

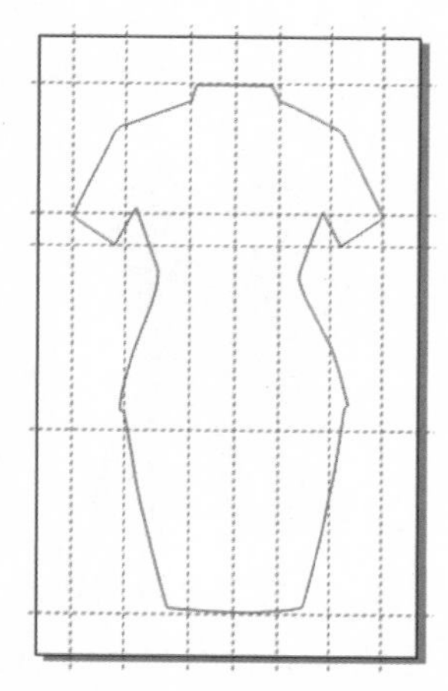

图222-3 绘制工作服轮廓

2. 制作工作服的上衣图形

01 单击“视图”|“辅助线”命令，隐藏辅助线。选取贝塞尔工具，绘制上衣图形。选取形状工具，调整图形的形状，填充上衣图形为绿色（CMYK值分别为70、0、100、0），效果如图222-4所示。

图222-4 绘制上衣图形并填充颜色

02 选取贝塞尔工具，绘制一条曲线。选取椭圆形工具，在按住【Shift+Ctrl】组合键的同时拖动鼠标，绘制一个正圆。按小键盘上的【+】键复制一个正圆，并将其调整至合适位置，如图222-5所示。

图222-5 绘制并复制正圆

03 选取矩形工具，绘制一个矩形。按小键盘上的【+】键复制一个矩形，并将其调整至合适位置，效果如图222-6所示。

图222-6 绘制并复制矩形

04 选取手绘工具，在按住【Ctrl】键的同时拖动鼠标，绘制一条直线。选取“轮廓笔”工具，在弹出的“轮廓笔”对话框中设置“样式”为、“宽度”为0.35mm，单击“确定”按钮，为直线设置轮廓属性，效果如图222-7所示。

图222-7 绘制直线并设置轮廓属性

05 按【Ctrl+I】组合键，导入一幅标志图形，并将其调整至合适位置，如图222-8所示。

图222-8 导入标志图形

3. 制作工作服的裙子图形

01 选取贝塞尔工具，绘制出裙子图形。选取形状工具，调整图形的形状，填充裙子图形为绿色（CMYK值分别为70、0、100、0），效果如图222-9所示。

图222-9 绘制裙子图形并填充颜色

02 还可参照上述制作工作服的操作方法制作出其他款式的工作服，效果参见图222-1。至此，本实例制作完毕。

实例223 企业广告帽

本实例将设计制作一款企业广告帽，效果如图223-1所示。

图223-1 馨怡·花苑广告帽

操作步骤

1. 制作广告帽的外形效果

01 按【Ctrl+N】组合键，新建一个空白页面。选取钢笔工具，绘制一个闭合曲线图形。选取形状工具，对图形进行调整，填充其颜色为白色。选取钢笔工具，绘制一条曲线，如图223-2所示。

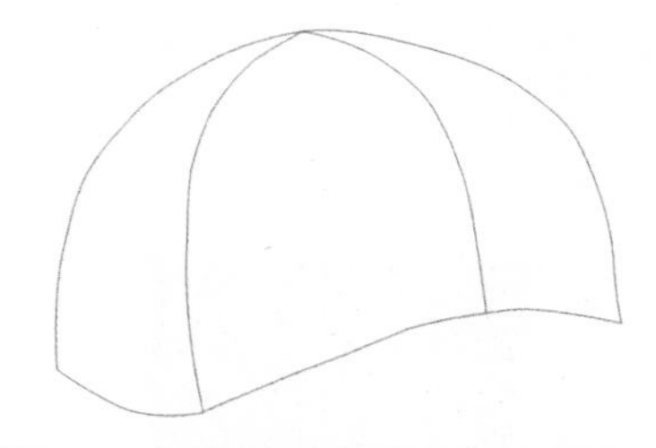

图223-2 绘制闭合曲线图形和曲线

02 选取椭圆形工具，绘制一个椭圆，并将其填充为绿色（CMYK值分别为70、0、100、0）。按【Shift+PageDown】组合键，调整椭圆的顺序，如图223-3所示。

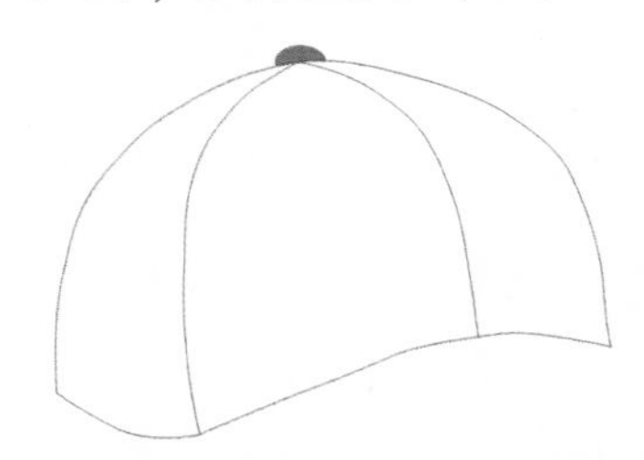

图223-3 绘制椭圆并调整椭圆顺序

03 选取贝塞尔工具，绘制一个闭合曲线图形。选取形状工具，对其进行调整，并将其填充为绿色（CMYK值分别为70、0、100、0），如图223-4所示。

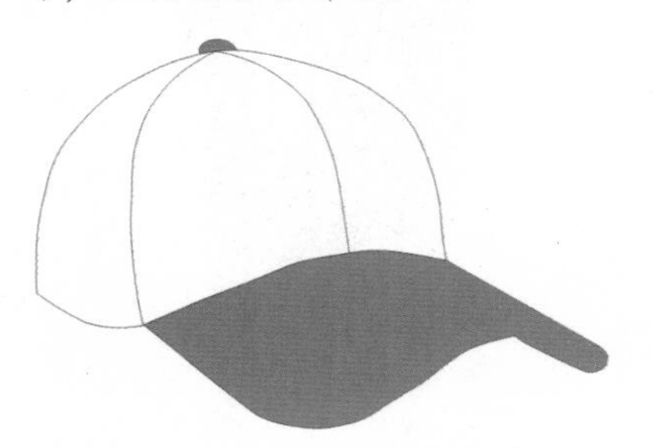

图223-4 绘制图形并填充颜色

04 选取贝塞尔工具，绘制两条曲线，如图223-5所示。

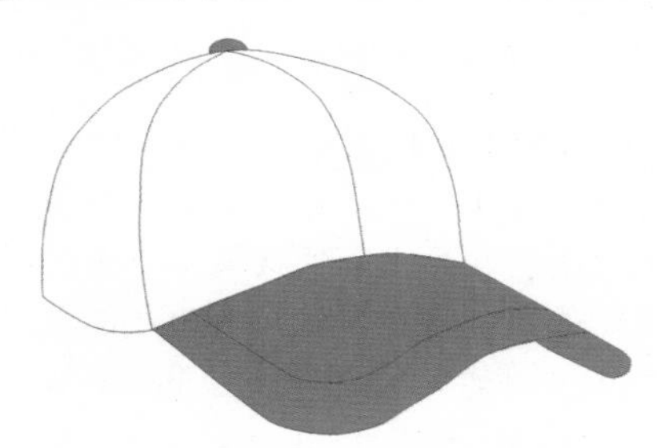

图223-5 绘制曲线

2. 制作广告帽中的图像效果

01 按【Ctrl+I】组合键，导入企业标志图形，并将其调整至页面中的合适位置，如图223-6所示。

图223-6 导入标志图形

02 还可参照上述制作广告帽的操作方法制作出其他款式的广告帽，效果参见图223-1。至此，本实例制作完毕。

实例224 企业一次性纸杯

本实例将设计制作企业一次性纸杯，效果如图224-1所示。

图224-1 馨怡·花苑一次性纸杯

操作步骤

1. 制作一次性纸杯的外形效果

01 按【Ctrl+N】组合键，新建一个空白页面。选取矩形工具，绘制一个矩形。在矩形上右击，在弹出的快捷菜单中选择“转换为曲线”选项，将矩形转换为曲线图形。选取形状工具，调整矩形的形状，并将其填充为绿色（CMYK值分别为70、0、100、0），效果如图224-2所示。

图224-2 绘制图形并填充颜色

02 选取矩形工具，绘制一个矩形。选取形状工具，将其调整为圆角矩形。按【F11】键，在弹出的“编辑填充”对话框中单击“渐变填充”按钮，单击“椭圆形渐变填充”按钮，设置0%位置的颜色为灰色（CMYK值分别为0、0、0、30）、69%位置的颜色为白色(CMYK值均为0)、100%位置的颜色为灰白色(CMYK值分别为0、0、0、10)，单击“确定”按钮，渐变填充圆角矩形，效果如图224-3所示。

图224-3 绘制圆角矩形并渐变填充颜色

03 选取阴影工具，在其属性栏中设置“预设列表”为“小型辉光”、“阴影偏移”分别为0.235mm和-0.33mm、“阴影的不透明”为50、“阴影羽化”为15，为圆角矩形添加阴影，效果如图224-4所示。

图224-4 添加阴影效果

04 选取钢笔工具，绘制一个闭合曲线图形。参照步骤2中的操作方法渐变填充曲线图形，并删除其轮廓，效果如图224-5所示。

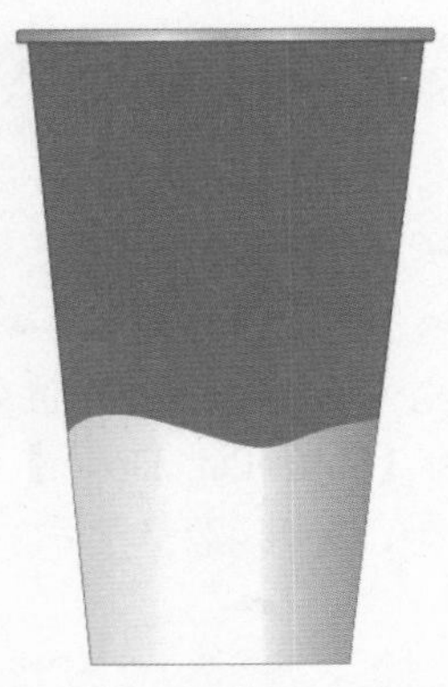

图224-5 绘制曲线图形并删除轮廓

2. 制作一次性纸杯的图像部分

01 按【Ctrl+I】组合键，导入标志图形和文字，并将其调整至页面中的合适位置，效果如图224-6所示。

图224-6 导入标志图形

02 按【F8】键，选取文本工具，在其属性栏中设置字体为Arial、字号为12pt，输入XIN YI HUA YUAN，并设置文本颜色为黑色。单击“文本”|“使文本适合路径”命令，选择曲线图形，使文字沿路径排列，如图224-7所示。

图224-7 输入文字并使文字适合路径

03 还可根据上述操作方法复制并调整图形位置，然后填充相应的颜色，制作出其他样式的一次性纸杯，效果如图224-8所示。至此，本实例制作完毕。

图224-8 纸杯效果

实例225 企业手提袋

本实例将设计制作企业手提袋，效果如图225-1所示。

图225-1 馨怡·花苑手提袋

操作步骤

1. 制作手提袋的平面效果

01 按【Ctrl+N】组合键，新建一个空白页面。选取矩形工具，绘制两个矩形，将其分别填充为白色（CMYK值均为0）和绿色（CMYK值分别为70、0、100、0），效果如图225-2所示。

图225-2 绘制矩形并填充颜色

02 按【F8】键，选取文本工具，在其属性栏中设置字体为“楷体”、字号为27pt，单击“将文本更改为垂直方向”按钮，输入文字“馨怡·花苑”，填充其颜色为蓝色（CMYK值分别为100、100、0、0），并将其调整至合适位置，效果如图225-3所示。

图225-3 输入并调整文字

03 输入XIN YI HUA YUAN，设置字体为Arial、字号为9pt、“旋转角度”为13，并填充其颜色为蓝色（CMYK值分别为100、100、0、0），效果如图225-4所示。

图225-4 输入其他文本

04 按【Ctrl+I】组合键，导入企业标志图形，并将其调整至页面中的合适位置，效果如图225-5所示。

图225-5 导入标志图形

2. 制作手提袋的立体效果

01 选取选择工具，选择绿色矩形，在图形上单击鼠标左键，此时控制框四周的控制柄为旋转箭头形状，向上拖动右侧中间的双向箭头至合适位置，效果如图225-6所示。

图225-6 倾斜矩形

02 选取贝塞尔工具，绘制一个闭合曲线图形，并将其填充为白色（CMYK值均为0），效果如图225-7所示。

图225-7 绘制并填充曲线图形

03 选取贝塞尔工具，绘制一个闭合曲线图形，并将其填充其为绿色（CMYK值分别为70、0、100、0），效果如图225-8所示。

图225-8 绘制另一个闭合曲线图形

04 选取椭圆形工具，绘制一个正圆，并设置其轮廓宽度为0.2cm。按小键盘上的【+】键复制一个正圆，并调整至合适位置，如图225-9所示。

图225-9 绘制并复制正圆

05 选取贝塞尔工具，绘制一条曲线。选取“轮廓笔”工具，在弹出的“轮廓笔”对话框中设置“宽度”为0.2cm、“颜色”为绿色（CMYK值分别为70、0、100、0），单击“确定”按钮，为曲线设置轮廓属性，效果如图225-10所示。

图225-10 绘制曲线并设置轮廓属性

06 按小键盘上的【+】键复制一条曲线，并将其调整至合适位置。按两次【Ctrl+PageDown】组合键，调整所复制的曲线的排列顺序，最终效果参见图225-1。至此，本实例制作完毕。

实例226 企业指示牌

本实例将设计制作企业指示牌，效果如图226-1所示。

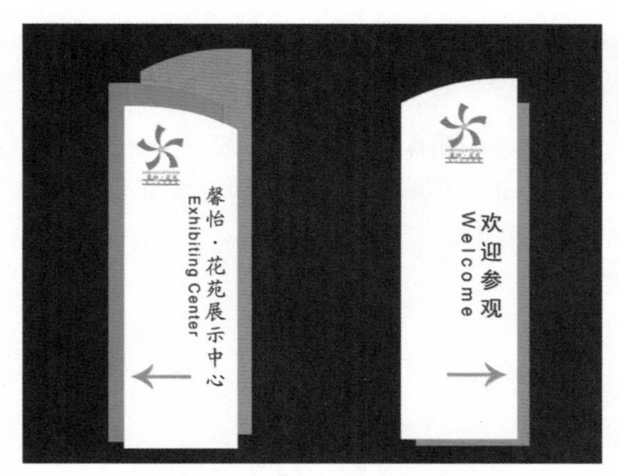

图226-1 馨怡·花苑指示牌

操作步骤

1. 制作指示牌的外形效果

01 按【Ctrl+N】组合键，新建一个空白页面。选取矩形工具，绘制一个矩形。在矩形上右击，在弹出的快捷菜单中选择“转换为曲线”选项，将矩形转换为曲线图形。选取形状工具，选择相应的节点，单击“转换为曲线”按钮，将直线转换为曲线。调整矩形的形状，并将其填充为白色，如图226-2所示。

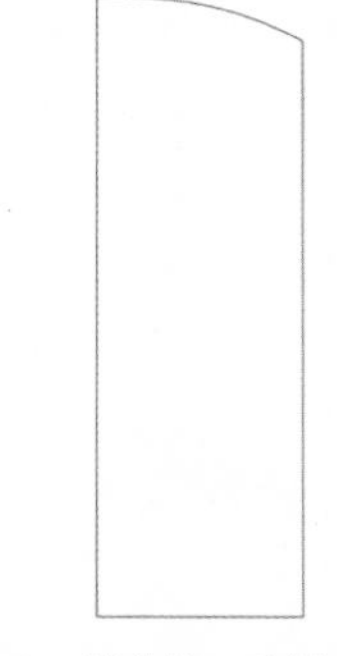

图226-2 绘制矩形并调整形状

02 按小键盘上的【+】键复制一个图形，并调整其位置，填充其颜色为绿色（CMYK值分别为70、0、100、0）。按【Ctrl+PageDown】组合键，调整图形顺序，效果如图226-3所示。

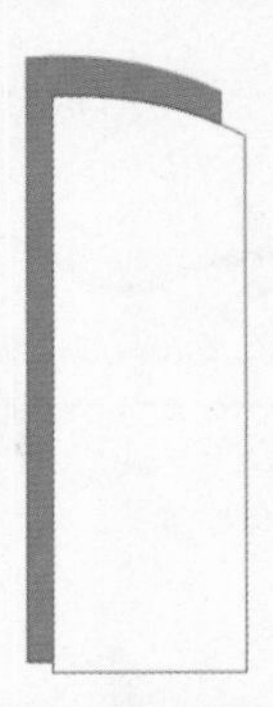

图226-3 复制图形并调整图形顺序

03 参照步骤2中的操作方法复制图形，并调整图形顺序，将其填充为橘红色(CMYK值分别为0、60、100、0)。单击属性栏中的“水平镜像”按钮水平镜像图形，效果如图226-4所示。

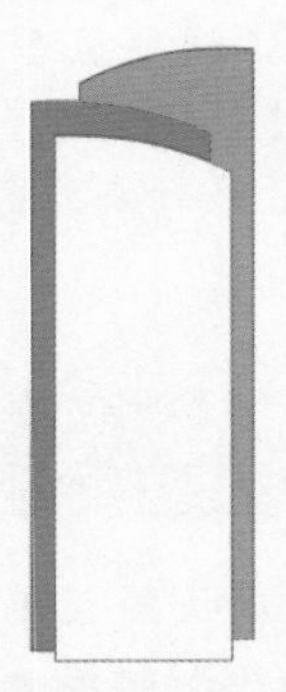

图226-4 复制并水平镜像图形

2. 制作指示牌的图像效果

01 单击“文本”|“插入字符”命令，在弹出的“插入字符”泊坞窗中设置“字体”为“幼圆”，在字符列表框中选择箭头字符，单击“插入”按钮插入符号，填充符号为橘红色(CMYK值分别为0、60、100、0)，并删除其轮廓，效果如图226-5所示。

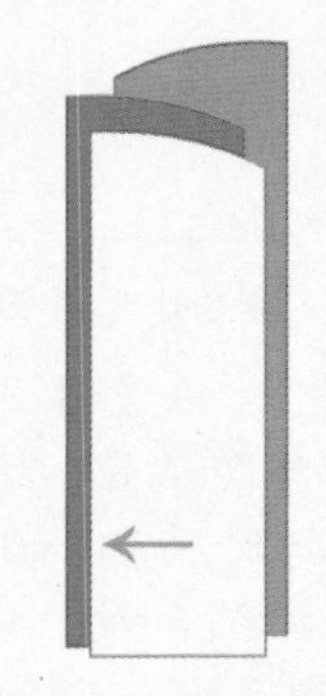

图226-5 插入字符

02 按【F8】键，选取文本工具，在其属性栏中设置字体为“楷体”、字号为28pt，并单击“将文本更改为垂直方向”按钮，输入文字“馨怡·花苑展示中心”，设置文字的颜色为黑色（CMYK值均为100），并将其调整至合适位置，效果如图226-6所示。

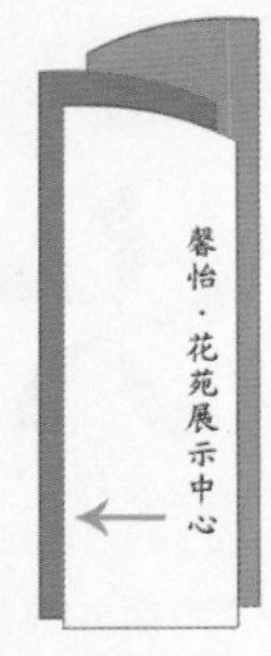

图226-6 输入并调整文字

03 输入其他文字，并设置其字体、字号、颜色及位置，效果如图226-7所示。

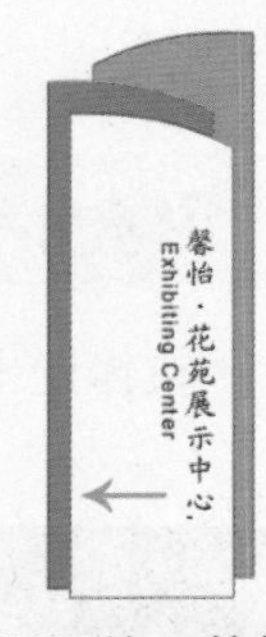

图226-7 输入其他文字

04 按【Ctrl+I】组合键，导入一幅标志图形，并将其调整至页面中的合适位置，如图226-8所示。

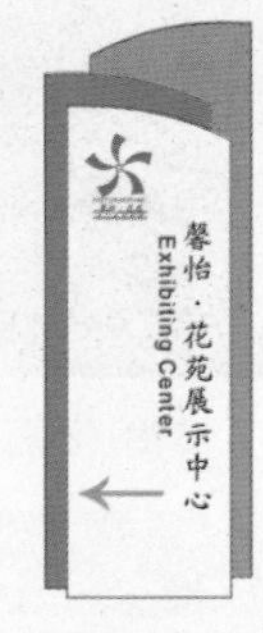

图226-8 导入标志图形

05 还可参照上述的操作方法制作出其他样式的指示牌，效果参见图226-1。至此，本实例制作完毕。

实例227 企业形象墙

本实例将设计制作企业形象墙，效果如图 227-1 所示。

图227-1 馨怡·花苑形象墙

操作步骤

1. 制作形象墙的外形效果

01 按【Ctrl+N】组合键,新建一个空白页面。选取矩形工具，绘制一个矩形，将其填充为灰色（CMYK 值分别为 0、0、0、20），并删除其轮廓，效果如图 227-2 所示。

图227-2 绘制并填充矩形

02 单击“位图”|“转换为位图”命令，在弹出的“转换为位图”对话框中设置“分辨率”为 300，选中“透明背景”复选框，单击“确定”按钮,将图形转换为位图。单击“位图”|“杂点”|“添加杂点”命令,在弹出的“添加杂点”对话框中设置“层次”为 42、“密度”为 27，单击“确定”按钮，为位图添加杂色，效果如图 227-3 所示。

图227-3 添加杂色

03 选取矩形工具，绘制一个矩形。选取形状工具，将矩形调整为圆角矩形，填充为深灰色（CMYK 值分别为 89、82、55、23），并删除其轮廓，效果如图 227-4 所示。

图227-4 绘制并调整矩形

04 用同样的操作方法绘制其他矩形，填充相应的颜色，并删除其轮廓，效果如图 227-5 所示。

图227-5 绘制并填充其他矩形

2．制作形象墙的图像部分

01 按【Ctrl+I】组合键，导入企业标志图形。按小键盘上的【+】键复制一个标志图形，调整所复制图形的大小及位置，效果如图 227-6 所示。

图227-6 导入并复制标志图形

02 按【F8】键，选取文本工具，在其属性栏中设置字体为“楷体”、字号为 31pt，输入文字“馨怡 · 花苑房地产有限责任公司”，设置文字颜色为白色，并将其调整至合适位置，效果如图 227-7 所示。

图227-7 输入并调整文字

03 输入其他文字，并设置其字体、字号、颜色及位置，最终效果参见图 227-1。至此，本实例制作完毕。

实例228 企业大门外观识别

本实例将设计制作企业大门外观识别，效果如图 228-1 所示。

图228-1 馨怡·花苑企业大门外观识别

操作步骤

1．制作大门的造型

01 按【Ctrl+N】组合键，新建一个空白页面。选取矩形工具，绘制一个矩形，并将其填充为绿色（CMYK 值分别为 70、0、100、0），效果如图 228-2 所示。

图228-2 绘制矩形并填充颜色

02 选取矩形工具，绘制一个矩形，并填充为灰色（CMYK 值分别为 0、0、0、20）。按小键盘上的【+】键复制一个矩形，并调整其大小，设置其颜色为白色（CMYK 值均为 0），如图 228-3 所示。

03 用同样的操作方法绘制其他矩形，并填充相应的颜色。选取手绘工具，在按住【Ctrl】键的同时拖动鼠标，绘制一条直线，效果如图 228-4 所示。

图228-3 绘制并复制矩形

图228-4 绘制矩形和直线

04 选取矩形工具，绘制一个矩形。按【F11】键，在弹出的“编辑填充”对话框中单击“渐变填充”按钮，设置0%位置的颜色为灰色（CMYK值分别为0、0、0、40）、74%位置的颜色为白色（CMYK值均为0）、100%位置的颜色为灰色（CMYK值分别为0、0、0、20），单击“确定”按钮，渐变填充矩形，效果如图228-5所示。

图228-5 绘制并渐变填充矩形

05 选中填充渐变颜色的图形，按小键盘上的【+】键复制一个图形，并调整其大小，效果如图228-6所示。

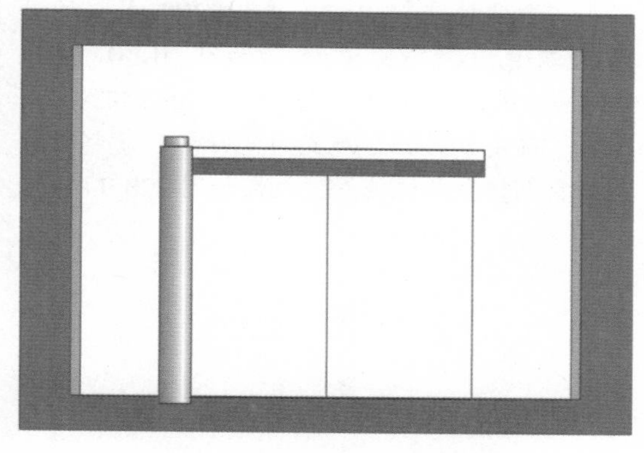

图228-6 复制图形并调整大小

06 在按住【Shift】键的同时加选渐变图形，按【Ctrl+G】组合键对图形进行组合。按小键盘上的【+】键复制一个图形，并将其调整至合适位置，效果如图228-7所示。

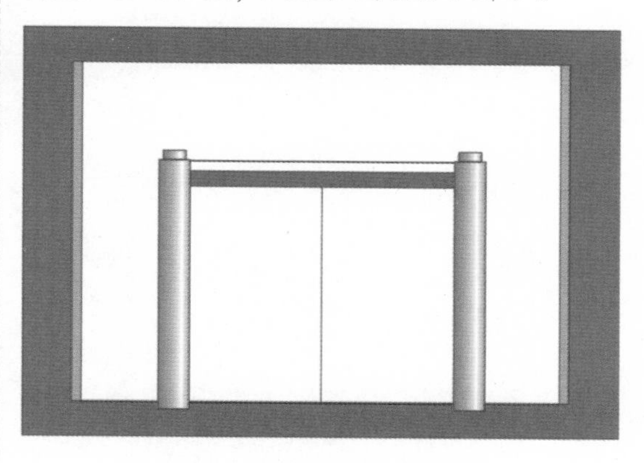

图228-7 组合复制图形

07 选取矩形工具，绘制一个矩形，并填充为灰白色（CMYK值分别为0、0、0、2）。按住【Ctrl】键的同时在矩形上单击并拖动鼠标至合适位置，松开鼠标的同时右击复制图形，效果如图228-8所示。

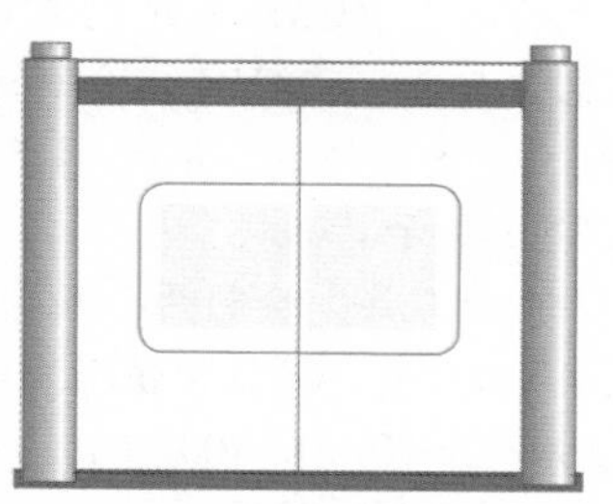

图228-8 绘制并复制图形

08 选取矩形工具，绘制一个矩形。选取形状工具，调整矩形的边角圆滑度。按【F11】键，在弹出的“编辑填充”对话框中单击“渐变填充”按钮，并设置0%位置的颜色为灰色（CMYK值分别为0、0、0、40）、100%位置的颜色为白色（CMYK值均为0），单击“确定”按钮，渐变填充矩形。复制图形并将其调整至合适位置，效果如图228-9所示。

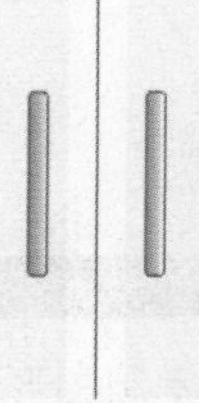

图228-9 绘制并复制圆角矩形

09 按【Ctrl+I】组合键，导入企业标志图形，并将其调整至页面中的合适位置，复制图形并将其调整至合适位置，如图228-10所示。

图228-10 导入并复制标识图形

2．添加企业的招牌

01 选取矩形工具，绘制一个矩形。按【F11】键，在弹出的“编辑填充”对话框中单击“渐变填充”按钮，设置0%位置的颜色为灰色（CMYK值分别为0、0、0、20）、37%位置的颜色为白色（CMYK值均为0）、100%位置的颜色为灰色（CMYK值分别为0、0、0、40），单击“确定”按钮，渐变填充矩形，效果如图228-11所示。

02 选取矩形工具，绘制两个矩形，将其分别填充为白色（CMYK值均为0）和绿色（CMYK值分别为70、0、100、0），并分别调整至合适的大小及位置，效果如图228-12所示。

图228-11 绘制矩形并渐变填充颜色

图228-12 绘制矩形并填充颜色

03 按【Ctrl+I】组合键，导入企业标志图形，并将其调整至页面中的合适位置。在属性栏中设置字体为“楷体”、字号为34pt，输入文字“馨怡·花苑房地产有限责任公司”，并将其调整至合适位置，效果如图228-13所示。

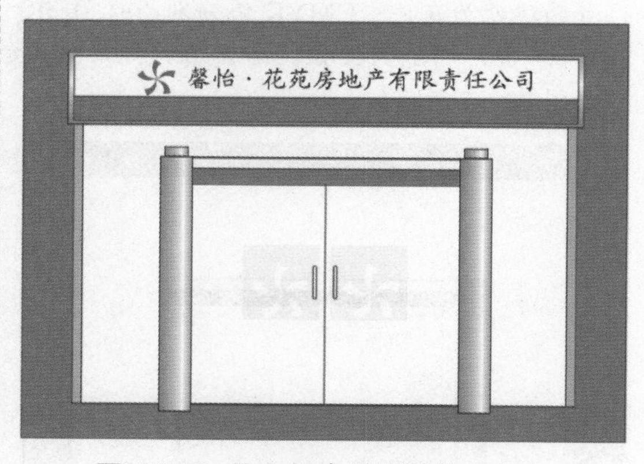

图228-13 导入标志图形并输入文字

04 输入其他文字，并设置其字体、字号、颜色及位置，最终效果参见图228-1。至此，本实例制作完毕。